"十二五"国家重点图书出版规划项目

中国森林生态网络体系建设出版工程

青藏

铁路沿线植被生态恢复

Vegetation and ecological restoration along the Qingzang Railway

江泽慧 彭镇华 等著

中国林业出版社

China Forestry Publishing House

图书在版编目(ＣＩＰ)数据

青藏铁路沿线植被生态恢复 ／ 江泽慧，彭镇华等著．－－ 北京：
中国林业出版社，2014.12
"十二五"国家重点图书出版规划项目
中国森林生态网络体系建设出版工程
ISBN 978-7-5038-7339-3

Ⅰ．①青… Ⅱ．①江… Ⅲ．①青藏高原－铁路沿线－
植被－生态恢复 Ⅳ．①Q948.527

中国版本图书馆CIP数据核字(2014)第001473号

出 版 人：金　旻
中国森林生态网络体系建设出版工程
选题策划：刘先银　策划编辑：徐小英　李　伟

青藏铁路沿线植被生态恢复
Vegetation and ecological restoration along the Qingzang Railway

策划组稿：刘先银
统　　筹：刘国华　马艳军
责任编辑：刘先银　杨长峰
装帧设计：陈　雪
出版发行：中国林业出版社
地　　址：北京西城区德内大街刘海胡同7号
邮　　编：100009
E－mail：896049158@qq.com
电　　话：(010) 83143528　83143544
制　　作：北京印匠彩色印刷有限公司
印　　刷：北京中科印刷有限公司
版　　次：2014年12月第1版
印　　次：2014年12月第1次
开　　本：880×1194毫米 1/16
印　　张：28
字　　数：900千字
定　　价：199.00元

《青藏铁路沿线植被生态恢复》
著者名单

著者（按拼音顺序排名）：

崔 明	费本华	江泽慧	柯裕州	孔庆浩
李冬雪	卢 楠	林秦文	孟 平	彭镇华
普布次仁	漆良华	秦疏影	孙启武	孙启祥
索朗旺堆	王昭艳	魏 远	杨 军	易作明
张海武	张旭东	郑景明	周金星	左 力

摄影者：

周金星　林秦文　巴特尔·巴克　蒋俊明等

一说到西藏，飞入人们印象的一定是那青青的草原、清清的湖水、巍巍的雪山、神奇的布达拉宫、美丽的喇嘛庙，还有那藏羚羊、野牦牛、雪莲花、青稞酒、酥油茶……几千年来，人类在有着"世界屋脊"与"世界第三极"之称的青藏高原上生息繁衍，创造着人类文明历史上的各种奇迹。有人说，西藏是离天堂最近的地方。雪域高原的风情、独特丰厚的藏文化无一不让人魂牵梦萦。

"出国容易进藏难"。行路之难，让无数人望而却步，巍巍耸立的昆仑山脉挡住了一代代人的高原之旅的梦想。昆仑犹如一道天堑，横亘在从青海进藏的道路上，也横亘在人们的心上。

美国著名的旅行家保罗·泰鲁在《游历中国》中曾这样断言，"有昆仑山脉在，铁路就永远到不了拉萨"。瑞士的一位权威隧道工程师在看了昆仑山后也类似断言，"穿越昆仑山的岩石和坚冰根本不可能"。然而，西方人的预言在中国人强大的意志面前彻底失效了。中国数万名铁路建设者挑战生命极限，破解了多年冻土、高寒缺氧和生态脆弱三大世界性难题，仅用了五年的时间，就建成了世界一流的高原铁路，创造了人类铁路建设史上的奇迹。2006年7月1日，青藏铁路的全线通车实现了从牦牛到火车震撼历史的伟大穿越，把青藏地区人民的夙愿变成了现实，也让昔日被形容为"出国容易进藏难"的高原寻梦成为永恒的记忆。那是一条通往神奇的"天路"，结束了这块占国土面积 1/8 的土地上没有铁路的历史，把一个人间净土动态地呈现在世人面前。

青藏铁路起自青海西宁，穿越昆仑山、可可西里和唐古拉山，止于西藏拉萨，全程1956km。青藏铁路是世界最长的高原铁路；世界海拔最高的铁路，平均海拔4000m 以上，最高达5027m；世界穿越冻土里程最长的高原铁路，550km 的地段穿越高原多年冻土带；世界铁路最高点唐古拉车站，位于海拔 5072m 的唐古拉山垭口；世界最高的铁路冻土隧道，海拔4905m 的风火山隧道；世界最长的高原冻土隧道，海拔4767m、全长1686m 的昆仑山隧道；世界上最长的以桥代路的高原冻土铁路大桥，全长11.7km 的清水河特大桥；世界海拔最高的铺架基地，海拔4704m 的安多铺架基地。

历史的车轮滚滚向前。青藏铁路的正式开通，把西藏和中国内地紧密相在一起，给西藏人民带来福音，它对于推动青藏高原的经济和社会发展、维护国家的统一与稳定具有重大意义。从产业就业影响来看，青藏铁路格拉段开通后，第一产业将受到区外农产品输入及种植生产方式的冲击，及受其它产业相对高效益的吸引，第一产业的从业人员将会大幅下降。有利于缓解当地的隐蔽型失业问题；第二产业则随着青藏铁路的通车，原有的能源供应不足、交通不便、缺乏大运量、低运价的运输方式等制约因素消除。经济地位将逐渐上升，相应的就业人员比重也随之提高；旅游业的发展，将会带动为之服务的餐饮、住宿、导游、商贸、金融、通讯、交通等行业发展，第三产业的就业岗位将大幅增加。这又将进一步改变西藏的生活模式和意识观念，迫使人们对文化、教育的渴望，进而推动文化教育事业的发展。

然而，机遇和挑战是一对孪生兄弟。青藏铁路的正式开通，将全面推进西藏自治区社会、经济和人民的文化生活的发展，同时，也给西藏的环境资源和生态环境带来一定的伤害。青藏铁路开通后必然会给青藏高原的生态环境带来巨大的影响，因此必须事先有所考虑，把生态环境的保护放在重要位置。

西藏生态环境问题成为已成为目前我国必将面临的一个重要问题，如何实现西藏社会经济发展和生态环境保护之间的平衡，确保青藏铁律线域的生态安全和可持续运作，实现西藏自治区社会、经济、生态环境的可持续发展，已成为我国政府以及科技界必须攻关解决的一大课题。为此，中国科学院、铁道部为青藏铁路建设曾组织过自然地理、土壤、植被、生态等方面的科学考察，为开展青藏铁路线域生态问题的研究奠定了良好的基础。此外，中国林业科学研究院彭镇华教授主持承担的"中国森林生态网络体系建设研究"项目也专门研究了青藏高原拉萨至林芝公路 400km 线域生态环境保护及其植被恢复和有序开发，是作为"点、线、面"布局中"线"来设计，其研究成果也为青藏铁路线域生态环境保护和试验示范区建设提供了一定的科学基础。

2001年9月9日，铁道部孙永福副部长带领青藏铁路建设领导小组与中国林业科学研究院江泽慧院长以及有关专家就青藏铁路生态防护和绿化问题进行座谈，并达成有中国林业科学研究院组织考察组，对铁路沿线的植被、地形、地貌等进行考察的协议。10月24日，中国林科院与铁道部第一勘测设计院联合组成的考察组对青藏铁路格拉段进行了全线实地考察，完成了考察报告和青藏铁路格拉段沿线植被恢复项目建议书。2004年铁路部给予立项，"青藏铁路灌丛植被生态恢复技术研究与示范"项目正式启动，并纳入铁道部重大科技计划。

为此，从2001年至今，中国林业科学研究院在系统收集和整理有关青藏高原资料的基础上，专门组织科学考察队54人次对青藏铁路（格拉段）前后分三次进行了全线实地综合调查研究。第一次考察时间为2001年10月24日～11月1日，考察组人员有孟平、张永安、陈永福、杨正礼、郭志华、李潞滨、胡炳堂、王葆芳、周金星、韩学文；第二次考察时间为2005年7月21日～8月16日，考察组人员有张旭东、周金星、孙启武、林秦文、李冬雪、巴特尔·巴克、漆良华、金荷仙、黄玲玲、韩帅、魏远、易作明、代玲、杨祎、马涛、钱登峰、何红艳、朱耀军、周丽华、张筱玫、范月君、都声云、贾建华、边巴多吉、魏学宏；第三次考察时间为2009年7月16日～8月15日，考察组人员有周金星、崔明、林秦文、郑景明、李晓明、杨军、牛振国、丛日春、柯裕州、钱登峰、喻武、张健康、卢楠、苏守香、李潞滨、张晓霞、姚娜、彭红兰、景云峰。此外，本研究还受到国家自然科学基金项目（30870231）资助，每年都有相关研究人员对沿线植被生态环境进行专项调查和实验研究。考察组分别对青藏铁路格拉段沿线线域的地貌、人文、土壤、植被、荒漠化状况、鼠害、野生动植物资源生态现状等问题进行了调查和取样，分析了格拉段沿线线域的生态环境特征及土地利用现状，同时还与西藏自治区林业局联合，按照彭镇华教授提出的"以原生植被自然恢复和保护为主，通过人工辅助措施促进铁路沿线生态恢复"的思路，我们和西藏自治区林业局同志在青藏铁路沿线进行了灌丛植被恢复试验及示范区建设研究，建立了4个灌木植被生态恢复试验示范区，并收集了大量的资料和图片。通过综合考察核试验研究，较为前面的认识和了解了青藏铁路沿线的土壤、水文、气候、生境组成和群落特征、生物多样性等变化规律。

青藏铁路线域生态防护和植被恢复是在世界屋脊高寒地带，因此研究是一个长期且艰巨的任务，不可能在短期内完成，需要有一个上时间的规划，有点到线，有线到面，定点跟踪检测。几年来，由多学科联合的研究团队在艰苦的高原环境下，克服重重困难，取得了宝贵的资料。党的"十八大"明确指出"必须树立尊重自然、顺应自然、保护自然的生态文明理念"，无疑青藏铁路沿线生态保护与建设更应顺应时代的要求，遵循植被自然演替规则，保护优先，科学规划、防治结合，加强铁路沿线生态保护与植被恢复力度，确保铁路沿线生态安全，为铁路的安全运营提供保障。我们希望通过这次总结能使大家进一步系统了解青藏高原生态系统和青藏铁路沿线线域生态系统，以便为今后西藏社会经济可持续发展和铁路沿线生态保护与恢复打下基础，为建设"美丽中国"做点贡献。

江泽慧　彭镇华

2013.12.20

目 录

上 篇

下 篇

上 篇

第 1 章 青藏铁路沿线概况

1.1 青藏铁路沿线的自然地理概况

1.1.1 地理位置与范围

青藏铁路由青海省西宁市至西藏自治区拉萨市，全长 1956km。其中，西宁至格尔木段（简称西格段）长约 814km，格尔木至拉萨段（简称格拉段）全长约 1142km。格拉段自青海省格尔木市起，沿青藏公路向南直至西藏自治区首府拉萨市，这其中新建 1110km，分布于南山口至拉萨段；改建线路 32km，分布于格尔木（含）至南山口（含）。青藏铁路格拉段在青海省境内约 594km，在西藏自治区境内约 545km。 格拉段自格尔木站向南，基本

与青藏公路平行，途经纳赤台、五道梁、沱沱河沿、雁石坪、翻越唐古拉山进入西藏自治区境内后，经安多县那曲地区、当雄县、堆龙德庆县至西藏自治区首府拉萨市。

格尔木至唐古拉山口段线路位于格拉段北端，所经地区为青海省海西蒙古族藏族自治州格尔木市、玉树藏族自治州治多县。唐古拉山口至拉萨段位于青藏铁路格拉段的南端，归西藏自治区那曲地区和拉萨市管辖。线路翻过唐古拉山口，沿香原尔曲而下，跨过土门公路、扎加藏布，翻越头二九山后，经安多走错那湖东岸，向东南三跨那曲后，沿青藏公路途径那曲、桑雄、当雄、宁中至羊八井，穿过羊八井峡谷，顺堆龙曲而下跨拉萨河至拉萨。

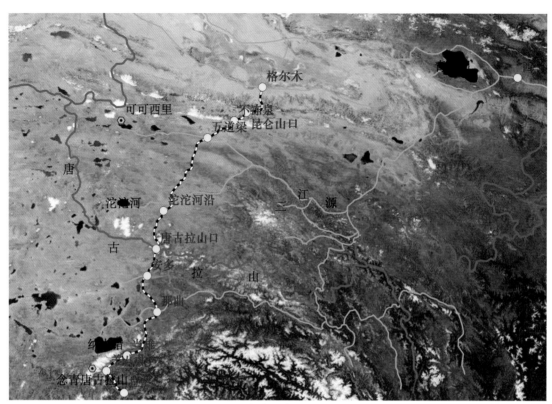

图1-1　青藏铁路地理位置图

1.1.2 气候特征

青藏高原具有自己独特的气候特征,青藏铁路格拉段位于腹心地带,途经多种自然地貌类型和气候类型。(南、北、中具有各不相一的气候和地貌特征)其北部海拔在3500m以下的地带,温凉干旱,年平均气温在-5~5℃之间,年降水量在50mm以下,系高原温带干旱气候区;南部羊八井至拉萨一带,年平均温度在5℃左右,年降水量在400mm左右,属河谷半干旱农牧区,分布有大片农田;中部地带均在4000m以上,形成高原亚寒带气候特征,其中昆仑山、可可西里山一带及唐古拉山峰脊一线,几乎常年冰天雪地,形成高原寒带。总体上来讲,青藏铁路线域的气候特点是干湿两季分明,冬长夏短,季节变化缓慢;太阳辐射强烈,日照时间长;年温差小,日温差大,且不同地域温度差异很大,沿途经历了从高原温带向高原寒带的过度;降水稀少,北部一般在100mm以下,南部在400mm左右,遥长的中部一般在200~400mm之间,但由于蒸发较少,中部相对冷凉湿润,加上雪山、冻土的滋润,高原上常发育有湖泊、河流和沼泽等;风季与旱季同期,风大沙多,构成铁路的一大危害。

1.1.3 地貌类型

青藏铁路线域的主要地貌类型有:冻土地貌、冰川雪峰、戈壁荒漠、山地、高寒草场、沼泽、湖泊、峡谷、河谷及河谷盆地等。昆仑山北坡的西大滩为岛状多年冻土和隔年冻土,昆仑山以南为为连续多年冻土,厚达70~80cm;昆仑山5000m以上及唐古拉山5400m以上的地段多为雪山和冰川;在格尔木至昆仑山一线河谷区,坡降大,干旱少雨,分布有大片的荒漠、沙砾、戈壁和荒漠草原、干草原等;草场主要有高寒草原、高寒草甸、沼泽草甸、荒漠草原和灌丛草原等,主要分布在昆仑山以南的漫长线域,高寒草原主要分布在唐古拉山以北地区,高寒草甸主要分布在唐古拉山以南及雁石坪、烽火山一带,沼泽草甸分布在河流、湖泊沿线、沟谷地带、丘间洼地或有水分补充的洪积扇等区域,灌丛草甸主要分布在当雄周围及其以南的广大区域;山地主要分布于唐古拉山、昆仑山、烽火山、乌丽山、头二九山、羊八岭、开心岭等地;峡谷主要分布于羊八岭一线;河谷盆地主要分布于拉萨河宽谷盆地。

在青藏铁路线域分布最广的土壤是高山草甸土和高

图1-2 拉萨郊区的湿地景观

图1-4 羊八井峡谷

图1-3 长江源

图1-5 错那湖景观

山草原土，海拔自下而上一般具有灌丛草原土、草甸土和寒漠土等的垂直分布规律。

1.1.4 水文特征

青藏铁路线域主要水系为昆仑山内陆水系、长江水系、扎加藏布内陆水系、怒江水系和雅鲁藏布水系等五大水系。昆仑山内陆水系主要包括格尔木河（上游为昆仑河）；长江水系包括昆仑山与唐古拉山之间的众多河流、湖泊等，主要有沱沱河、通天河、楚玛尔河；扎加藏布内陆水系包括了唐古拉山以南至头二九山区域的河流、湖泊，主要河流有扎加藏布；怒江水系包括了头二九山以南至念青唐古拉山以北地区的众多河流；雅鲁藏布水系包括念青唐古拉山以南的水系，主要有拉萨河及其支流堆龙藏布曲。北部两大水系区域

图1-6 羊八井温泉

图1-7　蓝天白云

分布有大片高寒草原，间或以荒漠草原、荒漠及高寒草甸等，南部三大流域主要分布有大片的高寒草甸和沼泽草甸。

昆仑山、唐古拉山及念青唐古拉山等大山将地下水分割成几个大的汇集流域，呈现出不同的水文地质条件。昆仑山以北与唐古拉山以南，地下水径流强烈，由岩层裂隙水、岩溶水和降水等共同补充，水质较好；昆仑山至唐古拉山之间，地势较为平缓，地下水主要由冻结层补给，流速较慢，矿化度较高，水质较差。

1.1.5　植被类型及分布

青藏铁路线域主要植被类型为高寒草原、高寒草甸、沼泽草甸和高山灌丛草原，在昆仑山北坡还分布有高寒荒漠草原和荒漠等，在羊八井以南分布有大片农田和乔灌木。高寒草原主要分布在雁石坪以北的广大线域；高

图1-8　念青唐古拉山

图1-10　格尔木荒漠

图1-9　可可西里草原

图1-11　那曲附近的草甸

寒草甸主要分布在雁石坪周围至那曲一线和北部烽火山一带；沼泽草甸主要分布在那曲周围至当雄以北地区和湖泊、河流、丘洼地带；高寒灌丛草原主要分布在桑曲以南线域，农田和乔灌木出现在羊八井以南的线域。沿线植被类型和主要优势物种为：

(1) 格尔木—南山口（山地荒漠）。

主要物种：驼绒藜（*Ceratoides latens*）、膜果麻黄（*Ephedra przewalskii*）等。

(2) 南山口—昆仑山（山地荒漠为主向草原过渡）。

主要物种：驼绒藜（*Ceratoides latens*）、膜果麻黄（*Ephedra przewalskii*）、紫花针茅（*Stipa purpurea*）等。

(3) 昆仑山—唐古拉山（高寒草原为主至高寒草甸）。

主要物种：紫花针茅（*Stipa purpurea*）、羽柱针茅（*Stipa basiplumosa*）、青藏苔草（*Carex moorcroftii*）等。

(4) 唐古拉山—当雄（高寒草甸为主）。

主要物种：小嵩草（*Kobresia pygmaea*）、藏北嵩草（*Kobresia littledalei*）、沼泽草甸建群种。

(5) 当雄—拉萨（高原灌丛）。

主要物种：垫状金露梅（*Potentilla fruticosa* var. *pumila*）、小叶金露梅（*Potentilla parvifolia*）、蕨麻委陵菜（*Potentilla anserina*）、香柏（*Sabina pingii* var. *wilsonii*）、小檗（*Berberis* spp.）、绢毛蔷薇（*rosa sericea*）、峨眉蔷薇（*rosa omeiensis*）、山生柳（*Salix oritrepha*）、硬叶柳（*Salix sclerophylla*）、沙棘（*Hippophae* spp.）、锦鸡儿（*Caragana* spp.）。

1.1.6 森林资源概况

青海有林业用地 338 万 hm²，占全省土地面积的 4.7%，森林面积 30.88 万 hm²，森林覆盖率 0.43%，占林业用地面积的 9.1%，国有林占 91%。主要树种有云杉、柏属、白桦、杨树、灌木等，主要分布在青海省东部的西宁、贵德、化隆、循化、同仁、贵南、河南、玛沁、甘德、斑玛等县（市），东南部的玉树、杂多和囊谦等县（市）及柴达木盆地周围。西藏有林业用地面积 1260.66 万 hm²，占全省土地面积的 10.3%，森林面积 728.77 万 hm²，森林覆盖率 5.93%，占林业用地面积的 54.1%，全部属国有。主要树种有云杉、冷杉、铁杉、乔松、高山松、云南松、华山松、高山栎、白桦、山杨和灌木，主要分布于西藏巴青县、索县、比如县、嘉犁县、

墨竹工卡县、曲松县、措美县、洛扎县等以东的地区和西藏南部、西南部的札达县、普兰县、吉隆县、聂拉木县、宁结县和岗巴县等的南沿地区。

虽然青海、西藏两省（自治区）森林面积较大，但在青藏铁路沿线却分布甚少。从格尔木到南山口为已建铁路，该段为沙荒地段，有零星的人工种植的杨树、柳树以及较大面积的天然生长的白刺、柽柳等高耐寒植被。新建铁路从南山口开始经纳赤台至昆仑山段，有稀疏灌木分布，而且有少量杨树、柳树和沙棘等人工引种栽培，生长良好。本段虽然降水量极低，但有昆仑河和格尔木河，具有良好的灌溉条件。从昆仑山至唐古拉山的整个青海段，植被基本以高寒草原和高寒草甸为主，物种以紫花针茅和扇穗茅为主的禾本科植物为主，乔灌木已无分布。铁路穿越唐古拉山进入西藏境内，从唐古拉山口经安多、那曲到当雄一带植被以高寒草甸和高寒草原为主。从当雄进入念青唐古拉山峡谷到拉萨的这一带，沿线植被分布变化明显，从草本到草、灌混交直至草、灌、乔混交。从当雄开始，在山坡及峡谷地区出现大面积分布的密度较高的灌丛，在村庄周围已有人工种植的杨树和柳树，从羊八井开始到拉萨，乔木的种植从散生扩展到为小块状，树种有杨树、柳树和槐树等。

1.1.7 野生动植物概况

青藏铁路穿过的青海、西藏两省(自治区)，动植物资源非常丰富。如可可西里拥有藏羚羊、野牦牛、藏野驴、雪豹、藏原羚等世界珍稀野生动物，属国家重点保护的一、二类野生动物就有 20 余种，因此素有高原"动物天堂"的美称，再加上数以百计的珍稀植物物种，可可西里被誉为"世界第三级"珍稀野生动植物基因库。藏羚羊被称为可可西里的骄傲，是我国特有的物种，国家一级保护动物，也是列入《濒危野生动植物种国际贸易公约》中严禁贸易的濒危动物。羌塘自然保护区生态系统独特，野生动物资源丰富，并因其特有性和生态脆弱性而具有极其重要的保护价值。

铁路沿线区域动物物种虽然相对贫乏，但动物的种群数量大，许多属青藏高原的特有种群。哺乳类动物约 16 种，其中 11 种为青藏高原特有种；鸟类约 30 种，其中 7 种为青藏高原特有种，属于国家一级保护的动物主要有藏羚羊、藏野驴、野牛、白唇鹿、雪豹、藏雪鸡、

图1-12 当雄附近的草场

图1-13 错那湖畔的羊群

图1-14 可可西里的藏羚羊

黑颈鹤等,属国家二级保护的动物有岩羊、盘羊、黄羊、猞猁、棕熊、斑头雁等。

铁路沿线区域高等植物约102属202种,其中青藏高原特有种84种。野生植物主要有枸杞、锁阳、黄芪、雪莲、秦艽、蘑菇、沙棘、白刺、沙枣等,是生产饮料药用和保健用品的最好天然原料。

1.2 新建青藏铁路沿线县市社会经济环境概况

1.2.1 格尔木市

新建的格(格尔木)—拉(拉萨)段铁路全长1142km,沿途经过格尔木市、安多县、那曲县、当雄县、堆龙德庆县和拉萨市等6县(市)。

格尔木市是西部地区的一座新兴工业城市,隶属青海省,为青海省第二大城市,青藏高原第三大城市,是内地进入西藏、新疆门户,为修筑青藏公路时兴起的戈壁新城。面积9.94万km²,人口7.09万。以汉族居多,藏、蒙古、回各族次之。1952年8月后,首批公路勘测队员来此。1954年设阿尔顿曲克哈萨克族自治区。1956年成立格尔木临时工作委员会。1960年设格尔木市,1965年改县,1980年复置市。1984年随着青藏铁路西宁—格尔木段的建成通车,格尔木成为青藏铁路第一期工程的终点。西郊建有西北地区规模较大的飞机场,民航班机可通达西宁、兰州、西安和拉萨等地。格尔木现南通西藏拉萨,北上甘肃河西走廊的敦煌、柳园,东达西宁,西到新疆,成为中国西部地区的交通要冲。

格尔木蒙古语意为河汉地,格尔木地处青藏高原腹地,辖区由柴达木盆地中南部和唐古拉山地区两块互不相连的区域组成,城区为格尔木河分流北注东达布逊湖之起点。格尔木辖区属大陆高原气候,少雨、多风、干旱,冬季漫长寒冷,夏季凉爽短促,降水量年平均仅41.5mm,蒸发量高达3000mm以上。日照时间长,年平均高达3358h,光热资源充足。唐古拉山辖区,属典型高山地貌,气候寒冷,仅有冬夏两季,年平均气温-4.2℃,无绝对无霜期。年平均降水量284.4mm,年蒸发量1667mm。

由于位于干旱和半干旱气候带,草地、沙地和戈壁构成了区内主要陆地景观,农牧业发达。市区东、西两侧细土带,大部分为格尔木河东、河西农场利用格尔木河在戈壁滩上建成的灌溉绿洲,种植作物有春小麦、青稞、油菜籽、豌豆、蚕豆和各类蔬菜等。阿尔顿曲克草原牧草丰美，天然草场面积达 340 万 hm²，约占全市土地总面积的 24.37%。养畜达数十万头 (只)。其中唐古拉山地区是青海省野生动植物自然保护区。高原特有的动植物有野牦牛、白唇鹿、野驴、雪豹、雪鸡、黑颈鹤、雪莲等，是极为珍贵的稀有品种。

格尔木辖区盐湖资源储量大，分布广，品位高，品种多。察尔汗盐湖、东西台吉乃尔矿区，盐类资源总储量为世界罕见，其面积相当于美国西尔斯盐湖的50倍，是我国最大的镁锂盐矿床。其中集约了 600 亿 t 的氯化物为主的近代盐沉矿物质。钾、镁、锂、硼、溴、碘、铷等的储量和品位，均居全国之首。此外，水晶、铅、锌、煤等矿藏，储量丰富，有待开发。

图1-15　即将出发的朝拜者

1.2.2 安多县

安多，藏语意为"尾部或下部"。安多县为西藏自治区那曲地区辖县，位于唐古拉山以南，为西藏北部公路交通要道和最大产煤区。县境横跨班戈错—东巧—怒江超基性岩带和羌塘—青南—三江构造区。中生代侏罗纪、三叠纪，新生代第三纪、第四纪地层广泛分布。安多附近有超基性岩侵入，唐古拉山以南和安多南部有燕山期花岗岩侵入。以川藏公路为界，东部为高山灌丛草甸地带，属怒江上游；西部为高山草甸地带，属扎加藏布上游和桑曲流域。县境西南多湖泊，较大的有错那、兹格塘错、懂错、篷错等。气候寒冷干燥，年平均气温 −3℃，最热月均温 7.7℃。年降水量约 400mm，且多为固态降水，多冰雹和大风。安多县县域面积 2.52 万 km²，人口 2.77 万。安多地区地理位置特殊，民族成分复杂，除主体民族藏族外，尚有汉、回、土、撒拉、蒙古、东乡及裕固、保安等民族。

图1-16　牛粪墙上的艺术（安多附近）

安多县幅员广大，地形复杂，草原辽阔，河湖众多，冰川纵横，气候独特，蕴藏着极为丰富的自然资源，是全国最大的自然资源处女地。安多草原是藏北四大草原之一，草原面积占藏北草原的 1/2 多，可利用草原面积 4.5 万 km²，物种以矮蒿草、小蒿草、披菅草，紫花针茅等为主。

安多县同时是一个天然的野生动物王国。家养动物有牦牛、绵羊、山羊、马匹等，常见的野生动物有：野牦牛、藏野驴、藏羚羊、岩羊、盘羊、黄羊、狐狸、狼、猞猁、狗熊、草豹、旱獭、野兔等。其中：藏野驴、藏

图1-17　藏式家具上的艺术（那曲）

羊、野牦牛、盘羊系青藏高原特有的珍稀种类，有很高的经济价值和观赏价值，均属国家保护动物。主要鸟类可分鸠鸽种类、雁鸭种类和雉科种类三类，其中藏雪鸡、黑颈鹤、白天鹅等闻名世界。安多县河流纵横，湖泊众多，鱼类丰富。著名的错那湖境内有裂腹鱼、亚科鱼类，因常年没有捕捞，鱼的单位面积较大。西藏鱼类有着独特的风味，肉厚膘肥，少刺味鲜，是鱼类中的珍品。卤虫卵资源丰富，开发前景广阔。

安多县矿产资源也极为丰富，目前发现的矿产多达30余种，主事有煤、铁、铬铁、铜、锌、锑、钼、砂金、岩金、硼砂、铂、银、水晶石、玉石、石膏、云母、盐、石油等，大部分矿物储量居国内各县的首位，且品位高、易开采。

安多县历史悠久，文化积淀很深，旅游资源得天独厚，一批世界自然文化遗产独具特色，人文景观驰名中外，为国内外学术界和世人所瞩目。继元至明、清，历朝中央政府在安多布行政设置，安多地区政教发展引起了藏文化模式的更移、变化，各类文化形态的系统特点及内涵日趋丰富和全面。安多地区无论其地理位置、文化价值观念、文化内涵、文化精神、文化资源都影响着整个藏族社会。境内可供旅游的文化古迹、自然景观较多，境内有8座古寺庙，大多建于19世纪，最早的白日寺建于7世纪；神奇的长江源头格拉丹东，由于终年积雪，自然冰雕成美观壮丽的水晶宫、冰塔林，还有著名的唐古拉，神奇险峰千姿百态。另外安多特殊的地理环境，藏民族独特的风俗、习惯和服饰，使其自然景观和人文景观具有独特的魅力。

1.2.3 那曲县

那曲，藏语意为"黑河"，因怒江水呈蓝黑色得名。那曲县，1959年成立，位于西藏自治区羌塘草原中部。整个地区在唐古拉山脉、念青唐古拉山脉和冈底斯山脉怀抱之中，西边的达尔果雪山，东边的布吉雪山，形似两头猛狮，守护着这块宝地。县域面积1.6万km²，人口6.49万，农牧业人口占77%以上，主要以藏族为主，还有汉、回、门巴、纳西、土、苗、白、布依等民族。

全县均属藏北高原，平均海拔约4500m，最高海拔6500m。境内多山，但山势不陡，坡度较为平缓，大多呈浑圆状，为高原丘陵地形。属高原亚寒带半干旱季风气候区，基本没有无霜期，多大风、冰雹、干燥、

寒冷，冬春多雪，长冬无夏。年均温 −1.9℃，1月均温 −13.8℃，7月均温 8.8℃，年降水量 406.9mm，日照时数为 2852.6 ～ 2881.7h，全年无绝对无霜期，年冰雹日数 34.5d。自然灾害主要有雪灾、风灾、旱灾等。其经济以牧业为主，牧业产值占全县总值的90%以上。牲畜主要有牦牛、绵羊、山羊和马，是藏北主要的畜产品生产基地。

那曲县自然资源极其丰富。矿产资源主要有铬、铁、铅、锌、锑、硫、砂金、煤等；野生动物资源主要有野山羊、岩羊、樟子、猞猁、野驴、狗熊、褐背地鸦、野鸡、秃鹰、天鹅、黑颈鹤等约百余种；野生植物主要有虫草、贝母、雪莲花等；名土特产品主要有牦牛、藏北绵羊、酥油、干肉、毛绒、虫草、贝母、雪莲花、瑞香狼毒等。

那曲境内辽阔的羌塘草原和神秘的藏北无人区，都会给旅游者留下深刻的印象，尤其是一望无际的无人区，栖息着野牦牛、藏羚羊、野驴等许多国家一级保护动物，给这片神奇的土地增添了更加迷人的色彩。那曲镇是西藏开放的旅游区之一，每年8月是藏北的黄金季节，一年一度的赛马节在此举行，观光群众、各业商贩、嘉宾游客纷纷云集而来。夏日的那曲草原更是一幅由蓝天、白云、彩虹、牛羊和绿色织就的锦缎画，旅游者都会在这里领略到大自然的美妙，领略到藏北草原的自然风光、节日气氛和民族风情，还可以参观游览藏北名寺孝登寺。

1.2.4 当雄县

当雄，藏语意为"选出来的草滩"，其间的羌塘大草原是草美羊肥的牧场。当雄，位于藏南与藏北的交界地带，北依念青唐古拉山，处于亚东—康马—羊八井那曲活动断陷地带，形成羊八井—当雄谷地，是拉萨市的北大门，距拉萨市160km，是拉萨市唯一的纯牧业县。当雄境内平均海拔高度4300m，念青唐古拉山横贯全县，全县除当曲、拉曲、堆龙曲等河谷有少量平原外，在念青唐古拉以南绝大部分皆为高峻的山地。总面积1.2万km²，人口约4万，其中牧业人口约3.8万，藏族占绝大多数，其他民族有蒙古族、回族和汉族等。气候属高原大陆性气候，具有气温低的特点，年平均温度仅1.3℃，无霜期短，年平均不足60天。降水集中是本县的气候特点之一，年平均降水量达480mm，6～9月降水量占到年降水量

的 87.4%。光照充足，太阳总幅射量高。

当雄县以牧业为主，以山羊、绵羊、牦牛、犏牛、黄牛、马为主要畜种，畜产品有酥油、肉、奶、羊毛、羊绒、皮张等。每到冬宰季节，在当雄都能买到最好的牛羊肉，拉萨市场上的酥油和牛羊肉许多都是从羌塘草原运去的。

在当雄大片的草原上，还生长着宝贵的药用植物，著名的有虫草、贝母、单子麻黄、红景天、雪莲花、龙胆、甘遂、黄茂等。

当雄县有丰富的野生动物资源，如藏羚羊、野驴、盘羊、旱獭、野兔等；有大量的野生大型食肉动物，如秃鹫、豹、狼等；还有数量庞大的小型杂食动物，如雪鸡、水鸭、白天鹅、黑颈鹤、山鸡、狐狸、黄鼠狼。

1.2.5 堆龙德庆县

堆龙德庆县位于西藏自治区首府拉萨市西郊，距拉萨市中心约 12km，地处西藏中南部，雅鲁藏布江中游地带，拉萨河向南拐弯处及其支流堆龙河两岸，地势西高东低。最高海拔 5500m，最低海拔 3640m，相对高差 1864m。地理位置为东经 91°19′～91°23′，北纬 22°00′～22°17′。青藏公路、拉贡公路、青藏铁路等交通干线横贯县境，另有县道 12 条，乡村公路 35 条，交通比较发达。堆龙德庆县管辖 5 乡 2 镇，35 个行政村，总户数 7116 户，总人口 36270 人，其中农牧业人口 20708 人，占总人口的 57.1%，农村劳动力 20025 人，全县总面积 2682km²。属高原河谷半干旱气候区，日照时间长、气候湿润气温低。年平均气温 7℃，最冷月（1月）月平均气温 -18℃，最热月（6月）月平均温度 23℃，极端最低气温 -23℃，极端最高温 -23℃。年降水量 400mm，95% 以上集中在 6～9月份，全年日照时数 3006h 以上。无霜期 120 天。主要自然灾害有干旱、冰雹、霜冻、洪水等。主要土壤类型有风沙土、新积土、沼泽土、潮土、草甸土、灌木草原土、亚高山草甸土、高山草原土及高山寒漠土等。农耕地分布有草甸土、灌丛草原土和亚高山草甸土等。

主要植被类型有沙荒植被，草甸和沼泽、山地灌丛草原，亚高山、高山草原，亚高山、高山灌丛草甸，亚高山、高山草甸及稀疏垫状植被等。野生植物主要有砂生槐、锦鸡儿、枸子木、小檗以及珍贵中药材虫草、贝母、雪莲花等。全县现有林地面积 3.5 万亩，宜林地面积 5.97 万亩，天然乔灌木林地 2.12 万亩。主要有杨、柳、

沙棘等较大面积的人工林。野生动物资源主要有麝、马鹿、水獭、棕熊、雪豹、黑颈鹤和藏马鸡等。

1.2.6 拉萨市

拉萨，在藏语中为"圣地"或"佛地"之意。拉萨作为西藏自治区首府，是一座具有 1300 年历史的古城，长期以来就是西藏政治、经济、文化、宗教的中心。位于雅鲁藏布江支流拉萨河北岸，东经 91°06′，北纬 29°36′，海拔约 3650 m。金碧辉煌、雄伟壮丽的布达拉宫，是至高无上政教合一政权的象征。

拉萨市辖 7 县（当雄县、堆龙德庆县、曲水县、墨竹工卡县、达孜县、尼木县和林周县）1 区（城关区）。全市总面积近 3 万 km²，市区面积 59 km²。全市总人口近 55 万，其中市区人口近 27 万，有藏、汉、回等 31 个民族，藏族人口占 87%。

拉萨市区地处河谷冲积平原，是世界上海拔最高的城市之一。拉萨位于西藏该高原的中部，地势由东向西倾斜，气候属高原温带半干旱季风气候区。在群山环绕的小盆地的盆底，地势平坦，气候温和，冬无严寒，夏无酷暑，平均气温 8℃。年降水量 200～510mm，集中在 6～9月份，多夜雨，称为雨季。最高气温 28℃，最低气温 -14℃。空气稀薄，气温低，日温差大，冬春干燥，多大风。年无霜期 100～120 天。年日照时数 3000h 以上，故有"日光城"美称。

拉萨北部当雄全县和尼木、堆龙德庆、林周、墨竹工卡部分区乡属藏北草原南沿，水草丰美，牧业兴旺，盛产牛羊肉类、酥油和牛绒、羊毛；中部是著名的拉萨河谷，南部属雅鲁藏布江中游，为西藏较好的农业区之一，盛产青稞、小麦、油菜籽和豆类，"拉萨一号"蚕豆更是饮誉中外的良种。拉萨周围具有经济价值和医疗作用的地热温泉遍地，堆龙德庆县的曲桑温泉、墨竹工卡县的德中温泉享誉整个藏区。

拉萨城历史悠久，公元 7 世纪中叶，吐蕃部族首领松赞干布在此创基立业。相传唐朝文成公主嫁到吐蕃时，这里还是一片荒草沙滩，后为建造大昭寺和小昭寺，用山羊背土填卧塘，寺庙建好后，传教僧人和前来朝佛的人增多，围绕大昭寺周围便先后建起了不少旅店和居民房屋，形成了以大昭寺为中心的旧城区雏形。同时松赞干布又在红山扩建宫室（即今布达拉宫），于是，拉萨河

图1-18　布达拉宫

图1-19　大昭寺

图1-20　八角廓一隅

谷平原上宫殿陆续兴建，显赫中外的高原名城从此形成。"惹萨"也逐渐变成了人们心中的"圣地"，成为当时西藏宗教、政治、经济、文化的中心。1951年5月23日，西藏和平解放，拉萨城进入了新的时代。1960年，国务院正式批准拉萨为地级市，1982年又将其定为首批公布的24座国家历史文化名城之一。

拉萨市内和郊区名胜古迹众多，布达拉宫、大昭寺、哲蚌寺、色拉寺和甘丹寺等早已驰名中外。其他景点还有藏王陵、楚布寺、达扎路恭纪功碑、甘丹颇章、拉萨清真寺、龙王潭、罗布林卡、曲贡遗址、西藏革命展览馆、小昭寺、药王山、直贡噶举派寺庙群等。

1.3　青藏铁路沿线的旅游资源及旅游注意事项

1.3.1　旅游资源概况

青藏铁路格拉段沿线美景数不胜数，有"中国第一神山"之称的昆仑山、"藏羚羊故乡"之称的可可西里、"万里长江源流（第一河）"之称的沱沱河、"生命的禁区"之称的唐古拉山……

【昆仑山口】昆仑山，藏语的意思为"心驰神往的西天乐土"，是中国古代神话传说中西王母居住的地方。

这里终年银装素裹，云雾缭绕，形成闻名遐迩的昆仑六月雪奇观。昆仑山，耸立在格尔木市南面，古书载昆仑山是玉龙腾空之地，素有亚洲脊柱之称。昆仑山口属多年冻土区荒漠地貌，地质系古代强烈侵蚀的复杂变质岩所构成，间有第三纪沉积物构成的丘陵低山和丘垅。山坡谷地生长梅、虎爪耳草等高原冻土荒漠野生植物。登临山口，巍巍昆仑的千峰万壑如同披着银灰色铠甲的群群奔马，随着风起云涌，滚滚向前。

【纳赤台清泉】位于青海省格尔木市西南约94km的青藏公路边，在昆仑山系的沙松乌拉山和博卡雷克塔格尔山之间，昆仑河北岸，亦称昆仑泉。此清泉虽处在海拔3540m的高寒地区，常年冰天雪地，水温较低，但一年四季从不会封冻，为昆仑山中第一个不冻泉。纳赤台泉水量大而稳定，并含有对人体有益的微量元素和气体，被人们誉为"冰山甘露"。

【察尔汗盐湖】察尔汗盐湖位于青海柴达木盆地中南部。察尔汗盐湖中有好几个奇特的湖中套湖，一环套一环，形成世界上罕见的"湖中湖"。察尔汗盐湖的奇观万丈盐桥是一条修筑在盐湖上的平整宽阔的公路，这座桥造型独特，与众不同，它既无桥墩，又无栏杆。全是用盐修成的，素称"万丈盐桥"。盐公路光滑平坦，与柏油马路并无两样。路面出现坑凹，用卤水一浇即可填平。

【沱沱河】 沱沱河是长江的正源。早在《尚书》中，人们就在讨论长江之源，明朝的著名旅行家徐霞客认为金沙江是长江之源，并著《江源考》一书论述。到了清朝，人们已认识到通天河，但依然无法确定长江正源。我国曾在 1956 年和 1977 年，两次考察长江源头地区，在 1977 年的考察中，终于确定发源于各拉丹冬的沱沱河是万里长江的正源。

沱沱河从各拉丹冬的姜根迪如冰川发源时，是一些冰川、冰斗的融水汇成的小溪流，这时的水面宽只有 3m，深只有 20cm 多，然后向北流过 9km 长的的距离，在巴冬山下汇集了尕恰迪如岗雪山的冰川融水，经过一条长约 15km 的谷地，继续向北，分成了两条宽 4m 和 6m 的小河，小河两边的谷地中还有许多密如蛛网的水流，这里是沱沱河的上源。沱沱河到囊极巴陇时与当曲、布曲、朵尔曲汇合，它经过 375km，在这里形成宽 30m 的大河，从这里起它的名字叫通天河。著名的万里长江第一桥就飞架在沱沱河沿的河滩上，它是长 324m、宽 11m 的钢筋混凝土大桥。

【可可西里】 可可西里，藏语的意思为"美丽的少女"，可见其景色迷人之处。这个中国最大的"无人区"，是动物的天堂。除了有"高原精灵"之称的藏羚羊外，还有许多它的高原"密友"—— 野牦牛、野驴、黑颈鹤……伴随着它清闲漫步，觅食嬉戏。

【唐古拉山】 唐古拉山，高原上的高山，藏语的意思为"鹰飞不过去的地方"，这里是生命的禁区。这里的阳光分外耀眼，蓝天衬着白云、白云连着雪山，一切显得格外的静谧。羸弱的草皮上间或冒出几朵小花，让人难以名状地顿感生命的奇迹。

图1-21　昆仑山口

图1-23　纳赤台清泉

图1-22　沱沱河

图1-24　唐古拉山

图1-25 错那湖

图1-27 那曲羌塘大草原

图1-26 当雄湿地

图1-28 纳木错

　　唐古拉山脉是在海拔5000m的高原上耸然而出的山脉，海拔6839m，有冰川发育，山脊终年白雪皑皑，刀脊、角峰地形比比皆是。在阳光的照耀下，连绵的雪峰银光闪闪，而山脚下的冰川象一条条巨大的银龙蜿蜒而下；在山风的吹拂中，五彩斑斓的经幡在湛蓝色的天空中不停地欢唱，景色格外壮丽。

　　【错那湖】　错那湖是怒江的源头湖，海拔4800m，面积约300km²，是世界海拔最高的淡水湖，唐古拉山山脉南部河溪均汇入错那湖流入怒江。在蓝天白云和一望无垠的草原的映衬下，夏季清澈碧绿的错那湖显得分外美丽。青丘着意，绿水清漪，鱼儿欢跃，野鸭和候鸟在自由嬉戏。湖中水产丰富，吸引了黑颈鹤、天鹅、野鸭、鸳鸯等国家级重点野生保护动物，绿草如茵的湖边草地则是藏羚羊和藏原羚栖息的家园。湖边远眺，卓格神峰隐隐作态，山水相映。

　　和纳木错湖一样，这是一个信徒经常会来朝拜的湖泊：每到藏历龙年，成千上万的信徒就会四面八方拥来错那湖朝拜，所以，在当地藏族人民的心目中，错那湖是一个"神湖"，是安多及青藏铁路沿线最著名的景点之一。

　　【念青唐古拉山】　在拉萨以北100km处，屹立着举世闻名的念青唐古拉大雪山，当雄西北的念青唐古拉山被西藏人视为"灵应草原神"。它是一座受两侧呈东西走向的怒江断裂带与雅鲁藏布江断裂带控制的，在挤压、断裂、褶皱等作用下强烈隆起的巨大山系。7000m以上的雪山仅当雄县境内就有4座，俨然一道不可逾越的高墙护卫着当雄草原。其最高雪山海拔7117m，终年白雪皑皑，云雾缭绕，雷电交加，神秘莫测，如同头缠锦缎，身披铠甲的英武之神，高高地矗立在雪山，草原和重重峡谷之上。

　　在西藏古老的神话里，高高低低的雪峰，像水晶之塔烘托和环绕着这座神圣峰峦，在日月莲花垫般的峻岭上，立着一尊天鹅般的神马，各种宝石镶嵌在华贵的马鞍上边，具有金刚焰饰的唐古拉大神，肤色白皙、面带微笑、三只眼睛闪闪发光，雪白的长绸缠着他的顶髻。右手高举装饰着五股金刚杵藤鞭，左手拿着水晶念珠，身披白、红、蓝三色缎面披风，以各种宝贝作装饰，显得年轻英俊而且威严。

【那曲羌塘大草原】　一到那曲，一望无际的那曲羌塘大草原尽收眼底，这里是藏北牧民祖祖辈辈生活的地方。羌塘草原位于西藏自治区北部的昆仑山脉、唐古拉山和南部的冈底斯山之间，东西长约 1200km，南北宽 700km，平均海拔 4500m 以上。羌塘高原是世界上至今生态环境仍保存完好、未经深入研究的区域之一。

羌塘草原是一个具有丰厚沉积层的文化沃土。牧民们在这辽阔的草原上，创造了梦幻迷离，色彩斑斓的游牧文化。不仅有远古岩画，也有许多古象雄国的遗址，英雄格萨尔王的足迹及故事遍布藏北，玛尼堆、经幡、古塔随处可见……为苍茫的大草原增添了几分神秘的色彩，著名的唐蕃古道贯穿南北。青青的草原，洁白的毡房，成群结队的牛羊……真所谓"天苍苍，野茫茫，风吹草低见牛羊"。

【当雄湿地】　当雄，藏语的意思为"选选的草滩"，俗称为"选出来的好地方"。旧时为当雄宗，是拉萨的北大门。境内平均海拔 4300m，念青唐古拉山横亘全县。倚傍念青唐古拉山的当雄宽谷盆地因为断线构造，近侧高山冰雪融，水流不断，因而河网水系较为稠密加上地势宽坦低洼，水流滞缓，致使当曲及其两岸广泛发育着低湿草滩与沼泽。当雄县府驻地当卡镇的藏语含义就是"沼泽地"或"草滩边"的意思。

辽阔丰美的当雄羌塘大草原上湿地类型极其丰富多样，景色优美，除了放牧以外，这里还是一些青藏高原地区候鸟、水鸟等的栖息地，如国家一级保护动物黑颈鹤以及赤麻鸭、斑头雁等，此外，虫草、贝母、麻黄、红景天、龙胆等珍贵药材植物也极其丰富。

【纳木错】　纳木错，藏语的意"天湖"、"圣湖"，是藏传佛教的一个著名佛地。纳木错位于当雄县城西北约 60km 处，海拔 4718m，是世界上海拔最高的咸水湖，也是我国第二大咸水湖，东西长 70km，南北宽 30km。它与阿里的玛旁雍错、山南的羊卓雍错并称为西藏三大圣湖。纳木错湖水靠念青唐古拉山的冰雪融化后补给，沿湖有不少大小溪流注入，湖水清澈透明，

湖面呈天蓝色，水天相融，浑然一体，闲游湖畔，似有身临仙境之感。

相传纳木错是帝释天之女，念青唐古拉山之妻。而藏传佛教认为，纳木错是佛母金刚亥母的化身。佛教的藏民也相信，转湖朝圣能得到渊博知识积量功德，用圣湖水洗浴可以消除一生罪孽和一切烦恼痛苦，对湖许愿，灵验异常……据记载，公元 12 世纪末，藏传佛教达隆嘎创始人达隆塘巴扎西贝等高僧，就曾到湖上修宗要法，并始创羊年环绕纳木错胜过平时转湖 10 万次之举。因此，每逢藏历羊年，数以万计白徒从新疆、甘肃、宁夏、青海、四川、云南等地，甚至从印度、尼泊尔、不丹等地不惜长途跋涉，来到纳木错转湖朝圣。

【拉萨】　拉萨，古称"惹萨"，藏语"山羊"称"惹"，"土"称"萨"，相传公元 7 世纪唐朝文成公主嫁到吐蕃时，这里还是一片荒草沙滩，后为建造大昭寺和小昭寺用山羊背土填卧塘，寺庙建好后，传教僧人和前来朝佛的人增多，围绕大昭寺周围便先后建起了不少旅店和居民房屋，形成了以大昭寺为中心的旧城区雏形。同时松赞干布又在红山扩建宫室（即今布达拉宫），于是，拉萨河谷平原上宫殿陆续兴建，显赫中外的高原名城从此形成。"惹萨"也逐渐变成了人们心中的"圣地"，成为当时西藏宗教、政治、经济、文化的中心。在一般人的印象中，拉萨是由布达拉宫、八廓街（八角街）、大昭寺、色拉寺、哲蚌寺以及拉萨河构成的，但西藏人认为，严格意义上的"拉萨"应是指大昭寺和围绕大昭寺而建立起来的八廓街，只有到了大昭寺和八廓街，才算到了真正的拉萨。

拉萨市区地处河谷冲积平原，是世界上海拔最高的城市之一。地势由东向西倾斜，气候属高原温带半干旱季风气候区。年日照时数 3000h 以上，故有"日光城"美称。

1.3.2　旅游及考察注意事项

随着西藏铁路的开通，走青藏线去往西藏旅游的人数直线上涨。也许西藏的异样风光吸引着你；也许西藏人们的精神吸引着你；也许西藏的神秘吸引着你，也许你像我们一样，对西藏的各种奇花异草深深着迷。不管是因为哪种缘由进藏，我们都应该做好充分的准备，以便我们能很快适应，顺利愉快地享受青藏之旅的乐趣。

(1) 气候与服装：由于青藏线属于高海拔地区，气候比较特殊，整体表现为昼夜温差较大，早晚较冷，太阳辐射强，空气干燥。因此，准备好合适的衣物装备是很重要的。由于天气变化很快，因此必须准备好多件不同季节的衣服，确保不至于受冷着凉。由于高原太阳辐射强，需注意防晒，一定要准备防晒霜、太阳镜、太阳帽、防紫外线雨伞、唇膏等物品。但一年四季不同时段的气候还是各不一样的，因此准备的衣物也要有所不同。春季3-5月份，气候较寒冷、干燥、风大，需要带毛衣等冬装；夏季6～8月份，气候凉快，午间较热，可穿夏装，但也要准备几件厚衣服以防天气突然变化；秋季9～11月份，气候较寒冷、干燥，需要准备厚外套、毛衣；冬季12～2月份，气候寒冷、异常干燥，需要准备大衣、羽绒服、毛衣、手套、围巾等防寒衣物。

(2) 旅行装备：茶壶、饮水杯，徒步旅行时很必要；塑料绳，可带一至二团，可以作打包、晾衣等多种用途；卫生纸，使用后请焚烧，以保护生态环境；打火机，可用来点燃废弃物；生活用品，毛巾、牙刷、牙膏、梳子、香皂、牙线、润肤霜等；手电或应急灯，带上质量较好的电池；塑料袋，每种尺寸都可准备一些；手机，带好充电器，注意准备足够的电池，有些地方不能够充电。特别提醒爱好摄影的朋友，一定带好相机，数码相机一定要带好足够的存储卡，还有足够的电池及充电器。

(3) 高原反应：青藏高原的平均海拔为4000m，含氧量是平原的70%，所以大部分的人到西藏以后会有不同程度的高原反应，主要表现为头痛失眠、心慌、气短、恶心、呕吐等。凡有严重心、肺、高血压病的患者，均不可冒险来高原旅游。为减轻高原反应的程度，有以下几点注意事项：①旅游时必须调整好心态和情绪，心情保持平和，不要过于激动或低落。②在旅游前，一定要注意保证足够的休息时间，让身体处于较好的状态。③预防感冒，不要带着感冒出来旅游，在青藏高原感冒是很危险的，容易转变为肺水肿，严重者会导致死亡。④在高原上不要剧烈运动，走路以缓慢为主，注意休息。⑤上青藏高原后的前几天请勿洗澡，等适应后再洗。⑥注意多喝水、多吃水果、蔬菜。⑦准备一些针对高原反应的药，如阿斯匹林、安定、复方党参片、利尿磺胺、抗感冒药、维生素C、E、B$_1$、B$_6$等，以应付急需。⑧可以买些抗高原反应的保健品，如高原安、红景天口服液，也可在

图1-29　第一次考察

图1-30　第一次考察

图1-31　第二次考察

图1-32　第三次考察部分人员合影

图1-33　第三次考察

宾馆的氧吧适当吸氧(但只会暂时缓解高原反应)。最后，只要注意调节，一般人都可以很快适应低氧环境，如果实在不能够适应，应及早离开，确不可盲目坚持。

(4)饮食住宿：在青藏线饮食以肉食为主，价格相对较为便宜，但蔬菜水果等需要从内地运过去，价格则相对较高。在青藏线上，餐厅主要以川菜馆为主，偏重麻辣；多数餐厅面食较多，米饭较少。此外，在一些城市里，还有专门的藏餐馆，以高原牛羊肉、酸奶、土豆等特色食品为主，别具风味。

(5)关于交通：拉萨市区出租汽车的费用为上车十元每次，现在城区距离。关于长途汽车可到当地车站咨询。

(6)民族习俗与忌讳：藏族是一个笃信佛教的民族，受宗教影响极为深刻，生活中禁忌的内容很多，因此旅游中要注意尊重藏民族的风俗习惯及禁忌，以免引起不必要的麻烦。

(7)关于摄影：高原上的美丽风光是爱好摄影的朋友最想带走的。旅行中，时刻可以注意拍照，甚至在汽车上、火车上、飞机上也可以通过窗户向外拍摄。高原上的光线一般比较强烈，拍照时尽量选择高速的快门速度、小的光圈、低的iso值或降低曝光补偿；另外，注意构图和对焦准确，防止景象模糊。

青藏高原以她的神秘呼唤和迎接着世界各地的朋友，西藏以它特有的资源吸引着无数的专家学者，希望我们的西藏旅行注意事项可以在大家以后的西藏考察和旅行中有所帮助。

第 2 章　青藏铁路沿线线域生态环境调查

2.1 区域概况与调查目的和内容

2.1.1 研究线域概况

青藏铁路格拉段（格尔木至拉萨段）位于青藏高原腹地，全长 1142km，其中青海省境内 596.58km（含 31.75km 既有线），西藏境内 545.42km，于 2001 年 6 月 29 日在青海省格尔木市和西藏自治区拉萨市同时宣布开工，地处北纬 29°30′~36°25′、东经 90°30′~94°55′之间，北起青海省西部重镇格尔木市，基本沿青藏公路南行，途经纳赤台、五道梁、沱沱河沿、雁石坪、翻越唐古拉山进入西藏自治区境内后，经安多、那曲、当雄，最后到达西藏自治区首府拉萨市。全线线路海拔高程大于 4000m 地段约 960km，4500m 以上的地段长达 78km，在唐古拉山越岭地段，线路最高海拔为 5071m，这是一条世界上海拔最高、高海拔路段最长的高原铁路。线路经过多年冻土地段北起昆仑山北麓西大滩断陷盆地南到安多县城北边谷地，累计达 547km 长。

2.1.2 调查的目的

本次沿线进行的植被考察规模大，调查内容全面，而进行此次考察的目的主要是要完成植物、生态、土壤等的调查，掌握线域各典型地段有关上述各方面的详细情况，采集大量的植物标本；在大量收集资料的基础上，建立青藏铁路线域生态保护、恢复与治理科学研究数据库；初步摸清青藏铁路沿线植被地带性分布规律及植被群落特征，并提出青藏铁路沿线植被恢复的初步方案；确定有人值守车站的绿化规划和实验示范区的具体选址，并开展绿化规划及实验示范区的基础数据采集。

2.1.3 研究的主要内容

通过对青藏铁路沿线的研究，了解这一特殊地区的主要植被类型及植被空间分布特征；主要群落类型的空间结构及生态功能；青藏铁路沿线植被恢复的土壤水分、养份生态环境变化特征；降雨分布、地表水以及地下水分布规律；同时，通过对青藏铁路沿线的天然植被资源进行分析，为当前铁路沿线植被恢复植物种选择提供乡土植物资源，以期能为青藏铁路沿线的植被恢复工作提供技术支持。

本项研究内容主要包括以下几个方面：

2.1.3.1 青藏铁路沿线生态系统的基本特征及植被地带性分布与群落特征的研究

通过对青藏铁路线域环境与资源特征、生态区划等内容的研究，对这一特殊生态系统有一个科学的认识、评价和定位，为植被恢复与重建思路与方略的选择和技

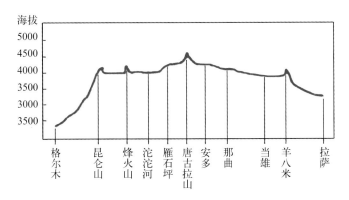

图2-1　青藏铁路沿线地形侧视

术体系的构建提供依据。其具体内容主要是对自然环境本底进行综合性及其特殊性研究，为其他研究内容的展开和深入提供前提条件。研究青藏铁路沿线植被的地带性分布规律、建群种和优势种、小生境与特殊种等，分析青藏铁路沿线植被群落特征以及铁路对植被生态系统的稳定机制、影响稳定的现实因素和潜在要素等。科学划分青藏铁路线域生态区段，确定青藏铁路人工植被恢复区段范围及各区段的植被环境特征、生态主导因子和重点建设任务，为铁路沿线植被恢复建设提供决策依据。

2.1.3.2 青藏铁路沿线植被恢复土壤合理利用技术研究

鉴于青藏铁路沿线土壤土层薄、土温低、有效养分少、盐分含量较高等制约青藏铁路沿线植被恢复的不良特性，本研究在对铁路沿线调查研究的基础上，研究如何合理利用土地资源，从而为灌、草植被恢复与建植提供科学依据与技术对策。主要研究内容有：

(1) 土壤物理、化学及生物学基础特性测定分析，通过测定分析为土壤合理利用提供基础依据。

(2) 土壤改良和培肥技术，主要包括当地泥炭、牛粪及化肥的应用技术，微生物菌肥应用技术，新材料利用技术，相似条件的客土利用技术等。

2.1.3.3 植被建设中的水分调控技术研究

针对干旱是青藏铁路植被恢复的主导限制因素，重点研究植被恢复中水的综合调控技术，保证植被恢复试验示范区建设顺利完成。青藏铁路植被建设中最大的一个限制因子就是水的问题，干旱是植被恢复的主导限制因素，它是保证植被恢复后灌丛植被持续健康发展的关键，因此研究水的调控技术是不可缺少的。主要研究内容有：

(1) 雨养植被建设技术，在对天然降水分布规律分析的基础上，研究雨水合理利用技术，利用小地形和适量的工程技术、集水和保水技术，以促进植被的自然恢复或人工建设。

(2) 地表径流的合理利用技术，主要研究人工植被建设区段河流水分运动规律，提出合理的水分利用形式、途径等技术。

(3) 土壤保水剂、植物防蒸腾试剂、土壤防蒸发材料、土壤防渗试剂等新材料合理利用技术。

2.1.3.4 植物种类选择、繁育和建植技术

植被恢复和重建必须解决植物材料的选择问题，由于青藏铁路地处高寒生态脆弱区，项目主要对当地植物材料进行选育，重点对青藏高原乡土植物材料进行选育，主要包括植物种类选择、繁育和建植三部分。

(1) 植物种类选择，主要包括沿线各段及相近条件区域天然植被建群种、优势种、共建种等物种组成调查，植被恢复与重建中植物种类的确定。

(2) 种苗繁育技术，主要包括当地灌、草种的采集、制种技术；着重本土优势乔木及灌木的组培快繁及育苗技术；常规繁殖技术及高新技术支撑研究等。

(3) 植被建植和建植辅助技术，主要包括草皮卷（草毯）、基质块或容器育苗技术；高原生态条件下提高成活率的抗寒、抗旱炼苗与栽植技术；地膜覆盖、小拱棚应用技术；菌根制剂、保水剂等建植辅助技术等。

(4) 典型立地条件下植被建植技术，主要研究路基边坡、山体陡坡、施工废弃场等典型立地的环境特点，抗寒、抗旱适宜植物种类的选择，植被恢复工程技术等。

(5) 经济观赏型植物的选引技术，在保障生态保护和植被恢复的前提下，对经济观赏植物的种类和利用技术等进行试验和研究。

(6) 恢复植被的保护技术，以生物药剂、机械防治和招引天敌的方式减少鼠的密度，进而保护绿化成果。

2.1.3.5 有人值守车站的绿化规划方案

针对青藏铁路有人值守的车站，依照植被地带性规律和植被群落特征分别选择具有典型代表意义的车站进行绿化规划方案的编制。主要包括沿途车站绿化和美化关键技术，该内容重点提出各站场最适宜绿化树种、植被群落特征和适宜的配置模式及人工植被重建需解决的关键问题，提出车站区段与水土条件相适应的乔灌草种类。提出各区段植被恢复和重建的主要配置模式及配套技术研究。

2.1.3.6 青藏铁路灌丛植被恢复试验示范区建设

项目建立一个总面积达100亩的以灌丛植被为主、多模式、多物种的试验示范区，为项目的推广应用提供技术样板和试验示范效果，并对各种模式的营造林关键技术进行有效综合集成，提出各种模式的具体经营管护措施，并进行中长期跟踪监测，为大规模的推广应用提供科技支撑。

2.2 调查设计

青藏铁路沿线土壤由于自然气候及人为干扰等因

表2-1 青藏铁路沿线植被样带设置

样带号	海拔(m)	地点	样带号	海拔(m)	地点	样带号	海拔(m)	地点
1	3094.9	南山口	10	4666.2	塘岗	19	4551.6	乌玛塘
2	3444.4	纳赤台	11	4825.3	布玛德	20	4349.8	当雄车站
3	4386.8	西大滩	12	4959.6	唐古拉山北	21	4305.7	当雄大桥
4	4617.3	不冻泉	13	4888.0	扎加藏布	22	4232.9	宁中
5	4505.4	楚玛尔河	14	4708.4	安多	23	4562.9	羊八林
6	4738.8	五道梁	15	4605.9	措那湖	24	4543.0	羊八井
7	4866.2	风火山口	16	4548.8	嘎加	25	3982.0	马乡嘎
8	4592.9	乌丽	17	4543.5	那曲市	26	3803.0	古荣
9	4760.4	开心岭	18	4677.5	母布曲大桥	27	3637.8	东嘎

素,各种土地类型区多存在一定程度的土地退化现象。在高山草原或草甸分布地带,由于人为放牧、破坏等因素影响,形成所谓"黑土滩"、土地沙化、荒漠化等退化特征。了解沿线土壤的养分含量及理化性质,可为沿线防治土地退化和地力培肥,提供相应的理论依据。但是,沿线土壤理化特征及退化治理的相关研究,还比较欠缺。本研究对沿线不同土壤类型,进行系统的调查和取样分析,共调查样带27条,取得外业土样近500份。分析了包括土壤主要养分含量指标、理化性质在内的10多项指标,同时,对沿线土壤养分含量特征和理化性质进行了初步分析。为对青藏铁路格拉段主要植被类型的群落结构特征、空间分布格局和土壤环境系统以及其他相关社会经济活动指标进行了全面详细调查、收集,以期更好地完成对青藏铁路沿线植被的恢复、重建和保护,课题组与美国有关生态学者一起研究制定了沿线植被综合考察方案。

2.2.1 样带的设置

根据植物分布状况的不同,本次考察将铁路沿线分为两段进行调查,即格尔木-当雄和当雄-拉萨。格尔木至当雄段长约980km,每隔50km设一样带,共21条;当雄至拉萨段长约160km,每隔25km设一样带,共6条;共计设置27个样地(见表2-1)。

2.2.2 样地的设置

样地的设置是以铁路线为样带中心,在铁路两侧沿样带设置样地5个,样地面积400m²,样地中心距铁路线距离分别为5m、25m、75m、150m、300m。5m处样地规格为10m×40m,其余为20m×20m(图2-2)。

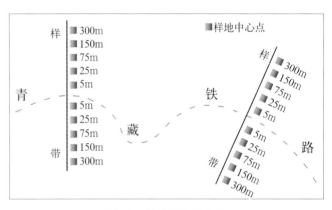

图2-2 样地设置示意图

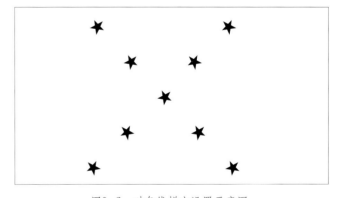

图2-3 对角线样方设置示意图

2.2.3 样方的设置

在每个样地内沿对角线设置9个样方。无乔灌植被类型时,设置1m×1m的草本样方;有灌木植被类型时,设置2m×2m样方调查其植被类型及生物量,然后在2m×2m样方内在进行1m×1m的草本样方调查(图2-3)。

2.2.4 样带-样地-样方编号

样带编号:以格尔木为起点,27个样带沿铁路线依次以 01、02、03…等阿拉伯数字进行编号。

样地编号：铁路左侧样地分别以 L1、L2、L3、L4、L5 进行编号；右侧为 R1、R2、R3、R4、R5。

样方编号：每一样地的 9 个草本样方以阿拉伯数字 1、2、3、…、9 进行编号。在灌丛样方内进行草本样方调查时，在样方前增加灌丛样方编号，即 GC1、GC2、GC3、…、GC9。

无乔灌植被类型（三级编号）：01-L5-6

有乔灌植被类型（四级编号）：03-R7-GC9-1

2.3 调查方法

2.3.1 样地与样方调查

进行植被调查时首先注明样带、样地和样方的编号、调查时间、GPS 编号、经纬度、海拔及干扰类型等；对于每一个样方内的草本植物注明植物名称、盖度、平均高度、数量、生长阶段和分布格局，有灌木和乔木的还要加上胸径和冠幅。

2.3.2 土壤调查、采集与分析

为充分了解青藏铁路线域土壤状况，对所调查的每个样地进行了土壤样本的采集，并在实验室进行理化性质分析。

(1) 土壤的调查与采集。样地样方内的土样用土钻分层(0～20cm，20～40cm) 采集，5～8 次，混合取样，土样重量 500g 以上，并将写明样地编号、采样深度、采样日期、采集人姓名的土壤标签放入土壤袋中，扎紧袋口。同时每个样地分层(0～20cm，20～40cm) 用 TDR 测定土壤含水量 3 次。每一样带挖掘典型土壤剖面 1 个，记录剖面详细信息。

(2) 土壤分析。在实验室，对所采集土壤样本进行了土壤颗粒分析，测定其 pH 值、交换性阳离子、有机质、颗粒性有机 C、活性有机 C、无机 C、全 P 与有效 P、全 K 与速效 K、全 N 与有效 N、硝态 N、铵态 N 等指标。

①土壤颗粒分析：采用吸管法对土壤颗粒进行分析。

②土壤 pH 值的测定：采用电位法测土壤 pH 值。

③土壤有机质的测定：采用高温外热重铬酸钾氧化 - 容量法测定土壤中的有机质。

⑤土壤钾元素含量分析：土壤全钾用火焰光度法测

定；土壤速效钾采用乙酸铵提取法测定。

⑥土壤氮元素含量分析：土壤全氮采用硒粉 - 硫酸铜 - 硫酸钾 - 硫酸消煮法和高锰酸钾－还原法。

⑦土壤碳酸钙：采用气量法测定。

2.3.3 植被群落的调查

2.3.3.1 植物标本的采集

对所调查的植被要全部采集标本，采集标本时尽量采集到根、茎、叶、花、果实和种子齐全的植株，并逐个拍照。包括样地照片、样方照片、植物照片以及工作照片的拍摄及编号。

2.3.3.2 植被调查

沿铁路全线进行植物群落学特征调查，灌木测定高度、冠幅、株数、生长势；草本测定多度、盖度、平均高度、频度、生长阶段；并根据调查结果进行物种优势度以及物种多样性分析。

2.3.3.3 数据处理方法

(1) 优势度及重要值的计算。每个植物种的优势度 MDR(multiplied dominance ratio) 采用以下两种方法计算：第一种方法是马晓渊的乘积优势度法；第二种方法是沼田真的加法优势度法。

①乘积优势度法：

$$MDR = F \times \overline{C} \times \overline{H}$$

其中 MDR 为优势度，F 是频度，$\overline{C}$ 是平均盖度，$\overline{H}$ 是平均高度。

②加法优势度法：

$$SDR = F + \overline{C} + \overline{H}$$

其中 SDR 为优势度，F 是频度，$\overline{C}$ 是平均盖度，$\overline{H}$ 是平均高度。

③重要值 P(important value) 计算：重要值采用的公式：$P(\%) = ($ 某一物种的 MDR$/\sum$ 群落中主要物种的 MDR$) \times 100$，在这里我们将重要值大于 0.1 的植物种选择为优势植物种。

(2) 多样性计算。多样性指数计算方法如下所示，每个样带合并计算得出多样性指数，物种重要值计算方法参照马晓渊的方法：

① α 多样性指数：选用丰富度指数（S）、均匀度指数和物种多样性指数 3 类，其公式如下：

Shannon-Wiener 指数（H'）：$H = -\sum P_i \ln P_i$；

Simpson 多样性指数 (D)：$D = \dfrac{1}{-\sum p_i^2}$；

Pielou 均匀度指数：$J_{SW} = \dfrac{(-\sum P_i \ln P_i)}{\ln s}$；$J_{Sl} = \dfrac{(1-\sum P_i^2)}{1-1/S}$

Alatalo 均匀度指数：$Ea = \dfrac{(\sum P_i^2)^{-1}-1}{\exp(-\sum P_i \ln P_i)-1}$

其中，S 为群落中物种种类的总数，即丰富度指数 P_i 为种 i 相对重要值。

② β 多样性指数：β 多样性可以定义为沿着环境梯度的变化物种代替的程度，也可称之为物种周转速率、物种替代速率和生物变化速率，通过对群落 β 多样性的测度，可以揭示生境被物种分割的程度或不同地段的生境多样性，本文选用了 Whittaker 与 Cody 两个 β 多样性指数。

Whittaker 指数：$\beta_W = S/m_a - 1$

式中：S 为所研究系统中记录的物种总数，m_a 为群落环境梯度上所发现物种的平均数。

Cody β 多样性指数：$\beta_C = \dfrac{g(H)+l(H)}{2}$

其中，$g(H)$ 是沿生境梯度 H 增加的物种数目；$l(H)$ 是沿生境梯度 H 失去的物种数目，即在上一个梯度中存在的而在下一个梯度中没有的物种数目。

第3章 青藏铁路沿线生态环境特征

青藏铁路沿线土壤由于自然气候及人为干扰等因素，各种土地类型区多存在一定程度的土地退化现象。在高山草原或草甸分布地带，由于人为放牧、破坏等因素影响，形成所谓"黑土滩"、土地沙化、荒漠化等退化特征。了解沿线土壤的养分含量及理化性质，可为沿线防治土地退化和地力培肥提供相应的理论依据。但是，沿线土壤理化特征及退化治理的相关研究还比较欠缺。本研究对沿线不同土壤类型进行系统的调查和取样分析，共调查样带27条，取得外业土样近500份。分析了包括土壤主要养分含量指标、理化性质在内的10多项指标，同时，对沿线土壤养分含量特征和理化性质进行了初步分析。

3.1 新建青藏铁路沿线地质地貌概况

3.1.1 昆仑山北麓区

青藏铁路线在该区包括三段，其中格尔木至南山口段属于昆仑山北麓柴达木盆地南缘山前冲洪积平原，地形平坦，地势向北倾斜，纵坡约15%，地表植被稀疏，呈戈壁荒漠地貌景观，海拔2800～3000m。

青藏铁路线南山口至昆仑桥属于昆仑山北麓格尔木河宽谷阶地区。格尔木河现代河床下切剧烈，以U型河槽为主，两岸陡直，河床宽度不到10m，下切深达35m。河槽陡坎以外地形平坦、宽阔、少植被。

青藏铁路线昆仑桥至望昆属于昆仑河河谷阶地地区。现代河床宽20～200m不等，三级阶地高出河床30～50m，岸壁陡立，比较完整。一级阶地高出河床3～10m，二级阶地大部分缺失；昆仑河中、上游多呈漫流状。西大滩断陷谷地南北宽4～7km，东西长30～50km，构成山间洪积平原。

3.1.2 昆仑山越岭区

本段含昆仑山北坡乱石沟峡谷区、昆仑山垭口、昆仑山垭口盆地及不冻泉河谷地带。属昆仑山中支低丘区，地形起伏大，植被稀少，海拔4500～4800m，以古冰川、现代冰川作用及寒冻风化地貌形态为主。乱石沟峡谷两岸冰川作用及寒冻风化作用形成的石海、石冰川、冰锥与冻胀丘、融冻泥流与滑坍发育。昆仑山垭口及垭口以南冰水沉积及湖相沉积盆地中，冰锥与冻胀丘、融冻泥流等不良土发育。

3.1.3 楚玛尔河高平原区

本段包括斜水河、清水河及楚玛尔河，海拔4500～4700m。楚玛尔河高平原宽达数十千米（西窄南宽），地形平坦开阔，地表植被较发育，热融湖塘分布较多。局部地区分布有沙堆、沙丘、沙丘链。河谷水流分散，宽300～1000m，一般呈浅滩漫流状，下切不显著。楚玛尔河盆地南北两侧的冲洪积平原地形切割较显著，呈波浪状起伏，地貌上呈沟梁相间。

3.1.4 可可西里山区

本段包括楚玛尔河南沿、五道梁、可可西里、红梁河、曲水河。可可西里山走向近东西，海拔4500～4700m，山脊平坦，相对高差100～300m，呈高原中、低丘陵地貌景观。

3.1.5　北麓河盆地

本段包括秀水河、北麓河滩地及阶地，海拔4500m左右，属于冲洪积侵蚀高平原地貌。地形略有起伏，低丘与洼地相间，小冲沟发育，沟岸不明显，地表植被稀疏。局部有小沙丘及半固定沙地。曲水段属剥蚀低山丘陵地貌，曲水河蜿蜒曲折，沟岸陡峻，多呈直立状，两岸地形平缓。

3.1.6　风火山区

本段包括风火山山前丘陵，风火山越岭地段及二道沟。风火山区为低高山区，海拔4600～5010m，相对高差200～300m。山顶基岩裸露，山梁较平缓，自然山坡上陡下缓，山间新沟谷发育，剥蚀作用强烈，地貌差异大，沟口切割深陡，形成陡坎。总的地貌特征是顶平坡缓，谷宽沟短。

3.1.7　乌丽盆地

本段包括乌丽冲洪积平原区和乌丽低高山区。乌丽冲洪积平原区，线路通过地段为尺曲河流阶地及乌丽盆地边缘。海拔4580～4600m，地势平坦，微有起伏，冲沟较发育，地表植被稀疏。尺曲及乌丽盆地边缘之冲沟中多冰锥、冻胀丘、冰幔等不良冻土现象。

乌丽山低高山区海拔4500～4700m，剥蚀侵蚀作用强烈，沟壑发育，切割较深。山顶较平缓，基岩裸露；山坡较陡，多为剥蚀风化层。山间冲沟中多流水，发育有冻胀丘、冰锥等不良冻土现象，流水汇入山间盆地低洼地带，形成大小不一的湖塘。

3.1.8　沱沱河盆地

乌丽至开心岭间为山前冲洪积平原及沱沱河阶地，海拔4560m左右。地形平坦，起伏不大，地面冲沟较发育，地表及局部有积水洼地，多为热融湖塘，局部地段发育半固定沙丘、沙地。沱沱河为本段最大河流，常年流水，河床宽阔，网状水系十分发育。

3.1.9　开心岭山区

开心岭为低高山，海拔4500～4700m，山顶平缓浑圆，山坡较陡，沟壑发育，切割较深，剥蚀侵蚀作用明显，山坡多风化剥蚀层。山间盆地多平坦，植被发育。

九十道班附近地下水位较高，泉水较多，发育有冻土湿地，诺日巴根曲河中多冰锥、冰幔等不良冻土现象。

3.1.10　通天河盆地

开心岭至布曲河段为冲洪积平原、通天河阶地及布曲河阶地区，海拔4600～4700m。地形平坦，地势宽阔，河床下切较浅，河水弯曲漫流，横向摆动明显，河心滩发育，布曲河一、二阶地明显。一级阶地与高河漫滩无明显界线，阶地宽100～500m，多为固定沙地，草皮稀少。

3.1.11　雁温峡谷区

包括雁石坪和老温泉兵站以北地段，为布曲河峡谷阶地，海拔4700m左右。布曲河受南北高山区控制，由南向北摆动，在山间谷地之中，地面起伏较大，由于河流的侵蚀及侧蚀，河谷阶地很不对称，二、三级阶地零星残存，地形较狭窄。

3.1.12　温泉断陷盆地

温泉断陷盆地为老温泉兵站以南至104道班进口，海拔4750～4850m。为一南北向分布的张性断陷盆地，断陷南北长约30km，宽约5～8km，盆地周边山前冲洪积扇极发育。布曲河床宽浅，河道多支。地形较平缓，草皮较少。

3.1.13　唐古拉山区

唐古拉山区可分为布区源头峡谷区、山前冰水沉积平原区和低山丘陵区，海拔4700～5200m。布区河源头峡谷区呈"V"型谷，104道班至唐古拉山铁路垭口处，河谷狭窄，岸边山体陡峭，阶地残缺，植被稀疏，基岩大部分裸露，第四系覆盖薄，地形起伏较大。山前冰水沉积平原区地形宽阔，地表径流发育呈漫流状，无明显沟槽，地表草皮稀疏。地面冰水沉积层松软，雨季人行困难。部分地段热融湖塘发育。低山丘陵区地形起伏，草皮稀疏，扎加藏布向东南弯曲行进，河流阶地不明显，冰积台地发育。

3.1.14　头二牛山区

头二牛越岭区属中高山地貌，海拔4800～5100m。地形起伏，冲沟发育，沟槽密布，草皮发育，沟谷及缓坡地带冻土沼泽化湿地发育。勒布曲成"V"型谷地，河床浅，无明显阶地。

3.1.15 安多桑利谷地

自多普尔曲源头峡谷至桑利属安多桑利谷地，海拔4600～4800m。多普尔曲源头至安多为山谷地带，冲沟发育，岸边大部分基岩裸露，河流沟床狭窄，河两岸山体陡直。缓坡地带草皮发育，冻土沼泽化湿地发育。

安多至桑利间，沿线主要地貌为山前洪冲积平原、北桑曲东安半固定沙地、错那湖东岸新月形沙丘、那曲河谷及东岸洪冲积平原和丘陵区、母各区东岸冲洪积平原和冰碛丘陵区。该段总的地貌形态为高原丘陵地貌，其主要地貌特点为山势平缓，山峰稀少，无明显峡谷峻岭，山体相对高差小于300m。山间及丘陵间冲洪积、冰碛及湖积平原发育，地形平坦、开阔。水系发育，河床宽浅，河流摆动、弯曲，两岸开阔，湖泊及条带状湿地分布广泛。地表草皮发育，覆盖率60%～90%。

3.1.16 桑利至羊八岭中高山区

本段包括桑曲中高山宽谷阶地区、九子纳越岭区、当雄盆地及羊八岭山前冲积平原区。海拔4200～4700m。

九子纳以北，线路通过地区为桑曲中高山宽谷阶地区，地形平坦，起伏较小。地面横坡一般在10‰左右，草皮稀疏。

九子纳越岭区，受风化剥蚀及构造影响，呈低丘、垄状地貌，沟梁相间，地面横坡较陡，草皮稀少。

九子纳至羊八岭间，线路通过山间谷地及倾斜平原，地形平坦、开阔。谷地宽约10km，两岸山高坡陡，基岩裸露。谷地阶地平缓，坡地横坡一般为2‰～6‰，低阶地及河漫滩内湿地发育。

3.1.17 念青唐古拉山南麓谷地

羊八岭至拉萨段地处念青唐古拉山南麓，线路主要通过羊八井盆地，堆龙区峡谷区和拉萨宽谷盆地地区，海拔3630～4600m。

羊八井盆地南北宽约6～10m，东西长数十千米。线路通过地段地形平坦开阔，低阶地及河漫滩湿地较发育。

堆龙曲峡谷区河谷与两岸相对高差约500～1000m，自然坡度35°～40°。现代河床宽20～50m，

河床纵坡15‰～25‰，河谷狭窄，水流湍急。

线路出羊八井峡谷后，河谷逐渐开阔，一般为1～3km，现代河床宽100～300m，河床纵坡2‰～10‰，两岸阶地及古冲积扇逐渐发育，现多以辟为耕地。

拉萨河洪冲积平原宽谷盆地区，南北宽4～6km，河谷相对高差500～800m，现在河床宽500～800m，河床纵坡1‰～1.5‰，河床不甚稳定，主流摆动较大。

3.2 青藏铁路沿线水文条件概况

3.2.1 降水分布特征

青藏铁路格拉段自北向南，纵贯青海、西藏两省自治区，经过的地形多样，气候多样，沿线降水分布极不均匀。从图3-1可以看出，年均降水量总体上是随着海拔的增高而升高，而且越往南，降水量越高。从宏观上看，年均降水量成明显的3个等级，在西大滩至清水河之间降水量出现阶梯式增加，经分析这是因为昆仑山山脉的阻隔作用而形成。在沱沱河至唐古拉之间降水量的增加率较高也是由于高大的唐古拉山对其北边的降水的阻隔作用。东南季风在沿着山体上升时在海拔为4300m的当雄地区达到最高值468.1mm。

3.2.2 地表水系分布特征

铁路沿线地表水分为五个水系，即格尔木河内陆水系、长江水系、扎加藏布内陆水系、怒江水系和雅鲁藏布江水系，其中4个分水岭是分别是昆仑山、唐古拉山、头二九山、念青唐古拉山。昆仑山以北属于柴达木内陆水系，主要由冰川溶雪及泉水补给，地表水文网发育，常年流水，铁路溯河而上，跨经的河流主要有格尔木河、雪水河、昆仑河、小南川等，其中二跨格尔木河，五跨昆仑河；昆仑山至唐古拉山段属长江水系，铁路跨经长江水系的河流有楚玛尔河、秀水河、沱沱河、通天河、布曲河等；唐古拉山至头二九山段属扎加藏布内陆水系，铁路跨经的河流主要有扎加藏布、唐龙藏布、日阿纳藏布等；头二牛山至念青唐古拉山，此地段属于怒江水系，线路跨经的河流主要有北桑曲、那曲、母各曲等，经过的湖泊有错那湖（线路距错那湖的最近距离为100m左右，从湖岸斜坡上通过）；念青唐古拉山至拉萨段属于雅鲁藏布江水系，线路跨经的河流主要有桑曲、堆龙曲、拉萨河等，另外还存在一些湿地

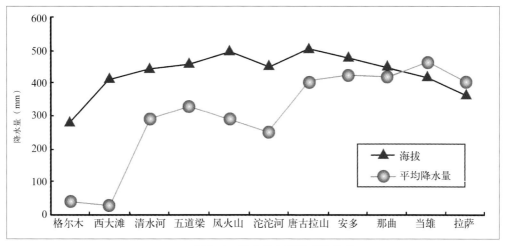

图3-1 降水量与海拔高度关系

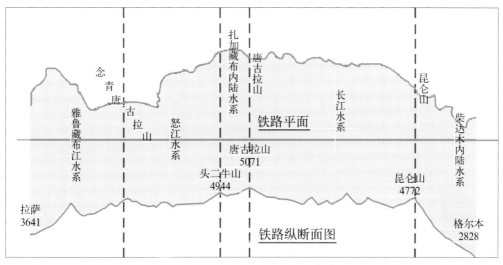

图3-2 沿线水系空间分布特征

地表积水，水质良好。昆仑山至拉萨段的河流主要由冰川融水和大气降水补给，水温较低，流量随季节变化较大。

3.2.3 地下水分布特征

青藏铁路沿线的地下水除了受气候特征、地形地貌条件、地层岩性地质构造等因素影响外，还由于多年冻土的存在，使得地下水在多年冻土区的埋藏条件和分布规律更加复杂化。而线路经过多年冻土地段北起昆仑山北麓西大滩断陷盆地南到安多县城北边谷地，累计达547km长，将沿线地下水分为3段。

(1) 昆仑山以北属于格尔木河谷地地下水流域区，地下水主要为第四系松散层中的潜水，以及基岩中的裂隙水、岩溶水，水量不均，地下水补给主要是靠昆仑河、格尔木河及其支流补给，水位水量受地表水影响较大，

其次还有融化的雪水、大气降水以及冰川底部融化水补给，聚流并向谷地汇集，补给充沛，径流强烈，排泄条件好，水质好，水质类型一般属于重碳酸钙钠型水，矿化度一般小于 1g/L。

(2) 西大滩至安多之间广泛存在片状多年冻土，冻土区具有一定厚度的多年冻土，形成一个较完整的统一的隔水层，地下水出现了冻结层上水、冻结层下水、融区水等几种特殊形式的地下水。冻结层上水是高原多年冻土区分布较为广泛的一种地下水类型，它的水位不稳定，相态不固定，基本为潜水类型，含水层薄，一般为 1 ~ 2m 左右，其埋藏和分布状况主要决定于季节融化层的分布特征和多年冻土融化底板的形状；冻结层下水是多年冻土区地下水的一种主要的储存形式，它的相态稳定，一年四季都处于液态，而且一般都具有承压性，但是其补给条件困难，径流条件差，水质好坏相差悬殊，水量

多少极不均匀；融区水由于融区的成因类型复杂而又分为片状、点状、带状三类，片状融区水主要赋存于一些大型湖泊底部，带状融区水主要赋存于楚玛尔河、北麓河、沱沱河、布曲等较大河流的河床下部及河谷两侧，呈带状发育，点状融区水主要赋存于断裂带的交汇处、温泉出露点和岩溶发育地区。

(3) 安多至拉萨段地下水类型主要有第四系孔隙潜水、基岩裂隙水和承压水。第四系孔隙潜水分布于河谷、平原及丘间洼地中，含水层主要为碎石类土，主要由河床地表水及大气降水补给，一般水量丰富、水质较好；基岩裂隙水分布于丘陵地带白垩系砂岩、侏罗系、二叠系砂岩夹页岩及古生界花岗片麻岩中，水量较小，水质较好，其补给来源主要为大气降水；承压水分布于基岩山区压扭性断裂带上盘以及断裂交汇部位，多呈泉水形式出露于地表，一般水质较好，水量丰富。

3.3 青藏铁路沿线土壤条件概况

3.3.1 土壤概况

青藏高原近代的强烈隆升，地理环境的急剧变化，使高原的土壤具有不同于一般低海拔地区土壤的特点。这里的土壤的发育历史年轻，具有明显的立体分布特征，而且地区之间差异显著。青藏铁路由北部至南分布着柴达木盆地边缘戈壁荒漠地、昆仑山河谷地区、青南高原、藏北高原、念青唐古拉山南麓谷地等地貌类型，包括了青藏高原主要的土壤类型，既包括了荒漠土、高寒草原土、高寒草甸土等。

青藏铁路格尔木段属于干旱的戈壁荒漠地貌景观，土壤自北向南依次为柴达木冻漠土、高寒草原土、高寒草甸土以及拉萨附近的阿嘎土、寒毡土等。生长植被类型依次为荒漠植被、高寒草原、高寒草甸、沼泽草甸以及灌丛草原等。

沿线土壤的形成和发育很少受人为活动的干扰和破坏，多数保持着完好的原始状态。本区一部分地区受第四纪冰川影响，成土年龄短。同时，气候严寒，一年中土壤冻结时间长达半年以上，成土作用时间短，强度弱，土壤发育年轻，诸如土层浅，石质化强，剖面分化差，铁、铝等氧化物再分配弱等皆是其表征。沿线很多地段分布有冻土层，漫长的土壤冻结(指冷季)和频繁交替的昼夜冻(指暖季表土)强烈地影响着土壤的形成和发育。由于气候严寒，地形起伏和缓，植被以高寒草甸、高寒草原、高寒荒漠草原和垫状植物为主，因此相应发育成高山草甸土、高山草原土和高山寒漠土三个地带性土壤。其次为沼泽土，零星分布的有草甸土、龟裂土、盐土、碱土和风沙土等。

3.3.2 主要土壤类型

(1) 高山寒漠土。主要分布在平均海拔5000m以上的高原面和冰川雪线以下的山地。植被以垫状的点地梅、棘豆、蚤缀、凤毛菊、驼绒藜等为主体。土壤形成特点是冰冻作用深刻影响下的原始荒漠成土过程，土体湿润，剖面分化不明显，以具有鱼鲴状结构或鳞片状结构和兰灰色潜育斑，甚至潜育层为其特点。

(2) 高山草甸土。上接高山寒漠土，下连高山草原土，是在寒冷湿润气候和高寒草甸植被下发育而成，植物有高山嵩草、矮嵩草，它们组成建群种，盖度70%～80%，地面融冻滑塌和草根层斑块状脱落十分明显。随着降水由东向西渐减，高山草甸土的分布高度和带幅相应由东向西升高和变窄，青藏铁路沿线的高山草甸土一般起自海拔4800m左右，向西上升至5000m。

(3) 高山草原土。为高原面的基带土壤，低山和高山下部也有分布，是在高寒半干旱气候和高寒草原植被下发育而成，植物常由大紫花针茅、羽柱针茅为建群种，群落组成常受土壤基质制约，砂砾质或盐碱化土壤多由垫状驼绒藜和青藏苔草等荒漠化草原成分加入；细质土壤是由紫花针茅、羽柱针茅为主的干草原，盖度30%～60%。从大的分布规律看，青藏铁路沿线为典型的干草原，往西荒漠化草原成分增多，分布上限也升至5000m。土壤形成特点是腐殖质积累过程和钙积过程强烈。草根层薄松或无，表层为5～10cm的腐殖质层，有机质含量1%左右。

(4) 沼泽土。分布于山间洼地、平缓的分水岭脊等浅洼低地中，由于冻土层出现部位高，沼泽土可分布在坡度22°的山坡上。沼泽土剖面分化简单，上部为根系交错密集、富有弹性的草墩，其宽度40～60cm(个别大于100cm)，高30～40cm，墩间距离30～50cm。主要植物为青藏嵩草和苔草等，有机质含量高达19%；下为兰灰色潜育层，中间还有腐殖质层。

还有其他一些土壤类型分布面积相对较小，比如分布于低洼地带的龟裂土、盐土、碱土等。

3.3.3 土壤地带性特征区划

为对青藏铁路沿线植被建设提供具体的对策，本研究在综合调查的基础上，对土壤地带性特征进行分区。在地貌上，青藏铁路所经线域分布有高原、雪山、湿地、草场、荒漠、戈壁、沙漠、寒漠、冰川等；在气候类型上，该线域包括了温带、亚寒带和寒带气候；在植被类型上，该线域包含了落叶乔木、灌木、草本到垫状植被等。将青藏铁路线域主要土壤类型划分成以下4个：

（1）南山口至昆仑山。属于柴达木盆地南缘山地冻漠土地带。主要景观为沙砾、戈壁、荒漠、沙漠，年平均气温一般在 -5 ~ 5℃，年降水量一般在100mm以下，只有在有土层并能获得一定水分的条件下，才生长一些稀疏灌草，以驼绒藜、梭梭、蒿草类为主，覆盖度一般在5%以下。

（2）昆仑山至雁石坪。土壤以高山草原土壤类型为主，部分地段零星分布有高山草甸土。沿线长342km，原、山、水相间分布，总体上较为平缓，主要山脉有可可西里山、烽火山、开心岭等，主要河流有清水河、秀水河、沱沱河和通天河等，年平均气温一般在 -2 ~ -6℃，牧草生长期4 ~ 5个月，年降水量200 ~ 300mm，该线域主体上是高寒草原景观，主要植物种为青藏苔草和紫花针茅，覆盖度一般在20% ~ 50%。烽火山一带约15km、雁石坪以北约5km及一些丘洼地、河流等处零散分布有高寒草甸及沼泽草甸，成为高寒草原的一种点缀。

（3）雁石坪至当雄段。主要以高山草甸土壤类型为主，部分地段零星分布有沼泽草甸植被类型下的沼泽土类型。雁石坪至那曲段，长316km，除翻越唐古拉山段海拔较高外，其他区段较为平缓，主要地貌仍以原、山、水相间分布为基本特征，该段翻越全线最高点唐古拉山脉和头二九山。年平均气温一般在 -7 ~ 0℃，牧草生长期4 ~ 5个月，年降水量一般在300 ~ 400mm，该线域主体上是高寒草甸景观，主要植物种为青藏苔草、紫花针茅和点地梅等，覆盖度一般在50%以上，但草被有不同程度的破坏。自那曲以北约20km处开始，出现了不少沼泽草甸，属于高寒草甸向沼泽草甸的过度。那曲至当雄段，长160km，最高点桑雄岭4770m，整段地貌上仍以高原为主，南北界于唐古拉山和念青唐古拉山两山之间，西临青藏高原大湖纳木错，形成沼泽草甸地带，主要河流有那曲河和桑曲。该段年平均气温 -7 ~ 0℃，牧草生长期4 ~ 5个月，年降水量一般在350 ~ 400mm，

沼泽草甸中的主要植物种为藏嵩草、苔草、羊茅等，覆盖度一般在80%以上。

（4）当雄至拉萨段。主要土壤类型以高山灌丛草原土壤类型为主，部分地段分布有高山草甸土或亚高山草甸土。包括当雄至羊八井段，长73km，最高点羊八岭4600m，以羊八岭山地和高原地貌为主，主要河流有柴曲。该段年平均气温在0℃以上，灌草生长期5个月左右，年降水量在400mm左右，以高寒灌丛草甸为主，主要种类有藏嵩草、早熟禾、羊茅、披碱草、针茅等。羊八井至拉萨段，长85km，随河流而下，坡降较大，地貌上以山谷盆地为主。该段年平均温度2 ~ 7℃，灌草生长期6个月左右，年降水量400 ~ 470mm，沿山谷盆地出现了大片农田和柳树、杨树等乔木林，主要作物有青稞、春小麦、油菜、豌豆、马铃薯等，田埂上、两侧山坡上分布着大量的灌丛和草类，主要灌木种类有金露梅、绣线菊、蔷薇、沙棘、小檗、香柏、锦鸡儿等，草类主要有早熟禾、披碱草、羊茅等。

3.4 青藏铁路沿线线域土壤特性研究

沿线土壤取样方法及地点，调查取样方法前已述及（详见第二章第二节）。各样带所处位置见表2-1所示，每条样带在铁路两侧按样方取土样，各样带土壤养分含量值取各样品平均值。

3.4.1 土壤理化性质变化

3.4.1.1 土壤pH值

从图3-3中可知南山口、纳赤台、西大滩样带pH值分别为7.1和7.3、7.6。而自不冻泉至嘎恰之间表层土壤pH值在7.8 ~ 8.3之间。而南段各样带pH值多在7.8以下，而宁中、拉萨古荣样带pH值分别为8.6、8.17。宁中样带pH值较高可能与样带所处的小环境有关系。

3.4.1.2 土壤结构组成

土壤是由粒径不同的各粒级颗粒组成的，各粒级颗粒的相对含量即颗粒组成，对土壤的水、热、肥、气状况都有深刻的影响。土壤颗粒分析即是测定土壤的颗粒组成，并以此确定土壤的质地类型。本实验采用比重计法测定土壤颗粒组成。不同地区土壤粒径组成各不相同，存在一定差距。从图3-4中可知，青藏铁路沿线土壤黏粒（按国际通用标准）。由上图可知沿线各样带土壤黏粒

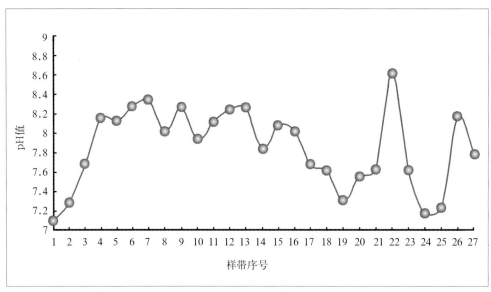

图3-3　青藏铁路沿线土壤pH值

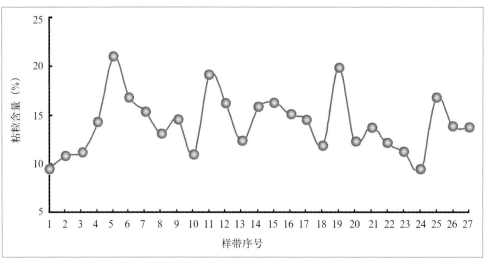

图3-4　青藏铁路沿线土壤黏粒含量

含量呈不规划的变化规律。黏粒所占的比例多在 10% ～ 20% 之间。楚玛尔河、布玛德、乌玛塘三条样带土壤黏粒含量较高，在 20% 左右。而北部荒漠地区三条样带土壤黏粒含量较低，在 10% 左右。另外，塘港、羊八井样带土壤黏粒含量也比较低。

3.4.2　土壤营养变化

3.4.2.1　土壤有机质含量变化

全球约有 1500Gt 碳是以有机质形式存在于土壤中，土壤碳库储量是大气碳库的 2 倍左右。因此，土壤有机碳库储量及其碳循环特征对大气层二氧化碳浓度影响很大。全球变暖的一个反应就是加速土壤有机碳的分解，并加大对大气的碳释放，这将进一步加强全球变暖的趋势。全球范围对土壤有机碳库储量的研究不断深入。青藏高原是地球陆地生态系统的重要组成部分，是世界上低纬度冻土集中分布区，作为欧亚大陆的最高最大的地貌单元，不仅对全球气候变化十分敏感，而且也在全球气候变化中起着重要作用。青藏铁路、公路沿线为调查研究高原生态系统碳储量提供非常便利的条件。因此，及时开展沿线土壤碳储量的研究非常重要。沿线广泛分布的高寒荒漠、高寒草甸、高寒草原、沼泽草甸均为自然植被类型，并且沿线植被及生态系统在青藏高原地区具有典型的代表性，通过对沿线生态系统碳储量特征的分析可推算整个青藏高原的碳储量。本研究对沿线主要植被类型的土壤碳贮量特征进行了研究。

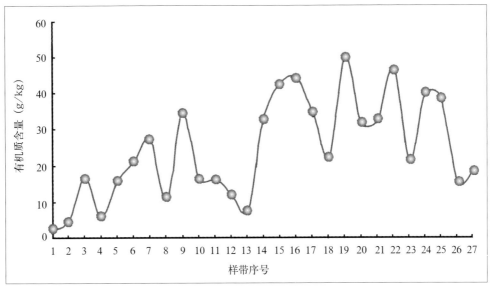

图3-5 青藏铁路沿线土壤有机质含量

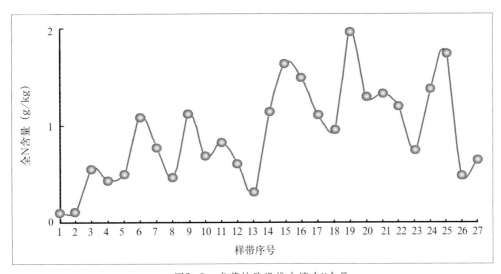

图3-6 青藏铁路沿线土壤全N含量

从图3-5可知青藏铁路沿线有机质含量由北至南呈逐渐增高的趋势。由南山口到扎加藏布之间的样带土壤有机质含量多在20g/kg以下，其中南山口、纳赤台以及不不冻泉区域样带土壤有机质含量特别低，在2～6g/kg之间。南山口和纳赤台样带为山地荒漠地带，优势植被分别为合头草及膜果麻黄，驼绒藜、蒿叶猪毛菜等，土壤有机质含量很低。而五道梁、风火山口、开心岭三个样带土壤表层有机质含量要略高于20g/kg。而扎加藏布至拉萨之间样带有土壤有机质含多在20g/kg以上，只有拉萨附近两条样带土壤有机质低于这一数值，在15%左右。

3.4.2.2 主要营养元素含量变化

(1) 氮元素：土壤中的氮素绝大部分以有机态存在，它的含量和分布与土壤有机质密切有关。土壤有机质含量取决于其年形成量和分解量的相对大小，因此，影响每年进入土壤的有机物质数量和有机物质分解速度的因素，包括水热条件、土壤性质等，均对土壤有机质和氮素含量产生显著的影响。我国自然植被下土壤表土中氮素含量，由北向南，随着温度的增高，分解速率的增大远大于植物生物量的增多，土壤氮素含量由东北的黑土—棕壤—褐土等系列逐渐降低。由此断续向南，虽然随着温度和降水量均逐渐增高，更有利于有机物质的分解，黄棕壤的氮素含量断续降低，但是可能由于生物量的增大，高于分解速率的增大，南部的黄棕壤—红壤、砖红壤的氮素含又呈增高趋势。高山草甸土壤表层中也积累较多的氮素，

① 全N量：从图3-6中可以看出，青藏铁路沿线北

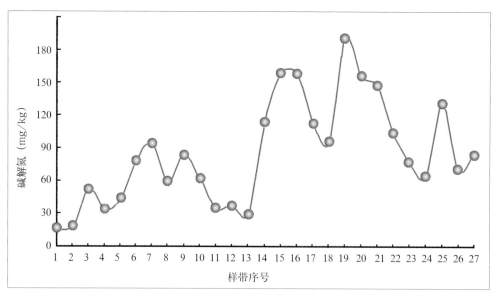

图3-7　青藏铁路沿线土壤碱解氮含量

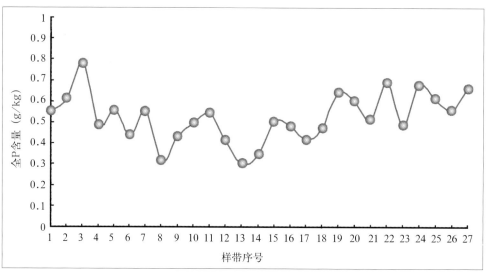

图3-8　青藏铁路沿线土壤全P含量

段青海境内各样带土壤表层多在1g/kg以下,南山口和纳赤台样带土壤表层全氮含量最低,均只有0.1g/kg左右,另外,五道梁、开心岭地区样带表层土壤全氮含量略高于1g/kg,为1.1g/kg左右。南段安多以南地区土壤表层全氮含量多在1~2g/kg之间,羊八林以及拉萨附近两条样带土壤表层全氮含量较略低,分别为0.72g/kg,0.53g/kg,0.61 g/kg。错那湖、乌玛唐以及马乡嘎三条样带土壤表层土壤全氮含量较高,分别为1.64 g/kg、1.96 g/kg、1.75 g/kg。从上可知青藏铁路沿线土壤全氮由北至南也表现出非常有规律的变化。另外,从各样带土壤表层有机质与全氮含量来看,其变化规律基本一致,也说明在高寒地区土壤有机质含量与全氮含量呈密切相关关系。

② 有效 N 含量：土壤有效氮迄今还缺乏很好的化学测定方法。长期以来国内多用丘林的酸水解法测定土壤水解性氮。该法对有机质含量较高的土壤,测定的结果与作物反应有良好的相关性,但对有机质缺乏的土壤,测定结果不十分理想,对于石灰性土壤更不适合,而且测定手续冗长。碱解扩散法的碱解、还原、扩散、吸收各反应同时进行,操作简便,大批土样的分析速度快,结果的再现性较好,而且与作物需氮的情况有一定的相关性。从图 3-7 中可知,青藏铁路沿线北段各样带土壤碱解氮含量多低于南段各样带。北段各样带土壤碱解氮多在 90mg/kg 以下,而南段各样多在 90g/kg 以上。对比土壤全氮含量图可知,碱解氮与全氮表现出非常类似的

规律，说明沿线土壤全氮含量碱解氮含量相关性较高。

(2) 磷元素：磷素是生命活动必须的营养元素之一，它参与细胞的分裂，物质、能量的合成与转运，有着不可替代的功能，因此，在陆地生态系统物质循环研究中，磷素被认为是物质循环研究的重要内容之一。目前，草地生态系统的磷素循环历来为人们所重视，国内外报道较多，而对于青藏高原高寒草原或草甸，由于天然草地宽广及人为措施限制，磷素及其循环研究长期被忽视。随着高寒草场退化面积的急剧增加，磷素在生产中表现出能显著提高草地生产力、延缓退化过程及它在退化草地的恢复、人工草地的持续利用中的独特作用，使人们普遍接受了磷素贫乏已是限制高寒草甸草场生产力的重要因子的观点，因此进行高寒草甸生态系统磷素循环研究在生产上具有重要的意义。

①全 P 量：从图 3-8 中可以看出，青藏铁路沿线土壤表层全磷含量在 0.3 ～ 0.8g/kg 之间。土壤全磷含量与有机质及全氮含量变化规律不一致，沿线各样带土壤表层全磷含量并未表现出规律性变化，且与植被类型相关性不明显。多数样带土壤全磷含量变动在 0.4 ～ 0.7 g/kg 之间，而且南山口、纳赤台荒漠地区样带土壤全磷含量并不低，分别是为 0.52g/kg，0.63g/kg。多数样带土壤表层全磷含量差异不明显，南段西藏境内各样带全磷含量略高于北段。全磷较低的样带包括乌丽、扎加藏布以及安多样带，分别为 0.31g/kg、0.29g/kg、0.34g/kg。这是否与植被生长阶段和生长状况有关系，需要进行进一步的研究。

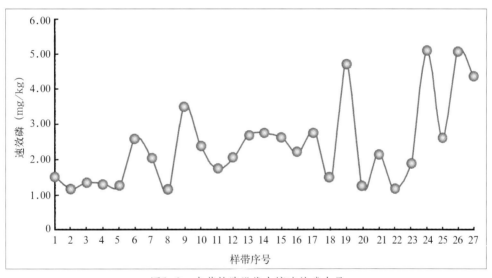

图3-9　青藏铁路沿线土壤速效磷含量

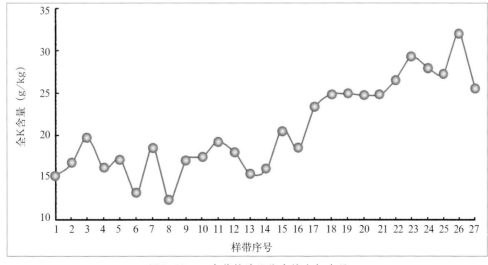

图3-10　青藏铁路沿线土壤全钾含量

②速效P含量：到目前为止，我们还无法真正测定土壤速效磷的数量。通常所谓的土壤速效磷只是指某一特定方法所测出的土壤中的磷，只有测出的磷量和植物生长状况具有显著相关的情况下，这种测定才具有实际意义。因此，土壤速效磷并不是指土壤中某一特定形态的磷，它也不具有真正"数量"的概念，所以，应用不同的测定方法在同一土壤上可以得到不同的速效磷数量，因此土壤速效磷水平只是一个相对指标，在某种程度上具有统计学意义而不是指土壤中"真正"速效磷的"绝对含量"。但是这一指标在实际上有重大意义。它可以相对地说明土壤的供磷水平。可以作为一个指标判断施用磷肥是否必要，亦可作为施肥（磷）推荐的一个方法。

Olsen 法 (NaHCO₃ 法)，在国内外都得到良好结果和广泛应用，它适用于中性、微酸性和石灰性土壤；Bray 1 法 (HCl+NH₄F 法)，在酸性土壤上效果良好；树脂法，测定结果和植物生长相关甚高，应用甚广。此外，同位素法 (A 值法)，Mehlich 法等也得到较广应用。本研究应用 Olsen 法。从图 3-9 中可知，青藏铁种路沿线土壤有效磷含量由北至南呈逐渐增高的趋势。前 5 条样带含量最低，之后变动中呈缓慢增加的趋势。

③钾元素：土壤中钾全部以无机形态存在，而且其数量远远高于氮磷。我国土壤的全钾含量也大体上是南方较低，北方较高。南方的砖红壤，土壤全钾含量平均只有 0.4% 左右，华中、华东的红壤则平均为 0.9%。本研究表明青藏沿线北段南山口至嘎恰之间土壤表层全钾含量多在 15 ~ 20g/kg 之间，只有五道梁和乌丽地区样带全钾含量较低于

15g/kg，分别为 13.16 g/kg、13.35 g/kg。而嘎恰以南各样带土壤表层全钾含量在 23 ~ 30g/kg 之间，均高于北段各样带含量。有关学者认为土壤全钾含量更多的受到母质层钾含量的影响。这种差异究竟是由母质还是由气候、植被等造成的，或者受几种因素共同影响，有待以后进行系统研究。

3.4.3 小 结

通过对青藏铁路沿线各样带土壤养分含量特征的初步分析，结果表明，土壤表层有机质、全氮、全钾含量由北至南呈缓慢增高的趋势，多是南部西藏境内各样带养分含量高于北部青海境内各样。而土壤表层全磷含未表现上述有规律的变化，而各样带间土壤全磷含量相差不大。土壤 pH 值则表现为北端荒漠地区样带以及南部西藏境各样带相对较低，多在 7.8 以下；而不冻泉至嘎恰之间样带 pH 值要明显高一些，在 7.8 ~ 8.3 之间。另外，南部宁中样带 pH 值也较高，为 8.6。另外，从沿线土壤全钾含量来看，该地区全钾含量较高，多在 20g/kg 左右。表明沿线各样带多属于土壤钾养分高潜力地区。各样带土壤粘粒含量呈不规划的变化规律。粘粒所占的比例多在 10% ~ 20% 之间。楚玛尔河、布玛德、乌玛塘三条样带土壤粘粒含量较高，在 20% 左右。而北部荒漠地区三条样带土壤粘粒含量较低，在 10% 左右。另外，塘港、羊八井样带土壤粘粒含量也比较低。沿线不同样带养分元素含量及理化性质差异及变化规律更多受植被、气候、环境还是土壤母质等因素的影响，是今后值得研究的问题。

第4章　青藏铁路沿线样地植被特征

4.1 铁路沿线优势植物种

4.1.1 各样地主要优势物种重要值

物种优势度以及重要值的计算是物种多样性研究的前提，也是对植被进行生态学研究的基础，因而物种优势度及其重要值数据是非常基础的数据。铁路沿线 27 个样带的物种优势度及其重要值列表详见附录 1。

4.1.2 各样地优势种分析

研究表明，青藏铁路沿线植被优势种种类较少，共 39 个种，其中，1~2 号样带为灌木优势种，灌木优势种主要有适生于轻度盐碱化荒漠的合头草、适生于沙砾荒漠的沙拐枣、适生于砾质荒漠的蒿叶猪毛菜、适生于戈壁、荒漠的驼绒藜，分析其原因是由于样带所处之地属于柴达木盆地干燥气候区，植被稀疏，地表裸露，仅在个别地段上零星生长有超旱生灌木、半灌木，是长期适应干旱气候和严重缺水的生境条件下的结果；3 号样带的优势种主要是菊科的适宜生于山坡、沙地及草甸的牛耳风毛菊、弱小火绒草以及适宜生于山地草原及半荒漠的多石干燥地区的白花枝子花，明显能看出此处是从荒漠向高寒草原过渡区。继续沿铁路往南就进入了以禾本科针茅为主的高寒草原以及以莎草科嵩草为主的高寒草甸区，其中样带 7、14、16、17、19 处于典型的高寒草甸带，且人工破坏程度相对较小，因为这些地区出现了以嵩草为单优势种的现象；到 20 样带后由于年均降水量的进一步上升以及受人为影响的加剧，优势种种类有所上升，禾本科的小早熟禾、豆科的劲直黄芪、莎草科的矮生嵩草等开始平分秋色。

4.2 铁路沿线植被生物多样性分析

4.2.1 铁路沿线植物群落 α 多样性沿海拔变化规律

铁路沿线植被的 Shannon 指数与 Simpson 指数表现极其相似的变化规律，总的变化规律是南高北低，但沿线群落多样性都有较大波动（图 4-1），分析认为是小气候变化所致，如 23 号样带处于羊八林，海拔 4562.9m，较相邻两样带都高，因而处于风口上，风大，蒸发量大，气温低，植被的生长环境相对较差。两指数均在第 21（海拔 4305.7m）与 24 样带（海拔 4543m）处出现两个较大值，而并未出现沿海拔梯度下降的趋势。而且大体上也与物种丰富度的变化规律相似，都成南高北低的规律。这主要是由水热因素决定，因为越往南水热条件就越好。而在 21 样带及 24 样带处是由于 21 样带当雄大桥处于河谷地带，水分条件较好，24 样带羊八井处的特殊山谷小气候所致。

而与海拔的关系上，我们可以从图 4-1 中看出，海拔变化趋势与 Simpson 变化趋势及 Shannon-Whinener 变化趋势很不相同，海拔曲线趋势向下弯曲，而 Simpson 曲线趋势和 Shannon-Whinener 曲线趋势则向上弯曲，因而我们可以看出物种多样性变化在整条铁路的大格局下与海拔变化并不趋同，但如果我们从第 12 样带往后看的话，它们之间又有着密切的联系，那就是三根曲线都在上升，在这一段物种多样性随着海拔的增高而增高。综上所述，物种多样性的变化在青藏铁路沿线的变化受到四个主要因素的影响，那就是水文、温度、海拔、地形，其中水文条件与温度起着决定性作用。

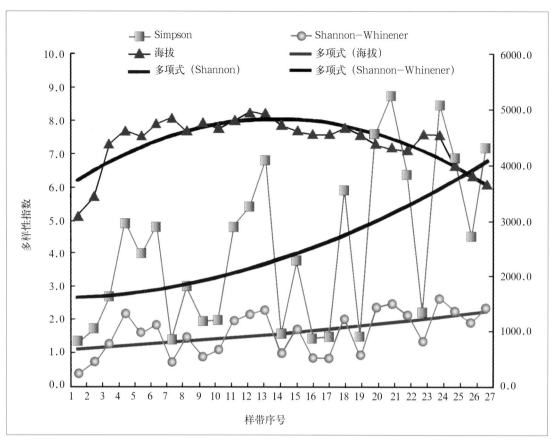

图4—1　青藏铁路沿线植被物种多样性变化

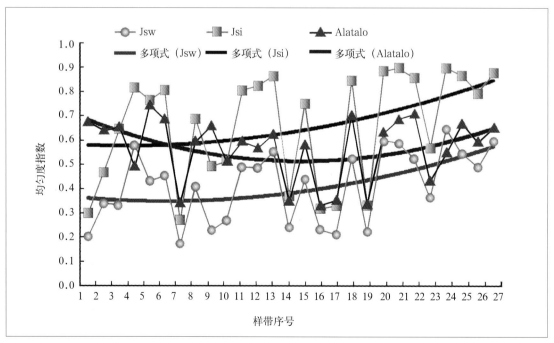

图4—2　青藏铁路沿线植被均匀度变化

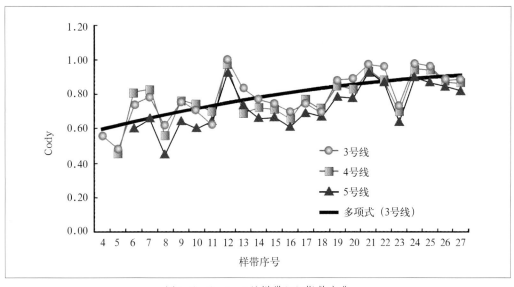

图4-3 3、4、5号样带Cody指数变化

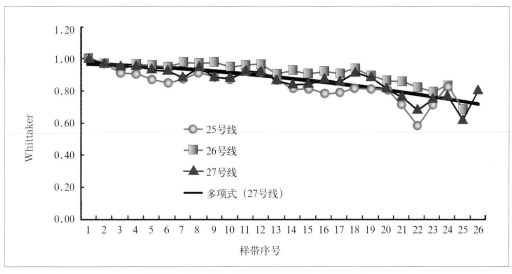

图4-4 25、26、27号样带Whittaker指数变化

4.2.2 铁路沿线植物群落β多样性变化规律

群落β多样性指数Cody指数和Whittaker指数主要反映的是群落间相异性，即群落间不同物种种类越多，指数值越高，沿环境梯度差异越大，指数值也越高。

从图4-3和图4-4可以看出，3、4、5号样地与其他样带之间的Cody指数变化规律非常相近，而且几乎成直线变化，说明规律性很强，而25、26、27号样带与其他样带之间的Whittaker指数也呈现出同样的规律，这很好地说明了多样性指数能变现出环境差异梯度的特性。

从表4-1、表4-2中也可以看出，铁路沿线群落间物种的β多样性，大多数以与其最相邻的指数最小，即

矩阵中主轴上的数据一般为最小。各群落随着空间距离的增大，群落间β多样性指数均呈逐渐增大的趋势。因为随着样地空间距离的增大，环境因素的差距逐渐增大。不同样地间相同物种数量越来越少，不同物种的数量越来越大。可见β多样性指数较清晰地反映了群落间的相异性。

从表4-1、表4-2中也可以看出，样带1、2之间指数比样带2、3之间的指数小得多，说明样带1、2于样带3的生境存在明显的差异，样带12与其它样带之间的指数明显的高，说明此处也存在一个生境分界，样带22、23处也存在一个分界，这与孙士云对沿线的生

表4—1　青藏铁路沿线各个样地植被Cody指数表

样地号	1	2	3	4	5	6	7	8	9	10	11	12	13	14	15	16	17	18	19	20	21	22	23	24	25	26
2	0.12																									
3	0.52	0.53																								
4	0.5	0.51	0.56																							
5	0.47	0.47	0.48	0.45																						
6	0.68	0.69	0.74	0.81	0.6																					
7	0.74	0.74	0.79	0.83	0.66	0.6																				
8	0.43	0.44	0.61	0.56	0.45	0.74	0.74																			
9	0.58	0.59	0.76	0.76	0.65	0.72	0.74	0.58																		
10	0.63	0.64	0.71	0.74	0.6	0.81	0.88	0.52	0.5																	
11	0.62	0.63	0.62	0.7	0.64	0.84	0.89	0.72	0.74	0.47																
12	0.91	0.92	1	0.97	0.93	1.03	1.03	0.93	0.82	0.84	0.68															
13	0.7	0.71	0.83	0.7	0.74	0.87	0.99	0.64	0.79	0.7	0.71	0.7														
14	0.62	0.63	0.77	0.72	0.66	0.86	0.87	0.68	0.72	0.66	0.67	0.88	0.6													
15	0.58	0.59	0.74	0.71	0.67	0.87	0.87	0.69	0.69	0.63	0.68	0.89	0.74	0.38												
16	0.48	0.49	0.69	0.65	0.61	0.75	0.81	0.63	0.63	0.58	0.68	0.84	0.64	0.46	0.3											
17	0.6	0.63	0.75	0.77	0.7	0.84	0.87	0.74	0.77	0.72	0.84	1.03	0.84	0.61	0.55	0.38										
18	0.58	0.59	0.69	0.71	0.67	0.81	0.88	0.58	0.74	0.6	0.74	0.91	0.74	0.66	0.58	0.48	0.42									
19	0.62	0.63	0.88	0.85	0.79	0.97	1.02	0.77	0.83	0.74	0.91	1.09	0.87	0.71	0.64	0.55	0.58	0.57								
20	0.61	0.62	0.89	0.84	0.78	1.01	1.05	0.8	0.91	0.86	0.96	1.15	0.94	0.79	0.76	0.65	0.74	0.69	0.6							
21	0.74	0.75	0.97	0.93	0.93	1.09	1.18	0.93	1.04	1	1.01	1.25	1.01	0.87	0.74	0.71	0.83	0.78	0.81	0.45						
22	0.64	0.63	0.96	0.88	0.87	1.06	1.08	0.87	0.98	0.98	1.02	1.22	1.04	0.89	0.85	0.77	0.87	0.87	0.87	0.83	0.74					
23	0.46	0.47	0.72	0.7	0.64	0.82	0.87	0.64	0.75	0.74	0.73	1	0.78	0.63	0.55	0.51	0.63	0.6	0.63	0.59	0.6	0.71				
24	0.66	0.67	0.98	0.94	0.9	1.06	1.15	0.88	0.96	0.98	0.99	1.24	1.02	0.95	0.85	0.83	0.93	0.92	0.91	0.87	0.98	0.84	0.72			
25	0.68	0.69	0.96	0.94	0.87	1.02	1.12	0.88	1	1.01	1.06	1.33	1.12	0.93	0.9	0.79	0.91	0.9	0.93	0.94	0.9	0.67	0.71	0.71		
26	0.57	0.58	0.88	0.88	0.85	1.04	1.14	0.81	0.98	1	1	1.3	1.04	0.97	0.9	0.83	0.95	0.94	0.93	0.88	1	0.86	0.69	0.91	0.72	
27	0.56	0.57	0.89	0.87	0.82	1.01	1.01	0.8	0.87	0.93	0.96	1.21	1	0.87	0.84	0.78	0.88	0.91	0.92	0.84	0.89	0.7	0.66	0.83	0.68	0.77

表4-2 青藏铁路沿线植被Whittaker指数表

样地号	1	2	3	4	5	6	7	8	9	10	11	12	13	14	15	16	17	18	19	20	21	22	23	24	25	26
2	0.76																									
3	1	1																								
4	1	1	0.62																							
5	1	1	0.58	0.5																						
6	1	1	0.7	0.78	0.66																					
7	1	1	0.71	0.76	0.65	0.53																				
8	1	1	0.77	0.71	0.6	0.77	0.76																			
9	1	1	0.8	0.82	0.75	0.65	0.63	0.7																		
10	1	1	0.7	0.75	0.63	0.7	0.73	0.57	0.49																	
11	1	1	0.63	0.71	0.68	0.73	0.74	0.79	0.7	0.58																
12	1	1	0.78	0.76	0.76	0.72	0.69	0.78	0.61	0.6	0.56															
13	1	1	0.74	0.63	0.69	0.69	0.74	0.63	0.67	0.57	0.58	0.51														
14	1	1	0.78	0.73	0.68	0.74	0.72	0.75	0.68	0.6	0.61	0.64	0.53													
15	1	1	0.78	0.53	0.75	0.78	0.74	0.8	0.69	0.6	0.65	0.67	0.54	0.4												
16	1	1	0.8	0.78	0.74	0.74	0.76	0.83	0.69	0.6	0.71	0.67	0.59	0.48	0.39											
17	1	1	0.76	0.79	0.74	0.73	0.72	0.81	0.73	0.65	0.76	0.76	0.69	0.56	0.52	0.42										
18	1	1	0.73	0.76	0.75	0.73	0.76	0.67	0.74	0.56	0.7	0.68	0.63	0.63	0.57	0.53	0.43									
19	1	0.97	0.89	0.87	0.84	0.84	0.85	0.86	0.79	0.66	0.83	0.79	0.72	0.64	0.61	0.57	0.53	0.54								
20	1	0.97	0.91	0.87	0.84	0.89	0.88	0.9	0.88	0.78	0.88	0.84	0.8	0.73	0.73	0.69	0.68	0.66	0.61							
21	1	0.98	0.87	0.85	0.88	0.85	0.89	0.91	0.89	0.82	0.83	0.83	0.76	0.71	0.63	0.66	0.68	0.67	0.66	0.54						
22	1	1	0.96	0.91	0.92	0.92	0.89	0.96	0.91	0.88	0.93	0.88	0.86	0.82	0.81	0.81	0.8	0.82	0.8	0.76	0.62					
23	1	1	0.87	0.86	0.83	0.83	0.84	0.87	0.85	0.78	0.78	0.82	0.75	0.68	0.62	0.65	0.68	0.68	0.68	0.64	0.58	0.76				
24	1	1	0.95	0.93	0.92	0.89	0.93	0.94	0.88	0.85	0.87	0.87	0.82	0.84	0.78	0.83	0.82	0.85	0.8	0.77	0.78	0.74	0.75			
25	1	0.97	0.91	0.91	0.87	0.85	0.88	0.92	0.9	0.87	0.92	0.92	0.88	0.81	0.82	0.78	0.79	0.82	0.81	0.82	0.71	0.58	0.72	0.84		
26	1	0.97	0.94	0.96	0.96	0.95	0.98	0.97	0.98	0.95	0.96	0.97	0.9	0.93	0.91	0.92	0.91	0.94	0.89	0.86	0.86	0.82	0.79	0.84	0.68	
27	1	0.97	0.96	0.96	0.94	0.93	0.89	0.96	0.89	0.89	0.93	0.92	0.87	0.84	0.85	0.88	0.86	0.92	0.89	0.82	0.77	0.68	0.76	0.77	0.62	0.81

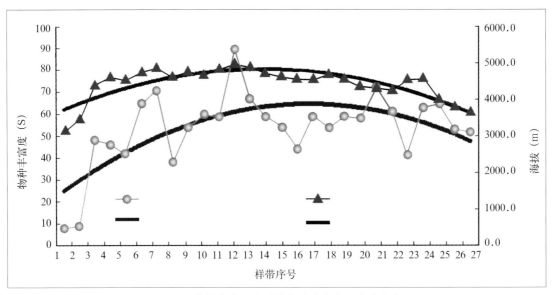

图4-5　青藏铁路沿线群落物种丰富度沿海拔变化

态分区大体一致，说明用群落 β 多样性的测度来揭示青藏铁路沿线各生态类型区生境分割程度效果很明显，这对今后分段进行植被恢复、重建工作有很好的指导作用。

4.2.3　铁路沿线植被丰富度指数分析

由于沿线所处的特殊生态环境，研究区植被的生活型较单一，沿线基本上没有乔木出现，灌木也只在少数几个样带（1、2、3、24 等）出现，且多成垫状，物种多度不高，沿线局大部分的植被是低矮的草本，因而本文以调查到的各样带的全部植物种类进行丰富度的计算，以便能全面的反映铁路沿线环境梯度对植被分布的影响。

在 27 条样带中，共记录到植物种 311 种，灌木树种 22 种。从图 4-5 我们可以看出，物种丰富度变化规律与海拔有着较好的趋同性，也就是物种丰富度随着海拔的升高而升高，又随着海拔的降低而降低。然而铁路沿线植被物种丰富度变化波动远大于海拔的变化波动，1、2 样带的物种丰富度最低（分别为 8 和 9），就其原因主要是由于此处处于昆仑山以北的柴达木盆地干燥气候区，年均降水量 41.8mm，而年均蒸发量却为 3094.9 mm。而在高平原上，物种丰富度保持相对较高，在第 7、12、21 号样带处出现了 3 个高峰值。12 号样

带处的丰富度与海拔同时达到最高值（海拔 4959.6m，物种丰富度 90），究其原因主要是由于此处处在高寒草原与高寒草甸的交界处，群落交错带的边缘效应在这里起着明显的作用，其次水热条件的变化也是一个很重要的因素，由于唐古拉山的阻隔作用，降水明显的北少南多，从而更适宜植被的生长。综上所述，物种丰富度的变化受到水、温、海拔、地形以及植被类型更替变化的影响，在整条铁路的大角度看，海拔的影响起到了主导作用。通过对整个青藏铁路沿线植被恢复进行全面、系统的研究与分析，系统研究了青藏铁路沿线天然植被的群落特征。沿线植被种类丰富有 311 种，而优势植被种种类较少，多形成单一优势群落，植物群落优势种组成沿青藏铁路呈现较强的规律性，针茅和嵩草是典型的高寒草原和高寒草甸的优势植物种且在铁路沿线有着广泛地分布，而合头草、驼绒藜等则是在昆仑山以北地段处于优势。α 多样性指数也呈南多北少趋势，其波动较大，在高平原地段丰富度相对较高，且均匀度指数与多样性指数表现出极其相似的变化规律。本章以 Cody 指数和 Whittaker 指数为计算指标，进行 β 多样性研究，结果表明铁路沿线植物群落间 β 多样性多以相邻海拔群落间的指数值最小，群落间距离差异越大指数值越大。同时 β 多样性指数较明显的揭示了新建青藏铁路沿线各生态类型区生境分割程度群。

第 5 章 青藏铁路沿线线域植被生态系统分布规律

5.1 青藏铁路沿线样带原生植被特征

通过对青藏铁路沿线植被的调查，对沿线原生植被特征进行了综合分析，现将 27 个样带，分别代表近 50km 的原生植被特征分述如下，以期对青藏铁路沿线的植被恢复与重建所需物种的筛选提供科学依据。

5.1.1 南山口

该样带的海拔为 3089 ～ 3098m，地理位置 E94°46′ N36°10′，属于戈壁荒漠，土壤类型为灰棕漠土。

超旱生的荒漠植被构成了干旱、半干旱的景观，这些荒漠植物非常稀疏，因此该样带的植被盖度约为 4%。其优势植物为藜科植物合头草 (*Sympegma regelii*)，伴生植物有柴达木沙拐枣 (*Calligonum zaidamense*)、白刺 (*Nitraria tangutorum*)、膜果麻黄 (*Ephedra przewalskii*)、红砂 (*Reaumuria soongorica*) 和中亚紫菀木 (*Asterothamnus centraliasiaticus*)。

5.1.2 纳赤台

纳赤台样带的海拔为 3433 ～ 3459m，地理位置 E94°43′ N35°54′。该样带依然为戈壁荒漠，土壤类型为风沙土。

尽管同为戈壁荒漠生态系统，且主要由荒漠灌木和半灌木构成，但相对南山口来说，纳赤台的植被有了明显变化：一是植被盖度增加了不少，约为 10%；二是植被群落组成相同者甚少。纳赤台样带的优势植被主要为藜科的蒿叶猪毛菜 (*Salsola abrotanoides*)、黄毛头

(*Kalidium cuspidatum* var. *sinicum*) 和驼绒藜 (*Ceratoides lateens*)。伴生植物主要有合头草、盐爪爪 (*Kalidium foliatum*)、红砂、五柱红砂 (*Reaumuria kaschgarica*) 等藜科与柽柳科灌木与半灌木，在靠近铁路两侧的样地里还有黄花补血草 (*Limonium aureum*) 小群落。

5.1.3 西大滩

西大滩样带的海拔为 4378 ～ 4398m，地理位置 E94°10′ N35°43′，该样带为戈壁荒漠向荒漠草原的过渡类型，属于杂草草原，植被盖度约为 55%，土壤类型为粗骨土。修筑铁路对该样带的植被破坏不大，但因为羊群啃食及高原鼠兔的破坏，地表草皮层有一些片断状破损。

西大滩样带的优势植被主要是高度 3 ～ 5cm 的菊科植物弱小火绒草 (*Leontopodium pusillum*)、沙生风毛菊 (*Saussurea arenaria*) 和高度 8 ～ 10cm 的唇形科植物白花枝子花 (*Dracocephalum heterophyllum*)，这些植物常常成片分布构成镶嵌的小群落。常见伴生植物有二裂委陵菜 (*Potentilla bifurca*)、西藏微孔草 (*Microula tibetica*)、细叶亚菊 (*Ajania tenuifolia*)、团垫黄芪 (*Astragalus arnoldii*)、长爪黄芪 (*Astragalus capillipes*)、宽瓣棘豆 (*Oxytropis platonychia*)、细果角茴香 (*Hypecoum leptocarpu*)、美花草 (*Callianthemum pimpinlloides*)、垂穗披碱草 (*Elymus nutans*)、滨发草 (*Deschampsia littoralis*) 和垫状植物青海雪灵芝 (*Arenaria qinghaiensis*) 及单种属植物羽叶点地梅 (*Pomatosace filicula*)。此外，在铁路右侧 (面向拉萨方向，下同) 与青藏公路之间的样地还有臭蒿 (*Aremisia hedinii*) 小群落分布。

5.1.4 不冻泉

不冻泉样带的海拔为 4611 ～ 4626m，地理位置 E93°56′ N35°32′。该样带为高寒草原植被类型，土壤类型为粗骨土。尽管该样带位于可可西里自然保护区内，植被未见牛、羊啃食，但因为铁路的修建以及青藏公路的干扰，再加上高原鼠兔的破坏，其植被受到了一些破坏，植被盖度平均仅为 35%。该样带主要由两种植物群落组成：

(1) 紫花针茅群落：该群落主要分布于铁路两侧地势稍高的地方，为该样带的优势植物群落，常见伴生植物有粗壮嵩草 (*Kobresia robusta*)、青藏苔草 (*Carex moorcroftii*)、沙生针茅 (*Stipa glareosa*)、扁穗茅 (*Littledalea racemosa*)、梭罗草 (*Roegneria thoroldiana*)、白花枝子花、二裂委陵菜、沙生风毛菊、胀萼黄芪 (*Astragalus ellipsoideus*)、长爪黄芪 (*Astragalus hendersonii*)、镰形棘豆 (*Oxytropis falcata*)、宽瓣棘豆、卵叶风毛菊 (*Saussurea ovatifolia*)、黑苞风毛菊 (*Saussurea humilis*)、臭蒿、青藏狗娃花 (*Heteropappus boweri*)、垫状棱子芹 (*Pleurospermum hedinii*)、细果角茴香、宽叶栓果芹 (*Cortiella caespitosa*) 短药肋柱花 (*Lomatogonium brachyantherum*) 和藏荠 (*Hedinia tibetica*) 等。

(2) 匍匐水柏枝 (*Myricaria prostrata*)+钻叶风毛菊 (*Saussurea subulata*) 群落：在铁路右侧有部分洼地，植被比较稀少，主要植被类型为匍匐水柏枝和钻叶风毛菊，由于水分充足，匍匐水柏枝个体较大，所观察到的最大一棵覆盖面积约 9m²。该群落的伴生植物较少，有卵叶风毛菊、紫花针茅、沙生针茅、青藏苔草、波伐早熟禾 (*Poa poophagorum*) 和镰叶韭 (*Allium carolinianum*) 等。

此外，由于修路对不冻泉样带的破坏，裸露的土地斑块状分布，因此，作为退化土壤先锋植物的垫状植物种类相对较多，分别有豆科的茵垫黄芪 (*Astragalus mattam*)、团垫黄芪，石竹科的青海雪灵芝、澜沧雪灵芝 (*Arenaria lancangensis*)，报春花科的唐古拉点地梅 (*Androsace tangulashanensis*)、垫状点地梅 (*Androsace tapete*)，菊科的钻叶风毛菊以及藜科的矮小灌木垫状驼绒藜 (*Ceratoides compacta*) 等。这些垫状植物枝丛中常常伴生有青藏苔草、紫花针茅、波伐早熟禾、长爪黄芪等。

5.1.5 楚玛尔河

楚玛尔河样带其海拔为 4499 ～ 4529m，地理位置 E93°27′ N35°22′。该样带属于高寒草原，植被盖度约 45%，土壤类型为粗骨土，部分地段有鼠洞分布。

楚玛尔河的优势植被为弱小火绒草、沙生风毛菊、紫花针茅和短穗兔耳草 (*Lagotis brachystachya*) 等。相对来说，除弱小火绒草常成片分布外，沙生风毛菊、紫花针茅和短穗兔耳草等优势种的分布比较均匀，它们与其他伴生植物共同构成了楚玛尔河样带的高寒草原景观。常见的伴生植物有青藏苔草、粗壮嵩草、扁穗茅、梭罗草、花丽早熟禾 (*Poa calliopsis*)、卷鞘鸢尾 (*Iris potaninii*) 二裂委陵菜、西藏微孔草、白花枝子花、黑苞风毛菊、长爪黄芪、茵垫黄芪、镰形棘豆、急弯棘豆 (*Oxytropis deflexa*)、细果角茴香、椭圆果葶苈 (*Draba ellipsoidea*)、腺异蕊芥 (*Dimorphostemon glandulosus*) 和藏蕨叶马先蒿 (*Pedicularis cheilanthifolia* ssp. *svenhedinii*) 等。样带的局部有低矮的垫状驼绒藜和矮麻黄 (*Ephedra minuta*) 分布。

楚玛尔河样带的垫状植物种类也比较丰富，有茵垫黄芪、垫状点地梅、垫状驼绒藜、钻叶风毛菊、四裂红景天 (*Rhodiola quadrifida*) 和雪灵芝 (*Arenaria* sp.)。在该样带除了发现垫状植物与其他非垫状植物相伴而生的现象外，还常常看到垫状植物与垫状植物如钻叶风毛菊与垫状点地梅相伴而生。

此外，在铁路左侧 150m 左右，有约 200m² 河流冲积区及与其相连的一片水域，该处植被盖度相对较小，主要为短穗兔耳草、圆穗蓼 (*Polygonum macrophyllum*)、花丽早熟禾、匍匐水柏枝和钻叶风毛菊等。

5.1.6 五道梁

五道梁样带的海拔为 4733 ～ 4746m，从铁路左侧到右侧整个样带有 10°的坡度，其地理位置 E93°02′ N35°07′。植被主要由高山嵩草 (*Kobresia pygmaea*) 和矮生嵩草 (*Kobresia humilis*) 为主的高寒草甸植物群落组成，土壤类型为高山草甸土。

相对于不冻泉和楚玛尔河等高寒草原来说，五道梁的植被盖度较大，约为 60%；但相对于藏北安多、那曲等地样带植被盖度约为 80%～ 85% 的高山嵩草草甸来说，则相对较低。五道梁样带植被盖度降低的原因有以下几个：一是由于该样带距离五道梁人口聚居区不远，故有一定数量的牦牛啃食；二是五道梁样带地处多年冻土区，冻土的融化使青藏公路路面严重扭曲，频繁的修路破坏了该样带的植被；三是在铁路左侧部分地面鼠洞众多，第二个样地的鼠洞竟然多达 68 个；此外高原鼠兔的打洞及多年冻土的部分破坏造成地面上常有裂缝、陷坑等存在。所有这些因素都使五道梁样带的植被发生严重退化。

五道梁样带的优势植被为高山嵩草和矮生嵩草。这两种嵩草仅有 3 ~ 5cm，但群落分盖度却有 70% 左右。常见伴生的植物种类较楚玛尔河等高寒草原的少，主要有青海早熟禾 (*Poa rossbergiana*)、羊茅 (*Festuca ovina*)、喜马拉雅嵩草 (*Kobresia royleana*)、腺异蕊芥、西藏微孔草、颈果草 (*Metaeritrichium microuloides*)、蓝白龙胆 (*Gentiana leucomelaena*)、鳞叶龙胆 (*Gentiana squarrosa*) 和多刺绿绒蒿 (*Meconopsis horridula*)。

垫状植物种类较少，仅有钻叶风毛菊、垫状点地梅和甘肃雪灵芝 (*Arenaria kansuensis*) 三种，它们主要零散地镶嵌分布在裸露地面处。

5.1.7 风火山

风火山样带的海拔为 4852 ~ 4886m，地理位置 E92°53′ 34°39′。该样带属于高寒草甸草原植被类型，土壤类型为高山草原草甸土。由于该样带位于可可西里自然保护区内且远离青藏公路，此外，样带位于两个隧道之间，铁路在该处是以桥的形式出现，所以该样带的植被人为破坏较少，整个样带的植被平均盖度约为 75%。该样带主要由五种植物群落组成：

(1) 高山嵩草＋矮生嵩草＋喜马拉雅嵩草群落：这是样带铁路右侧部分的主要植物群落。由于距离铁路桥右边约 250m 处为山体，故样带整个铁路右侧部分为 30°的流水坡，水分比较充足，因此群落的优势种高山嵩草、矮生嵩草和喜马拉雅嵩草长势较好，植被分盖度可高达 85% 左右。该群落的伴生植物主要有唐古拉翠雀花 (*Delphinium tangkkulaense*)、多刺绿绒蒿、萎软紫菀 (*Aster flaccidus*)、短穗兔耳草、草甸雪兔子 (*Saussurea thoroldii*)、唐古特红景天 (*Rhodiola algida*)、蓝白龙胆、高原点地梅 (*Androsace zambalensis*)、镰萼喉毛花 (*Comastoma falcatum*)、藏蕨叶马先蒿、青海早熟禾与狭穗针茅 (*Stipa regiliana*) 等。

(2) 西藏嵩草 (*Kobresia tibetica*) 群落：该群落分布于整个样带有积水的地方，群落优势种西藏嵩草高约 10 ~ 20cm，分盖度达 95%，这是整个样带植被最高的群落。常见伴生植物有云生毛茛 (*Ranunculus nephelogenes*)、圆

裂毛茛 (*Ranunculus dongrergensis*)、花丽早熟禾、黑褐苔草 (*Carex atrofusca*)、萎软紫菀、短穗兔耳草等。

(3) 黑褐苔草群落：该群落分布于样带铁路右侧部分的中部，与上述两群落相比应属于小群落，该群落的优势种黑褐苔草杆高约 30cm，3 ~ 4 个果穗暗紫红色，因此使该群落非常显眼。常见伴生植物有藏北嵩草、高山嵩草、狭穗针茅、花丽早熟禾、萎软紫菀等。

(4) 紫花针茅＋弱小火绒草＋高山嵩草群落：该群落主要分布于样带铁路左侧部分，属于高山嵩草群落的退化，植被分布比较稀疏，因此植被分盖度相对较低，仅约 45%。常见伴生植物有唐古特红景天、扇穗茅、云生毛茛、花丽早熟禾、羊茅、钻叶风毛菊和垫状点地梅等。

(5) 垫状植物群落：该群落主要分布于样带铁路左侧部分的中部，植被稀疏，分盖度仅有 10% 左右，主要由钻叶风毛菊、垫状点地梅、雪灵芝和唐古特红景天等垫状植物组成，这些垫状植物如同一个个补丁点缀于黄色的地面上，形成了风火山的独特景观。部分垫状植物如雪灵芝或垫状点地梅植株已经死亡，其上已经长满了高山嵩草、羊茅等伴生植物。

5.1.8 乌 丽

乌丽样地的海拔相对风火山而言低了不少，仅为 4587 ~ 4603m，地理位置 E92°39′ N34°23′，该样带为高山草原群落，土壤类型为高山草原土。铁路的修筑对乌丽样带的植被破坏较小，但因为有牛羊的啃食，再加上青藏公路穿过样带，其两侧的采料坑破坏了一些植被，故乌丽的植被总盖度约为 65%。

乌丽样带属于紫花针茅草原，紫花针茅是其优势种。常见伴生植物有弱小火绒草、二裂委陵菜、斜茎黄芪 (*Astragalus adsurgens*)、西藏微孔草、喜马拉雅嵩草、青藏苔草、扇穗茅、紫羊茅 (*Festuca rubra*)、茵垫黄芪、伏毛山莓草 (*Sibbaldia adpressa*) 和梭罗草。

5.1.9 开心岭

开心岭样带铁路两侧部分以及铁路路基（在该处铁路为高架桥的形式）如同一本翻开的书：铁路路基处海拔最低，向两侧海拔逐渐升高，因此该样带的海拔为 4740 ~ 4774m，地理位置 E92°20′ N34°05′，该样带植被主要由高寒草甸植物群落、高寒草甸草原植物群落和垫状植物群落组成，植被平均盖度约 80%，土壤类

型为腐殖质沼泽土与高山灌丛草甸土。由于开心岭样带属于多年冻土区，多年冻土经过反复融冻作用，承压水向薄弱处移动，经冻结与消融作用，形成了冻胀丘（塔头）和热融凹地等冻土地貌，密集的嵩草属植物群落与镶嵌在其中的冻胀丘（塔头）和热融凹地共同形成了开心岭铁路桥下的特殊景观。该样带主要由四种植物群落组成：

（2）西藏嵩草群落：该群落分布于铁路两侧海拔较地的沼泽草甸中，是该样带的主要群落类型。建群种西藏嵩草生长茂密，高约 25 ~ 30cm，群落分盖度约 90%。

常见伴生植物种类相对较少，有高山嵩草、矮生嵩草、云生毛茛、星舌紫菀、展苞灯心草（Juncus thomsonii）、垫状点地梅、西伯利亚蓼（Polygonum sibiricum）、蓝白龙胆与青海早熟禾等。

（2）高山嵩草+矮生嵩草群落：该群落分布于铁路两侧海拔约为 4755m，较西藏嵩草群落的土壤含水量低，群落分盖度为 75%。常见伴生植物有星舌紫菀、青海早熟禾、藏蕨叶马先蒿、喜马拉雅嵩草、短穗兔耳草、垫状点地梅、唐古特红景天、针叶苔草（Carex duriuscula ssp. stenophylloides）和肉果草（Lancea tibetica）等。

（3）高山嵩草+紫花针茅群落：该群落主要分布于样带铁路两侧山坡海拔约 4770m 处，群落优势种为高山嵩草和紫花针茅，群落分盖度约 78%。该群落其实是一个高寒草甸草原群落，也即高寒草甸向高寒草原的过渡，因此伴生植物比前两种群落的要多，主要有二裂委陵菜、白花枝子花、伏毛山莓草、多茎委陵菜（Potentilla multicaulis）、扇穗茅、喜马拉雅嵩草、垫状棱子芹（Pleurospermum hedinii）、高山唐松草（Thalictrum alpinum）、锡金蒲公英（Taraxacum sikkimense）、丛生黄芪（Astragalus confertus）、沙生风毛菊、弱小火绒草、茵垫黄芪、雪灵芝、藏蕨叶马先蒿、多刺绿绒蒿、美花草、裂叶独活（Heracleum millefolium）和簇生柔籽草（Thylacospermum caespitosum）等，而且局部还出现了零星分布的小灌木垫状金露梅（Potentilla fruticosa var. pumila）。

（4）簇生柔籽草群落：该群落主要分布于样带铁路两侧山坡的中上部，群的总盖度约 20%，群落优势种为簇生柔籽草，高度仅有 8cm，但是直径较大，属于垫状植物的巨人，所看到最大的一棵直径约 3m。常见伴生植物有唐古特翠雀、多刺绿绒蒿、垫状棱子芹、紫花针茅、

丛生黄芪、美花草、垫状金露梅、钻叶风毛菊、雪灵芝和茵垫黄芪等。

5.1.10 塘 港

塘港样带的海拔为 4660 ~ 4680m，地理位置 E92°08′ N33°44′，该样带为高山草原植被类型，植被总盖度为 60%，土壤类型为高山草原土。铁路的修建对该样带植被的破坏主要体现在样带中间的一个小便道，青藏公路两侧挖土坑也或多或少破坏了一些植被，塘港样地主要由以下两种植物群落组成：

（1）紫花针茅+弱小火绒草群落：该群落为塘港样带的优势植物群落，群落总盖度约 70%，群落优势种为紫花针茅与弱小火绒草，该处的紫花针茅与乌丽样带的相比长势差且均匀分布。常见伴生植物种类较多有沙生风毛菊、白花枝子花、青藏苔草、粗壮嵩草、紫羊茅、早熟禾（Poa spp.）、扇穗茅、二裂委陵菜、伏毛山莓草、藏玄参（Oreosolen wattii）、芸香叶唐松草（Thalictrum rutifolium）、美花草、矮麻黄（Ephedra minuta）、藏荠、矮葶苈（Draba handelii）、长爪黄芪、斜茎黄芪、茵垫黄芪、裂叶独活、西藏微孔草、短穗兔耳草、细裂亚菊（Ajania przewalskii）、半卧狗娃花（Heteropappus semiprostratus）、蓝白龙胆、肾叶龙胆（Gentiana crassuloides）和卷鞘鸢尾等。

（2）垫状金露梅群落：该群落主要分布于样带铁路两侧。群落优势种为矮小的垫状金露梅，高度仅有 10cm 左右，它们多数均匀分散在紫花针茅群落中，分盖度达 60%，但在局部土壤水分较好的地方密集分布，分盖度几达 90%。伴生植物有卷鞘鸢尾、块茎紫菀、半卧狗娃花、细裂亚菊、二裂委陵菜、紫花针茅、粗壮嵩草、伏毛山莓草、沙生风毛菊、针叶苔草、椭圆果葶苈、弱小火绒草、藏玄参、矮羊茅、短穗兔耳草等。

5.1.11 布玛德

布玛德样带的海拔约 4806 ~ 4837m，地理位置 E91°56′ 和 N33°23′，该样带的土壤类型为高山寒漠土，植被类型为高寒草原，而且是退化比较严重的杂高寒草类草原。布玛德样带植被退化的原因有以下几个：一是布玛德样带距离雁石屏镇不远，尽管该镇属于青海省辖区，但已经有一些西藏牧民居住，所以布玛德样带的植被被相当数量的牛羊啃食；二是鼠害非常严重，尤其在

铁路左侧，鼠洞密集处几乎没有草生长；此外，修建铁路时运输材料轧出的便道及青藏公路两边的取土坑也或多或少的对该样带植被产生了破坏。因此布玛德样带植被总盖度仅为40%。布玛德样带植被主要由下面两种群落组成：

(1) 弱小火绒草+宽叶栓果芹群落：该群落分布于整个样带，为布玛德样带的优势植物群落，优势种为弱小火绒草与宽叶栓果芹。常见伴生植物种类丰富，有二裂委陵菜、萎软紫菀、西藏微孔草、马尿泡 (Przewalskia tangutica)、白花枝子花、短穗兔耳草、垂穗披碱草、茵垫黄芪、腺异蕊芥、卷鞘鸢尾、羽叶点地梅、藏玄参、沙生风毛菊、细裂亚菊、洽草 (Koeleria cristata)、紫羊茅、紫花针茅、高山嵩草、椭圆果葶苈、阿尔泰葶苈、细果角茴香、伏毛山莓草、矮假龙胆 (Gentianella pygmaea)、紫花假龙胆 (Gentianella arenaria) 和腋花齿缘草 (Eritrichium axillare) 等，局部还有小灌木垫状金露梅零星分布。

(2) 垫状点地梅群落：由于该样带植被退化严重，故有一些垫状植物点缀于整个样带的植被中，盖群落的植被分盖度仅为8%，优势种为垫状点地梅，这些垫状点地梅的直径一般较小，约为6～10cm，其他垫状植物较少，有茵垫黄芪、雪灵芝 (Arenaria spp.) 和红景天 (Rhodiola spp.) 等。

5.1.12 唐古拉山北

唐古拉山北样带为本项目所调查样带海拔最高的一个，为4945～4991m，地理位置 E91°44′，N33°04′。本样带为高寒草甸与高寒草原植被类型，由于在样带铁路右侧有几片无植被的积水区，故植被平均盖度为55%，土壤类型为高寒草甸土与高山草原土。唐古拉山北样带植被主要由以下三种群落组成：

(1) 高山嵩草群落：主要分布在样带铁路左侧，群落总盖度约80%。伴生植物种类相对较少，有多刺绿绒蒿、蓝白龙胆、紫花假龙胆、块茎紫菀、青海早熟禾、禾叶风毛菊 (Saussurea graminea)、紫羊茅、簇生柔籽草、褐毛垂头菊 (Cremanthodium brunneo-pilosum)、天蓝韭 (Allium cyaneum) 和唐古拉点地梅 (Androsace tangulashanensis) 等。

(2) 杂草群落：该群落位于铁路右侧靠近铁路地势稍高处。属于退化的高寒草原群落，由一些杂草组成，很难找出其优势种，组成该群落的植物种类繁多，有的一个1m×1m的样方内高达22种，该群落的盖度

约55%。主要有弱小火绒草、白花枝子花、急弯棘豆 (Oxytropis deflexa)、梭罗草、茵垫黄芪、叠裂银莲花 (Anemone imbricate)、二裂委陵菜、卷鞘鸢尾、羽叶点地梅、美花草、沙生风毛菊、禾叶风毛菊、高山唐松草、奇林翠雀花 (Delphinium candelabrum)、唐古拉翠雀花、细果角茴香、藏荠、椭圆果葶苈、针叶苔草、喜马拉雅嵩草、紫羊茅、垫状金露梅、伏毛山莓草、多茎委陵菜 (Potentilla multicaulis) 和腋花齿缘草等。

(3) 西藏嵩草+黑褐苔草群落：该群落主要分布在样带铁路右侧中部，被积水割裂成斑块状。该群落盖度约为90%，为沼泽草甸，西藏嵩草和黑褐苔草为优势种。常见伴生植物有高山嵩草、穗发草 (Deschampsia koelerioides)、展苞灯心草、云生毛茛、川青毛茛 (Ranunculus chuanchingensis)、块茎紫菀、穗序大黄 (Rheum spiciforme)、圆穗蓼、唐古特红景天、镰萼喉毛花、报春花 (Primula spp.)、聚花马先蒿 (Pedicularis confertiflora)、青海早熟禾和垫状点地梅等。

5.1.13 扎加藏布

扎加藏布样带的海拔为4881～4897m，地理位置 E91°30′ N32°42′。该样带属于高寒草原植被类型，土壤类型为高山草原土。由于扎加藏布样带地面上有一些分散均匀的砾石，再加上过度放牧及铁路修建的干扰，因此，植被退化严重，已经有零星分布的草原毒草狼毒 (Stellera chamaejasme) 出现，平均盖度仅为40%。该样带主要由以下两种植物群落组成：

(1) 叠裂银莲花+紫羊茅群落：该群落主要分布于样带铁路左侧的铁路与公路之间，以及样带铁路右侧，群落总盖度仅为40%，群落优势种为为叠裂银莲花和紫羊茅。伴生植物有藏蕨叶马先蒿 (Pedicularis cheilanthifolia ssp. svenhedinii)、蒙藏马先蒿 (Pedicularis alaschanica ssp. tibetica)、垫状点地梅、雪灵芝、紫花针茅、沙生风毛菊、高山嵩草、喜马拉雅嵩草、针叶苔草、镰叶韭、禾叶风毛菊、白花枝子花、矮葶苈、宽叶栓果芹、裂叶独活、宽瓣棘豆、长爪黄芪、青藏狗娃花等。

(2) 垫状金露梅群落：该群落主要分布于样带铁路两侧，群落总盖度约50%，群落的优势种为垫状金露梅，它们多数分散在其他植物中，但从铁路左侧第四样地开始向远处有分布较集中的垫状金露梅。伴生植物主要为花丽早熟禾、喜马拉雅嵩草、紫羊茅、镰叶韭、天蓝韭、卷

鞘鸢尾、梭罗草、叠裂银莲花、弱小火绒草、白花枝子花、蒙藏马先蒿、宽瓣棘豆和长爪黄芪等。

5.1.14 安 多

安多样带位于安多县城郊区，海拔为 4700 ~ 4726m，地理位置 E91°39′ N32°16′，植被主要由高山嵩草为主的高寒草甸植物群落组成，植被盖度为 85%，土壤类型为高山草甸土。该样带鼠害严重，过度放牧使草皮退化。

高山嵩草群落为安多样带的优势植物群落，常见伴生植物有二裂委陵菜、丛生钉柱委陵菜 (*Potentilla saundersiana* var. *caespitosa*)、多茎委陵菜、伏毛山莓草、矮麻黄、无茎黄鹌菜 (*Youngia simulatrix*)、肉果草、麻花艽 (*Gentiana straminea*)、圆齿龙胆 (*Gentiana crenulatotruncata*)、萎软紫菀、藓状雪灵芝 (*Arenaria bryophylla*)、垫状点地梅、少花棘豆 (*Oxytropis pauciflora*)、团垫黄芪、卷鞘鸢尾、短穗兔耳草、藏西风毛菊 (*Saussurea stoliczkai*)、半卧狗娃花、矮火绒草 (*Leontopodium nanum*)、锡金蒲公英、藏蕨叶马先蒿、矮嵩草、针叶苔草、紫羊茅、梭罗草和洽草等。

5.1.15 错那湖

错那湖样带海拔为 4598 ~ 4629m，地理位置 E91°31′ N31°55′，植被类型为高寒草甸，土壤类型为高山草甸土 (草毡土)。铁路施工的破坏及过度放牧，错那湖的植被退化严重，总盖度约 75%。

高山嵩草＋弱小火绒草群落为错那湖的优势植被群落，该群落的优势种高山嵩草与矮火绒草均为矮小草本，其中高山嵩草为建群种，分布在地势稍高处的弱小火绒草则是草甸退化的标志。伴生植物有矮麻黄、无茎黄鹌菜、萎软紫菀、二裂委陵菜、伏毛山莓草、多茎委陵菜、裂叶独活、白花枝子花、西藏微孔草、沙生风毛菊、肉果草、细裂亚菊、垫型蒿 (*Artemisia minor*)、藏蕨叶马先蒿、藓状雪灵芝、矮葶苈、茵垫黄芪、棘豆、藏波萝花 (*Incarvillea younghusbandii*)、针叶苔草、矮嵩草、紫花针茅、紫羊茅、中亚早熟禾 (*Poa litwinowiana*) 和洽草等。

5.1.16 嘎 恰

嘎恰样带的海拔为 4544m ~ 4555m，地理位置 E91°44′ N31°36′，植被为主要由高山嵩草为主的高寒草甸植物群落组成，土壤类型为高山草甸土。该样带的鼠洞尽管是铁路沿线所调查样带中最少的，但由于铁路施工对该样带植被的破坏较大，铁路两边紧靠铁路的两个样地基本没有植被，过度放牧致使植被退化非常严重，再加上青藏公路两侧取土坑的存在，因此，嘎恰样带的植被总盖度约 60%。

嘎恰样带的优势植物为高山嵩草，其分盖度为 85%。伴生植物有肉果草、针叶苔草、无茎黄鹌菜、二裂委陵菜、多茎委陵菜、伏毛山莓草、丛生黄芪、短穗兔耳草、藏波萝花、弱小火绒草、藏西风毛菊、锡金蒲公英、藓状雪灵芝、裂叶独活、藏蕨叶马先蒿、紫花针茅、早熟禾 (*Poa* spp.) 等，在青藏公路两边的取土坑里还有聚头蓟 (*Cirsium souliei*)、蕨麻委陵菜 (*Potentilla sericea*)、大炮山景天 (*Sedum erici-magnusii*)、垫型蒿、和平卧藜 (*Chenopodium prostratum*) 等植物的侵入。

5.1.17 那 曲

那曲样带的海拔为 4534 ~ 4572m，地理位置 E91°56′ N31°22′，植被类型为高寒草甸，土壤类型为高山草甸土。铁路施工对该样带植被的破坏及过度放牧使那曲样带的植被盖度降低，整个样带平均盖度约 65%。

那曲样带的优势植物群落为高山嵩草群落，优势与建群种高山嵩草的分盖度为 90%。该群落常见伴生植物有肉果草、藏西风毛菊、针叶苔草、中亚早熟禾、紫羊茅、洽草、萎软紫菀、西藏蒲公英 (*Taraxacum tibetanum*)、萎软紫菀、垫状点地梅、长爪黄芪、棘豆 (*Oxytropis* spp.)、圆齿龙胆、弱小火绒草、紫花针茅、藏波萝花和镰萼喉毛花等，此外，样带铁路右侧第五样地还有零星的垫状金露梅分布。

青藏公路两旁的样地内受公路的影响，伴生植物有些不同，分别为肉果草、紫花针茅、二裂委陵菜、多茎委陵菜、圆齿龙胆、蕨麻委陵菜、双叉细柄茅 (*Ptilagrostis dichotoma*)、大炮山景天、扇穗茅、短茎岩黄芪 (*Hedysarum kumaonense*)、短穗兔耳草、沙生风毛菊和垫型蒿等。

5.1.18 母布曲大桥

母布曲大桥样带的海拔为 4664 ~ 4697m，地理位置 E91°40′ N31°04′，植被类型为以高山嵩草为主的高寒草甸，土壤类型为高山草甸土，局部地面上有小的砾石。该样带不远为牧民聚居区，因此过度放牧使植被退化严重，局部已经开始向高寒草原过渡，修建铁路所修的便道也对植被有所破坏，因此母布曲大桥样带的植被平均盖度约70%。

母布曲大桥优势植被为高山嵩草群落，优势及建群种高山嵩草的分盖度约65%～70%，常见伴生植物有肉果草、藏西风毛菊、二裂委陵菜、伏毛山莓草、中亚早熟禾、矮火绒草、半卧狗娃花、圆齿龙胆、铺散肋柱花 (Lomatogonium thomsonii)、美花草、椭圆果葶苈、针叶苔草、紫花针茅、洽草、梭罗草、垫型蒿、两裂婆婆纳 (Veronica biloba) 和大炮山景天等。

5.1.19 乌玛塘

乌玛塘样带的海拔为4539～4582m，地理位置E91°32′N30°37′，植被主要由高山嵩草为主的高寒草甸植物群落组成，土壤类型为高山草甸土。

该样带旁边为嘎托塘村，村民以放牧为生，故该样带植被在过度放牧下退化严重，草皮层厚度较薄，再加上样带铁路左侧左侧青藏公路取土坑的干扰，植被平均盖度仅约65%。

乌玛塘样带的优势植物群落为高山嵩草，其分盖度为80%，伴生植物主要有肉果草、弱小火绒草、华丽风毛菊 (Saussurea superba)、独一味 (Lamiophlomis rotate)、铁棒槌 (Aconitum pendulum)、全叶马先蒿 (Pedicularis integrifolia)、天蓝龙胆 (Gentiana caelestis)、白花蒲公英 (Taraxacum leucanthum)、西藏蒲公英、高山唐松草、散穗黄堇 (Corydalis capnoides)、二裂委陵菜、多茎委陵菜、高山豆、大炮山景天、马尿泡、禾叶点地梅 (Androsace graminifolia)、无茎黄鹌菜、紫花针茅、中亚早熟禾、洽草和黑紫披碱草 (Elymus atratus) 等。

样带左侧的青藏公路两边伴生植物种类稍微有点变化，出现了天山千里光 (Senecio thianschanicus)、平车前、肉果草、劲直黄芪 (Astragalus strictus)、紫花针茅、半卧狗娃花和双叉细柄茅等。

此外，在嘎托塘村后的山坡上分布着许多匍匐灌木香柏 (Sabina pingii var wilsonii)，给山体增添了不少光彩。

5.1.20 当 雄

(1) 当雄火车站样带。当雄车站样带的海拔为4298～4308m，地理位置E91°06′N30°28′，植被类型为高寒草原化草甸，土壤类型为高山草甸土。当雄车站样带在当雄火车站的对面即铁路的左侧，过度放牧已经使该处的植被退化相当严重，有毒植物狼毒与劲直黄芪随处可见，植被盖度约78%。

高山嵩草＋丝颖针茅 (Stipa capillacea) ＋委陵菜属 (Potentilla spp.) 群落构成了当雄火车站样带的优势群落，该群落的层次分化较明显。第一层为优势种丝颖针茅，狼毒和劲直黄芪等毒草，它们高约20～30cm，在群落中均匀而稀疏的分布，总盖度约45%；高山嵩草和委陵菜属植物如二裂委陵菜、多茎委陵菜和钉柱委陵菜 (Potentilla saundersiana) 仅有3～8cm，组成了第二层，盖度约80%。该群落的伴生植物主要有肉果草、木根香青 (Anaphalis xylorrhiza)、青藏狗娃花、密花毛果草 (Lasiocaryum densiflorum)、腺毛叶老牛筋 (Arenaria capillaris var. glandulosa)、禾叶点地梅、大炮山景天、蒺藜叶黄芪 (Astragalus tribulifolius)、平车前、西藏蒲公英、弱小火绒草、针叶苔草、中亚早熟禾和羊茅等。此外，在第五样地还有少数矮锦鸡儿分布。

(2) 当雄大桥样带。当雄大桥样带整体地形为一从左至右坡度渐缓的山坡，铁路穿过山坡中部。样带的海拔为4302～4324m，地理位置E91°04′N30°27′，植被类型主要为高寒草原化草甸，土壤类型为高山草甸土。本样带植被平均盖度仅为50%，这是因为铁路左侧500m处为当曲卡镇当曲五组牧民聚居地，过度放牧使植被退化严重，此外，青藏铁路与公路仅距约30m，修建铁路与公路的便道使二者之间的两个样地几乎没有植被分布。当雄大桥样带由三种植物群落组成：

①高山嵩草＋丝颖针茅植物群落：该群落分布于样带铁路两侧的第一至第四样地，为该样带的优势植物群落，群落总盖度约75%，高山嵩草和丝颖针茅为群落优势种。伴生植物主要有多茎委陵菜、二裂委陵菜、伏毛山莓草、木根香青、青藏狗娃花、肉果草、劲直黄芪、蒺藜叶黄芪、平车前、狼毒、密花毛果草、腺毛叶老牛筋、禾叶点地梅、大炮山景天、西藏蒲公英、藏波萝花、铺散肋柱花、垫型蒿、矮火绒草、针叶苔草、中亚早熟禾、卷鞘鸢尾、黑紫披碱草和羊茅等。

②藏北嵩草 (Kobresia littledalei) 群落：该群落主要分布于样带铁路左侧第五样地，该处属于一片山坡凹地，土壤较湿润。群落的总盖度为98%，优势与建群种藏北嵩草的分盖度为80%。伴生植物种类相对较少，主

要有蕨麻委陵菜、三裂碱毛茛 (*Halerpestes tricuspis*)、华扁穗草 (*Blysmus sinocompressus*)、长轴嵩草 (*Kobresia microglochin*)、喜马拉雅嵩草、肉果草、无茎黄鹌菜和西伯利亚蓼等。

③矮锦鸡儿群落：该群落主要分布在样带铁路右侧第五样地，群落总盖度约80%，建群种矮锦鸡儿高30～45cm，分盖度约40%。伴生植物有高山嵩草、钉柱委陵菜、二裂委陵菜、丝颖针茅和黑紫披碱草等。

5.1.21 宁 中

宁中样带的海拔为4216～4238m，地理位置E90°53′N30°21′，植被类型为高寒草甸，土壤类型为沼泽草甸土。由于修建铁路的破坏，该样带的植被平均盖度为67%。宁中样带的植被主要由以下四种植物群落组成：

(1) 藏北嵩草群落：藏北嵩草群落主要分布于样带铁路两侧的沼泽草甸中，群落总盖度95%，群落优势与建群种藏北嵩草的分盖度为70%，常见伴生植物有蕨麻委陵菜、海乳草 (*Glaux maritime*)、黄花棘豆 (*Oxytropis ochrocephala*)、西藏粉报春 (*Primula tibetica*)、三裂碱毛茛、独一味、蓝白龙胆、星舌紫菀、喜马拉雅嵩草、长轴嵩草、华扁穗草、中亚早熟禾、毛香火绒草 (*Leontopodium stracheyi*)、蒲公英、无茎黄鹌菜和天蓝韭等。

(2) 高山嵩草群落：该群落主要分布于样带铁路左侧，优势与建群种高山嵩草的分盖度为80%。伴生植物有矮嵩草、藏北嵩草、蕨麻委陵菜、海乳草、华扁穗草、星舌紫菀、西伯利亚蓼、锡金蒲公英和阿尔泰碱茅 (*Puccinellia altaica*) 等。

(3) 华扁穗草群落：该群落主要分布于样带铁路两侧地面较湿和有薄层积水处，华扁穗草为建群种，盖度约75%。伴生植物有蕨麻委陵菜、海乳草、矮藨草 (*Scirpus pumilus*)、高山嵩草、三裂碱毛茛和黄花棘豆等。

(4) 蕨麻委陵菜群落：该群落主要以小斑片状镶嵌于藏北嵩草群落或华扁穗草群落间，优势种蕨麻委陵菜长势较好，盖度约45%。伴生植物有华扁穗草、海乳草、喜马拉雅嵩草、苔草 (*Carex* spp.)、早熟禾、三裂碱毛茛和蒲公英等。

5.1.22 羊八林

羊八林样带的海拔为4557～4569m，地理位置E90°34′N30°14′，植被类型为高寒草原，土壤类型为高山草原土。由于羊八林样带植被非常稀疏，地面及土壤中上有许多大大小小的鹅卵石，再加上修建铁路的破坏，故其植被盖度仅约40%。

羊八林样带属于杂草类草原，植物种类有淡黄香青、洽草、苔草 (*Carex* spp.)、高山嵩草、丝颖针茅、紫花针茅、毛果草、二裂委陵菜、大炮山景天、匙叶翼首花 (*Pterocephalus hookeri*)、青海刺参 (*Morina kokonorica*)、藏蕨叶马先蒿、禾叶点地梅、聂拉木风毛菊 (*Saussurea nyalamensis*)、沙生风毛菊、铺散肋柱花和中亚早熟禾等。

5.1.23 羊八井

羊八井样带位于青藏铁路羊八井隧道处，为一峡谷，海拔4543m左右，地理位置E90°35′N30°02′。植被类型为高山灌丛，土壤类型为高山灌丛草甸土。由于该样带有微毛樱草杜鹃 (*Rhododendron primulaeflorum* var. *cephalanthoides*)，该植物常被藏民挖去做香用，植被盖度约65%。

羊八井的植被分层明显，主要分为三个层次，第一层次高度约1～1.5m，盖度约40%，该层次的植被种类较少，主要有金露梅、毛叶绣线菊 (*Spiraea mollifolia*)、川藏香茶菜 (*Rabdosia pseudo-irrorata*)、微毛樱草杜鹃和栒子 (*Cotoneaster* spp.) 等灌木以及酸模叶橐吾、叉分蓼 (*Polygonum divaricatum*)、披碱草、赖草等。第二层次高度约20～30cm，盖度约30%，主要植物有单花翠雀花 (*Delphinium monanthum*)、密花毛果草、瓦韦 (*Lepisorus* sp.)、苔草、羊茅、早熟禾、环根芹 (*Cyclorhiza waltonii*) 等。第三层次为高度5～20cm左右的草本，盖度约70%，植物种类最多，主要有钉柱委陵菜、钝裂银莲花 (*Anemone obtusiloba*)、肉果草、多刺绿绒蒿、无茎黄鹌菜、卷丝苣苔 (*Corallodiscus kingianus*)、垫状点地梅、柴胡叶红景天 (*Rhodiola bupleuroides*)、藏西风毛菊、藏波罗花、洽草、高原豆、尼泊尔大丁草 (*Leibnitzia nepalensis*)、毛香火绒草 (*Leontopodium stracheyi*)、禾叶点地梅、珠芽蓼 (*Polygonum viviparum*) 等。

5.1.24 马乡嘎村

马乡嘎村样带的海拔为3920～4099m，地理位置E90°42′N29°55′。植被类型为沼泽草甸与农作物，高寒草甸的平均盖度为85%，土壤类型为沼泽草甸土。本样带主要由五种植被类型组成：

(1) 高山嵩草群落：该群落分布在样带铁路两侧地势稍高的无积水处，分盖度约95%，建群种为高山嵩草。该群落的伴生植物有矮嵩草、华扁穗草、星舌紫菀、蕨麻委陵菜、肉果草、早熟禾、大炮山景天、苦荞麦 (Fagopyrum tataricum)、西伯利亚蓼、架棚 (Ceratostigma minus) 和平车前等。

(2) 藏北嵩草群落：该群落主要分布于样带铁路两侧，成簇间断分布。优势种为藏北嵩草，该群落的分盖度为70%。伴生植物有三裂碱毛茛，海韭菜 (Triglochin maritimum)、水麦冬 (Triglochin palustre)、长轴嵩草、斑唇马先蒿 (Pedicularis longiflora var. tubiformis)、西藏粉报春、星舌紫菀、蓝白龙胆、海乳草和发草 (Deschampsia caespitosa)。

(3) 杉叶藻 (Hippuris vulgaris) + 具槽杆荸荠 (Eleocharis valleculosa) 群落：该群落属于沼泽群落，主要分布在铁路两侧有积水的洼地中，群落优势与建群种杉叶藻和具槽杆荸荠混生在一起，它们的高度约20cm，分盖度为75%。伴生植物有斑唇马先蒿、华扁穗草、圆裂毛茛 (Ranunculus dongrergensis) 等。

(4) 斑唇马先蒿群落：该群落主要分布在样带铁路两侧低洼或间有积水的地方，分盖度约为60%，群落优势与建群种斑唇马先蒿高约15cm，伴生植物有水麦冬、海韭菜、藏北嵩草、华扁穗草、圆裂毛茛和三脉梅花草 (Parnassia trinervis) 等。

(5) 华扁穗草群落：主要分布在样带铁路两侧的积水处，为较小的群落，建群种华扁穗草相对宁中样带的长势要好，高度约12cm，分盖度为60%。伴生植物有高山嵩草、矮嵩草、海韭菜、蕨麻委陵菜等。

5.1.25 古　荣

古荣样带的海拔为 3803 ~ 3920m，地理位置 E90°47′N29°44′，植被类型为高寒草原。铁路施工对该样带地植被破坏严重，样带左侧第一个养地基本没有植被，此外，该样带的地面以及土壤中有许多大大小小的鹅卵石，故该样带植被平均盖度仅为45%。本样带植被主要由三种植物群落组成：

(1) 白草 (Pennisetum flaccidum) 群落：该群落主要分布于样带铁路两侧，常小片生长，建群与优势种白草高度约为20cm，其分盖度约40%。伴生植物有固沙草 (Orinus thoroldii)、藏布三芒草 (Aristida tsangpoensis)、黑穗画眉草 (Eragrostis nigra)、短芒大麦草 (Hordeum brevisubulatum)、劲直黄芪、二裂委陵菜、青藏狗娃花、细裂叶莲蒿 (Artemisia santolinaefolia)、美叶藏菊 (Dolomiaea calophylla)、架棚和小叶野丁香 (Leptodermis microphylla) 等。

(2) 固沙草 + 藏布三芒草群落：该群落主要分布于铁路左侧，为小面积的群落。优势与建群种固沙草和藏布三芒草高度约 20 ~ 30cm，分盖度为 35%。伴生植物有劲直黄芪、毛瓣棘豆 (Oxytropis sericopetala)、黑穗画眉草、二裂委陵菜、菊叶香藜 (Chenopodium foetidum)、苦荞麦、短爪黄芪 (Astragalus polycladus)、密花毛果草、藏波萝花、美叶藏菊、山柳叶糖芥 (Erysimum hieracifolium)、高山韭 (Allium sikkimense) 和草沙蚕 (Tripogon bromoides) 等。

(3) 架棚 + 小叶野丁香群落：该群落主要分布在样带铁路两侧，成小片分布，优势种架棚与小叶野丁香均为高度为 25 ~ 45cm 的矮小灌木，群落分盖度为 40%。伴生植物有黑穗画眉草、白草、拉萨鼠麹草 (Gnaphalium flavescens)、珠光香青 (Anaphalis margaritacea)、固沙草、白草和菊叶香藜等。

在样带铁路右侧还有零星的砂生槐 (Sophora moorcroftiana)、西藏铁线莲 (Clematis tenuifolia) 和刺沙蓬 (Salsola ruthenica)。

5.1.26 东　嘎

东嘎样带为本研究的最后一个样带，其海拔为 3629 ~ 3663m，地理位置 E91°01′N29°38′，植被类型为高寒草甸，土壤类型为高山草甸土。因铁路施工及部分地面为水所覆盖，所以本样带的植被平均盖度约为75%。本样带植被由以下两种植物群落组成：

(1) 鹅绒委陵菜群落：该群落分布在样带铁路两侧，以小斑片状或者窄带状分布在潮湿之处。建群种鹅绒委陵菜在此处长势较好，植株肥大，分盖度达55%。伴生植物多为湿中生种类，如三裂碱毛茛、沼生蔊菜 (Rorippa islandica)、海乳草、华扁穗草、西伯利亚蓼、喜马拉雅嵩草、高山嵩草、苔草 (Carex spp.)、无芒稃和早熟禾等。

(2) 高山嵩草 + 矮生嵩草群落：该群落在样带铁路两侧均有分布，群落分盖度为85%，伴生植物有三裂碱毛莨、肉果草、鹅绒委陵菜、萹蓄 (*Polygonum aviculare*)、西伯利亚蓼、矮生嵩草、拉萨鼠草、无芒稗、海乳草、针叶苔草、平车前和洽草等。

5.2 青藏铁路沿线植被生态分区

青藏铁路贯穿南北格拉段,长1142km,在地貌上,青藏铁路所经线域分布有高原、雪山、湿地、草场、荒漠、戈壁、沙漠、寒漠、冰川等;在气候类型上,该线域包括了温带、亚寒带和寒带气候;在植被类型上,该线域包含了落叶乔木、灌木、草本到垫状植被等。因此植被恢复必须综合考虑自然地理条件、生态系统类型、青藏铁路线域的完整性和沿线社会经济条件等因素,进行生态分区,并根据不同生态类型区的特点,根据原生植被特征,进行植被生态建设。综合分析表明,可将青藏铁路线域划分成以下六个生态类型区:

5.2.1 高山干旱荒漠区

指格尔木至昆仑山段,长166km,该段山地坡降高达1800m,水土存留困难,线路基本上绕格尔木河(上游称昆仑河)行进。该段又可分为两种类型;一是温凉干旱荒漠区,长146km,分布在海拔4000m左右及以下的昆仑山北坡区域,主要景观为沙砾、戈壁、荒漠、沙漠,年平均气温一般在 -5 ~ 5℃,主要类型有以梭梭为优势的小乔木荒漠;以多花怪柳、白刺为优势的灌木荒漠;以蒿叶猪毛菜、合头草等为优势的矮半灌木荒漠及以毛怪柳、西伯利亚白刺等为优势的盐质灌木与盐质半灌木荒漠。年降水量一般在100mm以下,海拔在4000m以下区域主要在50 ~ 60mm,只有在有土层并能获得一定水分的条件下,才生长一些稀疏灌草,以驼绒藜、梭梭、蒿草类为主,覆盖度一般在5%以下。二是高寒干旱荒漠区,即高山寒漠区,长约20km,主指海拔4500 ~ 5000m以上冰川雪峰以下的北坡区域,常年寒冷,难以生长植物,只有极为稀少的一些垫状植被,形成高山寒漠和永久冻土带,群落类型比较简单,以垫状驼绒藜为优势的高寒荒漠是其主要代表。

5.2.2 高原冷凉干旱、半干旱高寒草原区

指昆仑山至雁石坪段,长342km,原、山、水相间分布,总体上较为平缓,主要山脉有可可西里山、烽

火山、开心岭等,主要河流有清水河、秀水河、沱沱河和通天河等,年平均气温一般在 -2 ~ -6℃,牧草生长期4 ~ 5个月,年降水量200 ~ 300mm,该线域主体上是高寒草原景观,主要植物种为青藏苔草和紫花针茅,覆盖度一般在20% ~ 50%。这些植物在高寒干旱的严酷环境长期作用下形成了各异的生物——形态适应特性,即生活型。有落叶灌木、小半灌木、丛生禾草、根茎禾草、多年生杂类草和一年生植物。在其形态结构上具有叶面小、叶片卷、气孔下陷、机械组织与保护组织发达、密被白色灰茸毛、植株矮小呈垫状或莲座状、地下部生物量大、根系发达、生育节律短等耐寒抗旱特点。据资料介绍,羌塘高寒草原生态系统旱生植物约占总种数的62.9%,其中真旱生和中旱生植物占59%,旱中生植物占27.1%,超旱生和广旱生植物很少。烽火山一带约15km、雁石坪以北约5km及一些丘洼地、河流等处零散分布有高寒草甸及沼泽草甸,成为高寒草原的一种点缀。

该区土壤主要为高山草原土,成土母质为洪积冲积物、湖积物、残积坡积物和风积物等。土壤质地粗糙疏松,结构性差,多为沙砾质、粗砾质或沙壤质,各种成土过程均弱,土层薄,约30cm,有机质含量低,仅0.5% ~ 1.7%,矿化度高,pH 8.0 ~ 8.6,通体具强石灰反应。

该区草群低矮、稀疏,牧草生育节律短,牧草产量低,一般5月下旬至6月上旬开始萌发抽叶,9月中下旬地上部分即大部分枯死进入冬季休眠期,生长期约90 ~ 120d,草层平均高度5 ~ 15cm,高者可达20 ~ 40cm,群落盖度一般为20% ~ 30%,高者可达50% ~ 60%,低者仅10%左右。

5.2.3 高原冷凉半干旱、半湿润高寒草甸区

指雁石坪至那曲段,长316km,除翻越唐古拉山段海拔较高外,其他区段较为平缓,主要地貌仍以原、山、水相间分布为基本特征,该段翻越全线最高点唐古拉山脉和头二九山。年平均气温一般在 -7 ~ 0℃,牧草生长期4 ~ 5个月,年降水量一般在300 ~ 400mm,该线域主体上是高寒草甸景观,主要植物种为青藏苔草、紫花针茅和点地梅等,覆盖度一般在50%以上,但草被有不同程度的破坏。自那曲以北约20km处开始,出现了不少沼泽草甸,属于高寒草甸向沼泽草甸的过度。

该区域主体的土壤主要为高寒草甸土。土壤风化程

度较低，粗骨性强，土层较薄，一般厚约 30cm，局部地区可达 50cm。土层下面多砾石，透水性强，保水性差。地下有永冻层，使牧草根系生长和发育受到阻碍，水分下渗困难。土壤表层有 8 ~ 15mm 厚的草皮层，牧草的根系盘根错节，紧密、坚实并富有弹性，因而具有较强的耐牧性。在高山坡陡的地方，由于受周期性的冷热冻融作用的影响，常常形成大片面积的滑坡或草皮脱落而造成一块块秃斑。

5.2.4 高原冷凉半湿润沼泽草甸区

主要指那曲至当雄段，长 160km，最高点桑雄岭 4770m，整段地貌上仍以高原为主，南北界于唐古拉山和念青唐古拉山两山之间，西临青藏高原大湖那木错，形成沼泽草甸地带，主要河流有那曲河和桑曲。该段年平均气温 -7 ~ 0℃，牧草生长期 4 ~ 5 个月，年降水量一般在 350 ~ 400mm，沼泽草甸中的主要植物种为藏嵩草、苔草、羊茅等，结构比较简单，层次分化不明显，草群高度平均在 15 ~ 35cm，生长较为茂密，覆盖度一般在 80% 以上。但以单优种出现，很少有两个以上优势种组成的草地型，在当雄以北的谷露一带，出现了小片灌木垫状金露梅，但仍呈零星分布状态，铁路线域主体上仍以沼泽草甸为主。

由于地势低洼，地表常有临时性或季节性积水，排水不畅，土壤过分潮湿，通气不良，加之气温较低，土壤中微生物的活动十分微弱，致使有机质大量积累，形成具有泥炭层或泥炭化的沼泽草甸土。

5.2.5 高原冷凉半湿润高寒灌丛草原区

主要指当雄至羊八井段，长 73km，最高点羊八岭 4600m，以羊八岭山地和高原地貌为主，主要河流为柴曲。该段年平均气温在 0℃ 以上，灌草生长期 5 个月左右，年降水量在 400mm 左右，以微毛樱草杜鹃和香柏灌丛为主，主要种类有伴生草类有藏嵩草、早熟禾、羊茅、披碱草、针茅等。

5.2.6 高原温凉半湿润河谷盆地农牧区

指羊八井至拉萨段，长 85km，随河流而下，坡降较大，地貌上以山谷盆地为主。该段年平均气温 2 ~ 7℃，灌草生长期 6 个月左右，年降水量 400 ~ 470mm，沿山谷盆地出现了大片农田和柳树、杨树等乔木林，主要作

物有青稞、春小麦、油菜、豌豆、马铃薯等，田埂上、两侧山坡上分布着大量的灌丛和草类，主要灌木种类有金露梅、绣线菊、蔷薇、沙棘、小檗、香柏、锦鸡儿等，草类主要有早熟禾、披碱草、羊茅等。

5.3 新建青藏铁路沿线主要植被类型

青藏高原保存有相对完好的原始高原面，随着高原内部水热条件的差异，青藏铁路沿线自东南向西北形成了由高寒灌丛向高寒草甸、高寒草原、高寒荒漠过渡的高寒生态系统，主要有荒漠生态系统、温性草原生态系统、高寒草原生态系统、高寒草甸草原生态系统、高寒草甸生态系统、湿地生态系统、高寒灌丛生态系统、高山冰雪生态系统及农田生态系统等 9 种类型。在这个独特的高寒自然环境和高寒生物区系中，尤以高寒草原生态系统与高寒草甸生态系统分布最广，它们不仅是亚洲中部高寒环境中典型的生态系统，而且在世界高寒地区也具有代表性。

5.3.1 荒漠植被

青藏铁路沿线的荒漠生态系统主要分布在柴达木盆地和羌塘高原等山原地带。依建群植物的生态特点和生态环境，可分为温性荒漠和高寒荒漠两类。

柴达木盆地的荒漠属温性荒漠，主要类型有以梭梭为优势的小乔木荒漠；以多花怪柳、白刺为优势的灌木荒漠；以蒿叶猪毛菜、合头草等为优势的矮半灌木荒漠及以毛怪柳、西伯利亚白刺等为优势的盐质灌木与盐质半灌木荒漠。

高寒荒漠主要分布于羌塘高原铁路沿线的宽阔山原地带，海拔 5000m 左右，群落类型比较简单，以垫状驼绒藜为优势的高寒荒漠是其主要代表。

在青藏铁路沿线，荒漠植被主要分布在南山口至昆仑山一带，面积不大。该区段海拔 3090 ~ 4600m，降水量 40 ~ 100mm。地形上可以分为戈壁荒漠与山地荒漠两大类。山地荒漠的植物种类非常稀少，仅见到垫状驼绒藜 (Ceratoides compacta) 1 种。

戈壁荒漠上的植被群落结构也很简单。主要建群植物为超旱生的、叶退化的灌木和半灌木，间或生长一些耐干旱盐碱的多年生或一年生草本植物。整体上看，植被不高，植被平均高度约 20 ~ 60cm（偶尔有灌木可

图5-1　山地荒漠

图5-2　以藜科灌木为主的荒漠灌丛

图5-3　以黄花补血草为主的荒漠植被

达 200cm），植物生长很稀疏，植被总盖度仅为 4%～30%。种群分布格局特点为随机丛生，很少种类均匀分布。荒漠的这种特点主要是由于缺水和低温两个原因决定的，其次还有土壤的盐碱化。

戈壁荒漠植被的种类组成也不复杂。据调查，记载到的植物种类不足 30 种，分属 10 科。其中藜科的种类最多，菊科次之，再者柽柳科的种数也不少。其它出现的科还有蓼科、蒺藜科、毛茛科、十字花科、豆科、麻黄科、白花丹科。

该植被类型的代表性植物为膜果麻黄（*Ephedra przewalskii*）、柴达木沙拐枣（*Calligonum zaidamense*）、白刺（*Nitraria tangutirum*）、合头草（*Sympegma regelii*）、蒿叶猪毛菜（*Salsola abrotanoides*）、盐爪爪（*Kalidium foliatum*）、黄毛头（*K. cuspidatum* var. *sinicum*）、驼绒藜（*Ceratoides latens*）、五柱红砂（*Reaumuria kaschgarica*）、红砂（*R. songarica*）等植物。

5.3.2　温性草原植被

温性草原生态系统是在温暖半干旱气候条件下，以中温性旱生多年生草本植物或旱生小半灌木为优势种的生态系统类型，主要建群种有长芒草（*Stipa bungeana*）、藏布三芒草（*Aristida tsangpoeensis*）、白草（*Pennisetum flaccidum*）、固沙草（*Orinus thoroldii*）、及小半灌木藏白蒿（*Artemisia younghusbandii*）等。

青藏铁路唐古拉山口至拉萨段铁路沿线温性草原生态系统主要分布在当雄至拉萨之间海拔 4300m 以下的河谷谷地、阶地、山麓冲积扇及山坡下部。海拔比高原腹地低 700～1000m,气候较为温暖，年平均气温达 6.0℃左右，年降水量 300～400mm，多集中在 7、8、9 月，年蒸发量 2000～2500mm，相对湿度为 40%～50%，属半干旱气候类型。土壤为山地灌丛草原土或亚高山草原土，有机质含量少，表层仅 0.2%～2.0%，30cm 以下出现钙沉积层，厚度达 1m。温性草原生态系统植物组成有两个明显的特点：具有旱生小灌木或小半灌木层片，如砂生槐（*SopHora moorcroftiana*）、锦鸡儿（*Caragana* spp.）、蒿属（*Artemisia* spp.）植物；具有喜温性的根茎禾草，如白草、固沙草、长芒草等。与高寒草原生态系统相比，温性草原生态系统植物种类组成复杂，伴生种类较多，鲜草产量也较高，每亩在 80kg 以上，高者达 170kg。

5.3.3 高寒草原植被

高寒草原是在高山和青藏高原寒冷干旱的气候条件下，由耐寒的多年生旱生草本植物或小半灌木为主所组成的高寒生态系统类型。西藏是我国高寒草原生态系统的集中分布区。高寒草原是西藏分布最广、面积最大的一个生态系统类型，它广泛分布于藏北羌塘高原内陆湖盆区、藏南山原湖盆、宽谷区和雅鲁藏布江中游河谷区，分布海拔4300～5300m。在藏北羌塘高原，该生态系统类型分布之东端始于青藏公路西侧（东经约90°31′）的内外流水系分水岭，由此向西延伸直抵国界；北界大致位于阿里境内的美马错与骆驼湖之间的分水岭和那曲境内的可可西里山一线，占据着一个极为广阔而连续的空间，属高原上水平地带性分布的生态系统类型。在藏南山原湖盆区和雅鲁藏布江河谷区多分布于温性草原生态系统之上，是山地垂直

带上占有幅度较宽的生态系统类型之一。

由于高寒草原生态系统分布区地处青藏高原腹地、喜马拉雅北坡雨影区和干旱河谷，因而，其气候具有明显的高原大陆性气候特征，属高原亚寒带干旱、半干旱气候类型。暖季短暂温凉，冷季严寒漫长，冬春多大风，年平均气温低，寒冷干旱，全年无绝对无霜期，即使在暖季各月最低气温仍在0℃以下，全年平均气温0～3℃，最冷月（1月）平均气温-12～-10℃，极端最低气温可达-40℃，最热月（7月）平均气温7～12℃，>0℃的年积温800～1100℃，年降水量100～300mm，年蒸发量约2000mm，干燥度6.7～20，但全年80%～90%的降水集中在6～9月，水热同期，为牧草在较短时间（90～120d）内完成生育期创造了有利条件。

高寒草原生态系统土壤主要为高山草原土，成土母质为洪积冲积物、湖积物、残积坡积物和风积物等。土

图5-4 紫花针茅

图5-6 以丛生黄芪为主的草原

图5-5 紫花针茅草原

图5-7 以弱小火绒草为主的草原

壤质地粗糙疏松，结构性差，多为沙砾质、粗砾质或沙壤质，各种成土过程均弱，土层薄，约30cm，有机质含量低，仅0.5%～1.7%，矿化度高，pH值8.0～8.6，通体具强石灰反应。

高寒草原生态系统植物组成简单，一般每平方米植物种的饱和度10～15种，少者仅5种左右。优势种主要是禾本科针茅属、莎草科苔草属及菊科蒿属的一些寒旱生植物。其他较重要的还有蔷薇科、豆科、石竹科、十字花科和蓼科等，常以伴生成分出现。这些植物在高寒干旱的严酷环境长期作用下形成了各异的生物——形态适应特性，即生活型。有落叶灌木、小半灌木、丛生禾草、根茎禾草、多年生杂类草和一年生植物。在其形态结构上具有叶面小、叶片卷、气孔下陷、机械组织与保护组织发达、密被白色灰茸毛、植株矮小呈垫状或莲座状、地下部生物量大、根系发达、

生育节律短等耐寒抗旱特点。据资料介绍，羌塘高寒草原生态系统旱生植物约占总种数的62.9%，其中真旱生和中旱生植物占59%，旱中生植物占27.1%，超旱生和广旱生植物很少。

在高寒草原生态系统中起重要作用的丛生禾草主要包括紫花针茅、羽柱针茅、昆仑针茅、沙生针茅、羊茅状早熟禾 (Poa festucoides)、藏北早熟禾伊 (P.Boreali-tibetlica)、寡穗茅 (Uttledalea przevdskyi)；根茎禾草有固沙草、白草；根茎苔草有青藏苔草、珠峰苔草、青海苔草 (Carex ivanoviae)；蒿类半灌木有藏白蒿、藏沙蒿、冻原白蒿、日喀则蒿等。上述植物常以优势种或次优势种出现在生态系统中。多年生杂类草常为群落的伴生种成分，主要是委陵菜属、紫菀属、风毛菊属、点地梅属、蚤缀属、景天属、马先蒿属等的一些植物；此外，豆科的棘豆属和黄芪属的一些植物也是生态系统中常见的伴生种。

图5-8　杂草草原

图5-10　黄芪、棘豆、白花枝子花等杂草的杂草草原

图5-9　以丝颖针茅为主的禾草草原

图5-11　马先蒿杂草草原

高寒草原生态系统草群低矮、稀疏，牧草生育节律短，牧草产量低，一般5月下旬至6月上旬开始萌发抽叶，9月中下旬地上部分即大部分枯死进入冬季休眠期，生长期约90～120d，草层平均高度5～15cm，高者可达20～40cm，群落盖度一般为20%～30%，高者可达50%～60%，低者仅10%左右。

在青藏铁路沿线，高寒草原为主要的植被类型，分布在昆仑山山口—唐古拉山北区段，从昆仑山口向南，穿越可可西里国家级自然保护区，经沱沱河到唐古拉山北。该区段多数地段为多年冻土区，植被平均盖度约40%～60%，平均高度在5～40cm之间，极少超过50 cm，主要植被类型为高寒草原，夹杂一些高寒草甸和沼泽草甸，生长的大部分植物为耐寒的低矮草本，偶尔生长着零星的垫状小灌木，如垫状驼绒藜 (*Ceratoides arborescens*)、匍匐水柏枝 (*Myricaria prostrata*) 和垫状金露梅 (*Potentilla fruticosa* var. *pumila*) 等。

按照优势种的不同，高原草原还可以分为三类，禾草类草原，主要以禾本科植物如针茅 (*Stipa* spp.)、早熟禾 (*Poa* spp.) 等植物为建群种；苔草类草原，主要以苔草 (*Carex* spp.) 植物为建群种；杂草类草原，由一些杂草为优势种的草原，如风毛菊 (*Saussurea* spp.)、黄芪 (*Astragalus* spp.)、棘豆 (*Oxytropis* spp.)、蒿 (*Artemisia* spp.) 植物、白花枝子花 (*Dracocephalum heterophyllum*)、弱小火绒草 (*Leontopodium pusillum*)、细裂亚菊 (*Ajania przewalskii*)、二裂委陵菜 (*Potentilla bifurca*)、矮麻黄 (*Ephedra minuta*) 等植物。

高寒草原的分布面积最大，植物组成也最为复杂，种类也最丰富，除了优势种以外，还有许多伴生种，所有种类加在一起超过了100种。特殊的伴生植物有羽叶点地梅 (*Pomatosace filicula*)、铁棒槌 (*Aconitum pendulum*)、多刺绿绒蒿 (*Meconopsis horridula*)、藏豆 (*Stracheya tibetica*) 等植物。

5.3.4　高寒草甸草原植被

高寒草甸草原是高寒草甸与高寒草原的过渡类型，是由耐寒的旱中生或中旱生多年生草本植物为优势种而组成的生态系统类型。

高寒草甸草原生态系统在西藏分布较为广泛，主要分布于羌塘高原南部、藏南山原湖盆及阿里地区西南部。常占据海拔4300～5200m的高原面、宽谷、河流高阶地、冰蚀台地、湖盆外缘及山体中上部等。气候寒冷，但水分条件相对较好，伊万诺夫湿润度>0.6。年平均气温-1.2～3.0℃，最热月平均气温7.7～8.3℃，最冷月平均气温-12.2～-11.3℃，≥0℃的年积温800～1000℃，年降水量300～400mm，牧草生长期90～120d。土壤主要是高山草甸草原土，草皮层薄，极为破碎或无明显的草皮层，土壤有机质积累作用弱，含量较高山草原土稍高，质地以砾石和沙砾为主，呈弱石灰反应。

生态系统中植物组成较高寒草原生态系统复杂，在生态系统中起重要作用的是丛生禾草、根茎苔草和蒿草属中偏中生的一些植物，常成为群落的优势种或次优势种，具代表性的优势种有寡穗茅、丝颖针茅、微药羊茅等。蒿类半灌木、多年生杂类草在群落中的作用较小，多以伴生种成分出现，伴生植物种类较高寒

图5-12　杂草类草原景观

图5-13　嘎恰附近的草甸草原过渡景观

图5-14 当雄宁中的藏北嵩草草甸

图5-15 开心岭附件的矮生嵩草群落

图5-16 那曲附近的高山嵩草草甸

草原生态系统丰富，常见的有菊科的紫菀属、蒲公英属、火绒草属，蔷薇科的委陵菜属，蓼科的蓼属，玄参科的马先蒿属，石竹科的点地梅属及莎草科的苔草属、嵩草属的一些植物。

5.3.5 高寒草甸植被

高寒草甸生态系统是在寒冷而湿润的气候条件下，由耐寒的多年生中生草本植物为建群种而形成的一种生态系统类型，主要建群种有高山嵩草、大花嵩草、高山早熟禾等。

高寒草甸生态系统是青藏高原和各大山地上广泛分布的一种生态系统类型。它在西藏的草地资源中占有极其重要的地位，在全区各地市都有较大面积的分布。高寒草甸生态系统分布面积大，范围广，生境较为复杂，一般多分布在海拔4000m以上的高山地带。那曲地区高寒草甸生态系统的分布上限海拔为5200m。

高寒草甸生态系统的分布区属于高山寒带、亚寒带湿润或半湿润性气候，具有气温低、蒸发力弱、雨量适中、日照充足、辐射强、没有绝对无霜期等气候特征。年平均气温一般都在0℃以下，最冷月份（1月）的平均气温低于-10℃，最热月份（7月）的平均气温一般不高于15℃。但是白天气温高，日照强，有利于牧草进行光合作用；夜晚气温低，牧草呼吸作用减弱，有利于牧草营养物质的积累。平均年降水量在450mm左右，高者达600mm以上，降水多集中在牧草的生长季节，6～9月份降水占全年降水量的70%以上，水热同期，对牧草生长发育十分有利。但雨季多雷暴和冰雹，对牧草正常生长、发育有一定影响。日照时间长，太阳辐射强，在一定程度上弥补了高寒草甸地区气温低的缺欠，有利于牧草生长发育和有机质的积累。

高寒草甸生态系统的土壤主要为高寒草甸土。土壤风化程度较低，粗骨性强，土层较薄，一般厚约30cm，局部地区可达50cm。土层下面多砾石，透水性强，保水性差。地下有永冻层，使牧草根系生长和发育受到阻碍，水分下渗困难。土壤表层有8～15mm厚的草皮层，牧草的根系盘根错节，紧密、坚实并富有弹性，因而具有较强的耐牧性。在高山坡陡的地方，由于受周期性的冷热冻融作用的影响，常常形成大片面积的滑坡或草皮脱落而造成一块块秃斑。

在青藏铁路沿线，高寒草甸主要分布在五道梁至风火山段、雁石坪周围以及安多至堆龙德庆的广大线域。草甸密集丛生，在植被不被破坏的情况下，植被总盖度常为100%，高度一般在3～40cm之间，偶尔也有更高的，但比较少见。主要高寒草甸主要有高山嵩草草甸、矮生嵩草草甸、西藏嵩草草甸、藏北嵩草草甸及蕨麻、斑唇马先蒿等为建群和优势种的杂草类草甸等。

主要建群与优势植物为高山嵩草 (*Kobresia pygmaea*)、矮生嵩草 (*Kobresia humilis*)、藏北嵩草 (*Kobresia littledalei*)、西藏嵩草 (*Kobresia tibetica*)、喜马拉雅嵩草 (*Kobresia royleana*)、华扁穗草 (*Blysmus sinocompressus*)、蕨麻 (*Potentilla anserine*)、斑唇马先蒿 (*Pedicularis longiflora var. tubiformis*) 等，伴生植物有羊茅 (*Avena* spp.) 植物、早熟禾 (*Poa* spp.) 植物、蓝白龙胆 (*Gentiana leucomelaena*)、矮假龙胆 (*Gentianella pygmaea*)、二裂委陵菜 (*Potentilla bifurca*)、无茎黄鹌菜 (*Youngia simulatrix*)、肉果草 (*Lancea tibetica*) 等矮小植物。

5.3.6 湿地植被

湿地生态系统又分为湖泊湿地、河流湿地、高寒沼泽化草甸和沼泽湿地生态系统类型。

（1）湖泊生态系统：根据遥感和地理信息系统技术分析统计，新建青藏铁路唐古拉山口至拉萨段铁路两侧50km范围内共有大小湖泊579个，其中常年淡水湖泊525个，湖泊面积400.45 km²；常年咸水湖泊22个，湖泊面积1195.31 km²；时令淡水湖泊31个，湖泊面积1.16 km²；时令咸水湖泊1个，面积仅0.04 km²。铁路两侧1 km范围内共有湖泊19个，其中常年淡水湖泊17个，湖泊面积15.54 km²；时令淡水湖泊2个，面积仅0.09 km²。在17个常年淡水湖泊中，面积在1 km²以上湖泊只有2个。铁路两侧5km范围内共有大小湖泊85个，其中常年淡水湖泊78个，湖泊面积114.86 km²；时令淡水湖泊7个，湖泊面积0.24 km²。从铁路两侧50km范围内湖泊的分布情况来看，铁路两侧5km范围内全为淡水湖泊，而且以常年淡水湖泊为主。常年咸水湖泊主要分布在铁路两侧5km以外。青藏铁路沿线湖泊的基本特点是数量多、分散，并且面积较小，成为西藏中、小型湖泊较集中的分布湖区。造成湖区分散、小型的基本原因是由于降水稀少，地表起伏平缓，不利于径流形成。同时，多数湖泊集水范围较小，汇水量有限，湖盆形态往往浅平，蒸发损失大。本段内许多入湖河道

宽浅而短小，底部多为沙砾质，两岸阶地不甚发育，湖滨的古岸线距今湖面的高差较小，表明藏北湖泊退缩规模小。

（2）河流生态系统：青藏铁路沿线分布着大小数百条河流，其中有很多河流与铁路线交叉。唐古拉山口至拉萨段自南向北分布着拉萨河、堆龙曲、楚布曲、当曲、乌鲁龙曲、母各曲、那曲、下秋曲、安多曲、桑曲、扎加藏布等主要河流。对于西藏农牧业及整个生态环境有重要意义的河流水面只占水域总面积的3.38%，河流的比重小、分布不均衡。河流生态系统主要特点表现为：河流水源补给量中地下水和冰雪融水的补给占有相当大的比重；河流径流一般年际变化较小、年内分配不均，冬季水量少，夏季水量大，河流径流最枯的月份出现在2月；由于原生植被保护较好，加上西藏大部分地区降水强度较小以及地下水和冰雪融水比重大的特点，导致西藏河流含沙量较少；由于西藏地势高，近地面的气温低，西藏河流水温偏低，河水温度大体是东南高，西部和北部低。

（3）高寒沼泽化草甸生态系统：高寒沼泽化草甸生态系统是高寒典型草甸向沼泽过渡的一种生态系统类型。它是在高寒低温的环境条件下，由湿中生或中湿生的多年生草本植物为主发育成的一种生态系统类型。高寒沼泽化草甸生态系统的形成和分布与土壤中的水分条件有直接而密切的关系。由于地势低洼，地表常有临时性或季节性积水，排水不畅，土壤过分潮湿，通气不良，加之气温较低，土壤中微生物的活动十分微弱，致使有机质大量积累，形成具有泥炭层或泥炭化的沼泽草甸土。

图5-17 沼泽草甸

图5-18　羊八井附近的高山灌丛

（以微毛樱草杜鹃、毛叶绣线菊和枸子等）

图5-19　当雄乌玛塘附近的香柏灌丛

图5-20　当曲河边的小檗灌丛

土壤在年复一年的冻融作用的影响下，形成了许多大小不等、高低不平的冻胀丘和热融洼地。冻胀丘上长满了中生植物，一般高20～50cm，直径30～60cm。丘间的热融洼地季节性积水或常年积水，湿生植物比较发育，形成了高寒沼泽化草甸生态系统一种特殊景观。高寒沼泽化草甸生态系统在青藏铁路沿线呈不连续分布，一般都分布在河流水泛地、山麓潜水溢出带、湖盆低地外缘、山前洪积扇等地。分布海拔4000～5100m。高寒沼泽化草甸生态系统的结构比较简单，层次分化不明显，草群高度平均在15～35cm，生长较为茂密，但种类组成比较单纯，主要由莎草科嵩草属和扁穗草属的植物所组成，禾本科种类比较少，只有发草属和早熟禾属的个别植物在群落中起作用。多以单优种出现，很少有两个以上优势种组成的草地型，这也是高寒沼泽化草甸生态系统的组成特点之一。

（4）沼泽生态系统：沼泽生态系统是以湿生植物为建群种的生态系统类型，在植物整个生长期内或大部分生长期内地表浅层积水或土壤层水分过饱和，有泥炭层或潜育层发育。沼泽生态系统属隐域性生态系统，在青藏铁路沿线分布面积较小，仅在当雄县县城附近的当曲河边分布有小面积以灯心草和无脉苔草占优势的沼泽生态系统。其成因主要与地形条件和水分状况及低温作用有关。地表多水是沼泽生态系统形成的首要条件，水分补给源主要有冰雪融水、潜水、泉水及河水等。故沼泽生态系统常占据水分补给充足的湖滨、山前洪积扇缘、潜水溢出带、河沟洼地、河流低阶地及冰碛洼地等地段。此外，低温作用有利于泥炭的形成和积累，地下有永冻层而形成隔水层，导致地表水下渗困难而长期积水。

5.3.7　高寒灌丛植被

高寒灌丛生态系统植被以微毛樱草杜鹃和香柏灌丛为主，其中微毛樱草杜鹃灌丛主要分布于念青唐古拉山脉西段和冈底斯山脉东段南侧。在青藏铁路沿线主要分布在当雄、羊八井地区，常据坡度稍陡的阴坡和半阴坡的中上部，与山坡下部和坡度较缓部位的高山嵩草草甸呈斑块状交错分布，海拔高度4300～4700m。香柏群系是常绿针叶灌丛中分布最广，也是分布最高的一个群落类型，铁路沿线主要分布在当雄和林周境内，距铁路较远。

在新建青藏铁路沿线主要灌丛类型有落叶灌丛、常绿针叶灌丛和常绿革叶灌丛。

落叶灌丛种类最多，分布范围也较大，主要有：①垫状金露梅 (*Potentilla fruticosa* var. *pumila*) 灌丛，分布在小南川附近及当雄以南线域的高原上；②匍匐水柏枝 (*Myricaria prostrate*) 灌丛，又为垫状植被，分布在不冻泉与楚玛尔河附近的高原上，呈丛生块状分布；③毛叶绣线菊 (*Spiraea mollifolia*) 灌丛，分布在羊八井附近的山地上，与微毛杜鹃混生；④变色锦鸡儿 (*Caragana versicolor*) 灌丛，分布在当雄附近的干旱草地上；⑤近似小檗 (*Berberis approximate*) 灌丛，分布在当雄至拉萨河流域的湿草甸中；⑥川滇野丁香 (*Leptodermis pilosa*) ＋架棚 (*Ceratostigma minus*) 灌丛，分布在堆龙德庆古容附近的干旱荒地上。这些灌丛类型，除毛叶绣线菊灌丛外，其伴生草本植物基本为同分布区的草原植被或草甸植被中出现过的种类。当灌木在群落中不占优势，而是草本植物占优势时，这中群落也被称为小半灌木草原。

常绿针叶灌丛主要为香柏 (*Sabina pingii* var. *wilsonii*) 灌丛，分布在当雄至拉萨河流域的干旱山坡上。该灌丛类群组成简单，几乎仅有香柏1种，无其他伴生植物。

常绿革叶灌丛主要为微毛杜鹃 (*Rhododendron primulaeflorum* var. *cephalanthoides*) 灌丛，分布在羊八井附近，并混生有毛叶绣线菊、川藏香茶菜 (*Rabdosia pseudo-irrorata*) 等灌木。该群落较之前面的几种灌丛很不相同，不仅在于灌木的种类增多，同时出现了许多其他群落类型中的没有的草本植物种类。这些草本植物的代表有酸模叶橐吾 (*Ligularia lapathifolia*)、卷丝苣苔 (*Corallodiscus kingianus*)、小斑虎耳草 (*Saxifraga punctulata*)、西藏白苞芹 (*Nothosmyrnium xizangense*) 等。

此外，有些灌木种类只是偶然出现，并未形成灌丛，但也放在这里进行介绍，如假醉鱼草 (*Abelia buddleioides*)、白芨梢 (*Buddleja alternifolia*) 等。

5.3.8 高山冰雪植被

高山冰雪生态系统由高原地区海拔较高山脉上的冰川和永久积雪以及盖度极低的植被组成，是青藏铁路沿线上海拔最高、植被最少的一个特殊生态系统。主要分布在海拔4500m以上的唐古拉山及念青唐古拉山的中上部，铁路沿线两侧2～50km以内范围。

图5-21　小南川附近的金露梅灌丛

图5-22　雅鲁藏布江边的农田

图5-23　拉萨附近的湿地农田

5.3.9 农田植被系统

青藏铁路沿线的农田生态系统主要分布在羊八井以下当曲沿岸，属典型的河谷农业。农作物包括粮食、油料、蔬菜及其他作物种类。粮食作物以青稞、小麦、豌豆为主，其中青稞播种面积最大；油菜作物以油菜为主；蔬菜的种植受自然环境条件的制约，仅在城镇、村庄附近有小面积种植。

农田主要分布在羊八井以南线域，主要农作物为青稞 (*Hordeum vulgare* var. *nudum*) 与燕麦 (*Avena sativa*)，偶尔栽培有油菜 (*Brassica napus*)、豌豆 (*Pisum sativum*) 等作物。

此外，在农田边、村落及公路边还栽培有少量乔木，主要为杨柳科植物，如藏川杨 (*Populus szechuanica* var. *tibetica*)、北京杨 (*Populus×beijingensis*) 及左旋柳 (*Salix paraplesia* var. *subintegra*) 等。

5.3.10 垫状植被系统

垫状植被是由具有垫状形态的植物为建群种而组成的群落。在青藏高原，垫状植被主要分布在高山带内，因而属于高山垫状植被的性质，即高山垫状植物占优势的生长型的植被类型。本书中垫状植被指的是所有具有垫状形态的垫状植物及近垫状植物，而不论其是否在群落中占优势，即包括了出现在草原与草甸植被中的垫状植物。

在青藏铁路沿线垫状植被分布极广，尤其在五道梁、风火山和开心岭等的高寒草甸带之间以及乌丽、扎加藏布的高寒草原，垫状植物几乎占分布地段植被总盖度的 20% 左右。

典型的垫状植物有垫状点地梅 (*Androsace tapete*)、唐古拉点地梅 (*Androsace tangulashanensis*)、高原点地梅 (*Androsace zambalensis*)、雪灵芝 (*Arenaria brevipetala*)、簇生柔子草 (*Thylacospermum caespitosum*)、钻叶风毛菊 (*Saussurea subulata*)、茵垫黄芪 (*Astragalus mattam*) 等。这些垫状植物如同一个个大小不一的馒头点缀于高寒草甸中，形成了独特的景观。

近垫状植物的有弱小火绒草 (*Leontopodium pusillum*)、喜马红景天 (*Rhodiola himalensis*)、匍匐水柏枝 (*Myricaria prostrata*)、垫状棱子芹 (*Pleurospermum hedinii*)、西藏微孔草 (*Microula tibetica*)、羌塘雪兔子

图5-24 那曲附近栽培的欧洲油菜花

图5-25 钻叶风毛菊与唐古拉点地梅

图5-26 垫状植物

图5-27 车站附近的大籽蒿

图5-30 铁路边坡上生长良好的垂穗披碱草

图5-28 铁路坡面上自然恢复的华灰早熟禾群落

图5-31 沙障上保留的原生荒漠植被 南山口至不冻泉

图5-29 公路边上的高原荨麻

图5-32 铁路边上的头花独行菜与平车前

图5-33　高寒草甸破坏后的景观

图5-34　铁路边上外来的平卧轴藜群落

图5-35　待绿化的铁路边坡

(*Saussurea wellbyi*)等植物。这些植物低矮或匍匐状，单生、丛生或成片生长，非常接近典型的垫状植物。

5.3.11　干扰带植被系统

确切地说，目前尚无干扰带植被这个术语，这里用于指生境受到长期强烈干扰（开挖、践踏等）的地带上的植被，主要为青藏公路边两侧及青藏铁路边两侧不远（一般仅数米）的地带内的植被，还包括一些居住区附近的植被。干扰地带植被按形成性质可以分为天然植被及人工植被。天然植被是原生植被破坏后经自然演替形成的植被，人工植被则是人为有目的种植后形成的植被。

干扰带植被的种类构成比较复杂。首先，由于干扰带穿越许多原生植被群落，原生植被的植物种类往往也会随机地发生在干扰带内，这也是一个植被自然演替的过程。有些原生植物可能由于排除了竞争，在干扰带内反而生长得比在其原生生境中更好，从而成为优势种，比如蒿（*Artemisia* spp.）植物、荨麻（*Urtica* spp.）植物、白花枝子花（*Dracocephalum heterophyllum*）等。

其次，干扰带除了可能出现相同于相邻的原生植被相同的植物种类外，往往还会出现许多原生植被所没有的植物种类，包括一些广布杂草，入侵的外来植物以及人工栽培的一些植物。出现的广布杂草，一般生命力顽强，可以适应各种环境，但竞争力较弱，适合生长于干扰带中，代表性植物有平车前（*Plantago depressa*）、独行菜（*Lepidium apetalum*）、大籽蒿（*Artemisia sieversiana*）、狼毒（*Stellera chamaejasme*）等；入侵的外来植物较少，仅有菊叶香藜（*Chenopodium foetidum*）、杂配藜（*Chenopodium hybridum*）、平卧轴藜（*Axyris prostrata*）等。

人工栽培的植物种类则有不少，组成比较复杂，其来源是多样的，有些是从外地引进的，有些则是当地的乡土植物，用途也是多样的，用绿化、药用、观赏、饲用或者用于生态恢复。这些种类主要有垂穗披碱草（*Elymus nutans*）、早熟禾（*Poa* spp.）植物、掌叶大黄（*Rheum palmatum*）、山莨菪（*Anisodus tanguticus*）等。

干扰带是水土保持及生态恢复进行的地点，也是生态恢复学研究的对象，因此了解干扰带植被的物种组成、演替规律具有十分重要的意义。

第6章 几种重要植物光合生理生态特性研究

6.1 引 言

目前在我国以及国外有关高海拔地区乡土树种植物材料光合生理方面的相关研究国内外尚不多见，少有研究。本次实验在部分前人工作的基础上，在 2006 年 6 月初至 9 月中旬主要在高海拔地区西藏选取几个实验点采用 Li-6400 便携式光合分析系统在对几种主要典型的高海拔乡土植物种进行测量，所选植物材料主要为垂柳、锦鸡儿、旱柳、高山柳，沙棘等十来种乡土植物，对它们进行了不同时期的光合作用，蒸腾作用以及水分利用效率日进程变化的测定，测定了树种的有效光辐射、气孔导度、叶片水势等因子，并分期对部分植物进行了 CO_2 浓度反应曲线以及光反应曲线的测定，结果表明，不同时期、不同植物种其光合、蒸腾特征各异，植物的光合、蒸腾与环境因子和植物物内部因子之间有密切关系，其中有效光辐射是影响光合作用、蒸腾作用诸因子中的主导因子，而气孔阻力变化则在调节光合和蒸腾中起着重要作用，不同植物种间气孔对环境条件变化的响应程度不同。实验过程中一方面运用先进仪器手段采用定枝活体测定，检测光合作用和蒸腾作用及有效光辐射、气孔阻力等一系列生理生态参数的动态过程，另一方面运用数理方法对数据进行分析处理以求更准确地表达植物光合生理特性以及内外因子的影响程度，从而更进一步的深入探讨高海拔植物对高寒、干旱以及半干旱地区的适应性及自身生理调节能力。

6.2 植物光合生理的意义

本次实验在针对青藏铁路格拉段线域的植被进行恢复的实验条件下，选取了几个实验点的部分乡土植物进行光合生理研究，由于植物重要的生理活动是光合作用，而光合作用的常用指标是光合速率，蒸腾速率以及水分利用效率，因此在研究青藏铁路线域环境因子与光合作用的关系，比较高海拔地区植物的种间、品种间、个体间以及不同发育阶段光合差异时，常常需要测定它们的光合速率、蒸腾速率以及水分利用效率，通过对所选取植物的一些光合指标数据进行比较，最后确定在该地区的主要选育优势树种，为青藏铁路线域植被恢复的树种选育奠定基础。

光合作用和蒸腾作用是植物的两个密切相关的生理过程，对植物群落第一性生产力有着直接而重大的影响。水分利用效率决定于植物光合与蒸腾速率作用的比例，它对植被适应干旱、半干旱地区的生态环境有重要意义。以往在部分地区对植物的光合、蒸腾速率和水分利用效率均有过较为深入的探讨，研究对部分地区常见的植物种进行了测定，并对不同分类系统中的各类植物进行了分析比较。

目前国内外在对高海拔地区植物的光合生理方面的探讨较少，相关的研究也主要是针对部分荒漠植被，在苏培玺等的《荒漠植物梭梭和沙拐枣光合作用、蒸腾作用及水分利用效率特征》中，运用开放式气体交换 Li-6400 便携式光合作用测定系统，研究了部分荒漠植物的：

(1) 净光合速率 (Pn)、蒸腾速率 (Tr) 及水分利用效率 (WUE) 特征。

(2) 光合速率、蒸腾速率及水分利用效率的日变化。

(3) 光合速率、蒸腾速率及水分利用效率的年变化光合速率对光照强度的响应。

(4) 荒漠植物在湿润和干燥状况下光合作用对CO_2浓度的响应。

他们的研究结果表明：部分荒漠植物在湿润状况下的 Pn 日变化呈单峰型，最高值都出现在 9 月，次高值出现在 7 月，WUE 的高低变化与年降水量的高低分布一致。在湿润和干燥两种状况下，荒漠植物 Pn 对光强的响应表明，水分条件好时 Pn 明显增大，光能利用率提高。从湿润状况时的净光合速率、光饱和点和CO_2补偿点，以及干燥状况时也具有低CO_2补偿点，确定荒漠植物具有C_4光合途径。

6.3　实验区苗木资源概况

该实验区位于拉萨市西南方向约 15km 处，为西藏自治区林木种苗科技示范基地，该实验区主要树种为柏科，松科，杨柳科等十几个科、八十多种植物，其中主要以杨柳科树植物居多，主要优势树种有：① 垂柳 *Salix babylonica*；② 旱柳 *Salix mstdudana*；③北京杨 *Popalus×beijingensis*（引种）；④新疆杨 *Populus alba* var. *pyramidalis*（引种）；⑤俄罗斯大果沙棘 *Hippophae* sp.（引种）；⑥ 斑公柳 *Salix bangongensis*，高山柳，锦鸡儿等。

6.3.1　西藏地区垂柳的光合生理的研究

垂柳 (*Salix babylonica*) 为杨柳科柳属的一种乔木，主要生长在拉萨地区海拔大约 3750m 处，为优美的道旁，水旁等绿化树种，耐水湿，也能生于旱处，生长时间较别的树种长。

6.3.1.1　垂柳的光合生理研究

在测定同一地区各种植物间或品种间的光合速率时，我们会发现在种间或品种间存在极大的差异，就同一树种在同样的立地条件下也有很大的差异，一般的植物受年龄和发育时间的影响，植物种间的光合速率和蒸腾速率之间的差值很大，光合速率可以从几到几十 $\mu molCO_2 \cdot dm^{-2} \cdot h^{-1}$，而蒸腾速率可以从几到几十 $mmolH_2O \cdot dm^{-2} \cdot h^{-1}$，表 1 为垂柳在一天中的 10h 的光合速率和蒸腾速率以及水分利用效率的波动范围，该实验在同一地点随机选取了 10 颗垂柳，每棵植株生长状况基本一致、叶片长势良好、无病虫害，且都为 3～4

图6-1　垂柳 (*Salix babylonica*)

年生植株，每棵实验样株选取冠层中部南向具有代表性的成熟叶片，在晴天无风日分别用 Li-6400 便携式光合仪对叶片进行同步活体测定，并记录了在不同时间梯度下（10:00、11:00、12:00、13:00、14:00、15:00,16:00、17:00、18:00、19:00）所测定的每棵样株的净光合速率 (Pn),蒸腾速率 (Tr)、气孔导度 (Gs)、细胞间CO_2浓度 (Ci)、光合有效辐射 (PAR)、空气相对湿度 (RH)、大气CO_2浓度 (Ca)、气温 (Tair) 等指标。

6.3.1.2　垂柳的种间差异日动态变化范围

为了更详细的说明垂柳在一天的几项光合生理指标的变化情况，表 6-1 垂柳为在一天中不同时间的 $Pn(mgCO_2 \cdot dm^{-2} \cdot h^{-1})$、$Tr(gH_2O \cdot dm^{-2} \cdot h^{-1})$、$WUE=Pn/Tr(CO_2/H_2O)$ 的波动范围。

在研究品种间光合速率的差异时，很多学者注意树木品种间或地理光源上的差异与生长之间的关系，其实同一树种间的差异也是很显著的，因为光合速率的测定时间一般是很短暂的，同时又是在生长季节中测一次或几次，不能表明整个生长期间的光合速率，此外总光

表6-1 　 垂柳的日平均光合生理指标波动范围

时间	光合速率mg·dm⁻²·h⁻¹	蒸腾速率mg·dm⁻²·h⁻¹	水分利用效率
10:00	9.13～14.84	3.61～5.79	0.2471
11:00	14.03～17.97	3.8～6.68	0.3146
12:00	11.22～15.37	5.57～8.33	0.1798
13:00	11.30～15.48	5.15～7.89	0.1883
14:00	11.66～16.09	8.55～12.54	0.1220
15:00	13.70～18.86	12.02～17.66	0.1061
16:00	9.82～13.29	7.29～11.35	0.1177
17:00	13.44～19.46	11.18～17.3	0.1120
18:00	9.61～13.05	7.44～10.95	0.1299
19:00	7.13～12.32	3.89～7.44	0.1740

合面积的大小也是需要考虑的，有的品种叶片大，总光合面积大，但单位面积上产生的光合速率不一定高，光合产物的运输与分配也影响树木生长，所以光合速率与植物生长的相互关系也受其它多方面的条件限制。从表6-1我们很明显可以看出垂柳在同一时间的不同植株间的光合速率和蒸腾速率的大小以及水分利用效率都有很明显的差异，在不同时间不同植株的光合速率和蒸腾速率也有很大的差异，在下午17:00光合速率的差距最大，约为 $6.02\mu molCO_2·dm^{-2}·h^{-1}$，在中午13:00植株间的差距最小，约为 $3.18\mu molCO_2·dm^{-2}·h^{-1}$，而蒸腾速率也是在下午的17:00的差距最大，约为 $6.12mmolH_2O·dm^{-2}·h^{-1}$，在午后13:00的差距最小，约为 $2.74mmolH_2O·dm^{-2}·h^{-1}$，而水分利用效率在上午11:00最大，在下午15:00时候最小，从表6-1我们还可以看出，虽然都是同一个树种垂柳，但在同一时间它们的光合速率和蒸腾速率以及水分效率有很明显的差异。

6.3.1.3 垂柳的光合日动态变化

(1) 光合速率 (Pn) 的日变化。植物光合速率的日进程相据其峰谷的变化可以分为单峰型、双峰型、多峰型（波动型）和平坦型，垂柳的变化则呈三峰型（多峰型），从图6-2光合速率的日变化图我们可以看到：垂柳的光合速率日变化呈三峰曲线，在上午11:00出现了一天中的第一个峰值，然后它们的光合速率开始下降，下降的值不大，在11:00～15:00之间属于低谷期，在这一时间段，几乎没有明显的低谷值，到了午后15:00，Pn出现了一天中的第二个明显的锋值，然后开始迅速下降，到16:00出现了一明显的低谷，然后又开始上升，在17:00的时候出现了一天中的第三峰值，然后又开始下降，在第二峰值后，出现了明显的午睡现象。

(2) 蒸腾速率 (Tr) 的日变化。植物蒸腾是植物体内水分以气体状态向外散夫的过程，蒸腾作用的强弱是反映植物水分代谢的一个重要生理指标。 从图6-3垂柳的蒸腾速率日进程曲线表明在12:00垂柳出现了一天中的第一个不很明显的小峰值，随着光强的继续增加，垂柳的蒸腾速率日变化的变化趋势也大体一致，它们也是在12:00和15:00和17:00分别有一个高峰值，为3峰曲线，第一个高峰值时间跟 Pn 一样，都是12:00，只是第一个峰值很小，峰值后到低谷13:00下降的趋势也不大，从13:00低谷开始急剧的上升，在15:00点出现了第二个高峰值，然后在16:00到了一个低谷，随即在17:00出现了一天中的第三个峰值，三个峰值一个比一个偏高，在17:00以后，植株的蒸腾速率都开始急剧下降，一直下降到最低点，西藏垂柳的蒸熬腾速率日进程曲线表明上午随着光照不断增强．气孔受光线的影响而张开，气孔导度 CO 不断增大。随着光强的进一步增强，气孔进一步张开．蒸腾速率在15:00达到最大值，而由于西藏拉萨地区每天的日照强度一直很强平均没每天的光强差距不是很大，在15:00后由于光强的原因导致叶片气孔关闭，此时蒸腾会开始降低，从而出现了低谷现象．但是随着光强和温度的继续增加，空气湿度相对下降，叶子内外水气压差很大，使植物蒸腾急剧上升，失水大于根系吸水，导致植物水分亏缺，植物体水分亏缺不足引起叶片气孔关闭，进而影响蒸腾作用，植株因此出现了一天中的午睡现象，随着气孔的关闭，叶片失水逐渐慢慢等与根系吸水，此时蒸腾又开始在低谷出上升，当叶片失水小于根系吸水到最大值时，此时出现了一天中的第二个高峰，然后叶片气孔又开始关闭，并随着光强的减弱，蒸腾速率又开始下降，并且不再有回升的趋势。

(3) 垂柳的水分利用效率 (WUE) 的日变化。植物的水分利用效率是深入研究植物高效利用水资源的一个核心问题，通常将其作为评价植物生长适宜程度的综合指标被广泛应用，一天中，环境因子的不断变化直接或间接影响植物的水分利用效率，植株叶片叶位的不同其水分利用效率的日受化也不同，因此同一树种不同祥株他们在同一时间内的水分利用效率也不同。

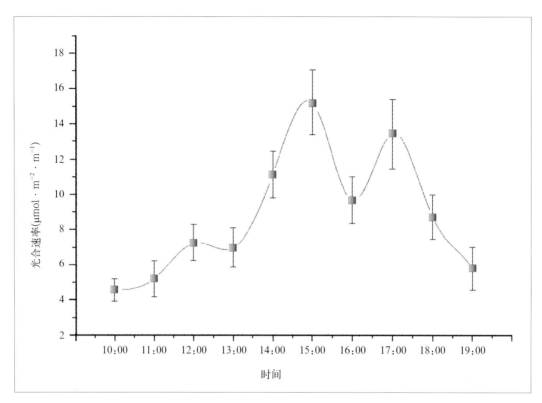

图6-2　垂柳光合速率日变化

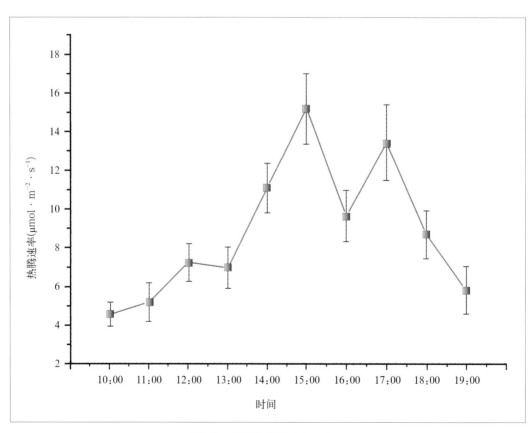

图6-3　垂柳的蒸腾速率日变化

从图 6-4 垂柳的 WUE 的日变化图我们可以看到：10棵垂柳的水分利用效率的日变化趋势也大致相同，它们的在各个时间段曲线的变化趋势几乎重合，在早上 11:00 的利用率最大，只有样株 1 在该点的峰值稍微偏高，然后其余样株以同样的动态变化趋势一直平行下降，在 13:00 出现了一个很小的峰值，到 15:00 降到了一天的最低值，然后几乎以一种平缓直线水平趋势缓慢上升，在一中只出现了一次较大的峰值，然后出现了稍微小的两个峰值，没有出现第二高峰值的迹象。这充分说明垂柳在一天中早上的额水分利用效率比下午要高的多，而到傍晚经过一天的高温后，植物的水分利用效率又开始稍微上升。

(4) 垂柳 Pn 与 Tr 与 WUE 日变化曲线变化的分析。由图 6-2、图 6-3 我们可以看到，Pn、Tr 在 13:00 和 15:00 的时候都出现了一天中的较大的峰值，不同的是 Pn 的第一个峰值出现 11:00，然后开始下降直到 13:00 点然后开始回升，到 15:00 出现第二个峰值，然后又开始下降到 16:00 出现了一天的最低谷，到了 17:00 出现了一天中的较大的第三个峰值，而 Tr 的第一个峰值在 12:00 才现，切峰值较小，到 13:00 下降到一个低谷，

又开始上升，到 14:00 出现第二个峰值，然后在 16:00 又下降到一个低谷，在 17:00 到了第三个峰值，然后又开始下降，也就是 Tr 的第三个峰值跟 Pn 的第二个峰值时间相同，而 WUE 有与随着光强和温度的升高，空气湿度相对逐渐降低。

6.3.2 西藏地区旱柳的光合生理的研究

旱柳 (*Salix matsudana*) 为杨柳科柳属植物，主要产在东北、华北、西北、南至淮河流域，西至甘肃、青海、耐干旱、水湿、寒冷，用种子、扦插、埋条等方法繁殖，北方平原地区常见栽培，木材白色，质轻软，供建筑器具、造纸、人造棉等用，细枝可编筐，为早春蜜源树，又为防风固沙保土四旁绿化树种，叶可作为冬季牛羊饲料。

6.3.2.1 旱柳的种间差异日动态变化范围

表 6-2 为旱柳在在一天中的几项光合生理指标平均波动范围。

从表 6-2 我们很明显可以看出旱柳在同一时间的不同植株间的光合速率和蒸腾速率的大小以及水分利用效率之间都有很大的差异，它们的差异很明显，在下午

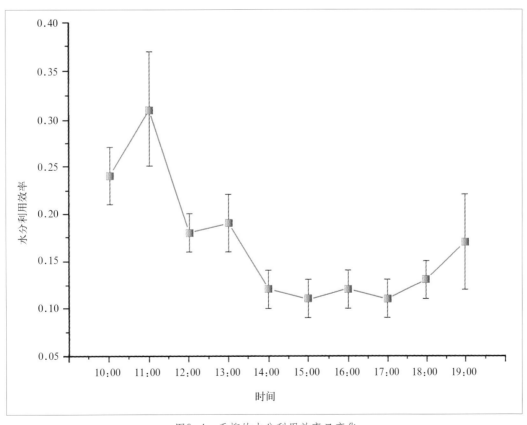

图6-4　垂柳的水分利用效率日变化

18:00 各植株之间光合速率的差异最大，此时在同一时间同一立地条件下同一树种不同样株之间的光合速率之间的差值高达 13.67mgCO · dm^{-2} · h^{-1}，在中午 12:00 植株间的差距最小，也高达 4.3mgCO$_2$ · dm^{-2} · h^{-1}，蒸腾速率在中午的 15:00 的差距最大，约为 7.27H$_2$O · dm^{-2} · h^{-1}，在中午 13:00 的差距最小，约为 2.59H$_2$O · dm^{-2} · h^{-1}，而水分利用效率在早上 9:00 最大，从表 6-2 我们可以看出，旱柳同一时间它们的光合速率和蒸腾速率以及水分效率有的差异不是很明显，特别是水分利用效率，从早上 9:00 到峰值以后一直到下午，是一种平滑下降的趋势。

6.3.2.2 旱柳的光合日动态变化

（1）旱柳的光合速率（Pn）变化。从图 6-6 我们看可以看到，旱柳的光合速率在一天中的变化为双峰曲线，而且 10 样株的它们的变化趋势无偏差，峰值和低谷时间都在同一时间段，从早上 9:00 开始上升，到中午 12:00 出现了一天中的第一个高峰值，在第一个峰值处，各样株光合值有一定的差异，呈 2>8>3>10>4>1>6 >9>7>5，此时 1 的蒸腾值最大为 29.2727mgCO · dm^{-2} · h^{-1}，5 的蒸

图6-5 旱柳(*Salix matsudana*)

表6-2 旱柳的日平均光合生理指标波动范围

时间	光合速率mg·dm^{-2}·h^{-1}	蒸腾速率mg·dm^{-2}·h^{-1}	水分利用效率
9:00	12.27～19.66	2.83～6.47	0.3873
10:00	15.27～22.02	4.63～7.46	0.3356
11:00	19.17～26.37	6.48～9.91	0.2982
12:00	24.97～29.27	8.71～11.50	0.2838
13:00	19.49～24.72	7.51～10.10	0.2420
14:00	17.53～23.29	7.62～11.00	0.2161
15:00	19.80～28.21	9.86～17.13	0.1749
16:00	27.82～37.46	17.52～21.73	0.1590
17:00	21.57～31.99	21.09～24.47	0.1192
18:00	9.93～23.60	10.92～17.51	0.1316
19:00	6.61～13.93	7.72～13.79	0.1018

腾值最小为 24.9617mgCO$_2$·dm^{-2}·h^{-1}，它们的差值约为 4.23 mgCO$_2$ · dm^{-2} · h^{-1}，第一个峰值后光合开始下降，开始出现了了低谷，它们的低谷时间点稍有差异，样株 4、7、8、10 的低谷时间在中午 13:00，而样株 1、2、3、5、6、9 的低谷时间则在午后 14:00，在低谷后它们的光合都开始上升，都在下午 16:00 点出现了一天中的第二个高峰值，在第二个峰值处。光合值也有很大的差异它们呈现 1>3>7>4>6>8>10>9>2>5 的变化，之后光合值一直呈直线下降的趋势，无回升的迹象，在第二个峰值，样株 1 的值最大为 37.4556，样株 5 的值最小为 27.8804mgCO$_2$ · dm^{-2} · h^{-1}，它们的差值约为 9.5752 mgCO$_2$ · dm^{-2} · h^{-1}，因此我们可以看出同样在同一的立地条件下的旱柳，不同样株间的植物材料，它们在同一时间的值大小差异很大，但它们的变化趋势都是大体一致的。

（2）旱柳蒸腾速率（Tr）日变化。从图 6-7 我们可以看到旱柳在一天的蒸腾速率也是呈双峰型变化的，它的第一个峰值很出现在 12:00，而且峰值很小，各个样株之间的差值也不大，在这个峰值处，各样株之间的光合速率差异在该点很大，基本上呈现为 10>8>1>6>5>3>9>2>7>4，在此峰值处，各样株之间的峰值非常接近，样株 10 的枝稍大为 11.5061gH$_2$O · dm^{-2} · h^{-1}，样株 4 的的值稍小为 8.7143gH$_2$O · dm^{-2} · h^{-1}，它们的差值约为 2.7916gH$_2$O · dm^{-2} · h^{-1}，第一个峰值后，随着温度的升高，蒸腾速率开始加大，叶水势降低使气

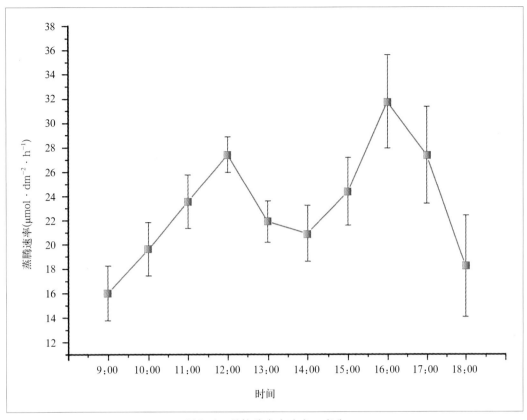

图6-6　旱柳的光合速率日变化

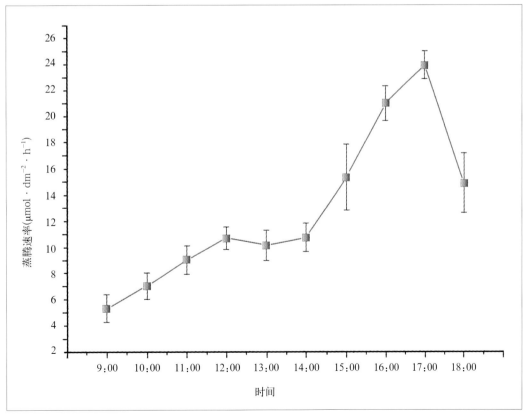

图6-7　旱柳蒸腾速率日变化

孔开张度减小，各个叶片的蒸腾速率开始降低，开始出现低谷值，低谷出现时间点也是约在下午的13:00、14:00，与光合一样到了14:00后蒸腾速率开始急剧上升，到了17:00点出现了一天中的第二个较高的峰值，在第二个峰值处，各样株之间的差异也很小，基本上呈现为5>3>10>4>8>1>7>6>2>9，样株5的枝稍大为27.4737$gH_2O \cdot dm^{-2} \cdot h^{-1}$，样株9的值稍小为21.0857$gH_2O \cdot dm^{-2} \cdot h^{-1}$，它们的差值约为5.3886$gH_2O \cdot dm^{-2} \cdot h^{-1}$在第二个峰值后，旱柳的蒸腾速率迅速下降，到傍晚一直没有回升的趋势。

6.3.2.3 旱柳的环境因素日动态变化范围及特征

(1) 旱柳环境因素的日变化。 表6-3列举出了旱柳在日变化中影响起一天中光合和蒸腾等光合指标的环境因素在一天中的日变化情况，从空气相对湿度我们可以看出在西藏地区的湿度非常小，从早上开始，大气湿度逐渐降低，到下午了18:00点降到一天中的最低，然后随着太阳的西偏，光照强度减弱，大气辐射减小，蒸腾也开始减弱，此时大气湿度在了19:00开始回升，而大气相对温度的变化规律是从早上开始到中午12:00它的温度值变化不大。到了下午17:00，大气温度达到了一天的最高，然后开始下降，然而在在西藏地区，只要天气晴朗，我们可以看到该地区的光合有效辐射非常大，一天都稳定在2500$mmol \cdot m^{-2} \cdot s^{-1}$左右。

(2) 环境因子的日变化特征及与植株光合特性的关系。植物的光合作用日变化特征不仅受植物自身特性以及植物生长环境有关系的影响，还有一重要因素就是受外界因子的作用，光合有效辐射(PAR)，大气相对湿度(RH)，大气温度(Ta)的日变化均表现出一定的规律性(如图6-8)，其中PAR几乎呈平滑的直线缓慢下降，在早上9:00到下午16:00PAR几乎是在同一直线上，在16:00以后，开始明显的下降，在图中我们可以看到光合有效辐射在一天中没有明显的峰值，这些说明在一天中旱柳对光强的利用能力几乎一致，而在下午16:00，光合有效辐射开始降低，而此时却是光合速率的第二个高峰值时间。而气温和大气相对湿度的日变化趋势应该相反，从图上我们可以看出它们的变化趋势符合变化规律，因为随着大气温度的升高，蒸腾速率逐渐增强，所以大气相对湿度就回逐渐降低，图中的三项环境因子日变化趋势都呈单峰型，在下午17:00的时候，气温达到了一天中的最高值，而大气湿度达到了一天的最低值，之后气温开始

表6-3 旱柳的环境因素的日变化

时间	空气相对湿度(%)	相对温度(%)	光合有效辐射 $mmol \cdot m^{-2} \cdot s^{-1}$
9:00	38.27~40.4	18.78~19.36	3812~3267
10:00	37.9~41.72	17.48~19.54	3228~3240
11:00	33.06~40.18	19.03~21.31	3208~3214
12:00	29.95~38.67	20.18~22.74	3200~3214
13:00	26.11~28.28	22.98~25.08	3133~3165
14:00	22.6~28.13	25.78~27.63	3106~3147
15:00	19.92~21.72	28,25~29.84	3085~3126
16:00	19.02~21.68	29.56~32.19	3089~3141
17:00	16.58~17.19	34.09~34.45	2480~3058
18:00	15.5~17.17	30.19~32.8	2445~3052
19:00	22.55~24.92	28.01~28.21	2498~2776

下降，而大气湿度又开始上升。结合图6-3我们可以看到在此时间及下午17:00时，蒸腾速率到了一天中的最高峰值，而此时正是一天中温度最高而相对湿度最低。

6.3.3 西藏地区竹柳的光合生理的研究

竹柳(*Salix fragilis*)竹柳为杨柳科柳属植物，喜生湿地、河边，在干旱地也能生长，颇能耐寒，用扦插繁殖，为生长较快的绿化树种，木质较柔软。

6.3.3.1 竹柳的种间差异日动态变化范围

表6-4为竹柳在一天中的几项光合生理指标在一天中的日变化平均波动范围

从表6-4我们很可以看出竹柳在同一时间的不同植株间的光合速率和蒸腾速率的大小以及水分利用效率之间的差异不是很大，而且不同时间它们的差异也不是很明显，此时在同一时间同一立地条件下同一树种不同样株之间，各项指标值在不同时间的跨度也不是很大，在上午11:00各植株之间光合速率的最大差值为8.15$mgCO_2 \cdot dm^{-2} \cdot h^{-1}$，在中午14:00植株间的差距最小，约为2.71$mgCO_2 \cdot dm^{-2} \cdot h^{-1}$，蒸腾速率在中午的14:00的差距最大，约为4.79$gH_2O \cdot dm^{-2} \cdot h^{-1}$，在中午12:00的差距最小，约为2.4$gH_2O \cdot dm^{-2} \cdot h^{-1}$，而水分利用效率在上午11:00最大，从表6-4我们可以看出，竹柳在同一时间它们的光合速率和蒸腾速率以及水分效率有的差

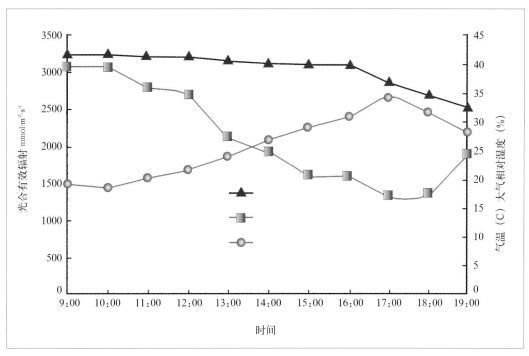

图6-8 大气相对湿度、气温及光合有效辐射的日变化

异不是很明显，而水分利用效率，从早上 11:00 到峰值以后一直到下午 14:00 到一天中的低谷，然后到 16:00 出现一个高峰值，然后也一直呈一种平滑下降的趋势。为了更详细的说明竹柳在一天中的各项光合指标日变化情况，对 10 样株在一天中的变化对它们在一天中的几

图6-9 竹柳(*Salix fragilis*)

项光合指标的日动态变化做比较如下图。

6.3.3.2 竹柳的光合日动态变化

(1) 竹柳的光合速率 (Pn) 日变化。从图 6-10 我们可以看到，竹柳的 10 样株的光合速率在一天中的变化也呈双峰曲线，而且 10 样株的变化趋势几乎无偏差，峰值和低谷时间都在同一时间段，从早上 9:00 开

始上升，到上午 11:00 出现了一天中的第一个高峰值，在第一个峰值处，各样株光合值有一定的差异，呈 1>4>3>10>6>2>9>7>5>8，此时 1 的蒸腾值最大为 $31.4439mgCO_2 \cdot dm^{-2} \cdot h^{-1}$，8 最小为 $23.0921mgCO_2 \cdot dm^{-2} \cdot h^{-1}$，它们的差值约为 $8.3508mgCO_2 \cdot dm^{-2} \cdot h^{-1}$，第一个峰值后，光合速率开始急剧下降，到了午后 14:00 点出现

表6-4 竹柳的日平均光合生理指标波动范围

时间	光合速率mg·dm⁻²·h⁻¹	蒸腾速率mg·dm⁻²·h⁻¹	水分利用效率
9:00	12.68～18.57	4.95～7.98	0.2309
10:00	15.20～21.83	6.03～9.23	0.2503
11:00	23.25～31.44	8.87～11.48	0.2627
12:00	17.02～21.94	6.96～9.45	0.2377
13:00	12.30～16.58	5.10～8.03	0.2296
14:00	11.15～13.86	6.68～11.47	0.1220
15:00	12.41～15.69	6.86～9.26	0.1694
16:00	14.92～18.21	6.05～7.93	0.2384
17:00	18.64～22.46	9.32～13.24	0.1893
18:00	12.60～17.54	6.22～10.83	0.1839
19:00	4.95～11.82	4.10～7.13	0.1430
20:00	2.01～8.22	1.59～5.50	0.1343

低谷，在下午 17:00 竹柳出现了一天中的第二个高峰值，在第二个峰值处。光合值也有很大的差异，在第二个峰值处，几样株的光合值几乎相等，在第二个峰值后竹柳的光合值一直呈直线下降的趋势，无回升的迹象，在第二个峰值的时候样株 10 的值最小为 $18.65mgCO_2 \cdot dm^{-2} \cdot h^{-1}$，而样株 3 的峰值最大为 $22.46mgCO_2 \cdot dm^{-2} \cdot h^{-1}$，它们之间的差值约为 $3.81mgCO_2 \cdot dm^{-2} \cdot h^{-1}$ 左右，因此我们可以看出同样在同一的立地条件下的竹柳，不同样株间的植物材料，它们在同一时间的值大小差异很大，但它们的变化趋势大体是一致的。

(2) 竹柳蒸腾速率 (Tr) 日变化。 从图 6-12 我们可以看到竹柳在一天的蒸腾速率变化是三峰型变化的，而且三个峰值的大小几乎相一致，它的第一个峰值出现在早上的 11:00，各个样株之间的差值也不大，在这个峰值处，各样株之间的光合速率差异在该点很大，基本上呈现为 10>9>7>1>4>9>3>6>8>2，此时间点，样株 10 的蒸腾值最大 $11.48gH_2O \cdot dm^{-2} \cdot h^{-1}$，样株 2 的蒸腾值最小 $8.87gH_2O \cdot dm^{-2} \cdot h^{-1}$，它们的差值约为 $2.31gH_2O \cdot dm^{-2} \cdot h^{-1}$，第一个峰值后，随着温度的升高，蒸腾量开始加大，叶水势降低使气孔开张度减小，各个叶片的蒸腾速率开始降低，

它们的蒸腾值开始下降，到了 13:00 出现了一天中较为明显的低谷值，在 13:00 后蒸腾速率开始上升，到了午后 14:00 点出现了一天中的第二个较高的峰值，在第二个峰值处，各样株之间的差异也很小，基本上呈现为 7>8>1>2> 4>9>3>5>10>6，在第二个峰值处，样株 7 的值最大约为 $11.47gH_2O \cdot dm^{-2} \cdot h^{-1}$，样株 6 的值最小约为 $8.68gH_2O \cdot dm^{-2} \cdot h^{-1}$，它们的差值约为 $4.79gH_2O \cdot dm^{-2} \cdot h^{-1}$，在第二个峰值后，竹柳的蒸腾速率又迅速下降，到了 16:00 到了又出现了一天中的第二个低谷值，之后有开始上升，在下午 17:00 竹柳的蒸腾速率出现了一天中的第三个峰值，在此峰值处各样株之间除了样株 3 的值稍微偏高外，其余的 9 样株的值大小都很接近，它们呈 3>4>2>6>10>1>5>9>8>7，在此点样株 3 的值最高约为 $13.24gH_2O \cdot dm^{-2} \cdot h^{-1}$，而样株 7 的值最小约为 $9.33gH_2O \cdot dm^{-2} \cdot h^{-1}$，它们的差值约为 $3.92gH_2O \cdot dm^{-2} \cdot h^{-1}$，在第三峰值后，竹柳的蒸腾速率开始急剧下降，大体上没有再回升的趋势。

6.3.4 西藏地区高山柳的光合生理的研究

高山柳 (*Salix cupularis*) 为杨柳科柳属的一种低矮灌

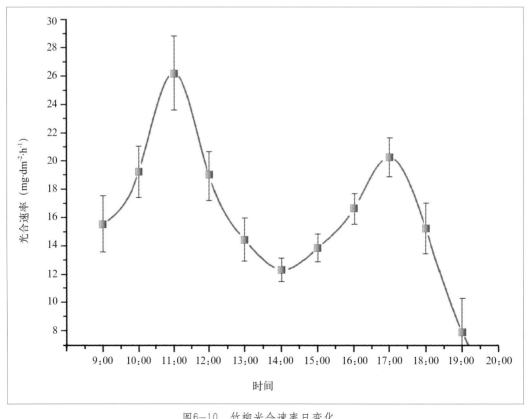

图6-10　竹柳光合速率日变化

木,多分枝,叶椭圆形或倒卵形,4～6cm长,1～3cm宽,上面有散生的柔毛。

6.3.4.1 高山柳的种间差异日动态变化范围

表6-5为高山柳在一天中的几项光合生理指标在一天的日变化中的平均波动范围。

从表6-5我们很可以看出竹柳在同一时间的不同植株间的光合速率和蒸腾速率的大小以及水分利用效率之间在一天中的差异不是很大,在一天中的最高值也不是很高,而且不同时间它们的差异也不是很明显,此时在同一时间同一立地条件下同一树种不同样株之间,各项指标值在不同时间的跨度也不是很大,在午后14:00各植株之间光合速率的最大差值为7.4mgCO$_2$·dm^{-2}·h^{-1},在下午17:00植株间的差距最小,约为3.8mgCO$_2$·dm^{-2}·h^{-1},蒸腾速率在中午的12:00的差距最大,约为2.55gH$_2$O·dm^{-2}·h^{-1},在下午19:00的差距最小,约为0.98gH$_2$O·dm^{-2}·h^{-1},而水分利用效率在上午10:00最大,之后在14:00、18:00分别又出现了两个次高峰值,从表6-5我们可以看出,高山柳在同一时间点它们的光合速率和蒸腾速率以及水分效率有的差异不是很明显,为了更详的说明高山柳柳在一天中的各项光合指标日变化情况,选

图6-11　高山柳(*Salix cupularis*)

取了8样株在一天中的变化并对它们在一天中的几项光合指标的日动态变化做比较如下图。

6.3.4.2 高山柳的光合日动态变化

(1) 高山柳的光合速率(Pn)日变化。从图6-13我们可以看到,高山柳的8样株的光合速率在一天中的日变化呈三峰曲线,而且8样株的变化趋势几乎一致,峰值和低谷时间几乎都在同一时间段,从早上9:00开始上升,到上午10:00出现了一天中的第一个高峰值,在第一个

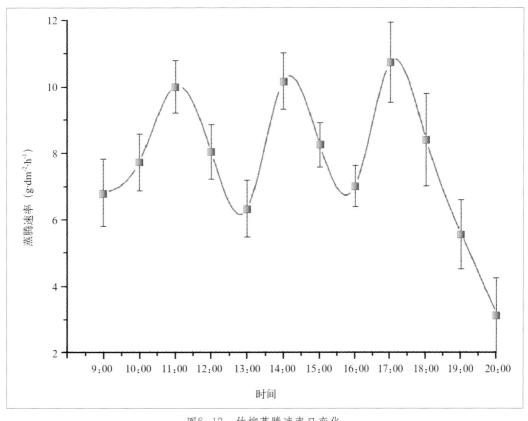

图6-12　竹柳蒸腾速率日变化

峰值处，各样株光合值有一定的差异，呈 4>6>3>7>5>2>8>1 型，此时样株 6 的峰值最大为 $19.9mgCO_2 \cdot dm^{-2} \cdot h^{-1}$，样株 1 的值最小为 $14mgCO_2 \cdot dm^{-2} \cdot h^{-1}$，第一个峰值后，光合速率缓慢下降，到了中午 13:00 点出现一天中的第一低谷，然后在午后 14:00 高山柳出现了一天中

的第二个次高峰值，在第二个峰值处。各样株间光合值在一天中稍微偏大的，它们呈现为 4>6>3>5>8>2>1>7 型，在第二个峰值处，几样株的光合值也有变化，样株 4 的值最大为 $19.3mgCO_2 \cdot dm^{-2} \cdot h^{-1}$，样株 7 的值最小为 $11.9mgCO_2 \cdot dm^{-2} \cdot h^{-1}$，在第二峰值后高山柳的光合值开始一直呈直线下降的趋势，除样株 7、8 在 16:00 出现第二个低谷值外，其余的第二低谷值均在 17:00，第二低谷值后高山柳的光合速率继上升，在 18:00 出现了一天中的第三个小峰值，此点各峰值呈 4>6>3>1>5>8>2>7，在此峰处样株 4 的值最大为 $16.1mgCO_2 \cdot dm^{-2} \cdot h^{-1}$，样株 7 最小为 $11.4mgCO_2 \cdot dm^{-2} \cdot h^{-1}$，第三峰值后，高山柳的光合开始下降。

(2) 高山柳蒸腾速率 (Tr) 日变化。从图 6-14 我们可以看到高山柳在一天的蒸腾速率日变化是单峰型变化的，它的峰值出现在中午 13:00，而且 8 样株的日变化趋势也是大体相同的，各个样株之间的差值不是很大，在这个峰值处，基本上呈现为 6>4>5>8>3>7>1>2，此时间点，样株 6 的蒸腾值最大为 $5.22g\ mgH_2O \cdot dm^{-2} \cdot h^{-1}$，样株 2 的蒸腾值最小为 $3.83\ mgH_2O \cdot dm^{-2} \cdot h^{-1}$，它们的差值约为 $1.39\ mgH_2O \cdot dm^{-2} \cdot h^{-1}$，在峰值后，随着温度

表6-5 高山柳的日平均光合生理指标波动范围

时间	光合速率mg·dm⁻²·h⁻¹	蒸腾速率mg·dm⁻²·h⁻¹	水分利用效率
9:00	8.51~11.6	1.91~3.89	0.3468
10:00	14.20~19.9	3.01~5.1	0.4151
11:00	12.7~18.1	3.89~5.89	0.3100
12:00	11.1~17.4	4.43~6.98	0.2473
13:00	8.09~15.9	5.10~7.29	0.1992
14:00	11.9~19.3	3.98~6.06	0.3194
15:00	11.11~17.4	3.83~5.22	0.3100
16:00	8.6~14.7	3.66~5.88	0.2877
17:00	10.1~13.9	3.31~4.53	0.3120
18:00	11.41~16.1	2.8~4.03	0.3875
19:00	6.41~10.3	2.08~3.06	0.3395

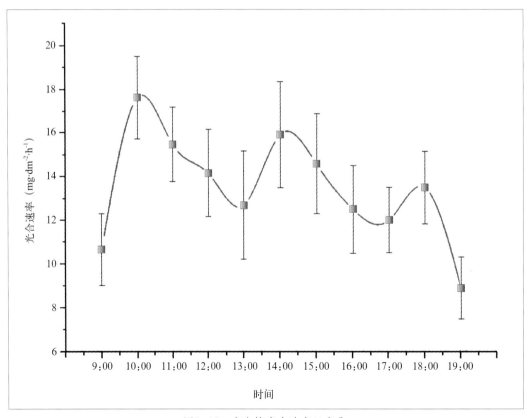

图6-13 高山柳光合速率日变化

的升高，蒸腾量开始加大，叶水势降低使气孔开张度减小，各个叶片的蒸腾速率开始降低，它们的蒸腾值开始下降，一直到下午高山柳的蒸腾速率都没有出现明显的下一个峰值，所以高山柳的蒸腾速率近视为单峰型曲线。

(3) 高山柳的水分利用效率 (WUE) 的日变化。从图6-15 高山柳 WUE 的日变化图我们可以看到：高山柳的水分利用效率日变化呈三峰曲线，8 棵高山柳的水分利用效率的日变化趋势也大致相同，它们的在各个时间段曲线的变化趋势几乎重合，在早上 10:00 的利用率最大，此时出现了一天中的第一个峰值，在此点它们的利用率呈 2>3>7>6>4>5>1>8 型，除样株 2 的峰值稍微偏高外，其余的几样株峰值大小近乎相等，以同样的动态变化趋势一直平行下降，在 13:00 出现了一天中的第一个的低谷值，然后开始上升，出现了一天中的第二个峰值，除样株 6 号在 15:00 出现第二个峰值外，其余的 7 样株出现第二峰值的时间在 14:00，第二峰值后水分利用率开始下降，出现一天中第二低谷值，其中 3、7、8 第二峰值时间为 15:00，其余的为 16:00，第二低谷后，利用率

又开始上升，到 18:00 出现了一天中的第三个峰值。在第三个峰值处 4 号的峰值比其余几个样株的值偏大，在此点，各峰值呈 4>7>3>1>6> 8>2>5 型。

6.3.5 西藏地区班公柳的光合生理的研究

班公柳（*Salix bangongensis*）是一种小乔木，高约 2 ~ 5cm，树皮灰白色；小枝黄褐色嫩时有疏柔毛，后无毛，有光泽，叶披针形或长圆状批针形，稀倒批针形，长 3 ~ 4cm，宽 8 ~ 12mm，上面绿色无毛，下面浅绿色或微蓝灰色，无毛或中脉基部有柔毛，侧脉两面都不明显幼叶两面有绢质柔毛，后渐脱落，边缘有腺锯齿，主要产于我国西藏西部，生于海拔 4600m 的湿地或河滩地，果期为 7 月中下旬。

6.3.5.1 班公柳的种间差异日动态变化范围

表 6-6 为班公柳在一天中的几项光合指标在一天的日变化中的平均波动范围

从表 6-6 我们很可以看出班公柳在同一时间的不同植株间的光合速率和蒸腾速率的大小以及水分利用效率之间在一天中的差异不变化很大，在一天中的最高值也

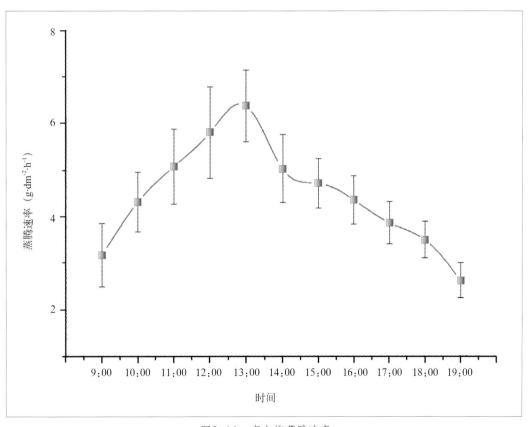

图6-14　高山柳蒸腾速率

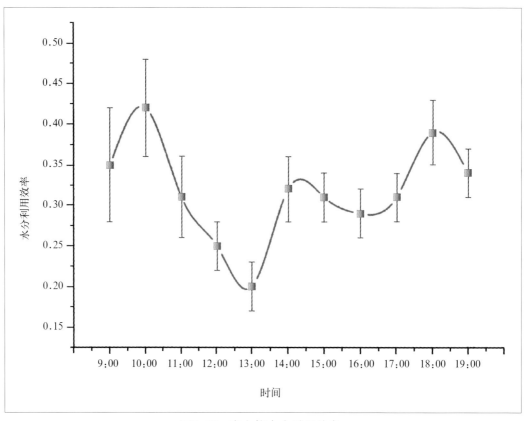

图6-15　高山柳水分利用效率

很高，约为 $30mgCO_2 \cdot dm^{-2} \cdot h^{-1}$，而且不同时间它们的差异也很明显，此时在同一时间同一立地约为 $30mgCO_2 \cdot dm^{-2} \cdot h^{-1}$，而且不同时间它们的差异也很明显，此时在同一时间同一立地条件下同一树种不同样株之间，各项指标值在不同时间的跨度也很大，在中午 12:00 各植株之间光合速率的最大差值为 $8.52mgCO_2 \cdot dm^{-2} \cdot h^{-1}$，在早上 11:00 植株间的差距最小，约为 $4.95mgCO_2 \cdot dm^{-2} \cdot h^{-1}$，蒸腾速率在下午的 17:00 的差距最大，约为 $3.75gH_2O \cdot dm^{-2} \cdot h^{-1}$，在下午 16:00 的差距最小，约为 $1.9gH_2O \cdot dm^{-2} \cdot h^{-1}$，而水分利用效率在早上 09:00 最大，之后在 15:00、出现了一个小高峰值，从表 6-6 我们可以看出，高山柳在同一时间点它们的光合速率和蒸腾速率以及水分效率有的差异很明显。

6.3.5.2 班公柳的光合日动态变化

（1）班公柳的光合速率（Pn）日变化。从图 6-17 我们可以看到，班公柳的 10 样株的光合速率在一天中的日变化呈双峰曲线，而且 10 样株的变化趋势几乎一致，峰值和低谷时间几乎都在同一时间段，从早上 10:00 光合速率开始上升，到中午 12:00 出现了一天中的第一个高峰值，在第一个峰值处，各样株光合值有一定的差

图6-16　班公柳（*Salix bangongensis*）

异，呈 2>8>7>3>10>1>4>6>9>5 型，此时样株 2 的峰值最大为 $27.37mgCO_2 \cdot dm^{-2} \cdot h^{-1}$，样株 5 的光合值最小为 $18.85mgCO_2 \cdot dm^{-2} \cdot h^{-1}$，第一个峰值后，光合速率缓慢下降，到了中午 13:00 点出现一天中的第一低谷，然后开始上升在午后 14:00 班公柳出现了一天中的第二个次高峰值，在第二个峰值处。各样株间光合值之间的偏差不是很大，它们呈现为 3>7>6>5>10>4>2>8>1>9 型，在第二个

表6-6　班公柳的日平均光合生理指标波动范围

时间	光合速率mg·dm⁻²·h⁻¹	蒸腾速率mg·dm⁻²·h⁻¹	水分利用效率
10：00	6.11～14.0	1.18～3.2	0.4855
11：00	17.10～22.05	3.04～5.12	0.3728
12：00	18.85～27.37	6.54～9.26	0.2951
13：00	14.14～20.98	5.04～8.28	0.2801
14：00	21.76～29.86	7.38～10.34	0.2547
15：00	19.49～26.53	6.01～8.6	0.3124
16：00	18.26～24.14	8.13～10.03	0.2306
17：00	13.2～19.61	5.22～8.97	0.2683
18：00	8.68～15.44	2.77～5.56	0.3538
19：00	4.98～12.18	1.84～4.81	0.3430

峰值处，几样株的光合值也有变化，样株3的值最大为29.86mgCO₂·dm⁻²·h⁻¹，样株9的值最小为21.76mgCO₂·dm⁻²·h⁻¹，在第二峰值后班公柳的光合速率值开始一直呈直线下降的趋势，没有出现下一峰值的迹象。

(2) 班公柳蒸腾速率 (Tr) 日变化。从图 6-18 我们可以看到班公柳在一天的蒸腾速率日变化是三峰曲线型

变化的，它的第一峰值出现在中午 12:00，而且 10 样株的日变化趋势也是大体相同的，各个样株之间的差值很大，1、2、3、8、10 峰值稍微偏大，4、5、6、7、9 的峰值稍微偏小，在这个峰值处，基本上呈现为 1>2>3>8>10>4>9>6=7>5，此时间点，样株 6 与 7 的值相等，样株 1 的蒸腾值最大为 9.26gH₂O·dm⁻²·h⁻¹，样株 5 的蒸腾值最小为 6.54gH₂O·dm⁻²·h⁻¹，它们的差值约为 2.72gH₂O.dm⁻²h⁻¹，在峰值后，它们的蒸腾值开始下降，在 13:00 出现了第一低谷，然后又开始上升到 14:00 出现了一天的第二个峰值，在此峰值处 1、2、3、4、5、6、8、10 的值都很接近，只有 7、9 的值稍微偏低，各样株呈 10>5>3>1>2>4=8 >6=7>9，此点处样株 10 的峰值最大为 10.34gH₂O·dm⁻²·h⁻¹，样株 9 的峰值最小为 7.38g gH₂O·dm⁻²·h⁻¹，在第二低谷后班公柳出现了一天中的第三峰值，除样株 7 的峰值在下午 17:00 以外，其余的几样株的峰值均在 16:00，第三峰值后班公柳的蒸腾速率值开始以很快速度的曲线趋势下降。到傍晚稍微有回升的趋势。

6.3.6 西藏地区山荆子的光合生理的研究

山荆子 (*Malus baccata*) 为蔷薇科 (Rosaceae) 苹果属

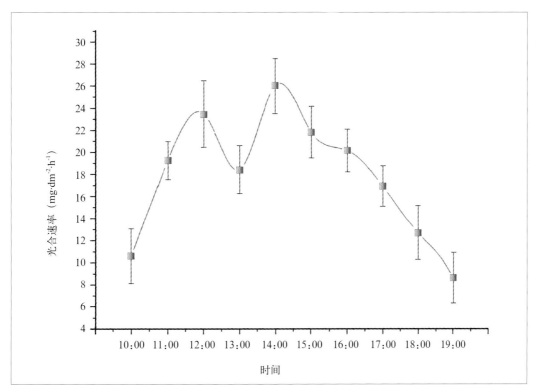

图6-17　班公柳光合速率日变化

(*Malus*) 植物，又名山荆子，乔木，在西藏地区主要产于西藏波密、林芝地区，生于海拔 2500～3100m 的疏林中及路旁，树冠广圆形，幼枝细弱，微屈曲，圆柱形，无毛，红褐色，老枝暗褐色，冬芽卵形，先端渐尖，边缘有细锐锯齿，幼时稍微有短柔毛或完全无毛，叶柄产 2～5cm，伞形花序，在我国主要分布在分布于黑龙江、吉林、辽宁、内蒙古、河北、山西、山东、陕西、甘肃等，国外克什米尔至不丹、印度东北部、蒙古、日本、朝鲜、前苏联也有。

6.3.6.1 山荆子的种间差异日动态变化范围

　　表 6-7 为山荆子在一天中的几项光合生理指标在一天的日变化中的平均波动范围，从表 6-7 我们很可以看出山定子在同一时间的不同植株间的光合速率和蒸腾速率的大小以及水分利用效率之间在一天中变化，它们的各项光合指标变化差异不是很大，在一天中的最高值也不高，约为 $15.7mgCO_2 \cdot dm^{-2} \cdot h^{-1}$，但在不同时间它们的光合蒸腾差异很明显，此时在同一时间同一立地条件下同一树种不同样株之间，各项指标值在不同时间的跨度也很大，在不同时间的跨度值不大，在下午 17:00 各植株之间光合速率的最大差值为 $9.36mgCO_2 \cdot dm^{-2} \cdot h^{-1}$，在下午 15:00 植株间的差距最小，约为 $1.01mgCO_2 \cdot$

$dm^{-2} \cdot h^{-1}$，蒸腾速率在下午的 19:00 的差距最大，约为 $4.4g\ gH_2O \cdot dm^{-2} \cdot h^{-1}$，在下午 16:00 的差距最小，约为 $2.15gH_2O \cdot dm^{-2} \cdot h^{-1}$，而水分利用效率在早上 11:00 最大，为了更详细的说明山定子在一天中的各项光合指标日变化情况，选取了 10 样株在一天中的光合变化并对它们在一天中的几项光合指标的日动态变化做比较分析如图 6-19。

6.3.6.2 山荆子的光合日动态变化

　　(1) 山荆子的光合速率 (Pn) 日变化。从图 6-19 我们可以看到，班公柳的 10 样株的光合速率在一天中的日变化呈双峰曲线，只有一个低谷，而且 10 样株的变化趋势也几乎大体一致，峰值和低谷时间几乎都在同一时间段，从早上 10:00 光合速率开始上升，到中午 12:00 出现了一天中的第一个高峰值，在第一个峰值处，各样株光合值的差异不是很明显，呈 6>2>8=4>3>7>5>1>0>9 型，此时样株 2 的峰值最大为 $14.45mgCO_2 \cdot dm^{-2} \cdot h^{-1}$，样株 9 的光合值最小为 $11.11mgCO_2 \cdot dm^{-2} \cdot h^{-1}$，它们的差值为 $3.34mgCO_2 \cdot dm^{-2} \cdot h^{-1}$，第一个峰值后，光合速率迅速下降，到了午后 15:00 点出现一天中的第一低谷，然后开始迅速上升在下午 17:00 出现了一天中的第二个高峰值，在

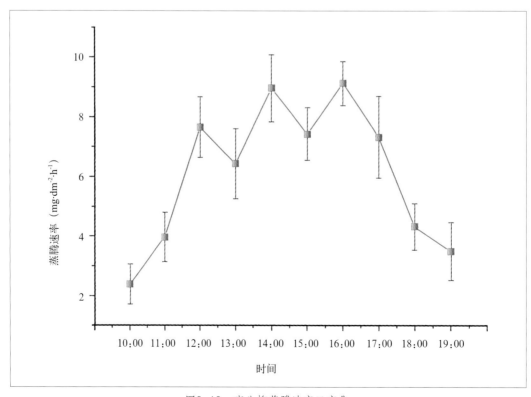

图6-18　班公柳蒸腾速率日变化

表6-7　　山荆子的日平均光合生理指标波动范围

时间	光合速率mg·dm⁻²·h⁻¹	蒸腾速率mg·dm⁻²·h⁻¹	水分利用效率
10:00	5.02~10.7	1.51~5.31	0.2442
11:00	8.23~11.29	2.09~5.63	0.2582
12:00	11.11~14.45	3.01~6.48	0.2463
13:00	7.89~12.1	3.91~7.83	0.1669
14:00	5.5~10.5	3.04~5.47	0.1752
15:00	3.0~4.01	1.88~4.38	0.1316
16:00	3.32~8.07	1.67~3.82	0.1842
17:00	6.34~15.7	4.17~7.66	0.1914
18:00	3.36~11.4	2.88~6.59	0.1451
19:00	3.26~9.45	2.24~6.64	0.1521

以看到山荆子在一天的蒸腾速率日变化是双峰曲线型变化的,,而且 10 样株的日变化趋势也是大体相同的,从早上蒸腾速率开始上升,到了中午 13:00 出现一天中的第一峰值,在这个峰值点处除样株 6 的值偏低外,其余的几样株的值差不是很大,在这个峰值处,各样株基本上呈现为 7>1>2>5>4>10>8>3>9>6 型,此时间点,样株 7 的蒸腾值最大为 7.83gH$_2$O · dm⁻² · h⁻¹,样株 6 的蒸腾值最小为 3.91gH$_2$O · dm⁻² · h⁻¹,它们的差值约为 3.92gH$_2$O · dm⁻² · h⁻¹,在第一峰值后,它们的蒸腾值开始急速下降,各样株出现低谷的时间不一样,2、3、8、10 出现低谷时间在 15:00,1、4、5、6、7、9 出现了低谷时间为 16:00,低谷后,它们的蒸腾速率迅速开始上升,除样株 1 的峰值在 18:00 外,其余的几样株峰值均在 17:00,第二峰值后他们的蒸腾值开始下降,但他们下降的趋势不是很明显。几乎以水平趋势下降。

6.3.7 西藏地区引种俄罗斯大果沙棘的光合生理的研究

俄罗斯大果沙棘为胡颓子科 (Eleagnaceae) 沙棘属 (*Hippophae*) 的引种植物,下有好几个品种为巨人沙棘、金色沙棘、绥棘 2 号、乌兰沙棘、优胜沙棘、草欣沙棘、宗秋沙棘、向阳沙棘等,主要由西伯利亚萨文科园艺研究所通过谢尔宾卡 1 号与卡通野生沙棘实生苗杂交而育

第二个峰值处。各样株间光合值之间的偏差稍微偏大,样株 1、2、3、4 的值稍微偏高,它们呈现为 3>1>4>2>8>1>7>6>9>10 型,在第二个峰值处,几样株的光合值也有变化,样株 3 的值最大为 15.7mgCO$_2$ · dm⁻² · h⁻¹,样株 10 的值最小为 6.34mgCO$_2$ · dm⁻² · h⁻¹,它们的差值为 9.36mgCO$_2$ · dm⁻² · h⁻¹ 在第二峰值后山定子的光合速率值开始呈曲线下降趋势。

(2) 山荆子蒸腾速率 (Tr) 日变化。从图 6-20 我们可

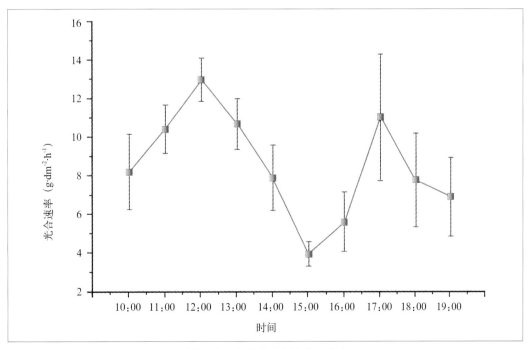

图6-19　山荆子光合速率日变化

成。它们芽大，荆刺较少，叶片小而狭，叶尖为半椭圆形，它们的果实一般较大，颜色金黄，多汁，微酸而又甜香，可提取维生素 A 和 C，在西藏藏北地区还可以治肝炎，幼嫩枝叶还可以作为牛羊饲料。

6.3.7.1 俄罗斯大果沙棘的种间差异日动态变化范围

表 6-8 为俄罗斯大果沙棘在一天中的几项光合生理指标在一天的日变化的平均波动范围。从表 6-8 我们很可以看出俄罗斯大果沙棘在在一天中同一时间的不同植株间的光合速率和蒸腾速率的大小以及水分利用效率之间的差异变化很大，在一天中的最高值也很高，约为 $30.13mgCO_2 \cdot dm^{-2} \cdot h^{-1}$，而且不同时间它们的差异也很明显，在同一时间同一立地条件下同一树种不同样株之间，各项指标值在不同时间的跨度也很大，在下午 19:00 各植株之间光合速率的最大差值为 $9.08mgCO_2 \cdot dm^{-2} \cdot h^{-1}$，在下午 17:00 植株间的光合值差距最小，约为 $4.53mgCO_2 \cdot dm^{-2} \cdot h^{-1}$，蒸腾速率在上午的 11:00 的差距最大，约为 $3.76g\ mgCO_2 \cdot dm^{-2} \cdot h^{-1}$，在下午 18:00 的差距最小，约为 $1.55gH_2O \cdot dm^{-2} \cdot h^{-1}$，而水分利用效率在中午 12:00 最大，出现了一个高峰值，从表 6-8 我们可以看出，高山柳在同一时间点它们的光合速率和蒸腾速率以及水分效率有的差异很明显，相临的时间点它们的各项指标值跨度也很明显。

6.3.7.2 俄罗斯大果沙棘的光合日动态变化

（1）俄罗斯大果沙棘的光合速率（Pn）日变化。从图 6-22 我们可以看到，俄罗斯大果沙棘的 10 样株的光合速率在一天中的日变化呈三峰曲线，而且 10 样株的

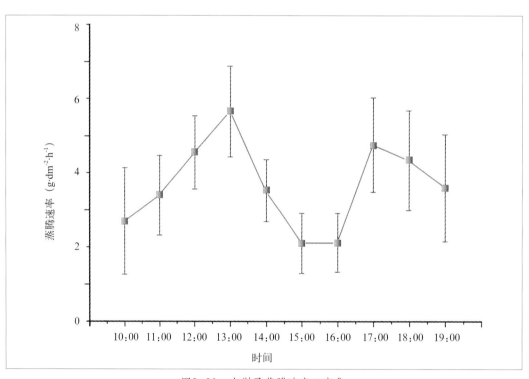

图6-20　山荆子蒸腾速率日变化

图6-21　俄罗斯沙棘

变化趋势几乎一致，峰值和低谷时间几乎都在同一时间段，从早上09:00开始光合速率开始上升，到中午12:00出现了一天中的第一个高峰值，在第一个峰值处，各样株光合值的差异不大，呈9>2>1>4>7>5>10>6>8>3型，此时样株9的峰值最大为30.13mgCO$_2$·dm^{-2}·h^{-1}，样株8的峰值最小为23.8mgCO$_2$·dm^{-2}·h^{-1}，它们的差值为6.33mgCO$_2$·dm^{-2}·h^{-1}，第一个峰值后，光合速率缓慢下降，光合值下降的幅度不大，到了中午13:00点出现一天中的第一低谷，然后又开始上升在午后14:00时候出现了一天中的第二个次高峰值，在第二个峰值处。各样株间光合值之间的偏差也不是很大，它们呈现为3>5>6>2>1>4>9>8>10>7型，在第二个峰值处，样株3的值最大为30mgCO$_2$·dm^{-2}·h^{-1}，样株7的值最小为23.54mgCO$_2$·dm^{-2}·h^{-1}，在第二峰值后俄罗斯大果沙棘下降，到15:00出现了第二个低谷现象，之后有上升，到了16:00出现了一天中的第三次峰值，在该时间点，10样株在的峰值不是很大，它们呈1>7>10>9>3>5>7>2>8>4型，此时样株1的峰值最大为25.7143mgCO$_2$·dm^{-2}·h^{-1}，样株4的峰值最小为20.4330mgCO$_2$·dm^{-2}·h^{-1}，它们的差值为5.281mgCO$_2$·dm^{-2}·h^{-1}，在第三峰值后，俄罗斯大国沙棘的的光合速

表6-8　俄罗斯大果沙棘的日平均光合生理指标波动范围

时间	光合速率	蒸腾速率	水分利用效率
9:00	13.94~19.31	3.66~5.70	0.3597
10:00	12.26~17.64	3.72~6.21	0.3162
11:00	15.02~20.03	6.94~10.70	0.2442
12:00	23.80~30.13	5.73~7.61	0.4178
13:00	17.30~24.41	5.39~6.80	0.3700
14:00	23.73~30.0	8.19~12.02	0.2708
15:00	13.52~20.17	7.23~10.53	0.2054
16:00	20.53~25.71	9.70~13.34	0.1900
17:00	16.61~21.28	7.66~10.97	0.1925
18:00	12.52~18.27	6.13~7.68	0.2004
19:00	7.57~16.65	3.47~6.22	0.2234

率值开始一直呈曲线下降的趋势，没有回升的迹象。

(2) 俄罗斯大果沙棘的蒸腾速率(Tr)日变化。从图6-23我们可以看到俄罗斯大果沙棘在一天的蒸腾速率日变化也是呈三峰曲线型变化的，而且10样株的日变化趋势也是也大体相同的，它的第一峰值出现在上午11:00，在此点。除9号样株稍有偏差接近11gH$_2$O·

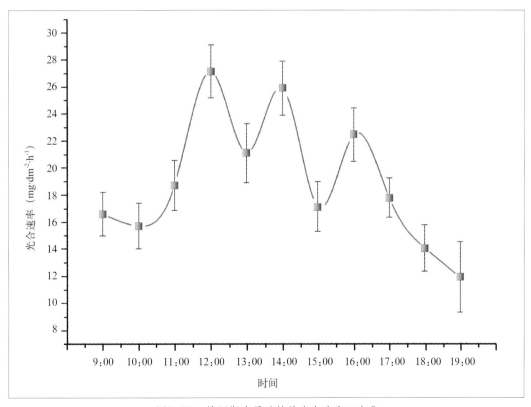

图6-22　俄罗斯大果沙棘的光合速率日变化

dm^{-2}·h^{-1} 外，其余各个样株之间的差值不是很大它们的均值约在 7.5gH$_2$O·dm^{-2}·h^{-1} 左右，在这个峰值后，蒸腾速率开始下降，到了在 13:00，出现了一天中的第一个低谷值，之后蒸腾值又开始上升，到了在 14:00 出现了一天中的第二个峰值，在此时间点，7 号的蒸腾值比其余样株的值稍微偏高，约为 12mgH$_2$O·dm^{-2}·h^{-1} 左右，其余的均值大约在 9mgH$_2$O·dm^{-2}·h^{-1} 左右，到了下午 15:00 出现了一天中的第二个低谷值，之后光合速率又开始上升，到了下午 16:00 出现了一天中的第三个峰值，在此时间点，各样株的峰值稍微有偏差，呈 1>7>9>5>2>6>3>10>4>8 型，此时间点，样株 1 的蒸腾值最大为 13.34gmgH$_2$O·dm^{-2}·h^{-1}，样株 8 的蒸腾值最小为 9.70mgH$_2$O·dm^{-2}·h^{-1}，它们的差值约为 3.64 mgH$_2$O·dm^{-2}·h^{-1}，俄罗斯大果沙棘的三峰值一个峰比有峰高，说明下午的蒸腾比上午的大，在第三在峰值后，俄罗斯大果沙棘的蒸腾速率值开始以很快速度的曲线趋势下降，无继续回升的趋势。

(3) 俄罗斯大果沙棘的水分利用效率 (WUE) 的日变化。从图 6-24 俄罗斯大果沙棘 WUE 的日变化图我们可以看到：俄罗斯大果沙棘的水分利用效率日变化呈单峰曲线，10 样株的水分利用效率的日变化趋势也大致相同，从第一低谷开始，它们在后面的各个时间段的曲线变化趋势几乎重合，除样株 2 在早上 10:00 的利用率最大外，其余的都大体接近，从早上 9:00 利用率开始下降，到了 11:00 出现了一天的低谷，之后开始上升，到了中午 12:00 出现了一天中的峰值，第一峰值后，水分利用率开始急剧下降，再没形成明显的峰值，到 16:00 又到了一天的第二个最低谷，俄罗斯大果沙棘的水分利用率以一种水平的直线缓慢上升，但没有明显的峰值出现。

6.4　几个树种的相关光合指标日平均变化曲线比较

在西藏地区测定各种植物或者品种间的光合速率时，会发现植物种间，品种间存在极大的差异，同一植物的光合速率又受年龄和发育阶段的影响，上述几种植物植物种间在一天中的光合速率变化差异很大，从早上到傍晚各植物的光合速率的跨度值很大，尤其是早上、中午、傍晚的差异很大，一般傍晚的值最小，

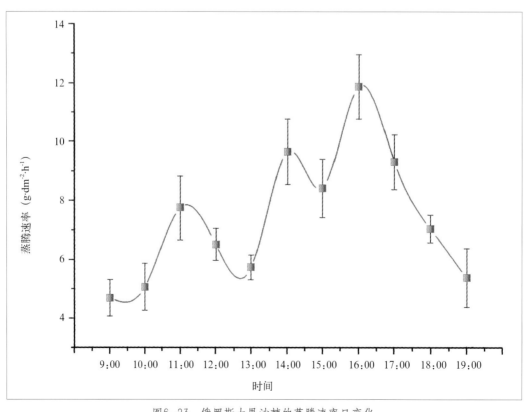

图6-23　俄罗斯大果沙棘的蒸腾速率日变化

午后的值最大，不同树种稍微有区别，它们的日光合差值大约几到几十 $mgCO_2 \cdot dm^{-2} \cdot h^{-1}$，表 6-9 为西藏地区几个乡土树种在一天中的的光合速率范围。这些树种都在 4 年生以上，而且所实验的材料都为成熟的阳生叶片，且都无病虫害。为实验点典型的乡土树种材料：

从表 6-8 我们可以看到各个树种在一天中的平均光合波动范围很大，它们的日光合差值可以高到 $30mgCO_2 \cdot dm^{-2} \cdot h^{-1}$，最低差异的也在 $10mgCO_2 \cdot dm^{-2} \cdot h^{-1}$ 左右，这些说明种间光合速率的差异很大，但是在光合速率与生长之间的相关方面，不同学者所得的结果不一致，有的甚至是相反的结果。因为光合速率的测定一般是短时间的，同时又是在生长季中测一次或者几次，不能表明整个生长期间的光合速率，此外，总光合面积的大小也是需要考虑的，有的品种叶片较大，总光合面积大，但单位面积的光合速率不一定高，除环境因子外，光合产物的运输与分配也影响树木的生长，所以光合速率与生长的相互关系受其他许多条件的限制。为了更详细地说明几个树种之间的光合曲线变化差异，通过图 6-25 进行分析，如下。

6.4.1 光合速率(Pn)日变化比较

图 6-25 为西藏地区的几种植物的日平均光合曲线变化图，从图我们可以看到几个树种的曲线总的变化趋势虽然不全一样，但变化情况还是有很多的相似之处的，旱柳、竹柳、高山柳、山荆子呈双峰型曲线变化，而俄罗斯大果沙棘、高山柳、垂柳则呈三峰曲线变化，高山柳第一峰值时间在早上的 10:00，垂柳和竹柳的第一峰值时间在上午的 11:00，旱柳、班公柳、俄罗斯大果沙棘、山荆子的第一峰值时间为中午 12:00，三峰曲线的第二峰值时间都约在 14:000 处，而几种植物的最后峰值时间都大体一致，旱柳和俄罗斯大果沙棘在午后 16:00 外，其余的几种植物的最后峰值均在下午 17:00，而且几种植物在最后峰值后都没有再回升的趋势，旱柳是第二峰值远远高于第一峰值，说明旱柳在下午的光合远远高与上午的光合，竹柳的第一峰值略高于第二峰值，说明竹柳上午的光合比下午稍高，班公柳的最高峰值在中午 14:00，然后开始一直下降，再没有峰值出现的迹象，因此班公柳的午间光合最强，高山柳的两个峰值近乎平行，

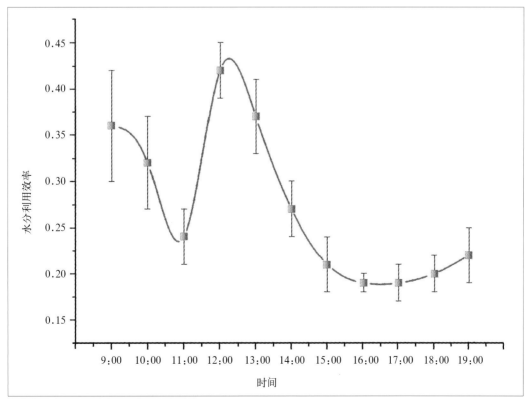

图6-24　俄罗斯大果沙棘的水分利用效率的日变化

表6-9　拉萨地区部分树种的光合速率日变化波动范围

树种	光合速率($mgCO_2 \cdot dm^{-2} \cdot h^{-1}$)
垂柳	7.13～19.46
旱柳	6.61～37.46
高山柳	6.41～19.9
竹柳	6.01～31.44
俄罗斯大果沙棘	7.57～30
班公柳	2.98～29.98
山荆子	5.26～14.45

说明高山柳一天中的光合变化趋势大体平衡，波动范围不大，俄罗斯大果沙棘三峰从早上开始到最高，后两峰值依次降低，所以，俄罗斯大果沙棘在上午的光合比下午偏高。早上第二植物的第一峰值时间大约在12:00左右呈，而垂柳的日光合变化也是三个峰值比较接近，它的日光合趋势比较稳定。从图6-25中几种植物曲线变化中可以看出光合最高值为旱柳在14:00为37.46$mgCO_2 \cdot dm^{-2} \cdot h^{-1}$，光合最低值为山荆子在15:00为2.98$mgCO_2 \cdot dm^{-2} \cdot h^{-1}$，因此我们可以得出结论，同一植物不同实验材料它的自身光合有很大的差异，而同一地区的不同植物之间的光合差异更大。它们在不同时间或者同一时间点上的差异很明显。

6.4.2　蒸腾速率(Tr)日变化比较

植物体内水分以气体的方式向外界散失的过程称为作用，定量表示植物的蒸腾作用的方法成为蒸腾指标，最常用的蒸腾指标为蒸腾强度，蒸腾强度即称为蒸腾速率。

图6-26为西藏地区的几种植物的日蒸腾速率曲线变化图，从图我们可以看到几个树种的曲线总的变化趋势虽然不全一样，但变化情况还是有很多的相似之处的，旱柳、山定子呈双峰型曲线变化，而俄罗斯大果沙棘、班公柳、竹柳、垂柳则呈三峰曲线变化，而高山柳的日变化为单峰曲线，在早上的11:00，旱柳竹柳、俄罗斯大果沙棘出现了第一个峰值，旱柳、班公柳、垂柳在12:00出现一天中的第一个峰值，而高山柳，山荆子的第一峰值在13:00，之后在14:00，班公柳、俄罗斯大果沙棘、竹柳出现了一天中的第二峰值，二垂柳的第二峰值在下午15:00，然后班公柳、俄罗斯大果沙棘在16:00点出现了一天中的第三个峰值而垂柳的第三个峰值出现在下午17:00，旱柳的第一峰值时间在中午12:00，山荆子的第一峰值时间在午后13:00，之后两种植物在17:00出现了一天中的第二个峰值，高山柳在一天中

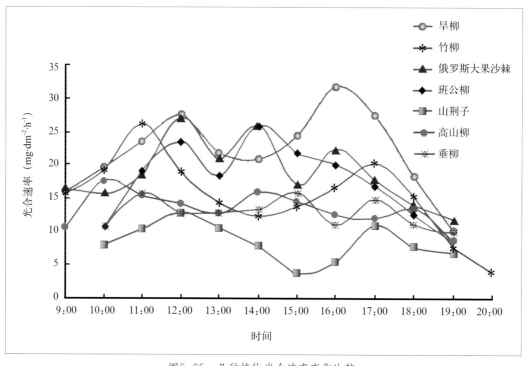

图6-25　几种植物光合速率变化比较

只有 13:00 一个峰值，而且峰值不是很高，此植物材料各个时间的蒸腾速率值的差异不是很大，约为 2.6238 ～ 6.3688gH₂O · dm⁻² · h⁻¹。在一天中的总的蒸腾速率差值为 3.745gH₂O · dm⁻² · h⁻¹，在几种植物一天中的蒸腾曲线变化中，最高蒸腾速率为旱柳为 22.9534gH₂O · dm⁻² · h⁻¹，最低高山柳为 2.6238gH₂O · dm⁻² · h⁻¹。

从图上几种植物材料的蒸腾速率曲线分析：竹柳、俄罗斯大果沙棘、山荆子、高山柳、班公柳在一天中的蒸腾变化趋势很平稳，没有显著的较高峰值出现，而旱柳在 17:00 的峰值远远大于它的第一个峰值，所以旱柳的下午的植物蒸腾要比上午大的多，而垂柳在午后 15:00 峰值较高，其余两峰偏低，由几种植物的蒸腾日变化比较曲线分析可看出同一植物不同实验材料它们的自身有很大的差异，而拉萨地区的几种不同植物的差异更是很大，它们在不同时间或者同一时间点上的光合变化差异很明显。

6.4.3 水分利用效率（WUE）的日变化

植物的水分利用效率是深入研究植物高效利用水资源的一个核心问题，通常将其作为评价植物生长适宜程度的综合指标而被广泛应用，一天中植物环境因子的不断变化直接或间接的影响植物的水分利用效率，植株叶片叶位的不同其水分利用效率的日变化也不同，因此同一树种不同样株它们在同一时间的水分利用效率也不同。

从图 6-27 我们可以看到，几个树种的水分利用效率早上均略高于下午，但它们早晚的差值不是很大，一天中几乎都大约在午后最低，几种植物大部分都呈三峰曲线变化。旱柳的变化曲线几乎是以一中直线趋势一直下降，俄罗斯大果沙棘在 12:00 到了峰值后，一直以一种平滑曲线下降，傍晚稍有上升的趋势，竹柳的两峰值大体相等，而且峰值和低谷值的差异不是很大，因此拉萨地区植物的水分利用效率日变化趋势大体相同。

6.4.4 植物的光合与植物特性的关系

植物的光合"午休"是植物适应干旱半干旱以及高强辐射产生的一种自发生理现象，按其影响因素可以分为外部生态因素：如低温高湿引起的高饱和差、大气二氧化碳的浓度降低等；植物本身的生理特性：由于高温引发的自身气孔关闭、叶温升高、光合产物的积累以及水分升高等。由于蒸腾对气孔的依赖，植物的"午休"现象一般出现在午后 15:00 点左右，而此时蒸腾最大，气孔导度最小，叶温最高，光强最大，相对湿度最低，气温最高，因而光合"午休"不仅仅

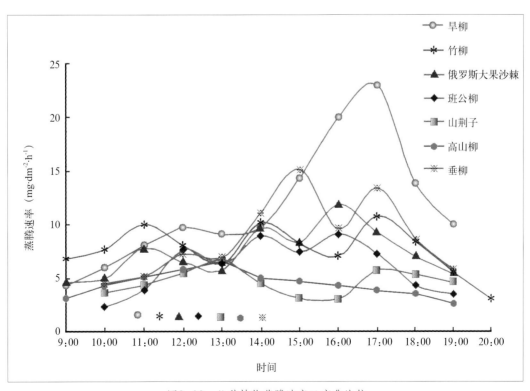

图6-26　几种植物蒸腾速率日变化比较

是由于气孔关闭引起的。

从清晨随着太阳的升高，光照强度也随之增强，在达到光补偿点以上时，光合作用逐渐增加，一般在上午 10 时前光合作用速率随光强增加而加快，一方面光强增加温度也上升，在清晨大气中的二氧化碳的浓度也相对较高一些。另一方面，光照使叶片的气孔开放，有利于二氧化碳的进入。这些都有利于光合作用的进行，但是随着光强和温度的继续增加，空气湿度相对下降，叶子内外水气压差很大，使植物蒸腾急剧上升，失水大于根系吸水，导致植物水分亏缺，植物体水分亏缺不足引起叶片气孔关闭，进而影响光合作用。所以水分供应不足，必然会影响光合，由于在西藏拉萨地区晚上多属于夜雨、白天多属于晴朗天气，所以早上的湿度一般比下午大，中午的辐射特强，从而光强也会很大，有时即使植物的水分供应充足，但由于强烈蒸腾会引起植物的暂时萎蔫，在中午前后也会引起植物的光合下降。这就是所说的植物"午休"现象，而正午高温以后，随着太阳西斜，光强减弱，温度开始下降，也由于前面的叶片气孔关闭而使蒸腾降低，缓和了水分吸收和耗失的矛盾，使植物的水分得到改善，所以在下午 4:00 ～ 5:00 时又出现了第二个高峰值，然后随着光强的减弱光合作用又继续逐渐下降，下降到傍晚后很难有再回升的现象。

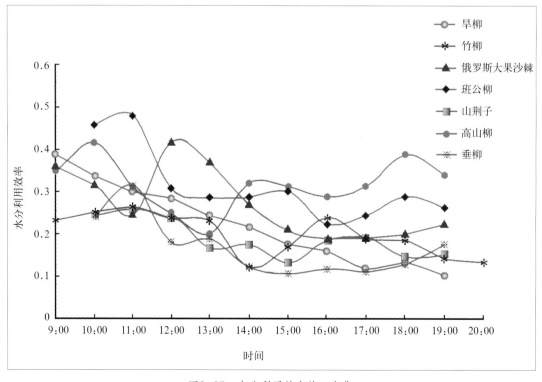

图6-27　水分利用效率的日变化

第7章 青藏铁路沿线实验示范区建设

7.1 实验示范区项目情况

7.1.1 实验示范区项目基本情况

2004年中国林业科学研究院和西藏自治区林业局的领导、专家进行了实地调查，认真研究了实验示范区项目实施方案，经充分论证，提出了《拉萨至那曲段试验示范区建设》的规划。2005年6月，中国林业科学研究院林业研究所和西藏自治区林业局营林处达成合作关系，由西藏自治区林业局林木种苗科技示范基地于2005年8月正式开始建设。

拉萨至那曲段地处藏中和藏北之间，跨1市1镇3县，总长近400km，沿线人口近20万（不包流动人口）。该线以农业和牧业为主，自然资源丰富。拉萨至那曲段气候类型有高原温带干旱、半干旱区，寒带半干旱区，年降水量200～510mm，无霜期0～120d，地貌属藏北高原丘陵区、藏南高原湖盆谷区，海拔3650～4546m之间，土壤为轻壤、砂壤、沙土，天然植被类型有高山灌丛和高山草甸。拉萨至那曲段铁路沿线气候类型多样、地形复杂、土层薄、肥力低、石砾含量高、寒冷多风、立地条件差，造林难度大。

本项目研究内容为：在青藏铁路沿线（拉萨至那曲段）400km路段上，根据海拔高度、气候类型、立地因子等环境因素，选定4个试验段，在各样段铁路边不等面积的区域内，开展各种绿化模式的对比研究和原生植被的保护、恢复工作。各样段分别采用高海拔干旱、半干旱区植被保护、恢复、封山育林、造林等技术措施，进行生态效益分析。研究内容还包括引进、利用现代生物技术手段，以及适合当地生态条件的新成果，力求提高该项目研究的科技含量和推广价值，以期达到为当地的植被重建、保护、扩大绿地面积、改善生态环境、防止自然灾害，提供科学依据，从而达到示范推广的目的。同时也为青藏铁路沿线植被保护与恢复研究提供试验数据和本底资料。

7.1.2 实验示范区概况

项目在那曲至拉萨段通过一系列关键技术的研究，在铁路两侧共建设了4个实验示范地，分别分布在当雄县乌玛塘乡嘎扎塘、当雄大桥附近、羊八井隧道处、拉萨古容乡。以灌丛植被为主，多模式、多物种的景观生态林，为青藏铁路沿线的植被恢复以及保护提供技术样板和试验示范效果，并对各种模式的营造林关键技术进行有效综合集成，提出各种模式的具体经营管护措施，并进行中长期跟踪监测，为大规模地推广应用提供科技支撑。

7.1.2.1 乌玛塘示范区概况

本实验示范地于2005年6月开始实施建设，占地10亩，按照以原生植被保护为主，适度恢复灌丛植被的原则，采用西藏乡土树种营养袋苗雨季造林，主要树种有江孜沙棘、蔷薇、拉萨小檗、变色锦鸡儿等，所选树种具有抗性强、成活率高、生长良好等特点，可以起到防风固沙、绿化美化环境作用。

（1）地理位置：该示范区地处当雄和那曲交接处，距当雄县城46km，位于西藏自治区当雄县东北乌玛塘乡嘎扎塘。示范区在青藏铁路北侧，地处N30°37、E91°32附近，海拔高度4546m。行政属西藏自治区拉萨地区当雄县乌玛塘乡。

图7-1 乌玛塘示范区

（2）地质地貌：乌玛塘乡实验地位于青藏铁路的北侧，位于发源于念青唐古拉山脉当曲河阶地，处于当曲北面群山脚下。

（3）气候：该示范点属于高原亚高寒带季风半干旱气候区，年平均气温为0℃以下，年降水量300～400mm。年平均气温-1.9℃、极端最低气温-35.9℃、极端最高气温25.4℃，最冷月（1月）平均气温为-9.9℃，最热月（7月）平均气温为10.8℃，≥10℃年积温280.7℃，无霜期20d，年蒸发量1831.6mm，年相对湿度50%，全年日照时数2881.0h，是当雄以北广大地区的典型类型。

（4）土壤：实验区的土壤主要由高山草甸、草原土组成，细土部分多为砂壤—轻壤质地，土壤呈碱性或微碱性，土壤中的氮、磷、钾含量很高。在实验区南侧近临河滩的湿地，局部地区发育有隐域性土壤——高山沼泽草甸土。乌玛塘实验区高山草甸土是这一带典型的土壤类型，表层具有厚约10cm左右的草皮层，主要由嵩草等的根系和地下根茎密集交织盘结而成，具弹性，耐踩踏；往下为腐殖质层，厚约30～50cm。中度湿润，pH值6.5～7.0（7.5）。在反复不断的冻融作用影响下，在坡度较大地区、边坡地常出现龟裂，局部地区甚至造成草皮层塌落现象。

（5）植被群落：本实验区的植被主要由以高山嵩草（Kobresia pygmaea）为优势种的高寒草甸植物群落所组成。

高山嵩草（Kobresia pygmaea）群落：高山嵩草草甸是西藏高原草甸植被中分布最广占地面积最大的一个群系。它具有种类丰富，草层低矮，草质优良，耐牧性强的特点。是西藏高原重要的牧业饲草资源。广泛发育在藏北高原东部及唐古拉山脉，念青唐古拉山－冈底斯山脉，横断山脉，喜马拉雅山脉等高大山脉的高山带。在实验区，为该地区的优势群落。群落总盖度在80%～90%之间，草层高1～3cm，群落中少量伴生植物高度可达15～20cm。群落建群种为高山嵩草，占有绝对优势，其分盖度50%～60%，草层高1～3cm。群落伴生植物比较丰富，常见的伴生植物有丛生钉柱委陵菜（Potentilla saundersiana var. caespitosa）、双叉细柄茅（Ptilagrostis dichotoma）、矮生嵩草（Kobresia humilis）、青藏苔草（Carex moorcroftii）、垫状点地梅（Androsace tapete）、无茎黄鹌菜（Youngia simulatrix）、高山唐松草（Thalictrum alpinum），美丽风毛菊（Saussurea pulchra）、小早熟禾（Poa parvissima）、肉果草（Lancea tibetica）、丛生黄芪、二裂委陵菜（Potentilla biforca）、垂穗披碱草（Elymus nutans）、川藏蒲公英（Taraxacum maurocarpum）、肾叶龙胆（Gentiana crassuloides）、茎直黄芪（Astragalus strietus）、紫花针茅（Stipa purpurea）等。

除此之外，在实验区南侧临近河滩的湿地还发育有由藏北嵩草（Kobresia lettledalei）组成的沼泽草甸群落。

7.1.2.2 当雄大桥示范区概况

该实验示范地于2005年6月开始实施建设，按照充分发挥乡土植物材料优势，增强植被群落的丰富度、稳定性为原则，采用西藏乡土树种营养袋苗雨季近自然造林，主要树种有江孜沙棘、蔷薇、拉萨小檗、变色锦

图7-2 当雄大桥示范区

鸡儿等灌木树种，所选树种具有抗寒抗风适应性强，根系发达等特点，即发挥了西藏乡土树种的优势，增强灌木树种多样性，又可以起到防风固沙、绿化美化环境的作用。

(1) 地理位置：位于西疆自治区当雄县城南当雄大桥北端的青藏公路东侧，距当雄县城 5km，地处 N30°27′ E91°27′ 附近，海拔高度约 4289m。行政属西藏自治区拉萨市当雄县当曲卡镇当曲村五组。

(2) 地质地貌：当雄大桥实验示范地地处念青唐古拉山脉主峰附近的山脉东麓山前当雄曲阶地。当雄曲为拉萨河的主要支流之一，其发源于念青唐古拉山脉九子拉的南坡，当曲坡降较小. 谷地具有宽谷特征，其宽度可达 1 ~ 3km，曲流发育，并在河漫滩形成大片沼泽湿地。实验示范地处于当雄曲东岸斜坡上，坡度 10° 左右。

(3) 气候：根据当雄气象局的资料，当雄县城附近年平均气温为 1.3℃，极端最低气温 -35.9℃、极端最高气温 25.4℃，最冷月 (1月) 平均气温为 -9.9℃，最热月 (7月) 平均气温为 10.8℃，≥ 10℃ 年积温 280.7℃，无霜期 67d，年降水量 483.1mm，年蒸发量 1970.4mm，年相对湿度 50%，全年日照时数 2837.7h，该地区大风天数较少，每年只有 66.4d。当雄实验区由于地处安多南约 500km，海拔降低约 400m，温度条件远远好于安多实验区，年降水量也高于安多，所以其生态环境相对比较优越。

(4) 土壤：当雄实验区的土壤主要由高山草甸草原土、灌丛土组成。由于实验区处于河流斜坡的下部位置，实验区土壤由于地表径流作用，淋溶了很多的养分，相对来说这里土壤养分较差。

(5) 植被群落：当雄大桥实验示范地植被主要由苔草 (Carex spp.)、固沙草 (Orinus thoroldii)、丝颖针茅 (Stipa capillacea) 为优势种的高寒丛生草甸植物群落组成。由于该地区畜牧业比较发达，牛羊数量较多，该地区高寒草甸在过渡放牧影响下退化比较严重，地表草皮层常破损为片断状，草皮层厚度较薄。实验区主要由以下几种植物群落组成：

① 固沙草 (Form. Orinus thoroldii) 群落：固沙草群落是青藏高原的特有群落类型，多呈斑块状分布，常占据湖盆外缘的平缓阶地、台地、山坡下部和山麓洪积扇。固沙草为多年旱生根茎－丛生禾草，生活力很强，喜沙，在实验地高 10 ~ 20cm，在群落中为优势种。

② 高山嵩草 (Kobresfa pygmaea) 群落：该群落分布于实验区周边尚未被人类活动和牲畜严重破坏的地段和周边河流阶地与山坡上，为该地区的优势植物群落，群落总盖度 80% ~ 85%，群落优势与建群种高山嵩草高 1 ~ 3cm，分盖度 65% ~ 70%，常见伴生植物有紫花针茅、中亚早熟禾 (Poa litwinowiana)、弱小火绒草 (Leontopodium pusillum)、二裂委陵菜 (Poteatilla biforca)、垫状点地梅 (Androsace tapete)、白花枝子花 (Dracocephalum heterophyllum)、西藏蒲公英 (Taraxacum tibetanum)、茎直黄芪 (Astragalus strietus)、平车前 (Plantago depressa)、丛生钉柱委陵菜 (Potentilla saundersiana) 等。

③ 矮锦鸡儿 (Caragana maximovicziana) 群落：在实验区局部丛状分布于，也见于区外斜坡坡脚成片分布。群落总盖度不高，建群种矮锦鸡儿 (Caragana pygmaea) 高 20 ~ 50cm，分盖度 20% ~ 30%，其下部由高山嵩草组成的高山草甸发育良好。群落中常见伴生植物有垂穗披碱草 (Elemus nutans)、丛生钉柱委陵菜 (Potentilla saundersiana)、二裂委陵菜 (Potentilla biforca)、丝颖针茅 (Stipa capillacea) 等。

7.1.2.3 羊八井隧道处示范区概况

本实验示范点与 2006 年 7 月开始实施建设，该点以封山育林为主，辅之以人工措施，加强天然植被保育的原则，采用人工方法对铁路隧道两侧建设网围封山育林 300 亩，以减少人畜对灌木林的破坏，促进保护灌木树种，提高灌木树种生长，发挥灌木树种对防止水土流失减免自然灾害的功能，为铁路的安全运营，提供最大限度的生态屏障。

(1) 地理位置：位于羊八井隧道的出口处，距当雄县城 15km，地处 N30°02′ E90°35′ 附近，海拔高度约 4295m，行政属西藏自治区拉萨市当雄县羊八井乡，地名为马囊。

(2) 地质地貌：此实验地处于堆龙曲峡谷区，河谷两岸相对高程 500 ~ 1000m，自然山坡 35o ~ 40o。现代河床宽 20 ~ 50m，纵坡 15‰ ~ 25‰，河谷狭窄，山坡陡峻，水流湍急，此地段有"羊八井峡谷"之称。

(3) 气候：属于高原河谷干旱气候区，年平均气温 5℃；年降水量 400mm，雨季集中在 7 ~ 9 月份，无霜期 120d，年平均气温 7.5℃，年蒸发量 2750mm，日照时数 3005.3h，是羊八井至堆龙德庆乡一带的典型类型。

图7-3 羊八井隧道处示范区

（4）土壤：羊八井实验地土壤主要由高山河谷灌丛草甸土组成。此类土壤是在高山亚寒带寒冷而严酷的气候条件下发育而成的。成土母质以残坡积物和冰积物为主。土层厚薄不一，有机质含量丰富。土层虽然多根系，但草根盘结紧密度较小，地表有薄层凋落物，腐殖质层较厚。土壤表层虽然呈棕色，其下为黄色或棕黄色，属轻壤或中壤质。土壤略呈酸性反应，pH值4.8～5.3。细土部分多为砂壤土（沙加石），土壤呈微碱性。

（5）植被群落：实验区原生植被有矮锦鸡儿（Caragana pygmaea）、蔷薇（Rosa spp.）、金露梅（Potentilla fruticosa）、沙生槐、大黄（Rheum spp.）、棘豆（Oxytropis spp.）等，植被类型主要是由杜鹃（Rhododendron）和金露梅（Potentilla fruticosa）为主的高山灌丛群落组成。由于当地居民以杜鹃（Rhododendron）等的老根作为燃料来源，该地区在过度开采的影响下退化比较严重，特别

是优势种杜鹃（Rhododendron spp.）、金露梅（Potentilla fruticosa）等破坏严重。实验区主要由以下两种植物群落组成：

① 毛叶绣线菊（Form. Spiraea mollifolia）群落：毛叶绣线菊群落呈片状分布于伴阴坡和阴坡，面积不大。群落盖度在40%～70%之间，外貌呈暗黄绿色，结构可分二层。灌木层以毛叶绣线菊（Spiraea mollifolia）为主要成分，高20~50cm，分盖度10%左右，是群落的建群种；伴生的其他灌木有金露梅（Potentilla fruticosa）、杜鹃（Rhododendron）、川藏香茶菜（Rabdosia pseudo-irrorata）等。草本层以嵩草草甸为主，常见的有藏北嵩草（Kobresia littledalei）和高山嵩草，以及还有一部分青海固沙草，主要的伴生种有赖草（Leymus secalinus）、苔草（Carex spp.）、酸膜叶蓼吾、美丽风毛菊（Saussurea pulchra）、淡黄香青、柴胡红景天等。

② 金露梅（Form. Potentilla fruticosa）群落：金露梅群落在实验地是较为常见的高山灌丛，常占据山地阴坡及河谷砾石地，生境较干冷。也见于阳坡。群落外貌呈灰绿—灰褐色，覆盖度随环境干湿而略有不同，一般在30%～70%之间，分灌丛和草本二层。金露梅（Potentilla fruticosa）高10~50cm，呈簇丛状，是灌木层的主要成分，分盖度10%～30%。主要伴生种有赖草（Leymus secalinus）、苔草（Carex spp.）、美丽风毛菊（Saussurea pulchra）、淡黄香青等。

7.1.2.4 拉萨古容乡示范区概况

本实验示范地于2006年7月开始实施建设，按照以乔灌草结合，充分发挥植被的生态功能，为铁路安全运营提供生态屏障的原则，采用西藏乡土树种营养袋苗雨季造林和裸根苗春季造林，主要树种有藏川杨、银白杨、旱柳、拉萨小檗、沙生槐、变色锦鸡儿等。所选树种具有耐寒抗风适应性强，根系发达等特点，可以起到防风固沙、涵养水源、保持水土、绿化美化环境的作用。

（1）地理位置：此实验地位于青藏铁路与青藏公路交叉形成的三角地带，距堆龙德庆县城20km，地处N29°45′E90°48′附近，海拔高度约3823m，行政属西藏自治区拉萨市堆龙德庆县古荣乡。

（2）地质地貌：拉萨古容乡实验示范地处在此实验地处于堆龙曲下游峡谷区，河谷宽敞，河谷两岸相对高程500～1000m，自然山坡35°～40°。

(3) 气候：此实验示范地已经非常接近拉萨，气候上与拉萨基本相同，高原温带半干旱季风气候，其特点为：辐射强，日照时间长，年日照时数在 3000h 以上；平均气温 7.8℃，日温差大，6 月平均气温为 15.7℃，平均最高气温为 22.9℃，是一年中气温最高的月份，1 月平均气温为 -2℃，平均最低气温 -9.7℃，是一年中气温最低的月份，多年极端最高气温为 29.6℃，极端最低气温 -16.5℃，分别出现在 6 月和 1 月；干湿季明显，雨季集中在 6~9 月份，多为昼晴夜雨的天气，年均降水量 406.8mm，年均降水天数 90.1d。蒸发量大，年均蒸发量 1975.7mm，年均风速 2.0m/s，主导风向为 ESE。

(4) 土壤：拉萨古容乡实验示范地处在堆龙曲阶地上，土壤少，石头和沙子含量非常大，呈微碱性，有机质含量低，保水保肥性能差。土壤主要由漂石土组成。此类土壤是主要分布于沿线河谷、河漫滩、阶地、冲洪积平原区，厚度不等，一般 1~5m。浅黄色、灰褐色、青灰色。

(5) 植被群落：该实验区原生植被有禾草 (Gramineae)、黑穗画眉草 (Eragrostis nigra)、多花草沙蚕等，以禾草为优势植物种，盖度在 40%~60%，植被类型形成以旱生的多年生禾草型丛生草本植被为建群种组成的群落类型。这类草原一般返青较晚，干枯较早，生长季短，草群不高，生长稀疏，覆盖度低。

7.2 实验示范区建设及其初步成果

7.2.1 乌玛塘示范区建设

2004 年 10 月中国林业科学研究院林业研究所和西藏自治区林业局营林处领导、专家，现场决定了该实验示范区实施的具体位置。2005 年 7 月拉萨市林业局和区林木种苗科技示范基地领导、专家，到现场协调、落实试验示范点，避免草场纠纷等问题。2005 年 8 月上旬正式建设，8 月中旬全部完成施工任务，包括协调、放线、挖坑、栽植、埋桩、拉铁丝网、浇水、确定看护人员、最后的平整、立牌等。

(1) 指导思想。该示范区处于高原上的高山区，海拔高，植物生长时间短；土层薄、石砾多，立地条件差；水资源分布不均匀，雨季雨水集中且多，冬季寒冷缺水多大风；土壤 pH 值较大，土壤中的氮、磷、钾含量很高，能被植物利用的养分较低；自然灾害频繁且严重，植物

生存环境恶劣。除香柏外基本不存在乔、灌木等分布，很多其他乔、灌木植物无法正常适应生存，如此严酷的生境给植被恢复带来了很大的困难，也是建设的难点。另外，铁路建设过程中在此地进行草皮移植，堆放沙石、水泥，建设围栏等都对原生植被造成了不同程度的破坏。因此，该实验区建设以原生植被保护为主，适度恢复灌丛植被为指导思想，采用西藏乡土灌木树种营养袋苗和草本植物，在雨季进行造林和种植建设。

(2) 原生植被保护措施。该实验区为纯牧业区，牧民习惯在这里放养牲畜，另外此处牧民缺乏木材、燃料，以牲畜粪便以及山坡上香柏的树根等为燃料，人畜对原生植被直接破坏比较大，加上减少了土壤养分的来源，从而又间接地阻碍了植被的正常生长。为了保护好原生植被和人工恢复植被，在铁路一侧长 1000m，宽 13m 的范围建立了水泥桩、铁丝拉网的保护区，并在适当范围留下了人畜通道。并且，与当地乡村领导进行协商，从当地挑选了管护员进行管护，每月发放管护费。

(3) 人工植被恢复措施。

① 树种选择：根据该实验区的实际情况，针对西藏乡土灌木树种普遍适应性强，根系发达，抗旱耐寒能力强，具有良好的抵御外界不良环境的优势，选择了枸子木、蔷薇、江孜沙棘、细叶红柳、粗刺锦鸡儿、变色锦鸡儿、高原柳、三颗针等优良树种进行适度建设（表 7-1）。

② 整地措施：该实验区生态环境非常脆弱，极易受到破坏。为了降低实验示范区建设本身对环境的破坏，把破坏程度降低到最低，因而不能进行全面整地，而只能采取局部的穴状整地。我们采取了比较先进的机械挖坑机挖坑，规格为 40cm×60cm×40cm，这样就只对坑径 40cm 范围内的土壤和植被进行了干扰，范围外植被与土壤则保持着原生状况而没受到任何破坏，

表7-1　苗木选育

苗木	枸子木	蔷薇	江孜沙棘	细叶红柳	粗刺锦鸡儿	变色锦鸡儿	高山柳	三颗针
年龄(年)	1.5	1.5	1	1	1.5	1.5	2.3	1
苗高(cm)	94.6	57.3	62	100	80.1	99.1	15	31
地径(cm)	0.46	0.81	0.49	0.56	0.56	0.35	0.36	0.22

采取这种方法还可以节省劳力,据我们实践记录,在该实验区内1h能打60～80个坑。据了解这是目前西藏最先进的林业挖坑机,也是首次在高原造林试验中使用,效果显著。

③造林措施:首先选择了优良的营养袋苗为造林材料,既可降低运输过程的损害,又可以保证根系的完整,对造林成活有质量上的保证;造林密度为166株/亩,以三角形方式培植,在栽植过程中严格按照"三埋、二踩、一提苗"技术规程完成,及时用水车浇定根水,并进行培土压实。

另外我们根据当地的实际情况,经过实践,我们总结出了一种新的造林方法,我们暂时称其为"低洞穴栽植法",即是在培土压实后,坑内留20cm空余,使得坑内土壤面比坑外土壤面低20cm左右,这样就在坑内形成了一个凹穴,其作用是既可蓄水,又可防寒防风,帮助植株安全越冬。

2005年雨季营养袋造林优良乡土灌木树种1660株;埋水泥桩30个;拉铁丝网1200m;栽植浇水外每年用水车进行春季浇水和冬灌各一次;设立管护员1人。2006年补栽苗木702株;当年秋季(10月下旬)调查苗木成活率,枸子木20%、蔷薇60%、江孜沙棘50%、细叶红柳20%、粗刺锦鸡儿50%株、变色锦鸡儿66.7%、高山柳12%、三颗针33.3%;2006年进行补栽见表7-2。该实验区高原寒冷、干风强烈;土层薄、石砾多;枯水期与丰水期的地下水位落差大,7、8、9月低处积水,其他时间根本没有水源;附近村庄的牲畜常进入试验点内,啃食苗木。为此,对苗木的成活率有比较大的影响,该点蔷薇和锦鸡儿比较适应。

7.2.2 当雄大桥实验示范区建设

2004年10月中国林业科学研究院林业研究所和西藏自治区林业局营林处领导、专家,到现场决定了该实验示范区实施的具体位置。2005年7月拉萨市林业局和自治区林木种苗科技示范基地领导、专家,到现场协调、落实试验示范点,避免草场纠纷等问题。2005年8月中旬经中国林业科学研究院林业研究所多位专家讨论商议后决定对该示范区位置进行了更改,并于2005年8月中旬正式开始建设,建设期间由于变更和占用公路用地而被停工,后经自治区林业局、自治区公路局、当雄县农牧局、当曲镇及当地村领导多方交涉、协商一致后得以解决,于8月下旬全部完成施工任务,包括协调、放线、挖坑、栽植、埋桩、拉铁丝网、浇水、确定看护人员、最后的平整、立牌等工作。

(1)指导思想。该实验区海拔高;植物生长时间短;土层薄、石砾多、土壤pH值较大,土壤中的氮磷钾含量很高,能被植物利用的养分很低,立地条件差;雨水资源分布不均匀,雨季雨水集中且多,冬季寒冷缺水多风;自然灾害严重;植物生存环境恶劣,原生植被极易受牲畜破坏。但分布有少量遭到严重破坏的灌木树种。另外,铁路建设过程中在此地进行草皮移植,堆放沙石、水泥,建设围栏等都对原生植被造成了不同程度的破坏。因此,在该实验示范区正确选择

表7-2 各实验示范区2005、2006年造林、补栽统计表

品种	嘎托塘 (株)		玛囊 (株)		古荣 (株)	种类	(株)
	造林	补栽	造林	补栽	造林		
枸子木	10	8	50	40	50	营养袋苗	158
江孜沙棘	300	150	200	150		营养袋苗	800
蔷薇	500	200	500	200	150	营养袋苗	1550
细叶红柳	50	40	100	50		大苗	240
粗刺锦鸡儿	300	150	300	100	50	营养袋苗	900
变色锦鸡儿	300	100	600	150		营养袋苗	1250
高山柳	50	44	50	40		大苗	184
三颗针	150	100	200	150	50	营养袋苗	650
榆树					2000	大苗	2000
光核桃					50	大苗	50
糙皮桦					100	营养袋苗	100
白刺花					100	营养袋苗	100
砂生槐					100	营养袋苗	100
藏麻黄					100	营养袋苗	100
藏川杨					150	营养袋苗	150
水柏枝					100	营养袋苗	100
巨柏					50	营养袋苗	50
醉鱼草					20	营养袋苗	20
银白杨					100	营养袋苗	100
各种花							50斤
合计	1660	702	2000	830	3320		

树种和良好的管理是植被恢复的关键，也是示范区建设的难点。为此，该示范建设以充分发挥乡土植物材料优势，增强植被群落的丰富度、稳定性为指导思想，采用西藏乡土灌木树种营养袋苗和草本植物，在雨季进行造林和种植建设。

(2) 原生植被保护措施。该实验区为纯牧业区，牧民习惯在这里放养牲畜，另外此处牧民缺乏木材、燃料，以牲畜粪便以及山坡上香柏的树根等为燃料，人畜对原生植被直接破坏比较大，加上减少了土壤养分的来源，从而又间接地阻碍了植被的正常生长。为了保护好原生植被和人工恢复植被，在铁路一侧长1000m、宽28m的范围建立了水泥桩，铁丝拉网的保护区，并在适当范围留下了人畜通道。同时，与当地乡村领导协商，从当地挑选了管护员进行管护，每月发放管护费。

(3) 人工植被恢复措施。

树种选择：根据该实验区的实际情况，针对西藏乡土灌木树种普遍适应性强，根系发达，抗旱耐寒能力强，具有良好的抵御外界不良环境等优势，选择了枸子木、蔷薇、江孜沙棘、细叶红柳、粗刺锦鸡儿、变色锦鸡儿、高山柳、三颗针等优良树种进行适度建设（苗木选育同表7-1、表7-2）。

造林措施：首先选择了优良的营养袋苗为造林材料，即可降低运输过程的损害，又可以保证根系的完整，对造林成活有质量上的保证；造林密度为166株/亩，以三角形方式培植，在栽植过程中严格按照"三埋、二踩、一提苗"技术规程完成，及时用水车浇定根水，并进行培土压实。

另外我们根据当地的实际情况，经过实践，我们总结出了一个新的造林方法，我们暂时称其为"低洞穴栽植法"，即是在培土压实后，坑内留20cm空余，使得坑内土壤面比坑外土壤面低20cm左右，这样就在坑内形成了一个凹穴，其作用是既可蓄水，又可防寒防风，帮助植株安全越冬。

2005年雨季营养袋造林优良乡土灌木树种2000株；埋水泥桩80个；拉铁丝网2256m；栽植浇水外每年用水车进行春季浇水和冬灌各一次；2006年补栽苗木830株；当年秋季（10月下旬）调查苗木成活率，枸木子20%、蔷薇60%、江孜沙棘25%、细叶红柳50%、粗刺锦鸡儿66.7%株、变色锦鸡儿83.3%、高山柳20%、三颗针25%；该实验区高原寒冷、干风强烈；土层薄、石砾多；枯水期与丰水期的地下水位落差大，7、8、9月

低处积水，其他时间根本没有水源；附近村庄的牲畜常进入试验点内，啃食苗木。为此，对苗木的成活率有比较大的影响，该点蔷薇和锦鸡儿比较适应。

7.2.3 羊八井实验示范区建设

2004年10月中国林业科学研究院林业研究所和西藏自治区林业局营林处领导、专家，现场决定了课题实施的具体位置。2005年7月拉萨市林业局和自治区林木种苗科技示范基地领导、专家，到现场协调、落实试验示范点，避免草场纠纷等问题。2006年7月中旬正式建设，7月底全部完成施工任务，包括协调、放线、挖坑、埋桩、拉铁丝网、确定看护人员、立牌等工作。

(1) 指导思想。该点属于高山峡谷区，土层薄、石砾多、山高谷深狭窄陡峭，海拔高、土层薄、含沙石砾多；水资源分布不均匀，雨季雨水集中且多，冬季寒冷多大风，原生植被比较丰富生长茂盛，自然灾害较重，极易受牲蓄破坏。因此该实验区以封山育林为主，辅之以人工措施，加强天然植被保育的指导思想。

(2) 原生植被保护措施。采用人工方法对铁路隧道两侧建设网围封山育林，以减少人畜对灌木林的危害，促进保护灌木树种，提高灌木树种生长，发挥灌木树种对防止水土流失，减免自然灾害的功能，为铁路的安全运营，提供最大限度的生态屏障。

2006年7月进行封山育林植被恢复，埋水泥桩和木桩150个；拉铁丝网3500m；栽植浇水外每年用水车进行春季浇水和冬灌各一次；设立管护员1个。该实验区由于修建铁路的临时桥梁的拆除，相对较封闭，加上对该区域进行封育，实验区内植被明显好于实验区外的植被，效果明显。

7.2.4 古容实验示范区建设

2004年10月中国林业科学研究院林业研究所和西藏自治区林业局营林处领导、专家，现场决定了课题实施的具体位置。2005年7月拉萨市林业局和自治区林木种苗科技示范基地领导、专家，到现场协调、落实试验示范点，避免农田、建房地纠纷等问题。2006年8月山旬正式建设，8月中旬部分完成施工任务，即协调、放线、挖坑、栽植、埋桩、拉铁丝网、浇水、确定看护人员、最后的平整、立牌等工作。

(1) 指导思想。该试验区属于典型的高原干旱半干旱区，土壤沙壤土和沙土，石头和沙子含量非常大，基本没有土壤，呈微碱性，有机质含量低，保水保肥性能差；水分条件差无明显水源，干燥缺水，而在该实验区所在地区，天然分布的乔灌草比较丰富；水资源分布不均匀，雨季雨水集中且多，冬季寒冷多大风；自然灾害较重，极易受牲蓄和人为破坏。因此，确定该实验区以乔灌草相结合，充分发挥植被的生态功能，为铁路安全运营提供生态屏障为指导思想，采用西藏乡土树种营养袋苗和裸根苗乔灌草结合，客土增加土壤肥力，加强管护为目标进行建设。

(2) 原生植被保护措施。该点为农业区，但每家每户饲养牲畜并进行放养，人畜对原生植被破坏比较大，为了保护好原生植被和人工恢复植被，在铁路一侧80亩范围建立了水泥桩、铁丝拉网的保护区。同时，与当地协商，从当地挑选了管护员进行管护，每月发放管护费。

(3) 人工植被恢复措施。

树种选择：根据该点实际情况和西藏乡土灌木树种适应性强，根系发达，抗旱耐寒能力强，具有良好的抵御外界不良环境等优势，选择了榆树、光核桃、糙皮桦、藏川杨、银白杨、枸子木、蔷薇、粗刺锦鸡儿、变色锦鸡儿、三颗针、白刺花、砂生槐、藏麻黄、水柏枝、醉鱼草及明年完成的竹柳、旱柳、细叶红柳、垂柳和各种草花等优良乔灌草进行建设（表7-3）。

整地措施：该区为河滩地沙多、石头大含量非常高，无法用机械挖坑。固采取人工方式局部的穴状整地，规格为100cm×80cm×100cm。

造林措施：首先选择了优良的营养袋苗和裸根苗为造林材料，造林密度为灌木166株/亩、乔木4株/亩，以三角形方式培植，在栽植过程中严格按照"三埋、二踩、一提苗"技术规程完成，及时用水车浇定根水，并进行培土压实，栽植时还是采用"低洞穴栽植法"。

2006年雨季营养袋造林优良乡土灌木树种3320株；埋水泥桩230个；拉铁丝网5800m；设立管护员1人。2006年苗木调查正在进行。该实验区河谷干风影响强烈；土层非常薄几乎看不到土壤、石砾和沙子含量极高，大面积客土工程量太大；不存水、无水源、缺水严重，导致成活率的降低（该点2007年进行春季裸根苗的造林工作）。

表7-3 苗木选育

序号	苗木	年龄(年)	苗高(cm)	地径(cm)
1	枸子木	1.5	94.6	0.46
2	蔷薇	1.5	57.3	0.81
3	粗刺锦鸡儿	1.5	80.1	0.56
4	变色锦鸡儿	1.5	99.1	0.35
5	三颗针	1	31	0.22
6	白刺花	1.5	62.2	0.32
7	砂生槐	1.5	37.3	0.29
8	藏麻黄	2	35.6	0.36
9	水柏枝	2	72.8	0.42
10	醉鱼草	1	30.7	0.23
11	榆树	5	256	2.8
12	光核桃	3	150	1.9
13	藏川杨	2	79.9	0.81
14	银白杨	2	130	1.5
15	糙皮桦	1.5	57.3	0.58

7.2.5 建设存在的问题和建议

7.2.5.1 建设存在的问题

(1) 协调难度大。由于西藏自治区县级地方政府对课题建设的重大意义缺乏充分的认识，导致在施工、管理方面出现了难以预料的困难。

(2) 管理不到位。为了加强管理，明确职责，我们在每个样段都与当地群众签订了管护协议。但由于当地群众对开展项目建设的重要性存在认识上的差距，出现了管理上不到位的问题。课题组受到交通条件的限制，也无法经常到实地进行检查督促。

7.2.5.2 建议

(1) 县级政府应高度重视该课题的重大意义，从组织上、制度上采取有力措施，宣传群众、教育群众，真正做到爱护样段设施、珍惜样段树木、保护样段环境。

(2) 课题2007年补栽和调查后，协议要求时间和经费用完。而高海拔高原上造林2年时间无法正确反映造林结果，研究工作也没有可对比性、系统性和示范性。同时，考虑到目前有关防啃剂、保水剂等的开发研制，以及样段建设的实际指导和管护、选择苗木、采集数据等的实际需要。恳请总项目延续本课题，并每年给予适当的补助经费。

7.3 示范区苗木繁育技术应用

7.3.1 种子、种条繁育技术

7.3.1.1 母树产地基本情况

所用灌木采用播种育苗，在拉萨周边地区（拉萨南山、北山、墨竹工卡、林周、堆龙等）的优良母树上采集。种子采集地海拔都在3900m以上，现将种子产地情况介绍如下：

拉萨市城关区：位于西藏自治区中部，是自治区首府唯一的市辖区。面积525km²，人口14.14万，辖7个街道办事处4个乡40个行政村。该区地处雅鲁藏布江支流拉萨河中下游3650m的河谷平原上，属高原温带半干旱季风气候区，年降水量200～510mm，年日照时数3000h以上，年无霜期100～120d。

拉萨市墨竹工卡县：位于西藏自治区中部，拉萨河中上游。面积5492km²，人口4.11万，辖7乡43个行政村。该县地处雅鲁藏布江中游河谷地带，属拉萨河谷平原的一部分，平均海拔4000m以上。属高原温带半干旱季风气候区，年日照时数2813.1h，年降水量515.7mm，年无霜期90天左右。自然灾害有霜冻、冰雹、干旱、洪涝、风沙、雪灾等。

拉萨市堆龙德庆县：位于西藏自治区中部，拉萨河及支流堆龙曲两岸。面积2671.64km²，人口4.07万，辖2镇5乡35个行政村。该县地处雅鲁藏布江中游河谷地带，境内西北部为堆龙河谷区，东南部属拉萨河谷区，地势平坦开阔，平均海拔4000m。属高原温带半干旱季风气候区，年日照时数3000h左右，年无霜期120d，年降水量440mm。自然灾害有旱、冰雹、霜、雪、洪水、病虫害等。

拉萨市达孜县：位于西藏自治区中部。面积1361.38km²，人口2.65万，辖1镇5乡21个行政村。本县地处雅鲁藏布江中游河谷地带，属高原温带半干旱季风气候区，年日照时数3065h，年无霜期130d，年降水量444mm。自然灾害有干旱、涝、洪、泥石流、冰雹、霜、病虫害等。

山南地区泽当镇：地处西藏自治区南部偏东。面积2184.98km²。人口9.8万，辖2镇5乡50个行政村。地貌以高山、河谷为主。属高原温带半干旱季风气候区，

年平均气温8.2℃，年降水量410.5mm，年日照时数2936.6h，年无霜期143d。自然灾害有干旱、霜冻、冰雹、洪水、病虫害等。

山南地区扎朗县：地处西藏自治区南部偏东。面积2141.92km²。人口3.66万。辖2镇3乡58个行政村。该县居雅鲁藏布江中游河谷地带，平均海拔3620m，地势中间低两边高。属高原温带半干旱季风气候区，年日照时数3092h，年降水量400mm。自然灾害有干旱、风沙、霜冻、冰雹等。

山南地区加查县：地处西藏自治区南部偏东。面积4385km²，总人口1.77万，辖2镇5乡89个行政村。本县可分为三大地貌区域：一是县中部的雅鲁藏布江深切河谷区，二是分布在河谷南北两边的中山区，三是高山区。平均海拔3200m，属高原温带半干旱季风气候区，年日照时数2750h，无霜期149d，年降水量636.9mm，年平均气温8.9℃。自然灾害有霜冻、干旱、洪、雪、冰雹、病虫害等。

山南地区隆子县：地处西藏自治区南部偏东。面积9894km²，人口3.21万，辖2镇9乡28个行政村。本县属喜马拉雅山北麓的藏南谷地，地势呈西北面高，东南低，平均海拔3900m。属高原温带半干旱季风气候区，年日照时数2983h，年无霜期125d，年降水量279.41mm。常见自然灾害有干旱、雪、雹、风、霜、地震等。

林芝地区林芝县：位于西藏自治区东南部，雅鲁藏布江北岸、尼洋河下游。面积8536.2km²，森林面积502万亩。人口3.1万，辖4镇3乡104个行政村。本县居藏东雅鲁藏布江中游地带，地势险峻，间有河谷平地，平均海拔3000m，相对高差2200～4700m。属高原温带半湿润季风气候区，年无霜期175d，年日照时数2022h，年降水量654mm。自然灾害有洪水、泥石流、地震、冰雹、干旱等。

阿里地区噶尔县：地处西藏自治区最西部。面积18083km²，人口1.22万，辖1镇4乡14个行政村。该县四面环山、中部低平，平均海拔4350m左右。属高原亚寒带干旱季风气候区，干燥寒冷，太阳辐射强，日照时间长，年平均气温0.2℃。每年除7、8两个月份外，其他月份都有不同程度的霜冻出现，年降水量73mm，自然灾害有雪、霜、旱、洪、泥石流、滑坡、风沙等。

7.3.1.2 母树基本情况

各种种子都是选择在不同地区分布较多母树，在母树分布较多的地段，生长健壮、无病虫害的优良青壮年母树上采集种子，具体见表7-4。

表7-4 母树指标

苗木	采种地	母树胸径(cm)	母树高(cm)
枸子木	山南扎囊	3.2	290
蔷薇	墨竹、日多	2.9	250
粗刺锦鸡儿	墨竹、扎许	0.9	80
变色锦鸡儿	阿里	托人带过来，不知具体数字	
三颗针	拉萨、格日寺	1.2	160
白刺花	昌都	1.5	230
砂生槐	拉萨、哲崩寺	1.5	160
藏麻黄	山南、加查	2.3	90
水柏枝	山南、泽当	2.5	300
醉鱼草	堆龙、列	3.2	270
江孜沙棘	山南、隆子	6.5	560
细叶红柳	堆龙、桑达	8.8	420
高山柳	墨竹、日多	3.9	139
榆树	拉萨、罗布林卡	65	2600
光核桃	林芝、八一	12	1200
藏川杨	达孜、达结	28	3200
银白杨	拉萨	38	3000
糙皮桦	墨竹、日多	12	800

7.3.1.3 种子、种条处理

(1) 种子调制。枸木子、蔷薇、江孜沙棘、三颗针、藏麻黄进行水浸到烂取种阴干，普通干藏至明年催芽前。粗刺锦鸡儿、变色锦鸡儿、白刺花、砂生槐暴晒脱粒取种，普通干藏至翌年催芽前。醉鱼草、水柏枝阴干取种密闭干藏至明年催芽前或随采随播。

(2) 种子催芽。枸木子、蔷薇在10月28日进行低温层积沙藏至翌年3月10日左右，3月10至3月20日左右在高温高湿催芽 (直接播种和短时间催芽出苗率很低)。醉鱼草、水柏枝3月20日不处理直接播种。其他种子3月10日左右在温室内催芽至3月20日左右。

(3) 种条处理。银白杨、藏川杨12月20日左右采条、箭穗，进行低温沙藏至次年3月20日左右 (此法比扦插前短期沙埋和随采随插效果好，也用过ABT处理效果不理想)。

竹柳、旱柳、垂柳、高山柳、细叶红柳等3月20日左右随剪随插。

7.3.1.4 苗地准备

(1) 灌木树种目前采用营养高效袋温室育苗，不存在整地、轮作等，要进行制作基质，基质配比为黄土：森林腐质土：沙子：农家肥：化肥 (尿素、复合肥) 为4:2:2:1.5:0.5，在配比过程中用硫酸铜或硫酸亚铁进行土壤消毒。在作业方式上，营养袋苗在移动苗床上育苗。

(2) 扦插地进行深耕细耙、平整土地，清除草根、石块等，采用呋喃丹和多菌灵进行土壤消毒。扦插地整地时每亩施基肥 (牛羊粪1000kg，二铵50kg)。在作业方式上，扦插苗采用平床，步道宽40cm，苗床宽4m，株行距为20cm×40cm，每亩扦插密度为8330株。

7.3.1.5 播种 (扦插) 育苗

(1) 播种：直接播种种子播种量每袋播种2～3粒点播，覆土厚度为种子直径2～3倍。催芽种子进行芽苗播种2棵，埋土至平土 (成苗有保证)。

(2) 扦插：杨树种条长15～20cm，扦插至外露一芽；柳树种条长10～15cm，扦插至外露一芽。

7.3.1.6 苗期管理

(1) 田间管理。

播种苗：喷灌40次 (见干浇水)，除草松土、除青苔6次 (见杂草争养及时除)。在苗木生长季节用尿素进行2～3次叶面施肥。

扦插苗：漫灌4～5次，除草松土3～4次，抹芽2～3次。在苗木生长季节施速效肥 (尿素) 2～3次，每次每亩施50kg。

播种和扦插苗每年年底进行一次调查，主要指标为各种苗木的数量、平均高、平均地径、年生长量等。

(2) 灾害防除。

播种苗：属高温高湿区，在生长季节每周进行一次百菌清消毒，每月打一次沙虫剂 (氧化乐果)。

扦插苗：5月底前进行防霜冻，6、7、8月进行二次药剂防病虫 (金龟子、象鼻虫、腐烂病、锈病等)。

7.3.1.7 练苗

6月初进入荫棚锻炼2周，7月底去掉遮荫网锻炼，期间保证苗木的水分 (喷灌)，及时进行病虫害防治 (药剂杀虫、消毒)，练苗过程中苗木死亡极少，所使用苗木死亡都小于2% (包括运输过程中的损失)。根据苗木用量可直接进行雨季造林、可大田移栽 (当年移栽苗木成活率都达到100%)、可锻炼到明年春季造林 (防止串根、促进空气修根进行架设高台和移位）。

7.3.1.8 保护

主要进行灌冻水（浇水）；防治病虫害和鸟兽害，主要是化学防治。

7.3.2 低洞穴苗木栽植技术

由于实验区所处的生态环境非常特殊，非常脆弱，极易受到破坏。为了降低实验示范区建设本身对环境的破坏，把破坏程度降低到最低，因而不能进行全面整地，而只能采取局部的穴状整地。我们根据当地的实际情况，经过实践，总结出了一个新的造林方法，我们暂时称其为"低洞穴栽植法"。

（1）栽植前整地。我们采取了比较先进的机械挖坑机挖坑，规格为40cm×60cm×40cm，这样就只对坑径40cm范围内的土壤和植被进行了干扰，范围外植被与土壤则保持着原生状况而没受到任何破坏，采取这种方法还可以节省劳力，据我们实践记录，在该实验区内1h能打60～80个坑。据了解这是目前西藏最先进的林业挖坑机，也是首次在高原造林试验中使用，效果显著。

（2）原土回填。青藏高原被称为"世界第三极"，它是至今受人类干扰最少的地区之一，甚至有的地方现在还是无人区，因而这里的土壤大多较为原始，很多地方的土壤是大自然长期积累下来的，经过长期的植物—土壤的物质循环，植物每年以残落物的形式不断补充给土壤大量的有机质、氮素和K、Na、Ca、Mg等盐类，孕育着几百年甚至上千年的肥力。但是自上新世末以来，西藏高原累计上升约3500～4000m，这里又是世界上最年轻、新构造运动最强烈的地区，在土壤形成过程中，无力作用起着主导作用，导致很多土壤都具有粗骨性强的特点，而且这里的土壤层相对较薄，因而原生土壤是相当珍贵的，我们在栽植苗木时一定要注意将原土回填。

（3）起苗。根据该实验区的实际情况，选择适应性强、根系发达，抗旱耐寒能力强，具有良好的抵御外界不良环境等优势的西藏乡土灌木树种。乔木、灌木要在种植前调查好苗圃的位置，苗木的质量，确保是适宜的起苗季节，由于青藏铁路特殊的环境，起苗应该选择在早春休眠期进行，而且起苗时要注意苗木的深度和根幅宽度，深度要比合格苗根系深2～5cm，根幅宽度一般在30～40cm，确保苗木具有最多的根系。我们采用的是优良的营养袋苗为造林材料，既可降低运输过程的损害，又可以保证根系的完整，对造林成活有质量上的保证。

（4）运输。为防止苗木在运输过程中被风吹干，避免碰伤苗木，在运输前应对苗木进行妥善包装，包装方法根据苗木运输里程的长短而异。一般运输时间不超过1d时，可将苗木直接放在箩筐里或车上运输，在箩筐或车底应垫一层湿草或湿苔藓。苗木放置时根对根分层放，最后在上面用一层湿润物进行覆盖。

（5）低洞穴栽植法。栽植前应检查栽植坑是否合格，植株根系是否完好，如主根太长可以剪除一部分，去除腐烂根，侧根、须根尽量保留。栽植前还应将苗木进行适度修建，去除病虫枝、折断枝等，并疏剪部分枝叶。

栽植时要让根系完全舒展，栽植采取"一提、二踩、三培土"的方法，栽植深度一般将原根际埋下3～5cm即可。

栽植完后，及时用水车浇定根水，覆土层应该低于地面20cm左右，这样既可以在幼苗时保护其不受寒风的侵害，也可以保证其所需的水分，这样可以提供更多的时间让植株与当地环境适应，从而提高植株的成活率。另外对于一些较小的苗木可以采用一穴多苗的栽植方法。

（6）灌溉。苗木栽植后，应及时浇足定植水。常规做法是，定植后必须连续灌3次水，第一次头水必须灌透，保证树根与土壤紧密结合。之后视土壤的干湿情况灌溉第二次水，但距头水时间不得超过3天，第三次灌水应在第二次灌水后2～3天内进行，且灌足灌透，然后封堰。

实践证明采用低洞穴造林方法在高寒草原以及高寒草甸生态类型区效果非常好，而在石质土壤区由于机器开挖困难，而显得不是很适应。

图7-4 低洞穴苗木栽植

第8章 青藏铁路沿线实验示范地建设成效

8.1 植被调查设计与方法

8.1.1 样地的设置

本次考察是对四个实验示范区内外植被进行植物群落学特征调查，灌木测定高度、冠幅、株数、盖度、地径、生长势，草本测定多度、盖度、平均高度、频度、生长阶段。样地设置于实验地内外，每个实验示范区内部设置两个样地，外部设置一个样地，形成内外对照的两种样地，而在羊八井实验地由于其特殊的地理地形，在实验地内外各设置一个样地，形成一内一外对照两个样地。四个实验地共计设置样地11个。每个样地的面积为400m²，样地规格为10m×40m。

8.1.2 样方的设置

样地的设置采用对角线法，根据内外植被情况的不同，采用了两种设置方法。在每个实验地内部的样地内沿两条对角线设置9个样方；在实验地外面的样地内两条沿对角线设置5个样方。样方的规格有两种，无乔灌植被类型时，设置1m×1m的草本样方；有灌木植被类型时，设置2m×2m样方调查其植被类型及生物量，再在2m×2m样方内进行1m×1m的草本样方调查。

8.2 实验示范地植被特征分析

8.2.1 实验地优势植物种

8.2.1.1 主要物种重要值

物种优势度以及重要值的计算是物种多样性研究的前提，也是对植被进行生态学研究的基础，因而物种优势度及其重要值数据是非常基础的数据。在此将实验示范地内外的物种优势度及其重要值列表为表8-1至表8-8。

表8-1 乌玛塘实验示范地内部植物种重要值

植物名称	F	C	H	MDR	SRD	出现样方数	样方数	实验地号	重要值
高山嵩草	1.00	74.22	0.83	61.60	76.05	18	18	1	0.83
苔草	1.00	1.68	3.75	6.29	6.43	18	18	1	0.08
丛生钉柱委陵菜	1.00	1.17	1.78	2.07	3.94	18	18	1	0.03
美丽风毛菊	1.00	0.44	1.61	0.72	3.05	18	18	1	0.01
二裂委陵菜	0.89	0.39	1.69	0.58	2.97	16	18	1	0.01
独一味	0.78	0.39	1.93	0.58	3.10	14	18	1	0.01

表8-2 当雄大桥实验示范地内部植物种重要值

植物名称	F	C	H	MDR	SRD	出现样方数	样方数	实验地号	重要值
苔草	1.00	16.33	6.32	103.16	23.65	18	18	2	0.48
青海固沙草	1.00	3.00	16.39	49.17	20.39	18	18	2	0.23
丝颖针茅	0.56	2.06	19.10	21.81	21.71	10	18	2	0.10
高山嵩草	0.83	11.44	1.80	17.17	14.08	15	18	2	0.08
茎直黄芪	0.83	1.22	5.27	5.37	7.33	15	18	2	0.02
丛生钉柱委陵菜	0.89	2.39	2.25	4.78	5.53	16	18	2	0.02
二裂委陵菜	0.83	1.50	2.53	3.16	4.86	15	18	2	0.01
矮锦鸡儿	0.11	1.44	19.00	3.05	20.56	2	18	2	0.01
蒲公英	0.89	0.89	3.25	2.57	5.03	16	18	2	0.01
淡黄香青	0.44	1.89	2.00	1.68	4.33	8	18	2	0.01
矮生嵩草	0.17	1.00	8.67	1.45	9.84	3	18	2	0.01

表8-3 羊八井实验示范地内部植物种重要值

植物名称	F	C	H	MDR	SRD	出现样方数	样方数	实验地号	重要值
毛叶绣线菊	0.89	2.70	29.38	70.54	32.97	8	9	3	0.21
青海固沙草	0.89	3.03	22.13	59.65	26.05	8	9	3	0.18
杜鹃	0.67	2.48	32.50	53.76	35.65	6	9	3	0.16
茎直黄芪	0.67	3.76	17.50	43.87	21.93	6	9	3	0.13
藏北嵩草	0.78	2.43	19.86	37.52	23.07	7	9	3	0.11
金露梅	1.00	1.73	19.25	33.39	21.98	9	9	3	0.10
赖草	0.78	0.80	21.57	13.35	23.14	7	9	3	0.04
苔草	0.89	1.51	4.38	5.85	6.77	8	9	3	0.02
美丽风毛菊	0.78	2.01	2.71	4.23	5.49	7	9	3	0.01
淡黄香青	0.67	1.06	4.92	3.48	6.65	6	9	3	0.01
叉分蓼	0.11	1.24	20.00	2.77	21.36	1	9	3	0.01
珠芽蓼	0.89	0.92	2.94	2.41	4.75	8	9	3	0.01
藏西风毛菊	0.89	0.70	3.31	2.05	4.90	8	9	3	0.01

表8-4 古容实验示范地内部植物种重要值

植物名称	F	C	H	MDR	SRD	出现样方数	样方数	实验地号	重要值
黑穗画眉草	0.89	9.56	11.88	100.86	22.32	16	18	4	0.32
藏布三芒草	0.61	7.89	18.18	87.65	26.68	11	18	4	0.27
多花草沙蚕	0.89	7.11	9.63	60.87	17.63	16	18	4	0.19
固沙草	0.44	3.44	20.38	31.20	24.27	8	18	4	0.10
禾草	0.78	3.06	6.14	14.59	9.97	14	18	4	0.05
窄果苔草	0.83	3.06	2.87	7.31	6.76	15	18	4	0.02
茎直黄芪	0.89	0.94	8.00	6.72	9.83	16	18	4	0.02
苔草	0.39	0.22	31.14	2.69	31.75	7	18	4	0.01
波斯菊(栽培)	0.11	0.78	27.00	2.33	27.89	2	18	4	0.01
密花毛果草	0.89	0.78	2.88	1.99	4.55	16	18	4	0.01

表8-5　乌玛塘实验示范地外部植物种重要值

植物名称	F	C	H	MDR	SRD	出现样方数	样方数	实验地号	重要值
高山嵩草	1.00	88.40	1.20	106.08	90.60	5	5	1-3	0.85
双叉细柄茅	1.00	1.18	8.00	9.44	10.18	5	5	1-3	0.08
丛生钉柱委陵菜	1.00	1.92	1.70	3.27	4.62	5	5	1-3	0.03
淡黄香青	0.40	2.42	1.50	1.45	4.32	2	5	1-3	0.01
长爪黄芪	0.60	0.86	2.17	1.12	3.63	3	5	1-3	0.01
二裂委陵菜	1.00	0.69	1.60	1.10	3.29	5	5	1-3	0.01
肉果草	1.00	0.89	1.00	0.89	2.89	5	5	1-3	0.01

表8-6　当雄大桥实验示范地外部植物种重要值

植物名称	F	C	H	MDR	SRD	出现样方数	样方数	实验地号	重要值
丛生钉柱委陵菜	0.80	6.61	16.89	89.29	24.30	4	5	2-3	0.33
矮生嵩草	0.40	28.20	5.13	57.87	33.73	2	5	2-3	0.22
半卧狗哇花	0.40	5.80	23.40	54.31	29.60	2	5	2-3	0.20
二裂委陵菜	1.00	4.00	6.00	24.00	11.00	5	5	2-3	0.09
大炮山景天	0.20	22.00	2.71	11.92	24.91	1	5	2-3	0.04
茎直黄芪	0.80	4.00	2.38	7.62	7.18	4	5	2-3	0.03
高山嵩草	0.40	2.80	5.57	6.24	8.77	2	5	2-3	0.02
淡黄香青	0.20	6.20	3.50	4.34	9.90	1	5	2-3	0.02
狼毒	0.40	1.60	4.00	2.56	6.00	2	5	2-3	0.01
平车前	1.00	0.40	6.25	2.51	7.65	5	5	2-3	0.01
禾叶点地梅	0.20	5.00	2.13	2.13	7.33	1	5	2-3	0.01
蒲公英	1.00	1.41	1.50	2.11	3.91	5	5	2-3	0.01
青海固沙草	1.00	0.20	8.00	1.60	9.20	5	5	2-3	0.01

表8-7　羊八井实验示范地外部植物种重要值

植物名称	F	C	H	MDR	SRD	出现样方数	样方数	实验地号	重要值
青海固沙草	1.00	3.65	27.40	99.90	32.05	5	5	3-2	0.28
金露梅	1.00	2.79	25.00	69.80	28.79	5	5	3-2	0.20
毛叶绣线菊	1.00	2.74	17.14	46.90	20.88	5	5	3-2	0.13
高山嵩草	0.80	21.20	2.75	46.64	24.75	4	5	3-2	0.13
酸膜叶蓼吾	0.40	2.64	30.50	32.21	33.54	2	5	3-2	0.09
柴胡红景天	0.60	14.80	2.67	23.71	18.07	3	5	3-2	0.07
苔草	0.80	1.25	11.00	11.04	13.05	4	5	3-2	0.03
甘肃羊茅	0.40	0.45	41.50	7.47	42.35	2	5	3-2	0.02
美丽风毛菊	0.80	1.30	7.13	7.39	9.23	4	5	3-2	0.02
丛生钉柱委陵菜	1.00	0.98	2.80	2.73	4.78	5	5	3-2	0.01

表8-8 古容实验示范地外部植物种重要值

植物名称	F	C	H	MDR	SRD	出现样方数	样方数	实验地号	重要值
藏布三芒草	0.80	11.00	12.50	110.00	24.30	4	5	4-3	0.47
多花草沙蚕	0.80	5.40	8.75	37.80	14.95	4	5	4-3	0.16
茎直黄芪	1.00	2.20	11.60	25.52	14.80	5	5	4-3	0.11
黑穗画眉草	0.80	3.00	9.75	23.40	13.55	4	5	4-3	0.10
禾草	0.60	4.20	8.67	21.84	13.47	3	5	4-3	0.09
苔草	1.00	3.00	4.40	13.20	8.40	5	5	4-3	0.06
二裂委陵菜	0.20	2.80	3.00	1.68	6.00	1	5	4-3	0.01

8.2.1.2 优势植物种

(1) 实验示范地内部优势植物种。四个实验示范地内的优势植物种种类不多，见表 8-9 所示，总共 12 个优势植物种，它们分别是高山嵩草 (Kobresia pygmaea)、丛生钉柱委陵菜 (Potentilla saundersiana)、苔草 (Carex spp.)、固沙草 (Orinus thoroldii)、丝颖针茅 (Stipa capillacea)、毛叶绣线菊 (Spiraea mollifolia)、杜鹃 (Rhododendron spp.)、茎直黄芪 (Astragalus strictus)、藏北嵩草 (Kobresia littledalei)、黑穗画眉草 (Eragrostis nigra)、藏布三芒草 (Aristida tsangpoensis)。1 号实验示范地的植被以高山嵩草 (Kobresia pygmaea) 占绝对优势，形成典型的高山嵩草 (Kobresia pygmaea) 草甸，优势种还有苔草 (Carex spp.) 和丛生钉柱委陵菜 (Potentilla saundersiana)，主要伴生植物种有美丽风毛菊 (Saussurea pulchra)、二裂委陵菜 (Potentilla bifurca)、独一味 (Lamiophlomis rotata)、达乌里龙胆、高山唐松草 (Thalictrum alpinum)、垂穗披碱草、固沙草 (Orinus thoroldii)、高山豆 (Tibetia himalaica)、黑穗画眉草 (Eragrostis nigra) 等；2 号实验地的植被以苔草 (Carex spp.)、固沙草 (Orinus thoroldii)、丝颖针茅 (Stipa capillacea) 为优势种，主要伴生种有高山嵩草 (Kobresia pygmaea)、茎直黄芪 (Astragalus strictus)、丛生钉柱委陵菜 (Potentilla saundersiana)，其中高山嵩草已经成为了伴生种，在此地形成了由高山嵩草草甸退化而成的苔草 (Carex spp.) 以及耐旱的固沙草 (Orinus thoroldii)、丝颖针茅 (Stipa capillacea) 草地；4 号实验地的植被以黑穗画眉草 (Eragrostis nigra)、藏布三芒草 (Aristida tsangpoensis)、多花草沙蚕 (Tripogon wardii) 为优势种，主要伴生种有固沙草 (Orinus thoroldii)、禾草 (Gramineae)、窄果苔草、茎直黄芪 (Astragalus strictus) 等，

表8-9 实验示范地内优势植被

实验地号	地点	优势种	种数
1	乌玛塘	高山嵩草[1]、苔草[2]、丛生钉柱委陵菜[3]	3
2	当雄大桥	苔草[2]、青海固沙草[4]、丝颖针茅[5]	3
3	羊八井隧道	毛叶绣线菊[6]、青海固沙草[4]、杜鹃[7]、茎直黄芪[8]、藏北嵩草[9]	5
4	古容	黑穗画眉草[10]、藏布三芒草[11]、多花草沙蚕[12]	3

注释：1. Kobresia pygmaea；2. Carex spp.；3. Potentilla saundersiana；4. Orinus thoroldii；5. Stipa capillacea；6. Spiraea mollifolia；7. Rhododendron sp.；8. Astragalus strictus；9. Kobresia littledalei；10. Eragrostis nigra；11. Aristida tsangpoensis；12. Tripogon wardii

形成了以耐旱生的杂草为主的草地；四个实验地内只有第 3 个实验地也就是羊八井实验地内的优势植物种有灌木种，优势种有毛叶绣线菊 (Spiraea mollifolia)、固沙草 (Orinus thoroldii)、杜鹃 (Rhododendron spp.)、茎直黄芪 (Astragalus strictus)、藏北嵩草 (Kobresia littledalei)5 种，也是四个实验地优势种种类最多的一个实验地，主要伴生种有金露梅 (Potentilla fruticosa)、赖草 (Leymus secalinus)、苔草 (Carex spp.)、美丽风毛菊 (Saussurea pulchra)、淡黄香青 (Anaphalis flavescens) 等，这与当地的气候以及其独特的地形有着密切的关系，典型的高原河谷干旱气候，地形变化大，生物多样性增加，也适宜于灌木的生长。

(2) 实验示范地外部优势植物种。四个实验示范地外的优势植物种种类也不多，见表 8-10 所示，总共 10 个优势植物种，他们分别是高山嵩草 (Kobresia pygmaea)、丛生钉柱委陵菜 (Potentilla saundersiana)、矮生嵩草 (Kobresia humilis)、半卧狗娃花 (Heteropappus

表8-10　实验示范地外优势植被

实验地号	地点	优势种	种数
1	乌玛塘	高山嵩草[1]	1
2	当雄大桥	丛生钉柱委陵菜[2]、矮生嵩草[3]、半卧狗哇花[4]	3
3	羊八井隧道	青海固沙草[5]、金露梅[6]、毛叶绣线菊[7]、高山嵩草[1]	4
4	古容	藏布三芒草[8]、多花草沙蚕[9]、茎直黄芪[10]	3

注释：1. *Kobresia pygmaea*；2. *Potentilla saundersiana*；3. *Kobresia humilis*；4. *Heteropappus semiprostratus*；5. *Orinus thoroldii*；6. *Potentilla fruticosa*；7. *Spiraea mollifolia*；8. *Aristida tsangpoensis*；9. *Tripogon wardii*；10. *Astragalus strictus*

semiprostratus）、固沙草（*Orinus thoroldii*）、金露梅（*Potentilla fruticosa*）、毛叶绣线菊（*Spiraea mollifolia*）、藏布三芒草（*Aristida tsangpoensis*）、多花草沙蚕（*Tripogon wardii*）、茎直黄芪（*Astragalus strictus*）。比四个示范地内的优势种少2种，而且只有1、3号示范地外有一个共同优势种。1号实验示范地的植被以高山嵩草（*Kobresia pygmaea*）为单一优势种，形成典型的高山嵩草（*Kobresia pygmaea*）草甸，主要伴生植物种有双叉细柄茅（*Ptilagrostis dichotoma*）、丛生钉柱委陵菜（*Potentilla saundersiana*）、淡黄香青（*Anaphalis flavescens*）、长爪黄芪（*Astragalus hendersonii*）、二裂委陵菜（*Potentilla bifurca*）等；2号实验地的植被以丛生钉柱委陵菜（*Potentilla saundersiana*）、矮生嵩草（*Kobresia humilis*）、半卧狗娃花（*Heteropappus semiprostratus*）为优势种，主要伴生种有二裂委陵菜（*Potentilla bifurca*）、大炮山景天（*Sedum erici-magnusii*）、茎直黄芪（*Astragalus strictus*）、高山嵩草（*Kobresia pygmaea*）、淡黄香青（*Anaphalis flavescens*）等，其中高山嵩草（*Kobresia pygmaea*）已经成为了伴生种，在此地形成了由高山嵩草草甸退化而成的丛生钉柱委陵菜（*Potentilla saundersiana*）、矮生嵩草（*Kobresia humilis*）和半卧狗娃花（*Heteropappus semiprostratus*）草地，一般情况下都是伴生种的丛生钉柱委陵菜（*Potentilla saundersiana*）和半卧狗娃花（*Heteropappus semiprostratus*）在这里却成为了优势种；4号实验地的植被以藏布三芒草（*Aristida tsangpoensis*）、多花草沙蚕（*Tripogon wardii*）、茎直黄芪（*Astragalus strictus*）为优势种，主要伴生种有黑穗画眉草（*Eragrostis nigra*）、禾草（*Gramineae*）、苔草（*Carex* spp.）等，形成

了以耐旱生的杂草为主的草地；四个实验地内同样只有第3个实验地也就是羊八井实验地内的优势植物种有灌木种，优势种有固沙草（*Orinus thoroldii*）、金露梅（*Potentilla fruticosa*）、毛叶绣线菊（*Spiraea mollifolia*）、高山嵩草（*Kobresia pygmaea*），而且种类最多有4种，主要伴生种有酸膜叶蘆吾（*Ligularia rumicifolia*）、柴胡红景天（*Rhodiola bupleuroides*）、苔草（*Carex* spp.）、甘肃羊茅（*Festuca kansuensis*）、美丽风毛菊（*Saussurea pulchra*）等，这与当地的气候以及其独特的地形有着密切的关系，典型的高原河谷干旱气候，地形变化大，生物多样性增加，也适宜于灌木的生长。

（3）实验示范地内外部优势植物种比较分析。通过表8-11我们可以看出四个实验示范地内外优势植物种共有15，其中灌木树种有毛叶绣线菊（*Spiraea mollifolia*）、杜鹃（*Rhododendron sp.*）和金露梅（*Potentilla fruticosa*）。示范地内的优势植物种比示范地外多2个植物种。在1号实验地处实验地内有3种优势植物种，而实验地外只有一种优势植物种，优势种的丰富度变化非常的明显，既内部的优势种丰富度要明显高于外部。在2号实验地内外的优势种没有一个共同种，而且像丛生钉柱委陵菜（*Potentilla saundersiana*）、半卧狗娃花（*Heteropappus semiprostratus*）这样一般情况下都只是伴生种在这里成为了优势种，说明人为干扰以及牲畜的干扰对实验地外面的植被影响非

表8-11　实验示范地内外优势植被种比较

实验地号	地点	实验地内优势种	种数	实验地外优势种	种数
1	乌玛塘	高山嵩草[1]、苔草[2]、丛生钉柱委陵菜[3]	1	高山嵩草[1]	1
2	当雄大桥	苔草[2]、青海固沙草[4]、丝颖针茅[5]	3	丛生钉柱委陵菜[3]、矮生嵩草[13]、半卧狗哇花[14]	3
3	羊八井隧道	毛叶绣线菊[6]、青海固沙草[4]、杜鹃[7]、茎直黄芪[8]、藏北嵩草[9]	5	青海固沙草[4]、金露梅[15]、毛叶绣线菊[6]、高山嵩草[1]	4
4	古容	黑穗画眉草[10]、藏布三芒草[11]、多花草沙蚕[12]	3	藏布三芒草[11]、多花草沙蚕[12]、茎直黄芪[8]	3
总计			12		10

注释：1. *Kobresia pygmaea*；2. *Carex* spp.；3. *Potentilla saundersiana*；4. *Orinus thoroldii*；5. *Stipa capillacea*；6. *Spiraea mollifolia*；7. *Rhododendron* sp.；8. *Astragalus strictus*；9. *Kobresia littledalei*；10. *Eragrostis nigra*；11. *Aristida tsangpoensis*；12. *Tripogon wardii*；13. *Kobresia humilis*；14. *Heteropappus semiprostratus*；15. *Potentilla fruticosa*

常大，使得此实验地外的草地已经退化严重。

四个实验示范地内外优势植物种共有15种，其中内外共有优势种5种，分别是1号实验地乌玛塘的高山嵩草 (Kobresia pygmaea)、3号实验地羊八井的固沙草 (Orinus thoroldii)、毛叶绣线菊 (Spiraea mollifolia) 和4号实验地古容的藏布三芒草 (Aristida tsangpoensis)、多花草沙蚕 (Tripogon wardii)。我们选择同一个实验地内部与外部共同优势种进行生态比较，这样可以对内外的植被群落特征进行有效的比较。

从图8-1至图8-4中能看出，在实验地内外5种共有优势物种中，实验地外部的优势物种频度基本上高于实验地内部优势种，这说明优势种出现的概率大，容易形成单一优势种或简单结构的优势种群，其中只有古容实验地处例外，分析其原因，应该是由于古容实验地处土壤较差，人类以及牲畜活动频繁，整体植

被生长不好，植被的覆盖度本身就较小，在植被都生长差的条件下，内部比外部生长好，所以优势种频度较外部优势种的高。

盖度也是实验地外部的优势种略高于实验地内部优势种，这是由于实验地内部植物种明显多于外部，因而高度分配上趋于均衡，从而使得优势植物种盖度绝对优势地位有所降低，植被群落多样性高，群落健全，而且同样是在整体植被生长不好的古容实验地处出现例外现象，内部优势种盖度高于外部，这还是由于古容实验地处的植被总体上太差的原因。

重要值是外部优势种明显高于内部，这从侧面反映实验地内部物种种类比外部多，这样重要值的数值就得到较均匀的分布，而实验地外部优势种的重要值高则反映了实验地外部的物种数量少，重要值分布不均匀，主要分布在几个优势植物种上，因而明显反应

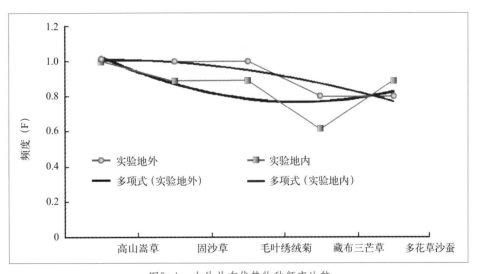

图8-1　内外共有优势物种频率比较

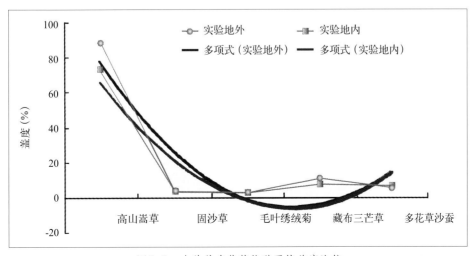

图8-2　内外共有优势物种平均盖度比较

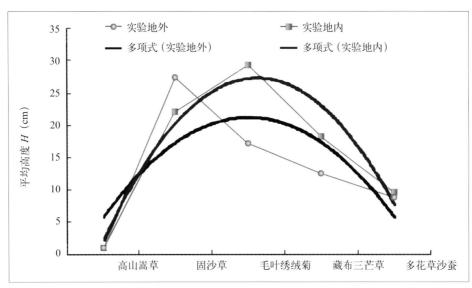

图8-3　内外共有优势物种平均高度比较

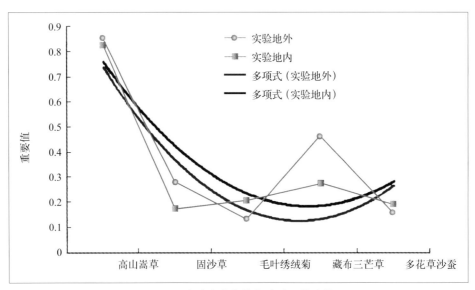

图8-4　内外共有优势物种重要值比较

了实验地内部的物种多样性高于实验地外部。而高度则是内部优势种明显高于外部优势种，这说明实验地内部的植被生长势明显好于外部，植物高度普遍高于实验地外部的植被。

8.2.2 实验地植被物种丰富度分析

8.2.2.1 实验地内部物种丰富度

由于四个实验示范地都是受人为或牲畜长期破坏后再进行封育的，而且在封育时间上也差不多，都有一部分植被在慢慢的恢复当中，我们对各个实验地进行丰富度比较分析，可以全面地反映不同的环境对植被恢复的不同影响。在四个实验示范地内共计录到植物种88种，

灌木树种6种，分别是毛叶绣线菊 (*Spiraea mollifolia*)、矮锦鸡儿 (*Caragana pygmaea*)、金露梅 (*Potentilla fruticosa*)、杜鹃 (*Rhododendron* sp.)、川藏香茶菜 (*Rabdosia pseudo-irrorata*) 和藏麻黄 (*Ephedra saxatilis*)。总体看来物种丰富度与海拔的变化趋势相同，从2号实验地到4号实验地之间海拔先升后降，而物种丰富度也有着同样的规律，这就预示着物种丰富度与海拔高度之间的紧密关系，物种丰富度随着海拔的上升而上升，又随着海拔的下降而下降，这与整条铁路沿线的物种丰富度变化规律相同。但是其中也有例外的，那就是物种丰富度与海拔的两个高峰值并没有重合，物种丰富度的最高值出现在海拔第二的羊八井处，究其原因，应该有两个方面，

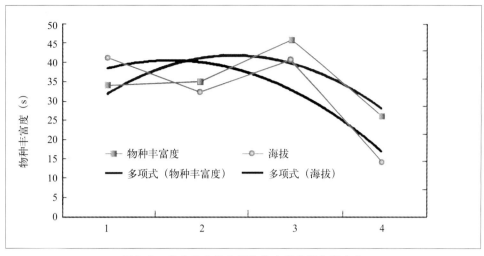

图8-5 实验示范地内部物种丰富度沿海拔变化

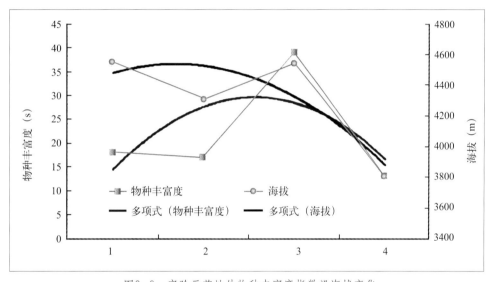

图8-6 实验示范地外物种丰富度指数沿海拔变化

一是因为羊八井地处高原河谷地带，这里地形复杂多变，形成的小气候多样，从而增加了物种丰富度这里由于实验地数量有限（只有四个）而使得个别地点的复杂地形而稍微打乱了其变化规律；二是由于此处将修建铁路时修建的临时桥梁的拆除，使得此处相对较封闭，处于较少的人为以及牲畜的破坏处，另外4号实验地处人类牲畜影响活动最强，此处物种丰富度最低。与整条铁路的物种丰富度变化规律比较，这又反映了另一个规律性问题，即地域越小，地形的影响作用越大，同时人类活动对物种丰富度有着很大的影响，且人为牲畜影响大的地方物种丰富度下降。

8.2.2.2 实验地外部物种丰富度

由于四个实验示范地内外受人为或牲畜破坏程度不同，示范地内部进行了封育，而外面依然长期受着人

类与牲畜的破坏干预，我们对各个实验地内外都进行植被生态考察，这样以为以后进行比较研究分析提供了数据基础，可以全面地反映示范区内外不同的环境对植被恢复的不同影响。在四个实验示范地内共计录到植物种56种，灌木树种3种，分别是毛叶绣线菊（*Spiraea mollifolia*）、金露梅（*Potentilla fruticosa*）和川藏香茶菜（*Rabdosia pseudo-irrorata*）。总体看来物种丰富度与海拔的变化趋势相似，只是变化的幅度没有海拔变化那么大，从2号实验地到4号实验地之间海拔先升后降，而物种丰富度也有着同样的规律，这就预示着物种丰富度与海拔高度之间的紧密关系，物种丰富度随着海拔的上升而上升，又随着海拔的下降而下降，这与整条铁路沿线的物种丰富度变化规律相同。但是其中也有例外的，那就是物种丰富度与海拔的两个高峰值并没有重合，物

种丰富度的最高值出现在海拔第二的羊八井处，究其原因，应该有两个方面，一是因为羊八井地处高原河谷地带，这里地形复杂多变　形成的小气候多样，从而增加了物种丰富度，这里由于实验地数量有限（只有四个）而使得个别地点的复杂地形而稍微打乱了其变化规律；二是由于此处将修建铁路时修建的临时桥梁的拆除，使得此处相对较封闭，处于较少的人为以及牲畜的破坏处，另外 4 号实验地处人类牲畜影响活动最强，此处物种丰富度最低。与整条铁路的物种丰富度变化规律比较，这又反映了另一个规律性问题，即地域越小，地形的影响作用越大，同时人类活动对物种丰富度有着很大的影响，且人为牲畜影响大的地方物种丰富度下降。

8.2.2.3 实验地内外部物种丰富度比较研究

在总的物种丰富度上，实验地内部比外部物种多 32 种之多，多出 57.14%；灌木树种内部比外部多 3 种，多出 100%。这明显的表明实验地内部植被群落生长情况远远好于外部的植被生长情况。

从图 8-7 上我们能清楚地看出各实验地内外物种丰富度的差异，实验地内的物种远高于实验地外的物种。在 2 号实验地处内外植物种相差 18 种，在四个实验地中相差最大，说明 2 号实验地处人为和牲畜对实验地外面植被的影响是巨大。在 3 号实验地处内外物种相差 7 种，在四个实验地中相差最小，这是因为在拆除修建青藏铁路的临时桥梁之后，此处相对地保持着自然的状况，人为和牲畜的干扰相对小的原因，但由于时间并不是很长，所以还存在着差距。这都很好地说明了人类活动以及牲畜的干扰对植被恢复的阻碍作用是相当大的。

8.2.3 实验地植被生物多样性分析

8.2.3.1 实验地内部植被物种多样性分析

（1）群落 α 多样性分析。

① α 均匀度指数分析：四个实验示范地的 α 均匀度指数表现相同的规律，详见图 8-8。3 号实验地的均匀度指数最高是因为此实验地处于山谷当中，加上修建铁路时修建的

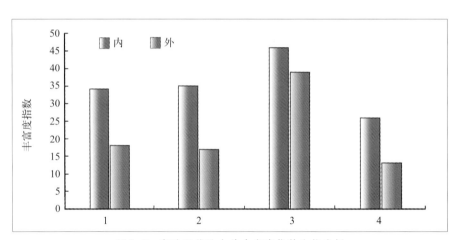

图 8-7　实验示范地内外丰富度指数比较分析

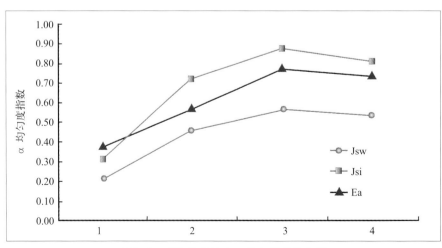

图 8-8　实验示范地内 α 均匀度指数分析

临时桥梁的拆除，使得此处相对较封闭，与其他的几个实验地相比较来说，这里人为以及牲畜的破坏最小。这也可以看出均匀度指数与人为以及牲畜活动的关系和物种丰富度指数与人为以及牲畜活动的关系很相似。

② α 多样性指数分析：四个实验示范地的 Shannon 指数与 Simpson 指数表现极其相似的变化规律，总的变化规律是南高北低详见图8−9。而且与丰富度的变化规律很相似，符合物种多样性随着海拔的下降而上升的规律，但其与海拔的关系却没有丰富度指数与海拔的关系紧密。3号实验地的 Shannon-Whinener 指数与 Simpson 指数值都最高，这是由于 3 号样地的特殊气候地理特征有关。

(2) 群落 β 多样性分析。

① Cody 指数：Cody（1975）在关于三大洲鸟的物种分布的讨论中，把 β 多样性定义为"调查中，栖境梯度的每一个点上物种被更替的速率"。Cody 的侧度方法可以用来定义两类群落的交错区。Cody 指数通过对新增加和失去的物种数进行比较，使人们能够获得十分直观的物种更替规律，能清楚地看出沿环境梯度的变化规律。

从表 8-12 中可以看出 1、2 号实验地之间的 Cody 指数最小，这是因为这两个实验地本属于同一个植被类型，都是高山嵩草草甸类型，反过来我们从表中也可以看出，只有 1、2 号实验地之间的 Cody 指数最小，他们之间的植被类型应该最相近。也符合 Cody 指数在相邻样地之间最小的规律，这从表中第二列数据中的 1 号实验地与其他实验地的比较就能清楚的看出。而 3 号实验地与其他

表8−12 实验示范地内部群落Cody指数

实验地号	1	2	3
2	18.50		
3	23.00	23.50	
4	24.00	22.50	26.00

所有的实验地之间的 Cody 指数都较高，尤以 3、4 之间最高，只还是由于 3 号实验地的特殊气候、地理条件有关。

② Whittaker 指数：该指数是 Whittaker 于 1960 提出，也是一种 β 多样性指数。它直观的反应了 β 多样性与物种丰富度 (S) 之间的关系。

从表 8-13 上我们可以看出 Whittaker 指数与 Cody 指数的规律完全相同，这也说明我们的调查结果的可靠性以及研究方法的科学性。

表8−13 实验示范地内部群落Whittaker指数

实验地号	1	2	3
2	0.5072		
3	0.5750	0.5802	
4	0.7667	0.7705	0.7222

8.2.3.2 实验地外部植被物种多样性分析

(1) 群落 α 多样性分析。

① α 均匀度指数分析：四个实验示范地外的 α 均匀度指数表现出基本相同的规律，基本上是沿着海拔的下降而上升，而且 Ea 与 Jsw 两条曲线的趋势线几乎平行。

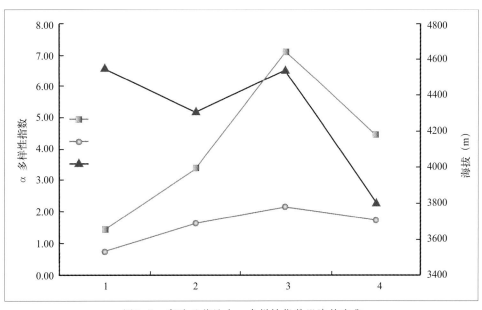

图8−9 实验示范地内 α 多样性指数沿海拔变化

Jsi 与 Jsw 两个均匀度指数值在 3 号实验地出现最高值，Ea 均匀度指数值也相对较高，如图8-10所示。

(2) α 多样性指数分析：四个实验示范地的 α 多样性指数Shannon 指数与Simpson 指数都在 3 号实验地取得最高值，如图8-11所示。而其与海拔的关系并不怎么紧密。4号实验地的Shannon 指数与Simpson 指数比 2、3号实验地要低，而没有服从多样性与海拔的普遍规律，这主要是因为4号实验地处于青藏铁路与青藏公路相交而形成的三角形地带，示范地外人为活动最强烈，而且此处畜牧的超载严重所致。

(2) 群落 β 多样性分析。

① Cody 指数：从表 8-14 中可以看出1、2号实验地之间的 Cody 指数最小，这是因为这两个实验地本属于同一个植被类型，都是高山嵩草草甸类型。而 2、4 号实验地之间的 Cody 指数也相对较小，分析其原因，主要是由

于这两处实验地外的人为以及牲畜的干扰都较强烈，导致这两处实验地外的植被都退化严重所至。3 号与其他所有的实验地之间的 Cody 指数都较高，尤以 3、4 之间最高，只还是由于 3 号实验地的特殊气候、地理条件有关。

② Whittaker 指数：从表 8-15 可以看出 1、2 号实验地之间的 Whittaker 指数最小，这是因为这两个实验地本属于同一个植被类型，都是高山嵩草草甸类型，反过来我们从表上也可以看出，只有 1、2 号实验地之间的

表8-14　实验示范地外部群落Cody指数

实验地号	1	2	3
2	8.5000		
3	17.5000	20.0000	
4	11.5000	9.0000	24.0000

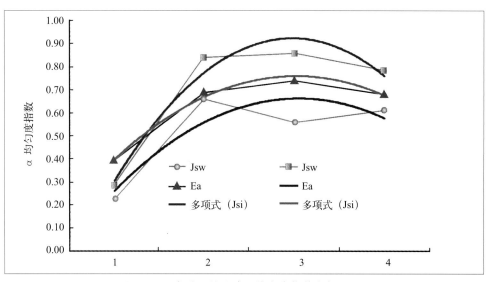

图8-10　实验示范地外α均匀度指数分析

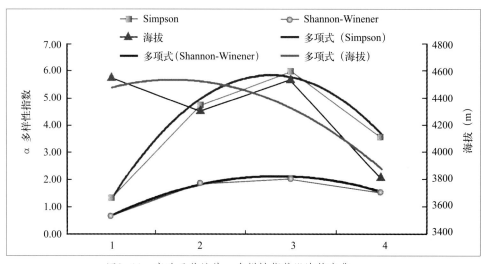

图8-11　实验示范地外α多样性指数沿海拔变化

Whittaker 指数最小，它们之间的植被类型应该最相近。从表中第二列数据中的 1 号实验地与其他实验地的比较就能清楚的看出，与 β 指数在相邻样地之间最小的规律符合得很好。而 3 号实验地与其他所有的实验地之间的 Cody 指数都较高，尤以 3、4 之间最高，这还是与 3 号实验地的特殊气候、地理条件有关。

表8-15　实验示范地外部群落Whittaker指数

实验地号	1	2	3
2	0.4857		
3	0.6140	0.7143	
4	0.7419	0.6000	0.9231

8.2.3.3 实验地内外部植被物种多样性比较分析

(1) 群落 α 多样性比较分析。

① α 均匀度指数比较分析：各实验示范地内外 Jsi 指数比较，在 1、3、4 号实验地处内部值都大于外部值，只有 2 号示范地外的 Jsi 指数值大于内部，而且是内外差值的最大处，差值达 1.2；在变化幅度上也是外部值变化幅度大，详见图8-12。

各示范地 Ea 指数值比较，内外的 Ea 值变化规律变化规律相近；外部指数值在 1、2 号实验地处高于内部，而在 3、4 号实验地又低于内部值，在 2 号示范地外的 Ea 值比内部值高出 1.2，是四个示范地内外差值的最大值。

② 多样性指数比较分析：各示范地内外 Shannon-Whinener 指数，见图8-13。内部的值在 1、3、4 号实验

地处都大于外部值，而外部值在 2 号实验地高于内部值，而且是各示范地内外差值的最大值，最大值为 1.1。

Simpson 指数值与 Shannon-Whinener 指数值变化相近，内部的值在 1、3、4 号实验地处都大于外部值，而外部值在 2 号实验地高于内部值，而且是各示范地内外差值的最大值，最大值为 1.4，详见图8-14。

(2) 群落 α 多样性比较分析。

① Cody 指数分析：从表 8-16 可以看出，在各实验地内外的 Cody 指数计算中，4 号实验地内外差距最小。这又两个原因，一是由于该实验地建立时间不长，内外的差距还没有能够拉开，没有明显的表现出来；二是由于此实验地的土壤之地都较差，都是砾石地，因而相对来说此处内外的植被都比较差，使其具有趋同性。Cody 指数在 3 号实验地内外的差距最大，这是由于此处的植被生长状况在四个实验地是最好的，而且此实验地的建设时间也比较短，在这样的情况下人为和牲畜的干扰对 Cody 指数的变化作用很大。

表8-16　实验示范地内外Cody指数分析

实验地号(内)	1	2	3	4
Cody指数	10	11	15.5	6.5
实验地号(外)	1	2	3	4

② Whittaker 指数分析：从表 8-17 可知，在各实验地内外的Whittaker指数计算中，4号实验地内外差距最小，与 Cody 指数的变化有一点不同，Whittaker 指数值在 2 号实验地内外的差距最大。

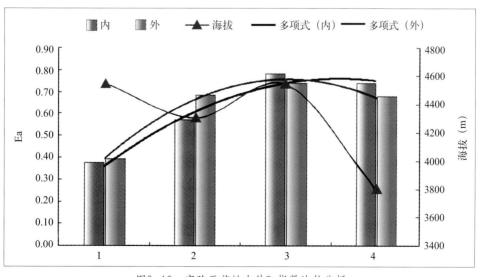

图8-12　实验示范地内外Ea指数比较分析

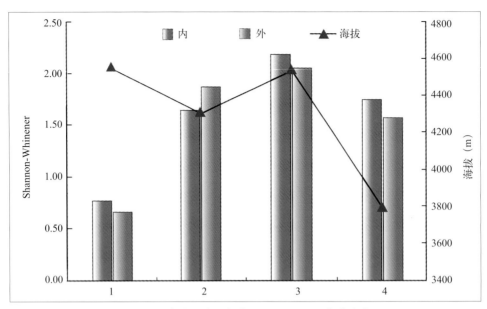

图8-13　实验示范地内外Shannon—Whinener指数比较

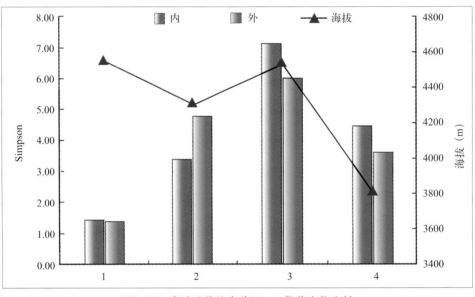

图8-14　实验示范地内外Simpson指数比较分析

表8-17　实验示范地内外Whittaker指数分析

实验地号(内)	1	2	3	4
Cody指数	0.3462	0.4231	0.3412	0.3333
实验地号(外)	1	2	3	4

8.2.4 小 结

由于本次实验地植被考察的时机不是很理想，很多植物的花果都已经谢落，有的甚至植株都快枯死，再加上高原上很多植被都是同一科或同一属，形态上很相似，这样很多植被的鉴定就比较困难，特别是禾本科草本。

因而此次考察中，我们还是留下了一些遗憾，这些工作还待以后的深入调查。但是这次考察在对四个实验示范地进行系统的植被生态调查的基础上，健全完善了实验地的基础数据库，并在此基础上对四个实验地内外植被进行了系统的生态学分析，研究分析了实验地内外的植物种的优势度；提出了各个实验地的优势植物种；分析了实验地内外的物种丰富度变化规律；分析了实验地内外植被生物多样性；并将内外植被的各方面进行了详细的对比研究。得到全面系统的实验地数据，建立起了完善的实验地数据库，为科学建设实验地以及沿线植被恢复提供科学依据。

第9章 车站绿化设计——青藏铁路沿线之当雄火车站

9.1 当雄车站概况

青藏铁路沿线建设有 11 个有人值守的车站,分别是拉萨车站、拉萨西车站、马乡车站、羊八井车站、当雄车站、那曲车站、安多车站、沱沱河车站、不冻泉车站、南山口车站、格尔木车站。然而,从车站规模及上下车人流来说,当雄车站在青藏铁路上都是一个比较大的车站;此车站的发到货物量较大,该站近远期货发到总运量分别为 17 万 t、24 万 t,其中发送量分别是 2 万 t、4 万 t,占货物发到总的 15% 左右,近远期货物到达量分别为 15 万 t、20 万 t,到达量占货物发到总的 85%。

当雄火车站是一个客货两用站,位于当雄县城城郊,地处北纬 30°28.552′,东经 91°06.269′,海拔 4283m,距西藏自治区首府拉萨市 160km,位于藏南与藏北结合部的重要牧区,距离被人们誉为"天湖"的中国第二大咸水湖纳木错湖约 60km。当雄火车站站场设计全长 1520m,为客货两用站,最宽处有 7 股车道。

轨道的南面是一片草场,草场的南面被山体围合,火车站位于轨道的北侧,由主体建筑和车站广场组成。主体建筑高出广场大约 5m,由三级台阶连接上下,站在广场上看去,主体建筑非常雄伟壮观。主体建筑设计风格很有特色,远远望去,站厅楼宽大的顶棚像雄鹰展翅,走近一看,黄白相间的楼体又具有蒙古包的敦实,藏式特色与现代风格结合得非常好。车站广场成对称式布局,台阶中央有二级圆弧形花坛,左右两边各有一个延边的长条形花池大约 7mm 宽,广场北端有两个长方形的花坛大约 4m 宽,11m 长。整个广场大约 80m 长,70m,非常简洁大方,而且有层次感,

立体感强。

从生态系统类型来说,当雄地处高寒草甸与高山灌丛的过渡地带,在这里既有藏北草原、草甸的草本,也有灌木种的出现,在植被类型上更复杂,具有很好的代表性。

从气候特征上来看,当雄县海拔 4201m、年平均气温 1.6℃、年均降水量 468.1mm、年均蒸发量 1866.1mm、年均风速 2.4m/s、年均大风日数 57.1d,这里的气候比较适合植被的生长,这里有着青藏高原典型的气候特征,又不像格尔木那样极端的干旱,也不像拉萨温带半干旱季风气候那样有着适合各种乔木生长良好气候,很能代表青藏铁路沿线的气候特征。

9.2 当雄车站绿化设计

9.2.1 绿化设计的指导思想和目标

9.2.1.1 指导思想

青藏高原是我国及周边国家的生态安全区,因而该地区的一切开发建设都要特别注重对当地生态环境的保护。当雄车站是青藏铁路沿线有人值守的 11 个车站中的一个,由于车站属于完全人工建筑物,建设规模相对较大,致使车站内植被彻底破坏,周边植被毁坏严重,景观效果非常差,生态环境十分脆弱,急需进行生态恢复。这就要求我们的车站绿化要以生态恢复为主,使其不破坏整个大环境。另外由于青藏铁路的开通,全国兴起了一股青藏铁路沿线旅游高潮,这对青藏铁路沿线建设提出了更高的美观的要求,因而车站绿化还要兼顾美化的要求。基于此,本次车站绿化的指导思想确立为:

(1)绿化与美化相结合。在提高车站的绿化面积的

同时，通过合理的植物配置，使整个车站呈现立体的绿化景观。从色彩方面尽量使得车站绿化色彩多样化，能随着季节的变化呈现出应有的变化。

(2) 生物措施与工程措施相结合。将生物措施与工程措施相结合，坚持以生物措施为主的思想，在单靠植物的种植不能奏效的地方采取必要的工程措施或者整地措施来改变其微地形以满足植物生长的需要。

(3) 因地制宜。采用抗性强的乡土植物种，提高生态功能，通过植物配比设计，实现植物群落的形成，突出体现展示青藏高原高寒、干旱的植物种类和植物景观，从而一方面尽可能快地形成地面覆盖，另一方面实现植被的长远发展。另外在配置时注意因地制宜,宜草则草,宜灌则灌,从而使得恢复的植被能很好与当地环境融为一体。

(4) 依靠科学技术。坚持依靠科学技术的原则，推广应用先进的植被恢复技术并与常规植被恢复技术相结合。

9.2.1.2 车站绿化的目标

(1) 生态目标。植被建设必须遵循植被的自然生态规律，当雄车站所处位置为山体下坡段，依据当雄当地的生态系统，当雄以草地为主，适宜灌丛生长，在稍加改善的地方也适宜乔木的生长，因而本方案将此车站绿化的目标定位在"以灌草为主，乔木为辅"的方针。在考虑当雄火车站实际条件的基础上，营造稳定的生物群落，以满足车站的绿化功能与生态功能。

(2) 景观目标。当雄车站是青藏铁路线上的一个大站，也是一个重要的人口流动车站，在青藏铁路带动的西藏旅游经济中占有举足轻重的地位，是当雄对外界进行交流的窗口，是当雄县形象的代表，是当雄县历史文化史书的封面，也是西藏旅游业的形象代言人。因此，通过对当雄车站绿化的重新规划，在使其发挥生态功能的基础上，运用植物造景的手法对当雄车站进行景观改造。使之成为当雄地区真正的绿色景观和形象代表，使其成为青藏线上重要的景观点，以及通过它给游客留下深刻的印象，从而带动当雄旅游业的进一步发展。

9.2.2 植物配置的原则

(1) 因地制宜：根据当雄地区的气候特点，当雄车站不同的立地条件，以及车站和车站广场的建筑性质、功能和美化要求，在最大限度地保护原生植被的前提下，结合现有的绿化基础，合理地选择植物种，力求适地适树，采用不同的植物配置形式，组成多样的空间，以满足游

客视觉的要求。

(2) 因时制宜：植物空间的特点是它的形象随着时间而变化，如植物随着树龄的增长而改变其形态，随着季节的变化而形成不同的季相特色。因此植物配置要注意保持景观相对的稳定性，即使为了早日取得绿化效果，采用速生种与慢生种相结合配置时，从近处着手，还得从远处着眼。

(3) 因材制宜：植物配置的形式有助于植物景观特定风格的形成，同样植物种的选择也有助于创造景观境界的特定气氛，如不规则的植被，宜于构成潇洒柔和的景象，整形的植被则容易创造庄严、肃穆的气氛。而因材制宜就是植物配置要根据植物的生态习性及其观赏特点，全面考虑植物在造景上的作用，结合立地环境条件和功能要求，合理布置。

9.2.3 植物景观布局

综合绿化的指导思想和目标以及植物配置的原则，依据不同的立地条件，本方案建议将当雄车站的绿化分成三个不同的植物空间：轨道南侧的大草坪空间、铁路路基与主体建筑基础侧面和轨道北侧车站广场空间。

(1) 轨道南侧的大草坪空间。轨道南侧的大草坪作为站台下面的一个大的景观，是外地来的游客第一眼所见到的景观，为了加强游客美好的第一印象，这里的规划布置应该也要作为一个重点来处理。

由于车站中心填土5.98m，因而站台、轨道到高出南侧大草坪4～5m，这样就挡住了北面来的寒风，而草坪南面是西偏北走向高大的山体，本地的主导风向正好是西南风，我们在南侧大草坪的西端几乎不用采取多少人工地形处理，大草坪就处在站台、铁路路基的包围之下，就能使得此处草坪像当雄县内的众多庭院一样形成了一个良好的小气候环境，从而可以在这里引种适宜的乔木进行植物造景。

因而，这一空间完全可以以植物造景为主。根据因地制宜的原则采用自然的成丛、成团式种植，这样可以充分利用有利的微地形以及水分、光热条件。乔木的种植不宜成行成带的种植，应该充分利用有利的微地形，在靠近山脚、容易收集雨水的地方成丛、成团种植乔木，而且要采用乔灌结合密集式，构建有利的微地形环境。在草坪中间的位置由于地形内凹，加上周边山体的围合以及周边种植乔灌而形成了较好的植被生长空间，可以

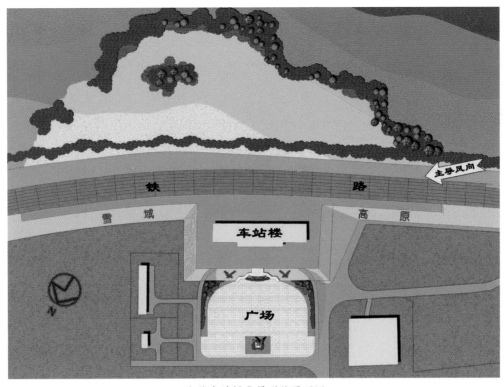

当雄车站绿化景观总平面图

种植一组乔灌花卉以形成整个草坪的景观中心。而在草坪靠铁路这边成丛种植适宜的灌木。

（2）铁路路基与主体建筑基础侧面。铁路路基与主体建筑基础侧面是一幅长的立体宣传栏，人们从很远就能看到，另外它又是战前广场的立体背景，因而，对它的规划也不容忽视。

一方面治理作为前广场的立体背景，我们确定这里主要以绿化为主，让它绿起来，形成绿色的大背景，另一方面，作为长的立体宣传栏，我们可以在上面用适合当地的灌木拼成不同的图案，图案为"雄鹰"布置在车站基础的背面，拼成不同的文字，文字为"雪域高原"，布置在站台两边的铁路路基侧面，以期起到宣传的作用。这样远远的就能看到车站的主题内容，容易给人留下深刻的印象。

（3）车站广场空间。站前广场是主要的人流集散地，这里是最能给游客留下深刻印象的地方，因而，这里应该作为设计的重点，突出特色，突出主题。因此本方案建议将广场北端的两个花坛合二为一，形成一个稍大一点的绿地，并在其中放置一个用当地花岗岩做成的雕塑——雪域高原的雄鹰，此绿地以草地为主，围绕雕塑种植灌木，形成云涌之式，寓意鹰击长空，雕塑不用太高，大概2.5m高，形体粗犷，强健有力，这样可

以使得整个广场形成一个主题广场；而广场东西两边的绿地中则以草灌为主，栽植数棵常绿小桥做背景，点缀一些花卉；台阶上的二级花坛的第一级花坛以草本为底色，种植铺地柏，第二级以草本为底色种植卷鞘鸢尾（*Iris potaninii*），这样整个车前广场就显得立体感强，空间层次、色彩丰富。

9.3　绿化植物材料的选择

车站绿化是以绿化为主，而绿化又以绿化的植物材料为主，因此绿化植物材料的选择对整个车站绿化是至关重要的。对当雄车站绿化树种的选择，除了要从绿化 美化、香化等角度考虑外，还特别要从植物的生态习性方面进行考虑，从植物对当地环境的适应性方面考虑。而在当雄主要的环境因子有高海拔、高寒、大风等，所以绿化植物材料的选择要从能良好适应当地气候的乡土树种出发。

9.3.1　乡土植物种的应用

9.3.1.1　乡土植物种的优势

（1）有利于生态环境的保护。乡土植物是经过了长期自然选择的结果，从植物生态习性与环境条件的关系

上来说，它对当地的自然环境是最为适应的。为了保证植物的良好生长，保证植被恢复工作的良好质量，那些对当地环境具有较强的适应性和抗逆性的乡土植物，无疑应当成为首选。特别是在当雄这样具有特殊环境的地方，乡土植物有着其他植物无法替代的重要作用。另外，每一个地区，在长期的自然演替过程中，都会形成稳定的自然生态结构体系。而在植被恢复工作中采用乡土植物就不会对当地稳定的植物群落构成威胁。

(2) 体现了个性化的城市景观。在城市景观设计中，个性化景观是设计师们一直苦苦追寻的，城市绿化景观设计也不例外。其实乡土植物材料就是一座城市非常重要的特色体现，一方面由于不同植物种是由不同的地理气候环境孕育出来的，也就是说不同的植物种体现着不同的地域风情，乡土植物的应用在展示城市个性化的景观中能起到比较突出的作用。另一方面每个地区乡土植物种都与当地的一些独特的文化联系在一起，与当地人们的生活有着千丝万缕的关联，从而形成了独具特色的植物文化。让人们在观赏时会想起与之关联的人文环境。

(3) 节省城市绿化资金的投入。党中央号召全国人民建设节约型社会，而植物恢复其实是一项耗资巨大的工程，尽可能的节约资金将是值得全国人民考虑的一个重要问题。而采用乡土植物种进行植被恢复就是其中的一个好方法。外来植物种购买的价格一般要比本地的乡土植物种贵上好几倍，再加上大量的长途运输费用，这笔费用较大，很多地方都有栽一棵树要花费好几万，甚至十几万的资金，如果按这个成本下去，我国的国土上不知道能栽多少棵树。另外在养护方面，由于外地植物种还需要哟个相当长的引种驯化过程，这也将耗费相当多的资金，而且由于其生态环境的变化，很有可能达不到预期想要的效果。

从上我们可以看出乡土植物种在生态、景观、经济各方面都有着其独特的优势，因此我们应该加大对乡土植物的开发，同时还要加大对乡土植物种特性的宣传，使得社会各界人士对乡土植物种都有一个很好的认识，以期能充分发挥乡土植物种的优势。

9.3.1.2 当雄常见的乡土植物种

通过中国林业科学研究院青藏铁路科学考察组 2005 年 7～8 月以及 2006 年 8 月两次对青藏铁路沿线植被进行的系统调查，当雄地区植被盖度较高，一般在 60% 以上，植物种以草本为主，物种相对来讲比较丰富，草

本植物有 80 种之多，这一带优势草本植物有固沙草、丝颖针茅、劲直黄芪、矮生嵩草、高山嵩草 (*Kobresia pygmaea*) 等，主要伴生植物种有丛生钉柱委陵菜 (*Potentilla saundersiana*)、紫花针茅、粗壮嵩草、多茎委陵菜 (*Potentilla multicaulis*)、二裂委陵菜 (*Potentilla bifurca*)、藏嵩草、垂穗披碱草等；也有灌木植物种的出现，主要有金露梅 (*Potentilla fruticosa*)、矮锦鸡儿 (*Caragana pygmaea*)、香柏 (*Sabina pingii*) 等，而且生长势非常好，多生长在山地阳坡。

通过对当地乡土植物种生态习性全面分析，以及铁路建设中草本的采用及其效果的比较，我们选择的草本乡土植物有高山嵩草、矮生嵩草、垂穗披碱草、固沙草、小早熟禾、冷地早熟禾、赖草 (*Leymus secalinus*)、丝颖针茅、卷鞘鸢尾 (*Iris potaninii*) 等；灌木有金露梅、矮锦鸡儿、香柏等。

当雄常见乡土植物种简介如下：

(1) 固沙草 (*Orinus thoroldii*)：西藏特有种，多年生疏丛草本，具长根茎，分蘖力较强，能形成大量根茎。在高寒地带 6 月中旬萌发，7～8 月生长迅速，抽穗后生长缓慢。再生力较强，夏季放牧后，能产生一定量的再生草。固沙草适应较干旱的砂质土壤，多分布于热量较好的河谷砂质地及阳坡砾石地上，在海拔 3650～4300m 地带，是较典型的干草原牧草。根系发达，耐践踏，固土保水力强。也耐旱、耐贫瘠，在砂质地及砾质地上生长良好。由于生活力强，兼具有性繁殖和无性繁殖，能迅速占据地面，成为典型草原的优势种，常与砂生槐 (*Sophora moocroftiana*)、沙蓬 (*Agriophyllum sguarrosum*)、香藜 (*Chenopodium botrys*)、蒺藜 (*Tribulus terrestris*)、伞花绢毛菊 (*Soroseris umbrellata*)、纤秆蒿 (*Artemisia demissa*) 等组成温性灌丛草原群落，广布于雅鲁藏布江河谷地带。是良好的固沙草种。生于海拔 3300～4300m 干燥沙地或沙丘及低矮山坡上，在西藏的大片沙丘上形成特殊植物群落。

(2) 垂穗披碱草 (*Elymus nutans*)：秆直立，基部稍呈膝曲状，高 50～70cm。多生于草原或山坡道旁和林缘。

(3) 赖草 (*Leymus secalinus*)：多年生草本，具下伸和横走的根茎。秆单生或丛生，直立，高 40～100cm，具有 3～5 节。穗状花序直立，灰绿色。花、果期 6～10 月。生境范围较广，可见于沙地、平原绿洲及山地草原带。

(4) 冷地早熟禾 (*Poa crymophila*)：多年生草本，丛生。秆直立或有时基部稍膝曲，高 20～60cm，具有 2～

3节。须根系发达。花穗灰绿色或紫色，花期7～9月。生于山坡草甸、灌丛草地或疏林河滩湿地，海拔2500～5000m。优良牧草，适应性强，抗旱、耐寒、耐盐碱，对土壤要求不严，分蘖能力强。

(5) 小早熟禾(*Poa parvissima*)：多年生草本，密丛，植株小，具匍匐茎。秆高5～10cm，斜生，平滑无毛，多数灰褐色枯萎叶鞘聚集秆基。花期7～9月。

(6) 丝颖针茅(*Stipa capillacea*)：秆高20～50cm，具2～3节，有时膝曲。小穗淡绿色或淡紫色，花果期7～9月。在西藏有分布，常生于海拔2900～5000m的高山灌丛、草甸、丘陵顶部、山前平原或河谷阶地上。是寒生草原或寒生草甸草原地区牧草之一。

(7) 矮生嵩草(*Kobresia humilis*)：多年生草本，根状茎密丛生，秆高3～15cm。为寒中生根茎疏丛型牧草，高寒草甸的建群种及亚高山草甸的伴生种。生于山坡、湖边、阶地、河漫滩草丛中，海拔3700～5000m。

(8) 高山嵩草(*Kobresia pygmaea*)：多年生丛生草本，秆矮小，高1～3cm。生于河滩、山坡、沟谷、阶地的草甸草原、高原草甸、沼泽草甸和灌丛中，海拔3700～5400m。在青藏高原及喜马拉雅山区常为草甸带的建群种。优良牧草，在当雄高原嵩草也是优势种。

(9) 卷鞘鸢尾(*Iris potaninii*)：多年生草本，花黄色，直径约5cm，属于大花花卉，花期5～6月，果期7～9月。生于高山石砾坡地或干山坡或高山草甸中，海拔3200～5300m。产西藏等地。

(10) 高原荨麻(*Urtica hyperborea*)：多年生草本，丛生，具木质化的粗地下茎。茎、叶、叶柄上都有刺毛；花序一般短穗状，花期6～7月，果期8～9月。西藏南部至北部都有分布，生于海拔4200～5200m的高山石砾地、岩缝或山坡草地。

(11) 金露梅(*Potentilla fruticosa*)：灌木，系蔷薇科委陵菜属植物，是寒温带多年生落叶灌木的典型植物之一，广布于我国东北、华北、西北、西南的高山地区，在朝鲜、蒙古和俄罗斯的西伯利亚亦有分布。在青藏高原，多分布在东部海拔2700～4500m的山地阴坡、土壤湿度较高的平缓滩地，以及地下水位较高的河谷阶地。表现有明显的地带性分布规律。金露梅灌丛草甸在青藏高原分布面积仅次于高山嵩草(*Kobresia pygmaea*)草甸。本种枝叶茂盛，黄花鲜艳，适宜作庭院观赏灌木，或作

矮篱，花果期6～9月。

(12) 矮锦鸡儿(*Caragana pygmaea*)：灌木，高30～50cm。树皮金黄色，有光泽；小枝有条棱，嫩时被短柔毛，后渐无毛。花冠黄色，长15～16mm，花期5月，果期6月。生于沙地。

(13) 香柏(*Sabina pingii*)：匍匐灌木或灌木，树皮褐灰色，裂成条片脱落。在西藏海拔2600～4900m高山地带有分布，在西藏南部海拔3000～4900m地带常组成茂密的高山单纯灌丛，或与高山栎类、小叶杜鹃等混生。是分布区高山上部的水土保持树种。

9.3.2 优良植物材料的引进

植物是绿化工作的主体，而丰富多样的植物是合理构建绿地群落和提高绿地生态服务功能和景观功能的基础，因而在植物种类缺乏的地区进行合理引进优良植物种有利于丰富当地的生物多样性，完善生态结构，提高生态功能与景观功能。当雄，藏语意为"选出来的好地方"，是羌塘草原草美羊肥的牧场，草地资源极其丰富，但乔灌木极其缺乏，因此，乔灌木的引进有利于增加植被覆盖率，实现乔灌草相结合的立体种植模式，增加绿量，增加物种多样性，丰富景观。

经过中国林业科学研究院四个青藏铁路灌丛植被恢复技术示范实验地的实验证明，我们在引种方面乔木可以选择北京杨、高山柳等，灌木可以选择小叶枸子、匍匐水柏枝、毛叶绣线菊(*Spiraea mollifolia*)、拉萨小檗等。

几个植物种的生态特性如下：

(1) 北京杨(*Populus×beijingensis*)：乔木，树干通直，树皮灰绿色，渐变绿灰色，光滑；皮孔圆形或长椭圆形，密集；树冠卵形或广卵形。本种是中国林业科学研究院林业研究所1956年人工杂交而育成；生长较快，条件好的地方12年生高达23.5m；优良的速生树种。

(2) 高山柳(杯腺柳 *Salix cupularis*)：小灌木。小枝紫褐色或黑褐色，老枝发灰色，节突起，十分明显。叶椭圆形或倒卵状椭圆形，稀近圆形。在山高风大，气候寒冷的生态条件下，高山柳分枝多，生长矮小。花期6月，果期7～8月。生于海拔2500～4000m的高寒山坡。

(3) 拉萨小檗(*Berberis hemsleyana*)：落叶灌木，老枝暗灰色，具条棱和黑色疣点，幼枝淡红色，茎刺粗壮，三分叉。产于西藏。生于石缝、田边、灌丛中或草坡。海拔3660～4400m。

(4) 匍匐水柏枝 (*Myricaria prostrata*)：匍匐矮灌木，高 5 ~ 14cm，老枝灰褐色或暗紫色，平滑，去年生枝纤细，红棕色，枝上常生不定根。花期 6 ~ 8 月。生于高山河谷砂砾地、湖边沙地、砾石质山坡及冰川雪线下雪水融化后所形成的水沟边，海拔 4000 ~ 5200m。

(5) 小叶栒子 (*Cotoneaster microphllus*)：长绿矮生灌木，枝条开展，高达 1 米。春开白花，秋结红果，观赏植物，花期 5 ~ 6 月，果期 8 ~ 9 月。普遍生于多石山坡、山谷灌木丛中、针叶林或针阔混交林内及林缘，海拔 2500 ~ 4500m。

(6) 毛叶绣线菊 (*Spiraea mollifolia*)：灌木，小枝具明显棱角。花白色，伞形总状花序有花 10 ~ 18 朵，花期 6 ~ 8 月，果期 7 ~ 10 月。生于山坡、山谷灌丛中或林缘，海拔 2600 ~ 4200m。

总之，本方案在青藏铁路沿线考察成果的基础上，结合当雄地区的气候特征、植被特征以及其特殊的地理位置，确定了车站绿化的指导思想、预期目标以及车站绿化的景观布局。根据注重环境与绿化协调统一、注重文化的传承和历史的积累、将传统和现代有机结合等原则，以当地优良乡土植物种为主，引进优良的乔灌木，应用乔灌草立体种植模式，充分体现了生态、经济、美观三大效益的结合。

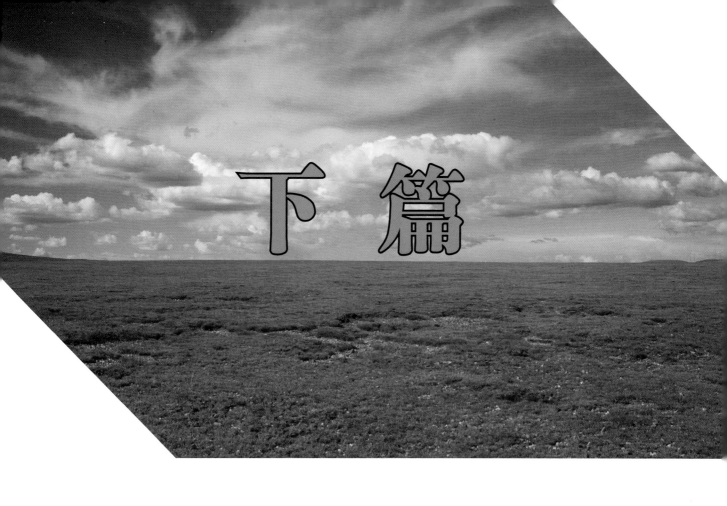

下 篇

第 10 章　青藏铁路沿线植物区系概况

10.1 植被类型及整体特征

从格尔木南山口站至西藏拉萨站,全长 1142km 沿线宽 50km 的范围内,主要分布有荒漠植被、灌丛植被、垫状植被、草原植被、草甸植被、沼泽与水生植被、农田植被及干扰带植被 8 种植被类型。荒漠植被主要分布在南山口至昆仑山一带;灌丛主要分布在桑曲以南线域,在小南川附近有少量金露梅灌丛;垫状植被主要分布在不冻泉至羊八井一线的高寒草原、高寒草甸等植被之间,多呈块状或狭带状分布;草原植被主要分布在昆仑山至雁石坪以北的广大线域;草甸植被

主要分布在五道梁与风火山一带、雁石坪至当雄一线;沼泽与水生植被主要分布在青藏铁路沿线的湖泊、河流、低洼地带;农田主要分布在羊八井以南线域,干扰带植被分布在青藏铁路与青藏公路的两侧。需要指出的是,由于植被的分类是一个复杂的事情,不同学者的分类结果可能不尽相同。

沿线不同区域的植被覆盖程度随不同植被类型有很大变化。覆盖度最高的植被类型为草甸植被,在不被破坏的情况下,植被总盖度往往为 100%,其次为沼泽与水生植被及灌丛植被,盖度往往在 60% 以上,再次为草原植被及垫状植被,植被总盖度在 40%～60% 之间,荒漠植被的覆盖度很低，往往在30%以下，而农田植被与干扰带植被的覆盖度变化很大，尽管大多数很低，经常为裸地，但有时也可达到100%。

沿线植被缺乏乔木，仅为灌丛及草本，整体植被高度不高。除了在羊八井以南的农田植被中偶然出现有少量的高大的乔木外，整个青藏线的植被高度很低，几乎全部都在2m以下，平均仅有20～30cm高。植被较高的为灌丛植被、荒漠植被及农田植被，平均高度在50～100cm之间，个别可以更高；草原植被、草甸植被及沼泽与水生植被的高度比较均匀，很少变化，多在5～30cm之间，但草原植被中偶尔也会出现如铁棒槌（*Aconitum pendulum*）这样高达150cm的植物；最矮的植被类型为垫状植被，地上部分大多在5～10cm以下；干扰带中的植被高度变化稍大，矮的平均有1～5cm高，绝大多数在5～30cm之间，但也有达到50cm甚至100cm的，如垂穗披碱草（*Elymus nutans*）。

10.2 植被物种组成及丰富状况

在调查基础上，对样方调查所记录的301种植物的14595个分布数据进行分析统计，统计出每种植物出现的次数，结果见表10-1所示。可以看出，出现次数在

表10-1　植物种类在调查样地出现的次数（2005年）

出现次数	植物种数
601次以上	1
501～600次	2
401～500次	4
301～400次	4
201～300次	8
101～200次	17(物种为16种，其中样方为裸地出现158次)
51～100次	37
21～50次	48
11～20次	40
6～10次	42
1～5次	98
共计14595次	共计301种

表10-2　出现次数在100次以上的植物种类（2005年）

植物种类	出现次数
弱小火绒草 *Leontopodium pusillum*	854
高山嵩草 *Kobresia pygmaea*	730
紫花针茅 *Stipa purpurea*	583
二裂委陵菜 *Potentilla bifurca*	564
牛耳风毛菊 *Saussurea woodiana*	491
矮生嵩草 *Kobresia humilis*	481
华灰早熟禾 *Poa sinoglauca*	409
矮羊茅 *Festuca coelestis*	360
茵垫黄芪 *Astragalus mattam*	319
垫状点地梅 *Androsace tapete*	316
钉柱委陵菜 *Potentilla saundersiana*	281
多茎委陵菜 *Potentilla multicaulis*	276
鳞叶龙胆 *Gentiana squarrosa*	258
洽草 *Koeleria cristata*	248
短穗兔耳草 *Lagotis brachystachya*	233
华扁穗草 *Blysmus sinocompressus*	231
蓝白龙胆 *Gentiana leucomelaena*	206
西藏蒲公英 *Taraxacum tibetanum*	201
无茎黄鹌菜 *Youngia simulatrix*	193
丛生黄芪 *Astragalus confertus*	181
喜马拉雅嵩草 *Kobresia royleana*	180
鹅绒委陵菜 *Potentilla anserina*	167
白花枝子花 *Dracocephalum heterophyllum*	163
垫状金露梅 *Potentilla fruticosa var.pumila*	162
肉果草 *Lancea tibetica*	161
椭圆果葶苈 *Draba ellipsoidea*	159
裸地	158
藏北嵩草 *Kobresia littledalei*	140
宽叶栓果芹 *Cortiella caespitosa*	139
劲直黄芪 *Astragalus strictusT*	125
青藏苔草 *Carex moorcroftii*	124
伏毛山莓草 *Sibbaldia adpressa*	120
垂穗披碱草 *Elymus nutans*	109
萎软紫菀 *Aster flaccidus*	105
雪灵芝 *Arenaria brevipetala*	105

表10-3 植物种数及属数在科间的分布统计表（2005年）

科名	属数	种数	所占比例	科名	属数	种数	所占比例
Compositae	14	39	13.13%	Campanulaceae	2	2	0.67%
Gramineae	17	25	8.42%	Dipsacaceae	2	2	0.67%
Leguminosae	10	25	8.42%	Ephedraceae	1	2	0.67%
Ranunculaceae	9	17	5.72%	Geraniaceae	2	2	0.67%
Brassicaceae	12	16	5.39%	Onagraceae	1	2	0.67%
Cyperaceae	4	14	4.71%	Plumbaginaceae	2	2	0.67%
Polygonaceae	7	13	4.38%	Araceae	1	1	0.34%
Chenopodiaceae	7	12	4.04%	Berberidaceae	1	1	0.34%
Scrophulariaceae	6	11	3.70%	Bignoniaceae	1	1	0.34%
Rosaceae	4	10	3.37%	Caprifoliaceae	1	1	0.34%
Gentianaceae	4	8	2.69%	Cupressaceae	1	1	0.34%
Primulaceae	4	8	2.69%	Ericaceae	1	1	0.34%
Salicaceae	2	8	2.69%	Gesneriaceae	1	1	0.34%
Crassulaceae	2	7	2.36%	Hippuridaceae	1	1	0.34%
Caryophyllaceae	4	6	2.02%	Iridaceae	1	1	0.34%
Papaveraceae	3	6	2.02%	Juncaceae	1	1	0.34%
Boraginaceae	4	5	1.68%	Lentibulariaceae	1	1	0.34%
Potamogetonaceae	2	5	1.68%	Loganiaceae	1	1	0.34%
Tamaricaceae	3	5	1.68%	Najadaceae	1	1	0.34%
Umbelliferae	5	5	1.68%	Plantaginaceae	1	1	0.34%
Labiatae	4	4	1.35%	Polypodiaceae	1	1	0.34%
Liliaceae	2	4	1.35%	Rubiaceae	1	1	0.34%
Urticaceae	2	4	1.35%	Sinopteridaceae	1	1	0.34%
Saxifragaceae	2	3	1.01%	Thymelaeaceae	1	1	0.34%
Solanaceae	3	3	1.01%	Valerianaceae	1	1	0.34%
Zygophyllaceae	3	3	1.01%				

表10-4 植物种类在属间的分布统计表

出现种数	属的个数
1	114
2	28
3	9
4	6
5	3
6	3
7	2
8	1
10	1
11	1
总计	168

100 次以上的植物种类并不多，仅有 35 种，这些种为各个植被类型中的建群种及优势种，也是最常见及最为重要的植物种类（表 10-2）；出现次数在 11～100 次的植物种类有 125 种，这些植物种类为群落中的常见伴生种，对于群落构成也具有重要的作用；出现次数在 10 次以下的植物种类有 140 种，这些是群落中的偶见种，对于群落的作用也不是很大，但对于丰富生物多样性则有重要的意义，同时有些种类是地区性的特有种，具有特殊的价值。

需要指出的是，由于样方调查的空间及时间上的局限性，还有一些植物种类并未出现在调查的样方之中，出现的种类的实际分布状况也不一定完全符合实际状况。

10.3 物种区系成分和地理性质

将调查所得的维管植物种类按分类系统排列，共计有 51 科 168 属 297 种 (2005 年)，种在科属间的分布情况见表 10-3、表 10-4、表 10-5 所示。从表 10-3 可以发现，主要植物分布在几个大科之间，其中菊科种数最多，达到 39 种，其次为禾本科与豆科，均为 25 种，再加上毛茛科、十字花科、莎草科、蓼科、藜科、玄深科及蔷薇科这几个种数超过 10 种的科，共 10 个大科共有 182 种植物，占了全部种类的 60% 以上，而余下的 41 个科包含的总数不到全部种类的 30%，其中有 19 个科仅含有

表10-5 含2种以上植物的属

属名	种数	属名	种数	属名	种数
Artemisia	11	Taraxacum	3	Melilotus	2
Astragalus	10	Stipa	3	Lepidium	2
Kobresia	8	Salsola	3	Kalidium	2
Saussurea	7	Potamogeton	3	Hordeum	2
Potentilla	7	Oxytropis	3	Heteropappus	2
Salix	6	Draba	3	Halerpestes	2
Polygonum	6	Carex	3	Gentianella	2
Pedicularis	6	Allium	3	Eragrostis	2
Rhodiola	5	Youngia	2	Epilobium	2
Poa	5	Triglochin	2	Ephedra	2
Androsace	5	Stellaria	2	Eleocharia	2
Ranunculus	4	Sedum	2	Dimorphostemon	2
Leontopodium	4	Rheum	2	Cremanthodium	2
Gentiana	4	Reaumuria	2	Cleumatis	2
Delphinium	4	Populus	2	Chenopodium	2
Corydalis	4	Parnassia	2	Ceratoides	2
Caragana	4	Myricaria	2	Arenaria	2
Urtica	3	Microula	2	Anaphalis	2

1种植物。从表10-4及表10-5中可以看出，168个种属有114个属仅包含1个物种，占了绝大多数，而大属并不多见，主要有蒿属、黄芪属、嵩草属、风毛菊属及委陵菜属，种数依次为11、10、8、7、7种，这几个属原本都是世界性的大属，接下来还有21个属的种类在3~6种之间，另有28个属出现了2种植物。

本区段植物种类虽然不多，但区系地理成分较为复杂，主要有以下区系地理成分：

(1)世界广布成分，代表科有莎草科、禾本科、十字花科、藜科等，代表属有苔草属、龙胆属、老鹳草属、灯心草属等，代表种有萎软紫菀、云生毛茛、珠芽蓼、鹅绒委陵菜等。

(2)北温带区系成分，本区段属于该成分的种类较多，代表属有早熟禾、委陵菜属、嵩草属、风毛菊属、马先蒿属、蒿属、绣线菊属、报春花属等，代表种有华灰早熟禾、二裂委陵菜、钉柱委陵菜、牛耳风毛菊、斑唇马先蒿、矮羊茅、垂穗披碱草、西伯利亚蓼、矮麻黄、沼生柳叶菜、芸香叶唐松草等。

(3)温带亚洲成分，这种成分不多，代表种有金露梅、大花嵩草、矮生嵩草等。

(4)亚洲中部成分，为旱生植物，代表植物有三角草等。

(5)东亚成分，代表植物有弱小火绒草、车前状垂头菊、白草等。

(6)中国-喜马拉雅成分，代表属为嵩草属，代表种有西藏嵩草、喜马拉雅嵩草、高山嵩草、羌塘雪兔子、圆穗蓼等。

(7)古地中海成分，代表植物仅有匙叶翼首花。

(8)特有成分，包括青藏高原特有种和西藏特有种。该区段特有种类不少，紫花针茅、纤杆蒿、藏布三芒草、青藏苔草、藏北嵩草、粗壮高草为青藏高原所特有；西藏香青、细叶西伯利亚蓼等都是西藏特有种。

10.4 主要资源植物状况

资源植物按用途可分为牧草植物、固沙植物、药用植物、食用植物和观赏植物等类别，是个资源宝库，值得建立专门机构进行科学保护和研究开发。该区主要为草原牧草植物相对丰富，大多数禾本科、莎草科植物都是良好的牧草，如紫花针茅、华灰早熟禾、垂柳披碱草、藏北嵩草、白草、三角草等，此外，杂类草圆穗蓼、珠芽蓼、钉柱委陵菜、川藏蒲公英、牛耳风毛菊及灌木类金露梅等也是比较好的牧草；固沙植物有白草、草地早熟禾、紫花针茅、青藏苔草等，这些植物根系都较为发达；药用植物种类丰富，最著名为冬虫夏草（严格上不属于植物，而是动物和菌物的复合体），价值可比黄金，此外能入药有数十种，如钝苞雪莲、水葫芦苗、多刺绿绒蒿、狼毒、匙叶翼首花、车前状风毛菊等；食用植物著名的有鹅绒委陵菜，俗称人参果，是高原一种别具特色的特产，此外蒲公英属等植物也可作为野菜；最后，该区段许多植物种类花色鲜艳、花形美丽，可供观赏，如绿绒蒿属、龙胆属、马先蒿属、报春花属等植物。

第 11 章　青藏铁路沿线植物

11.1 *蕨*类植物

11.1.1 中国蕨科

禾秆旱蕨 *Pellaea straminea* Ching

形态描述：多年生草本植物,植株高6～15cm。根状茎短,具鳞片。叶密集成丛;柄长达7cm,粗约1mm,禾秆色,疏被鳞片,幼时上面有沟,成熟时圆柱形,脆而易断,断后仍参差不齐的留在根茎上;叶片卵状长圆形至卵状三角形,长5～8cm,宽1.5～3cm,二回羽状深裂;羽片3～5对,几无柄,基部一对稍大,长卵形或卵状三角形,基部上侧与叶轴并行,下侧斜出,羽状深裂达羽轴的狭翅;裂片线状拉针形,具尖头,基部与羽轴合生,全缘,第二对羽片向上逐渐变小。孢子囊群生小脉顶端;囊群盖由叶边在小脉顶端处反折而成,狭而远离主脉,连续或多少断裂,薄膜质,黄绿色,全缘或多少啮蚀。

生　　境：生于山坡石缝中,海拔3800～4300m。

地理分布：见于西藏羊八井及拉萨附近山坡石缝中。分布于西藏、新疆及青海。

用　　途：中国特有植物,耐干旱,株型美观,可盆栽观赏。

11.1.2　水龙骨科

宽带蕨　*Platygyria waltonii* (Ching) Ching et S. K. Wu

形态描述：多年生小型夏绿植物。植株通常高约 10cm。根状茎上的鳞片卵圆披针形，先端长渐尖，边缘有刺状长齿。叶片长约 3 ～ 8cm，戟形，基部掌状或三叉，有时二叉，裂片宽 8 ～ 16mm，中部一片最长，顶端钝尖，全缘，两侧裂片远较短，有时 1 片发育不完善，仅呈耳状突起，有时下侧还多少突起。孢子囊群近圆形，较近中肋，彼此远分开；隔丝五角形，边缘不规则的撕裂。

生　　境：常生于河谷石缝中，海拔 3500 ～ 4600m。

地理分布：见于西藏羊八井及拉萨附近山坡上。分布于西藏其他地区。

用　　途：西藏特有植物，在植物系统演化上具有特殊价值。

11.2 *裸子植物*

11.2.1　柏科

香柏　*Sabina pingii* (Cheng ex Ferre) var. *wilsonii* (Rehd.) Cheng et L.K.Fu

形态描述：匍匐灌木或直立灌木，稀为小乔木。枝条斜展或直伸，多分枝，枝梢常俯垂，有叶小枝的轮廓呈柱状六棱形。叶鳞形，互生，排列较密，三叶交叉轮生而彼此覆瓦状重叠，三角状长卵形或三角状披针形，微曲，长 3 ～ 4mm，先端急尖或近渐尖，有刺状尖头，上面凹，有白粉，无绿色中脉，下面拱凸，有明显的纵脊，沿脊无纵槽。球果卵圆形或近球形，长 7 ～ 9mm，熟后黑色，有光泽弟，含 1 粒种子。种子卵圆形或近球形，有明显的树脂槽，长 5 ～ 7mm，顶端钝尖。

生　　境：生于高山山坡灌丛或灌丛草甸中，海拔 3800 ～ 5300m。

地理分布：见于西藏当雄、那曲附近的山坡上。分布于湖北、陕西、甘肃、四川、云南及西藏。尼泊尔也有分布。

用　　途：该种在高山地带常形成茂密的高山单纯灌丛，可作为高山水土保持植物。

11.2.2　麻黄科

矮麻黄 *Ephedra minuta* Florin

形态描述：矮小灌木，高 5cm。木质茎极短，不显著。小枝外展，平卧于地面，深绿色，纵槽纹明显较粗，节间长 1.5 ~ 2cm，径 1 ~ 2mm。叶小，膜质，长 2 ~ 2.5mm，下部合生，上部 2 裂，裂片三角形。雌雄同株。雄球花生于枝条上部节上，单生或对生，无梗，苞片 3 ~ 4 对，基部合生，雄花具 6 ~ 8 枚雄蕊，花丝完全合生，假花被倒卵圆形。雌球花生于枝条近基部节上，单生或对生，有短梗或无梗，矩圆状椭圆形，苞片通常 3 对，依次变大，雌花 2，珠被管长 0.5 ~ 1mm，直立，顶端具裂隙，边缘有不整齐的细缺裂。雌球花成熟时肉质红色，被白粉，矩圆形；种子 1 ~ 2 粒，包于苞片内，矩圆形。

生　　境：生于高山地带，海拔 2000 ~ 4000m。

地理分布：见于青海可可西里地区。产四川及青海。

用　　途：生态功能，景观，药用。含麻黄碱，供药用。小果红艳可爱，极具观赏。

膜果麻黄 *Epheara przewalskil* Stapf

形态描述：多年生丛生灌木，高 50 ~ 240cm。木质茎明显，茎皮灰黄色或灰白色，细纤维状；老枝黄绿色，小枝多数，绿色，生于节上，假轮生状，每节常有假轮生小枝 9 ~ 20 或更多，小枝节间粗长，长 2.5 ~ 5cm，径 2 ~ 3mm。叶膜质，通常 3 裂，裂片三角形，先端急尖。球花通常无梗，常多数密集成团状，对生或轮生于节上；雄球花淡褐色或褐黄色，近圆球形，膜质，黄色或淡黄绿色，假花被宽扁，雄蕊 7 ~ 8，花药有短梗；雌球花淡绿褐色或淡红褐色，近圆球形，干燥膜质，成熟时苞片增大成干燥半透明的薄膜状，淡棕色。种子通常 3 粒，稀 2 粒，暗褐红色，长卵圆形。

生　　境：常生于干燥沙漠地区及干旱山麓，多沙石的盐碱土上也能生长。

地理分布：见于青海格尔木南山口附近。产于内蒙古、宁夏、甘肃北部、青海北部、新疆天山南北麓。蒙古也有分布。

用　　途：该种在水分稍充足的地区常组成大面积的群落，或与梭梭、柽柳、沙拐枣等旱生植物混生。有固沙作用，茎枝可作燃料。

11.3 被子植物

11.3.1 杨柳科 Salicateae

藏川杨（高山杨） *Populus szechuanica* Schneid.
var. *tibetica* Schneid.

形态描述：乔木，高达 40m。树皮灰白色，上部光滑，下部粗糙，开裂。树冠卵圆形。幼枝微具棱，粗壮，绿褐色或淡紫色，无毛；老枝圆，黄褐色，后变灰色。芽先端尖，淡紫色，有短柔毛及黏质。叶初发时带红色，两面有短柔毛，后仅沿脉有柔毛或近光滑；萌枝叶卵状长椭圆形，长 11 ～ 28cm，宽 5 ～ 16cm，先端急尖或渐尖，基部近心形，边缘具圆腺齿；果枝叶卵圆形或卵状披针形，长 8 ～ 18cm，宽 5 ～ 15cm，先端短渐尖，基部圆形或浅心形，边缘有腺齿；萌枝叶柄长 2 ～ 4cm，果枝叶柄长 2.5 ～ 8cm，均有短柔毛。果序长 10 ～ 20cm，光滑；蒴果卵状球形，长 7 ～ 9mm，近无柄，光滑，3 ～ 4 瓣裂。花期 4 ～ 5 月，果期 5 ～ 6 月。

生　　境：生于高山地带，海拔 2000 ～ 4500m。

地理分布：西藏拉萨附近沿线有栽培。产四川和西藏。

用　　途：中国特有树种，木材供箱板材、民用建筑或纤维原料等，也植为行道树。

北京杨 *Populus × beijingensis* W. Y. Hsu

形态描述：乔木，高 25m。树干通直；树皮灰绿色，渐变绿灰色，光滑；皮孔圆形或长椭圆形，密集，树冠卵形或广卵形。侧枝斜上，嫩枝稍带绿色或呈红色，无棱。芽细圆锥形，先端外曲，淡褐色或暗红色，具黏质。生于长枝或萌发枝上的叶广卵圆形，先端渐尖，基部心形或圆形，边缘具波状皱曲的粗圆锯齿，具疏缘毛，后变光滑；苗期枝端初放叶时叶腋内含有白色乳汁；短枝叶卵形，长 7 ~ 9cm，先端渐尖，基部圆形或广楔形至楔形，边缘有腺锯齿，上面亮绿色，下面青白色；叶柄侧扁，长 2 ~ 4.5cm。雄花序长 2.5 ~ 3cm，苞片淡褐色，长 4mm，具不整齐的丝状条裂，裂片长于不裂部分，雄蕊 18 ~ 21。花期 3 月。

用　　途：西藏拉萨附近沿线有栽培。本种是中国林业科学研究院林业研究所 1956 年人工杂交而育成；经在华北、西北和东北南部等地区推广栽培，在土壤水肥条件较好的立地条件下，生长较快，12 年生高达 23.5m，胸径 28cm，可供建筑用材。抗寒性不如小黑杨，在吉林以北易受冻害形成破肚病，在干旱瘠薄和台盐碱的土壤上生长较差，为分布区内适应环境的防护林和四旁绿化的优良速生树种。中国林业科学研究院林业研究所在选育中又不断选出一些优品系，如北京中林 8000 号和中林 0567 号生长更快，中林 605 号则较耐寒，因此对这些品系的引种必须本着适地适树的原则进行栽培，否则将失去北京杨优良特性的作用。

白柳 *Salix alba* Linn.

形态描述：乔木，高达 25m，胸径达 1m。树冠开展；树皮暗灰色，深纵裂；幼枝有银白色绒毛。芽贴生，长 6mm，宽 1.5mm，急尖。叶披针形，长 5 ~ 15cm，宽 1 ~ 3cm，先端渐尖，基部楔形，幼叶两面有银白色绢毛，侧脉 12 ~ 15 对，边缘有细锯齿；叶柄长 0.2 ~ 1cm；托叶披针形，早落。花序与叶同时开放，有梗，花序轴有密白色绒毛；雄花序长 3 ~ 5cm，雄蕊 2，花药鲜黄色；苞片卵状披针形或倒卵状长圆形；腺体 2，背生和腹生；雌花序长 3 ~ 4.5cm，子房卵状圆锥形，柱头 2 裂；苞片披针形，腺体 1，腹生。果序长 3 ~ 5.5cm。花期 4 ~ 5 月，果期 5 月。

生　　境：多沿河生长，可以分布到海拔 3100m。

地理分布：西藏拉萨附近沿线有栽培。产新疆、甘肃、青海、西藏等地有栽培。伊朗、巴基斯坦、印度、阿富汗、俄罗斯及欧洲地区有分布或引种。

用　　途：木材轻软，纹理较直，结构较细，可供建筑、家具、农具或火柴杆用；枝条可供编织物用；嫩叶可作饲料；为速生的重要用材柳树之一，并为观赏树种和早春蜜源植物。

乌柳 *Salix cheilophila* Schneid.

形态描述：灌木或小乔木，高达5.4m。幼枝被绒毛或柔毛，后无毛，灰黑色或黑红色。芽具长柔毛。叶线形，长2.5～5cm，宽3～7mm，先端渐尖或具短尖，基部渐尖，上面绿色，疏被柔毛，下面灰白色，密被绢状柔毛，中脉显著突起，边缘外卷，上部具腺锯齿，下部全缘；叶柄长1～3mm，具柔毛。花序与叶同时开放，近无梗，基部具2～3小叶；雄花序长1.5～2.3cm，直径3～4mm，密花；雄蕊2，合生，花药黄色，4室，苞片倒卵状长圆形；腺体1，腹生；雌花序长1.3～2cm，粗1～2mm，密花，花序轴具柔毛；子房卵形或卵状长圆形，柱头小；苞片近圆形；腺体同雄花。蒴果长3mm。花期4～5月，果期5月。

生　　境：生于山河沟边，海拔750～3000m。

地理分布：西藏拉萨附近沿线有栽培。分布于河北、山西、陕西、宁夏、甘肃、青海、河南、四川、云南、西藏东部。

用　　途：耐干旱绿化树种。

旱柳 *Salix matsudana* Koidz.

形态描述：乔木，高达18m，胸径达80cm。大枝斜上，树冠广圆形；树皮暗灰黑色，有裂沟；枝细长，直立或斜展，无毛，幼枝有毛。芽微有短柔毛。叶披针形，长5～10cm，宽1～1.5cm，先端长渐尖，基部窄圆形或楔形，上面绿色，无毛，下面苍白色，有细腺锯齿缘，幼叶有丝状柔毛，叶柄短，长5～8mm，在上面有长柔毛；托叶披针形或缺，边缘有细腺锯齿。花序与叶同时开放；雄花序圆柱形，长1.5～3cm，粗约6～8mm；雄蕊2，花药卵形，黄色，苞片卵形，黄绿色；腺体2。雌花序长达2cm，粗4mm；子房长椭圆形，花柱无或很短，柱头卵形；腺体2，背生和腹生。果序长达2cm。花期4月，果期4～5月。

生　　境：生于路边及多种生境上，适应力强。

地理分布：西藏拉萨附近有栽培。分布于我国东北、华北、西北地区。朝鲜、日本、俄罗斯也有分布。

用　　途：木材白色，轻软，供建筑器具、造纸、人造棉、火药练用；细枝可编筐；早春蜜源树，又为固沙保土四旁绿化树种。

左旋柳 *Salix paraplesia* Schneid. var. *subintegra* C.Wang et P.Y.Fu

形态描述：小乔木，高 5 ～ 7m。树干显著左旋扭曲。小枝带紫色或灰色，无毛。叶倒卵状椭圆形或椭圆状披针形，长 3 ～ 7cm，宽 1 ～ 3cm，先端渐尖或急尖，基部楔形，幼叶两面具绢毛，成叶下面疏生伏毛，有时近光滑，基部为全缘，生于雌花序梗上的叶通常为全缘；叶柄长 5 ～ 8mm，无毛，先端不具腺点。花叶同时开放，密生。雄花序长 3.5cm，粗约 7mm；雄蕊 5 ～ 7 枚，长短不一；苞片长圆形或椭圆形，有 2 ～ 3 脉；腺体 2；雌花序长 4 ～ 5cm，果序达 6cm；子房长卵形成卵状圆锥形，柱头 2 裂；雌花仅有腹腺 1 ～ 2。蒴果卵状圆锥形，长约 5mm。花期 4 ～ 5 月，果期 6 ～ 7 月。

生　　境：生于河边、路旁或栽培于公园中，海拔 3500 ～ 3900m。

地理分布：西藏拉萨附近有栽培。产我国西藏东部。

用　　途：城区绿化和观赏树种。

绢果柳 *Salix sericocarpa* Anderss.

形态描述：小乔木。小枝有短柔毛，后近无毛。叶披针形，长 5 ~ 8cm，宽 1 ~ 2cm，先端渐尖，基部楔形，上面绿色，下面灰白色，边缘有细锯齿，稀全缘；叶柄长 3 ~ 4mm。花序侧生，有梗，梗长 1 ~ 1.5cm，基部有 2 ~ 3 小叶。雄花序长 1.5 ~ 3cm，雄蕊 2，离生，花丝无毛，花药黄色；苞片卵状长圆形；腺体 2，背生和腹生；雌花序长 2 ~ 2.5cm，果期长 6 ~ 12cm，子房圆锥形，花柱长，柱头 2 裂；苞片长卵形；腺体 1，腹生。花期 5 月，果期 6 月。

生　　境：生于山沟边，海拔 4000m。

地理分布：西藏拉萨附近沿线有栽培。分布于云南、西藏。巴基斯坦、伊朗、阿富汗也有分布。

用　　途：耐瘠薄，沙滩绿化树种。

皂柳 *Salix wallichiana* Anderss.

形态描述：灌木或乔木。小枝红褐色，初有毛后无毛。芽卵形，有棱，先端尖。叶披针形至狭椭圆形，长 4 ~ 10cm，宽 1 ~ 3cm，先端急尖至渐尖，基部楔形至圆形，全缘；叶柄长约 1cm；托叶小。花序无花序梗。雄花序长 1.5 ~ 2.5cm，宽 1 ~ 1.5cm；雄蕊 2，花药大，椭圆形，黄色，花丝纤细，离生；苞片长圆形或倒卵形；腺体 1；雌花序圆柱形，3 ~ 4cm 长，粗约 1cm，果序可伸长至 12cm；子房狭圆锥形，长 3 ~ 4mm，密被短柔毛，柱头 2 ~ 4 裂；苞片长圆形。蒴果长可达 9mm，开裂后果瓣向外反卷。花期 4 ~ 5 月，果期 5 月。

生　　境：生于山谷溪流旁，林缘或山坡。

地理分布：西藏拉萨附近有栽培。产我国西北、西南、华北及华中地区。印度、不丹、尼泊尔也有分布。

用　　途：枝条可编筐篓；根入药，治风湿性关节炎。

11.3.2 荨麻科

墙草 *Parietaria micrantha* Ledeb.

形态描述：一年生铺散草本，茎长 10 ~ 40cm，上升平卧或直立，肉质，纤细，多分枝，被短柔毛。叶卵形或卵状心形，长 0.5 ~ 3cm，宽 0.5 ~ 2cm，先端尖，基部圆形或浅心形，基出脉 3；叶柄纤细，被短柔毛。花杂性，聚伞花序数朵，只短梗或近簇生状；苞片条形。两性花具梗，花被片 4 深裂，褐绿色，裂片长圆状卵形；雄蕊 4，花丝纤细，花药近球形，淡黄色；柱头笔头状。雌花具短梗或近无梗；花被片合生成钟状，4 浅裂，浅褐色，薄膜质，裂片三角形。果实坚果状，卵形，黑色，极光滑，有光泽，花被和苞片宿存。花期 6 ~ 7 月，果期 8 ~ 10 月。

生　　境：生于山坡阴湿草地及屋宅、墙上或岩石下阴湿处，海拔 700 ~ 4000m。

地理分布：见于西藏拉萨附近。广布于我国各地。亚洲、非洲、大洋洲和南美洲广泛分布。

用　　途：全草药用，有拔脓消肿之效。

异株荨麻 *Urtica dioica* L.

形态描述：多年生草本，常有木质化的根状茎。茎高40 ~ 100cm，四棱形，常密生刺毛和细糙毛，分枝少。叶片卵形或狭卵形，长 5 ~ 7cm，宽 2.5 ~ 4cm，先端渐尖，基部心形，边缘有锯齿，齿尖略向前弯曲，上面疏生小刺毛，下面（尤在脉上）生稍密的小刺毛和细糙毛，钟乳体点状，基出脉常 5 条，下部一对较短细，上部一对伸达中上部齿尖，或与邻近的侧脉网结，侧脉3 ~ 5 对；叶柄（至少茎中部的）长约相当于叶片的一半，向上的逐渐缩短，常密生小刺毛；托叶每节 4 枚，离生，条形，长 5 ~ 8mm，被微柔毛。雌雄异株，稀同株；花序圆锥状，长 3 ~ 7cm，序轴较纤细，雌花序在果时常下垂，疏生小刺毛和微柔毛。雄花具短梗，在芽时直径约1.4mm，开放后径约2.5mm；花被片4，合生至中部，外面疏被微毛；退化雌蕊杯状，具柄，透明，中空，顶端有一小孔；雌花小近无梗。瘦果狭卵形，双凸透镜状，长 1 ~ 1.2mm，光滑；宿存花被片 4，在下部合生，外面被微糙毛，内面二枚宽椭圆状卵形，稍盖过果，长 1.2 ~ 1.5mm，外面二枚狭椭圆形，下部渐狭，较内面的短 2 ~ 3 倍。花期 7 ~ 8 月，果期 8 ~ 9 月。

生　　境：生于海拔 3300 ~ 3900m 山坡阴湿处。

地理分布：产西藏西部、青海和新疆西部。生于海拔3300 ~ 3900m 山坡阴湿处。喜马拉雅中西部、亚洲中部与西部、欧洲、北非和北美广为分布。

高原荨麻 *Urtica hyperborean* Jacq. ex Wedd.

形态描述：多年生草本，丛生，高 10 ～ 50cm，具刺毛及微柔毛。地下茎粗，木质化。茎下部圆柱状，上部稍四棱形，节间密。叶卵形或心形，长 1.5 ～ 7cm，宽 1 ～ 5cm，先端尖，基部心形，边缘有 6 ～ 11 枚牙齿，两面被刺毛，基出脉 3 ～ 5 条；叶柄短；托叶每节 4 枚，离生，长圆形，向下反折。花雌雄同株或异株；花序短穗状，稀近簇生状，长 1 ～ 2.5cm。雄花具细长梗；花被片 4，合生至中部，外面疏生微糙毛；退化雌蕊近盘状，具短粗梗；雌花具细便。瘦果长圆状卵形，压扁，长约 2mm，光滑，宿存花被干膜质，内面二枚花后明显增大，近圆形或扁圆形，比果大，外面二枚很小，卵形。花期 6 ～ 7 月，果期 8 ～ 9 月。

生　　境：生于路边、高山石砾地、岩缝或山坡草地，海拔 4200 ～ 5200m。

地理分布：见于西藏那曲附近。产新疆、西藏、四川、甘肃。印度也有分布。

用　　途：多覆盖地面，耐瘠薄，为观赏植被。

宽叶荨麻 *Urtica laetevirens* Maxim.

形态描述：多年生草本，高 30 ~ 100cm。根状茎匍匐。茎纤细，节间常较长，四棱形，近无刺毛，在节上密生细糙毛。叶卵形或披针形，长 4 ~ 10cm，宽 2 ~ 6cm，先端渐尖，基部圆形或宽楔形，边缘具牙齿状锯齿，基出脉 3 条，侧脉 2 ~ 3 对；叶柄纤细，长 1.5 ~ 7cm；托叶每节 4 枚，离生，条状披针形或长圆形。雌雄同株，雄花序近穗状，纤细，生上部叶腋，长达 8cm；雌花序生下部叶腋，较短，纤细。雄花无梗；花被片 4，在近中部合生，裂片卵形，内凹；退化雌蕊近杯状；雌花具短梗。瘦果卵形，双凸透镜状；宿存花被片 4，内面二枚椭圆状卵形，与果近等大，外面二枚狭卵形，或倒卵形。花期 6 ~ 8 月，果期 8 ~ 9 月。

生　　境：生于山谷溪边或山坡林下荫湿处　海拔 800 ~ 3500m。

地理分布：见于西藏拉萨附近。分布于我国东北、华北、华东、西北及西南地区。日本、朝鲜和俄罗斯也有分布。

用　　途：绿化树种，极耐高寒。

三角叶荨麻 *Urtica triangularis* Hand.-Mazz.

形态描述：多年生草本，高 60 ~ 150cm，疏生刺毛和细糙毛。根状茎粗达 1cm。茎四棱形，带淡紫色，中下部分枝。叶狭三角形至三角状披针形，长 2.5 ~ 11cm，宽 1 ~ 5cm，上部的叶呈条形，宽 4 ~ 10mm，先端锐尖，基部近截形至浅心形，边缘具粗齿，基出脉 3 条，侧脉 2 ~ 4 对；叶柄长 1 ~ 5cm；托叶每节 4 枚，离生，条状披针形。花雌雄同株，雄花序圆锥状，生下部叶腋；雌花序近穗状，生上部叶腋，果序轴粗壮。雄花具短梗；花被片 4，合生至中下部，裂片长圆状卵形，退化雌蕊杯状；雌花小，近无梗。瘦果卵形；宿存花被片 4，内面二枚卵形，与果近等大，外面二枚卵形，比内面的短。花期 6 ~ 8 月，果期 8 ~ 10 月。

生　　境：生于山谷湿润处、半阴山坡、灌丛、路旁及宅旁等处，海拔 2500 ~ 3700m。

地理分布：见于西藏当雄附近。分布于云南、西藏、四川、青海。

用　　途：嫩叶可食；枝叶可作饲料；全草可入药。

11.3.3　蓼科

锐枝木蓼

Atraphaxis pungens (Bieb.) Jaub. et Spach

形态描述：灌木，高达1.5m。主干直而粗壮，多分枝，树皮灰褐色呈条状剥离；木质枝曲折，顶端无叶，刺状；当年生枝短粗，白色，无毛，顶端尖，生叶或花。叶宽椭圆形或倒卵形，蓝绿色或灰绿色，长1～2cm，宽0.5～1cm，顶端圆，具短尖或微凹，基部圆形或宽楔形，渐狭成短柄，边缘全缘或有不明显的波状牙齿，两面均无毛，具突起的网脉；托叶鞘筒状，基部褐色，具不明显的脉纹，上部斜形，膜质，透明，顶端具2个尖锐的牙齿；叶柄长为叶片的1/6～1/4。总状花序短，侧生于当年生枝条上，花梗长，关节位于中部或中部以上；花被片5，粉红色或绿白色，内轮花被片3，圆心形，果时长5～6mm，宽6～7mm，具明显的网脉，边缘波状，外轮花被片2，卵圆形或宽椭圆形，长约3mm，果时向下反折。瘦果卵圆形：长约2.5mm，具3棱，黑褐色，平滑，光亮。花期5～8月。

生　境：生于干旱的砾石坡地及河谷漫滩，海拔510～3400m。

地理分布：见于青海格尔木南山口与纳赤台附近。分布于新疆、内蒙古、甘肃及青海。蒙古、俄罗斯有分布。

用　途：耐干旱、耐瘠薄土壤，骆驼喜欢采食，属低等饲用植物，可作固沙植物。

柴达木沙拐枣 *Calligonum zaidamense* A. Los.

形态描述：丛生灌木，圆形，高0.6～2m。枝条多分枝，之字形曲折，老枝淡灰色，幼枝灰绿色，节间长2～3cm，开展。叶退化，仅留膜质托叶鞘。花小，稠密，2～4朵腋生。果实具刺，宽椭圆形，长10～17mm，宽8～15mm；瘦果长卵形，扭转或不扭转，肋钝圆，沟槽深，肋中央生两行刺；刺细弱，易折断，基部扁，稍扩大，分离，中部2次2叉分支，末枝细尖。果期7～8月。

生　境：生沙丘、沙砾质荒漠。

地理分布：见于青海格尔木南山口附近。分布于青海柴达木盆地及新疆东部。

用　途：该种为我国特有种。耐干旱及盐碱，用于荒漠绿化。株型美观，果实奇特，是荒漠中美丽的观赏植物。

荞麦 *Fagopyrum esculentum* Moeneh

形态描述：一年生草本。茎直立，高 30 ～ 90cm，上部分枝，绿色或红色，具纵棱。叶三角形，长 2.5 ～ 7cm，宽 2 ～ 5cm，顶端渐尖，基部心形，两面沿叶脉具乳头状突起；下部叶具长叶柄，上部叶较小，近无柄；托叶鞘膜质，短筒状，顶端偏斜，易破裂脱落。花序总状或伞房状，顶生或腋生，花序梗一侧具小突起；苞片卵形，长约 2.5mm，绿色，边缘膜质，每苞内具 3 ～ 5 花；花梗比苞片长，无关节，花被 5 深裂，白色或淡红色，花被片椭圆形，长 3 ～ 4mm；雄蕊 8，比花被短，花药淡红色；花柱 3，柱头头状。瘦果卵形，具 3 锐棱，顶端渐尖，长 5 ～ 6mm，暗褐色。无光泽，比宿存花被长。花期 5 ～ 9 月，果期 6 ～ 10 月。

生　境：生于荒地、路边。

地理分布：见于西藏拉萨附近的荒地。我国各地有栽培，有时亦为野生。亚洲、欧洲有栽培。

用　途：种子含丰富淀粉，供食用；为蜜源植物；全草入药，治高血压、视网膜出血、肺出血。

冰岛蓼 *Koenigia islandica* L.

形态描述：一年生草本。茎矮小，细弱，高 3 ～ 7cm，通常簇生，带红色，无毛，分枝开展。叶互生，宽椭圆形或倒卵形，长 3 ～ 6mm，宽 2 ～ 4mm，无毛，顶端通常圆钝，基部宽楔形；叶柄长 1 ～ 3mm；托叶鞘短，膜质，褐色。花簇腋生或顶生，花被 3 深裂，淡绿色，花被片宽椭圆形，长约 1mm；雄蕊 3，比花被短；花柱 2，极短，柱头头状。瘦果长卵形，双凸镜状，黑褐色，具颗粒状小点，无光泽，比宿存花被稍长。花期 7 ～ 8 月，果期 8 ～ 9 月。

生　境：生于山坡草地、山沟水边、山顶草地，海拔 3000 ～ 4900m。

地理分布：见于西藏羊八井附近山坡上。分布于山西、甘肃、青梅、新疆、四川、云南及西藏。北极地区、欧洲地区及哈萨克斯坦、俄罗斯、蒙古、巴基斯坦、尼泊尔、不丹、印度西北部、克什米尔地区也有分布。

用　途：小草本，耐干旱，为观赏植被。

酸模叶蓼 *Polygonum lapathifoliam* L.

形态描述：一年生草本，高 40 ~ 70cm。茎直立，多分枝，无毛，节部膨大，叶披针形，长 4 ~ 8cm，宽 0.5 ~ 2.5cm，顶端渐尖，基部楔形，边缘全缘，具缘毛，两面无毛，叶柄长 4 ~ 8mm；托叶鞘筒状，膜质，褐色，长 1 ~ 1.5cm，疏生短硬伏毛，顶端截形，具短缘毛。总状花序呈穗状，顶生或腋生，长 3 ~ 8cm，下垂；苞片漏斗状，长 2 ~ 3mm；花梗比苞片长；花被 5 深裂，绿色或淡红色，花被片椭圆形，长 3 ~ 3.5mm；雄蕊 6，比花被短；花柱 2 ~ 3，柱头头状。瘦果卵形，双凸镜状，黑褐色。花期 5 ~ 9 月，果期 6 ~ 10 月。

生　　境：生于河滩、水沟边、山谷湿地；海拔 50 ~ 3500m。

地理分布：见于西藏拉萨附近。分布于我国各地。朝鲜、印度尼西亚、印度及欧洲、北美也有分布。

用　　途：耐水湿，花期具观赏。

圆穗蓼 *Polygonum macrophyllum* D. Don

形态描述：多年生草本。根状茎粗壮，弯曲，直径 1 ～ 2cm。茎直立，高 8 ～ 30cm，不分枝，2 ～ 3 条自根状茎发出。基生叶长圆形或披针形，长 3 ～ 11cm，宽 1 ～ 3cm，顶端急尖，基部近心形，边缘外卷；叶柄长 3 ～ 8cm；茎生叶较小，狭披针形或线形，叶柄短或近无柄；托叶鞘筒状，膜质，顶端偏斜，开裂，无缘毛。总状花序呈短穗状，顶生，长 1.5 ～ 2.5cm，直径 1 ～ 1.5cm；苞片膜质，卵形，顶端渐尖；花梗细弱，比苞片长；花被 5 深裂，淡红色或白色，花被片椭圆形；雄蕊 8，比花被长，花药黑紫色；花柱 3，基部合生，柱头头状。瘦果卵形，具 3 棱，黄褐色，有光泽。花期 7 ～ 8 月，果期 9 ～ 10 月。

生　　境：生于山坡草地、高山草甸，海拔 2300 ～ 5000m。

地理分布：见于西藏那曲附近草甸中。分布于陕西、甘肃、青海、湖北、四川、云南、贵州、西藏。印度、尼泊尔、不丹也有分布。

用　　途：沼泽草甸中的优势种之一。

叉枝蓼 Polygonum tortuosum D. Don.

形态描述：半灌木。根粗壮。茎直立，高 30 ～ 50cm，红褐色，具叉状分枝。叶互生，卵形或长卵形，长 1.5 ～ 4cm，宽 1 ～ 2cm，近革质，顶端急尖或钝，基部圆形或近心形，上面叶脉凹陷，下面叶脉突出，边缘全缘，具缘毛，有时略反卷，呈微波状，近无柄。托叶鞘偏斜、长 1 ～ 2cm，膜质，褐色，具数条脉，密被柔毛，开裂、脱落。花序圆锥状，顶生，花排列紧密，苞片膜质，被柔毛；花梗粗壮，无关节；花被 5 深裂，钟形，白色，花被片倒卵形，长 2.5 ～ 3mm，大小不相等；雄蕊 8，比花被短，花药紫色；花柱 3，极短，柱头头状。瘦果卵形，具 3 锐棱，长约 3mm，黄褐色，包于宿存花被内。花期 7 ～ 8 月，果期 9 ～ 10 月。

生　　境：生于山坡草地、山谷灌丛，海拔 3600 ～ 4900m。

地理分布：见于羊八井附近山坡上。分布于西藏。印度西北部、尼泊尔、伊朗、阿富汗及巴基斯坦也有分布。

用　　途：全草用于胃炎、大小肠积热、热泻腹痛、肺热者哑，药用。

卵果大黄 Rheum moorcroftianum Royle

形态描述：铺地矮小草本，无茎。基生叶 3 ～ 6 片，呈莲座状，叶片革质，卵形或三角状卵形，长 6 ～ 12cm，宽 4 ～ 8.5cm，少有更大的，顶端钝急尖到宽钝急尖，基部圆形或近心形，有时略呈耳状心形，全缘，掌羽状脉，基出者 5 条，叶上面绿色，下面常暗紫色，两面光滑无毛，偶于叶下面脉上具稀乳突毛；叶柄短粗，长 3 ～ 6cm，稀稍长，具细棱线，光滑无毛。花葶 2 ～ 3 枝或多达 4 ～ 5 枝，通常与叶等长或稍长，长 10 ～ 15cm；穗状的总状花序，花黄白色或稍带红色，花梗细丝状，长约 2mm；花被片狭矩圆形或矩圆状椭圆形，内轮 3 片较大，长约 2mm，花药紫红色。果实卵形或宽卵形，长 7 ～ 8mm，宽 5 ～ 6mm，翅窄，宽约 1 ～ 1.5mm，纵脉在中间，幼果期淡紫红色。种子卵形，宽约 3mm。花期 7 月，果期 8 ～ 9 月。

生　　境：生于海拔 4500 ～ 5300m 山坡砂砾地带或河滩草甸。

地理分布：产西藏西部及中部。喜马拉雅山南麓地区、帕米尔地区及阿富汗也有分布。

用　　途：耐高寒，抗性强。

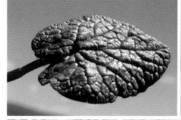

掌叶大黄 *Rheum palmatum* L.

形态描述：多年生高大粗壮草本，高 1.5 ~ 2m。根及根状茎粗壮木质。茎直立中空。叶片大型，长达 40 ~ 60cm，长宽近相等，基部近心形，掌状 5 深裂，每一大裂片又分为近羽状的窄三角形小裂片，基出脉 5 条；叶柄粗壮，圆柱状，与叶片近等长；茎生叶向上渐小；托叶鞘大，长达 15cm。大型圆锥花序，分枝多数；花小，通常为紫红色，有时黄白；花梗长 2 ~ 2.5mm，关节位于中部以下；花被片 6，外轮 3 片较窄小，内轮 3 片较大，宽椭圆形到近圆形；雄蕊 9，不外露；花盘薄；子房菱状宽卵形，花柱略反曲，柱头头状。果实矩圆形，具翅。花期 6 月，果期 8 月。

生　　境：生于山坡或山谷湿地，海拔 1500 ~ 3400m。

地理分布：拉萨当雄附近偶有栽培。产甘肃、四川、青海、云南及西藏等地，陕西有栽培。

用　　途：本种根状茎及根供药用。花期具观赏。

穗序大黄 *Rheum Spiciforme* Royle.

形态描述：多年生矮丛草本，无茎。叶基生，叶片卵圆形或宽卵状椭圆形，长 10 ~ 20cm，宽 8 ~ 15cm，顶端圆钝，基部圆或浅心形，全缘，边缘略呈波状，基出脉多为 5 条，上面暗绿色，下面紫红色，两面被乳突状毛或上面无毛；叶柄粗壮，长 3 ~ 10cm，紫红色。花葶 2 ~ 4 个，自根状茎顶端抽出，长 10 ~ 30cm，具细棱线，被乳突；总状花序穗状，具多数花。花淡绿色；花梗细，长约 3mm，关节位于近基部；花被片椭圆形，外轮较窄小，内轮较大；雄蕊 9，与花被近等长，花药黄色；子房略倒卵球形，花柱短，横展，柱头大，表面有凸起。果实矩圆状宽椭圆形，顶端阔圆或微凹，具宽翅，纵脉在翅中间。花期 6 月，果期 8 月。

生　　境：生于高山碎石坡或河滩沙砾地，海拔 4000 ~ 5000m。

地理分布：见于唐古拉北附近。产西藏。喜马拉雅山区及巴基斯坦、阿富汗也有分布。

用　　途：耐瘠薄，极具观赏价值。

喜马拉雅大黄（喜岭大黄）

Rheum webbianum Royle

形态描述：高大草本，高 0.5 ~ 1.5m，茎粗壮，中空，下部直径约 1.5cm，具细纵棱，光滑或在上部及花序分枝具乳突状毛近革质，基生叶通常宽大于长，肾状心形或圆心形，长 20 ~ 25cm，宽 25 ~ 30cm，顶端圆钝或尖，基部阔心形，两侧垂片圆，边缘具弱皱波，基出脉多为 5 条，两侧最下一条的基部之外缘裸露，叶上面绿色，粗糙，下面浅绿色，沿叶脉被乳毛或近光滑；叶柄粗壮，短于叶片，被乳突状毛；茎生叶较小卵形。大型圆锥花序，具 1 ~ 2 回分枝，花较小，黄白色，花被片椭圆形；关节位于花梗中下部 9° 实宽椭圆形或近圆形，10 ~ 12mm，宽稍小于长或近相等，两端微凹，翅较宽，宽约 3.5mm，纵脉在外缘的 1/3 处。种子窄卵状椭圆形，宽约 4mm。果期 8 ~ 9 月。

生　　境：生于海拔 3500 ~ 4660m 山坡地带。

地理分布：产西藏西部及中部。喜马拉雅山南麓地区也有分布。

用　　途：耐高寒，生命力极强，可覆盖地面。

紫茎酸模 *Rumex angulatus* Rech. f.

形态描述：多年生草本。茎直立，高 40 ~ 60cm，具沟槽，紫红色。基生叶长圆状披针形，长 15 ~ 20cm，宽 3 ~ 5cm，顶端尖，基部楔形，叶柄长 3 ~ 5cm，茎生叶披针形，较小，具短柄，托叶鞘膜质，筒状，易破裂。花序圆锥状紧密，顶生，花序轴略呈之字形折曲。花两性，多花轮生；花梗细弱，丝状，中下部具关节，关节果时不明显；花被片 6，成 2 轮，外花被片长圆形，长约 1.5mm；内花被片果时增大，圆心形，顶端圆钝，基部心形，长约 5mm，网脉明显，边缘近全缘或具不整齐的小圆齿，全部无小瘤。瘦果卵形，具 3 棱，长约 3mm，黄褐色，有光泽。花期 6 ~ 7 月，果期 7 ~ 8 月。

生　　境：生湖边、沟边湿地，海拔 3000 ~ 4200m。

地理分布：产西藏。巴基斯坦、克什米尔地区、阿富汗也有分布。

用　　途：耐高寒，极具观赏。

尼泊尔酸模 *Rumex nepalensis* Spreng.

形态描述：多年生草本。根粗壮。茎直立，高 50 ～ 100cm，具沟槽，无毛，上部分枝。基生叶长圆状卵形，长 10 ～ 15cm，宽 4 ～ 8cm。顶端急尖，基部心形，边缘全缘，两面无毛；茎生叶卵状披针；叶柄长 3 ～ 10cm；托叶鞘膜质，易破裂。花序圆锥状；花两性；花梗中下部具关节；花被片 6，成 2 轮，外轮花被片椭圆形，长约 1.5mm，内花被片果时增大，宽卵形，长 5 ～ 6cm，顶端急尖，基部截形，边缘每侧具 7 ～ 8 刺状齿，齿长 2 ～ 3mm，顶端成钩状，下部或全部具小瘤。瘦果卵形，具 3 锐棱，顶端急尖，长约 3mm，褐色，有光泽。花期 4 ～ 5 月，果期 6 ～ 7 月。

生　　境：生山坡路旁、山谷草地，海拔 1000 ～ 4300m。

地理分布：见于拉萨附近。产陕西、甘肃、青海、湖南、湖北、江西、四川、广西、贵州、云南及西藏。分布于伊朗、阿富汗、印度、巴基斯坦、尼泊尔、缅甸、越南、印度尼西亚等地。

用　　途：根、叶均可入药。具观赏价值。

巴天酸模 *Rumex patientia* L.

形态描述：多年生草本。根肥厚，直径可达 3cm；茎直立，粗壮，高 90 ～ 150cm，上部分枝，具深沟槽。基生叶长圆形或长圆状披针形，长 15 ～ 30cm，宽 5 ～ 10cm，顶端急尖，基部圆形或近心形，边缘波状；叶柄粗壮，长 5 ～ 15cm；茎上部叶披针形，较小，具短叶柄或近无柄；托叶鞘筒状，膜质，长 2 ～ 4cm，易破裂。花序圆锥状，大型；花两性；花梗细弱，中下部具关节；关节果时稍膨大，外花被片长圆形，长约 1.5mm，内花被片果时增大，宽心形，长 6 ～ 7mm，顶端圆钝，基部深心形，边缘近全缘，具网脉，全部或一部具小瘤；小瘤长卵形，通常不能全部发育。瘦果卵形，具 3 锐棱，顶端渐尖，褐色，有光泽，长 2.5 ～ 3mm。花期 5 ～ 6 月，果期 6 ～ 7 月。

生　　境：生沟边湿地、水边，海拔 20 ～ 4000m。

地理分布：产东北、华北、西北地区及山东、河南、湖南、湖北、四川、西藏。高加索地区、哈萨克斯坦、俄罗斯、蒙古及欧洲也有分布。

用　　途：可覆盖地面，极具观赏。

11.3.4　石竹科

老牛筋（毛轴蚤缀、山银柴胡、灯心草蚤缀）

Arenaria juncea M. Bieb.

形态描述：多年生草本。根圆锥状，肉质，直径0.5～3cm，灰褐色，具环纹。茎高30～60cm，基部宿存枯萎叶茎，硬而直立。叶片细线形，常内卷，长10～25cm，宽约1mm，基部较宽，呈鞘状抱茎，边缘具缘毛，顶端渐尖，具1脉。聚伞花序具数花；苞片卵形，顶端尖，边缘宽膜质，外面被腺柔毛；花梗长1～2cm，密被腺柔毛；萼片5，卵形，顶端渐尖或急尖，边缘宽膜质，具1～3脉；花瓣白色，椭圆状矩圆形或倒卵形，长8～10mm，顶端钝圆，基部具短爪；雄蕊10，花丝线形，与萼片对生者基部具腺体，花药黄色，椭圆形；子房卵圆形，花柱3，柱头头状。蒴果卵圆形，黄色，顶端3瓣裂，裂片2裂。花果期7～9月。

生　　境：生于草原、山坡草地、山地疏林边缘及石隙间，海拔800～4000m。

地理分布：见于西藏拉萨及当雄附近。产黑龙江、吉林、辽宁、河北、山西、内蒙古、宁夏、甘肃、陕西。朝鲜、蒙古和俄罗斯也有分布。

用　　途：根可入药，具清热解毒功效，其花清雅可爱。

瘦叶雪灵芝（瘦叶蚤缀）

Arenaria ischnophylla Williams

形态描述：多年生垫状草本。茎高 4 ~ 5cm，由基部分枝，根颈木质化，下部宿存褐色枯叶。叶片钻形或线状钻形，密生枝上，长 5 ~ 10mm，宽不足 1mm，基部较宽，膜质，呈鞘状，边缘增厚，顶端具刺状尖，上面凹陷，下面凸起，叶横断面近三角形，质硬，具 1 脉。花单生枝端；花梗长约 5mm，被柔毛；萼片 5，狭披针形，长约 4mm，顶端急尖，直伸，边缘狭膜质，外面通常被稀疏的柔毛，具 3 脉；花瓣 5，白色，卵状椭圆形，长约 5mm，顶端钝，基部爪不明显；雄蕊 10，短于萼片，与萼片对生者具腺体；子房球形，花柱 3。花期 7 月。

生　境：生于海拔 4500 ~ 4920（~ 5100）m 的高山草甸。

地理分布：产我国西藏东南部（贡布江达、朗县、贡噶）。模式标本采自贡噶。

用　途：覆盖地面，耐高寒，具观赏，小花可爱。

长柱无心菜（长柱蚤缀）

Arenaria longistyla Franch.

形态描述：矮小草本。根细，多头。茎细，高 4 ～ 5cm，被 2 行柔毛或褐色腺柔毛。叶片长圆状线形或线状披针形，长 0.5 ～ 1.5cm，宽 1 ～ 2mm，基部较宽，连合呈鞘状，边缘被稀疏的缘毛，顶端具短尖头。花腋生；花梗长 2 ～ 5cm，被腺柔毛；萼片 5，披针形，长约 5mm，宽 1 ～ 1.5mm，基部在花期后呈囊状，边缘白色，宽膜质，顶端急尖，具短尖头，外面被腺柔毛或无毛；花瓣白色，倒卵状长圆形，长 5 ～ 6mm，顶端钝圆；雄蕊稍短于花瓣，花丝钻形，无毛，花药黄色，近球形；子房近球形，长约 2mm，花柱 2，长 6 ～ 7mm，钻形。花期 6 ～ 7 月。

生　　境：生于海拔 3600 ～ 5000m 的林缘和高山草甸。

地理分布：产云南西北部（丽江、中甸）、四川西部、西藏东南部（隆子）。模式标本采自云南丽江。

用　　途：耐高寒，极具观赏。

青藏雪灵芝（洛氏蚤缀）

Arenaria roborowskii Maxim.

形态描述：多年生垫状草本，高 5 ~ 8cm。根粗壮木质化。茎紧密丛生，基部木质化，下部密集枯叶。叶片针状线形，长 1 ~ 1.5cm，宽约 1mm。基部较宽，膜质，抱茎，边缘狭膜质，疏生缘毛，稍内卷，微呈三棱状，顶端急尖，上面微凹，下面凸起，质稍硬，紧密排列于茎上。花单生枝端；苞片线状披针形，长 4.5 ~ 5mm，宽约 1.5mm，基部较宽，边缘狭膜质，顶端尖，具 1 脉；花梗长 5 ~ 10mm，无毛；萼片 5，披针形，长约 5mm，宽约 1.5mm，基部较宽，边缘狭膜质，顶端尖，具 1 ~ 3 脉；花瓣 5，白色，椭圆形，长约 4mm，宽约 1.4mm，基部楔形，顶端尖；花盘碟状，具大而明显的 5 个长圆形腺体；雄蕊 10，花丝线形，短于花瓣，花药近圆形；子房球形，稍压扁，直径约 1.5mm，1 室，具多数胚珠，花柱 3，线形，长约 1.5mm。花期 7 ~ 8 月。

生　境：生于海拔 4200 ~ 5100m 的高山草甸和流石滩。模式标本采自青海西南部（长江上游）。

地理分布：产青海南部、西藏东部和四川西部。

用　途：极具观赏价值，且耐高寒。

漆姑无心菜（漆姑草蚤缀）

Arenaria saginoides Maxim.

形态描述：一年生小草本，高 2 ～ 4cm。根纤细。茎由基部二歧式多分枝，直立，无毛，稀在花序下部疏生腺柔毛。叶片线状匙形，长 4 ～ 5mm，宽 1 ～ 2mm，基部较狭，顶端钝，中脉不明显，草质，绿色。花顶生或为腋生的三歧聚伞花序；苞片与叶形而小，长 2 ～3mm，宽约 1mm，基部较窄，顶端稍急尖，绿色；花梗近开花期较细，短于苞片，果期时增粗，超过苞片，长达 5 ～ 7mm，有时疏生腺柔毛；萼片 4 或 5(当有 2 片较宽时很少为 5)，长卵形，长 2 ～ 2.5mm，宽 1 ～ 1.5mm，基部增厚，呈囊状凸出，边缘膜质，顶端钝，质薄，具 1 脉，有时疏生腺柔毛；花瓣 4，稀 5，仅 2 ～ 3 片发育，白色，狭匙形或倒卵形，顶端微凹，有时具不整齐的裂齿，长 2 ～ 2.5mm，宽约 1mm；花盘碟状，具 4 个绿色腺体；雄蕊 8，有时 5，长约为萼片的 2/3 ～ 3/4，花丝钻形，花药近圆形，赭黄色；子房椭圆形，长约 1.5mm，1 室，具 6 胚珠，花柱 2，粗壮，长约 1mm，柱头为直立的椭圆形，具腺柔毛状物。蒴果卵状锥形，较宿存萼长，2 瓣裂，裂片顶端 2 裂；种子 6 枚，近扁圆形，直径约 1mm；胚马蹄形，带绿色。花果期 7 ～ 9 月。

地理分布：产青海西南部、西藏北部和东部、新疆西南部（疏勒等地）和四川西部（德格一带）。模式标本采自西藏东部（白楚河）。

用　　途：耐干旱瘠薄，具观赏。

喜马拉雅蝇子草

Silene himalayensis (Rohrb.) Majumdar

形态描述：多年生草本，高 20～80cm。根粗壮。茎纤纤细，丛生或单生，直立，不分枝，被短柔毛。基生叶叶片狭倒披针形，长 4～10cm，宽 4～10mm，基部渐狭成柄状，顶端渐尖，稀急尖，两面被短柔毛或近无毛，边缘具缘毛；茎生叶 3～6 对，叶片披针形或线状披针形，基部楔形或渐狭。总状花序，常具 3～7 花；花微俯垂，花梗细，长 1～5cm，密被短柔毛和稀疏腺毛；苞片线状披针形，草质，被毛；花萼卵状钟形，长约 10mm，紧贴果实，密被短柔毛和腺毛，纵脉紫色，多少分叉，脉端连合，萼齿三角形，顶端钝，边缘膜质，具缘毛；雌雄蕊柄长约 1mm；花瓣暗红色，长约 10mm，不露或微露出花萼，爪楔形，无毛，耳不明显，瓣片浅 2 裂，副花冠片小，鳞片状；雄蕊内藏，花丝无毛；花柱内藏。蒴果卵形，长 8～10mm，短于宿存萼，10 齿裂。花期 6～7 月，果期 7～8 月。

生　　境：生于海拔 2000～5000m 的灌丛间或高山草甸。

地理分布：产河北、湖北、陕西、四川、云南、西藏等地。印度也有分布。

用　　途：在横断山区，本种植株的高低、叶片形状及大小、花的数量等变化幅度常较大，因其适应性较强，其在 5600m 草甸仍然生长茂盛。

纺锤根蝇子草 *Silene napuligera* Franch.

形态描述：多年生草本。根簇生，纺锤形，多分枝，长20～50cm，被短柔毛，上部被腺毛。叶片披针状线形，长1.5～3cm，宽3～4mm，基部楔形，顶端急尖，两面密被短柔毛，边缘具缘毛，中脉明显，常从叶腋生出不育短枝。二歧聚伞花序具多数花，密被腺柔毛；花梗长5～20mm，密被腺毛；苞片披针状线形，被腺毛；花萼筒状，长约15mm，直径约2.5mm，密被腺毛，纵脉紫色，萼齿三角形，顶端急尖，边缘膜质，具缘毛；雌雄蕊柄长3～6mm；花瓣淡红色，长约20mm，爪微露出花萼，倒披针形，无毛，耳不明显，瓣片轮廓倒卵形，浅2裂，裂片卵形，瓣片两侧各具1裂齿；副花冠片长圆形，顶端钝，雄蕊外露，花丝无毛；花柱外露。蒴果卵形，长约10毫米，比宿存萼短。花期5～6月，果期6～7月。

生　　境：生于海拔1500～3600m的灌丛草地。

地理分布：见于西藏古荣附近，产四川、云南。

用　　途：可覆盖瘠薄土壤表面，其花奇特可爱。

毛禾叶繁缕

Stellaria graminea Linn. var. *pilosula* Maxim.

形态描述：多年生草本，高 10～30cm。茎细弱，密丛生，被 2 列疏长柔毛。叶无柄，叶片线状披针形，长 0.5～2.5cm，宽 1.5～3mm，顶端尖，基部稍狭，微粉绿色，边缘基部有疏缘毛，下部叶腋生出不育枝。聚伞花序顶生或腋生，有时具少数花；苞片披针形，边缘膜质，中脉明显；花梗纤细，长 0.5～2.3cm，果梗长达 4cm；花直径约 8mm；萼片 5，披针形，长 4～4.5mm，具 3 脉，绿色，有光泽，顶端渐尖，边缘膜质；花瓣 5，稍短于萼片，白色，2 深裂；雄蕊 10，花丝丝状，无毛，花药紫色，小；子房卵状长圆形，花柱 3。蒴果卵状长圆形。种子小，近扁圆形，深栗褐色，具粒状钝凸起。花期 5～7 月，果期 8～9 月。

生　境：生于山坡草地、林下或石隙中，海拔 1400～4450m。

地理分布：见于西藏羊八井附近山坡上。分布于青海。

用　途：耐瘠薄，可供观赏。

湿地繁缕 *Stellaria uda* Williams

形态描述：多年生草本，植株高 5～15cm。根茎细，具分枝。茎丛生，纤细，基部匍匐，上部近直立，被成列柔毛。叶对生，近基部者短小而密集，茎上部叶片线状披针形，挺立，长 5～10mm，宽约 1mm，顶端渐尖，基部楔形，无柄，半抱茎，两面无毛或被疏柔毛，下面中脉凸起。聚伞花序顶生；苞片草质。萼片 5，披针形，长约 3mm，顶端渐尖，具 3 脉，中脉较明显，边缘膜质；花瓣白色，2 深裂几达基部，微短于萼片约三分之一；雄蕊 10；子房卵圆形，花柱 3，线形，具 10 个胚珠。蒴果长圆形，稍长于宿存萼；种子肾形，褐色。花期 5～6 月，果期 7～8 月。

生　境：生于水沟边、坡地或高原地区，海拔 1160～4750m。

地理分布：见于西藏那曲附近。产青海、新疆、四川、云南、西藏。

用　途：覆盖土壤表层，供观赏。

伞花繁缕 *Stellaria umbellata* Turcz.

形态描述：多年生草本，高 5 ~ 15cm，全株无毛。须根簇生。茎单生，分枝。叶片椭圆形，长 1.5 ~ 2cm，宽 4 ~ 5mm，顶端钝或急尖，基部楔形，微抱茎，两面无毛。聚伞状伞形花序，具 3 ~ 10 花，伞辐基部具 3 ~ 5 卵形、近膜质苞片；花梗丝状，长 5 ~ 20mm，果时微伸长，常下垂；萼片 5，披针形，长 2 ~ 3mm，顶端渐尖，绿色，边缘膜质；花瓣无；雄蕊 10，短于萼片；子房长圆状卵形，花柱 3，短线形。蒴果比宿存萼长近 1 倍，6 齿裂；花期 6 ~ 7 月，果期 7 ~ 8 月。

生　境：生于海拔 1600 ~ 5000m 的山顶草地、林下及草原。

地理分布：产河北、山西、陕西、西藏、甘肃、四川、青海、新疆。俄罗斯、哈萨克斯坦也有分布。

用　途：耐高寒，可供观赏。

囊种草（簇生柔子草）

Thylacospermum caespitosum (Cambess.) Schischk.

形态描述：多年生垫状草本，常呈球形，直径达 30cm 或更大，全株无毛。茎基部强烈分枝，本质化，高 2 ～ 6cm。叶较密，呈紧密的覆瓦状排列，卵状披针形，长 2 ～ 4mm，宽 1.5 ～ 2mm，质硬，有光泽，顶部增厚，基部连合呈鞘状。花单生于枝端，无梗、藏于叶中；萼片 5，长约 2.5mm，宽约 1mm，披针形，顶端钝或渐尖，具 3 绿色脉；花瓣 5，卵状长圆形，顶端钝圆，基部稍窄，全缘；花盘圆形，肉质，黄色；雄蕊 10，花丝短于萼片，花药圆形；子房卵圆形，花柱 3，线形，常伸出萼外。蒴果倒圆锥状球形，黄色，直径 2.5 ～ 3mm，具光泽，6 齿裂。种子肾形，长约 1mm，具海绵状种皮。花期 6 ～ 7 月，果期 7 ～ 8 月。

生　境：生于山坡、湖边草甸、砂砾地、沼泽地、流石滩、岩石缝和高山垫状植被中，海拔 3500 ～ 6000m。

地理分布：见于青藏铁路沿线开心岭附近。分布于新疆、青海、四川、甘肃、西藏。哈萨克斯坦、吉尔吉斯、俄罗斯、克什米尔地区、尼泊尔、印度等也有分布。

用　途：高山上特异的单种属，常成为垫状植被中的优势种而大片分布。

囊种草（簇生柔子草）

11.3.5　藜科

平卧轴藜 *Axyris prostrata* L.

形态描述：一年生草本,植株高 2～8cm。茎枝平卧或上升,密被星状毛,后期毛大部脱落。叶柄几与叶片等长,叶片宽椭圆形、卵圆形或近圆形,长 0.5～1cm,宽 0.4～0.7cm,先端圆形,具小尖头,基部急缩并下延至柄,全缘,两面均被星状毛,中脉不明显。雄花花序头状,花被片 3～5,膜质,倒卵形,背部密被星状毛,毛后期脱落,雄蕊 3～5,与花被片对生,伸出被外。雌花花被片 3,膜质,被毛;子房卵状,扁平,花柱短,柱头 2,细长。果实圆形或倒卵圆形,侧扁,两侧面具同心圆状皱纹,顶端附属物 2,小,乳头状或有时不显。花果期 7～8 月。

生　　境：生于路边荒地、山坡或草滩上,海拔 3000～4500m。

地理分布：见于西藏当雄铁路边的荒地上。仅见于青海、新疆和西藏之高海拔地区。分布于俄罗斯及蒙古。

用　　途：覆盖地表,且耐高寒。

雾冰藜

Bassia dasyphylla (Fisch. et Mey.) O. Kuntze L.

形态描述：藜科一年生草本。植株高 3～50 cm,茎直立,密被水平伸展的长柔毛;分枝多,开展,与茎夹角通常大于 45°,有的几成直角。叶互生,肉质,圆柱状或半圆柱状条形,密被长柔毛,长 3～15mm,宽 1～1.5mm,先端钝,基部渐狭。花两性,单生或两朵簇生,通常仅一花发育。花被筒密被长柔毛,裂齿不内弯,果时花被背部具 5 个钻状附属物,三棱状,平直,坚硬,形成一平展的五角星状;雄蕊 5,花丝条形,伸出花被外;子房卵状,具短的花柱和 2(3) 个长的柱头。果实卵圆状。种子近圆形,光滑。花果期 7～9 月。

生　　境：生于戈壁、盐碱地,沙丘、草地、河滩、阶地及洪积扇上。

地理分布：见于青海格尔木南山口至纳赤台附近公路边。分布于黑龙江、吉林、辽宁、山东、河北、山西、陕西、甘肃、内蒙古、新疆和西藏。分布于俄罗斯和蒙古。

用　　途：耐碱、耐旱,可供观赏。

垫状驼绒藜

Ceratoides compacta (Losinsk.) Tsien et C. G. Ma

形态描述：多年生灌木，植株矮小，垫状，高 10 ～ 25cm，全体密被星状毛。分枝密集，老枝较短，粗壮，密被残存的黑色叶柄，一年生枝长 1.5 ～ 5cm。叶小，互生，密集，叶片椭圆形或矩圆状倒卵形，长约 1cm，宽约 3mm，先端圆形，基部渐狭，边缘全缘，向背部卷折；叶柄几与叶片等长，扩大下陷呈舟状，抱茎；后期叶片从叶柄上端脱落，柄下部宿存。雄花序短而紧密，头状。雌花管矩圆形，长约 0.5cm，上端具两个大而宽的免耳状裂片，其长几与管长相等或较管稍长，先端圆形，向下渐狭，平展，果时管外被短毛。果椭圆形，被毛。花果期 6 ～ 8 月。

生　境：本种为高海拔地区的垫状灌丛，通常生于海拔 3500 ～ 5000m 地带的山坡或砾石地区。

地理分布：见于青海格尔木楚玛尔河附近。主要产于甘肃、青海、新疆和西藏。帕米尔东部也有分布。

用　途：耐高寒，可供观赏。

驼绒藜（优若藜）

Ceratoides lateens (J. F. Gmel.) Reveal et Holmgren

形态描述：多年生灌木，高 0.1 ～ 1m，全体密被星状毛。分枝多集中于下部，斜展或平展。叶互生，较小，条形，长 1 ～ 2cm，宽 0.2 ～ 0.5cm，具 1 脉，先端急尖或钝，基部楔形，全缘。雄花序较短，长达 4cm，紧密。雌花腋生，无柄，合生成雌花管，椭圆形，长 3 ～ 4mm，宽约 2mm，花管裂片角状，较长，其长为管长的 1/3 到等长。果直立，椭圆形，被毛。花果期 6 ～ 9 月。

生　境：生于戈壁、荒漠、半荒漠、干旱山坡或草原中。

地理分布：见于青海格尔木南山口附近。分布于新疆、西藏、青海、甘肃和内蒙古等地。国外分布较广，在整个欧亚大陆的干旱地区均有分布。

用　途：该种为旱生植物，在荒漠和半荒漠化草原地区是马、骆驼、羊等家畜四季喜食的优良饲草，是改良天然放牧地有前途的植物之一。此外，该种植物还具有良好的防风固沙作用，被誉为沙漠中的"绿色卫士"。

菊叶香藜 *Chenopodium foetidum* Schrad.

形态描述：一年生草本，植株高 20 ～ 60cm，有强烈气味，全体疏生短柔毛。茎直立，具绿色条，分枝。叶片矩圆形，长 2 ～ 6cm，宽 1.5 ～ 3.5cm，边缘羽状浅裂至羽状深裂，先端钝或渐尖，基部渐狭，上面无毛或幼嫩时稍有毛；下面有具节的短柔毛，兼有黄色无柄的颗粒状腺体很少近于无毛；叶柄长 2 ～ 10mm。复二歧聚伞花序腋生；花两性；花被直径 1 ～ 1.5mm，5 深裂；裂片卵形至狭卵形，有狭膜质边缘，背面有具刺状突起的纵隆脊，果时开展；雄蕊 5，花丝扁平，花药近球形。胞果扁球形，果皮膜质。种子横生，周边钝，直径 0.5 ～ 0.8mm，红褐色或黑色，有光泽，具细网纹；胚半环形，围绕胚乳。花期 7 ～ 9 月，果期 9 ～ 10 月。

生　　境：生于路边荒地、农田、林缘草地、沟岸、河沿及人家附近。

地理分布：见于西藏拉萨路边的荒地上。产辽宁、内蒙古、山西、陕西、甘肃、青海、四川、云南、西藏。分布于亚洲、欧洲及非洲。

用　　途：适应性极广，可覆盖地面，供观赏。

杂配藜 *Chenopodium hybridum* L.

形态描述：一年生草本，高 40 ～ 120cm。茎直立，粗壮，具淡黄色或紫色条棱，上部有疏分枝，无粉或枝上稍有粉。叶片宽卵形至卵状三角形，长 6 ～ 15cm，宽 5 ～ 13cm，两面均呈亮绿色，先端急尖或渐尖，基部圆形、截形或略呈心形，边缘掌状浅裂；裂片 2 ～ 3 对，不等大，轮廓略呈五角形，先端尖；上部叶较小，叶片多呈三角状戟形，边缘具少数裂片状锯齿，有时全缘；叶柄长 2 ～ 7cm。花两性兼有雌性，数个排列成开散的圆锥状花序，花被裂片 5，狭卵形，先端钝，背面具纵脊并稍有粉，边缘膜质；雄蕊 5。胞果双凸镜状，果皮膜质，有白色斑点。种子横生，黑色，无光泽，表面凹凸不平。花果期 7 ～ 9 月。

生　　境：生于路边荒地，林缘、山坡灌丛间、沟沿等处。

地理分布：见于西藏拉萨路边的荒地上。产黑龙江、吉林、辽宁、内蒙古、河北、浙江、山西、陕西、宁夏、甘肃、四川、云南、青海、西藏、新疆。分布于北美、欧洲及亚洲地区。

用　　途：全草可入药。广布种可覆盖地面，供观赏。

帕米尔虫实 *Corispermum pamiricum* Iljin

形态描述：一年生草本。植株高 5 ～ 15cm，茎圆柱形，直径约 1.5mm，分枝多集中于基部，平卧或上升。叶条形，长 1 ～ 2.5cm，宽约 1mm，顶端急尖具小尖头，基部渐狭，1 脉，被毛，干时皱缩。穗状花序顶生和侧生，圆柱状，稍密集，长 1 ～ 6cm，通常长 3 ～ 5cm；苞片由条状披针形（少数花序基部的）至披针形和卵形，长 1.5 ～ 0.5cm，宽 1 ～ 2mm，先端渐尖或急尖，基部圆形，1 脉，被毛，具明显的膜质边缘，掩盖果实，干时略反折。花被片 1，近圆形，顶端不规则撕裂；雄蕊 1 ～ 3，超过花被片。果实倒卵状广椭圆形，长 2 ～ 3mm，宽 1.5 ～ 2mm，背面凸起其中央稍扁平，腹面扁平或凹入，顶端圆形，基部近圆形，无毛；果核与果同形，橄榄色，具少数黑色斑点；果喙粗短，喙尖为喙长的 1/3，粗壮，直立；果翅极窄，全缘，与果核同色。花果期 7 ～ 8 月。

生 境：生于高海拔地区，沙质田边。

地理分布：产西藏西部。分布于俄罗斯。

用 途：耐瘠薄土壤，覆盖地表面。

白茎盐生草（灰蓬）*Halogeton arachnoideus* Moq.

形态描述：一年生草本，高 10 ～ 40cm。茎直立，自基部分枝；枝互生，灰白色，幼时生蛛丝状毛，以后毛脱落。叶片圆柱形，长 3 ～ 10mm，宽 1.5 ～ 2mm，顶端钝，有时有小短尖；花通常 2 ～ 3 朵，簇生叶腋，小苞片卵形，边缘膜质；花被片黄宽披针形，膜质，背面有 1 条粗壮的脉，果时自背面的近顶部生翅；翅 5，半圆形，大小近相等，膜质透明，有多数明显的脉；雄蕊 5；花丝狭条形；花药矩圆形，顶端无附属物；子房卵形；柱头 2，丝状；果实为胞果，果皮膜质；种子横生，圆形，直径 1 ～ 1.5mm。花果期 7 ～ 8 月。

生 境：生于干旱山坡、砂地和河滩。

地理分布：产山西、陕西、内蒙古、宁夏、甘肃、青海、新疆。蒙古、俄罗斯中亚地区也有分布。

用 途：植株用火烧成灰后，可以取碱。

黄毛头 *Kalidium cuspidatum* (Ung. -Sternb.) Grub. var. *sinicum* A. J. Li

形态描述：小灌木，高 20 ~ 40cm。茎自基部分枝；枝条密集，近于直立，灰褐色，小枝黄绿色。叶片互生，肉质，卵形，长 1 ~ 1.5mm，宽 1 ~ 1.5mm，顶端急尖，稍内弯，基部半抱茎，下延。花序穗状，生于枝条的上部，长 5 ~ 15mm，直径 2 ~ 3mm；花排列紧密，每 1 苞片内有 3 朵花；花被合生，上部扁平成盾状，盾片长五角形，具狭窄的翅状边缘。胞果近圆形，果皮膜质；种子近圆形，淡红褐色；直径约 1mm，有乳头状小突起。花果期 7 ~ 9 月。

生　　境：生于丘陵、山坡、洪积扇边缘。

地理分布：见于青海格尔木南山口附近。分布于甘肃、宁夏、青海。

用　　途：该种在格尔木荒漠中为重要的建群种。

盐爪爪　*Kalidium foliatum* (Pall.) Moq.

形态描述：小灌木，高 20～50cm。茎直立或平卧，多分枝，枝灰褐色，小枝上部近于草质，黄绿色。叶片互生，肉质，圆柱状，伸展或稍弯，灰绿色，长 4～10mm，宽 2～3mm，顶端钝。基部下延，半抱茎。花序穗状，无柄，长 8～15mm，直径 3～4mm，每 3 朵花生于 1 鳞状苞片内；花被合生，上部扁平成盾状，盾片宽五角形，周围有狭窄的翅状边缘；雄蕊 2。种子直立，近圆形，直径约 1mm，密生乳头状小突起。花果期 7～8 月。

生　　境：生于盐土荒漠上。

地理分布：见于青海格尔木南山口与纳赤台附近。分布于黑龙江、内蒙古、河北北部、甘肃北部、宁夏、青海、新疆。蒙古、俄罗斯西伯利亚及中亚地区、欧洲东南部也有分布。

用　　途：重要的耐盐植物。极具观赏价值，红艳可爱。

珠芽蓼（山谷子）*Polygonum viviparum* L.

形态描述：多年生草本。根状茎粗壮，弯曲，黑褐色。茎直立，高 15 ～ 60cm，不分枝，通常 2 ～ 4 条白根状茎发出。基生叶长圆形或卵状披针形，长 3 ～ 10cm，宽 0.5 ～ 3cm，顶端尖或渐尖，基部圆形、近心形或楔形，两面无毛，边缘外卷，具长叶柄；茎生叶较小，披针形，近无柄；托叶鞘筒状，膜质，偏斜，开裂，无缘毛。总状花序呈穗状，顶生，紧密，下部生珠芽；苞片卵形，膜质，每苞内具 1~2 花；花梗细弱；花被 5 深裂，白色或淡红色；花被片椭圆形，长 2 ～ 3mm；雄蕊 8，花丝不等长；花柱 3，下部合生，柱头头状。瘦果卵形，具 3 棱，深褐色，有光泽，长约 2mm，包于宿存花被内。花期 5 ～ 7 月，果期 7 ～ 9 月。

生　　境：生于山坡林下、高山或亚高山草甸，海拔 1200 ～ 5100m。

地理分布：见于西藏那曲地区沼泽草甸中。分布于我国东北、华北、西北及西南地区。朝鲜、日本、蒙古、高加索地区、哈萨克斯坦、印度及欧洲、北美也有分布。

用　　途：根状茎入药，清热解毒，止血散瘀。具观赏价值。

西伯利亚蓼（剪刀股）

Polygonum sibiricum Laxm.

形态描述：多年生草本，高 10 ~ 25cm。根状茎细长，茎外倾或近直立，自基部分枝，无毛。叶片长椭圆形或披针形，无毛，长 5 ~ 13cm，宽 0.5 ~ 1.5cm，顶端急尖或钝，基部戟形或楔形，边缘全缘，叶柄长 8 ~ 15mm；托叶鞘筒状，膜质，上部偏斜，开裂，无毛，易破裂，花序圆锥状，顶生，花排列稀疏，通常间断；苞片漏斗状，无毛，通常每 1 苞片内具 4 ~ 6 朵花；花梗短，中上部具关节；花被 5 深裂，黄绿色，花被片长圆形，长约 3mm；雄蕊 7 ~ 8，稍短于花被，花丝基部较宽，花柱 3，较短，柱头头状。瘦果卵形，具 3 棱，黑色，有光泽，包于宿存的花被内或凸出。花果期 6 ~ 9 月。

生　境：生于路边、湖边、河滩、山谷湿地、沙质盐碱地，海拔 30 ~ 5100m。

地理分布：见于青海格尔木不冻泉附近。分布于我国东北、华北、华东、西北及西南地区。蒙古、俄罗斯、哈萨克斯坦及喜马拉雅山也有分布。

用　途：耐水湿，具观赏价值。

细叶西伯利亚蓼 *Polygonum sibiricum* Laxm. var. *thomsonii* Meisn. ex Stew.

形态描述：多年生草本，高 2 ~ 5cm。根状茎细长，茎外倾或近直立，自基部分枝，无毛。叶片极狭窄，线形，无毛，长 5 ~ 13cm，宽 1.5 ~ 2.5mm，顶端急尖或钝，基部戟形或楔形，边缘全缘，叶柄长 8 ~ 15mm；托叶鞘筒状，膜质，上部偏斜，开裂，无毛，易破裂，花序较小，圆锥状，顶生，花排列稀疏，通常间断；苞片漏斗状，无毛，通常每 1 苞片内具 4 ~ 6 朵花；花梗短，中上部具关节；花被 5 深裂，黄绿色，花被片长圆形，长约 3mm；雄蕊 7 ~ 8，稍短于花被，花丝基部较宽，花柱 3，较短，柱头头状。瘦果卵形，具 3 棱，黑色，有光泽，包于宿存的花被内或凸出。花果期 6 ~ 9 月。

生　境：生于盐湖边、河滩盐碱地，海拔 3200 ~ 5100m。

地理分布：见于青海格尔木不冻泉附近。产西藏、青海。巴基斯坦、阿富汗、克什米尔地区、帕米尔地区也有分布。

用　途：耐盐碱、水湿，可供观赏。

蒿叶猪毛菜 *Salsola abrotanoides* Bunge

形态描述：匍匐状半灌木，高 15 ～ 40cm。老枝灰褐色，有纵裂纹，小枝草质，密集，黄绿色，有细条棱，密生小突起。叶片互生，老枝上的叶则簇生于短枝的顶端，肉质，半圆柱状，长 1 ～ 2cm，宽 1 ～ 2mm，顶端钝或有小尖，基部扩展，在扩展处的上部缢缩成柄状，老后自缢缩处脱落。花序穗状，细弱，花排列稀疏，苞片比小苞片长；小苞片长卵形，比花被短，边缘膜质；花被片卵形，背面肉质，边缘膜质，顶端钝，果时自背面中部生翅；翅 3 个较大，膜质，半圆形，黄褐色，有多数粗壮的脉，2 个稍小，为倒卵形。果时花被直径 5 ～ 7mm，顶端钝，背部肉质，边缘为膜质，紧贴果实。种子横生。花期 7 ～ 8 月，果期 8 ～ 9 月。

生　　境：生于山坡、山麓洪积扇、多砾石河滩。

地理分布：见于青海格尔木南山口附近。产新疆、青海、甘肃西部。蒙古也有分布。

用　　途：本种为我国特有植物，是荒漠盐碱地中的重要建群植物。可供观赏，花鲜艳可爱。

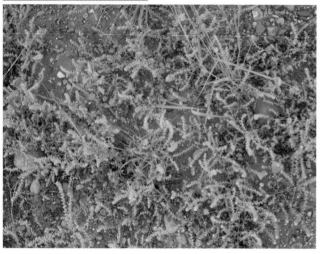

刺沙蓬 *Salsola ruthenica* Iljin

形态描述：一年生草本，高 30 ～ 100cm。茎直立，自基部分枝，有白色或紫红色条纹。叶片半圆柱形或圆柱形，长 1.5 ～ 4cm，宽 1 ～ 1.5mm，顶端有刺状尖，基部扩展，扩展处边缘膜质。花序穗状，生于枝条上部；苞片长卵形，顶端有刺尖，边缘膜质；小苞片卵形；花被片长卵形，膜质，无毛，背面具 1 脉；花被片果时变硬，自背面中部生翅；翅 3 个较大，肾形或倒卵形，膜质，无色或淡紫红色，具数脉，2 个较狭窄，花被果时 (包括翅) 直径 7 ～ 10mm；花被片在翅以上部分近革质，顶端为薄膜质，向中央聚集，包覆果实，柱头丝状，长为花柱的 3 ～ 4 倍。种子横生，直径约 2mm。花期 8 ～ 9 月，果期 9 ～ 10 月。

生　　境：生于河谷沙地、砾质戈壁上。

地理分布：见于西藏拉萨附近。分布于我国东北、华北、西北地区及西藏、山东、江苏。蒙古、俄罗斯也有分布。

用　　途：全草入药，治高血压、头痛、目眩。该种分布范围很广，能适应多种生境，可作为治沙植物。

合头草（黑柴） *Sympegma regelii* Bunge

形态描述：直立丛生灌木，圆形，高可达 1.5m。根粗壮，黑褐色。老枝多分枝，黄白色至灰褐色，通常具条状裂隙；当年生枝灰绿色，稍有乳头状突起，具多数单节间的腋生小枝；小枝长 3 ～ 8mm，基部具关节，易断落。叶互生，肉质，棍棒形，长 4 ～ 10mm，宽约 1mm，直或稍弧曲，向上斜伸，先端急尖，基部收缩。花两性，通常 1 ～ 3 个簇生在具单个节间的小枝顶端，花簇下具 1(稀 2) 对基部合生的苞片状叶，状如头状花序；花被片直立，草质，具膜质狭边，先端稍钝，脉显著浮凸，翅宽卵形至近圆形，不等大，淡黄色，具纵脉纹；雄蕊 5，花药伸出花被外，柱头有颗粒状突起。胞果两侧稍扁，圆形，果皮淡黄色。种子直立，直径 1 ～ 1.2mm。花果期 7 ～ 8 月。

生　　境：生于轻盐碱化的荒漠、山坡、冲积扇、沟沿等处。

地理分布：见于青海格尔木南山口附近。分布于新疆、青海北部、甘肃北部、宁夏。俄罗斯、哈萨克斯坦、蒙古也有分布。

用　　途：该种为荒漠、半荒漠地区的优势植物，也为优良牧草，羊和骆驼喜食其当年生枝叶。

11.3.6　毛莨科

露蕊乌头 Aconitum gymnandrum Maxim.

形态描述：一年生草本，近圆柱形，长 5 ～ 14cm，粗 1.5 ～ 4.5mm。茎高（6）25 ～ 55（100）cm，被疏或密的短柔毛，下部有时变无毛，等距地生叶，常分枝。基生叶 1 ～ 3（6）枚，与最下部茎生叶通常在开花时枯萎；叶片宽卵形或三角状卵形，长 3.5 ～ 6.4cm，宽 4 ～ 5cm，三全裂，全裂片二至三回深裂，小裂片狭卵形至狭披针形，表面疏被短伏毛，背面沿脉疏被长柔毛或变无毛；下部叶柄长 4 ～ 7cm，上部的叶柄渐变短，具狭鞘。总状花序有 6 ～ 16 花；基部苞片似叶，其他下部苞片三裂，中部以上苞片披针形至线形；花梗长 1 ～ 5（9）cm；小苞片生花梗上部或顶部，叶状至线形，长 0.5 ～ 1.5cm；萼片蓝紫色，少有白色，外面疏被柔毛，有较长爪，上萼片船形，高约 1.8cm，爪长约 1.4cm，侧萼片长 1.5 ～ 1.8cm，瓣片与爪近等长；花瓣的瓣片宽 6 ～ 8mm，疏被缘毛，距短，头状，疏被短毛；花丝疏被短毛；心皮 6 ～ 13，子房有柔毛。蓇葖果长 0.8 ～ 1.2cm；种子倒卵球形，长约 1.5mm，密生横狭翅。6 ～ 8 月开花。

生　　境：生于海拔 1550 ～ 3800m 山地草坡、田边草地或河边砂地。

地理分布：分布于西藏、四川西部、青海、甘肃南部。

用　　途：全草供药用，治风湿等症。全草有毒，在青海民和用来除四害。花期紫罗兰色成片，十分可爱、壮观。

铁棒锤 *Aconitum pendulum* Busch

形态描述：多年生草本，无毛，只在上部疏被短柔毛。块根倒圆锥形。茎高 25 ～ 100cm，中部以上密生叶，不分枝或分枝。叶片宽卵形，长 3 ～ 6cm，宽 4 ～ 6cm，掌状深裂，再次分裂，小裂片线形，宽 1 ～ 2mm，两面无毛；叶柄长 4 ～ 5mm。顶生总状花序有 8 ～ 35 朵花，轴和花梗密被伸展的黄色短柔毛，下部苞片叶状，或三裂，上部苞片线形；花梗短而粗，长 2 ～ 6mm；小苞片生花梗上部，披针状线形；萼片黄色，常带绿色，有时蓝色，上萼片镰刀形，具爪，弧状弯曲，侧萼片圆倒卵形，下萼片斜长圆形；花瓣瓣片长约 8mm，唇长 1.5 ～ 4mm，距长不到 1mm，向后弯曲；花丝全缘，心皮 5。蓇葖果长 1.1 ～ 1.4cm。花期 7 ～ 9 月。

生　境：生于山地草坡或林边，海拔 2800 ～ 4500m。

地理分布：见于西藏那曲、安多附近。分布于西藏、云南、四川、青海、甘肃、陕西及河南。

用　途：块根有剧毒，供药用，治跌打损伤、骨折、风湿腰痛、冻疮等症。可供观赏。

蓝侧金盏花 *Adonis coerulea* Maxim.

形态描述：多年生草本，除心皮外，全部无毛。根状茎粗壮。茎高 3～15cm，常在近地面处分枝，基部和下部有数个鞘状鳞片。茎下部叶有长柄，上部的有短柄或无柄；叶片长圆形或长圆状狭卵形，少有三角形，长 1～4.8cm，宽 1～2cm，二至三回羽状细裂，羽片 4～6 对，稍互生，末回裂片狭披针形或披针状线形，顶端有短尖头；叶柄长达 3.2cm，基部有狭鞘。花直径 1～1.8cm；萼片 5～7，倒卵状椭圆形或卵形，长 4～6mm，顶端圆形；花瓣约 8，淡紫色或淡蓝色，狭倒卵形，长 5.5～11mm，顶端有少数小齿；花药椭圆形，花丝狭线形；心皮多数，子房卵形，花柱极短。瘦果倒卵形，长约 2mm，下部有稀疏短柔毛。4～7 月开花。

地理分布：分布于西藏东北部（海拔 4300～5000m）、青海（在南部至东南部 3650m，在东北部 2300～2700m）、四川西北部（3500～4000m）、甘肃。模式标本采自青海东北部。

用　途：全草药用，外敷治疮疥和牛皮癣等皮肤病（《青藏高原药物图鉴》）。

叠裂银莲花 *Anemone imbricata* Maxim.

形态描述：多年丛生草本。植株高 4～20cm。根状茎长约 5cm。基生叶 4～7，叶片椭圆状狭卵形，长 1.5～2.8cm，宽 1～2cm，基部心形，三全裂，中全裂片有细长柄，长 2～6mm，三全裂或三深裂，二回裂片浅裂，侧全裂片无柄，不等三深裂，各回裂片互相覆压，背面和边缘密被长柔毛；叶柄长 3～5cm。花葶 1～4，长 5～10cm，密被长柔毛，苞片 3，无柄，不等大，长 1～1.5cm，三深裂，花梗 1，长 0.5～3.5cm，有柔毛；萼片 6～9，白色、紫色或黑紫色，倒卵状长圆形或倒卵形；雄蕊多数，花药椭圆形；心皮约 30，无毛。瘦果扁平，椭圆形，有宽边缘，无毛，顶端有弯曲的短宿存花柱。6～8 月开花。

生　境：生于高山草坡或灌丛中，海拔 3200～5300m。

地理分布：见于西藏扎加藏布附近。分布于四川、甘肃、青海、西藏。

用　途：花、茎、叶可药用，能消炎，治烧伤等症。

水毛茛 *Batrachium bungei* (Steud.) L. Liou

形态描述：多年生沉水草本。茎长30cm以上，无毛或在节上有疏毛。叶有短或长柄；叶片轮廓近半圆形或扇状半圆形，直径2.5～4cm，三至五回2～3裂，小裂片近丝形，在水外通常收拢或近叉开，无毛或近无毛；叶柄长0.7～2cm，基部有宽或狭鞘，鞘长3～4mm，通常多少有短伏毛，偶尔叶柄只有鞘状部分。花直径1～1.5（2）cm；花梗长2～5cm，无毛；萼片反折，卵状椭圆形，长2.5～4mm，边缘膜质，无毛；花瓣白色，基部黄色，倒卵形，长5～9mm；雄蕊10余枚，花药长0.6～1mm；花托有毛。聚合果卵球形，直径约3.5mm；瘦果20～40，斜狭倒卵形，长1.2～2mm，有横皱纹。花期5～8月。

生　　境：生于山谷溪流、河滩积水地、平原湖中或水塘中，海拔自平原至3000m以上的高山。

地理分布：分布于辽宁、河北、山西、江西、江苏、甘肃、青海、四川、云南及西藏。

用　　途：耐水湿，可供观赏。

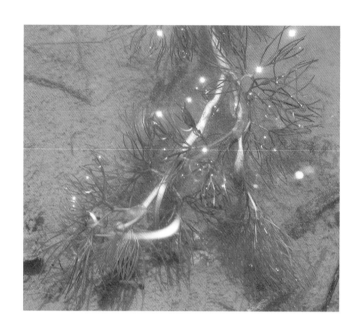

美花草 *Callianthemum pimpinelloides* (D. Don) Hook. f.et Thoms.

形态描述：多年生草本，植株全体无毛。根状茎短。茎2～3条，直立或渐升，高3～7cm。基生叶具长柄，一回羽状复叶，叶片卵形或狭卵形，长1.5～2.5cm，宽1.4～1.8cm，羽片1～3对，近无柄，斜卵形或宽菱形，掌状深裂，边缘有少数钝齿，顶生羽片扇状菱形；叶柄长1.5～6cm，基部具鞘。花直径1～1.5cm；萼片5，椭圆形；顶端钝或微尖，基部囊状；花瓣5～9，白色，粉红色或淡紫色，倒卵状长圆形或宽线形，长5～10mm，宽1～2.5mm，顶端圆形，下部橙黄色；雄蕊长约为花瓣之半，花药椭圆形，花丝披针状线形；心皮8～14。聚合果直径约6mm；瘦果卵球形，表面皱，宿存花柱短。花期4～6月，果期7～8月。

生　　境：生于高山草地，海拔3200～5600m。

地理分布：见于青海可可西里附近。分布于西藏、云南、四川、青海。尼泊尔、印度也有分布。

用　　途：耐瘠薄土壤，可供观赏。

甘青铁线莲 *Clematis tangutica* (Maxim.) Korsh.

形态描述：落叶藤本，长 1 ～ 4m，生于干旱沙地的植株高仅 30cm 左右。主根粗壮，木质。茎有明显的棱。一回羽状复叶，对生，有 5 ～ 7 小叶，小叶片基部常浅裂、深裂或全裂，侧生裂片小，中裂片较大，卵状长圆形、狭长圆形或披针形，长 3 ～ 4cm，宽 0.5 ～ 4.5cm，顶端钝，有短尖头，基部楔形，边缘有不整齐缺刻状的锯齿，下面有疏长毛，叶柄长 3 ～ 4cm。花单生，有时为单聚伞花序，有 3 花腋生，花序梗粗壮，长 6 ～ 15cm，有柔毛，萼片 4，黄色外面带紫色，斜上展，狭卵形、椭圆状长圆形，长 1.5 ～ 2.5cm，顶端渐尖或急尖。瘦果倒卵形，长约 4mm。有长柔毛，宿存花柱长达 4cm。花期 6 ～ 9 月，果期 9 ～ 10 月。

生　　境：生于高原草地或灌丛中。

地理分布：见于青海格尔木南山口与纳赤台附近。分布于新疆、西藏、四川、青海、甘肃及陕西。俄罗斯也有分布。

用　　途：本种花果美观，可引种栽培为园林花卉。全草入药，具健胃、消食的作用。

西藏铁线莲 *Clematis tenuifolia* Royle

形态描述：多年生藤本。茎有纵棱，老枝无毛，幼枝被疏柔毛。一至二回羽状复叶，小叶有柄，2～3全裂或深裂、浅裂，中间裂片较大，宽卵状披针形，长2.5～6cm，宽0.2～1cm，顶端钝或渐尖，基部楔形，全缘或有数个牙齿，两侧裂片较小，下部2～3裂或不分裂，两面被贴伏柔毛。花大，单生；萼片4，黄色，长1.2～2.2cm，宽0.8~1.5cm，宽长卵形或长圆形，内面密生柔毛，外面无毛或被疏柔毛，边缘有密绒毛；雄蕊多数，花丝狭条形。瘦果狭长倒卵形，宿存花柱被长柔毛，长约5cm。花期5～7月，果期7～10月。

生　　境：生于路边、山坡、草地、灌丛、河滩或水沟边，海拔2210～4800m。

地理分布：见于西藏拉萨附近。产西藏、四川。喜马拉雅山区也有分布。

用　　途：能攀缘，极具观赏价值。

蓝翠雀花 *Delphinium caeruleum* Jacq. ex Camb.

形态描述：多年生草本，植株稍被毛。茎高 8 ～ 60cm，自下部分枝。基生叶有长柄；叶片近圆形，宽 1.8 ～ 5cm，三全裂，中央全裂片菱状倒卵形，细裂，末回裂片线形，顶端有短尖，侧全裂片扇形，二至三回细裂；叶柄长 3.5 ～ 14cm；茎生叶似基生叶，渐变小。伞房花序常呈伞状，有 1 ～ 7 花；下部苞片叶状或三裂，其他苞片线形；花梗细，长 5 ～ 8cm；小苞片披针形。萼片紫蓝色，椭圆状倒卵形或椭圆形，长 1.5 ～ 2.5cm，外面有短柔毛，距钻形，长 1.8 ～ 2.8cm，基部粗 2 ～ 3mm；花瓣蓝色，无毛；退化雄蕊蓝色，瓣片宽倒卵形或近圆形，腹面被黄色髯毛；心皮 5，子房密被短柔毛。蓇葖果长 1.1 ～ 1.3cm。花期 7 ～ 9 月。

生　　境：生于山地草坡或多石砾山坡，海拔 2100 ～ 4600m。

地理分布：见于西藏那曲附近。分布于西藏、四川、青海、甘肃。尼泊尔、印度、不丹也有分布。

用　　途：花美丽，可栽培观赏。

奇林翠雀花 *Delphinium candelabrum* Ostf.

形态描述：多年生草本。茎埋于石砾中，长约6cm，下部无毛，上部有短柔毛。叶在茎露出地面处丛生，有长柄；叶片肾状五角形，宽1~2cm，三全裂，中全裂片宽菱形，侧全裂片近扇形，一至二回细裂，小裂片线状披针形，疏被短柔毛；叶柄长2~3.5cm。花梗3~6条，长5~7cm，上部密被黄色柔毛，顶端具1花；小苞片三裂，裂片披针形。花大；萼片淡蓝色，卵形，长约2cm，外面有黄色短柔毛，距比萼片稍长或与萼片近等长；花瓣暗褐色，顶端微凹；退化雄蕊黑褐色，近圆形，二浅裂，腹面有黄色髯毛，爪与瓣片近等长，基部有短附属物；雄蕊无毛；心皮3，子房被毛。蓇葖果。花期8月。

生　　境：生于山谷草地或多砂石山坡，海拔5100~5300m。

地理分布：见于西藏唐古拉北附近。特产西藏。

用　　途：美丽的高山花卉。花供药用。

奇林翠雀花 *Delphinium candelabrum* Ostf.

翠雀（鸽子花、百部草，鸡爪连）

Delphinium grandiflorum L.

形态描述：多年生草本。茎高 35 ～ 65cm，与叶柄均被反曲而贴伏的短柔毛，上部有时变无毛，等距地生叶，分枝。基生叶和茎下部叶有长柄；叶片圆五角形，长 2.2 ～ 6cm，宽 4 ～ 8.5cm，三全裂，中央全裂片近菱形，一至二回三裂近中脉，小裂片线状披针形至线形，宽 0.6 ～ 2.5（3.5）mm，边缘干时稍反卷，侧全裂片扇形，不等二深裂近基部，两面疏被短柔毛或近无毛；叶柄长为叶片的 3 ～ 4 倍，基部具短鞘。总状花序有 3 ～ 15 花；下部苞片叶状，其他苞片线形；花梗长 1.5 ～ 3.8cm，与轴密被贴伏的白色短柔毛；小苞片生花梗中部或上部，线形或丝形，长 3.5 ～ 7mm；萼片紫蓝色，椭圆形或宽椭圆形，长 1.2 ～ 1.8cm，外面有短柔毛，距钻形，长 1.7 ～ 2（2.3）cm，直或末端稍向下弯曲；花瓣蓝色，无毛，顶端圆形，退化雄蕊蓝色，瓣片近圆形或宽倒卵形，顶端全缘或微凹，腹面中央有黄色髯毛；雄蕊无毛；心皮 3，子房密被贴伏的短柔毛。蓇葖果直，长 1.4 ～ 1.9cm；种子倒卵状四面体形，长约 2mm，沿棱有翅。花期 5 ～ 10 月。

生　　境：生于海拔 500～2800m 山地草坡或丘陵砂地。

地理分布：分布于云南、四川、山西、河北、内蒙古、辽宁、吉林、黑龙江。在俄罗斯西伯利亚地区、蒙古也有分布。

用　　途：全草煎水含漱（有毒勿咽），可治风热牙痛；全草煎浓汁，可以灭虱。可栽培供观赏。

三果大通翠雀花 *Delphinium pylzowii* Maxim. var. *trigynum* W.T.Wang

形态描述：多年生草本。茎高 10 ~ 55cm，中下部分枝，被短柔毛。基部叶在开花时多枯萎；下部叶叶片圆五角形，长 1 ~ 2.8cm，宽 2.5 ~ 5cm，三全裂，中全裂片二至三回近羽状细裂，小裂片狭披针形至线形，两面疏被短柔毛；叶柄长 3.5 ~ 7.5cm。伞房花序有 2 ~ 6花；苞片叶状、三裂或钻形；花梗长 4.5 ~ 9cm，密被短柔毛并混有黄色腺毛；小苞片线形或钻形。萼片宿存，蓝紫色，卵形，长 1.5 ~ 2cm，外面有白色柔毛，距钻形，长 2 ~ 2.5cm，上部粗约 3mm；花瓣无毛，顶端微凹；退化雄蕊瓣片黑褐色，长 6 ~ 9mm，二裂达中部，腹面被黄色髯毛，爪与瓣片近等长；雄蕊无毛；心皮 3。蓇葖果长约 1.8cm。花期 7 ~ 8 月。

生　　境：生于高山草地，海拔 4500m。

地理分布：分布于西藏、四川、青海、甘肃。

用　　途：全草供药用，可治肠炎。

唐古拉翠雀花

Delphinium tangkulaense W. T. Wang

形态描述：多年生草本，高 5 ～ 10cm，被开展的短柔毛。茎不分枝或有 1 分枝。基生叶 2 ～ 4；叶片圆肾形，长 1 ～ 1.5cm，宽 1.5 ～ 3cm，三全裂，中央全裂片近扇形，三裂近中部，二回裂片又分裂，小裂片卵形或宽卵形，顶端圆形或钝，有短尖，侧全裂片斜扇形，不等二深裂，两面均被短柔毛；叶柄长 2 ～ 4cm；茎生叶似基生叶，较小。花 1 朵生茎或分枝顶端，长 3 ～ 4cm；花梗被短柔毛混生黄色短腺毛；小苞片与花远离，披针形。萼片宿存，蓝紫色，宽椭圆形或倒卵形，长 2 ～ 2.5cm，宽 1.5 ～ 2cm，外面密被短柔毛，距圆筒形，长 1 ～ 1.3cm，粗约 3.5mm；花瓣顶端二浅裂，有少数短毛；退化雄蕊瓣片近卵形，二裂近中部，腹面有黄色髯毛；雄蕊无毛；心皮 3，子房有短柔毛。蓇葖果。花期 7 ～ 8 月。

生　　境：生于山坡草地或湖边沙地，海拔 4700 ～ 4900m。

地理分布：见于西藏开心岭附近。产西藏、青海。

用　　途：耐瘠薄，可供观赏。

水葫芦苗（圆叶碱毛茛）

Halerpestes cymbalaria (Pursh) Green

形态描述：多年生草本。匍匐茎细长，横走。叶多数，叶片纸质，多近圆形，或肾形、宽卵形，长 0.5 ~ 2.5cm，宽稍大于长，基部圆心形、截形或宽楔形，边缘有 3 ~ 7 个圆齿，有时 3 ~ 5 裂，无毛；叶柄长 2 ~ 12cm，稍有毛。花葶 1 ~ 4 条，高 5 ~ 15cm，无毛，苞片线形；花小，直径 6 ~ 8mm；萼片绿色，卵形，长 3 ~ 4mm，无毛，反折，花瓣 5，狭椭圆形，与萼片近等长，顶端圆形，基部有长约 1mm 的爪，爪上端有点状蜜槽；花药长 0.5 ~ 0.8mm，花丝长约 2mm；花托圆柱形，有短柔毛。聚合果椭圆球形，直径约 5mm；瘦果小而极多，斜倒卵形，两面稍放起，有 3 ~ 6 条纵肋，无毛，喙极短，呈点状。花果期 5 ~ 9 月。

生　　境：生于盐碱性沼泽地或湖边。

地理分布：见于西藏拉萨附近草甸中。分布于西藏、四川、陕西、甘肃、青海、新疆、内蒙古、山西、河北、山东、辽宁、吉林及黑龙江。在亚洲和北美的温带广泛分布。

用　　途：可覆盖盐碱地面，花期长可供观赏。

丝裂碱毛茛 *Halerpestes filisecta* L. Liou

形态描述：多年生矮小匍地生草本。须根簇生，有伸长的匍匐茎。植株高 1 ～ 2cm，无毛。叶均基生，长圆形，全缘，长 3 ～ 4mm，宽 1 ～ 2mm，二至三回分裂，末回裂片短线形或近丝形，开张，顶端钝圆，无毛，叶柄长 4 ～ 10mm，基部有抱茎的白膜质宽鞘；内圈的叶片较小，3 深裂，叶柄短。花葶高 5 ～ 10mm；花单生，直径约 8mm；萼片带紫色，早落；花瓣 5，长圆形，长约 4mm，宽约 1.5mm，黄色，基部具爪及蜜槽；雄蕊少，10 多枚；花托圆球形。聚合果有 20 余枚瘦果，直径约 3mm；瘦果半圆形，较扁，长约 1.5mm，宽约 1mm，两面有 2 ～ 3 条纵肋，背腹有窄棱；果喙长 0.5 ～ 1mm，直伸，顶端有小钩。花果期 7 ～ 8 月。

生　　境：生于盐湖边及盐生草甸中，海拔 4750m。

地理分布：见于西藏那曲附近草甸中。仅分布于西藏。

用　　途：西藏特有小草本。

鸦跖花 *Oxygraphis glacialis* (Fisch.) Bunge

形态描述：多年生草本，植株高 2 ~ 9cm，有短根状茎；须根细长，簇生。叶全部基生，卵形、倒卵形至椭圆状长圆形，长 0.3 ~ 3cm，宽 5 ~ 25mm，全缘，有 3 出脉，无毛，常有软骨质边缘；叶柄较宽扁，长 1 ~ 4cm，基部鞘状，最后撕裂成纤维状残存。花葶 1 ~ 3 (5) 条，无毛；花单生，直径 1.5 ~ 3cm；萼片 5，宽倒卵形，长 4 ~ 10mm，近革质，无毛，果后增大，宿存；花瓣橙黄色或表面白色，10 ~ 15 枚，披针形或长圆形，长 7 ~ 15mm，宽 1.5 ~ 4m，有 3 ~ 5 脉，基部渐狭成爪，蜜槽呈杯状凹穴；花药长 0.5 ~ 1.2mm；花托较宽扁。聚合果近球形，直径约 1cm；瘦果楔状菱形，长 2.5 ~ 3mm，宽 1 ~ 1.5mm，有 4 条纵肋，背肋明显，喙顶生，短而硬，基部两侧有翼。花果期 6 ~ 8 月。

生　　境：生于海拔 3600 ~ 5100m 高山草甸或高山灌丛中。

地理分布：分布于西藏、云南西北部、四川西部、陕西南部、甘肃、青海和新疆。印度至俄罗斯中亚和西伯利亚地区也有分布。

铺散毛茛 *Ranunculus diffuses* DC.

形态描述：多年生草本，高 20 ~ 40cm，分枝较多，被开展白柔毛。基生叶及下部叶为 3 出复叶，叶片圆心形，小叶具小叶柄，小叶片宽倒卵形，边缘有粗齿或缺刻，两面伏生柔毛。茎生叶多数，3 深裂不达基部，裂片倒卵形，边缘有粗齿，叶柄向上渐变短，上部叶无柄。花与叶对生，直径约 1cm，花梗长 24cm，生柔毛；萼片椭圆形，长约 4mm，外面生白柔毛，边缘膜质；花瓣 5，倒卵形至椭圆形，长 5 ~ 6mm，宽 3 ~ 5mm，有 5 ~ 9 条脉，基部收缩成短爪，蜜槽有上部分离的小鳞片；雄蕊约 10 多枚；花托棒状。聚合果球形，直径 6 ~ 8mm；瘦果扁平，具棱，喙基部宽扁，顶端弯钩状。花果期 5 ~ 7 月。

生　　境：生于林缘和湿润草丛中，海拔 1000 ~ 3500m。

地理分布：见于西藏拉萨附近。分布于云南和西藏。印度至印度尼西亚一带也有分布。

圆裂毛茛 *Ranunculus dongrergensis* Hand.-Mazz.

形态描述：多年生草本。茎直立或斜升，高 5 ~ 15cm，单一或有分枝，无毛或上部生柔毛。基生叶数枚，叶片肾状圆形，长 5 ~ 10mm，宽 10 ~ 16mm，3 浅裂或中裂，裂片宽倒卵形或近圆形，宽 4 ~ 8mm，全缘，侧裂片常 2 浅裂，叶柄长 3 ~ 7cm，基部有膜质宽鞘；上部叶 3 中裂至深裂，裂片披针形或卵形，顶端钝圆，全缘。花单生于茎顶和分枝顶端，直径 1 ~ 1.8cm，花梗长 1 ~ 3cm；萼片椭圆形，生柔毛，带紫色；花瓣 5，宽倒卵形，长与宽为 5 ~ 8mm，有多数细脉，顶端或有微凹，基部爪短，蜜槽呈杯状袋穴；花托无毛。聚合果卵球形，直径约 5mm，瘦果卵球形或稍扁，无毛，喙直伸或稍弯。花果期 6 ~ 8 月。

生　　境：生于山地草坡上，海拔 3800 ~ 4800m。

地理分布：分布于西藏、云南、四川。

苞毛茛 *Ranunculus involuncratus* Maxim.

形态描述：多年生矮小草本。须根多数，伸长。茎单一直立，高 3 ~ 6(8)cm，肉质较厚，平滑无毛。基生叶 2 ~ 4 枚；叶片肾状圆形，长 5 ~ 12mm，宽 7 ~ 20mm，基部稍心形或截圆形，顶端有 3~5 个浅圆齿，肉质，无毛，边缘带紫色或偶见有毛；叶柄长 2 ~ 4cm，无毛。茎生叶 2 ~ 3 枚，邻接于花下而似总苞，叶片卵圆状楔形，长 1 ~ 1.5cm，宽 0.5 ~ 1cm，3 中裂或较深裂，顶端钝圆，上面及边缘有丝状长柔毛，无柄。花单生茎顶，直径 1.2 ~ 2cm；花梗粗短，长 2 ~ 4mm，果期伸长可达 1 ~ 1.5cm；萼片卵圆形，长 4 ~ 5mm，有 3 ~ 5 脉，暗紫色，外面生丝状长柔毛，果期增大变厚，宿存；花瓣 5，黄色或变紫色，倒卵形，长 8 ~ 12mm，宽 5 ~ 8mm，有多数脉，顶端截圆或有凹陷，基部有长约 1mm 的窄爪，蜜槽杯状，或顶端稍分离；花药长约 2mm；花托肥厚，生丝状柔毛。聚合果近球形，直径 6 ~ 9mm；瘦果卵球形而稍扁，长约 2mm，花果期 5 ~ 8 月。

生　　境：生于海拔 4700 ~ 5500m 砾石山坡、河滩干涸碎石沙间。

地理分布：分布于西藏和青海。

用　　途：本种植株矮小，肉质肥厚，茎生叶 2 ~ 3 枚，紧接于花下而似总苞，萼片暗紫色，增大宿存，明显与本属其他种类有别。

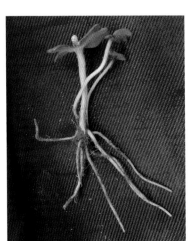

云生毛茛 *Ranunculus longicaulis* var. *nephelogenes* (Edgew.) L. Liou

形态描述：多年生草本，茎直立，高 3 ～ 12cm，单一呈葶状或有 2 ～ 3 个腋生短分枝，近无毛。基生叶多数，叶片呈披针形至线形，长 1 ～ 5cm；宽 2 ～ 8mm，全缘，基部楔形，有 3 ～ 5 脉，近革质，通常无毛，叶柄长 1 ～ 4cm，有膜质长鞘。茎生叶 1 ～ 3，无柄，叶片线形，全缘，有时 3 深裂，长 1 ～ 4cm，宽 0.5 ～ 5mm，无毛。花单生茎顶，直径 1 ～ 1.5cm；花梗长 2 ～ 5cm，具金黄色细柔毛；萼片卵形，常带紫色，有 3 ～ 5 脉；花瓣 5，倒卵形，长 6 ～ 8mm，有短爪，蜜槽呈杯状袋穴；花托圆柱形，疏生短毛。聚合果长圆形，直径 5 ～ 8mm，瘦果卵球形，无毛，有背腹纵肋，喙直伸。花果期 6 ～ 8 月。

生　　境：生于高山草甸、河滩湖边及沼泽草地，海拔 3000 ～ 5000m。

地理分布：见于西藏唐古拉北附近沼泽草甸中。分布于西藏、云南、四川、甘肃、青海。印度、尼泊尔等也有分布。

高原毛茛 *Ranunculus tanguticus* (Maxim.) Ovcz.

形态描述：多年生草本，须根基部稍增厚呈纺锤形。茎直立或斜升，高 10 ～ 30cm，多分枝，生白柔毛。基生叶多数，具长叶柄；叶片圆肾形或倒卵形，长及宽 1 ～ 6cm，3 出复叶，小叶片二至三回 3 全裂或深、中裂，末回裂片披针形至线形，宽 1 ～ 3mm，顶端稍尖；上部叶渐小，3 ～ 5 全裂，裂片线形，宽约 1mm，有短柄至无柄，基部具生柔毛的膜质宽鞘。花较多，单生于茎顶，直径 8 ～ 18mm；萼片椭圆形，具柔毛；花瓣 5，倒卵圆形，长 5 ～ 8mm，基部有窄长爪，蜜槽点状；花托圆柱形，平滑。聚合果长圆形，长 6 ～ 8mm，瘦果小而多，卵球形，较扁，喙直伸或稍弯。花果期 6 ～ 8 月。

生　　境：生于山坡或沟边沼泽湿地，海拔 3000 ～ 4500m。

地理分布：见于西藏那曲地区。分布于西藏、云南、四川、陕西、甘肃、青海、山西及河北等地。尼泊尔、印度北部也有分布。

用　　途：全草作药用，有清热解毒之效，治淋巴结核等症。

高山唐松草 *Thalictrum alpinum* L.

形态描述：多年生小草本，全部无毛。叶 4 ～ 5 个或更多，均基生，为二回羽状三出复叶；叶片长 1.5 ～ 4cm；小叶薄革质，有短柄或无柄，圆菱形、菱状宽倒卵形或倒卵形，长和宽均为 3 ～ 5mm，基部圆形或宽楔形，三浅裂，浅裂片全缘，脉不明显；叶柄长 1.5 ～ 3.5cm。花葶 1 ～ 2 条，高 6 ～ 20cm，不分枝；总状花序长 2.2 ～ 9cm；苞片小，狭卵形；花梗向下弯曲，长 1 ～ 10mm；萼片 4，脱落，椭圆形，长约 2mm；雄蕊 7 ～ 10，长约 5mm，花药狭长圆形，长约 1.2mm，顶端有短尖头，花丝丝形；心皮 3 ～ 5，柱头约与子房等长，箭头状。瘦果无柄或有不明显的柄，狭椭圆形，稍扁，长约 3mm，有 8 条粗纵肋。6 ～ 8 月开花。

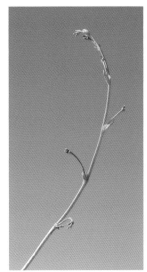

生　　境：生于海拔 4360 ～ 5300m 高山草地、山谷阴湿处或沼泽地。

地理分布：分布于西藏、新疆。在亚洲北部和西部、欧洲、北美洲也有分布。

芸香叶唐松草

Thalictrum rutifolium Hook. f. et Thoms.

形态描述：多年生草本，植株全部无毛。茎高 11 ～ 50cm，上部分枝。基生叶和茎下部叶有长柄，为三至四回近羽状复叶；叶片长 3 ～ 10cm，小叶草质，顶生小叶楔状倒卵形，有时菱形、椭圆形或近圆形，长 3 ～ 8mm，宽 2 ～ 7mm，顶端圆形，基部楔形至圆形，三裂或不分裂，通常全缘，网脉不明显；叶柄长达 6cm，基部有短鞘，托叶膜质，分裂。花序似总状花序，狭长，花梗长 2 ～ 7mm，结果时增长到 8 ～ 14mm。萼片 4，淡紫色，卵形，早落；雄蕊 4 ～ 30，花丝丝状，花药椭圆形，顶端有短尖；心皮 3 ～ 5，基部渐狭成短柄，花柱短。瘦果倒垂，稍扁，镰状半月形，具 8 条纵肋，宿存花柱反曲。花期 6 月。

生　　境：生于草坡、河滩或山谷，海拔 2280 ～ 4300m。

地理分布：见于西藏那曲、安多附近。分布于西藏、云南、四川、青海、甘肃。印度也有分布。

矮金莲花（五金草、一枝花）*Trollius farreri* Stapf

形态描述：多年生草本，植株全部无毛。根状茎短。茎高 5 ～ 17cm，不分枝。叶 3 ～ 4 枚，基生，长 3.5 ～ 6.5cm；叶片五角形，长 0.8 ～ 1cm，宽 1.5 ～ 2.5cm，基部心形，三全裂，中央全裂片菱状倒卵形或楔形，三浅裂，小裂片具 2 ～ 3 不规则三角形牙齿，侧全裂片不等二深裂，二回裂片生稀疏小裂片及三角形牙齿；叶柄长 1 ～ 4cm，基部具宽鞘。花单独顶生，直径 2 ～ 3.5cm；萼片 5，黄色，外面常带暗紫色，宽倒卵形，长、宽均为 1 ～ 1.5cm，顶端圆形或近截形，宿存；花瓣匙状线形，比雄蕊稍短，长约 5mm。蓇葖果长 1 ～ 2cm，喙直，短。花期 6 ～ 7 月，果期 8 月。

生　　境：生于山坡、草地上，海拔 2000 ～ 4700m。

地理分布：见于西藏扎加藏布附近。分布于云南、四川、西藏、青海、甘肃、陕西。

用　　途：全草供药用，主治伤风、感冒。

小金莲花 *Trollius pumilus* D. Don,

形态描述：多年生草本。茎 1 条，开花时高 3.5 ～ 9cm，结果时稍伸长，光滑，不分枝。叶 3 ～ 6 枚生茎基部或近基部处，长 3.2 ～ 5.5cm，干时不变绿色；叶片五角形或五角状卵形，长 0.8 ～ 1.5cm，宽 1.2 ～ 2.5cm，基部深心形，三深裂至距基部 1 ～ 1.5mm 处，深裂片近邻接，中央深裂片倒卵形或扇状倒卵形，顶端圆形，三浅裂达或不达中部，浅裂片互相邻接，具 2 ～ 3 枚小裂片，牙齿三角状卵形或宽卵形，顶端具硬的锐尖头，脉上面下陷，下面平或不明显隆起，侧深裂片斜扇，不等二深裂稍超过中部；叶柄长 1.5 ～ 5cm，基部具鞘。花单独顶生，直径 1.5 ～ 2cm；萼片黄色，干时不变绿色，5 片，倒卵形或卵形，长 6 ～ 10mm，宽 3.5 ～ 7mm，顶端圆形，通常脱落；花瓣比雄蕊短，匙状线形，长 2 ～ 3mm，宽在 0.5mm 以下，顶端圆形；雄蕊长 ～ 5mm，花药椭圆形，长约 2.5mm；心皮 6 ～ 16。蓇葖果长约 1cm，喙长约 1mm，稍向外弯曲；种子椭圆球形，稍扁，长约 1mm，光滑，黑色，有光泽。5 ～ 7 月开花，8 月结果。

生　　境：生于海拔 4100 ～ 4800m 沼泽草甸或林间草地。

地理分布：分布于西藏南部。尼泊尔及印度也有分布。

11.3.7　小檗科

近似小檗（三颗针）*Berberis approximata* Sprague

形态描述：落叶灌木，高 1 ～ 1.5m。老枝棕黑色，具条棱，无毛，具疣点，幼枝红褐色；刺三分叉，灰色或淡黄色，长 1 ～ 2cm。叶互生或簇生，纸质，倒卵形或狭椭圆形，长 1 ～ 2.2cm，宽 4 ～ 7mm，先端圆形或急尖，基部楔形，上面淡绿色，背面被白粉，叶缘平展，全缘或具 1 ～ 7 刺齿。花单生，黄色；花梗长 3 ～ 7mm；萼片 2 轮，外萼片椭圆形，内萼片倒卵形；花瓣倒卵形或椭圆形，先端浅缺裂，裂片急尖，基部略呈爪，具 2 枚紧靠的腺体；雄蕊药隔先端平截；胚珠 4 ～ 6 枚，具短柄。浆果卵球形，红色，长 8 ～ 10mm，直径 6 ～ 7mm，顶端具宿存短花柱，微被白粉。花期 5 ～ 6 月，果期 9 ～ 10 月。

生　　境：生于山坡灌丛中、山坡、林缘或林中，海拔 2900 ～ 4300m。

地理分布：见于西藏拉萨及堆龙德庆附近。分布于西藏、云南、四川、青海。

用　　途：本种性耐寒耐旱，容易成活，是高原上重要的水土保持植物之一。可用扦插进行繁殖。根茎入药，清热解毒。

11.3.8　罂粟科

齿苞黄堇 *Corydalis wuzhengyiana* Z. Y. Su et Liden

形态描述：铺散草本,高 20 ～ 30cm。主根粗大,根茎多数。茎基部分枝,铺散。基生叶长 10 ～ 15cm；叶柄长 4 ～ 6cm. 基部鞘状；叶片长圆形,宽约 2 ～ 3cm,一回羽状全裂；羽片 5 ～ 7 对,长 1.5 ～ 2cm,宽 8 ～ 15mm,3 ～ 5 深裂,裂片卵圆形或倒卵形,彼此叠压,边缘常具乳突状骨质小齿；茎生叶与茎基叶同形,较疏离。总状花序具多花,密集；苞片披针形；小花梗粗短,果期稍伸长。花黄色或污黄色,稍带紫褐色,瓣片宽展,渐尖,具鸡冠状突起；上花瓣,距圆筒形；下花瓣爪约与瓣片等长；内花瓣爪倒卵状披针形,约与瓣片等长；雄蕊束披针形；柱头扁四方形,顶端具 4 乳突。蒴果倒卵形,下垂。花果期 7 ～ 9 月。

生　　境：生于高山草地,海拔 4200 ～ 4600m。

地理分布：见于西藏羊八井附近高山草地。产四川及西藏。

尼泊尔黄堇 *Corydalis hendersonii* Hemsl.

形态描述：丛生小草本,高 5 ～ 8cm,肉质而易脆裂。主根直生,柱状。茎不分枝或少分枝,具密集环生的叶丛。叶肉质,苍白色,长 4 ～ 8cm；叶柄约与叶片等长,薄而扁平,宽 4 ～ 6mm；叶片卵圆形至三角形,三回三出全裂,末回裂片线状长圆形,约长 2 ～ 3mm,宽 1mm。总状花序具 3 ～ 6 花,伞房状。苞片扇形,多裂,边缘具缘毛。花梗长 1.2 ～ 1.8cm。花黄色,直立,仅顶端伸出叶和苞片之外。萼片狭线形。子房卵圆形,长约 2mm；花柱长约 4.5mm；柱头扁四方形,前端 2 裂,

具 2 短柱状乳突。蒴果长圆形,长 5 ～ 11mm,宽约 3mm,成熟时俯垂,藏于苞片中。

生　　境：生于海拔 4200 ～ 5200m 的河滩地或流石滩。

地理分布：产新疆、青海西部(可可西里)、西藏中部至西部。克什米尔地区和尼泊尔也有分布。

用　　途：藏药,全草清热解毒,降血压。

红花紫堇 *Corydalis livida* Maxim.

形态描述：多年生草本，高 19 ～ 60cm。主根粗壮，顶部具鳞片和叶柄残基。茎发自基生叶腋，下部裸露。基生叶少数，长达茎的一半，叶柄约与叶片等长，叶片一至二回羽状全裂，羽片具短柄至无柄，楔状卵圆形，约长 15 ～ 20mm，宽 8 ～ 15mm，二深裂，裂片卵圆形，多少具短尖，有时三裂；茎生叶通常为一回羽状全裂，羽片三深裂至二回二深裂。总状花序，具 10 ～ 15 花，下部具叶状苞片；花梗长 5 ～ 10mm；萼片心形或卵圆形；花冠紫红色或淡紫色，上花瓣长 1.8 ～ 2.5cm，鸡冠状突起浅而全缘；距约与瓣片等长，圆筒形，稍下弯；雄蕊卵状披针形；子房线形，柱头扁圆形。蒴果线形，具 1 列种子。花果期 8 ～ 9 月。

生　　境：生于灌丛中、针叶林下或林缘石缝中，海拔 2400 ～ 4000m。

地理分布：见于西藏羊八井附近。分布于甘肃、青海。

用　　途：花美丽，可引种栽培观赏。

铺散黄堇 *Corydalis casimiriana* Duthie et Prain ex Prain

形态描述：铺散草本，高20～40cm。茎纤细、柔弱，自基部具多数分枝，生多叶。叶多数，叶柄长0.5～2cm，叶片宽卵形或三角形，长1～1.8cm，三回三出分裂，小裂片长圆形或狭倒卵形，薄膜质。总状花序生于茎和分枝先端，长3～4cm，有6～12花，排列稀疏；苞片渐变小；花梗纤细，长于苞片。萼片鳞片状，撕裂状条裂；花瓣黄色，上花瓣舟状菱形，先端具短尖，鸡冠状突起矮，距纤细，圆锥状圆筒形，稍上弯，下花瓣舟状倒卵形，先端具短尖，内花瓣提琴形，先端紫黑色，具1侧生囊，爪线形；雄蕊束长约4mm，花丝狭披针形；子房线状长圆形，柱头扁长方形，上端2裂，具4个有柄乳突。蒴果线状长圆形，长0.8～1cm，粗1～1.5mm，成熟时自果梗基部反折。花果期7～9月。

生　　境：生于海拔2900～4200m的亚高山针叶林下或林缘灌丛中。

地理分布：产西藏。印度、不丹、尼泊尔等有分布。

尖突黄堇（扁柄黄堇、冬丝儿）

Corydalis mucronffera Maxim.

形态描述：多年生垫状草本，高约5cm，幼叶常被毛，具主根。茎数条发自基生叶腋，不分枝，具叶。基生叶多数，长约5cm；叶柄长约4cm，扁平；叶片卵圆形或心形，长约1cm，宽约1.2cm，三出羽状分裂或掌状分裂，末回裂片长圆形，具芒状尖突；茎生叶与基生叶同形，高出花序。花序伞房状，少花；苞片扇形，多裂，裂片线形至匙形，具芒状尖突；花梗长约1cm。花黄色；萼片长约1mm，宽约2mm，具齿；外花瓣具鸡冠状突起；上花瓣长约8mm，距圆筒形，稍短于瓣片，轻微上弯；内花瓣顶端暗绿色；柱头近四方形，两侧常不对称，具6乳突。蒴果椭圆形，长约6mm，具4种子。

生　　境：生于高山流石滩，海拔4200～5300m。

地理分布：见于青海可可西里附近。产新疆、甘肃、青海、西藏。

用　　途：藏药，全草清热止痛。

天山黄堇 *Corydalis semenovii* Regel et Herd.

形态描述：多年生直立灰绿色草本，高30～60cm，具主根。茎粗大，具棱，中空，分枝。下部叶长15～25cm；叶柄短；叶片近三角形，二回羽状全裂，羽片斜卵圆形至长圆形，长1～2.5cm，圆齿状分裂，裂片具芒状短尖；上部叶小。总状花序圆柱状至头状，具多花，密集，长3～7cm；苞片全缘，狭卵圆形至线形；花梗长3～4mm。萼片卵圆形，具齿，顶端具短尖。花淡黄色至近白色，俯垂；外花瓣渐尖，具短尖；上花瓣长约1.5cm，距圆钝，稍下弯；下花瓣长约1.2cm，爪较宽展；内花瓣长约1cm，具鸡冠状突起，爪纤细。子房线形；花柱细长，稍弯曲，柱头2叉状分裂。蒴果线形，弯曲，下垂。花果期9～10月。

生　　境：生于高山草地、云杉林缘，海拔1500～4000m。

地理分布：见于青海可可西里附近。产新疆及青海。中亚地区有分布。

细果角茴香

Hypecoum leptocarpum Hook. F. et Thoms.

形态描述：一年生草本，略被白粉，高 4 ～ 60cm。茎丛生，长短不一，铺散，多分枝。基生叶狭倒披针形，长 5 ～ 20cm，二回羽状全裂，小裂片披针形、卵形、狭椭圆形至倒卵形，先端锐尖；叶柄长 1.5 ～ 10cm；茎生叶同基生叶，但较小。花茎多数，高 5 ～ 40cm，二歧状分枝；苞叶轮生，卵形或倒卵形，二回羽状全裂至线形。花小，直径 5 ～ 8mm；花梗细长，具数枚刚毛状小苞片。萼片卵形或卵状披针形；花瓣淡紫色，外面 2 枚宽倒卵形，先端绿色，全缘，里面 2 枚较小，3 裂，中裂片匙状圆形，侧裂片较长，长卵形或宽披针形；雄蕊 4；子房圆柱形，柱头 2 裂。蒴果圆柱形，念珠状，每节具 1 种子。花果期 6 ～ 9 月。

生　　境：生于草地、河滩、砾石坡、砂质地，海拔 2700 ～ 5000m。

地理分布：见于青海可可西里附近。产河北、山西、内蒙古、陕西、甘肃、青海、新疆、四川、云南、西藏。蒙古和印度也有分布。

用　　途：全草入药，治感冒等症，并能解食物中毒。

多刺绿绒蒿

Meconopsis horridula Hook. f. et Thoms.

形态描述：一年生草本，全体被黄褐色坚硬而平展的刺，刺长 0.5 ～ 1cm。主根肥厚而延长，圆柱形。叶全部基生，叶片披针形，长 5 ～ 12cm，宽约 1cm，先端钝或急尖，基部渐狭而成叶柄，边缘全缘或波状；叶柄长 0.5 ～ 3cm。花葶 5 ～ 12 或更多，长 10 ～ 20cm，纤细，质硬。花单生于花葶上，半下垂，直径 2.5 ～ 4cm；花蕾近球形，直径约 1cm 或更大；萼片外面被刺；花瓣 4 ～ 8，宽倒卵形，长 1.2 ～ 2cm，宽约 1cm，蓝紫色；花丝丝状，花药长圆形，稍旋扭；子房圆锥状，花柱长 6 ～ 7mm，柱头圆锥状。蒴果倒卵形或椭圆状长圆形，成熟时 3 ～ 5 瓣自顶端开裂。花果期 6 ～ 9 月。

生　　境：生于高山草地，海拔 3600 ～ 5100m。

地理分布：见于青海可可西里附近。产甘肃、青海、四川、西藏。尼泊尔、印度、不丹也有分布。

用　　途：美丽的高山花卉。

11.3.9　十字花科

尖果寒原荠

Aphragmus oxycarpus (Hook. f. et Thoms.) Jafri

形态描述：多年生草本，高 2 ～ 7cm，被单毛与二叉毛，尤以花梗上为密。茎直立，近地面分枝，基部有残存叶柄，茎下部深红色。基生叶密集，叶片窄卵圆形或匙形，顶端钝，基部渐窄成柄，全缘或有 1 对齿，上部茎生叶入花序的成苞片状。花序呈疏松的伞房状，花梗长 3 ～ 6mm；萼片长宽近相等，长约 2mm，无毛，常为紫色；花瓣白色或淡紫色，卵圆形，长 4.5 ～ 5mm，顶端钝或微缺。短角果长圆状披针形，长 6 ～ 8mm，宽 1.5 ～ 2mm，顶端渐细；果梗长 4 ～ 6mm，花序轴不伸长，短角果密集。种子卵圆形，长约 1mm，淡棕色。花期 7 月。

生　　境：生于山顶草丛中，海拔 4400m。

地理分布：产四川、云南、西藏。俄罗斯的中亚地区也有分布。

用　　途：模式标本采自喜马拉雅地区西北部，极耐高寒。

硬毛南芥 *Arabis hirsuta* (Linn.) Scop.

形态描述：一年生或二年生草本，高 30 ～ 90cm，全株被有硬单毛及分叉毛。茎常中部分枝，直立。基生叶长椭圆形或匙形，长 2 ～ 6cm，宽 6 ～ 14mm，顶端钝圆，边缘全缘或呈浅疏齿，基部楔形；叶柄长 1 ～ 2cm；茎生叶多数，常贴茎，叶片长椭圆形或卵状披针形，顶端钝圆，边缘具浅疏齿，基部心形，抱茎或半抱茎。总状花序顶生或腋生，花多数；萼片长椭圆形；花瓣白色，长椭圆形，长 4 ～ 6mm，宽 0.8 ～ 1.5mm，顶端钝圆，基部呈爪状；花柱短，柱头扁平。长角果线形，长 3.5 ～ 6.5cm，直立，紧贴果序轴，具宿存花柱；果梗直立，长 8 ～ 15mm。种子每室 1 行，约 25 粒，种子卵形，褐色。花期 5 ～ 7 月，果期 6 ～ 7 月。

生　　境：生于草原、干燥山坡及路边草丛中，海拔 1500 ～ 4000m。

地理分布：见于西藏羊八井附近的山坡上。广布于我国北部及西部地区。亚洲北部和东部地区、欧洲及北美也有分布。

用　　途：小草本，适应性较强。

欧洲油菜 *Brassica napus* Linn.

形态描述：一年生或二年生草本，高 30 ～ 50cm，具粉霜。茎直立，有分枝，仅幼叶有少数散生刚毛。下部叶大头羽裂，长 5 ～ 25cm，宽 2 ～ 6cm，顶裂片卵形，长 7 ～ 9cm，顶端圆形，基部近截平，边缘具钝齿，侧裂片约 2 对，卵形，长 1.5 ～ 2.5cm；叶柄长 2.5 ～ 6cm，基部有裂片；中部及上部茎生叶由长圆椭圆形渐变成披针形，基部心形，抱茎。总状花序伞房状；花直径 10 ～ 15mm；花梗长 6 ～ 12mm；萼片卵形，长 5 ～ 8mm；花瓣浅黄色，倒卵形，长 10 ～ 15mm，爪长 4 ～ 6mm。长角果线形，长 40 ～ 80mm，果瓣具 1 中脉，喙细，长 1 ～ 2cm；果梗长约 2cm。种子球形，直径约 1.5mm，黄棕色，近种脐处常带黑色，有网状巢穴。花期 3 ～ 4 月，果期 4 ～ 5 月。

生　　境：生于农田中。

地理分布：西藏拉萨公路附近有栽培。

用　　途：世界各地栽培，为主要油料作物之一，高原上油菜花盛开时，金黄一片，常成为特殊的旅游景观。

红花肉叶荠 *Braya rosea* (Turcz.) Bunge

形态描述：多年生丛生草本，高 2～5cm，被单毛与短分枝毛。叶全部基生，叶片椭圆形、长椭圆形或长圆状倒卵形，长 1.5～2cm，肉质，顶端渐尖。花序成紧密的头状，果期稍伸长；萼片长 2～2.5mm，黄色，末端有时变为紫黑色，背面顶端隆起，具单毛或分枝毛；花瓣淡红色，窄倒卵形或匙形，长约 3mm，顶端钝圆，基部楔形。角果卵形或长圆形，长 3～4.5mm，宽约 1.5mm；花柱长 0.5～1mm；果梗长 2～4mm。花期 7 月。

生　　境：生于高山山坡、草甸，海拔 2500m。

地理分布：见于青海五道梁附近。产青海、新疆、四川、西藏。蒙古以及西伯利亚也有分布。

用　　途：稀有的小草本，不常见，用途未详。

柔毛高原芥 *Christolea villosa* (Maxim.) Jafri

形态描述：多年生草本,高 5 ～ 16cm,被白色柔软长单毛。地下具根茎,斜生,在近地面处分枝；茎数个丛生。基生叶具柄,柄长 3.5 ～ 8cm,边缘淡白色,近膜质；叶片长椭圆状披针形,长 1 ～ 5cm,宽 3 ～ 8mm,顶端急尖或钝尖,基部渐狭成柄,全缘,边缘具睫毛；茎生叶向上渐小。花序伞房状,花梗长 1 ～ 1.8cm。萼片长 5 ～ 6mm,外轮萼片为椭圆状卵形,内轮萼片为窄椭圆状卵形,被毛,有宽的白色膜质边缘,宿存。花瓣白色或淡紫色,倒卵形,长约 1cm,宽约 4mm,顶端微缺,基部成爪。长角果长圆状卵形,弯曲,长 8 ～ 14mm,宽约 3mm,果瓣稍作龙骨状,二端钝尖。种子宽卵状圆形,长约 3mm,棕褐色。花期 6 月。

生　　境：生于高山草地或流石滩,海拔 4500m。

地理分布：见于西藏乌丽附近。产青海、西藏。

盐泽双脊荠 *Dilophia salsa* Thoms.

形态描述：多年生草本,高 1 ～ 6cm,全株无毛。根伏茎直径 1 ～ 2mm,长可达 10cm,分枝或不分枝。茎多数,丛生,分枝。基生叶莲座状,线形或线状长圆形,长 10 ～ 20mm,宽 1 ～ 2mm,顶端圆形,基部渐狭,全缘或有少数钝齿,有短柄或无柄；茎生叶线形,在花序下的成苞片状,二者皆肉质。总状花序成密伞房状；萼片卵形,长约 2mm,宿存；花瓣白色,匙形,长 2.5 ～ 3mm,顶端略凹。短角果倒心形,直径约 2mm,果瓣上有 2 翅状突出物,隔膜有孔或不完全；果梗长达 4.5mm,稍增粗。种子每室 2 ～ 4 个,长圆形,长约 0.8mm。花果期 6 ～ 9 月。

生　　境：生在盐沼泽地,海拔 2000 ～ 3000m。

地理分布：见于青海不冻泉附近的盐泽中。产青海、新疆、西藏。中亚地区、尼泊尔、巴基斯坦均有分布。

用　　途：耐盐小草本,用途未详。

腺异蕊芥

Dimorphostemon glandulosus (Kar. et Kir.) Golubk.

形态描述：一年生草本，高 3 ～ 15cm，植株具腺毛和单毛。茎分枝，多数，铺散或直立。单叶互生，长椭圆形，长 1 ～ 4cm，宽 2 ～ 5mm，边缘具 2 ～ 3 对篦齿状缺刻或羽状深裂，两面皆被黄色腺毛和白色单毛。总状花序生枝顶，花序短缩，结果时渐延长。萼片 4，长椭圆形，具白色膜质边缘，背面具白色单毛及腺毛，内轮 2 枚，基部略呈囊状；花瓣 4，宽楔形，长 3 ～ 4mm，顶端全缘，基部具短爪；长雄蕊花丝自顶端向下逐渐扩大，扁平，无齿。长角果圆柱形，长 1.5 ～ 2cm，具腺毛；果梗长 3 ～ 6mm，在总轴上斜上着生。种子褐色，小，椭圆形。花果期 6 ～ 9 月。

生　境：生于高山草地、砂地或石缝中，海拔 1900 ～ 5100m。

地理分布：见于西藏唐古拉北附近。产甘肃、四川、宁夏、青海、新疆、云南、西藏。俄罗斯、印度也有分布。

用　途：具观赏，适应性强，极耐高寒。

异蕊芥　栉叶芥 *Dimorphostemon pinnatus* Kitag.

形态描述：二年生直立草本，高 10 ~ 35cm，植株具腺毛及单毛。茎单一或上部分枝。叶互生，长椭圆形，长 1 ~ 6cm，宽 5 ~ 10mm，近无柄，边缘具 2 ~ 4 对篦齿状缺刻，两面均被黄色腺毛及白色长单毛。总状花序顶生，结果时延长；萼片 4，宽椭圆形，具白色膜质边缘，内轮 2 枚基部略呈囊状，背面无毛或具少数白色长单毛；花瓣 4，白色或淡紫红色，倒卵状楔形，长 6 ~ 8mm，宽 3 ~ 4mm，顶端凹缺，基部具短爪；长雄蕊花丝顶部一侧具齿或顶端向下逐渐扩大，扁平。长角果圆柱形，长 1.5 ~ 2mm，宽约 1mm，具腺毛；果梗长 6 ~ 16mm。种子褐色，小，椭圆形，顶端具膜质边缘。花果期 5 ~ 9 月。

生　　境：生于山坡草丛、山沟灌丛、河滩及路旁，海拔 1150 ~ 4000m。

地理分布：见于西藏那曲附近。产黑龙江、内蒙古、河北、甘肃、四川、云南、西藏。俄罗斯及蒙古也有分布。

阿尔泰葶苈 *Draba altaica* (C. A. Mey.) Bunge

形态描述：多年生丛生草本，高 2 ～ 10cm。根茎分枝多，密集，基部密具干膜质纤维状枯叶；上部簇生莲座状叶。花茎单一，多数丛生，直立，具 1 ～ 2 叶，被长单毛、有柄叉状毛及星状分枝毛。基生叶披针形或长圆形，长 6 ～ 20mm。宽 1 ～ 2mm，顶端渐尖，边缘全缘或具 1 ～ 2 锯齿，基部渐窄，两面被单毛、叉状毛、星状毛及分枝毛。茎生叶无柄，披针形，全缘或有 1 ～ 2 锯齿。总状花序有花 8 ～ 15 朵，密集成头状；萼片长椭圆形；花瓣白色，长倒卵状楔形，顶端微凹，长 2 ～ 2.5mm。短角果聚生，近于伞房状，椭圆形、长椭圆形或卵形，长 3 ～ 6mm，宽 1.5 ～ 2mm，无毛，果瓣扁平。种子褐色。花期 6 ～ 7 月。

生　　境：生于山坡岩石边、山顶碎石上、高山草地、山坡砂砾地，海拔 2000 ～ 5300m。

地理分布：见于青海可可西里附近。产甘肃、青海、新疆、西藏。西伯利亚、土耳其、克什米尔地区也有分布。

柱形葶苈 *Draba dasyastra* Gilg et O. E. Schulz

形态描述：多年生垫状草本。根茎分枝，近于直立，下部宿存条状覆瓦状鳞片枯叶，禾草色，光滑，密集成柱状；上部叶簇生。花茎无叶，高 3 ~ 4cm，果枝高可达 6cm，密被白色分枝毛或混生星状毛；基生叶紧密丛生，长椭圆形，长 2 ~ 6mm，宽 1 ~ 1.5mm，全缘。两面密生分枝毛、星状毛或单毛、叉状毛，顶端钝，基部渐窄成柄；柄无毛，边缘有少量单毛。总状花序有花 2 ~ 8 朵，花期较长，小花梗有时扭转；萼片长椭圆形，长约 2mm，背面被 2z 分枝毛；花瓣白色，倒卵状楔形，长 3.5 ~ 4mm；花丝基部扩大；子房长圆形。短角果长圆形，长 6 ~ 8mm，宽 1.5 ~ 2mm；花柱长约 0.5mm。种子未成熟。果期 7 月。

生　　境：生于山坡草地及冰质阶地，海拔 4500 ~ 5300m。

地理分布：见于西藏扎加藏布附近。产青海、西藏。

椭圆果葶苈 *Draba ellipsoidea* Hook. F. et Thoms.

形态描述：一年生草本，矮小，高 1.5 ～ 8cm。主根细。茎从基部分枝，被星状毛。基部的叶狭匙形或窄倒卵形，长 0.5 ～ 2cm，宽 2 ～ 4cm，顶端钝或渐尖，基部逐渐缩窄成柄，全缘或每侧有 1 ～ 3 锯齿；茎生叶少，被叉状毛及星状毛。总状花序有花 3 ～ 12 朵，疏松，花梗长 3 ～ 5mm；花小，4 数，白色。短角果椭圆形或近圆形，长 3 ～ 9mm，宽 3 ～ 3.5mm，无花柱，绿色；果瓣薄，被单毛、叉状毛或少量星状毛。种子短椭圆形，深褐色。果期 8 ～ 9 月。

生 境：生于山坡草地、河岸、坡地、草丛中及岩石旁，海拔 3900 ～ 5000m。

地理分布：见于青海可可西里附近。产甘肃、青海、四川、云南西北部及西藏。印度也有分布。

用 途：常见的小草本，适应性强。

山柳菊叶糖芥（山柳叶糖芥）*Erysimum hieracifolium* L.

形态描述：二年或多年生草本，高 30 ～ 60cm。茎直立，稍有棱角，不分枝或少分枝，具 2 ～ 4 叉毛。基生叶莲座状，叶片椭圆状长圆形至倒披针形，长 4 ～ 8cm，宽 3 ～ 10mm，顶端圆钝有小凸尖，基部渐狭，疏生波状齿至近全缘；叶柄长 1 ～ 1.5cm；茎生叶略似基生叶，或线形，近无柄。总状花序有多数花，果期长达 40cm；下部苞片线形；长 7 ～ 15mm。萼片 4，长圆形，花瓣鲜黄色，倒卵形，长 8 ～ 12mm，顶端圆形，具长爪。长角果线状圆筒形，长 3 ～ 6cm，具四棱，具贴生分叉毛，柱头头状，2 裂。花期 6 ～ 7 月，果期 7 ～ 8 月。

生 境：生于高山草地，海拔 2740 ～ 3800m。

地理分布：见于西藏堆龙德庆附近。产新疆、西藏。欧洲及亚洲温带有分布。

藏荠 *Hedinia tibetica* (Thoms.) Ostenf.

形态描述：多年生草本，全株有单毛及分叉毛；茎铺散，基部多分枝，长 5～15cm。叶线状长圆形，长 6～25cm，羽状全裂，裂片 4～6 对，长圆形，长 5～10mm，宽 3～5mm，顶端急尖，基部楔形，全缘或具缺刻；基生叶有柄，上部叶近无柄或无柄。总状花序下部花有 1 羽状分裂的叶状苞片，上部花的苞片小或全缺，花生在苞片腋部，直径约 3mm；萼片长圆状椭圆形，长约 2mm；花瓣白色，倒卵形，长 3～4mm，基部具爪。短角果长圆形，长约 1cm，宽 3～5mm，压扁，稍有毛或无毛，有 1 显著中脉，花柱极短；果梗长 2～3mm。种子多数，卵形，长约 1mm，棕色。花果期 6～8 月。

生　　境：生在高山山坡、草地及河滩。

地理分布：产甘肃、青海、新疆、四川、西藏。俄罗斯、蒙古、印度、尼泊尔、巴基斯坦也有分布。

用　　途：小花可爱，适应性强。

独行菜（腺独行菜、腺茎独行菜）

Lepidium apetalum Willd.

形态描述：一、二年生草本，高 5 ～ 30cm。茎直立，多分枝，无毛或疏被毛。基生叶窄匙形，一回羽状浅裂或深裂，长 3 ～ 5cm，宽 1 ～ 1.5cm，叶柄长 1 ～ 2cm；茎上部叶线形，有疏齿或全缘，无叶柄。总状花序顶生，果期延长；萼片 4，早落，卵形，长约 0.8mm，外面有柔毛；花瓣不存在或退化成丝状；雄蕊 2 或 4。短角果近圆形或宽椭圆形，扁平，长 2 ～ 3mm，宽约 2mm，顶端微缺，上部有短翅，隔膜宽不到 1mm；果梗弧形，长约 3mm。种子椭圆形，长约 1mm，平滑，棕红色。花果期 5 ～ 7 月。

生 境：生于山坡、山沟、路旁及村庄附近，海拔 400 ～ 3500m。

地理分布：见于青海格尔木不冻泉附近。产我国东北、华北、西北及西南地区。欧洲、亚洲东部及中部、喜马拉雅地区均有分布。

用 途：该种为常见的田间杂草。嫩叶可作野菜食用；全草及种子可供药用；种子可作葶苈子药用，亦可榨油。

头花独行菜

Lepidium capitatum J. D. Hooker et Thomson

形态描述 ： 一、二年生草本；茎匍匐或近直立，长达30cm，多分枝，铺散，具腺毛。基生叶及下部叶羽状半裂，长2～6cm，基部渐狭成叶柄或无柄，裂片长圆形，长3～5mm，宽1～2mm，顶端急尖，全缘，两面无毛；上部叶较小，羽状半裂或仅有锯齿，无柄。总状花序腋生，花紧密排列近头状，果期伸长；萼片4，长圆形，长约1mm；花瓣4，白色，倒卵状楔形，和萼片等长或稍短，顶端凹缺；雄蕊4。短角果卵形，长2.5～3mm，宽约2mm，顶端微缺，无毛，有不明显翅；果梗长2～4mm。种子10粒，长圆状卵形，长约1mm，浅棕色。花果期5～6月。

生　　境 ：生于在路边、荒地、山坡上，海拔3000m。

地理分布 ：青藏铁路沿线不冻泉至拉萨附近铁路边均有分布。产青海、四川、云南、西藏。印度、巴基斯坦、尼泊尔、不丹、克什米尔地区等也有分布。

涩芥 *Malcolmia africana* (L.) R. Br.

形态描述：一年生小草本。茎高 8 ~ 35cm，多分枝。叶互生，长圆形、倒披针形或近椭圆形，长 1.5 ~ 8cm，宽 5 ~ 18mm，边缘有波状齿或全缘。萼片长圆形，长 4 ~ 5mm；花瓣丁香色、紫色或粉红色，倒披针形，长 8 ~ 10mm。长角果线状圆柱形或近圆筒形，长 3.5 ~ 7cm，宽 1 ~ 2mm，近 4 棱，直立或稍弯曲，密生短或长分叉毛，或二者间生，或具刚毛，少数几无毛或完全无毛；柱头圆锥状；果梗加粗，长 1 ~ 2mm；种子长圆形，长 1mm。花果期 6 ~ 7 月。

生　　境：生于山坡上及田边，海拔 2740 ~ 3200m。

地理分布：见于西藏羊八井及拉萨附近山坡上。分布于华北地区、西北地区、安徽、江苏、四川。亚洲北部及西部、欧洲南部及非洲北部也有。

用　　途：小草本，用途未详。

单花荠（无茎芥）*Pegaeophyton scapiflorum* (Hook. f. et Thoms.) Marq. et Shaw

形态描述：多年生草本，茎短缩，植株光滑无毛，高（3）5 ~ 15cm；根粗壮，表皮多皱缩。叶多数，旋叠状着生于基部，叶片线状披针形或长匙形，长 2 ~ 10cm，宽（3）5 ~ 8(~ 20)mm，全缘或具稀疏浅齿；叶柄扁平，与叶片近等长，在基部扩大呈鞘状。花大，单生，白色至淡蓝色；花梗扁平，带状，长 2 ~ 10cm；萼片长卵形，长 3 ~ 5mm，宽 2 ~ 3mm，内轮 2 枚基部略呈囊状，具白色膜质边缘；花瓣宽倒卵形，长 5 ~ 8mm，宽 3 ~ 7mm，顶端全缘或微凹，基部稍具爪。短角果宽卵形，扁平，肉质，具狭翅状边缘。种子每室 2 行，圆形而扁，长 1.8 ~ 2mm，宽约 1.5mm，褐色；子叶缘倚胚根。花果期 6 ~ 9 月。

生　　境：生于山坡潮湿地、高山草地、林内水沟边及流水滩，海拔 3500 ~ 5400m。

地理分布：产青海、四川西南部、云南西北部、西藏。印度、不丹也有分布。

用　　途：民间用全草内服退热、治肺咯血，并解食物中毒；外用治刀伤。

燥原荠 *Ptilotricum canescens* (DC.) C. A. Mey.

形态描述：半灌木，基部木质化，高 5 ～ 40cm，密被星状毛或分叉毛，灰绿色。茎直立，或基部铺散，近地面处分枝。叶密生，条形或条状披针形，长 7 ～ 15mm，宽 0.7 ～ 1.2mm，顶端急尖，全缘。花序伞房状，果期伸长，花梗长约 3.5mm；外轮萼片宽于内轮萼片，灰绿色或淡紫色，长 1.5 ～ 3mm，有白色边缘，并有星状缘毛；花瓣白色，宽倒卵形，长 3 ～ 5mm，宽 2 ～ 3.5mm，顶端钝圆，基部渐窄成爪；子房密被小星状毛，花柱长，柱头头状。短角果卵形，长 3 ～ 5mm，宽 2 ～ 3mm；花柱宿存，长约 2mm；果梗长 2 ～ 5mm。种子每室 1 粒，悬垂于室顶，长圆卵形，长约 2mm，深棕色。花期 6 ～ 8 月。

生　　境：生于干燥石质山坡、草地、草原。

地理分布：见于青海格尔木南山口与纳赤台附近。分布于黑龙江、内蒙古、河北、山西、陕西北部、甘肃北部、青海、新疆、西藏。蒙古、俄罗斯也有分布。

簇芥 *Pycnoplinthus uniflorus* (Hook. f. et Thoms.) O. E. Schulz

形态描述：多年丛生小草本，垫状；根状茎直径 5 ～ 7mm，稍呈纺锤形，具残存叶柄。基生叶窄线形，长 10 ～ 20mm，宽 1.5 ～ 2mm，常全缘，无毛，无柄或近无柄。花葶多数，具单花约和叶等长，花高出叶；萼片长圆形，长 3 ～ 3.5mm；花瓣白色，后变淡紫色，倒卵形，长 5 mm，宽约 2.5mm。长角果窄圆柱形，长 10 ～ 15mm，宽约 1.5mm，无毛，近顶端稍弯曲。种子每室 5 ～ 6 个，卵形，长约 1.5mm，带棕色，具细网纹。花期 6 ～ 7 月，果期 7 ～ 8 月。

地理分布：产青海、西藏。喜马拉雅地区有分布。

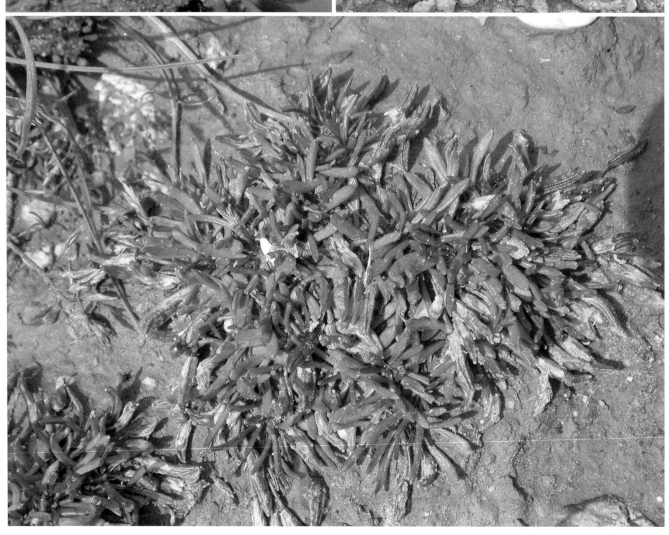

大花棒果芥 *Sterigmostemum grandiflorum* K. C. Kuan

形态描述：多年生草本，高 6 ～ 16cm，全体密生星状毛。茎单一或数个，直立或上升，从基部分枝。基生叶匙形或倒披针形，长 2 ～ 7cm，宽 5 ～ 25mm，边缘有粗大波状齿，顶端圆钝，基部渐狭，灰绿色，中脉粗，显著，叶柄长 1 ～ 5cm；茎生叶线形或披针形，长 1 ～ 3cm。总状花序顶生；萼片长圆形，长 12 ～ 14mm，顶端钝；花瓣灰黄色或黄棕色，倒卵形，长 17 ～ 20mm，芳香；长雄蕊花丝长约 10mm；子房长 10 ～ 12mm，花柱长约 5mm，柱头 2 裂，开展。长角果圆柱形，长 2.5 ～ 3.5cm，顶端稍细；果梗粗，长 7 ～ 10mm，直径约 2mm；种子长圆形，长约 1mm，红棕色。花果期 5 ～ 7 月。

生　　境：生于干旱山谷的沙地上，海拔 3560 ～ 4270m。

地理分布：见于青海格尔木南山口与纳赤台附近。分布于青海。

用　　途：青海特有植物，耐瘠薄、干旱。

11.3.10 景天科

长鞭红景天

Rhodiola fastigiata (Hook. F. et Thoms.) S. H. Fu

形态描述：多年生草本。根颈长达50cm以上，不分枝或少分枝,每年伸出达1.5cm,直径1~1.5cm,老的花茎脱落，基部鳞片三角形。花茎4~10，着生主轴顶端，长8~20cm，粗1.2~2mm。叶密集，互生，线状长圆形、线状披针形至倒披针形,长8~12mm,宽1~4mm,先端钝，基部无柄，全缘。花序伞房状，长1cm，宽2cm；雌雄异株。花密生；萼片5，线形或长三角形，长3mm，钝；花瓣5，红色，长圆状披针形，长5mm，宽1.3mm，钝；雄蕊10，长达5~mm;鳞片5，横长方形，先端有微缺；心皮5，披针形，直立，花挂长。蓇葖果长7~8mm,直立，先端稍向外弯。花期6~8月，果期9月。

生 境：生于山坡石上，海拔2500~5400m。

地理分布:见于青海楚玛尔河附近。产西藏、云南、四川。克什米尔地区、尼泊尔、印度、不丹也有。

用 途：根茎可药用。

喜马红景天 *Rhodiola himalensis* (D. Don) S. H. Fu

形态描述：多年生密丛草本。根茎伸长，老的花茎残存，先端被三角形鳞片。花茎直立，圆，常带红色，长25~50cm，被多数透明的小腺体。叶互生，疏覆瓦状排列，披针形、倒披针形、倒卵形至长圆状倒披针形，长17~27mm，宽4~10mm，先端尖，基部圆，无柄，全缘或先端有齿，被微乳头状突起，中脉明显。花序伞房状，花梗细；雌雄异株；萼片4或5，狭三角形，长1.5~2mm，基部合生；花瓣4或5，深紫色，长圆状披针形，长3~4mm；雄蕊8或10，长2~3mm；鳞片长方形，长1mm，先端有微缺。雌花不具雄蕊;心皮4或5，直立，披针形,长6mm,花柱短，外弯。花期5~6月，果期8月。

生 境：生于高山山坡、草地及灌丛中，海拔3700~4200m。

地理分布：见于青海楚玛尔河附近。产西藏、云南及四川西北部。尼泊尔、印度、不丹也有分布。

用 途：观赏性很强，可作地被用。

四裂红景天（四裂景天）

Rhodiola quadrifida (Pall.) Fisch. et Mey.

形态描述：多年生草本，主根长达 18cm。根颈直径 1 ～ 3cm，分枝，黑褐色，先端被鳞片；老的枝茎宿存，常在 100 以上。花茎细，直径 0.5 ～ 1mm，高 3 ～ 10(～ 15)cm，稻秆色，直立，叶密生。叶互生，无柄，线形，长 5 ～ 8(～ 12)mm，宽 1mm，先端急尖，全缘。伞房花序花少数，宽 1.2 ～ 1.5cm，花梗与花同长或较短；萼片 4，线状披针形，长 3mm，宽 0.7mm，钝；花瓣 4，紫红色，长圆状倒卵形，长 4cm，宽 1mm，钝；雄蕊 8，与花瓣同长或稍长，花丝与花药黄色；鳞片 4，近长方形，长 1.5 ～ 1.8cm，宽 0.7mm。蓇葖果 4，披针形，长 5mm，直立，有先端反折的短喙，成熟时暗红色；种子长圆形，褐色，有翅。花期 5~6 月，果期 7 ～ 8 月。

生　　境：生于海拔 2900 ～ 5100m 的沟边、山坡石缝中。

地理分布：产西藏、四川、新疆、青海、甘肃。巴基斯坦、印度、尼泊尔、俄罗斯、蒙古也有分布。

用　　途：果供观赏，根深叶密覆盖地面。

圣地红景天 *Rhodiola sacra* (Prain ex Hamet) S. H. Fu

形态描述：多年生草本。花茎高 8 ～ 16cm。叶沿花茎全部着生，互生，倒卵形或倒卵状长圆形，长 8 ～ 11mm，基部楔形，具短假叶柄，边缘有少数浅裂。伞房花序花少数，花两性；5 基数；萼片狭披针状三角形，长 2.5 ～ 3mm，花瓣白色，狭长圆形，长约 1cm，全缘；雄蕊 10，长 1cm；鳞片近正方形，长 0.5mm；心皮狭披针形，长 5.5mm，直立。花期 8 月，果期 9 月。

生　　境：生于山坡岩石缝中、砾石中、山坡草地上，海拔 3500 ～ 4700m。

地理分布：见于西藏羊八井附近山坡上。分布于西藏其他地区。尼泊尔也有分布。

用　　途：小草本，花洁白可爱，可供观赏。

藏布红景天 *Sedum sangpo-tibetanum* Frod

形态描述：多年生小草本，高 5cm。根茎长达 20cm。基生叶线状披针形，长 1.5 ～ 3cm，基部稍宽。花茎直立。叶互生，线状披针形，长 1～1.5cm，基部有距。伞房花序长 1～1.5cm，有 3～10 花；花两性，5 基数；萼片长圆形，长 3～4mm；花瓣粉红色或紫红色，披针形、狭卵形至倒披针状狭长圆形，长 5mm，先端有宽的短尖；雄蕊 10，与花瓣同长或稍短；鳞片近匙状正方形，长 1mm；心皮几分离，直立，长圆形，长 5～6.5mm。花期 7～9 月，果期 9～12 月。

生　　境：生于砂砾地、山坡砂土、岩石缝间、沙质草地，海拔 4000 ～ 5100m。

地理分布：见于西藏堆龙德庆及纳木错等地。特产于西藏。

用　　途：花、梗艳红，极具观赏。

伞花红景天 *Rhodiola stapfii* (Hamet) S. H. Fu

形态描述：多年生小草本。基生叶鳞片状，三角形，长 7 ～ 10mm。花茎单生，高 1.4 ～ 3.5cm，直立，中部有叶轮生，上部伞房状伞形分枝。叶卵形或卵状长圆形，长 1 ～ 2cm，基部急狭为长 2～3mm 的假柄。轮生叶以上的茎 3～4 枝伞状分枝，中部再作 2 分枝，分枝长 1 ～ 2cm，每分枝顶端有 1 花，雌雄异株；5 基数；萼片线状三角形至宽线形，长 2.5 ～ 3.5mm；花瓣红色，倒卵形至长圆形，长 2.2 ～ 3.5mm，边缘啮蚀状；鳞片近正方形，长 0.6 ～ 0.8mm；心皮卵状披针形，分离部分长 2.5 ～ 3mm，直立。花果期 8 ～ 9 月。

生　　境：生于高山草甸或灌丛中，海拔 4200 ～ 5000m。

地理分布：见于羊八井附近山坡上。分布于印度、不丹。

用　　途：其叶形美观，观赏价值高。

大炮山景天 *Sedum erici-magnusii* Frod.

形态描述：一年生草本，全体无毛。花茎直立，高1～1.2cm，自基部分枝。叶互生，长圆形，长1.5～3.5mm，先端渐尖或具刺状硬尖，距宽，近2裂。花序有1～2花；苞片披针形；萼片长圆形，略不等长，长2.8～3.2mm，有钝距，先端硬尖；花瓣淡黄色，半卵形，长2～2.3mm，基部较宽，离生，先端钝；雄蕊8～10，2轮，内轮的生于距花瓣基部约0.5mm处，外轮的长1.8～2mm，鳞片线状匙形，长约1mm，先端钝形；心皮3～4，稀5，卵圆形，近直立，长2～2.8mm，先端突狭为短花柱，基部微合生。蓇葖果含种子4～8。种子近卵圆形，长约0.8mm，具细乳头状突起。花期8月，果期8～9月。

生　　境：生于山坡草地及河滩砂砾地上，海拔4300～4900m。

地理分布：见于西藏安多、那曲、当雄等地。特产于西藏、四川。

阔叶景天 *Sedum roborowskii* Maxim.

形态描述：二年生草本，无毛。根纤维状。花茎近直立，高3.5～15cm，由基部分枝。叶长圆形，长5～13mm，宽2～6mm，有钝距，先端钝。花序伞房状或近蝎尾状聚伞花序，生多数花，苞片叶形。花为不等的五基数，花梗长达3.5mm，萼片长圆形或长圆状倒卵形，不等长，长3～5mm，宽1.1～2mm，有钝距，先端钝；花瓣淡黄色，卵状披针形，长3.6～3.8mm，宽约1mm，离生，先端钝，雄蕊10，2轮；鳞片线状长方形，长0.6～0.9mm，先端微缺；心皮长圆形，花柱长0.5～0.7mm，基部合生约0.7mm，有胚珠12～15。种子小，卵状长圆形。花期8～9月，果期9月。

生　　境：生于山坡林下阴处或岩石上，也见于冲积滩地，海拔2200～4500m。

地理分布：见于羊八井附近山坡上。分布于宁夏、甘肃、青海、西藏等地。

用　　途：小草本，花密可爱，中国特有植物。

11.3.11 虎耳草科

三脉梅花草 *Parnassia trinervis* Drude

形态描述：多年生草本，高 7 ~ 30cm。根状茎块状、圆锥状或不规则形状。基生叶 4 ~ 9，具柄，叶片长圆形，长 8 ~ 15mm，宽 5 ~ 12mm，先端急尖，基部微心形，弧形脉 3 ~ 5 条；叶柄长 8 ~ 15mm；托叶膜质。茎 1 ~ 8 条，近基部具单个茎生叶，较小，无柄半抱茎。花单生于茎顶，直径约 1cm；萼筒漏斗状；萼片披针形，先端钝，全缘，具 3 条脉；花瓣白色，倒披针形，长约 7.8mm，宽约 2mm，先端圆，基部楔形下延成爪，全缘，具明显 3 脉；雄蕊 5，花丝长短不等，花药大，椭圆形；退化雄蕊 5，具柄，头部浅裂，裂片短棒状，先端截形；子房长圆形，花柱短；柱头 3 裂。蒴果 3 裂；种子多数。花期 7 ~ 8 月，果期 9 月。

生　　境：生于山谷潮湿地、沼泽草甸或河滩上，海拔 3100 ~ 4500m。

地理分布：见于西藏那曲附近草甸中。产甘肃、青海、四川和西藏。

用　　途：小草本，小花可爱。

绿花梅花草 *Parnassia viridiflora* Batalin

形态描述：多年生草本，高 7 ~ 14cm。根状茎稍增厚，球形或长圆形。基生叶 1 ~ 5。具长柄；叶状椭圆形或三角状卵形，长 1 ~ 2.5cm，宽 6 ~ 15mm，先端钝或微尖，基部宽楔形，弧形脉 5 ~ 7；叶柄长 1 ~ 2.5cm，扁平；托叶膜质。茎 1 ~ 2，近基部具 1 茎生叶，小，无柄半抱茎。花单生于茎顶，直径 13 ~ 18mm；萼筒陀螺状；萼片披针形，先端钝，全缘，具 3 脉；花瓣绿色，长圆披针形或窄长圆形，长 7 ~ 8mm，宽 2 ~ 2.5mm，先端圆，基部下延成爪，全缘，具 5 脉；雄蕊 5，扁平，花药椭圆形；退化雄蕊 5，具柄，头部 3 浅裂；子房椭圆形，花柱短，柱头 3 裂。蒴果椭圆形；种子多数。花期 8 月，果期 9 月。

生　　境：生于高山草甸、灌丛草甸或山坡等处，海拔 3600 ~ 4100m。

地理分布：见于西藏拉萨附近草甸中。产陕西、青海、四川和云南。

用　　途：小草本，用途未详。

小斑虎耳草 *Saxifraga punctulata* Engl.

形态描述：多年生草本，高 2.8 ～ 6cm，丛生。茎被黑紫色腺毛。基生叶密集，呈莲座状，肉质肥厚，匙形，长 3.5 ～ 4mm，宽约 1.4mm，先端钝，两面无毛，腹面上部具瘤状突起，边缘具软骨质突起和睫毛；茎生叶少数。花单生于茎顶，或聚伞花序具 2 ～ 3 花；花梗长 1 ～ 3cm，被黑紫色腺毛；萼片在花期直立，稍肉质，卵形，先端急尖，腹面无毛，背面和边缘中下部具黑紫色腺毛，5 脉于先端汇合成 1 疣点；花瓣乳白色，中下部具黄色和紫红色斑点，椭圆形，长 7.4 ～ 7.6mm，宽约 3.7mm，先端钝圆，基部突然变狭成爪，5 脉；雄蕊长约 4mm，花丝钻形；子房近上位，阔卵球形，花柱长约 1mm。花期 8 ～ 9 月。

生　　境：生于高山草甸和高山碎石隙，海拔 3600 ～ 5400m。

地理分布：见于西藏羊八井附近山坡上。分布于西藏南部。印度、尼泊尔也有分布。

用　　途：美丽的小草本。

红虎耳草（松吉斗） *Saxifraga sanguinea* Franch.

形态描述：多年生草本，高 5 ～ 15cm。茎紫红色，密被紫色腺毛。基生叶密集，呈莲座状，肉质，匙形，长 0.55 ～ 1.3cm，宽 1.5 ～ 3mm，先端钝而下弯，两面无毛，边缘具软骨质刚毛状睫毛；茎生叶较疏，革质，倒披针形至线状倒披针形，长 0.35 ～ 1.1cm，宽 2 ～ 2.5mm，先端钝，两面和边缘具紫褐色腺毛。聚伞花序长 2.7 ～ 6.5cm，具 3~23 花；花序分枝长 2.5 ～ 6cm，细弱，具 1 ～ 3 花；花梗长 0.6 ～ 1.7cm，密被紫褐色腺毛；萼片在花期由开展变反曲，卵形至披针形，长 2.5 ～ 5.7mm，宽 1.5 ～ 2.1mm，先端急尖或稍钝，腹面最上部、背面和边缘均具紫褐色腺毛，5 ～ 7 脉于先端汇合成 1 疣点；花瓣腹面黄白色，中下部具紫红色斑点，背面红色或全部红色，披针形，长 5 ～ 7.3mm，宽 2 ～ 2.3mm，先端急尖，基部圆形，具长 1.3 ～ 1.8mm 之爪，3 脉，具 2 痂体；雄蕊长约 4.5mm，花丝钻形；子房近上位，阔卵球形至近椭球形，长约 2mm，花柱长约 1mm。花期 7 ～ 8 月。

生　　境：生于海拔 3300 ～ 4500m 山坡草甸和石灰岩缝隙。

地理分布：产青海、四川、云南和西藏。

用　　途：全草入药；苦，寒；清肝胆之热，排脓敛疮；治肝炎、胆囊炎、流行性感冒等。

11.3.12 蔷薇科

砂生地蔷薇 *Chamaerhodos sabulosa* Bunge

形态描述：多年生草本。茎多数，丛生，平铺或上升，高 6 ～ 10cm，少有达 18cm，微坚硬，茎叶及叶柄均有短腺毛及长柔毛。基生叶莲座状，长 1 ～ 3cm，三回三深裂，一回裂片三全裂，二回裂片二至三回浅裂或不裂，小裂片长圆匙形，长 1 ～ 2mm，先端圆钝，在果期不枯萎；叶柄长 1.5 ～ 2.5cm；托叶不裂；茎生叶少数或不存，似基生叶，三深裂，裂片二至三全裂或不裂。圆锥状聚伞花序顶生，多花，在花期初紧密后疏散；苞片及小苞片条形，长 1 ～ 2mm，不裂；花小，直径 3 ～ 5mm；萼筒钟形或倒圆锥形，长 2 ～ 4.5mm，有柔毛，萼片三角卵形，直立，先端锐尖，和萼筒等长或稍长；花瓣披针状匙形或楔形，长 2 ～ 3mm，比萼片短或等长，白色或粉红色，先端圆钝；花丝无毛，比花瓣短；心皮常 6 ～ 8，离生。瘦果卵形，长 1mm，褐色，有光泽。花

期 6 ～ 7 月，果期 8 ～ 9 月。

生　　境：生于河边砂地或砾地。

地理分布：产内蒙古、新疆、西藏。蒙古、俄罗斯也有分布。

蕨麻（人参果、鹅绒委陵菜） *Potentilla anserine* L.

形态描述：多年生草本。根的下部有时长成纺锤形或椭圆形块根。茎匍匐，节处具不定根，常着地长出新植株。基生叶为间断羽状复叶，有小叶 6 ～ 11 对，叶柄被伏生疏柔毛，有时几无毛。小叶对生或互生，无柄或顶生小叶有短柄；小叶片通常椭圆形，倒卵椭圆形或长椭圆形，长 1 ～ 2.5cm，宽 0.5 ～ 1cm，边缘有多数尖锐锯齿或呈裂片状，上面绿色，下面密被紧贴银白色绢毛。单花腋生；花梗长 2.5 ～ 8cm，被疏柔毛；花直径 1.5 ～ 2cm；萼片三角卵形，副萼片椭圆形或椭圆披针形；花瓣黄色，倒卵形，顶端圆形，比萼片长 1 倍；花柱侧生，柱头稍扩大。花果期 7 ～ 9 月。

生　　境：生于河岸、路边、沼泽草甸中，海拔 500 ～ 4100m。

地理分布：见于青藏铁路沿线嘎恰、那曲、布母曲大桥、当雄大桥、宁中、羊八林、马乡、东嘎等地。广布于我国北部及西部地区。本种分布较广，横跨欧亚美三洲北半球温带，以及南美智利、大洋洲新西兰及塔斯马尼亚岛等地。

用　　途：在甘肃、青海、西藏高寒地区，根部膨大，富含淀粉，称"蕨麻"或"人参果"，可供食用；本种还是蜜源植物和饲料植物。

二裂委陵菜（痔疮草、叉叶委陵菜）
Potentilla bifurca L.

形态描述：多年生草本，全株被毛或无毛。根圆柱形，纤细，木质。花茎直立或上升，高 5 ～ 20cm。羽状复叶，有小叶 5 ～ 8 对，连叶柄长 3 ～ 8cm；小叶片无柄，对生，椭圆形、倒卵状椭圆形至长圆形，长 0.5 ～ 2cm，宽 0.4 ～ 1cm，顶端 2 裂，基部楔形或宽楔形，两面绿色，伏生疏柔毛；下部叶托叶膜质，褐色，上部茎生叶托叶草质，绿色，卵状椭圆形。近伞房状聚伞花序，顶生，疏散；花直径 0.7 ～ 1cm；萼片卵圆形，副萼片椭圆形；花瓣黄色，倒卵形，顶端圆钝，比萼片稍长；心皮沿腹部有稀疏柔毛；花柱侧生，棒形，基部较细，顶端缢缩，柱头扩大。瘦果表面光滑。花果期 5 ～ 9 月。

生　　境：生于路旁、沙滩、山坡草地、黄土坡上、半干旱荒漠草原及疏林下，海拔 800 ～ 4600m。

地理分布：见于青藏铁路沿线各地。分布于我国东北、华北、西北地区。蒙古、俄罗斯、朝鲜有分布。

用　　途：高山草原的优势植物，极常见。幼芽密集簇生，可入药。中等饲料植物，羊与骆驼喜食。

垫状金露梅 *Potentilla fruticosa* L. var. *pumila* Hook.f.

形态描述：垫状灌木，密集丛生，高 5 ～ 10cm。小枝红褐色，幼时被长柔毛。羽状复叶，小叶片 5，椭圆形，长 3 ～ 5mm，宽 3 ～ 4mm，上面密被伏毛，下面网脉明显，顶端急尖或圆钝，基部楔形，边缘全缘，反卷；叶柄被毛，托叶薄膜质，宽大，外面被长柔毛。单花或数朵生于枝顶，柄极短或几无，密被长柔毛或绢毛；花直径 1 ～ 1.5cm；萼片卵圆形，顶端急尖至短渐尖，副萼片披针形至倒卵状披针形，顶端渐尖至急尖，与萼片近等长，外面疏被绢毛；花瓣黄色，宽倒卵形，顶端圆钝，比萼片长；花柱近基生，棒形，基部稍细，顶部缢缩，柱头扩大。瘦果近卵形，褐棕色，长 1.5mm，外被长柔毛。花果期 6 ～ 8 月。

生　　境：生于高山草甸、灌丛中及砾石坡，海拔 4200 ～ 5000m。

地理分布：见于西藏开心岭至唐古拉北附近。分布于西藏。

用　　途：本种枝叶茂密，黄花鲜艳，适宜作庭园观赏灌木，或作矮篱也很美观。花、叶入药。

金露梅（金老梅、金蜡梅、药王茶） *Potentilla fruticosa* Linn.

形态描述：灌木，高 0.5 ～ 2m。分枝多，树皮纵向剥落，小枝红褐色，幼时被长柔毛。羽状复叶，有小叶 2 对，稀 3 小叶；上面 1 对小叶基部下延与叶轴汇合；叶柄被毛；小叶片长圆形或卵状披针形，长 0.7 ～ 2cm，宽 0.5 ～ 1cm，全缘，边缘全缘，顶端钝，基部楔形，两面绿色，被毛或几毛；托叶薄膜质，宽大。单花或数朵生于枝顶，花直径 2 ～ 3cm；萼片卵圆形，顶端尖，副萼片披针形，顶端尖，与萼片近等长，外面疏被绢毛；花瓣黄色，宽倒卵形，顶端圆钝，比萼片长；花柱近基生，棒形，基部稍细，顶部缢缩，柱头扩大。瘦果近卵形，褐棕色，外被长柔毛。花果期 6 ～ 9 月。

生　　境：生于山坡草地、砾石坡、灌丛及林缘，海拔 1000 ～ 4000m。

地理分布：见于青藏铁路沿线的小南川附近及当雄以南地区，拉萨苗圃已有栽培。广布于我国北部及西部地区。欧洲及美洲也有分布。

用　　途：本种分布广泛，能适应多种生境，同时枝叶花朵形态变异也很大。可作庭园观赏灌木及绿篱。叶与果含鞣质，可提制栲胶。嫩叶可代茶叶饮用。花、叶入药。藏民广泛用作建筑材料，填充在屋檐下或门窗上下。

柔毛委陵菜（红地榆）*Potentilla griffithii* Hook. f.

形态描述：多年生草本。根粗壮，圆柱形，有时多分枝。花茎直立或上升，高10～60cm，被开展长柔毛及短柔毛。基生叶羽状复叶，有小叶2～3(～4)对，间隔0.8～1.2cm，连叶柄长3～10cm，叶柄被开展长柔毛及短柔毛；小叶片通常对生，稀下部小叶互生，无柄或几无柄，椭圆形或倒卵状椭圆形，长0.5～3cm，宽0.5～1.5cm，

顶端圆钝，稀急尖，基部楔形或宽楔形，边缘有缺刻状锯齿，齿圆钝或急尖，上面绿色，被伏生疏柔毛，下面被白色绒毛及柔毛，沿脉密生长柔毛，有时白色绒毛脱落；茎生叶有羽状5小叶或掌状3小叶，小叶形状与基生叶小叶相似；基生叶托叶膜质，褐色，外面被长柔毛或脱落几无毛，茎生叶托叶草质，绿色，边缘齿牙状分裂或全缘。花序呈聚伞状伞房花序，少花，疏散；花直径1.5～2.5cm；萼片三角卵圆形，顶端渐尖或急尖，副萼片披针形、长圆披针形或长椭圆形，比萼片短或近等长，外面绿色，被疏柔毛或有时被白色绒毛；花瓣黄色，稀白色，倒卵形，顶端下凹，比萼片长1～2倍；花柱近顶生，圆锥形，基部膨大，柱头小，不扩大。瘦果光滑。花果期5～10月。

生　　境：生于荒地、山坡草地、林缘及林下，海拔2000～3600m。

地理分布：产四川、贵州、云南、西藏。不丹、印度有分布。

用　　途：本种近似华西委陵菜 *P. potaninii* Wolf，不同在于后者叶柄、花茎显著具有相互交织的白色绒毛，混生有紧贴直毛，小叶下面被白色绒毛永不脱落，叶柄上不被开展长柔毛，可以区别。

多茎委陵菜（猫爪子） *Potentilla multicaulis* Bunge

形态描述：多年生草本，被白色柔毛。根粗壮，圆柱形。花茎多而密集丛生，上升或铺散，长 7 ~ 35cm，常带暗红色。基生叶为羽状复叶，有 3 小叶，连叶柄长 3 ~ 10cm，叶柄暗红色。小叶片对生，无柄，椭圆形至倒卵形，长 0.5 ~ 2cm，宽 0.3 ~ 1cm，羽状深裂，裂片带形，排列整齐，顶端舌状，边缘平坦，上面绿色，下面被白色绒毛及长柔毛；茎生叶与基生叶形状相似，惟小叶对数较少；基生叶托叶膜质，棕褐色，茎生叶托叶草质，绿色。聚伞花序具多花；花直径 0.8 ~ 1cm；萼片三角卵形，副萼片狭披针形；花瓣黄色，倒卵形或近圆形，顶端微凹；花柱近顶生，圆柱形，基部膨大。瘦果卵球形，有皱纹。花果期 4 ~ 9 月。

生　　境：生耕地边、沟谷阴处、向阳砾石山坡、草地及疏林下，海拔 200 ~ 4600m。

地理分布：见于青藏铁路沿线各地。产我国东北、华北及西北地区。

用　　途：花供观赏。

多裂委陵菜 *Potentilla multifida* L.

形态描述：多年生草本，被柔毛。根圆柱形，稍木质化。花茎上升，高 12 ~ 40cm。羽状复叶，有小叶 3 ~ 5 对，连叶柄长 5 ~ 17cm；叶片对生，羽状深裂，长椭圆形或宽卵形，长 1 ~ 5cm，宽 0.8 ~ 2cm，裂片带形或带状披针形，顶端尖，边缘反卷，下面被白色绒毛；茎生叶 2 ~ 3，与基生形状相似，较小；基生叶托叶膜质，褐色，茎生叶托叶草质，绿色。花序为伞房状聚伞花序；小花梗长 1.5 ~ 2.5cm。花直径 1.2 ~ 1.5cm；萼片三角状卵形，顶端尖，副萼片披针形或椭圆披针形；花瓣黄色，倒卵形，顶端微凹；花柱圆锥形，近顶生，基部具乳头胀大，柱头稍扩大。瘦果平滑或具皱纹。花期 5 ~ 8 月。

生　　境：生于山坡草地、沟谷及林缘，海拔 1200 ~ 4300m。

地理分布：见于西藏那曲及安多附近。分布于我国东北、华北、西北及西南地区。广布于北半球。

用　　途：带根全草入药，具止血功效。

钉柱委陵菜 *Potentilla saundersiana* Royle

形态描述：多年生草本，被白色绒毛及疏柔毛。根粗壮，圆柱形。花茎直立或上升，高 10 ～ 20cm。基生叶 3 ～ 5 掌状复叶，连叶柄长 2 ～ 5cm；小叶无柄，小叶片长圆倒卵形，长 0.5 ～ 2cm，宽 0.4 ～ 1cm，顶端圆钝或急尖，基部楔形，边缘有多数缺刻状锯齿，上面绿色，下面密被白色绒毛；茎生叶 1 ～ 2，小叶 3 ～ 5，与基生叶小叶相似；基生叶托叶膜质，褐色，茎生叶托叶草质，绿色。聚伞花序顶生，有花多朵，疏散，花梗长 1 ～ 3cm；花直径 1 ～ 1.4cm；萼片三角卵形或三角披针形，副萼片披针形；花瓣黄色，倒卵形，顶端下凹；花柱近顶生，基部膨大不明显，柱头略扩大。瘦果光滑。花果期 6 ～ 8 月。

生　境：生于高山草原、山坡草地、多石山坡，海拔 2600 ～ 5100m。

地理分布：产山西、陕西、甘肃、宁夏、新疆、青海、四川、云南及西藏。印度、尼泊尔、不丹也有分布。

用　途：本种广布于我国北部及西南部高山地区，常为高山草原优势种或常见伴生植物。

伏毛山莓草 *Sibbaldia adpressa* Bunge

形态描述：多年生草本，被绢状糙伏毛。根木质细长，多分枝。花茎矮小，丛生，高 1.5 ～ 12cm。基生叶为羽状复叶，有小叶 2 对，连叶柄长 1.5 ～ 7cm；顶生小叶片倒披针形或倒卵长圆形，顶端截形，有 2 ～ 3 齿，基部楔形，侧生小叶全缘，披针形或长圆披针形，长 5 ～ 20mm，宽 1.5 ～ 6mm，顶端急尖，基部楔形；茎生叶 1 ～ 2，与基生叶相似；基生叶托叶膜质，暗褐色，茎生叶托叶草质，绿色，披针形。聚伞花序数朵或单花顶生；花 5 数，直径 0.6 ～ 1cm；萼片三角卵形，顶端急尖，副萼片长椭圆形，顶端圆钝或急尖；花瓣黄色或白色，倒卵长圆形；雄蕊 10；花柱近基生。瘦果表面有显著皱纹。花果期 5 ～ 8 月。

生　境：生农田边、山坡草地、砾石地及河滩地，海拔 600 ～ 4200m。

地理分布：见于西藏那曲、当雄、安多等地。产黑龙江、内蒙古、河北、甘肃、青海、新疆、西藏。俄罗斯和蒙古也有分布。

用　途：小花奇特，可供观赏。

牻牛儿苗 *Erodium stephanianum* Willd.

形态描述：多年生草本，高通常 15～50cm，全株被柔毛。根为直根，较粗壮。茎多数，蔓生。叶对生；托叶三角状披针形，分离；基生叶和茎下部叶具长柄；叶片卵形或三角状卵形，基部心形，长 5～10cm，宽 3～5cm，二回羽状深裂，小裂片卵状条形，全缘或具疏齿。伞形花序腋生，长于叶，具 2～5 花；苞片狭披针形，分离；花梗与总花梗相似，等于或稍长于花；萼片 5，矩圆状卵形，先端具长芒，被长糙毛；花瓣 5，紫红色，倒卵形，先端圆形或微凹；雄蕊长于萼片，花丝紫色，中部以下扩展，被柔毛；雌蕊被糙毛，花柱紫红色。蒴果牛角状，长约 4cm，成熟时开裂。种子褐色，具斑点。花期 6～8 月，果期 8～9 月。

生　　境：生于山坡、农田边、沙质河滩地和草原凹地等。

地理分布：见于西藏拉萨附近的荒地。分布于我国华北、东北、西北地区。俄罗斯、日本、蒙古、阿富汗、克什米尔与尼泊尔也有分布。

用　　途：全草供药用。

甘青老鹳草 *Geranium pylzowianum* Maxim.

形态描述：多年生草本，高 10～20cm。根茎细长，横生，节部常念珠状膨大，膨大处生有不定根和常发育有地上茎。茎直立，细弱，被倒向短柔毛，具 1～2 分枝。叶互生，被柔毛；托叶披针形，基部合生；基生叶和茎下部叶具长柄；叶片肾圆形，长 2～3.5cm，宽 2.5～4cm，掌状 5～7 深裂至基部，裂片倒卵形，1～2 次羽状深裂。二歧聚伞花序腋生和顶生，明显长于叶，具 2～4 花；总花梗密被倒向短柔毛；苞片披针形；小花梗长，下垂；萼片披针形；花瓣紫红色，倒卵圆形，先端截平，基部骤狭；雄蕊花丝淡棕色，花药深紫色；子房被伏毛，花柱分枝暗紫色。蒴果长 2～3cm，被疏短柔毛。花期 7～8 月，果期 9～10 月。

生　　境：生于山地林缘草地，灌丛中，亚高山和高山草甸，海拔 2500～5000 m。

地理分布：见于西藏羊八井附近山坡上。分布于陕西、甘肃、青海、四川、云南、西藏。尼泊尔也有布。

用　　途：全草入药，清热解毒，主治咽喉肿痛、肺热咳嗽等病。

11.3.13　豆科

毛叶绣线菊 *Spiraea mollifolia* Rehd.

形态描述：灌木，高达 2m，全株均被柔毛。茎直立，多分枝，小枝具棱角，褐色；冬芽卵状披针形。叶片长圆形或椭圆形，长 1～2cm，宽 0.4～0.6cm，先端钝或急尖，基部楔形，全缘或先端有少数锯齿，两面被丝伏长柔毛；叶柄长 2～5mm。伞形总状花序具总梗，有花 10～18 朵；花梗长 4～8mm；苞片狭椭圆形，全缘；花直径 5～7mm；萼筒钟状；萼片三角形，先端急尖；花瓣近圆形，先端钝，长与宽各约 2～3mm，白色；雄蕊约 20，几与花瓣等长，花盘具 10 个肥厚圆形裂片，排列成环形；子房被柔毛；花柱短于雄蕊。 蓇葖果直立开张，花柱生于背部近先端，多数直立开展，具直立萼片。花期 6～8 月，果期 7～10 月。

生　　境：生于山坡、山谷灌丛中或林缘，海拔 2600～4200m。

地理分布：见于西藏羊八井附近的山坡上。分布于甘肃、四川、云南、西藏。

用　　途：中国特有植物，可用于水土保持。

团垫黄耆 *Astragalus arnoldii* Hemsl. et Pears.

形态描述：多年生垫状草本，高 5～10cm。茎极短缩，多数，被灰白色毛。羽状复叶互生，有 5～7 片小叶，长 1～1.5cm；托叶小，与叶柄贴生，膜质；小叶狭长圆形，长 2～5mm，先端渐尖，基部钝圆，两面被灰白色毛，近无柄。总状花序的花序轴短缩，生 5～6 花；苞片线状披针形，膜质；花萼钟状，长 2.5～5mm，密被黑白混生的伏贴毛，萼齿三角形或狭披针形；花冠蓝紫色，旗瓣宽倒卵形，长 7～10mm，宽 5～8mm，先端微凹，中部稍缢缩，下部渐狭成楔形的短瓣柄，翼瓣长 7～8mm，瓣片长圆形，龙骨瓣较翼瓣短，瓣片与瓣柄等长；子房有短柄，密生软毛。荚果长圆形，微弯，半假 2 室，被白毛。花期 7 月，果期 8～9 月。

生　　境：生于山坡及河滩上，海拔 4600～5100m。

地理分布：见于青海可可西里地区。分布于青海、西藏。用途未详。

用　　途：耐贫瘠、高寒，可保持水土。

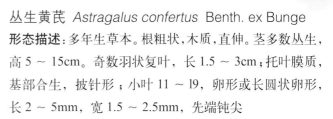

丛生黄芪 *Astragalus confertus* Benth. ex Bunge

形态描述：多年生草本。根粗状，木质，直伸。茎多数丛生，高 5 ～ 15cm。奇数羽状复叶，长 1.5 ～ 3cm；托叶膜质，基部合生，披针形；小叶 11 ～ 19，卵形或长圆状卵形，长 2 ～ 5mm，宽 1.5 ～ 2.5mm，先端钝尖或微凹，基部宽楔形，两面被白色柔毛，具短柄。总状花序生 6 ～ 8 花，密集呈头状；总花梗较叶短；苞片膜质，披针形；小苞片缺；小花梗短；花萼钟状，萼齿披针形；花冠青紫色，旗瓣宽倒卵形，长约 7mm，先端微凹，基部渐狭成瓣柄，瓣片长圆形，具短耳，龙骨瓣较翼瓣稍短，瓣片半圆形，失端深蓝色，具短耳；子房线形，具短柄。荚果长圆形，稍弯曲，两端尖，1室，有少数种子。花期 7 ～ 8 月，果期 8 ～ 9 月。

生　　境：生于高山草原中及路边，海拔 3000 ～ 5000m。

地理分布：见于西藏当雄、那曲、唐古拉北附近等地。产青海、四川及西藏。印度、巴基斯坦亦有分布。

用　　途：该种有时为杂草类草原中的优势种，大片生长，开花时景色壮观。

绒毛黄耆（长爪黄耆） *Astragalus heydei* var. *hendersonii* (Baker) H. Ohba et al.

形态描述：多年生草本，高 1 ～ 5cm，全株密被白色绒毛。根状茎圆柱形。茎铺散，分枝或不分枝。羽状复叶具 11 ～ 17 片小叶；托叶宽卵形或近半长圆形，下部合生，疏被白色绒毛；小叶近无柄，长圆状倒卵形或椭圆形，长 3 ～ 6mm，宽 1.5 ～ 2.5mm，密集或重叠。花单一顶生或 2 朵孪生；花萼钟状，萼齿三角状披针形；花冠紫红色，旗瓣长 9mm，宽 8.5mm，先端微缺，翼瓣长 7mm，宽 3mm，先端钝圆，龙骨瓣与翼瓣近等长；子房有短柄，柱头被簇毛。荚果淡紫红色，椭圆形或倒卵形，被弯曲绒毛，果颈不露出宿萼外。花期 7 ～ 8 月，果期 8 ～ 9 月。

生　　境：生于砾石山坡或沙坡草地中，海拔 3000 ～ 5000m。

地理分布：见于青藏铁路沿线的西大滩、不冻泉、楚玛尔河、乌丽、塘港、布玛德、扎加藏布、安多、那曲与东嘎。分布于青海、新疆、西藏。克什米尔也有分布。

用　　途：该种虽然极常见，但植株常极为矮小，又与砂石颜色相近，常容易被忽视。

短爪黄耆 *Astragalus nivalis* Kar. et Kir

形态描述：多年生矮小草本，高约 5 ~ 6cm，被柔毛。根长而木质，直径约 3 ~ 5mm。茎多从基部分枝，无毛，高 3 ~ 5cm。羽状复叶；托叶卵圆形，长约 2mm，无毛，下部合生；小叶 13 ~ 19 枚，椭圆形或矩圆形，长 5 ~ 6mm，宽 3 ~ 4mm，顶端锐尖或钝，基部近圆形，下面密被白色短柔毛。总状花序生 2 ~ 4 朵花；总花便长 1.5 ~ 4cm；花萼长约 4mm，萼齿披针形，与萼筒近等长；花冠紫红色；旗瓣长 9 ~ 10mm，瓣片扁圆形，爪长不及 2mm，翼瓣矩圆形，龙骨瓣与翼瓣几同形，二者长宽近相等，与旗瓣等长；子房疏被毛，具短柄。荚果矩圆形，长 1.5 ~ 2cm，宽 8 ~ 10mm，膜质，膨胀，具短柄，1 室。花期 7 月，果期 6 ~ 9 月。

生　境：生于山坡砂砾地、山坡草地，海拔 4900 ~ 5300m。

地理分布：见于西藏那曲附近。分布于西藏。克什米尔、巴基斯坦也有分布。

用　　途：极耐高寒，小花可爱。

拉萨黄耆 *Astragalus lasaensis* Ni et P. C. Li

形态描述：多年生草本，密被短柔毛。茎数条，平卧，长 15 ~ 35cm，分枝。羽状复叶，长 3 ~ 4cm；托叶三角状披针形，长约 5mm；小叶 13 ~ 19，椭圆形，长 4 ~ 10mm，宽约 2mm，先端尖，基部近圆形，两面密被白色绢状长柔毛。总状花序近头状，生 2 ~ 4 花，长 1 ~ 1.5cm。花萼钟状，被白色和黑色密毛，萼齿三角状钻形；花冠紫色，旗瓣长 10 ~ 12mm，宽 9 ~ 10mm，瓣片扁圆形，瓣柄长 3 ~ 4mm，翼瓣长 10 ~ 12mm，先端钝圆，龙骨瓣长 9 ~ 9.5mm，瓣片近长圆形，子房有柄，密被白色绢状长柔毛。荚果椭圆形，稍膨胀，背腹压扁，微被毛。花期 7 ~ 8 月。

生　境：生于山坡草地，海拔 4500 ~ 4600m。

地理分布：见于西藏拉萨附近。特产我国西藏中部至南部。

用　　途：花、果可供观赏。

长梗黄耆 Astragalus longiacapus Ni et P. C. Li

形态描述：多年生草本。茎极短缩，几呈无茎状。羽状复叶丛生，长 4 ~ 9cm；托叶草质，披针形，有数脉，淡褐色带紫色，被白色柔毛，基部与叶柄连合；叶柄纤细，长 3 ~ 7cm，叶轴较短，长仅 1 ~ 2cm，密被平伏短柔毛；小叶 9 ~ 11 枚，矩圆形或狭矩圆形，长 5 ~ 8mm，宽 2.5 ~ 4mm，上面无毛，下面密被白色平伏柔毛。花序梗从基部抽出，与叶近等长，总状花序具花 5 ~ 8 朵，密集排列，近头状；总花梗纤细，长可达 10cm，疏被白色平伏柔毛。花萼长 4 ~ 5mm，密披长柔毛，萼齿锥状。花冠蓝紫色；旗瓣长 7 ~ 8mm，瓣片近圆形，爪宽而短；翼瓣与旗瓣近等长；龙骨瓣稍短于翼瓣，宽为翼瓣的 2 倍；子房仅两侧缝线有毛，具短柄。荚果长圆形，背腹压扁，稍被短毛，先端急尖。花期 5 ~ 6 月，果期 7 ~ 8 月。

生　　境：生于山坡草地及石堆中，海拔 4050 ~ 4100m。

地理分布：见于西藏那曲附近。特产于西藏。

茵垫黄耆 *Astragalus mattam* Tsai et Yu

形态描述：多年生草本。茎枝交错呈垫状，高 2 ～ 5cm，密被白色柔毛。奇数羽状复叶，具 9 ～ 15 片小叶，长 2 ～ 4cm；托叶膜质，基部合生，三角状披针形；小叶长圆状卵形，长 3 ～ 5mm，宽 1.5 ～ 3mm，先端钝或尖，基部宽楔形，具短柄。总状花序生 3 ～ 5 花，花序轴较短，顶生；总花梗较叶长；苞片膜质，披针形，长 2 ～ 3mm；花梗较苞片稍短；花萼钟状，长 6 ～ 7mm，密被黑白色柔毛，萼齿线状披针形；花冠青紫色，旗瓣近圆形，长 12 ～ 15mm，先端微凹，基部渐狭，翼瓣长 10 ～ 11mm，瓣片长圆形，基部具短耳，瓣柄长约 2.5mm，龙骨瓣宽斧形，较翼瓣长，基部具短耳；子房披针形，被柔毛，具 5 ～ 7 枚胚珠。花期 7 月。

生　　境：生于高山草地，海拔 4000m 以上。

地理分布：见于青海可可西里地区。分布于青海。

用　　途：花、果奇特，可供观赏。

雪地黄耆 *Astragalus nivalis* Kar.et Kir

形态描述：多年生草本，常密丛状，被灰白色伏贴毛。茎匍匐，高8～25cm。羽状复叶长2～5cm；托叶下部合生，分离部分三角形；小叶9～17，圆形或卵圆形，长2～5mm，顶端钝圆，两面被灰白色伏贴毛。总状花序圆球形，生数花；总花梗长于叶，被白色毛；苞片卵圆形。花萼初期管状，长8～11mm，果期膨大成卵圆形，被白毛及黑毛，萼齿狭长三角形，先端钝；花冠淡蓝紫色；旗瓣长15～22mm，瓣片长圆状倒卵形，先端微凹，下部收狭成瓣柄，翼瓣较旗瓣稍短，瓣片长圆形，上部微开展，先端2裂，龙骨瓣较翼瓣短。荚果卵状椭圆形，薄革质，具短喙，有短柄，假2室。花期6～7月，果期7～8月。

生　　境：生于高原、河滩及山顶，海拔2500～4000m。

地理分布：见于青海可可西里地区。产青海、新疆和西藏。中亚地区也有分布。

用　　途：花多且奇特，可供观赏。

石生黄耆 *Astragalus saxorum* Simps.

形态描述：多年生草本，基部多分枝，匍匐状，长 20～40cm。奇数羽状复叶，长 4～6cm；托叶离生，三角形，长 2～3mm；小叶 15～21，长圆形或倒卵形，长 5～8mm，宽 2～4mm，先端钝圆或微凹，基部宽楔形或近圆形。总状花序生 6～16 花，稍密集，呈头状；苞片极短，披针形。花萼钟状，被白色伏贴粗毛，萼齿钻形。花冠淡紫色，旗瓣近圆形，长约 10mm，先端微凹，基部渐狭成瓣柄，翼瓣长约 8.5mm，瓣片狭长圆形，先端钝，基部具短耳，龙骨瓣较翼瓣长，瓣片半卵形；子房狭卵形，密被白色柔毛，具短柄。荚果狭卵形，先端尖，被柔毛。花期 5～6 月。

生　　境：生于干旱石质山坡，海拔 900～1500m。

地理分布：见于西藏那曲附近。产云南、四川、西藏和青海。

用　　途：小花可爱，可供观赏。

糙叶黄耆（粗糙紫云英）
Astragalus scaberrimus Bunge

形态描述：多年生草本，密被白色伏贴毛。根状茎短缩，多分枝，木质化；地上茎不明显或极短，有时伸长而匍匐。羽状复叶有 7～15 片小叶，长 5～17cm；叶柄与叶轴等长或稍长；托叶下部与叶柄贴生，长 4～7mm，上部呈三角形至披针形；小叶椭圆形或近圆形，有时披针形，长 7～20mm，宽 3～8mm，先端锐尖、渐尖，有时稍钝，基部宽楔形或近圆形，两面密被伏贴毛。总状花序生 3～5 花，排列紧密或稍稀疏；总花梗极短或长达数厘米，腋生；花梗极短；苞片披针形，较花梗长；花萼管状，长 7～9mm，被细伏贴毛，萼齿线状披针形，与萼筒等长或稍短；花冠淡黄色或白色，旗瓣倒卵状椭圆形，先端微凹，中部稍缢缩，下部稍狭成不明显的瓣柄，翼瓣较旗瓣短，瓣片长圆形，先端微凹，较瓣柄长，龙骨瓣较翼瓣短，瓣片半长圆形，与瓣柄等长或稍短；子房有短毛。荚果披针状长圆形，微弯，长 8～13mm，宽 2～4mm，具短喙，背缝线凹入，革质，密被白色伏贴毛，假 2 室。花期 4～8 月，果期 5～9 月。

生　　境：生于山坡石砾质草地、草原、沙丘及沿河流两岸的砂地。

地理分布：产我国东北、华北、西北各地区。西伯利亚、蒙古也有分布。

用　　途：牛羊喜食，可作牧草及保持水土植物。

肾形子黄耆 *Astragalus skythropos* Bunge

形态描述：多年生草本。根纺锤形，暗褐色。地上茎短缩或不明显。羽状复叶丛生呈假莲座状，有 13 ~ 31 片小叶，长 4 ~ 20cm；叶柄长 2 ~ 5cm，连同叶轴散生白色长柔毛，托叶膜质，离生，披针形，长 3 ~ 12mm，下面被白色长柔毛；小叶宽卵形或长圆形，长 5 ~ 18mm，宽 4 ~ 10mm，先端渐狭，钝圆或微凹，基部宽楔形或近圆形，上面无毛或疏被柔毛，下面或沿叶脉疏被白色长柔毛。总状花序生多数花，下垂，偏向一边；总花梗生基部叶腋，长 5 ~ 25cm，具条棱，散生白毛或上部混生褐色长柔毛；苞片披针形，长 5 ~ 8mm，背面被白色长柔毛；花梗长 1 ~ 2mm，密被黑色柔毛；花萼狭钟状，长 7 ~ 8mm，外面被褐色细柔毛；萼齿披针形至钻形，长约 3mm；花冠红色至紫红色，旗瓣倒卵形，长 15 ~ 20mm，先端微凹，基部渐狭成瓣柄，翼瓣与旗瓣近等长，瓣片长圆形，基部具长约 3mm 的耳，瓣柄与瓣片近等长，龙骨瓣较翼瓣稍长或近等长，瓣片半卵形，与瓣柄近等长；子房长圆形，被白色和棕色长伏贴

柔毛，具柄。荚果披针状卵形，长约 2cm，两端尖，密被白色和棕色长柔毛，果颈较萼筒稍长；种子 4 ~ 6 颗，肾形。花期 7 月。

生　　境：生于高山草甸，海拔 3200~3800m。

地理分布：产四川、云南、甘肃、青海、新疆。

笔直黄耆（劲直黄耆）

Astragalus strictus R. Grah. ex Benth.

形态描述：多年生草本，高 15 ~ 28cm，疏被白色伏毛。根圆柱形，粗壮。茎丛生，直立或上升，有细棱，分枝。羽状复叶长 5 ~ 10cm；叶柄长 15 ~ 40mm；托叶合生，三角状卵形；小叶 19 ~ 31，对生，长圆形至披针状长圆形，长 6 ~ 15mm，宽 2 ~ 5mm。总状花序生多数花，密集而短；总花梗长 4 ~ 12cm，较叶长；苞片线状钻形；花梗长约 1mm；花萼钟状，萼齿钻状；花冠紫红色，旗瓣宽倒卵形，长 8 ~ 9mm，宽 6 ~ 6.5mm，翼瓣长 6 ~ 7mm，龙骨瓣长约 6mm，瓣片半圆形；子房几无柄或仅长 1mm，被白色柔毛。荚果狭卵形或狭椭圆形，微弯，半假 2 室，含 4 ~ 6 颗种子，果颈不露出宿萼外。花期 7 ~ 8 月，果期 8 ~ 9 月。

生　　境：生于草地、湿地、石砾地及村旁、路旁、田边等地，海拔 2000 ~ 4800m。

地理分布：见于西藏拉萨至当雄公路沿线附近。分布于西藏、云南。尼泊尔、印度、克什米尔、巴基斯坦均有分布。

用　　途该种分布普遍，生命力顽强，在多种生境中均可以生存，在公路边两侧沙地上经常可以见到，不同生境的植株高度也常有变化。

甘青黄耆 *Astragalus tanguticus* Batalin

形态描述：多年生草本，茎平卧或上升，多数，长 20 ～ 40cm，密被白色开展的短柔毛，多分枝。羽状复叶具 11 ～ 21 片小叶，长 2 ～ 4cm；托叶三角状披针形，长达 4mm，上面无毛；叶柄长 4 ～ 6mm；小叶近对生，椭圆状长圆形或倒卵状长圆形，长 4 ～ 11mm，宽 2 ～ 4mm，先端圆或截形，有短尖头，基部圆或钝形，上面有时有疏柔毛，下面被白色半开展柔毛，小叶柄短。总状花序呈伞形；生 4 ～ 10 花，长 4 ～ 10cm，疏被白色或混有黑色柔毛；总花梗长 2 ～ 4cm；苞片披针形，长约 2.3mm；花梗长 1 ～ 1.2mm；小苞片细小；花萼钟状，疏被白色及黑色柔毛，萼筒 2 ～ 2.5mm，萼齿线状披针形，长 2.5 ～ 3mm；花冠青紫色；旗瓣长约 10mm，宽 10 ～ 10.5mm，瓣片近圆形，长 8 ～ 9mm，先端微缺，基部突然收狭，瓣柄长 1.7 ～ 2mm，翼瓣长约 8mm，瓣片近长圆形，长 7 ～ 8mm，宽 2.5 ～ 2.8mm，先端圆形，瓣柄长 2.5 ～ 2.8mm，龙骨瓣长 9 ～ 10mm，瓣片倒卵形，长 7 ～ 8mm，宽 3.5 ～ 4mm，瓣柄较短；子房有柄，密被白色柔毛，柄长约 1mm，柱头被簇毛。荚果近圆形或长圆形，长 7 ～ 8mm，直径 4 ～ 4.5mm，具网脉，疏被白色短柔毛，假 2 室，含多颗种子，果颈不露出宿萼外；种子棕色，圆肾形，长约 2mm，横宽约 2.5mm，平滑。花期 5 ～ 8 月，果期 8 ～ 10 月。

生　境：生于海拔 2500 ～ 4300m 的山谷、山坡、干草地、草滩。

地理分布：产甘肃、青海、四川、西藏。

用　途：花、梗艳丽，极具观赏。

小垫黄耆 *Astragalus pulvinatus* P. C. Li et Ni

形态描述：高山垫状植物，植丛高 2 ～ 4cm。根粗状，多分枝，木质。茎极缩短，高 1 ～ 3cm，下部为宿存的托叶和叶柄所包。叶密集呈覆瓦状，长 1 ～ 2cm；托叶三角状披针形，长约 2mm，膜质，疏被白色长柔毛，与叶柄分离，彼此适合至中部以上；叶柄和叶轴疏被短柔毛；小叶 9 ～ 15 枚，矩圆形，长 1 ～ 1.5mm，宽 0.7 ～ 1mm，上面仅边缘疏被毛，下面密被白色平状短柔毛。总状花序腋生，有 2 ～ 3（5）朵花；总花梗比叶长，疏被白色和黑色的短柔毛；花萼长 5 ～ 6mm，密被黑色平状短柔毛，萼齿条形，与萼筒近等长；花冠淡紫色或粉红色；旗瓣长约 1cm，瓣片近圆形；翼瓣长约 7mm；龙骨瓣长于翼瓣，二者的爪长均及瓣片的 1/2；子房密被白色和黑色长柔毛，有长柄。荚果未见。花期 7 月。

生　　境：生于海拔 4650 ～ 5300m 的高山碎石坡或山坡草地。

地理分布：产西藏普兰、班戈、吉隆、浪卡子。

用　　途：可保持水土，小花可爱。

二色锦鸡儿 *Caragana bicolor* Kom.

形态描述：灌木，高 1 ~ 3m。老枝灰褐色；小枝褐色，被短柔毛。羽状复叶有 4 ~ 8 对小叶；托叶三角形，褐色，膜质；长枝上叶轴硬化成粗针刺，长 1.5 ~ 5cm，灰褐色或带白色；小叶长圆形，长 3 ~ 8mm，宽 2 ~ 4mm，先端钝，基部楔形，幼时被伏贴白柔毛，后期仅下面疏被柔毛，淡绿色，上面深绿色。花梗单生，长 10 ~ 20mm，密被短柔毛，中部具关节，关节处具 2 枚苞片；花梗在关节处常分为 2 小花梗，每小花梗具 1 花，每花下具 3 枚小苞片；花萼钟状，萼齿披针形；花冠黄色，旗瓣倒卵形，先端微凹，瓣柄长不及瓣片的1/2，翼瓣的瓣柄比瓣片短，耳细长，稍短于瓣柄；龙骨瓣较旗瓣稍短，瓣柄与瓣片近等长，耳牙齿状，短小；子房密被柔毛。荚果圆筒状，先端渐尖，被柔毛。花期 6 ~ 7 月，果期 9 ~ 10 月。

生　　境：生于海拔 2400~3500m 的山坡灌丛、杂木林内。

地理分布：见于西藏拉萨附近，部分为生态恢复试验项目所栽培。分布于四川、云南、西藏。

用　　途：我国特有植物。锦鸡儿属植物在高原上为良好的生态恢复植物。

鬼箭锦鸡儿（鬼箭愁）*Caragana jubata* (Pall.) Poir.

形态描述：灌木，直立或伏地，高 0.3 ~ 2m，基部多分枝。树皮深褐色、绿灰色或灰褐色。羽状复叶有 4 ~ 6 对小叶；托叶先端刚毛状，不硬化成针刺；叶轴长 5 ~ 7cm，宿存，被疏柔毛。小叶长圆形，长 11 ~ 15mm，宽 4 ~ 6mm，先端圆或尖，具刺尖头，基部圆形，绿色，被长柔毛。花梗单生，长约 0.5mm，基部具关节，苞片线形；花萼钟状管形，长 14 ~ 17mm，被长柔毛，萼齿披针形，长为萼筒的 1/2；花冠玫瑰色、淡紫色、粉红色或近白色，长 27 ~ 32mm，旗瓣宽卵形，基部渐狭成长瓣柄，翼瓣近长圆形，瓣柄长为瓣片的 2/3 ~ 3/4，耳狭线形，长为瓣柄的 3/4，龙骨瓣先端斜截平而稍凹，瓣柄与瓣片近等长，耳短，三角形；子房被长柔毛。荚果长约 3cm，宽 6 ~ 7mm，密被丝状长柔毛。花期 6 ~ 7 月，果期 8 ~ 9 月。

生　　境：生于海拔 2400 ~ 3000m 的山坡、林缘。

地理分布：产西藏、内蒙古、河北、山西、新疆。俄罗斯、蒙古也有分布。

用　　途：小花极美。

甘蒙锦鸡儿 *Caragana opulens* Kom.

形态描述：灌木，高 40 ~ 60cm。树皮灰褐色，有光泽；小枝细长，稍呈灰白色，有明显条棱。假掌状复叶有 4 片小叶；托叶在长枝者硬化成针刺，直或弯，针刺长 2 ~ 5mm，在短枝者较短，脱落；小叶倒卵状披针形，长 3 ~ 12mm，宽 1 ~ 4mm，先端圆形或截平，有短刺尖，近无毛或稍被毛，绿色。花梗单生，长 7 ~ 25mm，纤细，关节在顶部或中部以上；花萼钟状管形，基部显著具囊状凸起，萼齿三角状；花冠黄色，旗瓣宽倒卵形，顶端微凹，基部渐狭成瓣柄，翼瓣长圆形，先端钝，耳长圆形，瓣柄长稍短于瓣片，龙骨瓣的瓣柄稍短于瓣片，耳齿状；子房无毛或被疏柔毛。荚果圆筒状，先端短渐尖，无毛。花期 5 ~ 6 月，果期 6 ~ 7 月。

生　境：生于山坡、沟谷及丘陵上，海拔约 3400m。

地理分布：见于西藏拉萨附近。分布于内蒙古、河北、山西、陕西、宁夏、甘肃、青海东部、四川北部、西藏昌都地区。

用　途：我国特有植物，为优良的生态恢复植物。

西藏锦鸡儿 *Caragana spinifera* Kom.

形态描述：灌木，高 0.7 ~ 1m。分枝多，针刺密，树皮褐色，不规则开裂，有光泽。托叶狭三角形，长 1 ~ 3mm，硬化成针刺，宿存；叶轴在长枝者硬化成针刺，长 5 ~ 10mm，较粗壮，向下弯，短枝者细瘦，长 4 ~ 5mm，脱落或宿存；小叶在长枝者 2 ~ 4 对，羽状，短枝者 2 对，假掌状，长圆形，长 5 ~ 10mm，宽 1 ~ 3mm，先端锐尖，基部楔形，无毛或被短柔毛。花梗单生，长 1 ~ 2mm；花萼管状，长约 10mm，宽约 4mm，萼齿三角形，先端稍钝；花冠黄色，旗瓣常带紫红色，菱状倒卵形，长 20 ~ 23mm，翼瓣的瓣柄较瓣片稍长，耳小，内弯，龙骨瓣具弯尖，瓣柄较瓣片长，耳不明显；子房无毛。荚果长约 3cm。花期 6 月。

生　境：生于山坡灌丛，海拔约 4000m。

地理分布：见于西藏当雄附近，拉萨有栽培。分布于青海。

用　途：我国特有植物，为优良的生态恢复植物。

变色锦鸡儿 *Caragana versicolor* Benth.

形态描述：矮灌木，高 20 ～ 80cm。树皮褐色或深褐色，常有条棱，嫩枝疏被柔毛。叶假掌状，或簇生有 4 片小叶；托叶三角形，先端具刺尖，长枝者宿存，长 1 ～ 4mm，短枝者脱落；叶柄在长枝者长 5 ～ 10mm，宿存，短枝上叶无柄；小叶狭披针形、倒卵状楔形或线形，长 5 ～ 7mm，宽 1 ～ 1.5mm，无毛。花梗长约 5mm，关节在基部，花萼长管状，长 5 ～ 6mm，宽约 4mm，萼齿三角形；花冠黄色，长 11 ～ 12mm，旗瓣近圆形，背面红褐色，瓣柄长约为瓣片的 1/2，翼瓣先端圆钝，瓣柄短于瓣片，耳长约 2mm，龙骨瓣的瓣柄与瓣片近等长，耳长约 1mm。荚果长 2 ～ 2.5cm，宽 3 ～ 4mm，先端尖。花期 5 ～ 6 月，果期 7 ～ 8 月。

生　　境：生于砾石山坡、石砾河滩、灌丛中，海拔 4500 ～ 4800m。

地理分布：见于西藏当雄附近。分布于四川南部、西藏、青海。阿富汗、印度也有。

用　　途：高原上少数的灌木之一，耐寒耐旱，可用于生态恢复建设。

红花岩黄耆 *Hedysarum multijugum* Maxim.

形态描述：半灌木或仅基部木质化而呈草本状，高 40 ～ 100cm，密被灰白色短柔毛。茎直立，多分枝，具细条纹。羽状复叶，复生，叶轴长 6 ～ 18cm；托叶干膜质，合生；小叶通常 15 ～ 29，具约长 1mm 的短柄，小叶片阔卵形、卵圆形，长 5 ～ 15mm，宽 3 ～ 8mm，顶端钝圆或微凹，基部圆形。总状花序腋生，长达 28cm。花 9 ～ 25 朵，长 15 ～ 20mm，疏散排列；苞片钻形；萼筒斜钟状，萼齿尖；花冠紫红色或玫瑰状红色，旗瓣倒阔卵形，先端圆形，微凹，基部楔形，翼瓣线形，长为旗瓣的 1/2，龙骨瓣稍短于旗瓣；子房线形。荚果通常 2 ～ 3 节，分节排列，椭圆形或半圆形，被短柔毛、细网纹及刺。花期 6 ～ 8 月，果期 8 ～ 9 月。

生　　境：生于荒漠地区的砾石质洪积扇、河滩及砾石质山坡上。

地理分布：见于青海格尔木南山口与纳赤台附近。分布于四川、西藏、新疆、青海、甘肃、宁夏、陕西、山西、内蒙古、河南和湖北。

用　　途：花美丽，可用于观赏。

白花草木犀（白香草木犀） *Melilotus alba* Medic. ex Desr.

形态描述：一、二年生草本，高 70 ～ 200cm。茎直立、圆柱形，中空，多分枝，无毛。羽状三出复叶；托叶尖刺状锥形；叶柄比小叶短，纤细；小叶长圆形，长 15 ～ 30cm，宽 4 ～ 12mm，先端钝圆，基部楔形，边缘疏生浅锯齿，上面无毛，下面被细柔毛，侧脉 12 ～ 15 对，顶生小叶稍大。总状花序长 8 ～ 20cm，腋生，具多数花，排列疏松；苞片线形；花长 4 ～ 5mm；花梗短；萼钟形，长约 25mm，微被柔毛，萼齿三角状披针形，短于萼筒；花冠白色，旗瓣椭圆形，稍长于翼瓣，龙骨瓣与翼瓣等长或稍短；子房卵状披针形，胚珠 3 ～ 4 粒。荚果椭圆形至长圆形，先端具喙，表面具网纹；种子 1 ～ 2 粒。花期 5 ～ 7 月，果期 7 ～ 9 月。

生　　境：生于田边、路旁荒地及湿润的砂地。

地理分布：见于拉萨附近。产我国东北、华北、西北及西南各地。欧洲地中海沿岸及中东、西南亚、中亚及西伯利亚均有分布，北美洲有引种。

用　　途：本种适应北方气候，生长旺盛、是优良的饲料植物与绿肥。

草木犀 *Melilotus officinalis* (Linn.) Pall.

形态描述：二年生草本，高40～250cm。茎直立，粗壮，多分枝，具纵棱，微被柔毛。羽状三出复叶；托叶镰状线形；叶柄细长；小叶倒卵形、阔卵形、倒披针形至线形，长15～30cm、宽4～1mm，先端钝圆或截形，基部楔形，边缘具不整齐疏浅齿，上面无毛，粗糙，下面散生短柔毛，侧脉8～12对，顶生小叶稍大。总状花序长6～15cm，腋生，具多数花，初时稠密，花开后渐疏松；苞片刺毛状；花长4～5mm；花梗短；萼钟形，长约2mm，脉纹5条，萼齿三角状披针形，短于萼筒；花冠黄色，旗瓣倒卵形，与翼瓣近等长，龙骨瓣稍短或三者均近等长；子房卵状披针形，胚珠6～8粒。荚果卵形，表面具网纹；种子1～2粒。花期5～9月，果期6～10月。

生 境：生于山坡、河岸、路旁、砂质草地及林缘。

地理分布：见于西藏拉萨附近。产我国东北、华南、西南各地。其余各地常见栽培。欧洲地中海东岸、中东、中亚、东亚均有分布。

黄花棘豆（马绊肠） *Oxytropis ochrocephala* Bunge

形态描述：多年生草本，高10～50cm，密被柔毛。根粗，圆柱状。茎粗壮，直立，基部分枝多，具棱。羽状复叶长10～19cm；托叶卵形，与叶柄离生，基部合生，分离部分三角形；小叶17～31，卵状披针形，长10～30mm，宽3～10mm，先端急尖，基部圆形。总状花序密，具多花；总花梗直立，长10～25cm；苞片线状披针形；花长11～17mm；花梗长约1mm；花萼膜质，筒状，萼齿线状披针形；花冠黄色，旗瓣长11～17mm，瓣片宽倒卵形，先端微凹或截形，翼瓣长圆形，先端圆形，龙骨瓣长11mm，喙长约1mm；子房具短柄，胚珠12～13。荚果革质，长圆形，膨胀，先端具弯曲的喙，1室。花期6～8月，果期7～9月。

生 境：生于田边、荒地、草地、草甸、湿地、林地等多种生境，海拔1900～5200m。

地理分布：见于西藏拉萨、羊八井、那曲、当雄附近等地。产宁夏、甘肃、青海、四川及西藏。

用 途：该种含有生物碱落科因（Locoine），具有毒性，以盛花期至绿果期毒性最大。各类家畜采食后都可引起慢性积累中毒，可导致牲畜中毒死亡，以马中毒最为严重，故名"马绊肠"。草场破坏导致该种大量生长，是当地畜牧业需要解决的问题之一。

密丛棘豆（大托叶棘豆、于田棘豆）

Oxytropis densa Benth. ex Bunge

形态描述：多年生垫状草本，高 2 ～ 5(～ 7)cm。茎缩短，分枝，密被长柔毛。羽状复叶长 1 ～ 2.5(～ 3)cm；托叶草质，长 5 ～ 7mm，于中部与叶柄贴生，彼此分离，分离部分披针形，初时密被开展白色长柔毛，后变无毛；叶柄与叶轴密被开展白色长柔毛；小叶 11 ～ 13，排列较密，卵形、长圆形至长圆状披针形，长 2 ～ 4mm，宽 1 ～ 2mm，先端钝、圆或尖，基部圆，两面密被白色绢状长柔毛。6 ～ 10 花组成头形总状花序；总花梗密被白色长柔毛；苞片长圆状线形，长 3 ～ 4mm；花梗长 1 ～ 3mm；花萼钟状，长 4 ～ 6mm，密被白色和黑色短柔毛，萼齿线形，长 1 ～ 2mm；花冠紫红色或蓝紫色，旗瓣长 5 ～ 7mm，瓣片近圆形，宽约 5mm，先端圆，基部淡黄色，瓣柄极短，翼瓣与旗瓣近等长或稍短，先端圆或微 2 裂，瓣柄长 3 ～ 4mm，龙骨瓣长 5 ～ 6mm，喙长约 0.5mm，瓣柄长 3mm，子房密

被白色和黑色长柔毛。荚果长圆状圆柱形，膨胀，长 9 ～ 12mm，宽 2 ～ 3mm，先端尖，密被白色短柔毛，腹缝线深凹，具狭隔膜，1 室，有短梗。种子 5 ～ 7 颗。花期 6 ～ 7 月，果期 7 ～ 8 月。

生　　境：生于海拔 2500 ～ 5300m 的河滩、高山草原、砾石山坡和石质荒地。

地理分布：产甘肃、青海、西藏等地。克什米尔地区、巴基斯坦也有分布。

镰荚棘豆（镰形棘豆） *Oxytropis falcata* Bunge

形态描述：多年生草本，高 1 ～ 35cm，全株被各式毛，具粘性和特异气味。直根深，径 6mm，暗红色。茎缩短，木质而多分枝，丛生。羽状复叶长 5 ～ 20cm；托叶膜质，长卵形，与叶柄贴生；小叶 25 ～ 45，对生或互生，线状披针形，长 5 ～ 20mm。宽 1 ～ 4mm。头形总状花序具 6 ～ 10 花；花葶与叶近等长；苞片草质，长圆状披针形。花长 20 ～ 25mm；花萼筒状，萼齿披针形；花冠蓝紫色或紫红色，旗瓣长 18 ～ 25mm，瓣片倒卵形，翼瓣长 15 ～ 22mm，瓣片斜倒卵状长圆形，龙骨瓣长 16 ～ 18mm，喙长 2 ～ 2.5mm；子房披针形，具短柄。荚果宽线形，微蓝紫色，稍膨胀，镰刀状弯曲，不完全 2 室；果梗短。花期 5-8 月，果期 7 ～ 9 月。

生　　境：生于山坡、沙丘、河谷、草地及砂砾地，海拔 2700 ～ 5200m。

地理分布：见于青海可可西里地区。产甘肃、青海、新疆、四川、西藏等地。蒙古也有分布。

用　　途：该种有时成大片群落分布。植株入药，可治刀伤。

冰川棘豆 *Oxytropis glacialis* Benth. ex Bunge

形态描述：多年生草本，高 3 ～ 17cm。茎极缩短，丛生。羽状复叶长 2 ～ 12cm；托叶膜质，卵形，与叶柄离生，彼此合生，密被绢状长柔毛；叶轴具极小腺点；小叶 9 ～ 19，长圆形或长圆状披针形，长 3 ～ 10mm，宽 1.5 ～ 3mm，两面密被开展绢状长柔毛。6 ～ 10 花组成球形或长圆形总状花序；总花梗密被白色和黑色卷曲长柔毛；苞片线形，比萼筒稍短，被白色和黑色疏柔毛；花长 8 ～ 9mm；花萼长 4 ～ 6mm，密被黑色或白色杂生黑色长柔毛，萼齿披针形，短于萼筒；花冠紫红色、蓝紫色、偶有白色，旗瓣长 5 ～ 9mm，宽 5mm，瓣片几圆形，先端微凹或几全缘，翼瓣长约 7mm，瓣片倒卵状长圆形或长圆形，先端微凹，龙骨瓣长 6mm，喙近三角形、钻形或微弯成钩状，极短；子房含胚珠 8 颗，密被毛，具极短柄。荚果草质，卵状球形或长圆状球形，膨胀，长 5 ～ 7mm，宽 4 ～ 6mm，喙直，腹缝微凹，密被开展白色长柔毛和黑色短柔毛，无隔膜，1 室。具短梗。花果期 6 ～ 9 月。

生　　境：生于海拔 4500 ～ 5400m 的山坡草地、砾石山坡、河滩砾石地、砂质地。

地理分布：产西藏。

铺地棘豆（伏生棘豆） *Oxytropis humifusa* Kar. et Kir.

形态描述：多年生草本，高 2 ~ 5cm。根木质，短，分枝多。茎缩短，分枝很多。羽状复叶长 2 ~ 5(7)cm；托叶膜质，披针形，长 10 ~ 12mm，于中部与叶柄贴生，彼此分离，分离部分披针状钻形，长约 5mm，初时密被绢状长柔毛，后渐脱；叶柄与叶轴被贴伏柔毛；小叶 11(13) ~ 17(23)，卵状披针形、披针形，长 3 ~ 8mm，宽 2 ~ 3mm，先端急尖至钝，全喙，两面密被贴伏绢状长柔毛。6 ~ 10 花组成头状伞形总状花序；总花梗细，长于叶，直立或铺散，疏被白色短柔毛，在花序下混生黑色柔毛；苞片线状钻形，长 4 ~ 5mm，密被白色和黑色柔毛；花长约 12mm；花萼钟状，长 5 ~ 6mm，密被黑色短柔毛和白色疏柔毛，萼齿线状钻形，长约 2mm；花冠紫色，旗瓣长 8 ~ 13mm，瓣片圆心形，宽 5 ~ 6mm，先端微凹，翼瓣长 7 ~ 10mm，先端 2 浅裂，龙骨瓣与翼瓣近等长，喙长约 0.5mm；子房被毛，具短柄，胚珠 10。荚果膜质，长圆状卵形，下垂长 13(15) ~ 20 (25)mm，宽 4 ~ 6mm，喙长 3 ~ 4mm，被贴伏白色和黑色疏柔毛，1 室，果梗长 3 ~ 4mm。种子圆卵形，铁锈色。花期 7 ~ 8 月，果期 8 ~ 9 月。

生　境：生于海拔 4000 ~ 4400m 的阳坡草地、河谷和石质山坡。

地理分布：产新疆和西藏等地。哈萨克斯坦、乌兹别克斯坦、土库曼斯坦、吉尔吉斯斯坦、塔吉克斯坦、尼泊尔、印度、阿富汗、克什米尔地区、巴基斯坦也有分布。

宽瓣棘豆（光叶棘豆）*Oxytropis platysema* Schrenk

形态描述：豆科多年生草本，高 2 ～ 8cm。茎缩短。羽状复叶长 2 ～ 6cm；托叶膜质，与叶柄分离，彼此合生；小叶 13 ～ 21，卵状披针形、卵状长圆形或卵形，长 3 ～ 10mm，宽 1.5 ～ 3mm。头形总状花序具 3 ～ 5 花；总花梗，与叶近等长或稍长，被柔毛；苞片长圆形。花长约 11mm；花萼钟状，萼齿线状披针形；花冠紫色，旗瓣长 9 ～ 15mm，瓣片宽卵圆形，先端微凹，翼片稍短于旗瓣，瓣片斜倒卵状长圆形，先端全缘或微凹，龙骨办短于翼瓣，喙长约 1mm；子房长圆形，无毛，有短柄，胚珠 10 ～ 12。荚果长圆形，喙内弯。花期 6 ～ 7 月，果期 8 月。

生 境：生于高山草甸与河边砾石地，海拔 5000 ～ 5200m。

地理分布：产西藏、新疆等地。哈萨克斯坦、乌兹别克斯坦、土库曼斯坦、吉尔吉斯斯坦和塔吉克斯坦也有分布。

毛瓣棘豆 *Oxytropis sericopetala* Prain ex C. E. C. Fisch.

形态描述：多年生草本，高 10 ～ 40cm。根茎木质化，长达 20cm，直径 5mm。茎短，长 2cm，2 ～ 4 株丛，被灰色绒毛。羽状复叶长 7 ～ 15(～ 20)cm；托叶草质，披针形，先端渐尖，与叶柄分离，彼此于上部合生，密被白色绢状长柔毛；叶柄与叶轴密被白色绢状长柔毛；小叶 13 ～ 31。狭长圆形或长圆状披针形，长 8 ～ 30mm，宽 3 ～ 4(～ 5)mm，先端尖，基部渐窄。多花组成密穗形总状花序；总花梗长于叶；苞片线形，长约 3mm，先端尖；花萼短钟形，长 8 ～ 10mm，萼齿线形，长约 5mm；花冠紫红色，蓝紫色，稀白色，旗瓣长 10 ～ 12mm，瓣片宽卵形，长约 9mm，宽约 9mm，背面密被绢状短柔毛，翼瓣长约 10mm，瓣片斜倒卵状长圆形，先端微凹，无毛，龙骨瓣长 8mm，喙长 0.5 ～ 1mm。荚果椭圆状卵形，扁，微膨胀，长 6 ～ 7mm，宽 4 ～ 5mm，几无梗。种子 1，圆形。花期 5 ～ 7 月，果期 7 ～ 8 月。

生 境：生于海拔 2900 ～ 4450m 的河滩砂地、沙页岩山地、沙丘上、山坡草地、冲积扇砂砾地，在雅鲁藏布江及其支流两岸卵石滩上，

地理分布：产西藏南部。分布很广，自成单优种群落，

用 途据调查，本种花有毒，牲畜食后中毒晕倒；但全株可作肥料。

豌豆 *Pisum sativum* L.

形态描述：一年生攀援草本，高 0.5 ～ 2m。全株绿色，光滑无毛，被粉霜，叶具小叶 4 ～ 6 片，托叶比小叶大，叶状，心形，下缘具细牙齿。小叶卵圆形，长 2 ～ 5cm，宽 1 ～ 2.5cm；花于叶腋单生或数朵排列为总状花序；花萼钟状，深 5 裂，裂片披针形；花冠颜色多样，随品种而异，但多为白色和紫色，雄蕊 (9+1) 两体。子房无毛，花柱扁、内面有黄毛。荚果肿胀、长椭圆形，长 2.5 ～ 10cm，宽 0.7 ～ 1.4cm，顶端斜急尖，背部近于伸立，内侧有坚硬纸质的内皮；种子 2 ～ 10 颗，圆形，青绿色，有皱纹或无，干后变为黄色。花期 6 ～ 7 月，果期 7 ～ 9 月。

生　境：生于农田中。

地理分布：西藏拉萨附近铁路沿线农田地区偶有栽培。世界各地广泛栽培。

用　途：本种为日常食用蔬菜。嫩荚、嫩苗及种子均可食用；种子含淀粉、油脂，并可入药；茎叶也作绿肥、饲料或燃料。小花可爱，可供观赏。

白刺花 *Sophora davidii* (Franch.) Skeels

形态描述：灌木或小乔木，高 1～2m。枝多开展，小枝初被毛，旋即脱净，不育枝末端明显变成刺，有时分叉。羽状复叶；托叶钻状，部分变成刺，宿存；小叶 5～9 对，椭圆状卵形或倒卵状长圆形，长 10～15mm，先端圆或微缺，常具芒尖，基部钝圆形。总状花序着生于小枝顶端；花小，长约 15mm，较少；花萼钟状，稍歪斜，蓝紫色，萼齿 5 不等大，圆三角形，无毛；花冠白色或淡黄色，有时旗瓣稍带红紫色，旗瓣倒卵状长圆形，长 14mm，宽 6mm，先端圆形，基部具细长柄，反折，翼瓣与旗瓣等长，单侧生，倒卵状长圆形，宽约 3mm，具 1 锐尖耳，明显具海棉状皱褶，龙骨瓣比翼瓣稍短，镰状倒卵形，具锐三角形耳；雄蕊 10，等长；子房比花丝长，密被黄褐色柔毛，荚果串珠状，稍压扁，长 6～8cm，宽 6～7mm，有种子 3～5 粒；种子卵球形，长约 4mm，径约 3mm，深褐色。花期 3～8 月，果期 6～10 月。

生　境：生于河谷沙丘和山坡路边的灌木丛中，海拔 2500m 以下。

地理分布：产我国华北地区及陕西、甘肃、河南、江苏、浙江、湖北、湖南、广西、四川、贵州、云南、西藏。

用　途：本种耐旱性强，是水土保持树种之一，也可供观赏。

砂生槐 *Sophora moorcroftiana* (Benth.) Baker

形态描述：小灌木，高约 1m。分枝密集，小枝密被灰白色绒毛，末端常变成尖刺，有时分叉。羽状复叶；托叶钻状，后变成刺，宿存；小叶 5 ～ 7 对，倒卵形，长约 10mm，宽约 6mm，先端钝，具芒尖，基部楔形或钝圆形，两面被柔毛或绒毛。总状花序生于小枝顶端，长 3 ～ 5cm；花大；花萼蓝色，浅钟状，萼齿 5，不等大，被长柔毛；花冠蓝紫色，旗瓣卵状长圆形，先端微凹，基部急狭成柄，瓣片长 9mm，宽 5mm，柄与瓣片等长，纤细，反折，翼瓣倒卵状椭圆形，长 16mm，基部具圆钝单耳，柄长 6mm，龙骨瓣卵状镰形，具钝三角形单耳，长约 18mm，柄纤细，与瓣片等长；雄蕊 10，不等长，基部不同程度联合；子房短于雄蕊，被黄褐色柔毛。荚果呈不明显串珠状，稍压扁，长约 6cm，宽约 7mm，沿缝线开裂，最终开裂成两瓣。种子 1 ～ 5 粒，淡黄褐色，椭圆状球形，长 4.5mm，径 3.5mm。花期 5 ～ 7 月，果期 7 ～ 10 月。

生　　境：生于山谷河流溪边的沙地或石砾灌丛中，海拔 3000 ～ 4500m。

地理分布：见于西藏拉萨附近。产西藏雅鲁藏布江流域。印度、不丹、尼泊尔也有分布。

用　　途：本种根系异常发达，固沙能力强，是水土保持树种之一，也可供观赏。

藏豆 Stracheya tibetica Benth.

形态描述：豆科多年生草本，高 3 ~ 5cm，被柔毛。根茎细长；根纤细。茎短缩，不明显，被托叶包围。叶长 4 ~ 8cm；托叶卵形，棕褐色干膜质，长 7 ~ 10cm，完全合生；小叶片 11 ~ 15，长卵形或椭圆形，长 8 ~ 10mm。宽 3 ~ 5mm，先端钝圆，基部楔形。总状花序腋生，具 3 ~ 6 朵花，近伞房状排列；苞片卵状披针形；花梗长 1 ~ 2mm。花长 17 ~ 20mm；花萼斜钟状，萼齿 5，披针形；花冠玫瑰紫色或深红色，旗瓣倒长卵形，长约 16 ~ 18mm，先端圆形微凹，基部楔形，翼瓣狭长圆形，龙骨瓣与旗瓣近等长；子房线形，无毛。荚果两侧稍膨胀，横脉隆起，边缘和沿两侧中线具 1 ~ 1.5mm 长的皮刺，刺基扁平。花期 7 ~ 8 月，果期 8 ~ 9 月。

生　　境：生于高寒草原的沙质河滩、阶地、洪积扇冲沟中，海拔 3000 ~ 5000m。

地理分布：见于西藏那曲、安多附近。产西藏、青海。克什米尔和巴基斯坦也有分布。

用　　途：单种属，为我国青藏高原、克什米尔地区及喜马拉雅地区的特有种。

披针叶黄华（披针叶野决明）

Thermopsis lanceolata R. Br.

形态描述：多年生草本，高 12 ~ 40cm。茎直立，分枝或单一，具沟棱，被柔毛。复叶具 3 小叶；叶柄短；托叶叶状，卵状披针形；小叶狭长圆形、倒披针形，长 2 ~ 10cm，宽 5 ~ 20mm，上面无毛，下面被柔毛。总状花序顶生，长 6 ~ 17cm，具花 2 ~ 6 轮；苞片卵形，宿存；萼钟形，密被毛，背部稍呈囊状隆起，上方 2 齿连合，三角形，下方萼齿披针形。花冠黄色，旗瓣近圆形，先端微凹，基部渐狭成瓣柄，翼瓣先端具狭窄头，龙骨瓣宽为翼瓣的 1.5 ~ 2 倍；子房密被柔毛，具柄，胚珠 12 ~ 20 粒。荚果线形，长 5 ~ 10cm，宽 5 ~ 10mm，先端具尖喙，被细柔毛，黄褐色，种子 6 ~ 14 粒。花期 5 ~ 7 月，果期 6 ~ 10 月。

生　　境：生于草原沙丘、河岸和砾石滩。

地理分布：见于青海格尔木南山口附近。产内蒙古、河北、山西、陕西、宁夏、甘肃及青海等地。蒙古、哈萨克斯坦、乌兹别克斯坦、土库曼斯坦、吉尔吉斯斯坦和塔吉克斯坦也有分布。

用　　途：植株有毒、少量供药用，有祛痰止咳功效。同时该种的大量生长也是草场破坏退化的标志之一。

高山豆 *Tibetia himalaica* (Baker) Tsui

形态描述：多年生草本，高 5 ～ 10cm，全株被长柔毛。主根直下，上部增粗，分茎明显，茎短。叶长 2 ～ 7cm，被长柔毛；托叶大，卵形；小叶 9 ～ 13，圆形、椭圆形、宽倒卵形至卵形，长 1 ～ 9mm，宽 1 ～ 8mm．顶端凹缺。伞形花序具 1 ～ 3 朵花；总花梗与叶等长或较叶长；苞片长三角形。花萼钟状，长 3.5 ～ 5mm，上 2 萼齿较大，长 1.5 ～ 2mm，基部合生，下 3 萼齿较狭而短；花冠深蓝紫色；旗瓣卵状扁圆形，长 6.5 ～ 8mm，宽 4.5 ～ 7.5mm；翼瓣宽楔形，具斜截头；龙骨瓣近长方形；子房被长柔毛。荚果圆筒形，或有时稍扁，被稀疏柔毛或近无毛。种子肾形，光滑。花期 5 ～ 6 月，果期 7 ～ 8 月。

生　　境：生于高山灌丛中及草坡上，海拔 3000 ～ 5000m。

地理分布：见于西藏羊八井及那曲附近。分布于甘肃、青海、四川、西藏。印度、不丹、尼泊尔、巴基斯坦也有分布。

用　　途：特殊的高山植物，用途未详。

大花野豌豆（三齿萼野豌豆） *Vicia bungei* Ohwi

形态描述：一、二年生缠绕或匍匐状草本，高 15 ～ 50cm。茎有棱，多分枝，近无毛。偶数羽状复叶互生，顶端卷须有分枝；托叶半箭头形，有锯齿；小叶 3 ～ 5 对，长圆形，长 2 ～ 2.5cm，宽 0.2 ～ 0.8cm，先端平截微凹，稀齿状，叶脉不甚清晰，被疏柔毛。总状花序长于叶或与叶轴近等长；具花 2 ～ 5 朵，着生于花序轴顶端，长 2 ～ 2.5cm，萼钟形，被疏柔毛，萼齿披针形；花冠红紫色或蓝紫色，旗瓣倒卵披针形，先端微缺，翼瓣短于旗瓣，长于龙骨瓣；子房柄细长，沿腹缝线被金色绢毛，花柱上部被长柔毛。荚果扁长圆形，长 2.5 ～ 3.5cm，宽约 0.7cm。种子 2 ～ 8，球形，直径约 0.3cm。 花期 4 ～ 5 月，果期 6 ～ 7 月。

生　　境：生于山坡、谷地、草丛、田边及路旁，海拔 2800 ～ 3800m。

地理分布：见于西藏羊八井附近山坡上。分布于我国东北、华北、西北及西南等地。

用　　途：嫩叶可以作为野菜。

11.3.14 蒺藜科

白刺（酸胖、唐古特白刺） *Nitraria tangutorum* Bobr.

形态描述：丛生灌木，高 1 ~ 2m。多分枝，弯、平卧或开展；不孕枝先端刺针状；嫩枝白色。叶在嫩枝上 2 ~ 4 片簇生，宽倒披针形，长 18 ~ 30mm，宽 6 ~ 8mm，两面灰白色，先端圆钝，基部渐窄成楔形，全缘，稀先端齿裂。蝎尾状花序顶生，具分叉，花排列较密集。花小，5 数，花瓣白色，花药黄色。核果卵形，有时椭圆形，熟时深红色，果汁玫瑰色，长 8 ~ 12mm，直径 6 ~ 9mm。果核狭卵形，长 5 ~ 6mm，先端短渐尖。花期 5 ~ 6 月，果期 7 ~ 8 月。

生　　境：生于荒漠和半荒漠的盐渍化沙地上。

地理分布：见于青海格尔木南山口附近。生于荒漠和半荒漠的沙地上。分布于陕西北部、内蒙古西部、宁夏、甘肃河西、青海、新疆及西藏东北部。

用　　途：白刺耐盐碱，也为优良固沙植物。果实可以食用，也可以制成饮料，是荒漠的少数几种经济作物之一。

蒺藜 *Tribulus terrester* L.

形态描述：一年生草本。茎平卧，无毛，或被长柔毛、长硬毛，枝长 20 ～ 100cm。偶数羽状复叶对生，长 1.5 ～ 5cm；小叶对生，3 ～ 8 对，矩圆形或斜短圆形，长 5 ～ 10mm，宽 2 ～ 5mm，先端锐尖或钝，基部稍偏科，无毛或被柔毛，全缘。单花腋生，花梗短于叶，花黄色；萼片 5，披针形，宿存；花瓣 5，长椭圆形，先端平截，具齿；雄蕊 10，生于花盘基部，基部有鳞片状腺体；子房 5 枚，柱头 5 裂，每室 3 ～ 4 胚珠。果有分果瓣 5，硬，长 4 ～ 6mm，无毛或被毛，中部边缘有锐刺 2 枚，下部常有小锐刺 2 枚，其余部位常有小瘤体。花期 5 ～ 8 月，果期 6 ～ 9 月。

生　　境：生于沙地、荒地、山坡及居民点附近。

地理分布：见于西藏拉萨附近。广泛分布于我国各地。全球温带都有分布。

用　　途：茎叶青鲜时可做饲料。果实入药。果刺易粘附家畜毛间，有损毛发质量。生命力顽强，为草场有害植物。

驼蹄瓣 *Zygophyllum fabago.* L.

形态描述：多年生草本，高 30 ～ 80cm。根粗壮。茎多分枝，枝条开展或铺散，光滑，基部木质化。叶互生；托叶革质，卵形或椭圆形，长 4 ～ 10mm，绿色，茎中部以下托叶合生，上部托叶较小，披针形，分离；叶柄显著短于小叶；小叶 2 对，倒卵形、矩圆状倒卵形，长 15 ～ 33mm，宽 6 ～ 20cm，质厚，先端圆形。花腋生；花梗长 4 ～ 10mm；萼片卵形或椭圆形，长 6 ～ 8mm，宽 3 ～ 4mm，先端钝，边缘白色，膜质；花瓣倒卵形，与萼片近等长，先端近白色，下部桔红色；雄蕊长于花瓣，长 11 ～ 12mm，鳞片矩圆形，长为雄蕊之半。蒴果矩圆形或圆柱形，长 2 ～ 3.5cm，宽 4 ～ 5mm，5 棱，下垂。种子多数，长约 3mm，宽约 2mm，表面有斑点。花期 5 ～ 6，果期 6 ～ 9 月。

生　　境：生于冲积平原、绿洲、湿润沙地和荒地上。

地理分布：见于青海格尔木南山口与纳赤台附近。分布于内蒙古、甘肃、青海和新疆。中亚地区、伊朗、伊拉克、叙利亚也有分布。

用　　途：典型的旱生沙生植物。

11.3.15　大戟科

青藏大戟 *Euphorbia altotibetica* O. Paula.

形态描述：多年生草本，全株光滑无毛。根粗线状，单一不分枝，长 8 ～ 20cm，直径 3 ～ 6mm。茎直立，中下部单一不分枝，上部二歧分枝，高 20 ～ 30cm。叶互生，于茎下部较小，向上渐大，常呈长方形，间有卵状长方形，长 2 ～ 3cm，宽 1 ～ 1.5cm，先端浅波状或具齿，基部近平截或略呈浅凹；侧脉不明显；近无叶柄；总苞叶 3 ～ 5 枚，长与宽均 2 ～ 3cm，近卵形；伞幅 3 ～ 5 条，长 3.5 ～ 5.0cm；苞叶 2 枚，同总苞叶，但较小。花序单生，阔钟状，高约 3.5mm，直径 5 ～ 6mm，边缘 5 裂，裂片长圆形，先端 2 裂或近浅波状，不明显；腺体 5，横肾形，暗褐色。雄花多枚，明显伸出总苞外；雌花 1 枚，子房柄较长，长达 3 ～ 5mm，明显伸出总苞外；子房光滑；花柱 3，分离；柱头不分裂。蒴果卵球状，长约 5mm，直径 4 ～ 5mm，果柄长 8 ～ 10mm；成熟时分裂为 3 个分果爿；花柱宿存。种子卵球状，长约 3mm，直径约 2mm，灰褐色，光滑无皱纹，腹面具不明显的脊纹；种阜尖头状，无柄。花果期 5 ～ 7 月。

生　　境：生于海拔 2800 ～ 3900m 的山坡、草丛及湖边。

地理分布：产于宁夏、甘肃、青海和西藏。

11.3.16　瑞香科

狼毒 *Stellera chamaejasme* L.

形态描述：多年生草本，高 20 ～ 50cm。根茎木质，粗壮，圆柱形。茎直立，多数丛生，不分枝。叶互生，披针形或长圆状披针形，长 10 ～ 30mm，宽 3 ～ 10mm，先端尖，基部圆形或楔形，边缘全缘，侧脉 4 ～ 6 对；叶柄短，长约 1mm，基部具关节。头状花序顶生，圆球形，具多花；总苞片叶状，绿色；花梗无；花白色、黄色或带紫色，芳香。花萼筒细瘦，常具紫红色的网状脉纹，裂片 5，卵状长圆形；雄蕊 10，2 轮，花丝极短，花药黄色，线状椭圆形；花盘一侧发达，线形，顶端微 2 裂；子房椭圆形。果实圆锥形，上部被柔毛，下部为宿存的花萼筒所包围。花期 4 ～ 6 月，果期 7 ～ 9 月。

生　　境：生于干燥而向阳的高山草坡、草坪或河滩台地，海拔 2600 ～ 4200m。

地理分布：见于那曲及当雄车站附近的荒地上。产我国北方各地及西南地区。俄罗斯西伯利亚也有分布。

用　　途：该种毒性较大，可以杀虫；根可入药及提取酒精，根皮可造纸。但狼毒的大量生长也是草场破坏的标志。

11.3.17 柽柳科

宽苞水柏枝 *Myricaria bracteata* Royle

形态描述：灌木，高 0.5 ~ 3m。茎多分枝，老枝褐色、棕色或黄绿色，有光泽和条纹，当年生小枝绿色。叶密，互生，卵形、披针形或狭长圆形，长 2 ~ 4mm，宽 0.5 ~ 2mm，先端钝或锐尖，边缘膜质。总状花序顶生，穗状；苞片宽卵形，长约 7 ~ 8mm，宽约 4 ~ 5mm，先端渐尖，边缘膜质，之后膜质边缘脱落，露出中脉而呈凸尖头或尾状长尖，伸展或向外反卷，基部狭缩，中脉粗厚，苞片脱落后基部残留于花序轴上常呈龙骨状脊；花梗长约 1mm；萼片披针形，先端钝或锐尖，常内弯，具宽膜质边；花瓣倒卵形，先端圆钝，基部狭缩，具脉纹，粉红色或淡紫色，果时宿存；雄蕊略短于花瓣；子房圆锥形，长 4 ~ 6mm。蒴果狭圆锥形，长 8 ~ 10mm。种子狭长圆形，顶端芒柱被白色长柔毛。花期 6 ~ 7 月，果期 8 ~ 9 月。

生　境：生于河谷砂砾质河滩，湖边砂地以及砾质戈壁上，海拔 1100 ~ 3300m。

地理分布：见于青海格尔木南山口与纳赤台附近。产新疆、西藏、青海、甘肃、宁夏、陕西、内蒙古、山西、河北等地。克什米尔地区、印度、巴基斯坦、阿富汗、俄罗斯、蒙古也有分布。

用　途：重要的荒漠盐碱地绿化及造林植物。

匍匐水柏枝 *Myricaria prostrate* Benth. et Hook.f.

形态描述：匍匐垫状灌木，高 3 ~ 14cm；枝上常生不定根。叶密集生于当年生枝条上，长圆形、狭椭圆形或卵形，长 2 ~ 5mm，宽 1 ~ 1.5mm，先端钝，基部略狭缩，有狭膜质边。总状花序侧生于去年生枝上，密集，常由 1 ~ 3 花组成；花梗极短，基部被鳞片；苞片卵形或椭圆形，先端钝，有狭膜质边；萼片卵状披针形或长圆形，长 3 ~ 4mm，宽 1 ~ 2mm，先端钝，有狭膜质边；花瓣倒卵形，长约 4 ~ 6mm，宽约 2 ~ 4mm，淡紫色至粉红色；雄蕊花丝约 2/3 合生；子房卵形，柱头头状。蒴果圆锥形。花果期 6 ~ 8 月。

生　境：生于高原流石滩、高山河谷及砂砾地上。

地理分布：见于青藏铁路沿线不冻泉与楚玛尔河等地。分布于西藏、青海、新疆、甘肃。印度、巴基斯坦、俄罗斯也有分布。

用　途：特异的高山灌木，可驯化栽培。

五柱红砂（五柱枇杷柴）*Reaumuria kaschgarica* Rupr.

形态描述：矮小垫状半灌木，高约20cm。枝条基生，分支或不分支。叶互生，多数，线形或近圆柱形，常略弯，肉质，长4～10mm，宽0.6～1mm，顶端钝或稍尖。花单生小枝顶端，几无梗；苞片稀少，形同叶片，长3～4mm，与花萼等长或略长；萼片5，基部略连合，长3～4mm，卵状披针形，边缘膜质；花瓣5，粉红色，椭圆形，比花萼长，内侧有两片长圆形的附属物；雄蕊通常约15枚，花丝基部合生；子房卵圆形，花柱5，柱头狭尖。果实为蒴果。花果期7～9月。

生　　境：生于盐土荒漠和杂色的砂岩上。

地理分布：见于青海格尔木南山口与纳赤台附近。分布于新疆、西藏、青海、甘肃等地，自天山至昆仑山、阿尔金山向东到祁连山中段、青海共和和贵德等地。俄罗斯中亚地区也有分布。

用　　途：本种因花色艳丽，耐贫瘠盐碱土壤，故可作为戈壁荒漠植被恢复及绿化的良好物种。

红砂（枇杷柴）*Reaumuria soongorica* (Pall.) Maxim.

形态描述：小灌木，高 10 ~ 30 cm。老枝灰褐色，不规则波状剥裂；小枝灰白色，纵裂。叶常 4 ~ 6 枚簇生在叶腋缩短的枝上，肉质，短圆柱形，长 1 ~ 5mm，宽 0.5 ~ 1mm，常微弯，先端钝，具点状的泌盐腺体。花单生叶腋，或在幼枝上端集为总状花序状；花无梗；苞片 3，披针形，长 0.5 ~ 0.7mm；花萼钟形，下部合生，长 1.5 ~ 2.5mm，裂片 5，三角形，边缘白膜质，具点状腺体；花瓣 5，白色略带淡红，长圆形，长约 4.5mm，宽约 2.5mm，先端钝，上部向外反折，内侧具 2 个倒披针形薄片状的附属物；雄蕊 6 ~ 8，分离；子房椭圆形，花柱 3。蒴果紫红色，三棱锥形。花期 7 ~ 8 月，果期 8 ~ 9 月。

生　　境：生于荒漠地区的山前冲积、洪积平原上和戈壁侵蚀面上。

地理分布：见于青藏铁路沿线的南山口与纳赤台。分布于新疆、青海、甘肃、宁夏和内蒙古，直到东北西部。俄罗斯、蒙古也有分布。

用　　途：本种是荒漠和草原区域的重要建群种，耐盐碱，可作为戈壁荒漠植被恢复及草场的主要植物种类。

多花柽柳 *Tamarix hohenackeri* Bunge

形态描述：灌木，高 1 ~ 3m。树皮灰褐色，老枝暗红色。营养枝绿色，叶小，互生，鳞片状，披针形，长约 2 ~ 3.5mm，先端尖，内弯，边缘干膜质，略具齿，半抱茎。木质化生长枝上的叶几抱茎，卵状披针形，渐尖，基部膨胀，下延。总状花序，春季多个簇生在去年老枝侧面上，长 1.5 ~ 9cm，宽 3 ~ 5mm，无总花梗，夏季多数顶生在当年生幼校顶端。苞片条形，干薄膜质；花小，5 数，萼片卵圆形；花瓣卵形，玫瑰色或粉红色；花盘肥厚，紫红色，5 裂；雄蕊 5，花药心形；花柱 3，棍棒状匙形。蒴果长 4 ~ 5mm，超出花萼 4 倍。春季开花 5 ~ 6 月上旬，夏季开花直到秋季。

生　　境：生于荒漠河岸及荒漠河、湖沿岸沙地广阔的冲积淤积平原上。

地理分布：见于青海格尔木南山口与纳赤台附近。分布于新疆、青海、甘肃、宁夏和内蒙古等地。俄罗斯、伊朗和蒙古也有分布。

用　　途：本种耐盐碱，耐严寒，花期又长，适于荒漠地区绿化固沙造林之用。可用播种或插条法繁殖。

11.3.18　柳叶菜科

毛脉柳叶菜 *Epilobium amtlrense* Hausskn.

形态描述：多年生直立草本，高 10 ～ 80cm，上部有曲柔毛与腺毛，其余无毛。叶对生，花序上的互生，近无柄，卵形，长 2 ～ 7cm，宽 0.5 ～ 2.5cm，先端锐尖，基部圆形或宽楔形，边缘具锐齿，侧脉每侧 4 ～ 6 条，脉上具曲柔毛。花序直立或稍下垂。花蕾椭圆状卵形，长 1.5 ～ 2.4mm；子房长 1.5 ～ 2.8mm，被曲柔毛与腺毛；花管长 0.6 ～ 0.9mm，径 1.5 ～ 1.8mm；萼片披针状长圆形；花瓣白色、粉红色或紫色，倒卵形，长 5 ～ 10mm，宽 2.4 ～ 4.5mm，先端凹缺；花药卵状；花丝两轮，外长内短；花柱长 2 ～ 4.7mm；柱头近头状。蒴果长 1.5 ～ 7cm；果梗长 0.3 ～ 1.2cm。种子长圆状倒卵形；种缨污白色。花期 7 ～ 8 月，果期 8 ～ 10 月。

生　境：生于山区溪沟边、沼泽地、草坡、林缘湿润处，海拔 1800 ～ 4200m。

地理分布：见于西藏羊八井附近。分布于我国各地。俄罗斯、日本、朝鲜、克什米尔地区及喜马拉雅山区均有分布。

用　途：湿地植物，且适应性较强。

11.3.19　杉叶藻科

叶藻 *Hippuris vulgaris* L.

形态描述：多年生水生草本。茎直立，粗壮，单一，圆柱形，上部挺出水面，高 15 ～ 50cm；根状茎细长，匍匐，生于泥中，于节处生多数细根。叶轮生，每轮 6 ～ 12，无柄，条形或线形，长 1 ～ 1.5cm，宽 1 ～ 2mm，略弯曲或伸长，质软，全缘，生于水中者较长。花小，单生，通常两性，稀单性，无柄，生于叶腋；花萼绿色，大部分与子房合生；雄蕊 1 枚，生于子房顶部；雌蕊 1 枚，花柱与柱头呈丝状，子房下位，椭圆形，1 室。果实为核果，椭圆状，光滑。花果期 6 ～ 10 月。

生　　境：生于浅水、河边及沼泽地上。

地理分布：见于西藏堆龙德庆马乡附近。分布于我国东北、华北、西北和西南地区。全世界广泛分布。

用　　途：重要的沼泽群落建群种，可作家畜和家禽的饲料。

11.3.20　伞形科

矮泽芹 *Chamaesium paradoxum* Wolff

形态描述：二年生草本，高8～35厘米。主根圆锥形，长3～9cm。茎单生，直立，有分枝，中空。基生叶或茎下部的叶柄长4～6cm；叶片长圆形，长3～4.5cm，宽1.5～3cm，1回羽状分裂，羽片4～6对，每对相隔0.5～1cm，羽片卵形或卵状圆形以至卵状披针形，长7～15mm，宽5～8mm，通常全缘；茎上部的叶有羽片3～4对，呈卵状披针形至阔线形，长5～15mm，宽1～4mm，全缘。复伞形花序顶生或腋生；总苞片3～4，线形，全缘或分裂，短于伞辐；顶生的伞形花序有伞辐8～17，开展，不等长，最长可达10cm；小总苞片线形，长3～4mm。小伞形花序有多数小花，排列紧密，花柄长2～5mm，花白色或淡黄色；萼齿细小，常被扩展的花柱基所掩盖；花瓣倒卵形，长约1.2mm，宽1mm，顶端浑圆；基部稍窄，脉1条；花丝长约1mm，花药近卵圆形。果实长圆形，长1.5～2.2mm，宽1～1.5mm，基部略呈心形，主棱及次棱均隆起，合生面略收缩；心皮柄2裂；胚乳腹面内凹，每棱槽有油管1，合生面2。花果期7～9月。

生　　境：生于山坡湿草地，海拔340～4800m。

地理分布：产四川、云南、西藏。

宽叶栓果芹 *Cortiella caespitosa* Shan et Sheh

形态描述：多年生细小无茎草本。主根圆锥形，有时具支根。基生叶多数，叶柄短，扁平，光滑无毛，基部具宽阔叶鞘，边缘膜质；叶片轮廓长圆形，长2～2.5cm，宽0.5～1cm，二回羽状分裂或全裂，末回裂片长卵形或椭圆形，长2～5mm，宽1～1.5mm，先端圆钝，质厚。伞形花序从基部抽出，总苞片2～4，羽状分裂；小总苞片4～8，线形，不分裂；花瓣卵形或椭圆形，白色微带紫红色，中脉显著，紫褐色，小舌片微曲；花柄粗壮，萼齿三角形，先端长渐尖；花柱短粗，直立。果实圆形略带方形，5条棱均扩展成宽翅；每棱槽内油管1，合生面油管2。花期8月，果期9～10月。

生　　境：生于高山砾石草原，海拔4900～5200m。

地理分布：见于西藏唐古拉北附近。特产于西藏。

用　　途：该种虽然体型矮小，但极为常见，为杂草草原中的常见种之一。

白亮独活（藏当归、白羌活）

Heracleum candicans Wall. ex DC.

形态描述：多年生草本，高达 1m。植物体被有白色柔毛或绒毛。根圆柱形，下部分枝。茎直立，圆筒形、中空、有棱槽，上部多分枝。茎下部叶的叶柄长 10 ～ 15cm，叶片轮廓为宽卵形或长椭圆形，长 20 ～ 30cm，羽状分裂，末回裂片长卵形，长 5 ～ 7cm，呈不规则羽状浅裂，裂片先端钝圆，下表面密被灰白色软毛或绒毛；茎上部叶有宽展的叶鞘。复伞形花序顶生或侧生，花序梗长 15 ～ 30cm，有柔毛；总苞片 1 ～ 3，线形；伞辐 17 ～ 23cm，不等长，长 3 ～ 7cm，具有白色柔毛；小总苞片少数，线形，长约 4mm；每小伞形花序有花约 25 朵，花白色；花瓣二型；萼齿线形细小；花柱基短圆锥形。果实倒卵形，背部极扁平，长 5 ～ 6mm，未成熟时被有柔毛，成熟时光滑；分生果的棱槽中各具 1 条油管，其长度为分生果长度的 2/3，合生面油管 2；胚乳腹面平直。花期 5 ～ 6 月，果期 9 ～ 10 月。

生　　境：生长于山坡林下及路旁，海拔 2000 ～ 4200m。

地理分布：产我国西藏、四川、云南等地。分布尼泊尔、巴基斯坦等地。

用　　途：适应性强，且利于改良土壤。

西藏白苞芹

Nothosmyrnium xizangense Shan et T. S. Wang

形态描述：多年生草本，高 30～60cm。根圆锥形，长 6～7cm，径 2～3cm。茎直立，分枝。叶互生，有柄，柄长 5～6cm，基部合鞘；叶片轮廓长椭圆形，长 8～15cm，宽 2～2.5cm，二至三回羽状分裂，末回裂片圆形或卵形，羽状分裂，光滑无毛，茎上部叶二回羽状分裂，基部有鞘。复伞形花序顶生和腋生，花序梗长 8～10cm；总苞片 5，披针形或长椭圆形，长 0.8～1cm，宽 3mm；小总苞片 5，椭圆形，长约 2.5mm，宽约 1mm；伞辐 12～16mm，不等长，长 1～3cm；花白色。果实球状卵形，基部心形，长 2mm，宽 1mm；分生果侧面扁平，横剖面呈圆状五边形；每棱内油管 l，合生面油管 2。花期 8～9 月，果期 9 月。

生　　境：生于山谷林下、灌丛中及村旁水边，海拔 3200m。

地理分布：见于西藏羊八井及拉萨附近山坡上。分布于西藏其他地区。

用　　途：西藏特有植物，且耐水湿。

矮前胡 *Peucedanum nanum* Shan et Sheh

形态描述：多年生草本，高 15～20cm，全体有短毛。根细瘦长圆锥形。茎数个呈丛生状，劲直，圆柱形，不分枝。基生叶多数，近无柄，有宽阔的叶鞘；叶片轮廓卵状长圆形，二至三回羽状全裂，具一回羽片 3～6 对，最下一对羽片有短柄，其余无柄，末回裂片线形，长 3～5mm，宽约 1mm，顶端钝尖，有小尖头，下表面叶脉突起，叶柄及叶片均多短硬毛；茎生叶 1～2 片或无，无叶柄，仅有宽阔的叶鞘；叶片一至二回羽状全裂，末回裂片与基生叶相同。伞形花序直径 4～9cm，花序梗粗壮，有短毛；总苞片 3～5，线形，长 6～12mm，宽 0.5～1mm，有短毛；伞辐 8～16，不等长，粗壮；小伞形花序有花 10～20；小总苞片 5～10，线形，长约 5mm，宽约 0.5mm，与花柄等长或比花柄长；花瓣白色，倒卵形，基部狭窄具爪，中脉微黄稍显著，小舌片狭长卷曲，外面有时有疏毛；萼齿不显著；花柱叉开，花柱基圆锥形，花药淡紫色。果实卵形，背腹扁压，长 3.5～4mm，宽 2.5～3mm，顶端常带紫色，有鳞片状毛，背棱和中棱线形显著突起，毛最多，侧棱呈翅状；棱槽内油管 3～4，合生面油管 6；胚乳腹面略平直。花期 8 月，果期 9 月。

生　　境：生长于海拔 3500～3800m 的干山坡。

地理分布：特产我国西藏（拉萨、日喀则）。

密瘤瘤果芹 *Trachydium kingdon-wardii* Wolff

形态描述: 植株低矮，高 5 ～ 10cm，无毛。根长圆锥形，长 2 ～ 8cm。茎短缩，长 1 ～ 7cm，基生叶有柄，包括叶鞘长 2 ～ 6cm；叶片的轮廓呈三角形，长 2 ～ 4cm，宽 1.5 ～ 3cm，三出式一至二回羽状分裂，一回羽片 2 ～ 4 对，末回羽片披针形或倒披针形，长 4 ～ 7mm，宽 1 ～ 2mm，有的裂片较宽，卵形或倒卵形，全缘或 2 ～ 3 裂；茎生叶与基生叶同形，向上渐小，叶柄较短或无柄。复伞形花序通常无总苞，偶有 1 个，线形，全缘或顶端 3 裂，长约 2cm，宽 1mm 左右；伞辐 10 ～ 20，少数 5，粗壮，有棱，极不等长，最长可达 10cm 左右；通常无小总苞片，偶有 1 ～ 5 个，披针形，短于或近于小伞形花序；小伞形花序有花 10 ～ 25；花柄不等长；萼齿细小；花瓣大小不等，倒卵形、菱形或近圆形，白色或杂有硫黄色和紫蓝色，基部有爪；花柱与花柱基近等长。果实宽卵形，果棱隆起，果皮上有稀疏分散的泡状小瘤，每棱槽中有油管 2 ～ 3，合生面 4 ～ 6，胚乳腹面微凹。花果期 7 ～ 11 月。

生　　境: 生于海拔 2700 ～ 4700m 的高山草甸中，或林下。

地理分布: 产云南西北部、西藏东部。

用　　途: 适应性强，有利于土壤改良。

垫状棱子芹 *Pleurospermum hedinii* Diels

形态描述：多年生莲座状草本，高 1 ～ 5cm，直径 10 ～
15cm。根粗壮，圆锥状，直伸。茎粗短，肉质，直径
1 ～ 1.5cm，基部被栗褐色残鞘。叶近肉质，基生叶连柄
长 7 ～ 12cm，叶片轮廓狭长椭圆形，二回羽状分裂，长
3 ～ 5cm，宽 1 ～ 4.5cm，二回羽片 5 ～ 7 对，近于无柄，
轮廓卵形或长圆形，羽状分裂，末回裂片倒卵形或匙形，
叶柄扁平，茎生叶较小。复伞形花序顶生，直径 6 ～
10cm，总苞片多数，叶状，伞辐多数，肉质；小总苞片
8 ～ 12，倒卵形或倒披针形，顶端常叶状分裂。花多数；
萼齿近三角形；花瓣淡红色至白色，近圆形；花药黑紫色；
子房椭圆形，具翅，花柱直伸。果实卵形，表面具突起；
果棱宽翅状，每棱槽有油管 1，合生面 2。花期 7 ～ 8 月，
果期 9 月。

生　　境：生长于高山山坡草地，海拔 4500 ～ 5000m。

地理分布：见于青海楚玛尔河附近。分布于西藏东部、
青海西部果洛、治多等地。

用　　途：我国特有植物，形态特异，可供观赏。

垫状棱子芹 *Pleurospermum hedinii* Diels

11.3.21 杜鹃科

微毛杜鹃 *Rhododendron primulaeflorum* Bur. et Franch. var. *cephalanthoides* (Balf. f. et W.W.Sm.) Cowan et Davidian

形态描述：常绿小灌木，高 0.3 ～ 2.5m。茎灰棕色，表皮薄片状脱落，幼枝密被鳞片。叶互生，革质，芳香，长圆形，长 0.8 ～ 3.5cm，宽 5 ～ 15mm，先端钝，有小突尖，基部渐狭，上面暗绿色，光滑，有光泽，具网脉，下面密被黄褐色鳞片；叶柄长 2 ～ 5mm。花序顶生，头状，5 ～ 8 花；花梗长 2 ～ 4mm；花萼长 3 ～ 6mm，被鳞片；花冠狭筒状漏斗形，长 1.2 ～ 1.9cm，管部白色具黄色，稀为粉红色，外面密被微柔毛，内面被长柔毛，裂片近圆形，长 3 ～ 6mm；雄蕊 5 或 6；子房有鳞片或无，花柱粗短，约与子房等长，光滑。蒴果卵状椭圆形，长约 4 ～ 5mm，密被鳞片。花期 5 ～ 6 月，果期 7 ～ 9 月。

生　　境：生于山坡灌丛、高山灌丛中，海拔 3000 ～ 5000m。

地理分布：见于西藏羊八井附近的山坡上。分布于云南、西藏和四川。

用　　途：该种在分布区中常为优势种，藏民常用其作为薪柴。

11.3.22 报春花科

玉门点地梅 *Androsace brachystegia* Hand.- Mazz.

形态描述：多年生草本。主茎粗壮，基部多分枝，莲座状，疏丛生。枝条枣红色，无毛或被毛，节间长 4 ~ 20mm，节上有枯老叶丛。叶二型，外层叶狭舌形，先端钝圆，无柄，通常早枯，变淡黄白色；内层叶狭椭圆形至倒披针状椭圆形，长 2.5 ~ 8mm，宽 1 ~ 1.5mm，先端钝，边缘及顶端稍增厚，背面中肋隆起。花葶单一，稍纤细，高 4 ~ 40mm；伞形花序 1 ~ 3 花；苞片卵形至卵状长圆形，先端钝圆，基部稍呈囊状，边缘密被缘毛；花梗长 2.5 ~ 9mm；花萼杯状，长 3 ~ 3.5mm，裂片卵形至阔卵形，先端钝，带紫色；花冠白色或粉红色，直径 6 ~ 9mm，裂片倒卵形，先端圆形或微呈波状。蒴果近球形，约与花萼等长。花期 6 月。

生 境：生于山阴坡和半阴坡草地，海拔 4000 ~ 4600m。

地理分布：见于青海可可西里附近。产青海、甘肃和四川西北部。

用 途：美丽的小草本，可供观赏。

睫毛点地梅 *Androsace ciliifolia* Ludlow

形态描述：多年生草本，株形为半球形的坚实垫状体，由多数根出条紧密排列而成。根出条为历年叠生其上的枯老叶丛覆盖，呈柱状。当年生莲座状叶丛位于顶端，直径2.5 ~ 4mm,绿色或黄绿色；叶小，长圆形或椭圆形，长 2 ~ 2.5mm，先端近圆形，周边向内弯拱，两面无毛，仅边缘具流苏状睫毛。花单生，无花萼；花梗短，藏于叶丛中；苞片 1 ~ 2 枚、披针形，稍短于花萼，表面无毛，边缘膜质，具短缘毛；花萼狭钟状，分裂达中部或稍过之，裂片被针形或长圆形，先端钝，具明显的缘毛；花冠白色，直径约 5mm，筒部与花萼近等长或稍短，喉部收缩，微突起，裂片倒卵形或阔倒卵形。花期 6 月。

生 境：生于山顶草甸，海拔 4000 ~ 5300m。

地理分布：见于西藏纳木错湖。产于西藏其他地区。

用 途：西藏特有植物，美丽的垫状植物，小花可赏。

小点地梅

Androsace gmelinii (Gaertn.) Roem. et Schult.

形态描述：一年生小草本。主根细长，具少数支根。叶基生，叶片近圆形或圆肾形，直径 4 ~ 7mm，基部心形或深心形，边缘具 7 ~ 9 圆齿，两面疏被贴伏的柔毛；叶柄长 2 ~ 3 厘米，被稍开展的柔毛。花葶柔弱，高 3 ~ 9cm，被开展的长柔毛；伞形花序 2 ~ 3(5) 花；苞片小，披针形或卵状披针形，长 1 ~ 2mm，先端锐尖；花梗长 3 ~ 15mm；花萼钟状或阔钟状，长 2.5 ~ 3mm，密被白色长柔毛和稀疏腺毛，分裂约达中部，裂片卵形或卵状三角形，先端锐尖，果期略开张或稍反折；花冠白色，与花萼近等长或稍伸出花萼，裂片长圆形，长约 1mm，宽 0.5mm，先端钝或微凹。蒴果近球形。花期 5 ~ 6 月。

生　境：生于河岸湿地、山地沟谷和林缘草甸。

地理分布：见于西藏措那洞附近。产内蒙古呼伦贝尔、大青山、乌拉山等地。蒙古和俄罗斯西伯利亚及远东地区有分布。

禾叶点地梅 *Androsace graminifolia* C. E. C. Fisch.

形态描述：多年生草本。主根粗长，木质，具少数支根，通常自根颈发出 2 至数条长 4 ~ 10mm 的短枝；枝上密被残存的枯叶柄。当年生莲座状叶丛生于枝端，叠生于老叶丛上；叶呈不明显的两型，外层叶线状披针形，长 4 ~ 7mm，宽不及 1mm，边缘具长缘毛；内层叶线形或线状披针形，长 1 ~ 2.5cm，宽 1 ~ 1.75mm，具半透明的软骨质边缘和刺状尖头，基部渐狭，无毛或沿背面中肋具小糙伏毛。花葶高 1 ~ 3cm，密被灰白色卷曲柔毛；伞形花序 5 ~ 15 花，呈头状；苞片卵形至阔披针形，叶状，长约 5mm，具软骨质边缘及小尖头，中部以下被稀疏长缘毛；花梗极短或长达 3mm，被毛，花萼钟状，长 2.5 ~ 3.5mm，分裂约达中部，裂片狭三角形，先端锐尖，有时延伸成刺状尖头，背面中肋明显，密被柔毛，边缘具缘毛，花冠紫红色，直径 4 ~ 5mm，裂片倒卵状圆形，边缘微呈波状。花期 6 ~ 8 月。

生　境：生于山坡、阶地和冲积扇草丛中，海拔 4000 ~ 4700m。

地理分布：产于西藏南部，自仲巴沿雅鲁藏布江河谷分布至工布江达。

用　途：小草本，花极美丽，供观赏。

唐古拉点地梅 *Androsace tangulashanensis* Y. C. Yang et R. F. Huang

形态描述：多年生垫状草本。主根细长，褐色。根出条极多数，紧密排列，具鳞覆的枯死莲座状叶丛，呈柱状，直径3～4mm，灰褐色。当年生叶丛绿色，叠生于老叶丛上，无间距；叶型分化不明显，外层叶阔披针形至披针形，内层叶长圆形至阔线形。花葶单一，高2～8mm；苞片2枚，三角状披针形；花通常1朵；花萼陀螺状，裂片宽披针形；花冠白色，直径约7mm，裂片倒卵形；雄蕊位于冠筒的中上部，花药小，卵形；子房陀螺状，花柱细长，柱头头状。花期7月。

生　境：生于高山河漫滩、草地和山披上，海拔4000～5000m。

地理分布：青藏铁路沿线昆仑山口至拉萨等均有分布。特产于青海及西藏。

用　途：极耐高寒，根系繁密，覆盖地面。

垫状点地梅 *Androsace tapete* Maxim.

形态描述：多年生垫状植物，由多数根出短枝紧密排列而成，当年生莲座状叶丛叠生于老叶丛上。叶两型，外层叶卵状披针形或卵状三角形，长2～3mm，内层叶线形或狭倒披针形，与外层叶等长。花单生，无梗或具极短的梗；苞片线形，膜质；花萼长4～5mm，具明显的5棱；花冠直径约5mm,白色或粉红色,喉部紫红色。花期6～7月。

生　境：生于高原上的砾石山坡、河谷阶地及高山草地或草甸中，海拔3800～5000m。

地理分布：青藏铁路沿线昆仑山口至拉萨等均有分布。分布于新疆、甘肃、青海、四川、云南和西藏等地。尼泊尔也有分布。

高原点地梅

Androsace zamhalenzis (Petitm.)Hand.-Mazz.

形态描述：多年生草本，植株由多数根出条和莲座状叶丛形成密丛或垫状体。根出条深褐色，下部节间长可达7mm，节上具枯老叶丛。莲座状叶丛直径 6 ～ 8mm；叶近两型，被毛，外层叶长圆形或舌形，内层叶狭舌形至倒披针形。花葶单生，高 1 ～ 2cm；伞形花序 2 ～ 5 花；苞片倒卵状长圆形至阔倒披针形；花梗短于苞片，被柔毛；花萼阔钟形或杯状，密被柔毛，裂片卵状三角形；花冠白色，喉部周围粉红色，直径 4.5 ～ 8mm，裂片阔倒卵形或楔状倒卵形，全缘或先端微凹。花期 6 ～ 7 月。

生　　境：生于湿润的砾石草甸和流石滩上，海拔3600 ～ 5000m。

地理分布：见于青藏铁路沿线五道梁附近。分布于西藏、四川、云南和青海。

用　　途：花多色彩具变化，可供观赏。

海乳草 *Glaux maritima* L.

形态描述：多年生草本，植株高 3 ～ 25cm，直立或下部匍匐，分枝多。叶近无柄，交互对生或互生，节间仅 1mm，茎基部的 3 ～ 4 对叶鳞片状，膜质，上部叶肉质，线形、线状长圆形或近匙形，长 4 ～ 15mm，宽1.5 ～ 3.5mm，先端钝或稍锐尖，基部楔形，全缘。花单生于叶腋，花萼花冠状，钟形，白色或粉红色，长约 4mm，5 分裂达中部，裂片倒卵状长圆形，宽 1.5 ～2mm，先端圆形；雄蕊 5，稍短于花萼；花柱与雄蕊等长或稍短。蒴果卵球形，长 2.5 ～ 3mm。花期 6 月，果期 7 ～ 8 月。

生　　境：生于盐碱滩地和沼泽草甸中。

地理分布：见于于青藏铁路沿线的纳赤台、宁中、羊八林、马乡与东嘎等地。分布于黑龙江、辽宁、内蒙古、河北、山东、陕西、甘肃、新疆、青海、四川、西藏等地。日本、俄罗斯以及欧洲、北美洲均有分布。

羽叶点地梅 *Pomatosace filicula* Maxim.

形态描述：一年生或二年生草本，植株高 3 ~ 9cm，被疏长柔毛。叶多数，全部基生，矩圆形，长 1.5 ~ 9cm，宽 6 ~ 15mm，羽状深裂至全裂，裂片线形，先端钝，全缘或具 1 ~ 2 牙齿；叶柄长或短，近基部扩展，略呈鞘状。花葶多数，高 3 ~ 9cm。伞形花序具 6 ~ 12 花；苞片线形，长 2 ~ 6mm；花梗长 1 ~ 12mm。花萼杯状或陀螺状，果时增大，5 裂，裂片三角形；花冠稍短于花萼，白色，冠筒长约 1.8mm，筒口收缩而成坛状，喉部具环状附属物，冠檐 5 裂，直径约 2mm，裂片矩圆状椭圆形，先端钝圆；雄蕊贴生于冠筒中上部，花丝极短，花药卵形，先端钝；子房扁球形，花柱短于子房，柱头头状。蒴果近球形，由中部以下开裂成上下两半。花果期 7 ~ 9 月。

生　　境：生于高山草地和河滩砂地，海拔 4300 ~ 4900m。

地理分布：见于青藏铁路沿线的西大滩、布玛德和唐古拉山北等地。分布于青海、四川、西藏。

用　　途：我国特有的单种属，为国家二级保护植物。花、果极为可爱。

西藏报春 *Primula tibetica* Watt

形态描述：多年生小草本，高约 1 ~ 5cm，全株无粉。根状茎短，具多数须根。叶稍肉质，叶卵形、椭圆形或匙形，长 6 ~ 30mm，宽 2 ~ 16mm，先端钝或圆形，基部楔形，全缘，两面光滑；叶柄纤细，具狭翅，与叶片近等长或长于叶片。花葶 1 ~ 6 枚自叶丛抽出，长于叶丛和花梗；花 1 ~ 10 朵生于花葶顶端；苞片狭矩圆形至披针形，长 4 ~ 10mm；花萼狭钟状，长 3 ~ 5mm，明显具 5 棱，分裂深达全长的一半，裂片披针形；花冠粉红色或紫红色，冠筒口周围黄色，冠筒长 4.5 ~ 7mm，通常稍长于花萼，冠檐直径 7 ~ 10mm，裂片阔倒卵形，先端 2 深裂；花柱有长短二型；雄蕊有生于冠筒中部和上部二型。蒴果筒状。花期 8 月。

生　　境：生长于山坡湿草地和沼泽化草甸中，海拔 3200 ~ 4800m。

地理分布：见于青藏铁路当雄大桥、宁中和马乡嘎村等地。在我国仅分布于西藏。印度、尼泊尔、不丹也有分布。

用　　途：美丽的小草本，花可供观赏。

11.3.23 蓝雪科

架棚（小蓝雪花、紫金标、小角柱花）

Ceratostigma minus Stapf ex Prain

形态描述：小灌木，枝条被羽状糙伏毛，混生星状毛。茎基部多分枝，铺散，高约 10 ~ 20cm，枝条长 20 ~ 50cm。单叶互生，叶小，全缘，狭倒卵形或匙形，长 1 ~ 3.5cm，宽 0.5 ~ 2cm，叶两面疏被糙毛及灰白色钙质鳞片。头状花序顶生或腋生，顶生花序含 7 ~ 15 花，侧生花序基部常无叶，多为单花或含 2 ~ 9 花；苞片常形成鞘状总苞，干膜质；花萼宿存，被毛；花冠筒紫色，花冠裂片 5，蓝色，近心状倒三角形，先端凹缺处具一丝状短尖；雄蕊略伸于花冠喉部之外；花柱合生为 1，柱头 5，线形伸至花药之上。蒴果卵形。花果期 7 ~ 11 月。

生 境：生于山坡及砾石质草地上。

地理分布：见于西藏马乡与古荣，拉萨苗圃有引种。分布于四川、西藏、云南、甘肃。

用 途：我国特有植物，花美丽，繁殖容易，可栽培观赏或用于园林绿化及生态恢复。全草入药。

黄花补血草（黄花矾松、金色补血草）

Limonium aureum (L.) Hill.

形态描述：多年生草本，高4～35cm，无毛。茎基残存叶柄和红褐色鳞片。叶基生，早凋，长圆状匙形至倒披针形，长1.5～5cm，宽2～10mm，先端圆或钝，有时急尖，基部渐狭成平扁的柄。花序圆锥状，花序轴2至多数，绿色，密被疣状突起，多回叉状分枝，之字形曲折，下部多数分枝为不育枝，末端略弯；穗状花序位于上部分枝顶端，由3～7个小穗组成；小穗含2～3花；外苞长约2.5～3.5mm，宽卵形，先端钝或急尖，第一内苞长约5.5～6mm；萼长5.5～7.5mm，漏斗状，萼筒径约1mm，基部偏斜，全部沿脉和脉间密被长毛，萼檐金黄色，裂片正三角形，先端具芒尖或短尖；花冠橙黄色。花期6～8月，果期7～8月。

生　　境：生于土质含盐的砾石滩、黄土坡和砂土地上。

地理分布：见于青海格尔木南山口及纳赤台附近。该种分布较广，产东北（西部）、华北（北部）和西北各地，四川西北部（甘孜）也发现有分布。蒙古和俄罗斯也有。

用　　途：该种在青海格尔木荒漠地区极为常见，为盐碱地的指示性植物，也为荒漠植被草本层的主要建群种。花萼和根为民间草药。

11.3.24　马钱科

白苞梢（互叶醉鱼草、小叶醉鱼草）

Buddleja alternifolia Maxim.

形态描述：灌木，高 1 ～ 4m。长枝对生或互生，细弱，上部常弧状弯曲，短枝簇生，常被星状短绒毛，枝四棱形或近圆柱形。叶在长枝上互生，在短枝上簇生，披针形，长 5 ～ 10cm，宽 2 ～ 10mm，边缘波状，全缘或有波状齿，顶端尖或钝，基部楔形或下延，被白色短绒毛，渐脱落；叶柄长 1 ～ 3mm，短枝上的叶很小。聚伞花序簇生于二年生枝条上，花多数，芳香；花萼钟状，裂片三角状披针形；花冠蓝紫色，裂片近圆形或宽卵形；雄蕊花丝极短，花药长圆形；子房长卵形。蒴果椭圆形，无毛；种子多数，灰褐色，具短翅。花期 5 ～ 7 月，果期 7 ～ 10 月。

生　　境：生于干旱山地，灌木丛中或河滩边灌木丛中，海拔 1500 ～ 4000m。

地理分布：见于西藏拉萨附近。分布于内蒙古、河北、山西、陕西、宁夏、甘肃、青海、河南、四川和西藏等地。

用　　途：我国特有植物。在拉萨的一些地区可见到生长多年的老树。可作为优良的水土保持植物。

11.3.25　忍冬科

假醉鱼草（醉鱼草、状六道木）

Abelia buddleioides W. W. Smith

形态描述：六道木属落叶灌木，高 1 ~ 2m。幼枝被黄色倒硬毛，翌年变灰色而无毛。叶披针形，长 1.5 ~ 3cm，宽 5 ~ 14cm，顶端尖，基部楔形，全缘，上面暗绿色，下面苍白色，侧脉不明显；叶柄长约 2mm，基部膨大且成对相连。花单生于侧枝顶部叶腋，密集成头状；苞片条形至钻形，被硬毛；萼筒狭卵形，具沟槽，被长糙硬毛，萼檐 5 裂，裂片条形，被毛，主脉明显突出；花冠淡玫瑰红色，筒状漏斗形，长 1 ~ 2cm，几为萼齿长的 1 倍，裂片 5 枚，近圆形，开展，外被倒生疏硬毛，内面密被长柔毛；雄蕊 4 枚，二强，内藏，花丝短，被糙硬毛，花药矩圆形；花柱比雄蕊长，光滑，柱头头状。果实圆柱形，具条纹。

生　　境：生于海拔 1800 ~ 3500m 的山坡林下、阳坡灌丛及草地中。

地理分布：见于西藏堆龙德庆附近。分布于四川西南部、云南西北部和西藏东南部。

用　　途：耐瘠薄土壤，有利改良环境。

11.3.26　龙胆科

镰萼喉毛花

Comastoma falcatum (Turcz. ex Kar. et Kir.) Toyokuni

形态描述：一年生草本，高 4 ~ 25cm。茎从基部分枝，分枝斜升，基部节间短缩，上部伸长，花葶状，四棱形，带紫色。叶大部分基生，叶片矩圆状匙形或矩圆形，长 5 ~ 15mm，宽 3 ~ 6mm，先端钝或圆形，基部渐狭成柄，叶脉 1~3 条；叶柄长达 20mm；茎生叶无柄，矩圆形。花 5 数，单生分枝顶端；花梗长 4 ~ 6cm。花萼绿色，深裂近基部，裂片不整齐，弯曲成镰状。花冠蓝色，有深色脉纹，高脚杯状，长 9 ~ 25mm，冠筒筒状，喉部突然膨大，裂达中部；喉部具一圈副冠，副冠白色，10 束，流苏状分裂。雄蕊着生于冠筒中部。子房无柄，披针形，柱头 2 裂。蒴果狭椭圆形或披针形。花果期 7 ~ 9 月。

生　　境：生于河滩、山坡草地、林下、灌丛、高山草甸，海拔 2100 ~ 5300m。

地理分布：见于西藏那曲附近。分布于西藏、四川、青海、新疆、甘肃、内蒙古、山西、河北。克什米尔地区、印度、尼泊尔、蒙古、俄罗斯也有分布。

用　　途：适应性强，小花可爱。

蓝灰龙胆 *Gentiana caeruleo-grisea* T. N. Ho

形态描述：一年生草本，高 2 ~ 8cm。茎黄绿色，光滑，在基部多分枝，枝铺散，斜升。基生叶稍大，在花期枯萎，宿存，卵形或近圆形，4 ~ 6mm，宽 3.5 ~ 5mm，先端圆形，边缘膜质，光滑，两面光滑，叶脉 3 ~ 5 条，细而明显，叶柄宽而短，长 1 ~ 2mm；茎生叶小，疏离，短于节间，下部叶匙形，中、上部叶椭圆形至线形，长 2 ~ 6mm，宽 1 ~ 2.5mm，先端钝圆至钝，边缘有不明显的膜质，平滑，两面光滑，脉在两面均不明显，叶柄光滑，连合成长 1.5 ~ 5mm 的筒，愈向茎上部筒愈长。花多数，单生于小枝顶端；花梗黄绿色，光滑，长 3 ~ 17mm，裸露；花萼狭漏斗形，长 6.5 ~ 7.5mm，萼筒常具 5 条膜质纵纹，裂片披针形，长 0.7 ~ 1mm，先端钝，边缘膜质，狭窄，光滑，中脉在背面呈龙骨状突起，并向萼筒下延成翅，弯缺圆形；花冠内面白色，外面具蓝灰色宽条纹，筒形或筒状漏斗形，长 11 ~ 13mm，裂片卵形，长 1.5 ~ 2.5mm，先端钝，褶宽卵形，长 1.5 ~ 1.8mm，先端钝，具不整齐细齿；雄蕊着生于冠筒中部，整齐，花丝丝状钻形，长 1.1 ~ 1.2mm，花药狭短圆形，

长 0.8 ~ 1mm；子房线状椭圆形，长 2 ~ 2.5mm，两端渐狭，柄长 1 ~ 1.5mm，花柱短而粗，长仅 0.5mm，柱头 2 裂，裂片半圆形。蒴果内藏，狭矩圆形或圆柱形，长 7.5 ~ 8.8mm，两端钝，边缘无翅，柄细，长 1.5 ~ 2mm；种子黑褐色或褐色，矩圆形，长 1 ~ 1.1mm，表面有细网纹。花果期 8 ~ 9 月。

生　　境：生于山坡草地、高山草甸，海拔 3600 ~ 4250m。

地理分布：产西藏、青海、甘肃西南部。

圆齿褶龙胆
Gentiana crenulato-truncata (Marq.) T. N. Ho

形态描述：一年生草本，高 2 ~ 3cm。叶倒卵形，长 3 ~ 6mm，宽 1.5 ~ 2.5mm，愈向茎上部叶愈大，先端圆形，边缘膜质；基生叶少，在花期枯萎，宿存；茎生叶 2 ~ 3 对。花数朵，单生于小枝顶端；近无花梗；花萼筒状或筒状漏斗形，长为花冠的 3/4，长 (9)12 ~ 15mm，萼筒上部草质下部膜质，裂片三角形，长 2 ~ 3mm，先端钝，中脉在背面高高突起呈龙骨状，并向萼筒下延成狭翅，弯缺狭，截形；花冠深蓝色或蓝紫色，宽筒形，长 (10)16 ~ 22mm，裂片卵形，长 1.5 ~ 1.7mm，先端钝，褶卵形，长 1 ~ 1.2mm，先端截形，啮蚀状或稍作 2 裂；雄蕊着生于冠筒上部或中上部，不整齐或近整齐，长 2 ~ 3.5mm。蒴果内藏，稀外露，狭矩圆形，长 8 ~ 10mm，两端钝或基部渐狭，边缘无翅，柄长 5 ~ 6mm，稀长至 20mm；种子褐色，狭矩圆形，长 0.8 ~ 1.1mm，表面具细网纹，一端具翅。花果期 5 ~ 9 月。

生　　境：生于高山草甸、高山碎石带、山坡沙质地、山顶裸露地、山沟草滩及湖边沙质地等，海拔 2700 ~ 5300m。

地理分布：产西藏、四川北部、青海。

用　　途：适应性强，花漂亮可供观赏。

线叶龙胆 *Gentiana farreri* Balf. f.

形态描述:多年生草本,高 5 ～ 10cm。根略肉质,须状。花枝多数丛生,铺散,斜升,黄绿色,光滑。叶先端急尖,边缘平滑或粗糙;莲座丛叶极不发达,披针形,长 4 ～ 6(20)mm,宽 2 ～ 3mm;茎生叶多对,下部叶狭矩圆形,长 3 ～ 6mm,宽 1.5 ～ 2mm,中、上部叶线形,稀线状披针形,长 6 ～ 20mm,宽 1.5 ～ 2mm。花单生于枝顶;花萼长为花冠之半,萼筒紫色或黄绿色,筒形,长 15 ～ 16mm,裂片与上部叶同形,长 10 ～ 15(20)mm,弯缺截形;花冠上部亮蓝色,下部黄绿色,具蓝色条纹,无斑点,倒锥状筒形,长 4.5 ～ 6cm;雄蕊着生于冠筒中部,整齐;子房线形,长 12 ～ 14mm,两端渐狭。蒴果内藏,椭圆形,长 18 ～ 20mm,两端钝,柄细,长至 2.8mm。花果期 8 ～ 10 月。

生　境:生于高山草甸、灌丛中及滩地,海拔 2410 ～ 4600m。

地理分布:产西藏、四川、青海、甘肃。

用　途:本种及华丽龙胆 *G. sino-ornata* Balf. f. 的植株较大,体态优美,花冠颜色明亮,雅素是很好的庭园观赏植物。早在 20 世纪初,就被引种到欧洲及美国的植物园,并已有较长的栽培历史。我国是这两种龙胆的原产地,驯化栽培不成问题,这样可扩大花卉来源。

蓝白龙胆 *Gentiana leucomelaena* Maxim.

形态描述：一年生草本，高 1.5 ～ 5cm。茎黄绿色，光滑，多分枝。基生叶稍大，卵圆形，先端钝圆，边缘膜质，平滑，两面光滑，叶脉不明显，叶柄宽，光滑；茎生叶小，疏离，椭圆形至椭圆状披针形，叶柄光滑，连合成筒，愈向茎上部筒愈长。花数朵，单生于小枝顶端；花梗黄绿色，光滑，花萼钟形，裂片三角形；花冠白色或淡蓝色，外面具蓝灰色宽条纹，喉部具蓝色斑点，钟形，长 8 ～ 13mm，裂片卵形，长 2.5 ～ 3mm，先端钝，褶矩圆形，先端截形，具不整齐条裂；雄蕊着生于冠筒下部，整齐；子房椭圆形，花柱短粗圆柱形，柱头 2 裂。蒴果外露或仅先端外露，倒卵圆形，具宽翅。花果期 5 ～ 10 月。

生　　境：生于高山草甸、沼泽地、山坡草地及灌丛中，海拔 1940 ～ 5000m。

地理分布：见于青海可可西里至西藏当雄、那曲地区。

产西藏、四川、青海、甘肃、新疆。印度、尼泊尔、俄罗斯、蒙古也有分布。

用　　途：花白蓝相间，十分可爱，可供观赏。

鳞叶龙胆（石龙胆、小龙胆）

Gentiana squarrosa Ledeb.

形态描述：一年生草本，高 2 ～ 8cm，密被乳突。茎黄绿色或紫红色，多分枝。基生叶大，形状多变，在花期枯萎；茎生叶小，匙形，叶先端钝圆或急尖，具短小尖头，基部渐狭，边缘厚软骨质，两面光滑，中脉白色软骨质，在下面突起，叶柄白色膜质，仅连合成短筒。花多数，单生于小枝顶端；花萼倒锥状筒形，萼筒常具白绿色宽条纹，裂片绿色叶状，卵圆形，基部圆形，收缩成爪；花冠蓝色，筒状漏斗形，长 7 ～ 10mm，裂片卵状三角形，长 1.5 ～ 2mm，先端钝，无小尖头，褶卵形，先端钝，全缘；雄蕊着生于冠筒中部，整齐；子房宽椭圆形，花柱柱状，柱头 2 裂。蒴果外露，倒卵状矩圆形，具翅。花果期 4 ～ 9 月。

生　　境：生于山坡、山谷、山顶、草原、河滩、灌丛中及高山草甸，海拔 110 ～ 4200m。

地理分布：见于青海可可西里附近。分布于我国西南、西北、华北及东北等地区。印度、俄罗斯、蒙古、朝鲜、日本也有分布。

用　　途：美丽的小草本，蓝白相间，小花可爱。分布广，可尝试引进栽培。

麻花艽 *Gentiana straminea* Maxim.

形态描述：多年生草本，高 10 ~ 35cm，基部被枯存的纤维状叶鞘包裹。须根多数，扭结成一个粗大、圆锥形的根。枝多数丛生，斜升。莲座丛叶宽披针形或卵状椭圆形，长 6 ~ 20cm，宽 0.8 ~ 4cm，两端渐狭，叶脉 3 ~ 5 条，叶柄宽，膜质，长 2 ~ 4cm；茎生叶小，线状披针形至线形，长 2.5 ~ 8cm，宽 0.5 ~ 1cm，两端渐狭。聚伞花序顶生及腋生，排列成疏松的花序；花梗斜伸，不等长，总花梗长达 9cm，小花梗长达 4cm；花萼筒膜质，黄绿色，长 1.5 ~ 2.8cm，一侧开裂呈佛焰苞状，萼齿 2 ~ 5 个，甚小，钻形；花冠黄绿色，喉部具多数绿色斑点，有时外面带紫色或蓝灰色，漏斗形，长 (3)3.5 ~ 4.5cm，裂片卵形或卵状三角形，褶偏斜，三角形，先端钝，全缘或边缘啮蚀状；雄蕊着生于冠筒中下部，整齐，花丝线状钻形，长 11 ~ 15mm；子房披针形或线形。蒴果内藏，椭圆状披针形，长 2.5 ~ 3cm，先端渐狭，基部钝，花果期 7 ~ 10 月。

生　境：生于高山草甸、灌丛、林下、林间空地、山沟、多石干山坡及河滩等地，海拔 2000 ~ 4950m。

地理分布：产西藏、四川、青海、甘肃、宁夏及湖北西部。尼泊尔也有分布。

用　途：药用植物。

条纹龙胆 *Gentiana striata* Maxim.

形态描述：一年生草本，高 10 ~ 30cm。茎从基部分枝，节间长 2 ~ 7cm，具细条棱。茎生叶无柄，稀疏，披针形，长 1 ~ 3cm，宽 0.5 ~ 1.2cm，先端渐尖，基部圆形，抱茎呈短鞘，边缘粗糙或被短毛，叶脉 1 ~ 3，下面沿中脉密被短柔毛。花单生茎顶；花萼钟形，萼筒具狭翅，裂片披针形；花冠白色，有黑色纵条纹，长 4 ~ 6cm，裂片卵形，长约 7mm，褶偏斜，截形，边缘具不整齐锯齿；雄蕊着生于冠筒中部，有长短二型，在长雄蕊花中，花丝线形，长 8 ~ 15mm. 在短雄蕊花中，花丝钻形. 长 2 ~ 5mm；子房矩圆形，具柄，花柱线形，柱头线形，2 裂，反卷。蒴果内藏或先端外露，短圆形，扁平，柄粗壮，2 瓣裂。花果期 8 ~ 10 月。

生　境：生于山坡草地及灌丛中，海拔 2200 ~ 3900m。

地理分布：见于西藏拉萨附近湿草地中。产四川、青海、甘肃、宁夏、西藏。

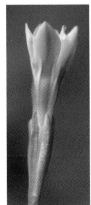

紫红假龙胆 *Centianella arenaria* (Maxim.)T. N. Ho

形态描述：一年生草本，高 2 ~ 4cm，全株紫红色。茎从基部多分枝，铺散，基部节间极短缩，有条棱。基生叶和茎下部叶匙形，连柄长 5 ~ 8mm，宽 1 ~ 1.3mm，先端钝圆，叶脉不明显，基部渐狭成柄，叶柄扁平。花 4 数，单生分枝顶端，直径 3 ~ 4.5mm；花梗斜升，具条棱，长至 3cm；花萼紫红色，长为花冠的 2/3，裂片匙形，外反；花冠紫红色，筒状，长 5 ~ 5.5mm，浅裂，裂片矩圆形，长 1.6 ~ 1.8mm，先端钝圆，冠筒基部具 8 个小腺体；雄蕊着生于冠筒中上部，花丝白色，线形，花药黄色；子房无柄，卵状披针形，先端渐尖，与花柱界限不明，柱头裂片线形，外卷。蒴果卵状披针形，长 6.5 ~ 7mm。花果期 7 ~ 9 月。

生　　境：生于河滩沙地、高山流石滩，海拔 3400 ~ 5400m。

地理分布：见于青海可可西里及西藏唐古拉北附近。产西藏北部、青海、甘肃。

用　　途：小花艳丽，甚为可爱。

矮假龙胆 *Gentianella pygmaea* (Regel et Schmath.) H. Smith

形态描述：一年生草本，高 1 ~ 3mm。茎从基部多分枝，铺散，淡紫色，具棱，节间极短缩。基生叶和茎下部叶匙形或倒卵状矩圆形，连柄长 3 ~ 9mm，宽 1 ~ 1.2mm，先端钝或圆形，基部渐狭成柄，叶脉不明显，叶柄扁平。花 4 数，单生分枝顶端，直径 3 ~ 4mm；花梗淡紫色，长至 2cm；花萼绿色，稍短于花冠，深裂，裂片直立，椭圆形或菱形；花冠淡黄色，筒状，长 4.5 ~ 5mm，裂达中部，裂片矩圆形，先端钝圆，冠筒上部具 8 个小腺体；雄蕊着生于冠筒上部，花丝白色，线形，花药黄色；子房无柄，椭圆状披针形，先端渐尖，与花柱界限不明，柱头小，紫红色，2 裂。蒴果无柄，披针形。花果期 7 ~ 8 月。

生　　境：生于山坡砂石地、高山流石滩草地，海拔 3650 ~ 5300m。

地理分布：见于青海可可西里附近。产西藏、四川北部、青海、新疆。俄罗斯、印度等地也有分布。

湿生扁蕾 *Gentianopsis paludosa* (Hook. f.) Ma

形态描述：一年生草本，高 3.5 ～ 40cm。茎单生，直立或斜升，近圆形，在基部分枝或不分枝。基生叶 3 ～ 5 对，匙形，长 0.4 ～ 3cm，宽 2 ～ 9mm，先端圆形，边缘具乳突，微粗糙，基部狭缩成柄，叶脉 1 ～ 3 条，不甚明显，叶柄扁平，长达 6mm；茎生叶 1 ～ 4 对，无柄，矩圆形或椭圆状披针形，长 0.5 ～ 5.5cm，宽 2 ～ 14mm，先端钝，边缘具乳突，微粗糙，基部钝，离生。花单生茎及分枝顶端；花梗直立，长 1.5 ～ 20cm，果期略伸长；花萼筒形，长为花冠之半，长 1 ～ 3.5cm，裂片近等长，外对狭三角形，长 5 ～ 12mm，内对卵形，长 4 ～ 10mm，全部裂片先端急尖，有白色膜质边缘，背面中脉明显，并向萼筒下延成翅；花冠蓝色，或下部黄白色，上部蓝色，宽筒形，长 1.6 ～ 6.5cm，裂片宽矩圆形，长 1.2 ～ 1.7cm，先端圆形，有微齿，下部两侧边缘有细条裂齿；腺体近球形，下垂；花丝线形，长 1 ～ 1.5cm；子房具柄，线状椭圆形。蒴果具长柄，椭圆形，与花冠等长或超出。花果期 7 ～ 10 月。

生　　境：生于河滩、山坡草地、林下，海拔 1180 ～ 4900m。

地理分布：产西藏、云南、四川、青海、甘肃、陕西、宁夏、内蒙古、山西、河北。尼泊尔、印度、不丹也有分布。

短药肋柱花

Lomatogonium brachyantherum (C. B. Clarke) Fern.

形态描述：一年生草本，高 1.5 ～ 4cm。茎单一或由基部发出 2 ～ 4 个分枝，枝细瘦，紫红色，基部节间极短缩，上部花葶状。叶大部分生于茎下部，无柄或有短柄，椭圆形或匙状矩圆形，长 2 ～ 6mm，宽至 3mm，先端钝，基部稍狭缩，中脉在下面较明显。花 4 数，稀 5 数，单生茎或分枝顶端；花梗长 5 ～ 20mm；花萼长为花冠的 1/2，长 3 ～ 5mm，裂片椭圆形或矩圆形，宽 1 ～ 1.5mm，先端急尖，背面中脉稍突起；花冠蓝色，裂片椭圆形，长 5 ～ 8mm，宽 2 ～ 3mm，先端急尖，无白色边缘，呈不明显的二色，基部有 2 个邻近的腺窝，腺窝片状，1 侧边缘有少数裂片状齿；花丝线形，长 2 ～ 3mm，花药黄色，矩圆形或卵状矩圆形，长 0.5 ～ 1mm；子房长 4 ～ 5mm，无花柱，柱头下延于子房上部。蒴果与花冠等大。花果期 8 ～ 9 月。

生　　境：生于河滩、山顶流石滩草甸中，海拔 4900 ～ 5300m。

地理分布：产我国西藏西部和北部。帕米尔地区、喀喇昆仑克什米尔地区、尼泊尔、印度、不丹也有分布。

合萼肋柱花 *Lomatogonium gamosepalum* （Burk.）
H. Smith apud S. Nilsson

形态描述：一年生草本，高3～20cm。茎从基部多分枝，枝斜升，常带紫红色，节间较叶长，近四棱形。叶无柄，倒卵形或椭圆形，长5～20mm，宽3～7mm，枝及茎上部叶小，先端钝或圆形，基部钝，中脉仅在下面明显。聚伞花序或单花生分枝顶端；花梗不等长，长至3.5cm，斜升；花5数，直径1～1.5cm，花萼长为花冠的1/3～1/2，萼筒明显，长2～3mm，裂片稍不整齐，狭卵形或卵状矩圆形，长3～7mm，先端钝或圆形，互相覆盖，叶脉1～3条，细而明显；花冠蓝色，冠筒长1.5～2mm，裂片卵形，长6～12mm，先端急尖，基部两侧各具1个腺窝，腺窝片状，边缘有浅的齿状流苏；花丝线形，长3～7mm，花药蓝色，狭矩圆形，长2.5mm；子房长4～9mm，花柱长2.5～3.5mm，柱头不明显下延。蒴果宽披针形，长12～14mm；种子淡褐色，近圆球形，直径0.5～0.7mm。花果期8～10月。

生　　境：生于河滩、林下、灌丛中、高山草甸，海拔2800～4500m。

地理分布：见于青藏铁路风火山附近。产西藏东北部、四川、青海、甘肃西南部。尼泊尔也有分布。

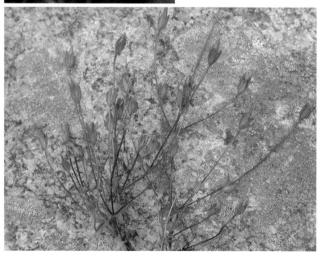

铺散肋柱花

Lomatogonium thomsonii （C. B.Clarke）Fern.

形态描述：一年生草本，高5～15cm。茎从基部多分枝，铺散，枝细瘦，近四棱形，常带紫色，下部节间短缩。茎基部叶较大，匙形或狭矩圆状匙形，长10～15mm，宽2.5～3mm，先端钝，边缘微粗糙，基部狭缩成短柄，叶脉不显；茎中上部叶疏离，较小，无柄，椭圆形或椭圆状披针形。花5数，单生分枝顶端，大小不等，直径5～6mm；花梗纤细，斜升，不等长。花萼长为花冠之半，裂片稍不整齐，椭圆形或椭圆状披针形；花冠蓝色、紫色至蓝紫色，裂片宽椭圆形；花丝线形，花药小、黄色，卵状矩圆形；子房长5～7mm，花柱明显，柱头下延。蒴果椭圆状披针形。花果期8～9月。

生　　境：生于河滩、沼泽草甸、沼泽草甸、高山草甸，海拔2200～5200m。

地理分布：见于西藏羊八井附近。产西藏、青海、甘肃。帕米尔地区也有分布。

11.3.27　茜草科

单花拉拉藤 *Galium exile* Hook. f.

形态描述：一年生、极纤细的草本，高 4 ～ 20cm；茎纤细而柔弱，平卧或近直立，疏分枝，具钝 4 棱，无毛或稍粗糙；根纤细，干时淡红色。叶纸质，小，稀疏，每轮 2 片，有时 4 片，如 4 片时其中 2 片常较小、倒卵形、宽披针形或椭圆形，长 2 ～ 12mm，宽 1.5 ～ 4mm，顶端钝或近短尖，基部楔形或下延成一短叶柄，两面无毛，边缘有向上的小睫毛，1 脉。花单生于叶腹或顶生；花梗花时短，果时比叶长，稍弯；花冠白色，辐状，直径 1 ～ 1.5mm，花冠裂片 3，卵形，钝；雄蕊 3 枚，比花冠裂片短；子房近球形，密被钩状长硬毛，花柱 2，纤细。果褐色，近球形，直径 2 ～ 2.5mm，分果爿近半球形，单生或双生，密被黄褐色长钩毛。花期 6 ～ 7 月，果期 8 ～ 9 月。

生　　境：生于山坡石隙缝中、沙砾干草坝、灌丛或草坡、河滩草地，海拔 2600 ～ 4800m。

地理分布：产陕西、甘肃、青海、四川、云南、西藏。分布于印度、尼泊尔。

川滇野丁香（小叶野丁香） *Leptodermis pilosa* Diels

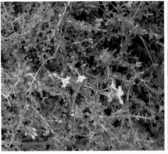

形态描述：灌木，通常高 0.7 ～ 2m，有时达 3m。枝近圆柱状，嫩枝被短绒毛或短柔毛，老枝无毛。叶纸质，阔卵形、卵形、长圆形、椭圆形或披针形，长 0.5 ～ 2.5cm，宽 0.5 ～ 1.5cm，顶端短尖、钝或有时圆，基部楔形或渐狭，被柔毛或无毛，通常有缘毛；侧脉约 3 ～ 5 对；托叶阔三角形，具短尖头。聚伞花序顶生和近枝顶腋生，通常有花 3 朵，有时 5 ～ 7 朵；花无梗或具短梗；小苞片干膜质，透明；萼管长约 2mm，裂片 5；花冠漏斗状，管长 9 ～ 10mm，裂片 5，阔卵形，长约 2 ～ 2.5mm；雄蕊 5，生于冠管喉部；花柱有 5 柱头，有时 3 或 4 个。果长 4.5 ～ 5mm；种子具网状假种皮。花期 6 月，果期 9 ～ 10 月。

生　　境：常生于向阳山坡或路边灌丛，海拔 1640 ～ 3800m。

地理分布：见于西藏拉萨附近的马乡与古荣。分布于陕西、湖北、四川、云南、西藏等地。

用　　途：我国特有植物，耐干旱，花美丽。

11.3.28　紫草科

锚刺果 *Actinocarya tibetica* Benth.

形态描述：茎丛生，高 3 ~ 10cm，上部疏生短伏毛，下部近无毛。基生叶倒披针形或匙形，长 1.2 ~ 2.4cm，宽 1.5 ~ 4.5mm，先端圆并有短尖头，基部渐狭，上面无毛，下面有疏短伏毛，茎生叶较小。花单生叶腋，花梗长达 10mm；花萼长约 1.5mm，裂片狭椭圆形，与花冠筒几等长，背面有短伏毛；花冠白色或淡蓝色，筒长约 1.3mm，檐部裂片近圆形，长约 0.8mm，喉部附属物浅 2 裂；雄蕊着生花冠筒中部，花药卵形，很小；子房 4 裂，花柱短，柱头头状。小坚果狭倒卵形，长 1.5 ~ 2mm，具长 0.4 ~ 0.8mm 的锚状刺和短糙毛，背面有杯状或鸡冠状突起。花果期 7 ~ 8 月。

生　境：生河滩草地、灌丛草甸等处。

地理分布：产西藏、青海东南部、甘肃西南部。印度西北部、克什米尔地区也有分布。

腋花齿缘草 *Eritrichium axillare* W. T. Wang

形态描述：一年生披散草本。茎萎软状而仰卧地面，长5～13cm，粗约1mm，密生伏毛。叶披针状长圆形或卵状长圆形，长0.6～1.5cm，宽0.3～0.5cm，先端圆钝或急尖，基部宽楔形至近圆形，两面生伏毛，无柄或几无柄。花腋生或腋外生；花梗长2～4mm，生伏毛；花萼裂片卵形、卵状长圆形或倒卵状披针形，长2～3mm，外面被伏毛，内面无毛或仅上部生少数伏毛；花冠白色，钟状筒形，筒长约1mm，裂片短长圆形，长约0.7mm，附属物横线状；雄蕊生，花冠筒中部，花药长圆形，长约0.3mm；雌蕊基果期呈矮金字塔形，高约0.8mm，有2或3个半圆形耳状附属物。小坚果背腹二面体型，生微毛，除棱缘的刺外，长2.4～2.8mm，宽1.5～1.8mm，背面三角状卵圆形，平或微凸，腹面隆凸，着生面位于腹面中部或稍下，棱缘锚状刺披针形，长1～1.8mm，生微毛，基部几离生或稍连合而形成窄翅。

花果期8～9月。

生　　境：生于海拔4500～4800m公路边草丛中。

地理分布：产西藏。

鹤虱 *Lappula myosotis* Moench

形态描述：一、二年生草本，密被白色糙毛。茎直立，高 30 ～ 60cm，中部以上多分枝。基生叶长圆状匙形。全缘，先端钝，基部渐狭成长柄，长达 7cm，宽 3 ～ 9mm，两面密被长糙毛；茎生叶较短而狭，披针形或线形，基部渐狭，无叶柄。总状花序顶生，花期短，果期伸长，长 10 ～ 17cm；苞片线形。花萼 5 深裂，裂片线形至狭披针形，急尖，有毛；花冠淡蓝色，漏斗状至钟状，长约 4mm，直径 3 ～ 4mm.裂片长圆状卵形，喉部附属物梯形。小坚果卵状，长 3 ～ 4mm，具颗粒状疣突，边缘有 2 行近等长的锚状刺，内行刺长 1.5 ～ 2mm，外行刺较内行刺稍短或近等长。花果期 6 ～ 9 月。

生　　境：生路边、荒地、草地等处。

地理分布：见于西藏那曲车站附近的荒地上。产我国华北、西北及内蒙古等地。欧洲、北美洲及阿富汗、巴基斯坦、俄罗斯也有分布。

用　　途：果实入药，有消炎杀虫之功效。

密花毛果草（毛果草）

Lasioearyum densiflorum (Duthie) Johnst.

形态描述：一年生草本，植株高 3 ～ 6cm。茎自基部强烈分枝，有伏毛。茎生叶无柄或近无柄，卵形、椭圆形或狭倒卵形，长 5 ～ 12mm，宽 2 ～ 5mm，先端钝或急尖，基部渐狭，两面有疏柔毛，脉不明显。聚伞花序生于每个分枝的顶端，具多数花，花梗长约 1mm。花萼裂片线形，稍不等长，长约 2mm，果期基部有纵龙骨突起；花冠蓝色，筒部与萼近等长，檐部开展，直径约 3mm，裂片倒卵圆形，喉部黄色，有 5 个微 2 裂的附属物；花药卵圆形。小坚果狭卵形，长约 1.2mm，淡褐色，表面具皱纹，沿皱纹有短伏毛，背面中线微呈龙骨状隆起，着生面卵状线形。花期 8 月。

生　　境：生于石质山坡和碎石滩草地，海拔 4000 ～ 4500m。

地理分布：见于青藏铁路沿线当雄火车站、当雄大桥、羊八林、羊八井、马乡和古荣等地。分布于四川、西藏。不丹、印度、巴基斯坦及克什米尔地区也有分布。

用　　途：花繁可爱，可供观赏。

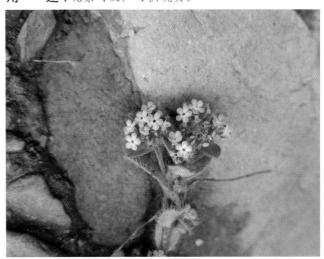

颈果草 *Metaeritrichium microuloides* W. T. Wang

形态描述：一年生草本。茎从基部辐射状分枝，平铺地面，肉质而压扁。叶匙形或倒卵状披针形，长 1～2cm，宽 5～8mm，下面疏生短硬毛，上面毛少至无毛；叶柄扁平，长 1～1.5cm。花单生于叶腋或腋外，花梗压扁，果后伸长。花萼蓝绿色，披针形，果期增大，内面被伏毛，外面毛少；花冠小，蓝紫色，钟状筒形，裂片近圆形，附属物横向半椭圆状；花药卵状三角形；雌蕊基平坦。小坚果背腹二面体型，两面均为卵形，生微毛或无毛，棱缘具基部联合成宽翅的锚刺，刺约 10 枚，三角形，腹面下部边缘又生少数短的锚状刺。花果期 7～8 月。

生　　境：生于高山草地，海拔 4500～5000m。

地理分布：见于青藏铁路沿线五道梁附近。分布于青海、西藏。

用　　途：青藏高原特有的单属种，具有重要的科研价值。

微孔草 *Microula sikkimensis* (Clarke) Hemsl.

形态描述：一年生草本，植株高 6 ～ 65cm，直立或铺散，分枝，全株密被毛。基生叶和茎下部叶具长柄，卵形、狭卵形至宽披针形。长 4 ～ 12cm，宽 0.7 ～ 4cm，顶端尖，基部圆形或宽楔形，中部以上叶渐变小，具短柄至无柄，狭卵形或宽披针形，基部渐狭，边缘全缘，被短伏毛、刚毛及带基盘的刚毛。花序密集，直径 0.5 ～ 1.5cm，有时伸长，生茎顶端，苞片叶状；花梗短；花萼 5 裂近基部，裂片线形或狭三角形，被毛；花冠蓝色或蓝紫色，檐部直径 5 ～ 11mm，裂片近圆形，筒部长 2.5 ～ 4mm，附属物低梯形或半月形，长约 0.3mm。小坚果卵形，有小瘤状突起和短毛，背孔位于背面中上部，狭长圆形。花期 5 ～ 9 月。

生　境：生于路边、草地、灌丛、林边、河边及农田中，海拔 2000 ～ 4500m。

地理分布：见于西藏当雄附近的铁路边。分布于陕西、甘肃、青海、四川、云南及西藏。印度也有分布。

用　途：蓝色小花十分可爱，极具观赏。

西藏微孔草 *Microula tibetica* Benth.

形态描述：多年生垫状草本。茎缩短，高约1cm，自基部有多数分枝，枝端生花序，疏被短糙毛或近无毛。叶多数，平铺地面上，匙形，长3～13cm，宽0.8～2.8cm，顶端圆或钝，基部渐狭成柄，边缘近全缘或有波状小齿，上面稍密被短糙伏毛，两面都散生具基盘的短刚毛。花序不分枝或分枝，花多数簇生。花萼长约1.5mm，5深裂，外面疏被短柔毛；花冠蓝色或白色，无毛，筒部长约1.2mm，喉部附属物黄色。小坚果卵形或近菱形，有小瘤状突起，突起顶端有锚状刺毛，背孔不存在。花期7～9月。

生　　境：生于山坡草地、河滩和沙滩上，海拔3000～5000m。

地理分布：见于青藏铁路沿线的西大滩、楚玛尔河、五道梁、风火山、乌丽、塘港、错那湖和羊八井等地。分布于西藏和青海。印度及克什米尔地区也有分布。

用　　途：该种的垫状形态在属内非常特殊，为适应高原环境下而进化出来的生活型。

11.3.29 唇形科

白苞筋骨草 *Ajuga lupulina* Maxim.

形态描述：多年生草本，具地下走茎。茎粗壮，直立，高 18 ～ 25cm，四棱形，具槽，沿棱及节上被白色具节长柔毛。叶柄具狭翅，基部抱茎；叶片纸质，披针状长圆形，长 5 ～ 11cm，宽 1.8 ～ 3cm，先端钝或稍圆，基部楔形，下延。穗状聚伞花序由多数轮伞花序组成；苞叶大，向上渐小，白黄、白或绿紫色，卵形或阔卵形，长 3.5 ～ 5cm，宽 1.8 ～ 2.7cm，被长柔毛。花萼钟状或略呈漏斗状，基部前方略膨大，具 10 脉，其中 5 脉不甚明显，萼齿 5，狭三角形，整齐，先端渐尖，边缘具缘毛。花冠白、白绿或白黄色，具紫色斑纹，狭漏斗状，长 1.8 ～ 2.5cm，外面被疏长柔毛，冠筒基部前方略膨大，内面具毛环，从前方向下弯，冠檐二唇形，上唇小，直立，2 裂，裂片近圆形，下唇延伸，3 裂，中裂片狭扇形，长约 6.5mm，顶端微缺，侧裂片长圆形，长约 3mm。雄蕊 4，二强，着生于冠筒中部。子房 4 裂，被长柔毛。小坚果倒卵状或

倒卵长圆状三棱形。花期 7 ～ 9 月，果期 8 ～ 10 月。

生　　境：生于河滩沙地、高山草地或陡坡石缝中，海拔 1900 ～ 4600m。

地理分布：产河北、山西、甘肃、青海、西藏东部、四川西部及西北部。

白花枝子花 *Dracocephalum heterophyllum* Benth.

形态描述：一年生草本。茎四棱形，高 10 ～ 15cm，密被倒向的小毛。茎下部叶具长柄，叶片宽卵形至长卵形，长 1 ～ 4cm，宽 0.6 ～ 2cm，先端钝或圆形，基部心形，下面疏被短柔毛或几无毛，边缘被短睫毛及浅圆齿；中部叶与基生叶同形；上部叶变小。轮伞花序生于茎上部叶腋，具 4 ～ 8 花；苞片较萼稍短，倒披针形，疏被小毛及短睫毛，边缘具小齿，齿具长刺。花萼浅绿色，外面疏被短柔毛，2 裂至中部，上唇再 3 裂，齿三角状卵形，先端具刺，下唇 2 裂，齿披针形，先端具刺。花冠白色，长 1.8 ～ 3.4cm，外面密被白色或淡黄色短柔毛，二唇近等长。花期 6 ～ 8 月。

生　　境：生于草原、河滩沙地上，海拔 1100 ～ 5000m。

地理分布：见于青藏铁路沿线的西大滩、不冻泉、楚玛尔河、乌丽、开心岭、塘港、布玛德、唐古拉山北、扎架藏布、安多、嘎恰等地。分布于山西、内蒙古、宁夏、甘肃、四川、青海、西藏及新疆。俄罗斯也有分布。

用　　途：该种为干草原上最常见的植物之一，花可供观赏，在其分布区常大片地生长。全草入药，治疗慢性气管炎。

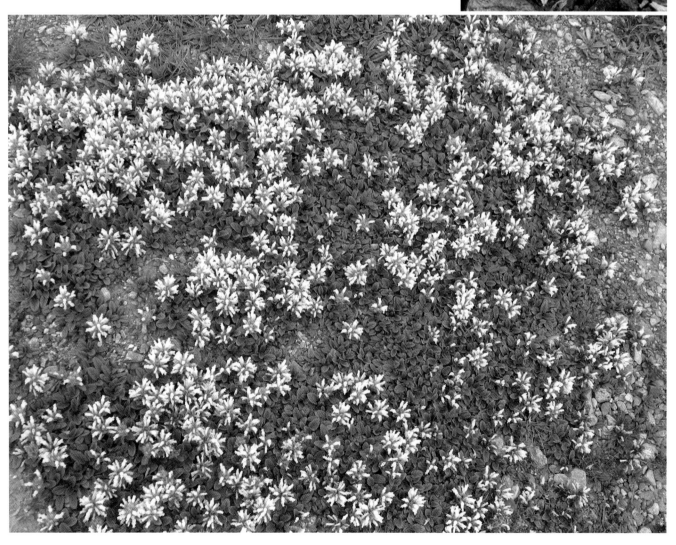

密花香薷 *Elsholtzia densa* Benth.

形态描述：一年生草本，高 20 ～ 60cm，密生须根。茎直立，自基部多分枝，分枝细长，茎及枝均四棱形，具槽，被短柔毛。叶长圆状披针形至椭圆形，长 1 ～ 4cm，宽 0.5 ～ 1.5cm，先端急尖或微钝，基部宽楔形或近圆形，边缘在基部以上具锯齿，草质，两面被短柔毛，侧脉 6 ～ 9 对；叶柄长 0.3 ～ 1.3cm。穗状花序长圆形或近圆形，长 2 ～ 6cm，宽 1cm，密被紫色串珠状长柔毛。花萼钟状，长约 1mm，外面及边缘密被紫色串珠状长柔毛，萼齿 5，后 3 齿稍长，近三角形，果时花萼膨大，近球形，长 4mm，宽达 3mm。花冠小，淡紫色，长约 2.5mm，冠筒向上渐宽大，冠檐二唇形，上唇直立，先端微缺，下唇稍开展，3 裂，中裂片较侧裂片短。雄蕊 4，前对较长，微露出，花药近圆形。花柱微伸出，先端近相等 2 裂。小坚果卵珠形，长 2mm，宽 1.2mm，暗褐色，被极细微柔毛，腹面略具棱，顶端具小疣突起。花、果期 7 ～ 10 月。

生　　境：生于林缘、高山草甸、林下、河边及山坡荒地，海拔 1800 ～ 4100m。

地理分布：产河北、山西、陕西、甘肃、青海、四川、云南、西藏及新疆。阿富汗、巴基斯坦、尼泊尔、印度、俄罗斯也有分布。

用　　途：西藏代香薷用，兼可外用于脓疮及皮肤病。花毛绒绒，甚为可爱。

毛穗香薷 *Elsholtzia eriostachya* (Benth.) Benth

形态描述：一年生草本，高 5 ～ 40cm，密被柔毛。茎四棱形，不分枝或具短分枝。叶长圆形，长 0.8 ～ 4cm，宽 0.4 ～ 1.5cm，先端钝，基部宽楔形至圆形，边缘具锯齿，两面黄绿色，被长柔毛，侧脉约 5 对，上面下陷，下面隆起；叶柄长 1.5 ～ 9mm。穗状花序圆柱状，顶生，长 1 ～ 5cm；下部苞叶叶近同形，较叶小；上部苞叶呈苞片状，宽卵圆形，先端具小突尖，覆瓦状排列；花梗长 1.5mm。花萼钟形，萼齿三角形，近相等，果时花萼圆筒状。花冠黄色，长约 2mm；雄蕊 4，前对稍短，内藏，花丝无毛，花药卵圆形；花柱内藏，先端 2 浅裂。小坚果椭圆形，褐色。花、果期 7 ～ 9 月。

生　　境：生于山坡草地，海拔 3500 ～ 4100m。

地理分布：见于西藏那曲公路边的荒地上。产甘肃、四川、西藏、云南。尼泊尔、印度也有分布。

独一味 *Lamiophlomis rotate* (Benth.) Kudo

形态描述：无茎多年生草本，高 2.5 ～ 10cm。根茎伸长，粗厚，径达 1cm。叶莲座状，常 4 枚，对称，菱形、扇形至三角形，长、宽 5 ～ 10cm，基部浅心形，边缘具圆齿，叶面具皱，被短柔毛，叶脉扇形；叶柄长 0 ～ 8cm。轮伞花序密集排列，近头状或短穗状；苞片披针形，全缘，具缘毛；小苞片针刺状。花萼管状，被疏柔毛，萼齿 5，短三角形，先端具刺尖。花冠长约 1.2cm，淡紫、红紫或粉红褐色，冠筒管状，冠檐二唇形，上唇边缘具齿牙，被柔毛，下唇 3 裂，中裂片较大。雄蕊 4，前对稍长；花柱先端 2 浅裂。小坚果倒卵状三角形。花期 6 ～ 7 月，果期 8 ～ 9 月。

生 境：生于高山草地、碎石滩、河滩地等地，海拔 2700 ～ 4500m。

地理分布：见于青藏铁路沿线的、当雄、那曲、乌玛塘和宁中等地。分布于西藏、青海、甘肃、四川、云南。尼泊尔、印度、不丹也有分布。

用 途：单种属，在植物系统发育上具有科研价值。全草入药，为著名藏药，治跌打损伤、筋骨疼痛等症，并有较好的止血效果。

宝盖草 *Lamium amplexicaule* L.

形态描述：一年生或二年生植物。茎高 10 ～ 30cm，基部多分枝，上升，四棱形，中空。茎下部叶具长柄，上部叶无柄，叶片均圆形或肾形，长 1 ～ 2cm，宽 0.7 ～ 1.5cm，先端圆，基部截形或截状阔楔形，半抱茎，边缘具极深的圆齿，顶部的齿通常较其余的为大，上面暗橄榄绿色，下面稍淡，两面均疏生小糙伏毛。轮伞花序 6 ～ 10 花；苞片披针状钻形，长约 4mm，宽约 0.3mm，具缘毛。花萼管状钟形，长 4 ～ 5mm，宽 1.7 ～ 2mm，外面密被白色直伸的长柔毛，萼齿 5，披针状锥形，长 1.5 ～ 2mm，边缘具缘毛。花冠紫红或粉红色，长 1.7cm，内面无毛环，冠筒细长，长约 1.3cm，直径约 1mm，筒口宽约 3mm，冠檐二唇形，上唇直伸，长圆形，长约 4mm，先端微弯，下唇稍长，3 裂，中裂片倒心形，先端深凹，基部收缩，侧裂片浅圆裂片状。小坚果倒卵圆形，具三棱，先端近截状，基部收缩，长约 2mm，宽约 1mm，淡灰黄色，表面有白色大疣状突起。花期 3 ～ 5 月，果期 7 ～ 8 月。

生 境：生于路旁、林缘、沼泽草地及宅旁等地，或为田间杂草，海拔可高达 4000m。

地理分布：产江苏、安徽、浙江、福建、湖南、湖北、河南、陕西、甘肃、青海、新疆、四川、贵州、云南及西藏；欧洲、亚洲均有广泛分布。

用 途：全草入药。花十分可爱。

川藏香茶菜 *Rabdosia pseudo-irrorata* C. Y. Wu

形态描述：丛生小灌木，分枝极多，高 30～50cm。主根圆柱形，木质，粗壮。幼枝四棱形，被毛，老枝近圆柱形。茎叶对生，长圆状披针形或卵形，长 0.7～2.5cm，宽 0.6～1.5cm，先端钝，基部渐狭成楔形，边缘具锯齿，纸质，两面密被毛及腺体，侧脉约 3～4 对；叶柄长 1～4mm。聚伞花序生于茎枝上部，具花 3～7 朵；花序总梗长 0.3～1.5cm，小花梗长 2～3mm；下部苞片叶状，小苞片卵形或线形，长 1～3mm；花萼钟形，等齿 5；花冠浅紫色，冠筒长约 4mm，冠檐二唇形，上唇外反，先端具相等四圆裂，下唇宽卵圆形，开花时下反，露出雄蕊及花柱；雄蕊 4 个；花盘环状，前方微隆起。小坚果卵状长圆形。花果期 7～9 月。

生　境：生于高山山坡林缘、碎石间、石岩上或灌丛中，海拔 4300m。

地理分布：见于西藏羊八井附近山坡上。分布于四川西南部及西藏南部。

用　途：芳香植物，可提取芳香油。叶及花入药。

11.3.30　茄科

山莨菪 *Anisodus tanguticus* (Maxim) Pascher

形态描述：多年生宿根草本，高 40 ~ 80cm。根粗大，近肉质。茎无毛或被微柔毛。叶片纸质，矩圆形至狭矩圆状卵形，长 8 ~ 11cm，宽 2.5 ~ 4.5cm，顶端急尖或渐尖，基部楔形或下延，全缘具 1 ~ 3 对粗齿及啮蚀状细齿，两面无毛；叶柄长 1 ~ 3cm，两侧略具翅。花单生叶腋，俯垂，花梗长 2 ~ 8cm，被微柔毛或无毛，花萼钟形，坚纸质，脉劲直，裂片宽三角形，顶端钝；花冠钟形，紫色或暗紫色，长 2.5 ~ 3.5m，筒里面被柔毛，裂片半圆形；雄蕊长为花冠长的 1/2 左右；雌蕊较雄蕊略长；花盘浅黄色；果实球状成近卵状，直径约 2cm，果萼长约 6cm；果梗长达 8cm，挺直。花期 5 ~ 6 月，果期 7 ~ 8 月。

生　　境：生于路边、山坡及草坡阳处，海拔 2800 ~ 4200m。

地理分布：西藏当雄车站附近有栽培。分布于青海、甘肃、西藏、云南。

用　　途：根供药用，有镇痛作用；本种亦是提取莨菪烷类生物碱的重要资源植物；地上部分掺入牛饲料中，有催膘作用。

曼陀罗 *Datura stramonium* L.

形态描述：一年生草本，高 0.5 ~ 1.5m，全株近光滑。茎粗壮，圆柱形。叶广卵形，顶端渐尖，基部楔形，偏斜，边缘有不规则波状浅裂，裂片顶端急尖，侧脉每边 3 ~ 5 条，直达裂片顶端，长 8 ~ 17m，宽 4 ~ 12cm；叶柄长 3 ~ 5cm。花单生于枝叉或叶腋，直立，有短梗；花萼筒状，长 4 ~ 5cm，具 5 棱，顶端 5 浅裂，裂片三角形；花冠漏斗状，白色，檐部 5 浅裂，裂片有短尖头，长 6 ~ 10cm，檐部直径 3 ~ 5cm；雄蕊不伸出花冠，花丝长约 3cm，花药长约 4mm；子房密被毛，花柱长约 6cm。蒴果直立，卵状，长 3 ~ 4.5cm，直径 2 ~ 4cm，表面生有坚硬针刺，4 瓣裂。种子卵圆形，稍扁，黑色。花期 6 ~ 10 月，果期 7 ~ 11 月。

生　　境：常生于住宅旁、路边或草地上。

地理分布：见于西藏拉萨公路边的荒地上。广布于世界各地。

用　　途：全株有毒，含莨菪碱，可供药用，有镇痉、镇静、镇痛、麻醉的功能。种子油可制肥皂和掺合油漆用。

马尿泡 *Przewalskia tangutica* Maxim.

形态描述：多年生草本，高 4 ~ 30cm，全体生腺毛。根粗壮，肉质；根茎短缩，有多数休眠芽。叶生于茎下部者鳞片状，埋于地下，生于茎顶端者密集，卵形或长椭圆状卵形，长 10 ~ 15cm，宽 3 ~ 4cm，顶端圆钝，基部渐狭，边缘全缘或微波状。总花梗腋生，长 2 ~ 3mm，有花 1 ~ 3 朵；花梗长约 5mm。花萼筒状钟形，萼齿圆钝；花冠檐部黄色，筒部紫色，筒状漏斗形，长约 25mm，檐部 5 浅裂，裂片卵形；雄蕊生于花冠喉部，花丝极短；花柱显著伸出于花冠，柱头膨大，紫色。蒴果球状，直径 1 ~ 2cm，果萼椭圆状或卵状，长可达 8 ~ 13cm，近革质，网纹凸起，顶端平截，不闭合。种子黑褐色。花期 6 ~ 7 月。

生　　境：生于高山砂砾地及干旱草原，海拔 3200 ~ 5000m。

地理分布：见于西藏唐古拉北附近草地中。产青海、甘肃、四川和西藏。

用　　途：根含莨菪碱、东莨菪碱、山莨菪碱，可供药用，有镇痛、镇痉及消肿的功能。

11.3.31 玄参科

小米草 *Euphrasia pectinata* Ten.

形态描述：一年生小草本，植株直立，高 10～30(45)cm，不分枝或下部分枝，被白色柔毛。叶与苞叶无柄，卵形至卵圆形，长 5～20mm，基部楔形，每边有数枚稍钝、急尖的锯齿，两面脉上及叶缘多少被刚毛，无腺毛。花序长 3～15cm，初花期短而花密集，逐渐伸长至果期果疏离；花萼管状，长 5～7mm，被刚毛，裂片狭三角形，渐尖；花冠白色或淡紫色，背面长 5～10mm，外面被柔毛，背部较密，其余部分较疏，下唇比上唇长约 1mm，下唇裂片顶端明显凹缺；花药棕色。蒴果长矩圆状，长 4～8mm。种子白色，长 1mm。花期 6～9 月。

生　　境：生阴坡草地及灌丛中。

地理分布：分布于新疆、甘肃、宁夏、内蒙古、山西、河北。欧洲至蒙古、俄罗斯西伯利亚地区也有分布。

短穗兔耳草 *Lagotis brachystachya* Maxim.

形态描述：多年生矮小草本，高约 4～8cm。根状茎短，不超过 3cm；根多数，簇生，条形，肉质。匍匐茎紫红色，横走，长可达 30cm，直径约 1～2mm。叶全部基出，莲座状，叶柄长 1～5cm，扁平，翅宽；叶片宽条形至披针形，长 2～7cm，顶端渐尖，基部渐窄成柄，全缘。花葶数条，纤细，长度不超过叶。穗状花序卵圆形，长 1～1.5cm，花密集，苞片卵状披针形；花萼成两裂片状，约与花冠筒等长或稍短，后方开裂，膜质透明；花冠白色或微带粉红或紫色，上唇全缘，下唇 2 裂；雄蕊贴生于上唇基部；花柱伸出花冠外，柱头头状；花盘 4 裂。果实红色，卵圆形，顶端大而微凹，光滑无毛。花果期 5～8 月。

生　　境：生于高山草原、河滩、湖边砂质草地，海拔 3200～4500m。

地理分布：见于青海可可西里地区。分布于甘肃、青海、西藏及四川。

用　　途：全草入药，可治高血压、肺病、肺炎等症。

肉果草（兰石草）

Lancea tibetica Hook. f. et Thoms.

形态描述：多年生矮小草本，高约 3 ～ 7cm。根状茎细长，横走或斜下，节上具鳞片。叶 6 ～ 10 片，几成莲座状，倒卵形至倒卵状矩圆形或匙形，近革质，长 2 ～ 7cm，顶端钝，常有小凸尖，边全缘，基部渐狭成短柄。花 3 ～ 5 朵簇生或伸长成总状花序，苞片钻状披针形；花萼钟状，革质，萼齿钻状三角形；花冠深蓝色或紫色，喉部稍带黄色或紫色斑点，长 1.5 ～ 2.5cm，花冠筒长 8 ～ 13mm，上唇直立，2深裂，下唇开展，中裂片全缘；雄蕊着生近花冠筒中部，花丝无毛；柱头扇状。果实卵状球形，长约 1cm，红色至深紫色，包于宿存的花萼内；种子多数，矩圆形，棕黄色。花期 5 ～ 7 月，果期 7 ～ 9 月。

生　境：生于高山草地，疏林中或沟谷旁，海拔 2000 ～ 4500m。

地理分布：见于青藏铁路安多、那曲附近。分布于西藏、青海、甘肃、四川、云南。印度也有分布。

用　途：单种属，可药用。适应性甚强，可保持水土。

通泉草 *Mazus pumilus* (Burm.f.) Steenis

形态描述：一年生草本，高 3 ～ 30cm。茎 1 ～ 5，直立，上升或俯卧，着地部分节上常能长出不定根，分枝多而披散，少不分枝。基生叶数个，成莲座状或早落，倒卵状匙形至卵状倒披针形，长 2 ～ 6cm，上部全缘或具齿，基部楔形，下延成带翅的叶柄，边缘具粗齿或浅羽裂；茎生叶少数，形同基生叶。总状花序生于茎、枝顶端，具 3 ～ 20 朵花；花梗在果期长达10mm，上部的较短；花萼钟状，花期长约6mm，果期增大，萼片与萼筒近等长，卵形；花冠白色、紫色或蓝色，长约 10mm，上唇裂片卵状三角形，下唇中裂片较小，稍突出，倒卵圆形，子房无毛。蒴果球形；种子小而多数，黄色，具网纹。花果期 4 ～ 10 月。

生　境：生于湿润草地、沟边、路旁及林缘。

地理分布：见于拉萨附近草地上。遍布我国各地。越南、俄罗斯、朝鲜、日本、菲律宾也有分布。

用　途：常见美丽小草，可供观赏。

藏玄参 *Oreosolen wattii* Hook. f.

形态描述：多年生矮小草本，植株高不过5cm，全体被粒状腺毛。根粗壮。下部叶鳞片状；基部叶对生，在茎顶端集成莲座状，具极短而宽扁的叶柄，叶片大而厚，心形、扇形或卵形，长2～5cm，边缘具不规则钝齿，网纹强烈凹陷，具基出掌状叶脉5～9条。花数朵簇生叶腋；花梗极短，有一对小苞片。花萼5裂，几达基部；裂片条状披针形；花冠黄色，具长筒，长1.5～2.5cm，檐部2唇形，上唇2裂，裂片卵圆形，下唇3裂，裂片倒卵圆形；雄蕊4枚，内藏至稍伸出，花丝粗壮，顶端膨大，花药1室，横置，退化雄蕊1枚，针状，贴生于上唇中央。蒴果卵球状，长达8mm，顶端渐尖，室间2裂。花期6月，果期8月。

生　　境：生于高山草甸，海拔3000～5100m。

地理分布：见于西藏唐古拉北附近。产西藏、青海。尼泊尔、印度、不丹也有分布。

用　　途：单种属，在系统进化中具有一定意义。花美丽，也是稀有的高山花卉。植株可入药。花可供观赏。

阿拉善马先蒿 *Pedicularis alaschanlca* Maxim.

形态描述：多年生草本，高可达35cm。根粗壮而短；根颈具鳞片。茎多数，直立或铺散，基部分枝，上部不分枝。基生叶早枯萎；茎生叶茂密，下部对生，上部3～4枚轮生；叶柄长可达3cm；叶片披针状长圆形至卵状长圆形，长2.5～3cm，宽1～1.5cm，羽状全裂，裂片每边7～9，线形，边缘具细锯齿。花序穗状，生于茎端；苞片叶状，长于花；萼膜质，长圆形，前方开裂，脉5主5次，明显高凸，无网脉，齿9枚；花冠黄色，长20～25cm，花管在中上部稍向前膝屈，下唇与盔等长或稍长，浅裂，侧裂斜椭圆形而略带方形，盔直立部分内缘长约6mm，顶端具短喙；雄蕊花丝着生于管基部。花期7～8月。

生　　境：生于高山草地及沙质地上，海拔2000～4600m。

地理分布：见于青藏铁路沿线各地。分布于青海、甘肃、内蒙古、西藏。

用　　途：中国特有植物，花供观赏。

碎米蕨叶马先蒿

Pedicularis cheilanthifolia Schrenk.

形态描述：多年生草本，植株高 5 ～ 30cm。根茎粗，被有少数鳞片；根肉质，纺锤形。茎单生或丛生，不分枝。基生叶宿存，丛生，叶柄长达 3 ～ 4cm；茎生叶 4 枚轮生，柄仅长 5 ～ 20mm；叶片线状披针形，羽状全裂，长 1 ～ 4cm，宽 2.5 ～ 8mm，裂片披针形，羽状浅裂，小裂片 2 ～ 3 对，有重齿。花序顶生，具多轮花；苞片叶状。萼长圆状钟形，前方开裂，齿 5 枚；花冠自紫红色一直退至纯白色，管初先伸直，后变向前膝屈，下唇长 8mm，宽 10mm，裂片圆形而等宽，盔长 10mm，端几无喙；雄蕊花丝着生于管内；花柱伸出。蒴果披针状三角形，锐尖而长，下部为宿萼所包。花期 6 ～ 8，果期 7 ～ 9。

生　　境：生于高山草地，海拔 2150 ～ 4900m。

地理分布：见于青藏铁路沿线各地。产甘肃、青海、新疆、西藏。中亚地区也有分布。

用　　途：该种较常见，花色多变，是一个显著的多型种。

聚花马先蒿 *Pedicularis confertiflora* Prain

形态描述：一年生低矮草本，高 5 ～ 25cm，毛疏密不等。根茎短，被鳞片。茎基生，多数，圆筒形，有毛，节少数。基生叶有柄，丛生，很快即枯死；茎生叶无柄，对生，卵状长圆形，羽状全裂，裂片 5 ～ 7 对，卵形，有缺刻状锯齿，边缘反卷。聚散花序在枝顶轮生，花有短梗；苞片叶状，三角形，3 ～ 7 裂；萼膜质，钟形，脉 10 条，齿 5 枚，后方 1 枚三角状针形，全缘，较小，其余 4 枚 2 大 2 小，中部以上突然膨大，三裂；花冠紫红色，花管长于萼，盔直立，高约 3mm，顶端喙伸直，长 7mm；雄蕊着生于管的中部；花柱不伸出或略略伸出。蒴果斜卵形，伸出宿萼。花期 7 ～ 9 月。

生　　境：生于高山草地、草甸中，海拔 2700 ～ 4420m。

地理分布：见于西藏唐古拉北附近的草甸中。分布于云南、四川、西藏等地。尼泊尔及喜马拉雅山区也有分布。

用　　途：高山花卉，适应性强。

斑唇马先蒿 *Pedicularis longiflora* Rudolph var. *tubiformis* (Klotz.) Tsoong

形态描述：低矮草本，全身少毛。根束生，长者可达15cm，下端须状。茎短。叶基生或茎生，常成密丛，柄长1～2cm，叶片羽状浅裂至深裂，披针形至狭长圆形，裂片5～9对，有重锯齿。花均腋生，有短梗；萼管状，长11～15mm，脉约15条，齿2枚，掌状开裂，裂片具锯齿；花冠黄色，花管长达5～6cm，管外面有毛；上唇盔直立部分高仅2～3mm，前端具细喙，环状卷曲，长约6mm；下唇近喉处有棕红色的斑点两个，中裂较小，近于倒心脏形，长约5～6mm，底端明显凹入，侧裂为斜宽卵形，凹头，外侧明显耳形；花丝两对均有密毛，生于花管之端；花柱明显伸出于喙端。蒴果披针形，伸出萼，基部有伸长的梗。花期5～10月。

生　　境：生于高山沼泽草甸及溪流两旁等处，海拔2700～5300m。

地理分布：见于西藏那曲、当雄地区。分布于云南、四川、西藏。喜马拉雅山区也有分布。

用　　途：该种常为沼泽草甸的优势种，开花时一片金黄，是高原的一道亮丽的风景。可入药，清热解毒，强筋利水，固精。

全叶马先蒿 *Pedicularis Integrifolia* Hook. f.

形态描述：低矮多年生草本，高 4 ~ 7cm。根茎粗；根纺锤形肉质。茎单条或多条，自根颈发出，弯曲上升。叶狭长圆状披针形，基生者成丛，叶柄达 3 ~ 5cm，其叶片长 3 ~ 5cm，宽 0.5cm；茎生者 2 ~ 4 对，无柄，叶片狭长圆形，长 1.3 ~ 1.5cm，宽 0.75 ~ 1cm，均有波状圆齿。花无梗，轮状聚生茎端；苞片叶状；萼圆筒状钟形，有腺毛，前方开裂，有疏网纹，齿 5 枚；花冠深紫色，管长 2cm，伸直，下唇 3 裂，侧裂椭圆形，中裂片圆形，盔直立部分高 4mm，先端具 S 形弯曲长喙，喙长 15mm；雄蕊着生于管顶端；柱头不伸出。蒴果卵圆形而扁平，包于宿萼之内。花期 6 ~ 7 月。

生　　境：生于高山石砾草原中，海拔 4000m 左右。

地理分布：见于西藏那曲附近。分布于青海、西藏。喜马拉雅山区也有分布。

用　　途：该种的全叶类型在马先蒿属中很是特殊。花色美丽，是稀有的高山花卉。

甘肃马先蒿 *Pedicularis kansuensis* Maxim.

形态描述：一年或二年生草本，植株密被毛，高可达40cm以上。根垂直向下，不变粗。茎多数，自基部发出，中空，稍方形。基生叶宿存，柄长达25mm；茎叶柄较短，4枚轮生，叶片长圆形，长达3cm，宽14mm，羽状全裂，裂片约10对，披针形，羽状深裂，小裂片具少数锯齿。花序长，花轮极多，疏离；苞片叶状至掌状3裂。萼片膨大，近球形，不裂，主脉明显，有5齿；花冠紫红色，长约15mm，管向前膝曲，长为萼的两倍，下唇长于盔，裂片圆形，中裂较小，盔长约6mm，镰状弓曲，额高凸，有具波状齿的鸡冠状凸起；花丝1对有毛；柱头略伸出。蒴果斜卵形。花期6～8月。

生　　境：生于草坡和有石砾处，海拔1825～4000m。

地理分布：见于西藏那曲地区。产甘肃、青海、四川、西藏。

用　　途：为我国特有种，花色鲜艳，为高山花卉。

穗花马先蒿 *Pedicularis spicata* Pall.

形态描述：一年生草本，干时不变黑或微微变黑，老时尤其下部多少木质化。根圆锥形，常有分枝，长可达 8cm，强烈木质化。茎有时单一而植株稀疏，或常自根颈发出多条而使植株显得丛杂，侧生者倾卧或弯曲上升，全不分枝或在更多的情况下上部多分枝，茎枝老时均坚挺，后者 4 条轮生，均中空，略作四棱状，或有时下部完全方形，沿棱有毛线 4 条，节上毛尤密。叶基出者至开花时多不存在，多少莲座状，较茎叶为小，柄长 13mm，有密卷毛，叶片椭圆状长圆形，长约 20mm，两面被毛，羽状深裂，裂片长卵形，边多反卷，时有胼胝；茎生叶多 4 枚较生，各茎 3～6 较中部者最大，柄短，约达 10mm，扁平有狭翅，被毛，叶片多变，长圆状披针形至线状狭披针形，其长与宽的比例为 2:1～7:1，最长者达 7cm，最宽可达 13mm，上面疏布短白毛，背面脉上有较长的白毛，基部广楔形，端渐细而顶尖微钝，缘边羽状浅裂至深裂，裂片 9～20 对，卵形至长圆形，多少带三角形，后缘稍长于前而缘略偏指前方，缘有具刺尖的锯齿，有时极多胼胝。穗状花序生于茎枝之端，长可达 12cm，仅下部花轮有时间断；苞片下部者叶状，中上部者为菱状卵形而有长尖头，基部竟而膜质，前方有齿而绿色，长于萼，有长白毛，齿常有胼胝；萼短而钟形，长约 3～4mm，前方仅微微开裂，全部膜质透明，主脉 5 条最粗，另外还有次脉 2～4 条，管部常在主脉近端处有网脉，有时下部沿主脉亦有斜升支脉，惟不网结，萼齿 3 枚，后方一枚三角形锐头而小，余 4 枚各边两两结合成一短三角形钝头之宽齿，两边不等，向前方的一面边缘徐徐斜下以组成萼的裂口，长于另一边 2～3 倍，在进化较不完全的植株中两宽齿之端有微缺，以代表原来的两个，齿中有明显的网纹；花冠红色，长 12～18mm，管在萼口向前方以直角或相近的角度膝屈，下段长约 3mm，上段约 6～7mm，向喉稍稍扩大，盔指向前上方，长仅 3～4mm，基部稍宽，额高凸，下唇长于盔 2～2.5 倍，长约 6～10mm，中裂较小，倒卵形，较斜卵形的侧裂小半倍；雄蕊花线一对有毛；柱头稍伸出。蒴果长 6～7mm，狭卵形，下线稍弯，上线强烈向下弓曲，近端处突然斜下，斜截形，端有刺尖；种子仅 5～6 枚，长达 2mm，脐点明显凹陷，切面略作三棱形，背面宽而圆，两个腹面狭而多少凹陷，端有尖，均有极细的蜂窝状网纹。花期 7～9 月，果 8～10 月。

生　　境：生于海拔 1500～2600m 的草地、溪流旁及灌丛中。

地理分布：自我国湖北北部、四川北部、甘肃南部、陕西、山西、河北，经内蒙古、东北各地及蒙古至俄罗斯东部西伯利亚地区。

用　　途：花卉可供观赏。

毛蕊花 *Verbascum thapsus* L.

形态描述：二年生草本，高达 1.5m，全株被密而厚的浅灰黄色星状毛。基生叶和下部的茎生叶倒披针状矩圆形，基部渐狭成短柄状，长达 15cm，宽达 6cm，边缘具浅圆齿，上部茎生叶逐渐缩小而渐变为矩圆形至卵状矩圆形，基部下延成狭翅。穗状花序圆柱状，长达 30cm，直径达 2cm，结果时还可伸长和变粗，花密集，数朵簇生在一起（至少下部如此），花梗很短；花萼长约 7mm，裂片披针形；花冠黄色，直径 1～2cm；雄蕊 5，后方 3 枚的花丝有毛，前方 2 枚的花丝无毛，花药基部多少下延而成个字形。蒴果卵形，约与宿存的花萼等长。花期 6～8 月，果期 7～10 月。

生　境：生山坡草地、河岸草地，海拔 1400～3200m。

地理分布：广布于北半球，我国新疆、西藏、云南、四川有分布，其他各地引种栽培。

用　途：花可供观赏。

两裂婆婆纳 *Veronica biloba* L. Mant.

形态描述：一年生草本，植株高 5～50cm，疏生白色柔毛及腺毛。茎直立，通常中下部分枝。叶全部对生，有短柄，矩圆形至卵状披针形，长 5～30mm，宽 4～13mm，基部宽楔形至圆钝，边缘具锯齿。花序长 2～40cm；苞片比叶小，披针形至卵状披针形；花梗与苞片等长，花后伸展或多少向下弯曲。花萼侧向 2 分裂，裂达 3/4，裂片卵形或卵状披针形，急尖，果期长达 4～8mm，具明显 3 脉。花冠白色、蓝色或紫色，直径 3～4mm，后方裂片圆形，其余 3 枚卵圆形。蒴果长 3～4.5mm，宽 4～5mm，顶端分裂，几乎达基部而成两个分果，裂片顶端圆钝，宿存花柱比凹口低得多。花期 4～8 月。

生　境：生于荒地、草原和山坡，海拔 800～4600m。

地理分布：见于西藏那曲附近。分布于我国西北及西南地区。广布于亚洲中部及西部。

用　途：适应性甚强，花可供观赏。

11.3.32　紫葳科

藏波罗花 *Incarvillea younghusbandii* Sprague

形态描述：矮小宿根草本，无茎。根肉质，粗壮。叶基生，一回羽状复叶；叶轴长约 3 ~ 4cm；顶端小叶较大，卵圆形至圆形，长、宽均约为 3 ~ 5cm；侧生小叶 2 ~ 5 对，卵状椭圆形，长 1 ~ 2cm，宽约 1cm，粗糙，具泡状隆起，有钝齿，近无柄。花单生或 3 ~ 6 朵着生于叶腋中抽出缩短的总梗上；花梗长 6 ~ 9mm。花萼钟状，无毛，萼齿 5，不等大。花冠淡紫色，筒细长，漏斗状，长 4 ~ 7cm，直径 3 ~ 8mm，花冠裂片开展，圆形。雄蕊 4，2强，着生于花冠筒基部。雌蕊花柱远伸出于花冠之外；柱头扇形，2 片开裂。蒴果长 3 ~ 4.5cm，近木质，弯曲，具四棱。花期 5 ~ 8 月，果期 8 ~ 10 月。

生　　境：生于高山沙质草地、山坡砾石地及垫状灌丛中，海拔 3600 ~ 5000m。

地理分布：见于青藏铁路沿线的措那湖、当雄大桥、羊八井等地。分布于青海、西藏。尼泊尔也有分布。

用　　途：根入药，具滋补强壮功效。花可供观赏。

11.3.33　苦苣苔科

卷丝苣苔　*Corallodiscus kingianus* (Craib) Burtt

形态描述：多年生草本。根状茎短而粗。叶全部基生，莲座伏，具柄；叶片革质，菱状狭卵形或卵状披针形，长 2 ～ 9cm，宽 1.4 ～ 3cm，顶端锐尖，基部楔形，边缘卷曲，具锯齿或近全缘，上面无毛，平展，具皱褶，下面密被锈色毡状绵毛，侧脉 4 ～ 5 对；叶柄扁平，长达 4.5cm。聚伞花序 2 ～ 6 条，花序梗长达 17cm，每花序 2 ～ 3 次分枝，具 5 ～ 20 花；花梗长 6 ～ 10mm。花萼钟状，5 裂，裂片长圆形，具 5 脉。花冠筒状，淡紫色或紫蓝色，长 13 ～ 18mm；上唇 2 裂，裂片半圆形，下唇 3 裂，裂片卵圆形或近圆形；雄蕊 4，不等长，部分退化；子房长圆形。蒴果长圆形。花期 6 ～ 8 月。

生　　境：生于山坡、灌丛、林下岩石上，海拔 2800 ～ 4600m。

地理分布：见于西藏羊八井附近的山坡上。分布于西藏、青海、四川西南部及云南西北部。印度至不丹也有分布。

用　　途：全草药用，解野菜等中毒、治热性腹泻等。

11.3.34 车前科

平车前 *Plantago depressa* Willd.

形态描述：一、二年生草本。直根长，具多数侧根，多少肉质。根茎短。叶基生呈莲座状，平卧、斜展或直立。叶片纸质，椭圆形、椭圆状披针形或卵状披针形，长 3～12cm，宽 1～3.5cm，先端急尖或微钝，边缘具不规则锯齿，基部楔形，下延至叶柄，脉 5～7 条，两面疏生柔毛；叶柄长 2～6cm，基部扩大成鞘状。花序 3～10 余个；花序梗长 5～18cm；穗状花序细圆柱状，长 6～12cm；苞片三角状卵形。花萼长 2～2.5mm，分裂。花冠白色，裂片极小，椭圆形或卵形；雄蕊着生于冠筒内面近顶端，外伸；胚珠 5。蒴果卵状椭圆形至圆锥状卵形，周裂。种子 4～5，椭圆形。花期 5～7 月，果期 7～9 月。

生　境：生于草地、河滩、沟边、草甸、田间及路旁，海拔 5～4500m。

地理分布：见于西藏那曲、当雄附近。产我国东北、华北、华东、华中、西北及西南地区。朝鲜、俄罗斯、哈萨克斯坦、阿富汗、蒙古、巴基斯坦、克什米尔地区、印度也有分布。

用　途：典型的入侵植物，常沿交通道路扩散分布。种子有利水通淋、清热解毒、清肝明目、止泻等功效。

11.3.35　败酱科

甘松 *Nardostachys chinensis* Batal.

形态描述：多年生草本，高 7 ~ 46cm。根状茎粗短，密被纤维状叶鞘，有烈香。基出叶丛生，倒披针形，长 4 ~ 14cm，宽 0.5 ~ 1.2cm，主脉平行 3 ~ 5 出，全缘，先端钝，基部渐狭为柄。茎生叶 1 ~ 2 对，对生，无柄，长圆状线形。聚伞花序头状，顶生。总苞片披针形，长 0.5 ~ 2cm，宽 0.2 ~ 0.4cm，苞片和小苞片常为披针状卵形或宽卵形。花萼小，5 裂。花冠紫红色，钟形，长 7 ~ 11mm，筒外微被毛，基部偏突；花冠裂片 5，宽卵形，长 3 ~ 4.5mm，2 ~ 4mm，花冠筒喉部具长髯毛；雄蕊 4，伸出花冠裂片外，花丝具柔毛；子房下位，花柱与雄蕊近等长，柱头头状。瘦果倒卵形，无毛。花期 7 ~ 8 月。

生　　境：生于沼泽草甸、河漫滩和灌丛草坡，海拔 3200 ~ 4500m。

地理分布：见于青藏铁路羊八井附近。分布于四川、云南、青海和西藏等地。印度、不丹和尼泊尔也有分布。

11.3.36 川续断科

青海刺参 *Morina kokonorica* Hao

形态特征：多年生草本，高 20 ～ 80cm。根肉质，粗壮。茎单一，上部被绒毛，下部具明显的沟槽，光滑。基生叶簇生，坚硬，线状披针形，长 10 ～ 15cm，宽 1 ～ 1.5cm，不规则羽状浅裂，裂片具不规则齿，齿尖有芒刺；茎生叶 3 ～ 4 枚轮生，基部报茎。轮伞花序顶生，花后各轮疏离，每轮有总苞片 4；总苞片长卵形，边缘具刺。花萼杯状，质硬，长 4 ～ 7mm，2 深裂，裂片先端具刺尖；花冠二唇形，裂片 5，淡绿色，短于萼片；雄蕊 4，能育雄蕊 2，生于花冠管的上部，不育雄蕊 2，生于花冠管的基部；花柱较雄蕊稍长。瘦果褐色，圆柱形，具棱。花期 6 ～ 8 月，果期 8 ～ 9 月。

生　境：生于碎石滩草地、山坡草地及河滩上，海拔 3000 ～ 4500m。

地理分布：见于青藏铁路沿线羊八井附近。分布于甘肃、青海、四川、西藏。

用　途：幼嫩植株全草入药，有健胃的功效。

匙叶翼首花

Pterocephalus hookeri (C. B. Clarke) HCK.

形态描述：多年生无茎草本，高 30 ～ 50 cm，全株被白色柔毛。根粗壮，木质化，单一。叶全部基生，莲座状，叶片倒披针形，长 5 ～ 18cm，宽 1 ～ 2.5cm，先端钝，基部渐狭成柄，全缘或一回羽状深裂，裂片斜卵形或披针形，中脉明显。花葶高 5 ～ 30cm；头状花序单生茎顶，直立或微下垂，球形；总苞片 2 ～ 3 层，长卵形至卵状披针形；苞片线状倒披针形；小总苞小，筒状，端具齿，外面被毛。花萼全裂成 20 条柔软羽毛状冠毛；花冠筒状漏斗形，黄白色至淡紫色，长 10 ～ 12mm，先端 5 浅裂；雄蕊 4，稍伸出花冠管外；子房下位，花柱伸出花冠管外。瘦果倒卵形，被毛。花果期 6 ～ 10 月。

生　境：生于碎石滩草地，海拔 1800 ～ 4800m。

地理分布：见于青藏铁路沿线羊八井附近。分布于云南、四川、西藏、青海。不丹、印度也有分布。

用　途：藏药之一，具清热、解毒、祛湿、止痛功效，主治感冒、发烧等症。

11.3.37　桔梗科

薄叶鸡蛋参（辐冠党参）Codonopsis convolvulacea Kurz var. vinciflora (Kom.) L.T.Shen

形态描述：多年生草本。茎基部极短，根块状，近于卵球状或卵状，长 2.5～5cm，直径 1～1.5cm。茎缠绕或近于直立，长可达 1m。叶互生或有时对生，叶片卵圆形，长 2～10cm，宽 0.2～10cm，薄，膜质，叶基楔形，顶端钝，边缘明显具波状齿，叶脉细而明显；叶柄长可达 1.6cm。花单生于主茎及侧枝顶端；花梗长 2～12cm；花萼贴生于子房顶端，上位着生，筒部倒长圆锥状，裂片披针形，全缘；花冠辐状而近于 5 全裂，裂片椭圆形，长 1～3.5cm，宽 0.6～1.2cm，淡蓝色或蓝紫色，顶端急尖；花丝基部宽大，内密被长柔毛，上部纤细，长仅 1～2mm，花药长 4～5mm。蒴果圆锥状，有 10 条脉棱。种子多数。花果期 7～10 月。

生　　境：生于阳坡灌丛中，海拔 2500～4000m。

地理分布：见于西藏羊八井附近的山坡上。分布于西藏、四川西部、云南西北部。

用　　途：花美丽，可栽培观赏，块根入药。

灰毛蓝钟花 Cyananthus incanus Hook. F. et Thoms.

形态描述：多年生草本。茎基粗壮，顶部具有宿存的卵状披针形鳞片。茎多条并生，铺散，长 30～40cm，不分枝或下部分枝，被灰白色短柔毛。叶互生，仅花下 4 或 5 枚叶子聚集呈轮生状；叶片卵状椭圆形，长 4～6mm，宽 3～4mm，两面均被短柔毛，边缘反卷，有波状浅齿或近全缘，基部楔形，有短柄。花单生于枝条顶端；花萼短筒状，密被倒伏刚毛以至无毛，筒长 5～8mm，裂片三角形，长 2～3mm，密生白色睫毛；花冠蓝紫色或深蓝色，为花萼长的 2.5～3 倍，外面无毛，内面喉部密生柔毛，裂片倒卵状长矩圆形；子房在花期约与萼筒等长，花柱伸达花冠喉部。蒴果超出花萼。种子矩圆状，淡褐色。花期 8～9 月。

生　　境：生于高山草地、灌丛草地、林下、路边及河滩草地中，海拔 3100～5400m。

地理分布：见于西藏羊八井附近。分布于西藏南部和东部、云南西北部、四川西南部和青海等地。不丹及印度也有分布。

用　　途：花美丽，可引种栽培观赏。

11.3.38 菊科

细裂亚菊 *Ajania przewalskii* Poljak.

形态描述：多年生草本，高35～80cm。根茎生于地下，短，匍匐，具褐色卵形鳞苞。茎直立，少分枝，全茎密被白色短柔毛。叶宽卵形，长2～5cm，宽1.5～4cm，二回羽状分裂，一回侧裂片2～4对，排列紧密，末回裂片线状披针形或长椭圆形，上面绿色，无毛或有稀疏短柔毛，下面灰白色，被稠密短柔毛，上部叶渐小；叶柄长1～2cm。头状花序小，多数在茎顶排成伞房花序。总苞钟状，直径2.5～3mm；总苞片4层，边缘褐色膜质，外层卵形或披针形，中内层椭圆形至倒披针形或披针形。花冠外面有腺点；边缘雌花4～7个，花冠细管状，顶端3裂；中央两性花细管状。瘦果长0.8mm。花果期7～9月。

生　境：生于草原、山坡林缘或岩石上，海拔2800～4500m。

地理分布：产四川、青海、甘肃、宁夏。

用　途：适应性强，改良土壤。

珠光香青

Anaphalis margaritacea (Linn.) Benth. et Hook. F.

形态描述：年生草本，被灰白色棉毛。根状茎横走或斜升，木质，具短匍枝。茎直立或斜升，高30～60cm，粗壮，不分枝。下部叶在花期常枯萎，顶端钝；中部叶开展，线形或线状披针形，长5～9cm，宽0.3～1.2cm，基部狭，多少抱茎，不下延，边缘平，顶端渐尖，具小尖头；上部叶渐小，有长尖头；全部叶稍革质，上面被蛛丝状毛，下面被厚棉毛。头状花序多数，在枝端排列成复伞房状；花序梗长4～17mm。总苞宽钟状或半球状，长5～8mm，径8～13mm；总苞片5～7层，白色，外层卵圆形，被棉毛，内层卵圆至长椭周形，最内层线状倒披针形。花托蜂窝状。雌雄异株。冠毛较花冠稍长。瘦果长椭圆形。花果期8～11月。

生　境：生于高山草地，海拔2000～4600m。

地理分布：见于西藏堆龙德庆附近。广泛分布于我国西南部、西部、中部地区。印度、日本、朝鲜、俄罗斯远东地区及美洲北部也有分布。欧洲有驯化栽培。

西藏香青 *Anaphalis tibetica* Kitam.

形态描述：多年生草本，被蛛丝状棉毛。根颈粗壮，灌木状，多分枝。茎直立，高 15 ～ 35cm，纤细，不分枝，全部有密生的叶。下部叶短，在花期枯萎；中部叶线形，长 2 ～ 3.5cm，宽 0.3 ～ 0.5cm，基部沿茎下延成狭长的翅，边缘波状反卷，顶端钝，无小尖头；顶部叶渐小，渐尖；全部叶上面绿色，被腺毛，下面密被白色棉毛。头状花序多数，在枝端密集成复伞房状。总苞狭钟状，长 4 ～ 6mm，宽 3 ～ 4mm；总苞片约 4 ～ 5 层，外层宽卵圆形，不规则齿裂，内层椭圆形，浅黄色，先端圆形，最内层匙状线形，短。雌雄异株。花冠长 3.5 ～ 4mm。冠毛约与花冠等长。瘦果长圆形，被微毛。花期 7 ～ 8 月，果期 8 ～ 9 月。

生　　境：生于高山、亚高山阳坡或针叶林下，海拔 3800 ～ 4100m。

地理分布：见于西藏堆龙德庆附近。特产于西藏南部。

纤杆蒿 *Artemisia demissa* Krasch.

形态描述：一、二年生草本。主根细，单一。茎少数、成丛，稀少单一，高 5 ～ 20cm，自下部分枝，枝多，长 10 ～ 15cm，通常均匍地生长。叶被灰白色短柔毛，叶质稍薄；基生叶与茎下部叶长圆形或宽卵形，长 1 ～ 1.5cm，宽 0.8 ～ 1.3cm，二回羽状全裂，再次羽状全裂或 3 全裂，小裂片披针形，先端有硬短尖头，叶柄长 0.5 ～ 1cm，茎下部叶的叶柄基部有小形的假托叶；中部叶与苞片叶卵形，羽状全裂。头状花序卵球形，直径 1.5 ～ 2mm，在茎端排成短穗状花序；总苞片 3 层，外层卵形，中、内层总苞片长卵形；雌花 10 ～ 19 朵；两性花 3 ～ 8 朵，不孕育。瘦果倒卵形。花果期 7 ～ 9 月。

生　　境：生于山谷、山坡、路旁、草坡及沙质或砾质草地上，海拔 2600 ～ 4800m。

地理分布：见于西藏那曲地区。产内蒙古、甘肃、青海、四川及西藏。俄罗斯也有分布。

用　　途：青海民间取本种基生叶、幼苗及幼叶作"茵陈"的代用品。

青藏蒿 *Artemisia duthreuil-de-rhinsi* Krasch.

形态描述：多年生草本。主根半木质，垂直；根状茎粗，木质，直立，有营养枝。茎多数，成丛，高 10 ~ 20 (30)cm。茎、枝幼时有灰白色或灰黄色长柔毛，后稍稀疏。叶纸质；基生叶与茎下部叶近线形或长圆形，长 2 ~ 3cm，宽 1.5 ~ 2cm，二回羽状全裂，每侧有裂片 3 ~ 4 枚，裂片椭圆形，再成 3 ~ 5 深裂或全裂，小裂片披针形，长 3 ~ 5mm，宽 1 ~ 1.5mm，先端钝尖，叶柄长 1 ~ 2cm；中部叶与上部叶卵形或长圆形，羽状全裂，每侧有裂片 2 ~ 3 枚，裂片线状披针形，；苞片叶不分裂，线状披针形。头状花序球形，无梗，直径 2.5 ~ 3.5mm，基部有小苞叶，排成穗状花序；总苞片 3 ~ 4 层，背面绿色，边膜质；雌花 6 ~ 9 朵，花冠狭管状，花柱伸出花冠外，先端 2 叉，叉端尖；两性花 8 ~ 14 朵，不孕育。瘦果长圆形或宽倒卵形。花果期 7 ~ 10 月。

生　　境：生于海拔 3500 ~ 4600m 地区的高山或亚高山草原、草甸、砾质坡地等。

地理分布：产青海、四川及西藏。

用　　途：花奇特，可栽培供观赏。

臭蒿 *Artemisia hedinii* Ostenf. et Pauls.

形态描述：一年生草本，植株有浓烈臭味。茎高15～100cm，紫红色。基生叶多数，密集成莲座状，长椭圆形，

侧有裂片20余枚，裂片再次羽状分裂，小裂片具多枚栉齿，栉齿细小，长三角形，齿尖细长，锐尖，叶柄短；茎下部与中部叶长椭圆形，较小，裂片5～10枚，叶

叶小，一回栉齿状羽状分裂。头状花序半球形或近球形，直径3～5mm；总苞片3层，外层总苞片椭圆形或披针形，中、内层总苞片椭圆形或卵形；花序托凸起，半球形；雌花3～8朵；两性花15～30朵，紫红色。瘦果长圆状倒卵形。花果期7～10月。

生　　境：生于湖边草地、河滩、砾质坡地、田边、路旁、林缘等，海拔2000～5000m。

地理分布：见于西藏当雄附近的铁路边荒地。分布于青海、西藏、内蒙古、甘肃、新疆、四川、云南等地。印度、巴基斯坦、尼泊尔、塔吉克斯坦及克什米尔地区也有分布。

用　　途：本种在西藏与青海高海拔荒地上常见，局部地区可成为植物群落的优势种或主要的伴生种。

大花蒿（草蒿、戈壁蒿）

Artemisia macrocephala Jacq. cx Bess.

形态描述：一年生草本，高 10 ～ 30cm。茎直立，常不分枝，被灰白色柔毛。叶草质，密被灰白色短柔毛；下部与中部叶卵形，长 2 ～ 4cm，宽 1 ～ 1.5cm，二回羽状全裂，常再 3 ～ 5 全裂，小裂片狭线形，叶柄长 0.5 ～ 1.2cm，基部有小型羽状分裂的假托叶；上部叶与苞片叶 3 全裂或不裂，狭线形，无柄。头状花序近球形，直径 5 ～ 15mm，有短梗，下垂，在茎上排成疏松的总状花序；总苞片 3 ～ 4 层，椭圆形；花序托凸起，半球形；雌花 2 ～ 3 层，40 ～ 70 朵，花冠狭圆锥状或瓶状；两性花多层，多数，外围 2 ～ 3 层孕育，中央数轮不孕育，花冠管状。瘦果长卵圆形或倒卵状椭圆形，上端常有不对称的冠状附属物。花果期 8 ～ 10 月。

生　　境：生于砂砾地、草坡或路边等地，也见于盐碱地附近。

地理分布：见于青海格尔木南山口与纳赤台附近。分布于宁夏、甘肃、青海、新疆、西藏等地。蒙古、伊朗、阿富汗、巴基斯坦、印度、俄罗斯及克什米尔地区也有分布。

用　　途：本种是蒿属现存种中较为原始的种类之一，在局部地区为植物群落的优势种或次优势种。植株含挥发油与生物碱，主要成分为内脂类物质，另含牲畜食用的粗蛋白，为牧区牲畜中等营养价值的饲料，亦作兽药。

昆仑蒿 *Artemisia nanschanica* Krasch.

形态描述：多年生草木，植株有臭味，初时微有柔毛，后无毛。根状茎细长或稍粗，匍匐，斜向上，有营养枝并密生营养叶。茎多数丛生，直立，高 10 ~ 30cm，有细纵棱，紫红色，不分枝，下部叶匙形、倒卵形或宽卵形，长 1 ~ 2cm，宽 0.5 ~ 1cm，羽状或近于掌状深裂或浅裂，裂片小，椭圆形或长圆形，先端钝尖，基部渐狭成短柄；中部叶匙形或倒卵状楔形，深裂；上部叶匙形，分裂或不分裂。头状花序半球形或近球形，直径 3 ~ 4mm；总苞片 3 ~ 4 层，外层短小，中层总苞片卵形或长卵形，边缘褐色，内层半膜质；雌花 10 ~ 15 朵；两性花 12 ~ 20 朵，紫红色，不孕育。瘦果长圆形或长圆状倒卵形。花果期 7 ~ 10 月。

生　　境：生于干山坡、草原、河滩地、砾质坡地等，海拔 2100 ~ 5300m。

地理分布：产青海、甘肃、新疆及西藏。

用　　途：该种常为亚高山或高山草原植物群落的建群种。

藏岩蒿 *Artemisia prattii* (Pamp.) Ling et Y. R. Ling

形态描述：小灌木。茎少数，木质，高30～50cm，具分枝。叶厚纸质，无毛；基生叶、茎下部及营养枝叶具柄；中部叶长圆形或近圆形，长2～3cm，宽2～2.5cm，羽状全裂，每侧具裂片2～3枚，裂片狭线形，先端有小尖头，无柄；上部叶5～3全裂；苞片叶不分裂，狭线形。头状花序球形，直径2.5～3mm，在分枝上单生或2～3枚集生并排成总状花序；总苞片3～4层，边缘膜质，外层总苞片卵形，中肋绿色，中、内层总苞片长圆形；雌花5～8朵；两性花6～15朵，不孕育。瘦果小，倒卵形或椭圆状倒卵形。花果期7～9月。

生　境：生于干旱山坡及亚高山地区的半荒漠草原，海拔2500～3600m。

地理分布：见于西藏拉萨附近。产青海、四川及西藏。

用　途：改良土壤，耐高寒、干旱条件。

香叶蒿（芸香叶蒿）

Artemisia rutifolia Steph. ex Spreng.

形态描述：半灌木状草本，有浓烈香气。根状茎粗短，木质。茎多数，成丛，斜向上，高25～80cm，被灰白色柔毛。叶两面被灰白色柔毛，茎下部与中部叶近半圆形或肾形，长1～2cm，宽0.8～2.8cm，二回三出全裂，每侧裂片1～2枚，小裂片披针形，叶柄长0.3～1cm；上部叶与苞片叶近掌状式羽状全裂，3全裂或不分裂。头状花序半球形或近球形，直径3～4.5mm，下垂或斜展，排成总状花序，花序托具毛；总苞片3～4层，外层卵形，背面有白色柔毛，内层总苞片椭圆形或卵形，近无毛；雌花5～10朵；两性花12～15朵。瘦果椭圆状倒卵形，果壁上具明显纵纹。花果期7～10月。

生　境：生于干山坡、干河谷、草原及半荒漠地区，海拔1300～3800m。

地理分布：见于青海格尔木南山口与纳赤台附近。分布于青海、新疆及西藏。蒙古、阿富汗、伊朗、巴基斯坦及俄罗斯也有分布。

用　途：本种株型美观，耐干旱、低温，可用于荒漠绿化。有时在一些干旱地区，本种也成为群落的优势种。

大籽蒿 *Artemisia sieversiana* Ehrhart ex Willd.

形态描述：一、二年生草本，被灰白色微柔毛。主根单一，垂直，狭纺锤形。茎单生，直立，高 50 ～ 150cm，纵棱明显，上部分枝多。下部及中部叶宽卵形或宽卵圆形，长 4 ～ 13cm，宽 3 ～ 15cm，二至三回羽状全裂，裂片再次分裂，小裂片线形；叶柄长 2 ～ 4cm，基部具假托叶；上部叶及苞片叶小，羽状全裂或不分裂，无柄。头状花序大，多数，半球形或近球形，直径 4 ～ 6mm，具短梗及线形小苞叶；总苞片 3 ～ 4 层，近等长，中外层长卵形或椭圆形，被灰白色微柔毛，内层长椭圆形，膜质；花序托凸起，半球形；雌花 20 ～ 30 朵，花冠狭圆锥状；两性花 80 ～ 120 朵，花冠管状，黄色带紫色。瘦果长圆形。花果期 6 ～ 10 月。

生　　境：生于路旁、荒地、河漫滩、草原、干山坡或林缘等，海拔 500 ～ 4200m。

地理分布：见于西藏当雄火车站附近的荒地上。分布于我国东北、华北、西北及西南地区，山东、江苏等地有栽培。朝鲜、日本、蒙古、阿富汗、巴基斯坦、印度、俄罗斯及克什米尔地区等也有分布。

用　　途：该种在一些荒地上可成片生长，为植物群落的建群种或优势种。植株含挥发油，为芳香植物。可入药，在高原地区用于治疗太阳紫外线辐射引起的灼伤。植株也可作饲料。

冻原白蒿 *Artemisia stracheyi* Hook. f. et Thoms. ex C. B. Clarke

形态描述：多年生草本，植株有臭味。根木质，粗大；根状茎粗，短，木质，直径约 3 ～ 4cm。茎多数，密集，高 15 ～ 45cm，具纵棱，通常不分枝；茎、叶两面及总苞片背面密被灰黄色或淡黄色绢质绒毛。基生叶与茎下部叶、长圆形，长 5 ～ 10cm，宽 1 ～ 2cm，二至三回羽状全裂，每侧有裂片 7 ～ 13 枚，裂片椭圆形，长 1 ～ 1.5cm，宽 5 ～ 8mm，每裂片常再次羽状全裂，每侧具 1 ～ 3 枚小裂片，小裂片狭线状披针形或线形，长 3 ～ 5mm，宽 1 ～ 1.5mm，先端钝，叶柄长 5 ～ 8cm；中部叶与上部叶略小，一至二回羽状全裂；苞片叶羽状全裂或不分裂。头状花序半球形，直径 6 ～ 10mm，有短梗，下垂，在茎上排成总状花序或为密穗状花序状的总状花序；总苞片 4 层，外层总苞片卵形，中层长卵形或椭圆形，边缘宽膜质，褐色，内层椭圆形或匙形，半膜质；花序托半球形；雌花 4 ～ 10 朵，两性花 50 ～ 60 朵。瘦果倒卵形。花果期 7 ～ 11 月。

生　　境：多生于海拔 4300 ～ 5100m 附近的山坡、河滩、湖边等砾质滩地或草甸与灌丛等地区。

地理分布：产我国西藏；克什米尔地区、印度及巴基斯坦也有分布。

毛莲蒿 *Artemisia vestita* Wall. ex Bess.

形态描述：多年生半灌木状草本，植株具浓烈香气，密被柔毛。根木质，粗；根状茎粗短，木质。茎多数丛生，直立，高 50 ~ 120cm，下部木质，小枝紫红色。叶面灰绿色，被灰白色密绒毛；下部与中部叶卵形、椭圆状卵形成近圆形，长 3 ~ 7cm，宽 2 ~ 4cm，二回栉齿状羽状分裂，裂片小，边缘具细小椭圆形裂齿；叶柄长 0.8 ~ 2cm，基部具假托叶；上部叶小，深裂或浅裂；苞片叶披针形。头状花序多数，球形或半球形，直径 2.5 ~ 4mm；总苞片 3 ~ 4 层，内、外层近等长，外层总苞片长卵形，中层、内层总苞片卵形或宽卵形；花序托小，凸起；雌花 6 ~ 10 朵；两性花 13 ~ 20 朵。瘦果长圆形或倒卵状椭圆形。花果用 8 ~ 11 月。

生　境：生于山坡、草地、灌丛及林缘等处，海拔 2000 ~ 4000m。

地理分布：见于西藏拉萨附近。产甘肃、青海、新疆、湖北、广西、四川、贵州、云南及西藏。印度、巴基斯坦、尼泊尔、克什米尔地区也有分布。

用　途：根入药，有清热、消炎、祛风、利湿之效。

藏东蒿 *Artemisia vexans* Pamp.

形态描述：多年生草本或半灌木状，植株有浓烈香气，密被灰黄色黏质绒毛与疏腺毛，后绒毛渐稀疏。主根粗，木质；根状茎短，木质。茎多数丛生，高 25～50cm，具细纵棱，紫褐色或棕黄褐色，上部分枝。叶纸质，两面被腺毛，背面密被绒毛；茎下部与中部叶椭圆形或长圆形，长 3～4cm，宽 1～2cm，二回羽状分裂，裂片椭圆状卵形，裂齿先端锐尖，边缘反卷；无柄，基部具假托叶；上部叶小，羽状全裂；苞片叶羽状全裂。头状花序宽卵形或钟形，直径 4～5mm；总苞片 3～4 层，外、中层总苞片卵形或长卵形，内层总苞片长卵形；雌花 8～10 朵；两性花 30～50 朵，紫红色。瘦果长圆形或倒卵状长圆形。花果期 8～10 月。

生　　境：生于路旁及山坡等地，海拔 3000～5000m。

地理分布：见于西藏拉萨附近。产四川、西藏。不丹也有分布。

腺毛蒿 *Artemisia viscida* (Mattf.) Pamp.

形态描述：多年生草本，密被腺毛。主根稍明显；根状茎粗，斜向上长。茎少数丛生，高 40～120cm，具纵棱，自下部分枝。叶纸质，上面被短腺毛，背面灰白色，密被蛛丝状绒毛；茎下部叶花期凋落；中部叶长圆形成长卵形，长 7～8cm，宽 4～5cm，二回羽状分裂，小裂片椭圆形或椭圆状披针形，先端锐尖，有短尖头，边缘反卷，中轴有狭翅；无柄，基部半抱茎，有小型假托叶；上部叶羽状分裂；苞片叶羽状全裂。头状花序多数，半球形或宽卵形，直径 4～6mm；总苞片 3～4 层，外、中层总苞片卵形或长卵形，内层总苞片长卵形；雌花 9～15 朵；两性花 18～33 朵，黄褐色。瘦果倒卵状长圆形。花果期 8～12 月。

生　　境：生干灌丛或高山草原地区，海拔 2400～4100m。

地理分布：见于西藏拉萨附近。产甘肃、青海、四川、西藏。巴基斯坦有分布。

藏龙蒿（肯格马）

Artemisia waltonii J. R. Drumm. ex Pamp.

形态描述：小灌木状或为半灌木。茎多数成丛，高 30 ～ 60cm，栗褐色或紫褐色，分枝多，长 5 ～ 18cm，开展。茎、枝初时微有短柔毛，后光滑无毛。叶初时两面被灰白色柔毛，后脱落无毛；基生叶与茎下部叶长卵形，长 2 ～ 2.5cm，宽 1.5 ～ 1.8cm，二回羽状全裂或深裂，每侧裂片 3 枚，小裂片线状披针形，叶柄长 0.2 ～ 0.5cm；中部叶一回羽状全裂，线形，长 0.5 ～ 1.5cm，宽 1.5 ～ 2.5mm，先端有短尖头，边缘反卷，叶基部楔形，渐狭，无柄，基部有小型假托叶状的小裂片；上部叶 3 ～ 5 深裂；苞片叶不分裂，披针形。头状花序球形、近球形，直径 2.5 ～ 3.0（3.5）mm，近无梗，下垂，在分枝上排成总状花序或复总状花序；总苞片 3 层，外层总苞片略短小，卵形或狭卵形，背面光滑，中、内层总苞片长卵形；雌花 18 ～ 29 朵；两性花 20 ～ 30 朵。瘦果长圆形至倒卵形。花果期 5 ～ 9 月。

生　　境：生于海拔 3000 ～ 4300m 地区的路边、河滩、灌丛、山坡、草原、干河谷等地区。

地理分布：产青海、四川、云南及西藏。

藏沙蒿 *Artemisia wellbyi* Hemsl. et Pears. Ex Deasy

形态描述：半灌木状草木，密被绢质柔毛，后脱落至无毛。主根粗壮，木质；根状茎粗短。茎多数丛生，高 15 ～ 28cm，下部木质，上部分枝。叶质稍厚；茎下部叶卵形或长卵形，长 1.5 ～ 2.5cm，宽 0.8 ～ 1.8cm，二回羽状全裂，小裂片线形或线状披针形；叶柄长 1 ～ 2cm；中部叶长卵形，一至二回羽状全裂；叶柄长 0.5 ～ 1.5cm，基部具假托叶；上部叶全裂，无柄；苞片叶线形。头状花序卵球形或近球形，直径 2.5 ～ 3.5mm；总苞片 3 ～ 4 层，外层总苞片略小，卵形，中、内层总苞片长卵形；雌花 5 ～ 14 朵；两性花 8 ～ 16 朵，紫红色。瘦果倒卵形。花果期 7 ～ 11 月。

生　　境：生于高山草原、山坡草地、沙砾地、砾质坡地，海拔 3600 ～ 5300m。

地理分布：产西藏。印度也有分布。

用　　途：植株入药，消炎止血。

日喀则蒿 *Artemisia xigazeensis* Ling et Y. R. Ling

形态描述：半灌木状草本或为小灌木状。茎多数，木质，高 30 ~ 40cm，紫褐色或茶褐色，有不明显的纵棱，分枝多，下部枝长 5 ~ 10cm；茎、枝、叶初时被灰白色微柔毛，后脱落。基生叶、茎下部叶与营养枝叶长圆形，长 1.5 ~ 2.5cm，宽 1 ~ 1.5cm，一至二回羽状全裂，每侧裂片 4 ~ 5 枚，两侧中部与基部裂片常再成羽状全裂或 3 全裂或不再分裂，裂片或小裂片狭线形，长 0.3 ~ 1cm，宽 0.5mm，开展，先端有硬尖头，叶柄长 1 ~ 1.7cm，基部常有小型的假托叶；中部叶长圆形，长 1 ~ 1.5cm，宽 0.7 ~ 1.3cm，一至二回羽状全裂，每侧有裂片 2 ~ 3 枚，裂片狭线形，长 3 ~ 7mm，宽约 0.5mm，叶柄长 0.8 ~ 1.3cm；上部叶 3 ~ 5 全裂；苞片叶 3 全裂或不分裂。头状花序卵球形，直径 1.5 ~ 2.5mm，排成穗状花序式的总状花序或复总状花序；总苞片 3 层，外层总苞片卵形或狭卵形，背面绿褐色，无毛，边缘膜质，中、内层总苞片卵形或椭圆形，无毛，边缘宽膜质；雌花 5 ~ 8 朵，两性花 5 ~ 9 朵。瘦果倒卵形。花果期 7 ~ 10 月。

生　境：生于海拔 2700 ~ 4600m 的石质山坡、草地、路旁等。

地理分布：产甘肃、青海、西藏。

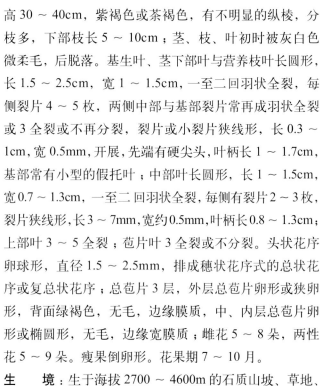

萎软紫菀（太白菊、肺经草）*Aster flaccidus* Bunge

形态描述：多年生草本，高 5 ~ 40cm，被长毛。根状茎细长，具匍枝。茎直立，不分枝。基部叶密集，莲座状，匙形或长圆状匙形，长 2 ~ 7m，宽 0.5 ~ 2cm，下部渐狭成柄，顶端圆或尖，边缘全缘，茎部叶 3 ~ 5 个，长圆形或长圆披针形，半抱茎，上部叶小，线形。头状花序在茎端单生，径 3.5 ~ 7cm；总苞半球形，径 1.5 ~ 3cm，被白毛；总苞片 2 层，线状披针形，近等长，顶端尖或渐尖，内层边缘狭膜质。舌状花 40 ~ 60 个，紫色，长 15 ~ 25mm，宽 1.5 ~ 25mm。管状花黄色，被短毛。冠毛白色，外层披针形，膜片状，内层有多数糙毛。瘦果长圆形，有 2 边肋。花果期 6 ~ 11 月。

生　境：生于高山草原中，海拔 2000 ~ 4500m。

地理分布：见于西藏那曲、当雄等地。广泛分布于我国华北、西北及西南地区。喜马拉雅山区、中亚地区及蒙古、俄罗斯也有分布。

用　途：该种为美丽的高山花卉。全草入药。

中亚紫苑木

Asterothamnus centrali-asiaticus Novopokr.

形态描述：多分枝半灌木，高 20 ～ 40cm。根状茎粗壮，茎多数，簇生，下部多分枝，上部有花序枝，直立或斜升，基部木质，坚硬，具细条纹，有被绒毛的腋芽，被绒毛。叶密集，斜上或直立，长圆状线形或近线形，长12 ～ 15mm，宽 1.5 ～ 2mm，先端尖，基部渐狭，边缘反卷，具 1 明显的中脉，被绒毛。头状花序较大，长8 ～ 10mm，宽约 10mm，在茎枝顶端排成疏散的伞房花序；总苞宽倒卵形，长 6 ～ 7mm，宽 9mm，总苞片覆瓦状、卵圆形、披针形至长圆形，被蛛丝状短毛；边缘舌状花 7 ～ 10 个，开展，淡紫色至白色，长约 10mm；中央两性花 11 ～ 12 个，花冠管状，黄色，长约 5mm。瘦果长圆形，长 3.5mm，扁；冠毛白色。花果期 7 ～ 9 月。

生　　境：生于草原或荒漠地区。

地理分布：见于青海格尔木南山口与纳赤台附近。分布于青海、甘肃、宁夏和内蒙古。蒙古南部也有。

用　　途：本种为荒漠中的野生花卉。

南蓟 *Cirsium argyrancanthum* DC.

形态描述：多年生草本，高 30 ～ 100cm。不分枝或分枝，被稀疏或稠密的多细胞长节毛，但上部常混杂蛛丝毛，中部茎叶长椭圆状披针形，长 8 ～ 14cm，宽 2 ～ 4cm，羽状分裂；侧裂片 4 ～ 9 对，半椭圆形，中部侧裂片较大，全部侧裂片边缘 3 ～ 5 个刺齿，齿顶有长针刺，针刺长 4 ～ 7mm，齿缘有缘毛状针刺；顶裂片披针形，顶端长针刺；自中部向上的叶渐小，与中部茎叶同形并等样分裂。全部茎叶质地薄，两面同色。头状花序直立，多数或少数在茎枝顶端排成总状花序或穗状花序或总状圆锥花序。总苞卵状或卵球形，直径 1.5 ～ 2cm。总苞片约 6 层，覆瓦状排列，外层长三角形，宽 1.5 ～ 2mm，包括顶端针刺长 7 ～ 8mm；中层披针形或卵状长披针形，宽 2mm，顶端渐尖成长 2 ～ 3mm 的针刺；内层及最内层线状长椭圆形或宽线形，顶端膜质扩大或微扩大。小花紫色或白色，花冠长 1.6cm，檐部与细管部等长，不等 5 浅裂。瘦果淡黄色，偏斜倒披针状，压扁，顶端斜截形。冠毛浅褐色，多层，基部连合成环，整体脱落；冠毛刚毛长羽毛状，长达 1.4cm。花果期 6 ～ 10 月。

生　境：生于山坡林缘、林下、草地、河边灌丛中或田边，海拔 2100 ～ 3650m。

地理分布：分布西藏喜马拉雅及岗底斯山区及云南西北部。印度、尼泊尔有分布。

葵花大蓟（聚头蓟） *Cirsium souliei* (Franch.) Mattf.

形态描述：多年生铺散草本。主根粗壮，直伸。茎基粗厚，无主茎。全部叶基生，莲座状，长椭圆形，羽状分裂，长 8 ~ 21cm，宽 2 ~ 6cm，两面绿色，下面色淡，沿脉具长毛，侧裂片 7 ~ 11 对，卵状披针形、半椭圆形或宽三角形或为针刺状，中部侧裂片最大，边缘有针刺，针刺长 2 ~ 5mm；叶柄长 1.5 ~ 4cm。花序梗上的叶小，苞叶状，边缘具针刺。头状花序数个密集生于茎顶；总苞宽钟状，直径 1 ~ 2cm；总苞片 3 ~ 5 层，镊合状排列，近等长，中外层长三角状披针形，内层披针形，边缘有针刺，顶端具长针刺或无针刺。小花紫红色，花冠长 2.1cm，檐部长 8mm，不等 5 浅裂，细管部长 1.3cm。瘦果浅黑色，倒圆锥形，稍压扁。冠毛污白色，刚毛多层，长羽毛状，基部连合成环，整体脱落。花果期 7 ~ 9 月。

生　　境：生于路旁、林缘、荒地、河滩地、田间、湿地，海拔 1930 ~ 4800m。

地理分布：见于青藏公路边的荒地上。分布甘肃、青海、四川、西藏。

车前状垂头菊

Cremanthodium ellisii (Hook. F.) Kitam.

形态描述：多年生草本。根肉质，多数。茎直立，单生，高 8 ~ 60cm，上部被长柔毛，下部光滑，紫红色，条棱明显，基部具枯叶柄纤维。丛生叶具宽柄，柄长 1 ~ 13cm，宽达 1.5cm，基部具筒状鞘，叶片卵形、宽椭圆形至长圆形，长 1.5 ~ 19cm，宽 1 ~ 8cm，先端急尖，全缘或具锯齿。基部楔形，下延，近肉质，羽状脉；茎生叶卵形、卵状长圆形至线形，较小。头状花序 1 ~ 5 个，下垂，辐射状，花序梗长 2 ~ 10cm；总苞半球形。长 0.8 ~ 1.7cm，宽 1 ~ 2.5cm，总苞片 8 ~ 14，2 层，外层窄，披针形，内层宽，卵状披针形。舌状花黄色，舌片长圆形，先端钝；管状花深黄色，冠毛白色。果长圆形，光滑。花果期 7 ~ 10 月。

生　　境：生于高山流石滩、沼泽草地、河滩，海拔 3400 ~ 5600m。

地理分布：见于西藏扎加藏布附近。产西藏、云南、四川、青海、甘肃。喜马拉雅山区及克什米尔地区也有分布。

用　　途：花冠鲜艳，可引种栽培。

条叶垂头菊（线叶垂头菊）

Cremanthodium lineare Maxim.

形态描述：多年生草本，全株蓝绿色。根肉质，多数。茎 1 ~ 4，常单生，直立，高达 45cm，光滑或最上部被稀疏的白色柔毛，基部直径 1 ~ 3mm，被枯枝柄纤维包围。丛生叶和茎基部叶无柄或具短柄，叶片线形或线状披针形，长达 23cm，宽 0.25 ~ 1(3)cm，先端急尖，全缘，基部楔形，下延，两面光滑，叶脉平行，不明显；茎生叶多数，披针形至线形，苞叶状。头状花序单生，辐射状，下垂，总苞半球形，长 1 ~ 1.2cm，宽 1 ~ 2.5cm，总苞片 12 ~ 14，2 层，披针形，背部黑灰色。舌状花黄色，舌片线状披针形，长达 4cm，宽 2 ~ 3mm；管状花黄色，冠毛白色，与花冠等长。瘦果长圆形，光滑。花果期 7 ~ 10 月。

生　　境：生于高山草地、水边、沼泽草地和灌丛中，海拔 2400 ~ 4800m。

地理分布：见于西藏那曲附近草甸中。分布于西藏、四川、青海、甘肃。

用　　途：我国特有的高山草甸植物。

美叶川木香（美叶藏菊）

Dolomiaea calophylla Ling

形态描述：多年生莲座状草本，无茎。叶基生，叶片长椭圆形或长倒披针形，长 10 ~ 20cm，长 3 ~ 5cm，不规则二回羽状分裂，一回侧裂片 7 ~ 10 对，卵形或椭圆形，宽 0.8 ~ 2cm，二回裂片大锯齿状、椭圆形、偏斜卵形或半圆形，硬纸质，上面被糙伏毛及稀疏蛛丝毛，下面密被灰白色厚绒毛，边缘具三角形锯齿或刺齿；叶柄粗厚，长 5 ~ 9cm。头状花序 10 ~ 25 个集生于莲座叶丛中央。总苞钟状，直径 1.5 ~ 2cm；总苞片约 6 层，质地坚硬，麦秆黄色，上部常紫红色，覆瓦状排列，外层椭圆形，中层披针形，内层长披针形或线状披针形。小花紫红色。瘦果 4 棱形，倒圆锥状。冠毛多层，糙毛状，褐色，整体脱落。花果期 8 月。

生　　境：生于高山草地或砾石地上，海拔 3300 ~ 4700m。

地理分布：见于西藏堆龙德庆附近。特产于西藏。

用　　途：特异的高山花卉，形态奇特，花色鲜艳，

大丁草 *Gerbera anandria* (Linn.) Sch. -Bip.

形态描述：多年生草本，植株具春秋二型之别。春型者根状茎短；根簇生。叶基生，莲座状，于花期全部发育，叶片倒披针形或倒卵状长圆形，长 2 ～ 6cm，宽 1 ～ 3cm，顶端钝圆，常具短尖头，边缘具齿、深波状或琴状羽裂，裂片疏离，凹缺圆，顶裂大，卵形，具齿，下面密被蛛丝状绵毛；侧脉 4 ～ 6 对，纤细；叶柄长 2 ～ 4cm 或有时更长；花葶单生或数个丛生，直立或弯垂，纤细，棒状，长 5 ～ 20cm；苞叶疏生，线形或线状钻形，长 6 ～ 7mm，通常被毛。头状花序单生于花葶之顶，倒锥形，直径 10 ～ 15mm；总苞片约 3 层，外层线形，内层线状披针形，长达 8mm，紫红色；花托平；雌花花冠舌状，长圆形，带紫红色。两性花花冠管状二唇形。瘦果纺锤形，具纵棱，被白色粗毛，长 5 ～ 6mm；冠毛粗糙，污白色，长 5 ～ 7mm。秋型者植株较高，花葶长可达 30cm，叶片大，长 8 ～ 15cm，宽 4 ～ 6.5cm，头状花序外层雌花管状二唇形，无舌片。花期春、秋二季。

生　　境：生于山顶、山谷丛林、荒坡、沟边或风化的岩石上，海拔 650 ～ 2580m。

地理分布：见于西藏羊八井附近。我国各地广泛分布。俄罗斯、日本、朝鲜也有分布。

秋鼠麴草 *Gnaphalium hypoleucum* DC.

形态描述：粗壮草本。茎直立，高可达 70cm，基部通常木质，节间短，长 6 ～ 10mm。下部叶线形，无柄，长约 8cm，宽约 3mm，基部略狭，稍抱茎，顶端渐尖，上面有腺毛，或有时沿中脉被疏蛛丝状毛，下面厚，被白色棉毛，叶脉 1 条，上面明显，在下面不明显；中部和上部叶较小。头状花序多数，径约 4mm，无或有短梗，在枝端密集成伞房花序；花黄色；总苞球形，径约 4mm，长 4 ～ 5mm；总苞片 4 层，全部金黄色或黄色，有光泽，膜质或上半部膜质，外层倒卵形，长 3 ～ 5mm，顶端圆或钝，基部渐狭，背面被白色棉毛，内层线形，长 4 ～ 5mm，顶端尖或锐尖，背面通常无毛。雌花多数，花冠丝状，长约 3mm，顶端 3 齿裂，无毛。两性花较少数，花冠管状，长约 4mm，两端向中部渐狭，檐部 5 浅裂，裂片卵状渐尖，无毛。瘦果卵形或卵状圆柱形，

顶端截平，无毛，长约 0.4mm。冠毛绢毛状，粗糙，污黄色，易脱落，长 3 ～ 4mm，基部分离。花期 8 ～ 12 月。

生　　境：生于空旷沙土地或山地路旁及山坡上，海拔 200 ～ 800 m，在西南地区海拔较高。

地理分布：见于西藏古荣乡附近。产我国台湾及华东、华南、华中、西北、西南各地。也分布于日本、朝鲜、菲律宾、印度尼西亚、中南半岛及印度。

青藏狗娃花 *Heteropappus bowerii* (Hemsl.) Griers.

形态描述：二年或多年生草本，低矮，垫状，有肥厚的圆柱状直根。茎单生或 3～6 个簇生于根颈上，高 3～7cm，纤细，密被白色硬毛。基部叶密集，条状匙形，长达 3cm，宽约 0.4cm，顶端尖或钝，茎下部叶形同基部叶，较小，基部宽大，抱茎；上部叶条形；全部叶质厚，边缘全缘或皱缩，被毛。头状花序单生于茎端，径 2.5～3cm。总苞半球形，径 1～1.5cm；总苞片 2～3 层，条形或条状披针形。舌状花约 50 个，舌片蓝紫色；管状花多数。瘦果狭倒卵形，浅褐色。冠毛污白色或稍褐色，具多数不等长的糙毛。花果期 7～8 月。

生 境：生于高山砾石沙地及路边沙地上，海拔 5000～5200m。

地理分布：见于西藏堆龙德庆附近。分布于西藏、青海、甘肃。

用 途：美丽的高山花卉，可供观赏。

半卧狗娃花 *Heteropappus semiprostratus* Griers.

形态描述：多年生草本。主根长，直伸，颈短，生出多数簇生茎枝。茎枝平卧或斜升，很少直立，基部或下部常为泥砂覆盖，长 5～15cm，被平贴的硬柔毛，基部分枝，有时叶腋有具密叶的不育枝。叶条形或匙形，长 1～3cm，宽 2～4mm，顶端宽短尖，基部渐狭，全缘，两面被平贴的柔毛或上面近无毛，散生闪亮的腺体。头状花序单生枝端，径 1.5～3cm，总苞半球形，径 1.5cm，总苞片 3 层，披针形，渐尖，绿色，外面被毛和腺体，内层边缘宽膜质。舌状花约 20～35 个，舌片蓝色或浅紫色。管状花黄色，裂片 1 长 4 短，花柱附属物三角形。瘦果倒卵形，被绢毛，上部有腺。冠毛浅棕红色。

生 境：生于干燥多砂石的山坡、冲积扇上或河滩砂地，海拔 3200～4600m。

地理分布：见于西藏开心岭附近。产西藏、青海。尼泊尔、克什米尔地区也有分布。

用 途：美丽的高山花卉。

长叶火绒草 *Leontopodium longifolium* Ling

形态描述：多年生草本，全株密被白色茸毛。根状茎分枝短，顶生莲座状叶丛和多数花茎。花茎直立或斜升，高 2 ~ 45cm。不分枝，草质。基部叶狭长匙形，下部渐狭成宽柄状，近基部又扩大成长鞘部；茎生叶直立，线形，长 2 ~ 13cm，宽 1.5 ~ 9mm，顶端急尖或近圆形，具小尖头，中脉在叶下面凸起。苞叶多数，较茎生叶短，较宽，披针形，基部急狭，长于花序，开展成径约 2 ~ 6cm 的苞叶群。头状花序多数，密集，径 6 ~ 9mm。总苞长约 5mm，被长柔毛；总苞片约 3 层，椭圆披针形。小花雌雄异株。花冠长约 4mm；雄花花冠管状漏斗状，有三角形深裂片；雌花花冠丝状管状，有披针形裂片。冠毛白色。花期 7 ~ 8 月。

生　　境：生于高山和亚高山的湿润草地、洼地、灌丛或岩石上。海拔 1500 ~ 4800m。

地理分布：见于西藏那曲附近的湿草甸中。广布于我国北部和西部地区。克什米尔地区也有分布。

用　　途：分布最广的火绒草属植物，生境多样，形态多变。全草入药。

矮火绒草 *Leontopodium nanum* (Hook. f. et Thomes.) Hand-Mazz.

形态描述：多年生草本，植株垫状丛生，疏散丛生或散生，具莲座状叶丛。花茎无，或短，或长达 18cm，直立，草质，不分枝，被白色棉状厚茸毛。叶片匙形或线状匙形，长 7 ~ 25mm，宽 2 ~ 6mm，顶端圆形或钝，下部渐狭成鞘部，被白色密茸毛。苞叶少数，与叶同形，较短小。头状花序径 6 ~ 13mm，单生或 3 个密集。总苞长 4 ~ 5.5mm，被灰白色棉毛；总苞片 4 ~ 5 层，披针形，深褐色或褐色，超出毛茸之上。小花异形，雌雄异株。花冠长 4 ~ 6mm；雄花花冠狭漏斗状，有小裂片；雌花花冠细丝状，花后增长。冠毛亮白色，雄花冠毛细，有短毛或长锯齿；雌花冠毛细，光滑或有微齿。花期 5 ~ 6 月，果期 5 ~ 7 月。

生　　境：生于高山草地、泥炭地或石砾坡地，海拔 1600 ~ 5500m。

地理分布：见于西藏安多附近。分布于西藏、四川、青海、新疆、甘肃、陕西。印度、克什米尔地区、哈萨克斯坦也有分布。

用　　途：花奇特有观赏价值。

弱小火绒草

Leontopodium pusillum (Beauv.) Hand.-Mazz.

形态描述：矮小多年生草本，根状茎分枝细长，丝状，顶端具莲座状叶丛，高 2 ~ 5cm。花茎高 2 ~ 7cm，细弱，草质，被白色密茸毛。叶密集，互生，直立或稍开展，匙形，长达 3cm，宽达 0.5cm，顶端圆形或钝，边缘平，下部稍狭，无柄，草质，稍厚，两面被白色或银白色密茸毛，常褶合。苞叶多数，密集，与叶同形，长于花序，开展成径约 1.5 ~ 2.5cm 的苞叶群。头状花序径约 5 ~ 6mm，3 ~ 7 个密集；总苞长 3 ~ 4mm，总苞片约 3 层。小花异形或雌雄异株。花冠长 2.5 ~ 3mm；雄花花冠上部狭漏斗状，雌花花冠丝状。冠毛白色。瘦果无毛或稍有乳头状突起。花期 7 ~ 8 月。

生　　境：生于高山雪线附近的草滩地、盐湖岸和石砾地，海拔 3500 ~ 5000m。

地理分布：见于青藏铁路沿线从西大滩至拉萨线。产西

藏、青海、新疆。印度也有分布。

用　　途：特异的高山植物，少有变异。此种常大片生长，成为草滩上的主要植物，羊极喜食。

毛香火绒草

Leontopodium stracheyi (Hook. F.) C. B. Clarke

形态描述：多年生草本。根状茎粗厚，横走。茎直立，高 12 ~ 60cm，常不分枝，被褐色短腺毛，杂有珠丝状毛，基部具枯萎宿存的基出叶。茎叶密集，稍直立或开展，卵圆状披针形或卵圆状线形，长 2 ~ 5cm，宽 0.4 ~ 1.2cm，顶端尖或稍钝，有细长尖头，基部圆形或近心形，抱茎，边缘平或波状反卷，被密腺毛、蛛丝状毛、灰白色茸毛，基部有三出脉，苞叶多数，较花序长，开展成苞叶群，卵圆形或卵圆状披针形，被毛，径约 2 ~ 6cm。头状花序密集；被长柔毛，总苞片 2-3 层。小花异形，有少数雄花，或雌雄异株。花冠长 3 ~ 4mm；雄花管状漏斗形，雌花花冠线状。冠毛白色。瘦果有乳头状突起或短粗毛。花期 7 ~ 9 月。

生　　境：生于高山或亚高山山谷草地、砾石坡地、沟

地灌丛，海拔 3600 ~ 4000m。

地理分布：见于西藏羊八井附近山坡上。分布于四川、云南、西藏。喜马拉雅山区也有分布。

用　　途：芳香植物，花可供观赏。

牛蒡叶橐吾（酸模叶橐吾）

Ligularia lapathifolia（Franch．）Hand．-Mazz．

形态描述：多年生草本。根肉质，多数，粗而长，直径约 5mm。茎直立，高达 120cm，被白毛，条棱明显。丛生叶和茎下部叶具柄，柄长 7 ～ 25cm，被白色蛛丝状柔毛，基部具鞘，叶片卵形或卵状长圆形，长 20 ～ 40cm，宽 10 ～ 25cm，先端钝，边缘具锯齿，基部截形或稍楔形，被白色蛛丝状毛；茎中上部叶向上渐小，无柄，鞘状抱茎。伞房状花序分枝长达 23cm，开展或近丛生；苞片小；花梗长 0.5 ～ 4cm；头状花序辐射状，通常 6 ～ 23，稀较多；总苞半球形或宽钟形，总苞片 8 ～ 12 层，近革质，披针形；舌状花黄色，舌片线状长圆形，长 15 ～ 20mm，宽 3 ～ 4mm；管状花多数，冠毛红褐色。瘦果长圆形，褐色。花果期 7 ～ 10 月。

生　　境：生于山地草坡、林下及灌丛中，海拔 1800 ～ 3000m。

地理分布：见于西藏羊八井附近山坡上。分布于云南西北部、四川西南部。

用　　途：植株高大，花色美丽，可引种观赏。

禾叶风毛菊 *Saussurea graminea* Dunn

形态描述：多年生草本，高 3 ～ 25cm。根状茎多分枝，颈部被褐色纤维状残鞘，自颈部常生出不育枝和花茎。茎密被白色绢状柔毛。基生叶狭线形，长 4 ～ 14cm，宽 2.5mm，先端渐尖，基部稍宽呈鞘状，边缘全缘，反卷，上面被稀疏绢状柔毛或几无毛，下面密被绒毛；茎生叶少数，较短。头状花序单生茎端。总苞钟状，4 ～ 5 层，直径 1.5 ～ 1.7cm，密或疏被绢状长柔毛，外层卵状披针形，长 1 ～ 1.2cm，宽 2 ～ 3mm，顶端反折，中层、内层线形，先端弯曲。花紫色，长 1.6cm。瘦果圆柱状，长 3 ～ 4mm，无毛，冠毛 2 层，淡黄褐色，外层短，糙毛状，内层长，羽毛状。花果期 7 ～ 8 月。

生　　境：生于山坡草地、草甸、河滩草地上，海拔 3500 ～ 4600m。

地理分布：见于青藏铁路沿线的扎加藏布、错那湖、嘎恰和古荣等地。分布于四川、甘肃、云南、西藏。

用　　途：该种随着生境的变化，高矮也有很大变化。生于沙地水分少时，密集丛生，高度很矮仅 2 ～ 3cm，似垫状植物，常被作为一个独立的种矮丛风毛菊；生于草甸水分充足时，疏丛生，高度可达 10cm 以上。

狮牙草状风毛菊

Saussurea leontodontoides (DC.) Sch. -Bip.

形态描述：多年生草本，高 4 ～ 10cm。根状茎有分枝，被稠密的暗紫色的叶柄残迹。茎极短，灰白色，被稠密的蛛丝状棉毛至无毛。叶莲座状，有叶柄，柄长 1 ～ 3cm，叶片线状长椭圆形，长 4 ～ 15cm，宽 0.8 ～ 1.5cm，羽状全裂，侧裂片 8 ～ 12 对，椭圆形、半圆形或几三角形，顶端圆形或钝，有小尖头，边缘全缘或一侧边缘基部有一小耳，顶裂片小，钝三角形，全部裂片两面异色，上面绿色，被稀疏糙毛，下面灰白色，被稠密的绒毛。头状花序单生于莲座状叶丛中或莲座状之上。总苞宽钟状，直径 1.5 ～ 3cm；总苞片 5 层，无毛，外层及中层披针形，长 0.9 ～ 1.2cm，宽 0.5 ～ 3mm，顶端渐尖，内层线形，长 1.4 ～ 1.5cm，宽 1.5 ～ 2mm，顶端急尖。小花紫红色，长 1.8 ～ 2.2cm。瘦果圆柱形，长 4mm，有横皱纹。冠毛淡褐色，2 层，外层短，糙毛状，长 2mm，内层长，羽毛状，长 1.5cm。花果期 8 ～ 10 月。

生　　境：生于山坡砾石地、林间砾石地、草地、林缘、灌丛边缘，海拔 3280 ～ 5450m。

地理分布：分布四川、云南、西藏。克什米尔地区、尼泊尔、印度西北部也有分布。

黑苞风毛菊 *Saussurea melanotricha* Hand.-Mazz.

形态描述：多年生无茎或几无茎莲座状草本。根状茎被稠密的黑褐色的叶残迹。叶片椭圆形或匙状椭圆形。长1～3cm，宽4～8mm，顶端圆形或钝，基部楔形渐狭成长约0.5cm的叶柄，边缘全缘或稀疏钝齿或浅波状浅裂，中脉在上面凹陷，在下面高起，上面灰绿色，被贴伏白色长柔毛，下面灰白色，密被白色绒毛。头状花序单生。总苞钟状，直径2cm；总苞片4层，外面被贴伏的黑色长柔毛，外层卵形，顶端急尖，中层披针形，顶端钝或圆形，内层宽线状披针形，顶端钝或圆形。小花紫色，长1.6cm，细管部与檐部等长。瘦果圆柱状，长3mm，无毛。冠毛白色，2层，羽毛状，外层短内层长。花果期9月。

生　　境：生于流石滩、开阔石质山坡，海拔3750～4650m。

地理分布：见于青藏铁路沿线各地。分布于青海、云南、西藏。

用　　途：我国特有植物，耐高寒、瘠薄土壤。

钝苞雪莲（瑞苓草）*Saussurea nigrescens* Maxim.

形态描述：多年生草本，高15～45cm，被稀疏的长柔毛。根状茎细。茎簇生或单生，直立。基生叶有长或短柄，叶片线状披针形或线状长圆形，长8～15cm，宽约1cm，顶端急尖或渐尖，基部楔形渐狭，边缘有倒生细尖齿；中部和上部茎叶渐小，无柄，基部半抱茎；最上部苞叶小，紫色，不包围总花序。头状花序有长小花梗，小花梗直立，长1.5～7cm。头状花序1～6个在茎顶成伞房状排列；总苞狭钟状，直径1～1.5cm；总苞片4～5层，顶端钝或稍钝，外层卵形，向内层渐长，披针形或线状披针形。小花紫色，长1.4cm。瘦果长圆形。冠毛污白色或淡棕色，2层，外层短，糙毛状，内层长，羽毛状。花果期9～10月。

生　　境：生于高山草地、草甸中，海拔2200～4500m。

地理分布：见于西藏那曲附近的湿草甸中。分布于陕西、甘肃、青海、西藏。

用　　途：全草入药。

卵叶风毛菊

Saussurea ovatifolia Y. L. Chen et S. Y. Liang

形态描述：多年生草本，高 2 ~ 3cm。根状茎细长。叶莲座状，5 ~ 9 枚，卵形或椭圆形，长 1.5 ~ 2.5cm，宽 8 ~ 15mm，先端渐尖，顶端具短尖头，基部近圆形，边缘具有疏齿，顶端具短尖头，上面绿色，疏被蛛丝状毛，下面密被白色绒毛；叶柄长 3 ~ 7mm，具翅。头状花序 3 ~ 5 个，几无柄，密集成球状，直径 6 ~ 10mm；总苞卵形，长 1 ~ 1.2cm，总苞片 3 ~ 4 层，被长柔毛，外层矩圆形，长 7mm，宽 2 ~ 3mm，黄褐色或黄绿色，内层条形，长 7mm，宽约 1mm；花紫红色，长 1.3 ~ 1.5cm，花冠管长 4 ~ 6mm，檐部长 5 ~ 5.5mm，有 5 个裂片，裂片长 3mm；花药蓝色，尾部撕裂成棉毛状。瘦果长 3 ~ 4mm，无毛；冠毛污白色，下部淡褐色，外层短，糙毛状，内层羽毛状。

生　　境：生于山坡草地上、水沟边，海拔 4290 ~ 5200m。

地理分布：产西藏改则、吉隆、聂拉木。

用　　途：极耐高寒，能覆盖地面。

美丽风毛菊 *Saussurea pulehra* Lipsch.

形态描述：多年生草本，高 8 ~ 27cm。根状茎粗短，被稠密的褐色叶残迹。茎直立，灰绿色或灰白色，被薄棉毛。基生叶稠密，茎生叶稀疏，全部叶无柄，线形，长 1 ~ 2.5cm，宽 1.2mm，顶端急尖或钝，边缘全缘，反卷，上面无毛，下面被稠密的短棉毛。头序花序单生茎端。总苞楔形，直径 1cm；总苞片 5 层，外面紫色，顶端有软骨质小尖头，外层披针形，顶端渐尖，外面被稀疏的白色棉毛，中层椭圆形、椭圆状披针形或长圆形，顶端渐尖或急尖，内层线状长椭圆形或宽线形，顶端渐尖。小花紫色，长 2.2cm。瘦果青绿色，有瘤状突起，具横皱纹。冠毛 2 层，白色，外层短，糙毛状，内层长，羽毛状。花果期 8 ~ 9 月。

生　　境：生于砂质河谷、高山草甸中，海拔 2000 ~ 4600m。

地理分布：见于西藏那曲附近的高山草甸中。分布于甘肃、青海、西藏。

星状雪兔子 *Saussurea stella* Maxim.

形态描述：多年生无茎莲座状草本，全株光滑无毛。根倒圆锥状，深褐色。叶莲座状，星状排列，线状披针形，长 3 ～ 19cm，宽 3 ～ 10mm，无柄，中部以上长渐尖，向基部常卵状扩大，边缘全缘，两面同色，紫红色或近基部紫红色，或绿色，无毛。头状花序无小花梗，多数，在莲座状叶丛中密集成半球形的直径为 4 ～ 6cm 的总花序。总苞圆柱形，直径 8 ～ 10mm；总苞片 5 层，覆瓦状排列，外层长圆形，长 9mm，宽 3mm，顶端圆形，中层狭长圆形，长 10mm，宽 5mm，顶端圆形，内层线形，长 1.2cm，宽 3mm，顶端钝；全部总苞片外面无毛，但中层与外层苞片边缘有睫毛。小花紫色，长 1.7cm，细管部长 1.2cm，檐部长 5mm。瘦果圆柱状，长 5mm，顶端具膜质的冠状边缘。冠毛白色，2 层，外层短，糙毛状，长 3mm，内层长，羽毛状，长 1.3cm。花果期 7 ～ 9 月。

生　　境：生于高山草地、山坡灌丛草地、河边或沼泽草地、河滩地，海拔 2000 ～ 5400m。

地理分布：分布甘肃、青海、四川、云南、西藏。印度、不丹也有分布。

用　　途：小草开花，十分可爱。

钻叶风毛菊 *Saussurea subulata* C. B. Clarke

形态描述：多年生垫状草本，高 1.5 ～ 10cm。根状茎多分枝，上部被褐色鞘状残迹，发出多数花茎及莲座状叶丛。叶无柄，钻状线形，长 0.8 ～ 1.2cm，宽 1mm，革质，两面无毛，边缘全缘，反卷，顶端有白色软骨质小尖头，基部膜质鞘状扩大，被蛛丝毛。头状花序多数，生花茎分枝顶端，花序梗极短。总苞钟状，直径 5 ～ 7mm；总苞片 4 层，外层卵形，长 6mm，宽 2 ～ 3mm，顶端渐尖，有硬尖头，上部黑紫色，中层披针状椭圆形或长椭圆形，长 6 ～ 7mm，宽 2mm，顶端急尖，上部黑紫色，内层线形，长 6 ～ 7mm，宽 1.2mm，顶端急尖，黑紫色。小花紫红色，长 1.2cm。瘦果圆柱状，长 1.5 ～ 3.5mm，无毛。冠毛 2 层，外层短，白色，糙毛状，长约 2mm，内层长，褐色，羽毛状，长 1.2cm。花果期 7 ～ 8 月。

生　　境：生于砾石地、草地、草甸、盐碱湿地及湖边湿地上，海拔 4600 ～ 5250m。

地理分布：见于青藏铁路沿线西大滩至那曲附近。分布于青海、新疆、西藏。

用　　途：我国特有植物，也是特异的高山垫状植物，小花可爱。

唐古特雪莲 *Saussurea tangutica* Maxim.

形态描述: 多年生草本,高16～70cn。根状茎粗。茎直立,单生,被稀疏的白色长柔毛,紫色或淡紫色。基生叶有叶柄,柄长2～6cm;叶片长圆形或宽披针形,长3～9cm,宽1～2.3cm,顶端急尖,基部渐狭,边缘有细齿,两面有腺毛;茎生叶长椭圆形或长圆形,顶端急尖,两面有腺毛;最上部茎叶苞叶状,膜质,紫红色,宽卵形,顶端钝,边缘有细齿,两面有粗毛和腺毛,包围头状花序或总花序。头状花序无小花梗,1～5个,在茎端密集成直径3～7cm的总花序或单生茎顶。总苞宽钟状,直径2～3cm;总苞片4层,黑紫色,外面被黄白色的长柔毛,外层椭圆形,长5mm,宽2mm,顶端钝,中层长椭圆形,长1cm,宽2.5mm,顶端渐尖,内层线状披针形,长1.5cm,宽2mm,顶端长渐尖。小花蓝紫色,长1cm,管部与檐部等长。瘦果长圆形,长4mm,紫褐色。冠毛2层,淡褐色,外层短,糙毛状,长5mm,内层长,羽毛状,长1cm。花果期7～9月。

生　　境: 生于高山流石滩、高山草甸,海拔3800～5000m。

地理分布: 分布河北、山西、甘肃、青海、四川、云南。

用　　途: 花奇特可供观赏。

草甸雪兔子 *Saussurea thoroldii* Hemsl.

形态描述: 无茎莲座状多年生草本,全株无毛。根倒圆锥状,深褐色;根状茎粗,密被纤维状撕裂的叶柄残迹。叶多数,莲座状,狭披针形或线形,长2～4cm,宽3～5mm,有短而宽的叶柄,两面绿色,无毛,羽状深裂,侧裂片5对,下弯或水平伸展,椭圆形或宽线形,边缘全缘或少锯齿。头状花序有小花梗,花梗长4mm,无毛,多数,在莲座状叶丛中排成直径3～4cm的半球形总花序。总苞圆柱形,直径5mm;总苞片4层,外层椭圆形,长4mm,宽1.5mm,顶端钝,中内层近等长,长圆形,长6mm,宽3mm;全部苞片外面无毛,但上部边缘具睫毛。小花蓝紫色,长7mm,管部长5mm,檐部长2mm。瘦果圆柱状,褐色,长2～3mm。冠毛2层,褐色,外层短,糙毛状,长2mm,内层长,羽毛状,长6mm。花果期7～9月。

生　　境: 生于河滩地、湖滨沙地、盐碱地上,海拔4300～5200m。

地理分布: 分布于甘肃、青海、新疆、西藏。克什米尔地区也有分布。

用　　途: 花奇特可爱,且耐高寒。

羌塘雪兔子 *Saussurea wellbyi* Hemsl.

形态描述：多年生一次结实莲座状无茎草本。根圆锥形，褐色，肉质，根状茎被褐色残存的叶。叶莲座状，无叶柄，叶片线状披针形，长 2～5cm，宽 2～8mm，顶端长渐尖，基部扩大，卵形，宽 8mm，下面密被白色绒毛，边缘全缘。头状花序无小花梗或有近 2mm 的小花梗，多数在莲座状叶丛中密集成半圆形的总花序，直径可达 4cm。总苞圆柱状，直径 6mm；总苞片 5 层，外层长椭圆形或长圆形，顶端急尖，紫红色，外面密被白色长柔毛，中层长圆形，顶端圆形，内层长披针形，顶端渐尖，外面无毛。小花紫红色，长 1cm。瘦果圆柱状，黑褐色；冠毛淡褐色，2 层，外层短，糙毛状，内层长，羽毛状。花果期 8～9 月。

生　　境：见于青海可可西里附近。生于高山流石滩、山坡沙地、草地及高山草甸，海拔 4800～5500m。

地理分布：分布青海、新疆、四川、西藏。

用　　途：美丽的高原野生花卉。

牛耳风毛菊 *Sausanrea woodiana* Hemsl.

形态描述：多年生矮小草本，高 4～8cm。根状茎被膜质叶柄残迹。茎直立，黑褐色，无毛。基生叶莲座状，宽椭圆形、长圆形或倒披针形，长 5～20cm，宽 1～7cm，顶端钝或稍急尖，基部渐狭成短翼柄，边缘有稀疏的锯齿或全缘，齿端有小尖头，两面异色，上面绿色，被腺毛，下面白色或褐色，密被绒毛；茎生叶 1～3 枚，与基生叶同形。头状花序单生茎顶。总苞钟状或卵状钟形，直径 2～2.5cm；总苞片 5～6 层，边缘紫色，外面被长柔毛，顶端长渐尖，外层披针形或线状披针形，中层卵状披针形，内层线状披针形。小花紫色。瘦果圆柱状，无毛。冠毛浅褐色，2 层，外层短，糙毛状，内层羽毛状。花果期 7～8 月。

生　　境：生于山坡草地及山顶，海拔 3000～4100m。

地理分布：见于青藏铁路沿线各地。分布于四川、青海、西藏。

帚状鸦葱（假叉枝鸦葱）

Scorzonera pseudodivaricata Lipsch.

形态描述：多年生草本，高 7 ~ 50cm。根垂直直伸，直径达 9mm。茎自中部以上分枝，分枝纤细或较粗，成帚状。叶互生或植株含有对生的叶序，线形，长达 16cm，宽 0.5 ~ 5mm，向上的茎生叶渐短或全部茎生叶短小成鳞片状，基生叶的基部鞘状扩大，半抱茎，全部叶顶端渐尖，两面被白色短柔毛或无毛。头状花序多数，单生茎枝顶端，形成疏松的聚伞圆锥状花序，含多数 7 ~ 12 枚舌状小花。总苞狭圆柱状，直径 5 ~ 7mm；总苞片约 5 层，外层卵状三角形，长 1.5 ~ 4mm，宽 1 ~ 4mm，中内层椭圆状披针形，长 1 ~ 1.8cm，宽 2 ~ 3mm。舌状小花黄色。瘦果圆柱状，长达 8mm，初时淡黄色，成熟后黑绿色，无毛。冠毛污白色，冠毛长 1.3cm，大部为羽毛状。花果期 5 ~ 8(10) 月。

生　　境：生于荒漠砾石地、干山坡、石质残丘、戈壁和沙地。海拔 1600 ~ 3000m。

地理分布：分布陕西、宁夏、甘肃、青海、新疆。中亚地区、蒙古也有分布。

用　　途：耐瘠薄，花奇特可爱。

拉萨千里光

Senecio lhasaensis Ling ex C. Jeffrey et Y. L. Chen

形态描述：矮小多年生草本，根状茎细长，具少数纤维状根。茎单生，几直立，高 2 ~ 6cm。基生叶在花期生存，莲座状，具柄，倒披针状匙形，长 2 ~ 5cm，宽 0.7 ~ 2cm，大头羽状浅裂，顶生裂片卵形，侧裂片 3 ~ 4 对，卵状长圆形，顶端钝，边缘具 1 ~ 2 齿，纸质，上面沿中脉被疏蛛丝状毛，下面被密白色绒毛；叶柄细，长 1 ~ 4cm，基部扩大且半抱茎；茎生叶大头羽状浅裂，与基生叶同形；最上部叶较小。头状花序具舌状花，2 ~ 3 排列成顶生伞房花序，或有时单生。总苞钟状，长 8 ~ 9mm，宽 6 ~ 8mm，具外层苞片；苞片 3 ~ 4，线状披针形，长 5 ~ 6mm，渐尖，边缘流苏状；总苞片约 20，线状披针形，长 8 ~ 9mm，宽 1.5 ~ 2mm，渐尖，上端及上部边缘黑褐色，具缘毛，草质，边缘狭干膜质。舌状花 13 ~ 14，管部长 3.5mm；舌片黄色，长圆形，管状花黄色。瘦果圆柱形，长 2.5mm，无毛；冠毛白色，长 6mm。花期 8 ~ 9 月。

生　　境：生于高山草甸、山坡路边，海拔 4000 ~ 5360m。

地理分布：特产于西藏。

天山千里光

Senecio thianshanicus Regel et Schmalh.

形态描述：矮小根状茎草本。茎单生或数个簇生，高5～20cm。基生叶和下部茎叶在花期生存，具梗；叶片倒卵形或匙形，长4～8cm，宽0.8～1.5cm，顶端钝至稍尖，基部狭成柄，边缘近全缘，具浅齿或浅裂，上面绿色；中部茎叶无柄，长圆形或长圆状线形，长2.5～4cm，宽0.5～1cm，顶端钝，边缘具浅齿至羽状浅裂，基部半抱茎；上部叶较小，线形或线状披针形，全缘，两面无毛。头状花序具舌状花，2～10排列成顶生疏伞房花序，稀单生；花序梗长0.5～2.5cm。小苞片线形，长3～5mm，尖。总苞钟状，长6～8mm，宽6mm；具外层苞片；苞片4～8，线形，长3～5mm，渐尖，常紫色；总苞片约13，线状长圆形，长6～7mm，宽1～1.5mm，渐尖，上端黑色，常流苏状，具缘毛或长柔毛，草质，具干膜质边缘。舌状花约10，管部长3mm；舌片黄色，长圆状线形；管状花26～27，花冠黄色。瘦果圆柱形，长3～3.5mm，无毛。冠毛白色或污白色，长8mm。花期7～9月。

生　　境：生于草坡、开旷湿处或溪边，海拔2450～5000m。

地理分布：产新疆、青海、甘肃、内蒙古、四川、西藏。俄罗斯、吉尔吉斯斯坦及缅甸北部也有分布。

用　　途：花奇特，供观赏。

苣荬菜 *Sonchus arvensis* L.

形态描述：多年生草本。根垂直直伸。茎直立，高30～150cm，有细条纹。基生叶多数，中下部茎叶倒披针形或长椭圆形，羽状深裂、半裂或浅裂，全长6～24cm，高1.5～6cm，侧裂片2～5对，偏斜半椭圆形或耳状，顶裂片稍大，长卵形、长卵状椭圆形；全部叶裂片边缘有小锯齿；全部叶基部渐窄成翼柄，基部圆耳状扩大半抱茎，顶端急尖、短渐尖或钝，两面光滑无毛。头状花序在茎枝顶端排成伞房状花序。总苞钟状，长1～1.5cm，宽0.8～1cm，基部有绒毛。总苞片3层，外层披针形，长4～6mm，宽1～1.5mm，中内层披针形，长达1.5cm，宽3mm；全部总苞片顶端长渐尖，外面有腺毛。舌状小花多数，黄色。瘦果稍压扁，长椭圆形。冠毛白色，长1.5cm，柔软，彼此纠缠，基部连合成环。花果期1～9月。

生　　境：生于山坡草地、林间草地、潮湿地或近水旁、村边或河边砾石滩，海拔300～2300m。

地理分布：分布于陕西、宁夏、新疆、福建、湖北、湖南、广西、四川、云南、贵州、西藏。几遍全球分布。

白花蒲公英

Taraxacum leucanthum (Ledeb.) Ledeb.

形态描述：多年生矮小草本。根颈部被大量黑褐色残存叶。基生叶线状披针形，近全缘至具浅裂，具齿，长 3 ~ 8cm，宽 2 ~ 5mm，两面无毛。花葶 1 至数个，长 2 ~ 6cm。头状花序直径 25 ~ 30mm；总苞长 6 ~ 13mm，先端具小角或增厚，外层总苞片卵状披针形，具宽的膜质边缘；舌状花白色，边缘花舌片背面有暗色条纹。瘦果倒卵状长圆形，长 4mm，上部四分之一具小刺，顶端逐渐收缩为长 0.5 ~ 1.2mm 的喙基，喙较粗壮，长 3 ~ 6mm。冠毛长 4 ~ 5mm，带淡红色或为污白色。花果期 6 ~ 8 月。

生　　境：生于山坡湿润草地、沟谷、河滩草地以及沼泽草甸处，海拔 2500 ~ 6000m。

地理分布：见于西藏那曲附近。产甘肃、青海、新疆、西藏等地。印度、伊朗、巴基斯坦、俄罗斯等也有分布。

用　　途：植株嫩叶可作用野菜食用。

锡金蒲公英 *Taraxacum sikkimense* Hand.-Mazz.

形态描述：多年生无茎草本。叶基生，倒披针形，长 6 ~ 12cm，通常羽状半裂至深裂，每测裂片 4 ~ 6 片；裂片三角形至线状披针形，平展或倒向，近全缘，顶端裂片三角形或线形。花葶长 5 ~ 30cm；头状花序直径 2 ~ 3cm；总苞钟形，长约 1.5cm，外层披针形至卵状披针形，先端稍扩大，具狭而明显的膜质边缘，内层先端稍扩大；舌状花黄色，边缘花舌片背面有紫色条纹。瘦果倒卵状长圆形，长约 3mm，中上部有小刺，顶端突然缢缩成长约 0.5 ~ 1mm 的喙基，喙纤细，长 6 ~ 8mm；冠毛白色，长 5 ~ 6mm。花期 7 ~ 8 月。

生　　境：生于山坡草地或路旁，海拔 2800 ~ 4800m。

地理分布：产青海、四川、云南及西藏。印度、尼泊尔、巴基斯坦也有分布。

西藏蒲公英 *Taraxacum tibetanum* Hand.-Mazz.

形态描述：矮小草本，具乳汁。叶片全部基生，倒披针形，无毛，长4～8cm，宽5～10mm，深裂或浅裂，每侧具4～7裂片；裂片三角形，相互连接或稍有间距，端部向后，近全缘。花葶长3～7cm，无毛或在花序下具蛛丝状柔毛；头状花序直径约30mm，花黄色，总苞长10～12mm；外层总苞片宽卵形至卵状披针形，顶端稍扩大，具宽膜质边缘，边缘与中间部分颜色分明，宽于内层总苞片。瘦果卵状长圆形至长圆形，枯草黄色，长2.8～3.5mm，上部具小刺，顶端突缩成锥体，喙长2.5～4mm；冠毛长约4mm，淡污白色。花果期7～8月。

生　　境：多生于山坡草地、台地、河边草地以及碎石堆上，海拔4000～5200m。

地理分布：见于青藏铁路沿线在西藏境内各地。分布于四川、西藏。印度及不丹也有分布。

用　　途：耐高寒、瘠薄土壤，花可供观赏。

无茎黄鹌菜

Youngia simulatrix (Babcock) Babcock et Stebbins

形态描述：多年生矮小丛生草本。茎极短缩，长约 1cm，顶端有极短的花序分枝，全部茎枝光滑无毛。叶莲座状，倒披针形，长 1.5 ～ 5.5cm，宽 0.5 ～ 1.5cm，基部渐狭为叶柄，顶端圆形、急尖或短渐尖，边缘全缘或具波状浅钝齿，两面被毛或脱毛。头状花序 1 至多个，含 13 ～ 18 枚舌状小花。总苞圆柱状钟形，长 12 ～ 16mm；总苞片 4 层，无毛，中外层极短，卵形，顶端钝或短渐尖，内层及最内层长，披针形，顶端急尖。舌状小花黄色，花冠管外面无毛。瘦果黑褐色，纺锤状，具多数纵肋，肋上有小刺毛。冠毛 2 层，白色，微糙。花果期 7 ～ 10 月。

生　　境：生于山坡草地、河滩砾石地、河谷草滩地，海拔 2700 ～ 5000m。

地理分布：见于西藏那曲至安多附近。分布于甘肃、青海、四川、西藏等地。尼泊尔、印度也有分布。

用　　途：该种为草甸植物中的常见种。

细叶黄鹌菜

Youngia tenuifolia (Willd.) Babcock et Stebbins

形态描述：多年生草本，高 10 ～ 70cm。根木质，直伸。茎直立，单个或数个簇生，自下部或基部伞房花序状或伞房圆锥花序状分枝，分枝斜升，全部茎枝无毛。基生叶多数，长 7 ～ 17cm，宽 2 ～ 5cm，羽状全裂或深裂，侧裂片线形，顶端渐尖，边缘全缘或有稀疏的锯齿或线形的尖裂片，两面无毛，叶柄长 3 ～ 9cm；中上部茎叶向上渐小，与基生叶同形。头状花序多数或少数，在茎枝顶端排成伞房花序或伞房圆锥花序。总苞圆柱状，长 8 ～ 10mm；总苞片 4 层，长卵圆形，顶端急尖，被白色绢毛。舌状花黄色，花冠管外面有微柔毛。瘦果黑褐色，纺锤形，长 4 ～ 6mm。冠毛白色，长 4 ～ 6mm。花果期 7 ～ 9 月。

生　　境：生于山坡、高山与河滩草甸、水边及路边砾石地。

地理分布：见于青海格尔木南山口与纳赤台附近。分布于我国东北及内蒙古、河北、新疆、西藏。蒙古及俄罗斯也有分布。

用　　途：该种成片生长开花时，一片金黄，是荒漠中难得一见的一道亮丽风景。

11.3.39　水麦冬科

海韭菜　*Triglochin maritimum* L.

形态描述：多年生草本，植株稍粗壮。根茎短，着生多数须根，常有棕色叶鞘残留物。叶全部基生，条形，长 7 ~ 30cm，宽 1 ~ 2mm，基部具鞘，鞘缘膜质，顶端与叶舌相连。花葶直立，较粗壮，圆柱形，光滑，中上部着生多数排列较紧密的花，呈顶生总状花序，无苞片，花梗长约 1mm，开花后长可达 2 ~ 4mm。花两性；花被片 6 枚，绿色，2 轮排列，外轮呈宽卵形，内轮较狭；雄蕊 6 枚，分离，无花丝；雌蕊淡绿色，由 6 枚合生心皮组成，柱头毛笔状。蒴果 6 棱状椭圆形或卵形，长 3 ~ 5mm，径约 2mm，成熟后呈 6 瓣开裂。花果期 6 ~ 10 月。

生　　境：生于高原沼泽地上，海拔 4500m。

地理分布：见于青海可可西里及西藏那曲附近。分布于我国东北、华北、西北、西南地区。广布于北半球温带及寒带。

用　　途：耐瘠薄、潮湿，可改良土壤。

11.3.40　眼子菜科

菹草 *Potamogeton crispus* L.

形态描述：多年生沉水草本，具近圆柱形的根茎。茎稍扁，多分枝，近基部常匍匐地面，节处生须根。叶条形，无柄，长 3～8cm，宽 3～10mm，先端钝圆，基部约 1mm 与托叶合生，但不形成叶鞘，叶缘多少呈浅波状，具细锯齿；叶脉 3～5 条；托叶薄膜质，早落；休眠芽腋生，长 1～3cm，革质叶左右二列密生，肥厚，坚硬，边缘具有细锯齿。穗状花序顶生，具花 2～4 轮；花序梗棒状，较茎纫；花小，花被片 4，淡绿色，雌蕊 4 枚，基部合生。果实卵形，长约 3.5mm，果喙长可达 2mm。花果期 4～7 月。

生　　境：生于池塘、水沟、水稻田、灌渠及缓流河水中，水体多呈微酸至中性。

地理分布：见于西藏拉萨附近。分布于我国各地。广布于世界各地。

用　　途：本种为草食性鱼类的良好天然饵料。

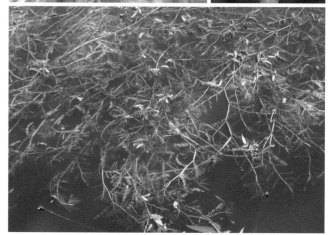

浮叶眼子菜 *Potamogeton natans* L.

形态描述：多年生水生草本。根茎发达，白色，常具红色斑点，多分枝，节处生须根。茎圆柱形，直径 1.5～2mm。浮水叶革质，卵形至矩圆状卵形，长 4～9cm，宽 2.5～5cm．先端圆形或具钝尖头，基部心形至圆形，稀渐狭，具长柄；叶脉 23～35 条；沉水叶质厚，叶柄状，呈半圆柱状的线形，先端较钝，具 3～5 脉，常早落；托叶近无色，鞘状抱茎，多脉，常呈纤维状宿存。穗状花序顶生，长 3～5cm，具花多轮，开花时伸出水面；花序梗稍有膨大，开花时通常直立，花后弯曲而使穗沉没水中，长 3～8cm。花小，被片 4，绿色，肾形至近圆形，径约 2mm；雌蕊 4 枚，离生。果实倒卵形。花果期约 7～10 月。

生　　境：生于湖泊、沟塘等静水或缓流中，水体多呈微酸性。

地理分布：见于西藏拉萨附近。分布于新疆、西藏及东北地区。广布于北半球。

篦齿眼子菜 *Potamogeton pectinatus* L.

形态描述：沉水草本。根茎发达，白色，直径 1～2mm，具分枝。休眠芽体生于根茎及分枝顶端，小块茎状卵形，长 0.7～1cm。茎长 50～100cm，近圆柱形，纤细，直径 0.5～1mm，下部分枝稀疏，上部分枝稍密集。叶线形，长 2～10cm，宽 0.3～1mm，先端渐尖或急尖，基部与托叶贴生成鞘；鞘长 1～4cm，绿色，边缘叠压而抱茎，顶端具长 4～8mm 的无色膜质小舌片；叶脉 3条，平行。穗状花序顶生，具花 4～7轮，间断排列；花序梗细长，与茎近等粗；花被片 4，圆形或宽卵形；雌蕊 4枚，通常仅 1～2枚发育为成熟果实。果实倒卵形，长 3.5～5mm，宽 2.2～3mm，顶端喙长约 0.3mm。花果期 5～10 月。

生　　境：生于河沟、水渠、池塘等各类水体。

地理分布：见于西藏拉萨附近。广布于我国各地。全球分布，尤以温带水域较为习见。

用　　途：全草入药，清热解毒，治肺炎及疮。

穿叶眼子菜〔抱茎眼子菜〕*Potamogeton perfoliatus* L.

形态描述：多年生沉水草本，具发达的根茎。根茎白色，节处生有须根。茎圆柱形，直径 0.5～2.5mm，上部多分枝。叶卵形、卵状披针形或卵状圆形，无柄，先端钝圆，基部心形，呈耳状抱茎，边缘波状，常具极细微的齿；基出 3脉或 5脉，弧形，顶端连接，次级脉细弱；托叶膜质，无色，长 3～7mm，早落。穗状花序顶生，具花 4～7轮，密集或稍密集；花序梗与茎近等粗，长 2～4cm；花小，被片 4，淡绿色或绿色；雌蕊 4枚，离生。果实倒卵形，长 3～5mm，顶端具短喙，背部 3脊，中脊稍锐，侧脊不明显。花果期 5～10 月。

解剖特征：茎具皮下层，皮层中无散生机械束；维管柱为"多束型"，具多条木质管道；内皮层由胞壁增厚的 O 型细胞所组成；花序梗中维管柱尚存，但内皮层已明显趋于退化。

生　　境：生于湖泊、池塘、灌渠、河流等水体，水体多为微酸至中性。

地理分布：产我国东北、华北、西北各地区及山东、河南、湖南、湖北、贵州、云南等地。广布欧洲、亚洲、北美、南美、非洲和大洋洲。

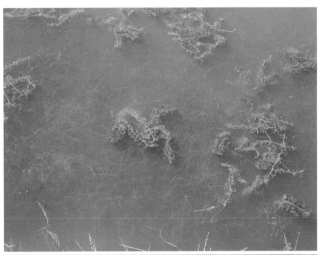

小眼子菜（丝藻，线叶眼子菜）

Potamogeton pusillus L.

形态描述：沉水草本，无根茎。茎椭圆柱形或近圆柱形，纤细，径约 0.5mm，具分枝，近基部常匍匐地面，并于节处生出稀疏而纤长的白色须根，茎节无腺体，或偶见小而不明显的腺体，节间长 1.5～6cm。叶线形，无柄，长 2～6cm，宽约 1mm，先端渐尖，全缘；叶脉 1 或 3 条，中脉明显，两侧伴有通气组织所形成的细纹，侧脉不出现或不明显；托叶为无色透明的膜质，与叶离生，长 0.5～1.2cm，常生成套管状而抱茎（或至少在幼时合生为套管状），常早落；休眠芽腋生，呈纤细的纺锤状，长 1～2.5cm，下面具 2 或 3 枚伸展的小苞叶。穗状花序顶生，具花 2～3 轮，间断排列；花序梗与茎相似或稍粗于茎；花小，被片 4，绿色；雌蕊 4 枚。果实斜倒卵形，长 1.5～2mm，顶端具 1 稍向后弯的短喙，龙骨脊钝圆。花果期 5～10 月。

生　　境：生于池塘、湖泊、沼地、水田及沟渠等静水或缓流之中。本种分布甚广，尤以北半球温带水域常见。

地理分布：我国各地均产，但以北方更为多见。

11.3.41　茨藻科

小茨藻 *Najas minor* All.

形态描述：一年生沉水草木。植株纤细，易折断，下部匍匐，上部直立，呈黄绿色或深绿色，基部节上生有不定根；株高 4～25cm。茎圆柱形，光滑无齿，节间长 1～10cm；分枝多，呈二叉状；上部叶呈 3 叶假轮生，下部叶近对生，无柄；叶片线形，渐尖，柔软或质硬，长 1～3cm，宽 0.5～1mm，上部狭而向背面稍弯至强烈弯曲，边缘具锯齿；叶鞘上部呈倒心形，长约 2mm，叶耳截圆形至圆形。花小，单性，单生于叶腋；雄花浅黄绿色，椭圆形．具 1 瓶状佛焰苞；花被 1，囊状；维蕊 1 枚；雌花具雌蕊 1 枚；花柱细长，柱头 2 枚。瘦果黄褐色，狭长椭圆形。花果期 6～10 月。

生　　境：丛生于池塘、湖泊、水沟和稻田中，海拔可达 3500m。

地理分布：见于西藏拉萨附近。广布于我国各地。亚洲、欧洲、非洲和美洲各地也有分布。

11.3.42　百合科

镰叶韭 *Allium carolinianum* DC.

形态描述：多年生草本。鳞茎单生或 2～3 枚聚生。叶扁平，光滑，常镰状弯曲，短于花葶，宽 10～15cm。花葶粗壮，高约 20cm，粗 2～4mm，下部被叶鞘；总苞宿存，常带紫色。伞形花序球状，花多而密集；小花紫红色、淡紫色、淡红色至白色；花被片狭矩圆形至矩圆形，长 4.5～8mm，宽 1.5～3mm，先端钝，有时微凹缺，花丝锥形，比花被片长，基部合生并与花被片贴生；子房近球状。花果期 6～9 月。

生　　境：生于砾石山坡和草地，海拔 4000～5000m。

地理分布：见于青藏铁路沿线不冻泉、五道梁、唐古拉山北和扎加藏布等地。分布于甘肃、青海、新疆和西藏。中亚地区、阿富汗至尼泊尔也有分布。

用　　途：可供观赏。

天蓝韭 *Allium cyaneum* Regel

形态描述：多年生草本。鳞茎数枚聚生，圆柱状，细长，外皮暗褐色。叶半圆柱状，上面具沟槽，宽 1.5 ～ 2.5mm。花葶圆柱状，高 10 ～ 30cm；伞形花序半球状，小花常疏散，小花梗与花被片等长或长为其 2 倍，基部无小苞片；花天蓝色，花被片狭长圆形，长 4 ～ 6.5mm，宽 2 ～ 3mm，内轮的稍长，花丝为花被片的一半或更短；子房近球状，花柱伸出花被外。花果期 8 ～ 10 月。

生　　境：生于草地和草甸中，海拔 4200 ～ 5000m。

地理分布：见于青藏铁路的唐古拉山北、扎家藏布、宁中等地。分布于陕西、宁夏、甘肃、青海、西藏、四川和湖北。

用　　途：可供观赏。

粗根韭 *Allium fasciculatum* Rendle

形态描述：多年生草本。根粗壮，近块根状；鳞茎单生，圆柱状至近圆柱状；鳞茎外皮淡棕色，破裂成平行的纤维状。叶 3 ～ 5 枚，条形，扁平，常比花葶长，长 7 ～ 23cm，宽 2 ～ 4.5mm。花葶高 5 ～ 30cm，粗约 1 mm；总苞膜质，单侧开裂或 2 裂，具短喙；伞形花序球状，花多而密集，小花梗等长于花被片或为其 1.5 ～ 2 倍长，基部无小苞片；花白色；花被片等长，披针形，长 4.5 ～ 6mm，宽 1.4 ～ 2.2mm，基部常呈圆形扩大，先端渐尖或不规则的 2 裂，花丝等长，比花被片短，锥形；子房为具 3 圆棱的扁球状，外壁具疣状突起，每室 2 胚珠。花果期 7 ～ 9 月。

生　　境：生于山坡草地或河滩沙地，海拔 2200 ～ 5400m。

地理分布：见于西藏羊八井附近的山坡上。分布于西藏和青海。尼泊尔、印度和不丹也有分布。

用　　途：嫩叶可以作为野菜食用。

帕里韭 *Allium phariense* Rendle

形态描述：鳞茎单生或 2 ～ 3 枚聚生，狭卵状，粗 0.7 ～ 1.4cm；鳞茎外皮灰黑色。叶条形，扁平，光滑，镰状弯曲，与花葶等长或稍长，宽 2 ～ 5（7）mm。花葶圆柱状，高 6 ～ 10cm，粗 1 ～ 3mm，下部被叶鞘，上部俯垂；总苞 2 裂或单侧开裂，具短喙，膜质，带紫色，宿存；伞形花序球状，具多而密集的花，小花梗近等长，比花被片长 1.5 ～ 2 倍，基部无小苞片；花白色，干后可见紫色中脉；花被片狭卵形至倒卵状矩圆形，长 4.5 ～ 6mm，宽 2 ～ 2.5mm，内轮的有时稍长而窄，先端钝，有时略凹陷；花丝等长，锥形，比花被片长 1/4 ～ 1/2，基部合生并与花被片贴生，合生部分高约 1mm；子房近球状，腹缝线基部无凹陷的蜜穴；花柱伸出花被外。花果期 7 ～ 8 月。

生　　境：生于海拔 4400 ～ 5200m 的砾石山坡或草地。

地理分布：产西藏南部。

野黄韭 *Allium rude* J. M. Xu

形态描述：多年生草本。具短的直生根状茎。鳞茎单生，圆柱状至狭卵状圆柱形，粗 0.5 ～ 1.5cm；鳞茎外皮灰褐色至淡棕色，薄革质，片状破裂。叶条形，扁平，实心，光滑，稀边缘具细糙齿，伸直或略呈镰状弯曲，比花葶短或近等长，宽 0.3 ～ 0.8cm。花葶圆柱状，中空，高 20 ～ 50cm，下部被叶鞘；总苞 2 ～ 3 裂，近与花序等长，具极短的喙，宿存；伞形花序球状，具多而密集的花；小花梗近等长，从等长于直至比花被片长 1.5 倍，基部无小苞片；花淡黄色至绿黄色；花被片矩圆状椭圆形至矩圆状卵形，长 5 ～ 6mm，宽 2 ～ 3mm，等长，或内轮的略长，先端钝圆；花丝等长，比花被片长 1/4 ～ 1/3，锥形，基部合生并与花被片贴生；子房卵状至卵球状，腹缝线基部具凹陷的蜜穴；花柱伸出花被外。花果期 7 ～ 9 月。

生　　境：生于海拔 3000 ～ 4600m 的草甸或潮湿山坡。

地理分布：产西藏、四川、甘肃和青海。

洼瓣花 *Lloydia serotina* Linn. Rchb.

形态描述：植株高 1 ~ 20cm。鳞茎狭卵形，上端延伸，上部开裂。基生叶通常 2 枚，很少仅 1 枚，短于或有时高于花序，宽约 1mm；茎生叶狭披针形或近条形，长 1 ~ 3cm，宽 1 ~ 3mm。花 1 ~ 2 朵；内外花被片近相似，白色而有紫斑，长 1 ~ 1.5cm，宽 3.5 ~ 5mm，先端钝圆，内面近基部常有一凹穴，较少例外；雄蕊长为花被片的 1/2 ~ 3/5，花丝无毛；子房近矩圆形或狭椭圆形，长 3 ~ 4mm，宽 1 ~ 1.5mm；花柱与子房近等长，柱头 3 裂不明显。蒴果近倒卵形，略有三钝棱，长宽各 6 ~ 7mm，顶端有宿存花柱。种子近三角形，扁平。花期 6 ~ 8 月，果期 8 ~ 10 月。

生　境：生于海拔 2400 ~ 4000m 的山坡、灌丛中或草地上。

地理分布：产西藏、新疆和西南、西北、华北、东北各地区。广布于欧洲、亚洲和北美洲，如朝鲜、日本、俄罗斯、不丹、印度等。

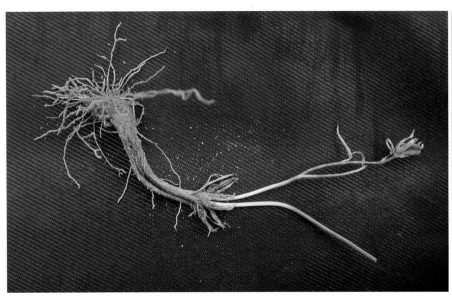

轮叶黄精 *Polygonatum verticillatum* Linn. All.

形态描述：多年生直立草本，茎高 20 ~ 80cm。根状茎节间长 2 ~ 3cm，一头粗，一头较细，粗的一头有短分枝，直径 7 ~ 15mm，少有根状茎为念珠状。叶通常为 3 叶轮生，或间有少数对生或互生的，少有全株为对生的，披针形，长 6 ~ 10cm，宽 0.5 ~ 2cm，先端尖至渐尖。花单朵或 2 朵组成花序，总花梗长 1 ~ 2cm，花梗长 3 ~ 10mm，俯垂；苞片不存在，或微小而生于花梗上；花被淡黄色或淡紫色，全长 8 ~ 12mm，裂片长 2 ~ 3mm；花丝长 0.5 ~ 2mm，花药长约 2.5mm；子房长约 3mm，花柱与之等长或稍短。浆果红色，直径 6 ~ 9mm，具 6 ~ 12 颗种子。花期 5 ~ 6 月，果期 8 ~ 10 月。

生　境：生于林下或山坡草地，海拔 2100 ~ 4000m。

地理分布：见于西藏羊八井及拉萨附近山坡上。分布于西藏、云南、四川、青海、甘肃、陕西、山西等地。欧洲经西南亚至尼泊尔、不丹均有分布。

用　途：根茎入药，药效同黄精(*Polygonatum sibiricum* Delar. ex Redoute)。

11.3.43　鸢尾科

卷鞘鸢尾 *Iris potaninii* Maxim.

形态描述：多年生草本，植株基部围有大量老叶叶鞘的残留纤维，毛发状，向外反卷。根状茎短，木质，块状；根粗长，黄白色，肉质。叶条形，花期叶长 4 ～ 8cm，宽 2 ～ 3mm，果期长可达 20cm，宽 3 ～ 4mm。花茎极短，基部生有 1 ～ 2 枚鞘状叶；苞片 2 枚，膜质，狭披针形，内包含有 1 朵花；花黄色，直径约 5cm；花被管长 1.5 ～ 3.5cm，下部丝状，上部扩大成喇叭形；外花被裂片倒卵形，具黄色须毛状附属物；内花被裂片倒披针形；雄蕊花药短宽，紫色；花柱分枝扁平，黄色，顶端裂片近半圆形；子房纺锤形。果实椭圆形，长 2.5 ～ 3cm，宽 1.3 ～ 1.6cm，顶端有短喙。种子梨形，表面有皱纹。花期 5 ～ 6 月，果期 7 ～ 9 月。

生　　境：生于石质山坡或干山坡，海拔 3000m 以上。

地理分布：见于西藏唐古拉北附近。产甘肃、青海、西藏。俄罗斯、蒙古、印度也有分布。

用　　途：美丽的高山花卉。

11.3.44 灯心草科

展苞灯心草 *Juncus thomsonii* Buchen.

形态描述：多年生草本，丛生，高 7 ~ 30cm。根状茎短，具须根。花茎直立，圆柱形。叶全部基生，2 枚，叶片细线形，长 1 ~ 7cm；叶鞘红褐色，边缘膜质；叶耳明显，钝圆。头状花序顶生，有 4 ~ 8 花；苞片 3 ~ 4 枚，开展，卵状披针形，长 3 ~ 8cm，宽 1 ~ 3cm，顶端钝；花具短梗；花被片 6，长圆状披针形，等长或内轮稍短，长约 5mm，宽约 1.6mm，淡黄白色，后变褐色；雄蕊 6 枚，长于花被片；花药线形，黄色；花柱短，柱头 3 分叉，线形。蒴果三棱状椭圆形，具 3 隔膜，成熟时红褐色。种子长圆形，两端具白色附属物。花期 7 ~ 8 月，果期 8 ~ 9 月。

生　　境：生于高山草甸、沟谷湿地、水边沼泽中，海拔 2800 ~ 4300m。

地理分布：见于青藏铁路沿线五道梁、风火山、开心岭与唐古拉山北等地。分布于陕西、甘肃、青海、四川、云南、西藏。中亚及喜马拉雅山区也有分布。

用　　途：耐瘠薄，水湿植被。

11.3.45　禾本科

芨芨草 *Achnatherum splendens* (Trin.) Nevski

形态描述：多年生草本。植株具粗而坚韧外被砂套的须根。秆直立，坚硬，形成大的密丛，高 50～250cm，径 3～5mm，节多聚于基部，具 2～3 节，平滑无毛，基部宿存枯萎的黄褐色叶鞘。叶鞘无毛，具膜质边缘；叶舌三角形或尖披针形，长 5～10(15)mm；叶片纵卷，质坚韧，长 30～60cm，宽 5～6mm，上面脉纹凸起，微粗糙，下面光滑无毛。圆锥花序长 (15)30～60cm，分枝细弱，2～6 枚簇生，平展或斜向上升，长 8～17cm，基部裸露；小穗长 4.5～7mm(除芒)，灰绿色，基部带紫褐色，成熟后常变草黄色；颖膜质，披针形，顶端尖或锐尖，第一颖长 4～5mm，具 1 脉，第二颖长 6～7mm，具 3 脉；外稃长 4～5mm，厚纸质，顶端具 2 微齿，背部密生柔毛，具 5 脉，基盘钝圆，具柔毛，长约 0.5mm，芒自外稃齿间伸出，直立或微弯，粗糙，不扭转，长 5～12mm，易断落；内稃长 3～4mm，具 2 脉而无脊，脉间具柔毛；花药长 2.5～3.5mm，顶端

具毫毛。花果期 6～9 月。

生　　境：生于微碱性的草滩及砂土山坡上，海拔 900～4500m。

地理分布：产我国西北、东北各地及内蒙古、山西、河北。蒙古、俄罗斯也有分布。

用　　途：本种作饲料和水土保持植物。

冰草　*Agropyron cristatum* (Linn.) Gaertn.

形态描述：多年生草本。秆成疏丛，上部紧接花序部分被短柔毛或无毛，高 20 ~ 100cm，有时分蘖横走或下伸成长达 10cm 的根茎。叶片长 5 ~ 20cm，宽 2 ~ 5mm，质较硬而粗糙，常内卷，上面叶脉强烈隆起成纵沟，脉上密被微小短硬毛。穗状花序较粗壮，矩圆形或两端微窄，长 2 ~ 6cm，宽 8 ~ 15mm；小穗紧密平行排列成两行，整齐呈蓖齿状，含 (3)5 ~ 7 小花，长 6 ~ 9(12)mm；颖舟形，脊上连同背部脉间被长柔毛，第一颖长 2 ~ 3mm，第二颖长 3 ~ 4mm，具略短于颖体的芒；外稃被有稠密的长柔毛或显著地被稀疏柔毛，顶端具短芒长 2 ~ 4mm；内稃脊上具短小刺毛。

生　　境：生于干燥草地、山坡、丘陵以及沙地。

地理分布：产我国东北、华北及内蒙古、甘肃、青海、新疆等地。俄罗斯、蒙古以及北美也有分布。

用　　途：为优良牧草，青鲜时马和羊最喜食，牛与骆驼亦喜食，营养价值很好，是中等催肥饲料。

藏布三芒草 *Aristida tsangpoensis* L. Liou

形态描述：多年生草本。须根长，粗壮，坚韧，外被紧密的砂套。秆直立或基部微膝曲，紧密丛生，平滑无毛，高15～40cm，叶鞘平滑，鞘口有时被丝状柔毛，短于节间，紧密包茎；叶舌短，具纤毛；叶片纵卷或扁平，长5～10cm，宽1～2.5mm，上面微糙涩，下面平滑。圆锥花序狭窄，长5～11cm，分枝2枚，长1.5～4cm，自基部即生小穗，直立，贴向主轴；小穗黄绿色或灰紫色；颖片披针形，具1脉，顶端具芒尖，两颖不等长；外稃背部具灰紫色斑纹，基盘钝圆，具毛，顶端具三芒，稍粗糙，芒柱长1～2mm，微扭转，主芒长10～14mm，两侧芒长7～8mm；内稃长圆形，具2脉；花药长3.5～4mm。花果期7～9月。

生　　境：生于江河边砂地、干山坡及灌丛林下，海拔3000～3900m。

地理分布：见于西藏堆龙德庆附近。特产于西藏。

燕麦 *Avena sativa* L.

形态描述：一年生草本。秆直立，高可达1m，平滑无毛。叶片扁平，长20～30cm，宽约1cm，微粗糙。圆锥花序开展，长与宽约20cm。小穗含1～2花，长2～2.5cm，颖片近相等，具7～9脉；小穗轴不易折断，近无毛；外稃背部无毛，长约2cm，顶端具二齿，有芒或否；上部粗糙，基盘具少数短毛。颖果与内外稃分离。

生　　境：栽培于农田中。

地理分布：西藏拉萨附近有分布，栽培或逸生。我国北方各地有栽种。伊朗、巴基斯坦及欧亚温带均有栽培。

用　　途：谷粒供食用或作饲料。

多节雀麦 *Bromus plurinodes* Keng ex Keng f.

形态描述：多年生草本。秆直立，高达 1m 余，直径约 5mm，具 7～9 节，平滑无毛。叶鞘长于其节间，微粗糙，枯萎后残留；叶舌长 2～4mm，褐色膜质；叶片长 20～30cm，宽 6～8mm，上面生柔毛，边缘粗糙。圆锥花序长 20～30cm，每节具 2～4 枚分枝；分枝斜向上升，长达 15cm，粗糙；小穗含 5～7 花，长 15～20mm，宽约 2mm；小穗轴节间长 2～2.5mm，被短毛，侧面可见；颖边缘膜质，先端渐尖，第一颖长约 5mm，具 1 脉，第二颖长 6～9mm，具 3 脉，长渐尖；外稃狭窄，长约 10cm，每侧宽 1mm，具 3 脉，脊微粗糙，下部边缘与脉生微毛，遍体被柔毛；顶端伸出长 10～14mm 细直的芒；内稃长 6～7mm，脊生细纤毛；花药长 2mm。花果期 6～8 月。

生　　境：生于中山带林缘灌丛、杂类草草甸和石质山坡沟边草地，海拔 2000～3600m。

地理分布：产西藏、四川、云南、宁夏、甘肃、青海。

假苇拂子茅

Calamagrostis pseudaphragmites (Hall. f.) Koel.

形态描述：多年生草本。秆直立，高40～100cm，径1.5～4mm。叶鞘平滑无毛，或稍粗糙，短于节间，有时在下部者长于节间；叶舌膜质，长4～9mm，长圆形，顶端钝而易破碎；叶片长10～30cm，宽1.5～5(7)mm，扁平或内卷，上面及边缘粗糙，下面平滑。圆锥花序长圆状披针形，疏松开展，长10～20(35)cm，宽(2)3～5cm，分枝簇生，直立，细弱，稍糙涩；小穗长5～7mm，草黄色或紫色；颖线状披针形，成熟后张开，顶端长渐尖，不等长，第二颖较第一颖短1/4～1/3，具1脉或第二颖具3脉，主脉粗糙；外稃透明膜质，长3～4mm，具3脉，顶端全缘，稀微齿裂，芒自顶端或稍下伸出，细直、细弱，长1～3mm，基盘的柔毛等长或稍短于小穗；内稃长为外稃的1/3～2/3；雄蕊3，花药长1～2mm。花果期7～9月。

生　　境：生于山坡草地或河岸阴湿之处，海拔350～2500m。

地理分布：广布于我国东北、华北、西北及四川、云南、贵州、湖北等地。欧亚大陆温带区域都有分布。

用　　途：可作饲料。生活力强，可为防沙固堤的材料。

穗发草 *Deschampsia koelerioides* Regel

形态描述：多年生草本。须根粗且长，柔韧。秆直立，密集丛生，光滑无毛，高5～30cm，基部具多数残存叶鞘。叶鞘疏松，光滑无毛；叶舌透明膜质，披针形，先端渐尖，长2～4mm；叶多基生，茎生者仅1～2枚，叶片多纵卷，稀扁平，线形，宽1～4mm，上面粗糙，下面光滑，基生叶长达8cm，茎生叶长1～3cm。圆锥花序紧缩呈穗状圆柱形，或稍疏松为卵圆形，长2～7cm，宽1～2.5cm，光滑无毛；小穗褐黄色或褐紫色，有光泽，长4～6mm，常含2小花；小穗轴被柔毛；颖与小穗几等长；外稃顶端具锯齿，基盘钝，被毛，芒直立或稍弯曲；雄蕊3，花药紫色。花期7～8月。

生　　境：生于高山河漫滩、灌丛中及草甸潮湿处，海拔3500～5100m。

地理分布：见于西藏唐古拉北附近。分布于内蒙古、甘肃、新疆、西藏、青海。亚洲地区及西西伯利亚地区、喜马拉雅山区西北部和土耳其等地也有分布。

垂穗披碱草 *Elymus nutans* Griseb.

形态描述：多年生草本。秆直立，基部稍呈膝曲状，高 50 ～ 70cm。叶鞘具柔毛；叶片扁平，上面有时疏生柔毛，下面粗糙或平滑，长 6 ～ 8cm，宽 3 ～ 5mm。穗状花序较紧密，通常曲折而先端下垂，长 5 ～ 12cm，基部的 1 ～ 2 节均不具发育小穗，以后每节生有 2 枚小穗，而接近顶端及下部节上仅有 1 枚；小穗多少偏生于穗轴一侧，绿色，成熟后带有紫色，近于无柄或具极短的柄，长 12 ～ 15mm，含 3 ～ 4 小花。颖长圆形，长 4 ～ 5mm，先端渐尖或具短芒，具 3 ～ 4 脉；外稃长披针形，具 5 脉，被微小短毛，第一外稃长约 10mm，顶端延伸成芒，芒粗糙，长 12 ～ 20mm；内稃与外稃等长，先端钝圆或截平。颖果带紫色。花果期 7 ～ 8 月。

生　　境：多生于草原或山坡道旁和林缘。

地理分布：见于青藏铁路沿线公路边，栽培或野生。产内蒙古、河北、陕西、甘肃、青海、四川、新疆、西藏等地。俄罗斯、土耳其、蒙古、印度及喜马拉雅山区也有分布。

用　　途：本种在高原草地上，尤其是破坏的生境上生长良好，植株高大，密集，是良好的高原牧草，也是草坪植物，同时也是生态恢复的良好选择。

麦薲草 Elymus tangutorum (Nevski)Hand.-Mazz.

形态描述：植株较高大粗壮，秆高可达 120cm，基部呈膝曲状。叶鞘光滑；叶片扁平，长 10 ~ 20cm，宽 6 ~ 14mm，两面粗糙或上面疏生柔毛，下面平滑。穗状花序直立，较紧密，有时，小穗稍偏于 1 侧，长 8 ~ 15cm，粗 8 ~ 10mm，穗轴边缘具小纤毛；小穗绿色稍带有紫色，长 9 ~ 15mm，含 3 ~ 4 小花；颖披针形至线状披针形，长 7 ~ 10mm，具 5 脉，先端渐尖，具长 1 ~ 3mm 的短芒；外稃披针形，全体无毛或仅上半部被有微小短毛，具 5 脉，脉在上部明显，第一外稃长 8 ~ 12mm，顶生 1 直立粗糙的芒，芒长 (3)5 ~ 11mm；内稃与外稃等长，先端钝头，脊上具纤毛。

生　境：多生于山坡、草地。

地理分布：产内蒙古、山西、甘肃、青海、四川、新疆、西藏等地。

小画眉草 Eragrostis minor Host

形态描述：一年生草本，植株各部位均具有腺体。秆纤细，丛生，高 15 ~ 50mm，径 1 ~ 2mm。叶鞘较节间短，松裹茎，鞘口有长毛；叶舌为一团长柔毛；叶片线形，平展或卷缩，长 3 ~ 15cm，宽 2 ~ 4mm，下面光滑，上面粗糙并疏生柔毛。圆锥花序开展而硫松，长 6 ~ 15cm；宽 4 ~ 6cm，每节一分枝；小穗长圆形，长 3 ~ 8mm，宽 1.5 ~ 2mm，含 3 ~ 16 小花，绿色或深绿色；小穗柄长 3 ~ 6mm；颖锐尖，具 1 脉，第一颖长 1.6mm，第二颖长约 1.8mm；第一外稃长约 2mm，广卵形，先端圆钝，具 3 脉，侧脉明显并靠近边缘；内稃长约 1.6mm，弯曲，脊上有纤毛，宿存；雄蕊 3 枚。颖果红褐色，近球形。花果期 6 ~ 9 月。

生　境：生于荒芜田野，草地和路旁。

地理分布：见于西藏拉萨附近。产我国各地。分布于全世界各地。

用　途：饲料植物，马、牛、羊均喜食。

黑穗画眉草 *Eragrostis nigra* Nees ex Steud.

形态描述：多年生草本。秆丛生，高 30～60cm，径约 1.5～2.5mm，具 2～3 节。叶鞘松裹茎，鞘口有白色柔毛，长 0.2～0.5mm；叶舌长约 0.5mm；叶片线形，扁平，长 2～25cm，宽 3～5mm，无毛。圆锥花序开展，长 10～2.3cm，宽 3～7cm，分枝单生或轮生，纤细，曲折，腋间无毛；小穗柄长 2～10mm，小穗长 3～5mm，宽 1～1.5mm，黑色或墨绿色，含 3～8 小花；颖披针形，先端渐尖，膜质，具 1 脉，第二颖或具 3 脉，第一颖长约 1.5mm,第二颖长 1.8～2mm；外稃长卵圆形，先端为膜质，具 3 脉，第一外稃长约 2.2mm；内稃稍短于外稃，弯曲，脊上有短纤毛，先端圆钝，宿存。雄蕊 3 枚，花药长约 0.6mm。颖果椭圆形，长为 1mm。花果期 4～9 月。

生　　境：多生于山坡草地。

地理分布：产云南、贵州、四川、广西、江西、河南、陕西、甘肃等地。分布于印度及东南亚等地。

画眉草 *Eragrostis pilosa* (Linn.) Beauv.

形态描述：一年生草本。秆丛生，直立或基部膝曲，高 15～60cm，径 1.5～2.5mm，具 4 节，光滑。叶鞘松裹茎，扁压，鞘缘近膜质，鞘口有长柔毛；叶舌为一圈纤毛；叶片线形扁平或卷缩，长 6～20cm，宽 2～3mm，无毛。圆锥花序开展或紧缩，长 10～25cm，宽 2～10cm，分枝单生、簇生或轮生，腋间有长柔毛。小穗具柄，长 3～10mm，宽 1～1.5mm，含 4～14 小花。颖为膜质，披针形，先端渐尖。第一颖长约 1mm，无脉，第二颖长约 1.5mm，具 1 脉；第一外稃长约 1.8mm，广卵形，先端尖，具 3 脉；内稃长约 1.5mm，稍弓形弯曲，脊上有纤毛，迟落或宿存；雄蕊 3 枚。颖果长圆形。花果期 8～11 月。

生　　境：多生于荒芜田野草地上。

地理分布：产我国各地。分布全世界。

用　　途：优良饲料，也可药用，治跌打损伤。

短叶羊茅 *Festuca brachyphylla* Schult. et Schult. f.

形态描述：多年生草本，丛生。秆直立，平滑，高5～15cm。叶鞘平滑；叶舌长约0.2mm，截平，具纤毛；叶片对折或纵卷，长1.5～8cm，宽0.5～1mm；叶横切面具维管束5，厚壁组织束3，仅存在于叶中脉下表皮内及两边缘。圆锥花序紧密呈穗状，长2～4cm，宽约8mm，分枝粗糙，每节着生1～2枚，长0.5～1cm，自基部即着生小穗；小穗紫红色或褐紫色，长5～6mm，含3～4小花；小穗轴节间长约0.6mm，平滑或微粗糙；颖片平滑，边缘窄膜质，顶端尖或稍钝，第一颖披针形，具1脉，长约2mm，第二颖椭圆状披针形，具3脉，长2.5～3mm；外稃背上部粗糙，具5脉，顶端具芒，芒长1～1.5mm，第一外稃长4～4.5mm；内稃近等长于外稃，顶端微2裂，两脊粗糙；花药长约0.5mm；子房顶端无毛。花果期7～9月。

生　　境：生于海拔2700～4800m的高山草甸、高寒草原、山坡、林下、灌丛、砾石地。

地理分布：产新疆、甘肃、青海、西藏。分布于欧洲、中亚、俄罗斯西伯利亚及北美。

矮羊茅 *Festuca coelestis* (St.-Yves) Krecz. Et Bobr.

形态描述：多年生密丛草本。秆细弱，平滑无毛，高4～15cm，基部宿存短的褐色枯鞘。叶鞘平滑；叶舌极短具纤毛；叶片纵卷呈刚毛状，较硬直，平滑无毛，长1.5～10cm。圆锥花序紧密呈穗状，长1～3cm，分枝短，微粗糙；小穗紫色或褐紫色，长5～6mm，含3～6小花；颖片背部平滑，顶端渐尖，第一颖窄披针形，具1脉，长约2mm，下部边缘常具细短纤毛；第二颖宽披针形至倒卵形，具3脉，长约3mm；外稃背部平滑或上部常粗糙，顶端具长1.5～2mm的芒，第一外稃长3.5～4mm；内稃具2脊，脊粗糙；花药长1～1.5mm；子房顶端无毛。花果期6～9月。

生　　境：生于山坡草地、高山草甸、草原、灌丛、高山碎石、林缘、河滩等处，海拔2500～5300m。

地理分布：见于西藏那曲、当雄附近。产甘肃、青海、新疆、四川、云南、西藏、蒙古及湖北等地。分布于克什米尔地区、俄罗斯及帕米尔高原、中业地区。

羊茅（酥油草）*Festuca ovina* L.

形态描述：多年生，密丛，鞘内分枝。秆具条棱，细弱，直立，高 15 ~ 20cm，基部残存枯鞘。叶鞘开口几达基部，平滑；叶舌截平，具纤毛，长约 0.2mm；叶片内卷成针状，质较软，稍粗糙，长 (2) 4 ~ 10(20)cm，宽 0.3 ~ 0.6mm。圆锥花序紧缩呈穗状，长 2 ~ 5cm，宽 4 ~ 8mm；分枝粗糙，基部主枝长 1 ~ 2cm，侧生小穗柄短于小穗，稍粗糙；小穗淡绿色或紫红色，长 4 ~ 6mm，含 3 ~ 5(6) 小花；小穗轴节间长约 0.5mm，被微毛；颖片披针形，顶端尖或渐尖，第一颖具 1 脉，长 1.5 ~ 2.5mm，第二颖具 3 脉，长 2.5 ~ 3.5mm；外稃背部粗糙或中部以下平滑，具 5 脉，顶端具芒，芒粗糙，长 1 ~ 1.5mm，第一外稃长 3 ~ 3.5(4)mm；内稃近等长于外稃，顶端微 2 裂，脊粗糙；花药黄色，长 2 ~ 2.2mm；子房顶端无毛。花果期 6 ~ 9 月。

生　　境：生于海拔 2200 ~ 4400m 的高山草甸、草原、山坡草地、林下、灌丛及沙地。

地理分布：产黑龙江、吉林、内蒙古、陕西、甘肃、宁夏、青海、新疆、四川、云南、西藏、山东及安徽山区。江苏有栽培。分布于欧亚大陆的温带地区。

紫羊茅 *Festuca rubra* L.

形态描述：多年生草本，具短根茎或具根头。疏丛或密丛生，秆直立，平滑无毛，高 30 ~ 60(70)cm，具 2 节。叶鞘粗糙，基部者长于而上部者短于节间；叶舌平截，具纤毛，长约 0.5mm，叶片对折或边缘内卷，稀扁平，长 5 ~ 20cm，宽 1 ~ 2mm。圆锥花序狭窄，疏松，花期开展，长 7 ~ 13cm；分枝粗糙，长 2 ~ 4cm，基部者长可达 5cm，1/3 ~ 1/2 以下裸露；小穗淡绿色或深紫色，长 7 ~ 10mm；小穗轴节间长约 0.8mm，被短毛；颖片背部平滑或微粗糙，边缘窄膜质，顶端渐尖，第一颖窄披针形，具 1 脉，长 2 ~ 3mm，第二颖宽披针形，具 3 脉，长 3.5 ~ 4.5mm；外稃背部平滑或粗糙或被毛，顶端芒长 1 ~ 3mm，第一外稃长 4.5 ~ 5.5mm；内稃近等长于外稃，顶端具 2 微齿，两脊上部粗糙；花药长 2 ~ 2.5mm；子房顶端无毛。花果期 6 ~ 9 月。

生　　境：生于海拔 600 ~ 4500m 的山坡草地、高山草甸、河滩、路旁、灌丛、林下等处。

地理分布：产黑龙江、吉林、辽宁、河北、内蒙古、山西、陕西、甘肃、新疆、青海以及西南、华中大部分地区。分布于北半球温带地区。

芒颖大麦草 *Hordeum jubatum* Linn.

形态描述：越年生草本。秆丛生，直立或基部稍倾斜，平滑无毛，高 30 ～ 45cm，径约 2mm，具 3 ～ 5 节。叶鞘下部者长于而中部以上者短于节间；叶舌干膜质、截平，长约 0.5mm；叶片扁平，粗糙，长 6 ～ 12cm，宽 1.5 ～ 3.5mm。穗状花序柔软，绿色或稍带紫色，长约 10cm（包括芒）；穗轴成熟时逐节断落，节间长约 1mm，棱边具短硬纤毛；三联小穗两侧者各具长约 1mm 的柄，两颖为长 5 ～ 6cm，弯软细芒状，其小花通常退化为芒状，稀为雄性；中间无柄小穗的颖长 4.5 ～ 6.5cm，细而弯；外稃披针形，具 5 脉，长 5 ～ 6mm，先端具长达 7cm 的细芒；内稃与外稃等长。花果期 5 ～ 8 月。

生　境：生于路旁或田野。

地理分布：见于西藏拉萨附近的荒地。原产北美及欧亚大陆的寒温带，我国东北地区也有生长。

青稞 *Hordeum rulgare* L. var. *coeleste* L.

形态描述：一年生草本；秆直立，光滑，高约 100cm，径 4 ～ 6mm，具 4 ～ 5 节。叶鞘光滑，大都短于或基部者长于节间，两侧具两叶耳，互相抱茎；叶舌膜质，长 1 ～ 2mm；叶片长 9 ～ 20cm，宽 8 ～ 15mm，微粗糙。穗状花序成熟后黄褐色或为紫褐色，长 4 ～ 8cm（芒除外），宽 1.8 ～ 2cm；小穗长约 1cm；颖线状披针形，被短毛，先端渐尖呈芒状，长达 1cm；外稃先端延伸为长 10 ～ 15cm 的芒，两侧具细刺毛。颖果成熟时易于脱出稃体。

生　境：生于农田中。

地理分布：西藏拉萨附近铁路沿线有栽培。

用　途：该种适宜高原清凉气候，西北地区常栽培，为藏族的主要粮食之一，青稞面、青稞酒、糌粑等均以其为原料。

洽草 *Koeleria cristata* (L.) Pers.

形态描述：多年生密丛草本。秆直立，具 2 ~ 3 节，高 25 ~ 60cm，在花序下密生绒毛。叶鞘灰白色或淡黄色，枯萎叶鞘多撕裂残存于秆基；叶舌膜质，截平或边缘呈细齿状；叶片灰绿色，线形，常内卷或扁平，长 1.5 ~ 7cm，宽 1 ~ 2mm，被短柔毛或上面无毛，边缘组糙。圆锥花序穗状，下部间断，长 5 ~ 12cm，宽 7 ~ 18mm，有光泽，草绿色或黄褐色，主轴及分枝均被柔毛；小穗含 2 ~ 3 小花；颖倒卵状长圆形至长圆状披针形，先端尖，边缘宽膜质，脊上粗糙，第一颖具 1 脉，第二颖具 3 脉；外稃披针形，先端尖，具 3 脉，边缘膜质，背部无芒，基盘钝圆，具微毛；内稃膜质，稍短于外稃，先端 2 裂，脊上光滑或微粗糙。花果期 5 ~ 9 月。

生　　境：生于山坡、草地或路旁，海拔 1500 ~ 4600m。

地理分布：见于西藏当雄附近。产我国东北、华北、西北、华中、华东和西南等地区。分布于欧亚大陆温带地区。

羊草 *Leymus chinensis* (Trin. ex Bunge)Tzvelev

形态描述：多年生草本，具下伸或横走根茎；须根具沙套。秆散生，直立，高 40 ~ 90cm，具 4 ~ 5 节。叶鞘光滑，基部残留叶鞘呈纤维状，枯黄色；叶舌截平，顶具裂齿，纸质，长 0.5 ~ 1mm；叶片长 7 ~ 18cm，宽 3 ~ 6mm，扁平或内卷，上面及边缘粗糙，下面较平滑。穗状花序直立，长 7 ~ 15cm，宽 10 ~ 15mm；穗轴边缘具细小睫毛，节间长 6 ~ 10mm，最基部的节长可达 16mm；小穗长 10 ~ 22mm，含 5 ~ 10 小花，通常 2 枚生于 1 节，或在上端及基部者常单生，粉绿色，成熟时变黄；小穗轴节间光滑，长 1 ~ 1.5mm；颖锥状，长 6 ~ 8mm，等于或短于第一小花，不覆盖第一外稃的基部，质地较硬，具不显著 3 脉，背面中下部光滑，上部粗糙，边缘微具纤毛；外稃披针形，具狭窄膜质的边缘，顶端渐尖或形成芒状小尖头，背部具不明显的 5 脉，基盘光滑，第一外稃长 8 ~ 9mm；内稃与外稃等长，先端常微 2 裂，上半部脊上具微细纤毛或近于无毛；花药长 3 ~ 4mm。花果期 6 ~ 8 月。

生　　境：生于平原绿洲。

地理分布：产东北、内蒙古、河北、山西、陕西、新疆等地。俄罗斯、日本、朝鲜也有分布。

用　　途：本种耐寒、耐旱、耐碱，更耐牛马践踏，为重要牧草。

毛穗赖草 *Leymus paboanus* (Claus) Pilger

形态描述：多年生草本，具下伸的根茎。秆单生或少数丛生，基部残留枯黄色、纤维状叶鞘，高 45 ～ 100cm，具 3 ～ 4 节，光滑无毛。叶鞘光滑无毛；叶舌长约 0.5mm；叶片长 10 ～ 30cm，宽 4 ～ 7mm，扁平或内卷，上面微粗糙，下面光滑。穗状花序直立，长 10 ～ 18cm，宽 8 ～ 13mm；穗轴较细弱，上部密被柔毛，边缘具睫毛，节间长 2 ～ 6mm，基部者长达 12mm；小穗 2 ～ 3 枚生于 1 节，长 8 ～ 13mm，含 3 ～ 5 小花；颖近锥形，与小穗等长或稍长，微被细小刺毛，外稃披针形，先端渐尖或具短芒，背部密被白色柔毛，腹面具 3 ～ 5 脉，第一外稃长 6 ～ 10mm；内稃与外稃近等长，脊的上半部具睫毛；花药长约 3mm。花果期 6 ～ 7 月。

生　　境：生于路边、河边。

地理分布：见于青海南山口附近。产新疆、甘肃、青海。蒙古、俄罗斯也有分布。

扇穗茅 *Littledalea racemosa* Keng

形态描述：多年生草本。根状茎短。秆高 30 ~ 40cm，具 3 节，顶节距秆基 6 ~ 10cm。叶鞘平滑松弛；叶舌膜质，长 2 ~ 5mm，顶端撕裂；叶片长 4 ~ 7cm，宽 2 ~ 5mm，下面平滑，上面具微毛。圆锥花序几成总状；分枝单生或孪生，长 2 ~ 5cm，细弱弯曲，顶端生一枚大形小穗，下部裸露；小穗扇形，长 2 ~ 3cm，含 6 ~ 8 小花；小穗轴节间平滑，长约 2.5mm；颖披针形，干膜质，顶端钝，第一颖长 5 ~ 9mm，具 1 脉，第二颖长 12 ~ 14mm，具 3 脉；外稃带紫色，具 7 ~ 9 脉，平滑或稍粗糙，边缘与上部膜质，顶端具不规则缺刻，第一外稃长 20 ~ 25mm，宽 4 ~ 5mm；内稃窄小，背部具微毛，两脊生纤毛；花药长 6mm。花果期 7 ~ 8 月。

生　境：生于高山草坡、河谷边沙滩、灌丛草甸，海拔 2900 ~ 4000m。

地理分布：见于青海可可西里地区。产西藏、四川、青海。

用　途：我国特有植物，形态较为奇特。

小草 *Microchloa indica* (L. f.) Beauv.

形态描述：矮小草本，常成紧密的植丛。秆纤细，无毛，高 10 ～ 25cm，直径约 0.5mm。叶集生于基部，叶鞘在近地面处密集成纤维状；叶舌极短，具短纤毛；叶片窄线形，常卷折成针状，长 1 ～ 6cm，宽 0.8 ～ 1.2mm，上面有时具稀疏白色长柔毛，边缘增厚。穗状花序单独顶生，着生处具 1 关节，多少呈弧形，长 (3) 5 ～ 8 (10) cm，穗轴边缘具短毛或无毛；小穗披针形，长 2.2 ～ 2.8mm；颖膜质，等长于小穗，有时带紫褐色，无芒，具 1 脉；第一颖稍不对称，第二颖背部扁平；外稃膜质透明，长约 1.5mm，先端长渐尖，背部具柔毛，具 3 脉，侧脉靠近边缘具白色长纤毛；内稃膜质，披针形，略短于外稃，具 2 脊，脊上被柔毛，稃间具微毛。花果期 7 ～ 9 月。

生　　境：多生于旷野千旱草地或石上，也见于海边沙地。

地理分布：产西藏、云南、广东等地。欧洲、亚洲、非洲热带和亚热带均有分布。

用　　途：耐脊薄，改善沙地植被。

青海固沙草 *Orinus kokonorica* (Hao) Keng

形态描述：多年生草本。具密被鳞片的根茎，鳞片老后易脱落。秆直立，质较硬，粗糙或光滑无毛，高 (20)30 ～ 50cm。叶鞘无毛或粗糙，有时被短糙毛，长于节间；叶舌膜质，截平，边缘撕裂呈纤毛状，长 0.5 ～ 1mm；叶片质较硬，先端长渐尖，常内卷呈刺毛状，基部稍呈耳形，长 4 ～ 9cm，基部宽 2 ～ 3mm，两面皆糙涩或被短刺毛，边缘具顺向短刺毛呈锯齿状。圆锥花序线形，长 4 ～ 7(19)cm，分枝单生，直立，棱边具短刺毛，具 (3)4 ～ 6(11) 小穗，小穗长 (4)7 ～ 8.5mm，含 2 ～ 3(5) 小花；小穗轴节间疏生细短毛，长 1 ～ 1.5mm；颖披针形，质薄，背部常带黑紫色，边缘膜质呈土黄褐色，无毛，第一颖具 1 脉，先端尖，长 3.5 ～ 5mm，第二颖具 3 脉，先端尖或钝，长 4.5 ～ 6mm；外稃质薄，背部黑褐色而先端及基部为黄褐色，具 3 脉，先端呈细齿状，或中脉伸出成小尖头，脊的两侧以及边缘或下部疏生长柔毛，基盘两侧疏生短毛，第一外稃长 5 ～ 5.5mm；内稃与外稃等长，先端尖或微凹，具 2 脊，脊上及脊的两侧疏生短毛；花药长约 3mm。颖果狭长圆形，具 3 棱。花期 8 月。

生　　境：生于海拔约 3325m 以下的干旱山坡及草原上。

地理分布：产甘肃、青海等地。

用　　途：良好的固沙植物。

固沙草 *Orinus thoroldii* (Stapf ex Hemsl.) Bor

形态描述：多年生草本。具长根茎，径 1 ～ 3mm，其上密被有光泽的鳞片。秆直立，细硬，高 12 ～ 20(25)cm。叶鞘被长柔毛，近鞘口处毛通常较密；叶舌膜质，钝圆，先端常呈撕裂状，长 1 ～ 1.5mm；叶片扁平或内卷呈刺毛状，先端尖锐，长 2 ～ 6(9)cm，宽 2 ～ 5mm，两面均稀疏被有少许柔毛。圆锥花序长 4.5 ～ 7.5(15)cm，分枝单生，长 (1)3 ～ 5(7)cm；小穗含 2 ～ 5 小花，长 5 ～ 6.5mm；小穗轴无毛，长 (1)1.5 ～ 2.5mm；颖宽披针形，质薄，常背部带紫色而边缘膜质透明，第一颖具 1 脉，长 3 ～ 4mm，第二颖具 3 脉，长 4 ～ 5mm；外稃遍生长柔毛，具 3 脉，无芒，有时具小尖头，背部具斑点，第一外稃长 4.5 ～ 5(7)mm，基盘无毛；内稃与外稃等长或稍长，先端有裂，脊及脊的两侧均被长柔毛，脊间上半部具黑褐色斑，亦具柔毛；花药淡黄色，长 (1)3 ～ 3.5mm。颖果狭长圆形，具棱。花期 8 月。

生　　境：生于海拔 3300 ～ 4300m 的干燥沙地或沙丘及低矮山坡上，在西藏的大片沙丘上形成特殊植物群落。

地理分布：产西藏。克什米尔地区也有分布。

用　　途：良好的固沙植物。

白草 *Pennisetum centrasiaticum* Tzvel.

形态描述：多年生草本。根茎横走。秆直立，单生或丛生，高 20～90cm。叶鞘疏松包茎，近无毛，基部密集，上部短于节间；叶舌短，具纤毛；叶片狭线形，长 10～25cm，宽 5～10mm，两面无毛。圆锥花序紧密，长 5～15cm，宽约 10mm；主轴具棱角，残留在主轴上的总梗长 0.5～1mm；刚毛柔软，细弱，微粗糙，长 8～15mm，灰绿色或紫色。小穗通常单生，卵状披针形；第一颖微小；第二颖具 1～3 脉，先端具芒尖；第一小花雄性，第一外稃与小穗等长，具 3～5 脉，第一内稃透明；第二小花两性，第二外稃具 5 脉；鳞被 2，楔形；雄蕊 3；花柱近基部联合。颖果长圆形，长约 2.5mm。花果期 7～10 月。

生　境：生于山坡草地和较干燥之处，海拔 800～4600m。

地理分布：产黑龙江、吉林、辽宁、内蒙古、河北、山西、陕西、甘肃、青海、四川、云南、西藏等地。俄罗斯、日本及中亚、西亚地区也有分布。

用　途：优良牧草。

芦苇 *Phragmites australis* (Cav.) Trin. ex Steud.

形态描述：多年生草本。根状茎发达，长可达数米。秆直立，高 1 ~ 2m，直径 1 ~ 1.5cm，具多节，节下被蜡粉。叶鞘短于或长于节间；叶舌边缘具短纤毛及缘毛；叶片披针状线形，长达 30cm，宽达 2cm，无毛，顶端长渐尖。圆锥花序大型，长 20 ~ 40cm，宽约 10cm，分枝多数；小穗具柄，含 4 花；颖具 3 脉；第一不孕外稃雄性，长约 12mm，第二外稃长 11mm，具 3 脉，顶端长渐尖，基盘延长，两侧密生等长于外稃的丝状柔毛，于无毛的小穗轴相连处具明显关节，成熟后易自关节脱落；内稃长约 3mm，两脊粗糙；雄蕊 3。颖果长约 1.5mm。花果期 8 ~ 10 月。

生　境：生于江河湖泽、池塘沟渠沿岸和湿地。

地理分布：见于西藏拉萨附近。产我国各地。为全球广泛分布的多型种。

用　途：为固堤造陆先锋植物。秆为造纸原料或作编席织帘及建棚材料，茎、叶嫩时为饲料。根状茎供药用。

藏北早熟禾 *Poa boreali-tibetica* C. Ling.

形态描述：多年生草本。根须状。秆丛生，高 10 ~ 20cm，直径约 1mm，具 1 ~ 2 节。叶鞘长于节间，基部者平滑，上部微粗糙，顶生叶鞘位于秆之中部以上；叶舌膜质，长 1 ~ 3mm；叶片两面粗糙，长 3 ~ 5cm，宽 1.5 ~ 2.5mm，扁平或对折。圆锥花序椭圆形，长 4 ~ 6cm，宽 1.5 ~ 3cm，每节具分支 2 ~ 3 枚；分枝粗糙，开展，基部即着生小穗，主枝长达 2cm；小穗倒卵形，紫色，长 4.5 ~ 6mm，含 3 ~ 6 小花；颖宽披针形，顶端尖锐，具 3 脉，第一颖稍狭，长 3 ~ 3.5mm，第二颖长 3.5 ~ 4mm；外稃长圆状披针形，顶端尖，稍带膜质，具 5 脉，基盘无毛。第一外稃长 3 ~ 4mm；内稃与外稃等长或稍短；花药长约 1.5mm。花果期 6 ~ 9 月。

生　境：生于山坡砾石草地，海拔 4900m。

地理分布：见于西藏那曲当雄附近。

用　途：西藏特产，可改良土壤。

紫黑早熟禾 *Poa nigro-purpurea* C. Ling

形态描述：多年生草本。植株干后呈紫黑色，具短根状茎。秆丛生，光滑，具 2 ～ 3 节，高 15 ～ 35cm。叶鞘平滑，长于节间；叶舌膜质；叶片上面微粗糙，下面平滑，蘖生者长可达 8cm，宽约 1mm，对折或内卷，茎生叶片较短，宽 1.5 ～ 3mm，扁平。圆锥花序开展，分枝每节 2 枚，纤细，光滑；小穗椭圆形至倒卵形，长 4 ～ 5.5mm，含 2 ～ 3 小花；颖具狭膜质的边缘，第一颖披针形，长 3 ～ 3.5mm，具 1 脉，第二颖椭圆形，长 3.5 ～ 4mm，具 3 脉；外稃椭圆形至椭圆状披针形，先端钝，边缘及顶端宽膜质，具 5 脉，基盘具绵毛，第一外稃长 4 ～ 5mm；内稃与外稃等长或稍短；花药白色，长 0.5 ～ 0.75mm。花期 6 ～ 7 月。

生　　境：生于河边草地或山坡灌丛中，海拔 4000m 左右。

地理分布：见于西藏那曲当雄附近。特产于西藏。

用　　途：道路绿化中常见。

多鞘早熟禾（疏花早熟禾）

Poa chalarantha Keng ex L. Liu

形态描述：多年生草本。匍匐茎横走。秆直立或膝曲，高 15 ～ 40cm。叶鞘草黄色，枯老后呈干膜质聚集于秆基；叶舌长 1.5 ～ 3mm，顶端截平；叶片扁平或内卷狭窄成刚毛状，长 4 ～ 8cm，宽 1 ～ 2.5mm，基部近圆形，边缘或下面粗糙。圆锥花序疏展，直立或下垂，长 5 ～ 10cm，分枝平滑，2 ～ 5 枚着生于主轴下部各节，细长，开展，曲折；小穗含 2 ～ 4 小花，长 4 ～ 7mm，带紫色；小穗轴节间较长；颖不等长，第一颖狭披针形，长 2.5 ～ 3.5mm，具 1 脉；二颖椭圆形，长 3 ～ 5mm，具 3 脉；外稃长圆状椭圆形，第一外稃长约 5.5mm，上部小花的外稃长 3.5 ～ 4mm；内稃短于其外稃，两脊粗糙；花药长 2 ～ 2.5mm。花果期 6 ～ 8 月。

生　　境：生于高山草地或山坡疏林下，海拔 3000 ～ 5000m。

地理分布：见于西藏那曲当雄附近。产西藏、四川及青海。克什米尔地区、尼泊尔、巴基斯坦、阿富汗、伊朗也有分布。

用　　途：可用于地表覆盖、绿化。

波伐早熟禾 *Poa poophagorum* Bor

形态描述：多年生草本，密丛。秆矮小，高 15 ～ 18cm。叶鞘疏松；叶舌长 2 ～ 3.5mm；叶片扁平，对折或内卷，长达 6cm，宽 1.5mm，直伸，两面粗糙，多少灰黄色。圆锥花序狭窄，长 2 ～ 5cm，宽 0.5 ～ 1.5cm；分枝短，粗糙；小穗含 2 ～ 4 小花，长 3 ～ 4（5）mm；小穗轴无毛或微粗糙，有时被微毛；两颖近相等，第一颖长约 2.5mm，第二颖长约 3mm，均具 3 脉，带紫色，脊微粗糙；外稃纸质，先端与边缘窄膜质，黄色，其下为紫色，具 5 脉，全部无毛，稀在脊与边脉下部稍有微毛，基盘无绵毛，第一外稃长 2.6 ～ 3.2mm；内稃两脊粗糙，花药长 1.5 ～ 2mm。花期 6 ～ 8 月。

生　　境：生于高原草地，海拔 3000 ～ 5500m。

地理分布：产西藏南部、青海、新疆。分布于尼泊尔、印度、西喜马拉雅地区。

用　　途：适口性好，再生能力强，羊最喜食，属优质牧草。

华灰早熟禾 *Poa sinoglauca* Ohwi

形态描述：多年生草本。秆丛生，直立，细长而较硬，高 20 ～ 30cm，具 1 ～ 2 节，顶节在花序以下部分裸露，微粗糙。叶鞘平滑无毛，基部带红色，顶生叶鞘长 7 ～ 10cm；叶舌长 2 ～ 2.5mm；叶片稍内卷或扁平，长 4 ～ 8cm。宽 1 ～ 1.5mm。圆锥花序直立，狭窄，长 4 ～ 6cm，宽约 1cm；分枝孪生，长 1 ～ 2cm，基部密生小穗，小穗紫色，含 2 ～ 3 小花，长约 5mm；两颖近相等，长 2.5 ～ 3mm，顶端尖，具 3 脉，脊上部粗糙；外稃长约 3mm，边缘狭膜质，具不明显 5 脉，脊中部以下与边脉基部有短柔毛，基盘具少量绵毛；内稃稍短于外稃，脊具小纤毛。花药长达 2mm。花期 5 ～ 7 月。

生　　境：生于山坡草地、河谷滩地，海拔 2000 ～ 4600m。

地理分布：见于西藏那曲、羊八井附近等地。产山西、河北、内蒙古、辽宁、吉林、四川、青海及西藏。

硬质早熟禾 *Poa sphondylodes* Trin.

形态描述：多年生密丛草本。秆高30～60cm，具3～4节，顶节位于中部以下，上部裸露，叶鞘基部带淡紫色，顶生者长4～8cm，长于其叶片；叶舌长约4mm，先端尖；叶片长3～7cm，宽1mm，稍粗糙。圆锥花序紧缩而稠密，长3～10cm，宽约1cm；分枝长1～2cm，4～5枚着生于主轴各节，粗糙；小穗柄短于小穗，侧枝基部即着生小穗；小穗绿色，熟后草黄色，长5～7mm，含4～6小花；颖具3脉，先端锐尖，硬纸质，稍粗糙，长2.5～3mm，第一颖稍短于第二颖；外稃坚纸质，具5脉，基盘具绵毛，第一外稃长约3mm；内稃等长或稍长于外稃；花药长1～1.5mm。颖果长约2mm，腹面有凹槽。花果期6～8月。

生　　境：生于山坡草原干燥沙地。

地理分布：见于西藏那曲当雄附近。产我国东北、华北、华东及西北地区。

用　　途：我国特有植物，为良好牧草。

长芒棒头草 *Polypogon monspeliensis* (Linn.) Desf.

形态描述：一年生草本。秆直立或基部膝曲，具4～5节，高8～60cm；叶舌膜质，长2～8mm，2深裂或呈不规则地撕裂状；叶片长2～13cm，宽2～9mm，上面及边缘粗糙，下面较光滑。圆锥花序穗状，长1～10cm，宽5～20mm；小穗淡灰绿色，成熟后枯黄色，长2～2.5mm；颖片倒卵状长圆形，被短纤毛，先端2浅裂，芒自裂口处伸出，细长而粗糙，长3～7mm；外稃光滑无毛，长1～1.2mm，先端具微齿，中脉延伸成约与稃体等长而易脱落的细芒；雄蕊3，花药长约0.8mm。颖果倒卵状长圆形，长约1mm。花果期5～10月。

生　　境：生于海拔3900m以下的潮湿地及浅的流水中。

地理分布：产我国南北各地。广布于全世界的热带、温带地区。

双叉细柄茅 *Ptilagrostis dichotoma* Keng ex Tzvel.

形态描述：多年生草本。须根细而坚韧。秆直立，紧密丛生，光滑，高 40～50m，具 1～2 节。叶鞘微粗糙；叶舌膜质，三角形或披针形，长 2～3mm，两侧下延而与叶鞘的边缘结合；叶片丝线状，茎生者长 1.5～2.5cm，基生者长达 20cm。圆锥花序开展，长 9～14cm，分枝细弱呈丝状，基部主枝长达 5cm，通常单生，下部裸露，叉顶着生小穗；小穗灰褐色，长 5～6mm，具长 5～15mm 的小穗柄，其柄及分枝的腋间具枕；颖膜质，透明，先端稍钝，具 3 脉，侧脉仅见于基部；外稃长约 4mm，先端 2 裂，下部具柔毛，上部微糙涩或具微毛，基盘稍钝，长约 0.5mm，具短毛，芒长 1.2～1.5cm，膝曲，芒柱扭转且具长 2.5～3mm 的柔毛，芒针被长约 1mm 的短毛；内稃约等长于外稃，背圆形，亦具柔毛；花药长约 1.5mm，顶端具毫毛。花果期 7～8 月。

生　　境：生于高山草甸、山坡草地、高山针叶林下、灌丛中，海拔 3000～4800m。

地理分布：产甘肃、西藏、青海、陕西、四川。

用　　途：幼嫩青鲜草，牛、羊喜食，可作中等牧草。

长穗碱茅 *Puccinellia thomsonii* (Stapf) R. R. Stew.

形态描述：多年生草本，密丛型。秆高 20～40cm，较粗壮，直径约 3mm，有 3～5 节，节常膝曲。叶鞘疏松，长于其节间，有时背部压扁成脊；叶舌宽卵形，长约 3mm；叶片长 6～18cm，宽 1～3mm，扁平或对折或内卷，顶端渐尖，上面与边缘微粗糙。圆锥花序开展，长 12～20cm，宽 2～3cm；分枝斜升，长 3～5cm，孪生，微粗糙，下部裸露，侧生小穗柄粗短；小穗含 3～5 小花，长 6～9mm；颖长圆形，先端尖，长约 2mm，狭窄，第一颖长 2.5～3mm，中脉脊状；外稃椭圆形，长 3.5～4mm，中脉直达顶端，成脊状，先端尖，基部无毛，边缘狭膜质；内稃较窄而短，脊下部平滑，上部有糙刺；花药长 2～2.6mm。花果期 6～7 月。

生　　境：生于盆地平缓开旷坡地上，海拔 4300～5200m。

地理分布：产西藏。分布于伊朗、中亚地区、巴基斯坦、印度。

梭罗草 *Roegneria thoroldiana* (Oliv) Keng

形态描述：多年生草本。植株低矮，密丛；秆高 12 ～ 15cm，具 1 ～ 2 节。叶鞘平滑无毛，疏松包茎；叶片内卷呈针状，长 2 ～ 5cm，宽 2 ～ 3.5mm，上面及边缘粗糙，近基部疏生软毛，下面平滑无毛。穗状花序卵圆形，长 3 ～ 4cm，宽 1 ～ 1.5cm，密被毛；小穗紧密排列，偏于 1 侧，长 10 ～ 13mm，含 4 ～ 6 小花。颖长圆状披针形，先端锐尖、渐尖至具短尖头，被柔毛；第一颖长 5 ～ 6mm，具 3 脉，第二颖长 6 ～ 7mm，具 5 脉；外稃密生柔毛，具 5 脉，第一外稃长 9 ～ 10mm，先端具长 1 ～ 2.5mm 的小尖头；内稃稍短于外稃，先端下凹或 2 裂，脊上部具硬长纤毛，下部毛渐短，至基部则消失；花药黑色。花果期 7 ～ 9 月。

生　　境：生于山坡草地、河岸坡地及滩地上，海拔 4700 ～ 5100m。

地理分布：见于青海可可西里附近。产甘肃、青海、西藏等地。

用　　途：我国特有植物。

金色狗尾草 *Setaria glauca* (L.) Beauv.

形态描述：一年生草本。秆单生或丛生，直立或基部倾斜，高 20 ～ 90cm。叶鞘光滑无毛，边缘薄膜质；叶舌具一圈纤毛；叶片线状披针形或狭披针形，长 5 ～ 40cm，宽 2 ～ 10mm，先端长渐尖，基部钝圆，上面粗糙，下面光滑。圆锥花序紧密呈圆柱状，长 3 ～ 17cm，宽 4 ～ 8mm，直立；刚毛金黄色，粗糙，长 4 ～ 8mm，先端尖。一簇中仅具一个发育的小穗。第一颖宽卵形或卵形，先端尖，具 3 脉；第二颖宽卵形，先端稍钝，具 5 ～ 7 脉。第一小花雄性或中性，第一外稃与小穗等长或微短，具 5 脉，其内稃膜质，具 2 脉，含 3 枚雄蕊。第二小花两性，外稃革质，先端尖，鳞被楔形，花柱基部联合。花果期 6 ～ 10 月。

生　　境：生于路边、荒野、山坡、林边。

地理分布：见于西藏拉萨附近。分布于我国各地。分布于欧亚大陆的温暖地带，美洲、澳大利亚等也有引入。

用　　途：为田间杂草，秆、叶可作牲畜饲料。

丝颖针茅 *Stipa capillaeea* Keng

形态描述：多年生草本。秆高 20 ～ 50cm，具 2 ～ 3 节。叶鞘光滑，长于节间；叶舌长约 0.6mm，先端平截，边缘具睫毛；叶片纵卷如针状，上面无毛，下面被糙毛。圆锥花序紧缩，常伸出叶鞘外，顶端芒常互相扭结如鞭状，长 14 ～ 18cm，分枝直立上举，基部者孪生，枝长 2 ～ 3cm，具 2 ～ 3 小穗。小穗淡绿色或淡紫色；颖细长披针形，长 2.5 ～ 3cm，先端伸出如丝状，第一颖具 3 脉，第二颖具 5 脉；外稃长约 10mm，具 5 脉，被各式短毛及刺毛，基盘尖锐，长约 2mm，密生柔毛，芒两回膝曲，扭转，第一芒柱长 1 ～ 2cm，第二芒柱长 0.6 ～ 1cm，芒针长约 6cm，常直伸，芒全部具微毛；花药长约 4mm。花果期 7 ～ 9 月。

生　　境：生于高山灌丛、草地、丘陵顶

部、山前平原或河谷阶地，海拔 2900 ～ 5000m。

地理分布：产甘肃、西藏、青海、四川。

用　　途：寒生草原或寒生草甸草原地区牧草之一；秆、叶可做造纸或人造棉的原料。

沙生针茅 *Stipa glareosa* P. Smirn.

形态描述：多年生草本。须根粗韧，外具砂套。秆粗糙，高 15～25cm，具 1～2 节，基部宿存枯死叶鞘。叶鞘具密毛；基生与秆生叶舌短而钝圆，长约 1mm，边缘具长 1～2mm 之纤毛；叶片纵卷如针，下面粗糙或具细微的柔毛。圆锥花序常包藏于顶生叶鞘内，长约 10cm，分枝简短，仅具 1 小穗；颖长披针形，先端细丝状，基部具 3～5 脉，长 2～3.5cm；外稃长 7～9mm，背部的毛呈条状，顶端关节处生 1 圈短毛，基盘尖锐，密被柔毛；芒一回膝曲扭转，芒柱长 1.5cm，具长约 2mm 之柔毛，芒针长 3cm，具长约 4mm 之柔毛；内稃与外稃近等长，具 1 脉，背部稀具短柔毛。花果期 5～10 月。

生　境：生于石质山坡、丘间洼地、戈壁沙滩及河滩砾石地上，海拔 600～5100m。

地理分布：产内蒙古、宁夏、甘肃、新疆、西藏、青海、陕西、河北等地。波罗的海、帕米尔地区、西伯利亚、蒙古也有分布。

用　途：优良牧草，营养价值高。

紫花针茅 *Stipa purpurea* Griseb.

形态描述：多年生草本。须根较细而坚韧。秆细瘦，高 20～45cm，具 1～2 节，基部宿存枯叶鞘。叶鞘平滑无毛，长于节间；基生叶舌端钝，长约 1mm，秆生叶舌披针形，长 3～6mm，两侧下延与叶鞘边缘结合，均具极短缘毛；叶片纵卷如针状，下面微粗糙。圆锥花序较简单，基部常包藏于叶鞘内，长可达 15cm，分枝单生或孪生；小穗呈紫色；颖披针形，先端长渐尖，长 1.3～1.8cm，具 3 脉；外稃长约 1m，背部遍生细毛，顶端与芒相接处具关节，基盘尖锐，长约 2mm，密毛柔毛；芒两回膝曲扭转，第一芒柱长 1～2cm，遍生长约 3mm 的柔毛，芒针长 2～3cm；内稃背面亦具短毛。颖果长约 6mm。花果期 7～10 月。

生　境：生于山坡草原、山前洪积扇或河谷阶地上，海拔 1900～5150m。

地理分布：见于青藏铁路沿线各地草原中。产甘肃、新疆、西藏、青海、四川。帕米尔及中亚地区也有分布。

用　途：该种既是禾草草原的优势植物，也是重要的优良牧草，在青藏高原地区目前破坏较为严重，应加以恢复。该种草质较硬，但牲畜喜食，耐牧性强，产草量高，可收贮干草。

三角草 *Trikeraia hookeri* (stapf) Borvar.ramosa Bot

形态描述：多年生草本。根状茎坚韧，覆盖有鳞片。秆直立，少数丛生,粗壮,平滑,高60～80cm,具2～3节,基部宿存枯叶鞘。叶鞘稍粗糙，上部者短于节间；叶舌厚膜质，顶端平截；叶片质坚硬，边缘内卷，长10～40cm，宽约5mm。圆锥花序狭窄紧缩，长10～20cm，宽约2cm，分枝多数，密生小穗。小穗长约8mm，褐紫色或灰褐色。颖近等长，粗糙，具2脉，长圆状披针形，先端渐尖。外稃等长于颖，纸质，背部密生柔毛，先端2深裂，裂齿长2～3mm，刺芒状，具5脉，边脉直达裂齿内，中脉延伸成粗糙、微弯的芒，芒长12～15mm。内稃长6～7mm，具2脉，被柔毛；鳞被3；花药长约5mm。花期7～9月。

生　　境：生于河边沙地、湖边石砾草地干燥处及河滩草地，海拔4300～5100m。

地理分布：见于西藏拉萨附近,在国外仅锡金、巴基斯坦、印度可见。

用　　途：可作优等牧草。

草沙蚕 *Tripogon bromoides* Roem. et Schult.

形态描述：多年生密丛草本。秆高15～30cm，细弱，直立,平滑无毛。叶鞘大都无毛，或有时于鞘口被长柔毛；叶舌很短或近于缺；叶片质较硬，内卷，长3～10cm，宽1～2mm，上面通常疏生柔毛，下面平滑无毛。穗状花序长6～13cm，穗轴微扭卷，宽0.5～0.8mm；小穗铅绿色,排列较紧密，长5～8(10)mm,含5～8(9)小花；颖膜质，具1强壮的脉，第一颖长2.5～3mm，上部贴向穗轴一侧常具小裂片，第二颖长3.5～4.5mm，先端2裂，裂齿间伸出短芒，芒长0.5～0.8(1.2)mm；外稃无毛，具3脉，脉均延伸成直芒，第一外稃长3～3.5mm，主芒长3～4mm，侧艺长1～1.5mm，芒间裂片锐尖，长0.5～1mm；内稃短于外稃，脊上具小纤毛，先端具纤毛；花药长1.5～2mm。花期9月。

生　　境：生于海拔2700～4300m干河谷及山坡上。

地理分布：产西藏、青海、四川、云南等地。印度也有分布。

11.3.46　天南星科

曲序南星

Arisaema tortuosum (Wall.) Scott.

形态描述：多年生草本。块茎扁球形，直径 2 ～ 6cm，鳞叶数枚，具花纹。叶 2 ～ 3，叶柄长 5 ～ 30cm，下部具鞘；叶片鸟足状分裂，裂片 5 ～ 17，菱状卵形、长圆形至披针形，先端渐尖，基部楔形，侧脉多数，中裂片长 5 ～ 30cm，宽 1 ～ 7cm，侧裂片依次渐小。花序柄长于叶柄，由叶柄鞘中抽出，长 30 ～ 45cm，顶部增粗。佛焰苞淡绿色，管部圆柱形或漏斗形，喉部边缘不反卷，

檐部卵形或长圆形。肉穗花序两性或单性；附属器伸长，绿色或暗紫色。雄花具长柄，花药黄色或紫色，细尖，纵裂；雌花子房卵圆形。果序近球形，粗 2 ～ 3cm，浆果短卵圆形，陀螺状，基部平截，先端钝圆，绿色，后变白色，再变红色。花果期 6 ～ 8 月。

生　　境：生于多石山坡、地边乱石堆或河边丛林中，海拔 2200 ～ 3900m。

地理分布：见于西藏拉萨附近。产四川、云南、西藏。分布于尼泊尔、不丹、印度。

11.3.47　莎草科

华扁穗草 *Blysraus sinocompressus* Tang et Wang

形态描述：多年生草本，有长的匍匐根状茎，有节，节上生根，被鳞片；秆散生，扁三棱形，具槽，高 5～26cm。叶平张，边缘内卷，有疏而细的小齿，渐向顶端渐狭，顶端三棱形，短于秆，宽 1～3.5mm；叶舌很短，白色，膜质。苞片叶状，一般高出花序；小苞片呈鳞片状，膜质；穗状花序一个，顶生，长圆形或狭长圆形，长 1.5～3cm，宽 6～11mm；小穗 3～10 多个，排列成二列或近二列；小穗卵披针形、卵形或长椭圆形，长 5～7mm，有 2～9 朵两性花；鳞片长卵圆形；下位刚毛 3～6 条；雄蕊 3；柱头 2。小坚果宽倒卵形，平凸状，深褐色，长 2mm。花果期 6～9 月。

生　境：生长在山溪边、河床、沼泽地、草地等潮湿地区，海拔 1000～4000m。

地理分布：见于西藏那曲、当雄附近。产内蒙古、山西、河北、陕西、甘肃、青海、云南、四川、西藏。分布于喜马拉雅地区。

用　途：高山草甸重要建群种之一。

窄果苔草 *Carex angustifructus* (Kük.) V. Krecz.

形态描述：多年生草本，高 15～25cm，具细长的匍匐根状茎。秆细弱，锐三棱。叶扁平，宽 3～4mm，明显短于秆。小穗 2～4 个，顶生 1 枚雄性，其余雌性，椭圆形，长 1.2～2cm，弯垂，具明显细梗；苞片短叶状，矮于小穗；雌鳞片长圆状披针形，长约 3.5mm，黑栗色；果实狭椭圆形，极压扁，稍长于鳞片，基部具短柄，先端具短嘴，嘴边缘具纤毛。小坚果狭椭圆形，长约 1.8mm，具长约 1mm 的柄。花果期 7～9 月。

生　　境：生于亚高山草甸和山坡灌丛中，海拔 3560～4500m。

地理分布：见于西藏唐古拉北附近。分布于四川、云南、青海。

黑褐穗薹草

Csrex atrofusca Schkuhr. ssp. *minor* (Boott) T. Koyama

形态描述：多年生草本。根状茎长而匍匐。秆高 10～70cm，三棱形，平滑，基部具褐色的叶鞘。叶短于秆，宽 (2)3～5mm，平张，淡绿色，顶端渐尖。苞片最下部的 1 个短叶状，绿色，短于小穗，具鞘，上部的鳞片状，暗紫红色。小穗 2～5 个，顶生 1～2 个雄性，长圆形或卵形，长 7～15mm，宽约 6mm；其余小穗雌性，椭圆形或长圆形，长 8～18mm，宽 6～9mm，花密生；小穗柄纤细，长 0.5～2.5cm，稍下垂。雌花鳞片卵状披针形或长圆状披针形，长 4.5～5mm，暗紫红色或中间色淡，先端长渐尖，顶端具白色膜质，边缘为狭的白色膜质。果囊长于鳞片，长圆形或椭圆形，长 4.5～5.5cm，宽 2.5～2.8mm，扁平，上部暗紫色，下部麦秆黄色，无色淡之边缘，无脉，无毛，基部近圆形，顶端急缩成短喙，喙口白色膜质，具 2 齿。小坚果疏松地包于果囊中，长圆形，扁三棱状，长 1.5～1.8mm，基部具柄，柄长 0.5～1mm；花柱基部不膨大，柱头 3 个。花果期 7～8 月。

生　　境：生于高山灌丛草甸及流石滩下部和杂木林下，海拔 2200～4600m。

地理分布：产甘肃、青海、新疆、四川、云南、西藏。分布于中亚地区、克什米尔地区、尼泊尔、不丹。

藏东薹草 *Carex cardiolepis* Nees

形态描述：多年生草本。根状茎斜生，木质，粗壮。秆密丛生，高 20 ～ 40cm，粗约 1mm，稍粗糙。叶稍短于秆或与之近等长，花后稍延伸，平张或对折，宽 1 ～ 2mm，柔软，基部具暗褐色宿存叶鞘。苞片佛焰苞状，苞鞘绿色，边缘膜质，顶端具短苞叶。小穗 3 ～ 4 个，彼此疏远，顶生小穗雄性，棒状圆柱形，长 1.5 ～ 2cm，粗约 2 ～ 2.5mm，具多数密生的雄花；侧生的 2 ～ 3 个雌性，圆柱形，长 1 ～ 2cm，粗约 3mm，具多数疏生的花；小穗柄丝状。雄花鳞片长圆状披针形，长约 4.5mm，顶端渐尖，膜质，淡褐色；雌花鳞片倒卵状长圆形或长圆形，长 4.3 ～ 4.7mm，顶端圆或微凹，具粗糙的短芒，纸质，两侧淡褐色，有宽的白色膜质边缘，中间绿色，有 3 条脉。果囊短于鳞片或与之等长，倒卵状长圆形，肿胀三棱形，长 4 ～ 4.5mm，纸质，淡绿色，密被短柔毛，除具二侧脉外，还有若干条细脉，基部渐狭成短柄，顶端骤缩成外弯的短喙，喙口全缘。小坚果倒卵状长圆形，长 2.5 ～ 2.8mm，三棱形，基部具短柄，顶端具外弯的短喙；花柱基部稍增粗，柱头 3 个。

生　　境：生于高山灌丛草甸或林下，海拔 3000 ～ 4300m。

地理分布：分布于青海、四川、云南、西藏；尼泊尔、印度北部、克什米尔地区及阿富汗也有分布。

甘肃苔草 *Carex kansuensis* Nelmes

形态描述：多年生草本。根状茎短。秆丛生，高45～100cm，锐三棱形，坚硬。叶短于秆，宽5～7mm，平张，边缘粗糙。花序下部苞片短叶状，边缘粗糙，上部苞片刚毛状，无鞘，短于花序。小穗4～6个，接近，顶生1个为雌雄顺序；其余的雌性，基部有时具少数雄花。花密生，长圆状圆柱形，长1.5～3.5cm；小穗柄纤细，下部的长约2cm，下垂；雌花鳞片椭圆状披针形，顶端渐尖，长4～4.5mm，暗紫色，边缘具狭的白色膜质；果囊近等长于鳞片，压扁，麦秆黄色，无脉，顶端急缩成短喙，喙口具2齿。小坚果疏松地包于果囊中，长圆形或倒卵状长圆形，三棱形；柱头3个。花果期7～9月。

生　　境：生于高山草地，海拔3400～4600m。

地理分布：见于西藏当雄附近。分布于陕西、甘肃、青海、四川、云南及西藏。

窄叶薹草 *Carex montis-everestii* Kukenth.

形态描述：多年生草本。根状茎木质，具匍匐茎。秆丛生，高5～15cm，纤细，粗约0.8mm，钝三棱形，平滑，基部叶鞘紫红色。叶短于秆，宽约1mm，淡绿色，内卷，边缘具细锯齿，顶端拳卷。苞片下部的刚毛状，上部的鳞片状，基部具鞘。小穗通常2个，稀3～4个，较接近，顶端1个雄性，偶尔基部具1～2朵雌花，长圆形，长1cm，宽3mm；侧生小穗雌性，长圆形或卵形，长1～1.5cm，宽6～10mm，密花，小穗柄纤细，平滑，稍下垂。雌花鳞片卵状披针形，长5～6.5mm，有光泽，暗紫红色，中间绿色，中脉明显，其上粗糙，中上部的边缘为宽的白色膜质，具短尖。果囊与鳞片近等长，椭圆形或卵形，扁平，长5mm，宽2.5mm，无脉，下部淡绿色，上部暗紫红色，无毛，上部边缘稍粗糙，基部近圆形，上部急缩成短喙或无喙，喙口具明显2齿。小坚果疏松地包于果囊中，椭圆形，长1.2mm，具短柄，柄长0.5mm；花柱长3mm，不伸出果囊之外，柱头3个。花果期6～8月。

生　　境：生于山坡、河漫滩、灌丛、草甸或草原，海拔4400～5460m。

地理分布：产西藏。

青藏苔草 *Carex moorcroftii* Falc. ex Boott

形态描述：多年生草本。根状茎粗壮，匍匐，外被撕裂成纤维状的残存叶鞘。秆高 7 ～ 20cm，三棱形，坚硬。叶短于秆，宽 2 ～ 4mm，平张，革质，边缘粗糙。苞片刚毛状，无鞘，短于花序。小穗 4 ～ 5 个，密生；顶生 1 个雄性，长圆形至圆柱形，长 1 ～ 1.8cm；侧生小穗雌性，卵形或长圆形，长 0.5 ～ 2cm；基部小穗具短柄，其余的无柄。雌花鳞片卵状披针形，顶端渐尖，长 5 ～ 6mm，紫红色，具宽的白色膜质边缘。果囊等长或稍短于鳞片，椭圆状倒卵形，三棱形，革质，黄绿色，上部紫色，脉不明显，顶端急缩成短喙，喙口具 2 齿。小坚果倒卵形，三棱状，长约 2 ～ 2.3mm；柱头 3 个。花果期 7 ～ 9 月。

生　　境：生于高山灌丛草原、高山草原等地，海拔 3400 ～ 5700m。

地理分布：见于西藏唐古拉北附近。产青海、四川、西藏。印度也有分布。

圆囊薹草 *Carex orbicularis* Boott

形态描述：根状茎短，具匍匐茎。秆丛生，高 10 ～ 25cm，纤细，三棱形，粗糙，基部具栗色的老叶鞘。叶短于秆，宽 1.5 ～ 3mm，平张，边缘粗糙。苞片基部的刚毛状，短于花序，无鞘，上部的鳞片状。小穗 2 ～ 3(4) 个，顶生 1 个雄性，圆柱形，长 1.2 ～ 2cm，柄长 3 ～ 9mm；侧生小穗雌性，卵形或长圆形，长 0.5 ～ 1.5cm，花密生；最下部的具短柄，柄长 2 ～ 3mm，上部的无柄。雌花鳞片长圆形顶端稍钝，长 1.8 ～ 2.5mm，宽 1 ～ 1.2mm，暗紫红色或红棕色，具白色膜质边缘，中脉色淡。果囊稍长于鳞片而较鳞片宽 2 ～ 3 倍，近圆形或倒卵状圆形，平凸状，长 2 ～ 2.7mm，宽 2.3 ～ 2.5mm，下部淡褐色，上部暗紫色，密生瘤状小突起，脉不明显，顶端具极短的喙，喙口微凹，疏生小刺。小坚果卵形，长约 2mm；花柱基部不膨大，柱头 2 个。花果期 7 ～ 8 月。

生　　境：生于河漫滩或湖边盐生草甸、沼泽草甸，海拔 2800 ～ 4600m。

地理分布：产甘肃、青海、新疆、西藏。分布西亚和中亚地区、俄罗斯、印度西北部、巴基斯坦。

沙生薹草 *Carex praeclara* Nelmes

形态描述：多年生草本。根状茎匍匐，粗壮。秆高 20 ～ 30cm，三棱形，稍坚硬，基部具紫褐色的叶鞘。叶短于秆，宽 3 ～ 5mm，平张，顶端渐尖。苞片最下部的 1 枚刚毛状，无鞘，其余的鳞片状。小穗 3 ～ 8 个，密集呈头状花序，除基部 1 ～ 2 个为雌性外，其余的均为雄雌顺序，长圆形，长 1.3 ～ 2.5cm；小穗近无柄。雌花鳞片长椭圆形或长圆状披针形，顶端渐尖。长 9 ～ 10mm，宽 3.5 ～ 4mm，暗紫红色，边缘具宽的白色膜质，具 1 条脉。果囊短于鳞片，长为鳞片的 1/2 或 1/3，椭圆形或长椭圆形，扁三棱形，淡褐色，上部密被乳头状突起，脉不明显，基部收缩，顶端收缩成短喙，喙口具 2 齿。小坚果倒卵状长圆形或椭圆形，三棱形，长约 2.5mm，淡褐色；柱头 3 个。花果期 9 月。

生　　境：生于山坡草地或沙质土壤上，海拔 4800 ～ 5700m。

地理分布：产云南、西藏 。分布于印度。

唐古拉薹草 *Carex tangulashanensis* Y. C. Yang

形态描述：多年生草本。根状茎细长。秆疏丛生，高 2 ～ 4cm，扁三棱形，平滑，基部具少数深褐色无叶片的鞘。叶稍短于秆，宽 2 ～ 3mm，平张，稍坚挺，上端边缘和脉上稍粗糙。苞片刚毛状，具膜质的鞘。小穗 3-4 个，顶生小穗为雄小穗，与雌小穗间距稍远，披针形或披针状卵形，长 6 ～ 12mm，密生 10 余朵雄花；其余小穗为雌小穗，密集生于秆的基部，常隐藏于叶丛中，卵形或卵圆形，长 4 ～ 7mm，密生 5 ～ 10 朵花，具短柄。雄花鳞片长圆状披针形，长 4.5 ～ 5mm，顶端急尖或钝，膜质，两侧黄褐色，上部具白色膜质边缘，具 1 条绿色中脉；雌花鳞片卵形，长 2.5 ～ 3mm，顶端急尖，有时具短尖，膜质，两侧黄褐色，具白色膜质边缘，中间黄绿色，具 1 条中脉。果囊稍斜展，椭圆形、钝三棱形，长 2.5 ～ 3mm，薄革质，黄褐色，基部急狭成宽楔形，顶端急缩成短喙，喙口微缺，具白色膜质边缘。小坚果椭圆形，钝三棱形，长约 1.5mm，淡黄色；花柱稍粗而短，柱头 3 个。花果期 6 ～ 8 月。

生　　境：生于海拔 4000 ～ 4750m 的潮湿地。

地理分布：产青海、西藏。

少花荸荠 *Heleocharis pauciflora* (Lightf.) Link

形态描述：多年生草本。匍匐根状茎细长，直径 1mm。秆多数，密丛生，圆柱形，细，灰绿色，高 3 ~ 30cm，直径 0.5mm。无叶片，仅秆基部具 1 ~ 2 叶鞘；鞘红褐色或褐色，膜质，管状，高 1 ~ 4cm，鞘口平。小穗卵形或球形，长 4 ~ 7mm，淡褐色，顶端急尖，有 2 ~ 7 朵花，第一鳞片淡褐色，顶端钝或急尖，不育，其余鳞片全有花，卵状披针形；下位刚毛 0 ~ 5 条，长短不一，具倒刺；柱头 3。小坚果例卵形，平凸状，灰色微黄；花柱基细，不膨大，具短尖。花果期 6 ~ 7 月。

生　　境：生于高山草甸中，海拔 4000m。

地理分布：见于西藏那曲附近。分布于新疆。欧、亚、美洲北部地区直至北极均有分布。

具槽秆荸荠（具刚毛荸荠）

Heleocharis vaueculosa Ohwi

形态描述：多年生草本。根状茎长，匍匐。秆多数，圆柱状，高 6 ~ 50cm，直径 1 ~ 3mm，有少数锐肋条。叶片无，秆基部具 1 ~ 2 个膜质长叶鞘，高 3 ~ 10cm，下部紫红色，鞘口平。小穗顶生，长圆状卵形或线状披针形，长 7 ~ 20mm，宽 2.5 ~ 3.5mm，后期为麦秆黄色，有多数密生的两性花；小穗基部有 2 片鳞片中无花；其余鳞片全有花，卵形或长圆状卵形，顶端钝，长 3mm，宽 1.7mm，背部淡绿色或苍白色，具一脉；下位刚毛 4 条，长于小坚果，密生倒刺；柱头 2。小坚果倒卵圆形，双凸状，淡黄色；花柱基宽卵形，海锦层。花果期 6 ~ 8 月。

生　　境：生于浅水中，海拔 150 ~ 4500m。

地理分布：见于西藏那曲附近草甸中。分布于我国各地。朝鲜和日本也有分布。

用　　途：小草本，适应性甚强。

线叶嵩草 *Kobresia capillifolia* (Decne.) C. B. Clarke

形态描述：根状茎短，秆密丛生，纤细，柔软，高 10 ~ 45cm，粗约 1mm，钝三棱形，基部具栗褐色宿存叶鞘。叶短于秆，柔软，丝状，腹面具沟。穗状花序线状圆柱形，长 2 ~ 4.5cm，粗 2 ~ 3mm；支小穗多数，除下部的数个有时疏远外，其余的密生，顶生的雄性，侧生的雄雌顺序，在基部雌花之上具 2 ~ 4 朵雄花。鳞片长圆形，椭圆形至披针形，长 4 ~ 6mm，顶端渐尖或钝，纸质，褐色或栗褐色，边缘为宽的白色膜质，中间淡褐色，具 3 条脉。先出叶椭圆形，长圆形或狭长圆形，长 3.5 ~ 6mm，膜质，褐色或栗褐色，上部白色，腹面边缘分离至 3/4 处，背面具 1 ~ 2 条脊，脊间具 1 ~ 2 条脉，顶端圆形或截形。小坚果椭圆形或倒卵状椭圆形，少有长圆形，三棱形或扁三棱形，成熟时深灰褐色，有光泽，基部几无柄，顶端具短喙或几无喙；花柱基部不增粗，柱头 3 个。花果期 5 ~ 9 月。

生　　境：生于山坡灌丛草甸、林边草地或湿润草地，

海拔 1800 ~ 4800m。

地理分布：产内蒙古、甘肃、青海、新疆、四川、云南、西藏。哈萨克斯坦、塔吉克斯坦、吉尔吉斯斯坦、蒙古西部、阿富汗、克什米尔地区、尼泊尔也有分布

矮生嵩草

Kobresia humilis (C. A. Mey. ex Trautv.) Sergiev

形态描述：多年生草本。根状茎短。秆密丛生，矮小，高 3 ~ 10cm，坚硬，钝三棱形，基部具褐色的宿存叶鞘。叶短于秆，稍坚硬，下部对折，上部平张，宽 1 ~ 2mm，边缘稍粗糙。穗状花序椭圆形或长圆形，长 8 ~ 17mm，粗 4 ~ 6mm；支小穗通常 4 ~ 10 余个，密生，顶生的雄性，侧生的雄雌顺序，在基部雌花之上具 2 ~ 4 朵雄花；鳞片长圆形或宽卵形，长 4 ~ 5mm。先出叶

长圆形或椭圆形，长 3.5 ~ 5mm。小坚果椭圆形或倒卵形，三棱形，有光泽，具短喙；花柱基部不增粗，柱头 3 个。花果期 6 ~ 9 月。

生　　境：生于高山草甸带山坡阳处，海拔 2500 ~ 3200m。

地理分布：**地理分布**：见于青藏铁路沿线当雄、那曲、唐古拉北附近的高山草甸中。产新疆、西藏。哈萨克斯坦也有分布。

用　　途：该种很常见，为潮湿草甸的常见优势种之一。

藏北嵩草 *Kobresia littledalei* C. B. Clarke

形态描述：多年生草本。根状茎短。秆密丛生坚硬，高 10 ～ 25cm，粗约 2 ～ 3mm，钝三棱形，基部具褐色有光泽的宿存叶鞘。叶短于秆，坚硬，线形，宽 1 ～ 1.5mm，腹面有沟。穗状花序长圆形，长 1.5 ～ 2.5cm，粗 3.5 ～ 5.5mm；支小穗多数，密生，顶生的雄性，侧生的雄雌顺序，在雌花之上具 3 ～ 4 朵雄花。鳞片长圆形或长圆状披针形，长 4 ～ 4.5mm。先出叶卵状披针形，长 3 ～ 3.5mm，膜质，淡褐色。小坚果长圆形或椭圆形，扁三棱形，有光泽，基部几无柄，顶端具短喙；花柱基部不增粗，柱头 3 个。花果期 5 ～ 9 月。

生　境：生于高山草甸或沼泽草甸，海拔 4200 ～ 5400m。

地理分布：见于西藏当雄附近的草甸中。产新疆、西藏。

用　途：本种为我国特有种，与西藏嵩草（*Kobresia tibetiea* Maxim.）十分接近，多生长于高海拔地区，早春羊喜食，春夏牛、马喜食，秋季适口性差。

大花嵩草 *Kobresia macrantha* Bocklr.

形态描述：多年生草本。具细长匍匐根状茎。秆纤细，稍坚挺，高 6 ～ 20cm，粗 1 ～ 1.5mm，钝三棱形，光滑，基部具稀少的淡褐色宿存叶鞘。叶短于秆，平张，宽 1.5 ～ 3mm。圆锥花序紧缩成穗状，卵形，长 1 ～ 2cm，宽 5 ～ 13mm；苞片鳞片状，顶端具长芒；小穗 3 ～ 9 个，密生或基部的 1 个稍疏远，椭圆形，长 4 ～ 7mm，雄雌顺序；支小穗 10 余个，单性，顶生的 3 ～ 5 个雄性，其余的雌性，仅具 1 朵雌花。雌花鳞片披针形，长 4 ～ 5mm，顶端渐尖，膜质，两侧栗褐色或褐色，具宽的白色薄膜质边缘，中间绿色，有 1 条中脉。先出叶卵状披针形，长 2.5 ～ 3mm，膜质，下部黄白色，上部栗褐色，腹面边缘分离几至基部，背面具平滑的 2 脊，脊间无明显之脉，顶端微凹。小坚果卵圆形或宽椭圆形，平凸状，长约 2mm，成熟时褐色，有光泽，基部圆，有约 1mm 长之柄，顶端微圆，无喙；花柱基部不增粗，柱头 2 个。退化小穗轴刚毛状，与果柄近等长。

生　境：生于高山草甸、湖边及沟边草地上，海拔 3600 ～ 4700m。

地理分布：产四川西部、甘肃、青海、西藏。尼泊尔也有分布。

高山嵩草 *Kobresia pygmaea* C. B. Clarke

形态描述：多年生垫状草本。秆高 1 ～ 3.5cm，圆柱形，有细棱，无毛。叶与秆近等长，线形，宽约 0.5mm，坚硬，腹面具沟，边缘粗糙。穗状花序雄雌顺序，少有雌雄异序，椭圆形，细小，长 3 ～ 5mm，粗 1 ～ 3mm；支小穗 5 ～ 7 个，密生，顶生的 2 ～ 3 个雄性，侧生的雌性；雄花鳞片长圆状披针形，长 3.8 ～ 4.5mm，膜质，褐色，有 3 枚雄蕊；雌花鳞片宽卵形、卵形或卵状长圆形，长 2 ～ 4mm，顶端具短尖或短芒。先出叶椭圆形，长 2 ～ 4mm。小坚果椭圆形或倒卵状椭圆形，扁三棱形，无光泽，顶端几无喙；花柱短，基部不增粗，柱头 3 个。退化小穗轴扁。花果期 8 ～ 10 月。

生　　境：生于高山灌丛草甸和高山草甸，海拔 3200 ～ 5400m。

地理分布：见于青藏铁路沿线从青海昆仑山口至西藏那曲地区的广大地区。产内蒙古、河北、山西、甘肃、青海、新疆、四川、云南、西藏。不丹、印度、尼泊尔至克什米尔地区亦有分布。

用　　途：该种在青藏高原及喜马拉雅山区常为草甸带的建群种。为优良牧草。

粗壮嵩草 *Kobresia robusta* Maxim.

形态描述：多年生草本。根状茎短。秆密丛生，粗壮，坚挺，高 15 ～ 30cm，粗 2 ～ 3mm，圆柱形，光滑，基部具淡褐色的宿存叶鞘。叶短于秆，对折，宽 1 ～ 2mm，质硬，腹面有沟，平滑，边缘粗糙。穗状花序圆柱形，粗壮，长 2 ～ 8cm，粗 7 ～ 10mm；支小穗多数，顶生的雄性，侧生的雄雌顺序，在基部雌花之上具 3 ～ 4 朵雄花。鳞片卵形或卵状披针形，长 6 ～ 10mm，顶端圆或钝，厚纸质，两侧淡褐色，具宽的白色膜质边缘，中间淡黄绿色，有 3 条脉。先出叶囊状，椭圆形至卵状披针形，长 8 ～ 10mm，厚纸质，淡褐色或褐色，在腹面，边缘连合至中部或中部以上，背面具平滑的、不甚明显的 2 脊，脊间具 4 ～ 5 条脉，上部渐狭成短喙或中等长的喙，喙口斜，白色膜质。小坚果椭圆形或长圆形，三棱形，棱面平或凹，长 4 ～ 7mm，成熟时黄绿色，基部具短柄，顶端无喙；花柱基部稍增粗，柱头 3 个。花果期 5 ～ 9 月。

生　　境：生于高山灌丛草甸、沙丘或河滩沙地，海拔 2900 ～ 5300m。

地理分布：产甘肃、青海、西藏。

喜马拉雅嵩草 Kobresia royleana (Nees) Bocklr.

形态描述：多年生草本。根状茎短或稍延长。秆密丛生或疏丛生，稍坚挺，高 6 ~ 35cm，粗 1.5 ~ 2mm，下部圆柱形，上部钝三棱形，光滑，基部的宿存叶鞘深褐色，稀疏，通常不形成密丛。叶短于秆，平张，宽 2 ~ 4mm，无毛，边缘稍粗糙。圆锥花序紧缩成穗状，卵形或椭圆形，偶见圆柱形，长 1 ~ 3.5cm，粗 6 ~ 12mm，如为圆柱形，则长 2 ~ 5.6cm，粗 4 ~ 5mm；苞片鳞片状，仅基部的 1 枚顶端具短芒；小穗 10 余个，密生，长圆形，长 5 ~ 10mm，粗 2 ~ 3mm。支小穗多数，顶生的数个雄性，侧生的雄雌顺序，在基部 1 朵雌花之上具 1 ~ 3 朵雄花；鳞片长圆形，长 3 ~ 4mm，顶端渐尖或钝，纸质，两侧褐色，具宽的白色膜质边缘，中间绿色，有 3 条脉；先出叶长圆形，与鳞片近等长，膜质，褐色，腹面边缘分离几至基部，背面具稍粗糙的 2 脊，脊间具数条细脉或脉不明显。小坚果长圆形，三棱形，长 2.5 ~ 3.5mm，成熟时淡灰褐色，有光泽，基部几无柄，顶端收缩成 0.2 ~ 0.3mm 长之短喙；花柱基部不增粗，柱头 3 个，极少 2 个。

生　　境：生于高山草甸、高山灌丛草甸、沼泽草甸、河漫滩等，海拔 3700 ~ 5300m。

地理分布：产青海、四川、云南、西藏。也分布于尼泊尔、印度、阿富汗、塔吉克斯坦、哈萨克斯坦。

钩状嵩草

Kobresia uncinoides (Boott) C. B. Clarke in Hook. f.

形态描述：多年生草本。根状茎肥大呈块状。秆疏丛生或单生，高 20 ~ 45cm，粗 2 ~ 3mm，坚挺，钝三棱形，光滑，基部具稀疏的淡褐色的宿存叶鞘。叶基生和秆生，甚短于秆，平张，宽 2 ~ 6mm，平滑，边缘粗糙。圆锥花序微开展，长 3 ~ 7cm，宽 1 ~ 1.5cm；苞片鳞片状，顶端具长芒，短于花序；小穗 4 ~ 8 个，雄雌顺序，长圆形，长 1.5 ~ 2cm，具短柄；枝先出叶鞘状，内无花；支小穗多数，单性，顶生的雄性，侧生的雌性。雌花鳞片长圆形，长 6 ~ 7mm，顶端渐尖，具短尖，纸质，两侧褐色，中脉绿色。先出叶囊状，长圆形，长 6 ~ 8mm，淡绿色，膜质，上部密被短柔毛，在腹面，边缘连合至顶部，背面具粗糙的 2 脊，脊间有数条短脉，基部无柄，顶端钝，无喙。小坚果狭长圆形，三棱形，长 4 ~ 4.5mm，成熟时褐色，基部微收缩，无柄，顶端圆，不收缩成喙；花柱基部不增粗，柱头 3 个，较短。退化小穗轴扁，长于小坚果。花果期 6 ~ 10 月。

生　　境：生于高山灌丛草甸、沼泽化草甸、河滩草地、林边草地，海拔 3400 ~ 4500m。

地理分布：产四川、云南、西藏。不丹、印度、尼泊尔也有分布。模式标本采自印度。

双柱头藨草

Scirpus distigmaticus (Kukenth.) Tang et Wang,

形态描述：多年生草本。植株矮小，具细长匍匐根状茎。秆纤细，高 10 ~ 25cm，近于圆柱状，平滑，无秆生叶，具基生叶。叶片刚毛状，最长达 18mm；叶鞘长于叶片，长可达 25mm，棕色，最下部 2 ~ 3 个仅有叶鞘而无叶片。花单性，雌雄异株；小穗单一，顶生，卵形，长约 5mm，宽 2.5 ~ 3mm，具少数花；鳞片卵形，顶端钝，薄膜质，长约 3.5mm，麦秆黄色，半透明，具光泽，或有时下部边缘呈白色，上部为棕色；无下位刚毛；具 3 个不发育的雄蕊；花柱长，柱头 2，外被乳头状小突起。小坚果宽倒卵形，平凸状，长约 2mm，成熟时呈黑色。花果期 7 ~ 8 月。

生　　境：生长在海拔 3200 ~ 3600m 高山草原上。

地理分布：产甘肃、四川。

中文索引

拉丁文索引

附录

附录1　青藏铁路沿线各样地主要优势物种重要值

地区	植物名称	F	C	H	MDR	SRD	出现样方数	样方数	样地数	重要值
南山口	合头草	0.15	0.52	18.95	1.46	19.61	16	108	12	14.44
纳赤台	蒿叶猪毛菜	0.91	0.28	0.15	0.04	1.35	90	99	11	0.73
	驼绒藜	0.49	0.10	0.26	0.01	0.85	49	99	11	0.23
西大滩	牛耳风毛菊	0.85	12.99	1.97	21.81	15.81	92	108	12	0.55
	弱小火绒草	0.70	7.63	1.45	7.78	9.78	76	108	12	0.20
	白花枝子花	0.74	2.58	2.71	5.19	6.03	80	108	12	0.13
不冻泉	紫花针茅	0.40	1.06	8.62	3.64	10.08	36	90	10	0.40
	粗壮嵩草	0.26	0.90	5.06	1.16	6.21	23	90	10	0.13
	青藏苔草	0.24	0.57	7.22	1.00	8.03	22	90	10	0.11
楚玛尔河	青藏苔草	0.87	2.00	5.59	9.70	8.46	78	90	10	0.35
	紫花针茅	0.54	2.73	5.38	8.01	8.66	49	90	10	0.29
	牛耳风毛菊	0.60	3.64	2.14	4.69	6.39	54	90	10	0.17
	弱小火绒草	0.60	3.55	1.62	3.45	5.77	54	90	10	0.12

附录1　青藏铁路沿线各样地主要优势物种重要值（续1）

地区	植物名称	F	C	H	MDR	SRD	出现样方数	样方数	样地数	重要值
五道梁	矮生嵩草	0.69	6.92	2.75	13.11	10.36	62	90	10	0.31
	高山嵩草	0.53	12.89	1.59	10.94	15.01	48	90	10	0.26
	垂穗披碱草	0.49	6.14	2.36	7.09	8.99	44	90	10	0.17
	波伐早熟禾	0.36	3.16	4.00	4.49	7.51	32	90	10	0.11
风火山口	矮生嵩草	0.66	19.23	6.54	82.38	26.42	59	90	10	0.85
	高山嵩草	0.43	7.18	1.88	5.85	9.49	39	90	10	0.06
	波伐早熟禾	0.41	1.92	2.36	1.87	4.69	37	90	10	0.02
	喜马拉雅嵩草	0.13	1.87	5.95	1.49	7.96	12	90	10	0.02
	矮火绒草	0.57	1.36	1.64	1.26	3.57	51	90	10	0.01
乌丽	矮羊茅	0.39	11.88	6.07	28.06	18.34	35	90	10	0.52
	弱小火绒草	0.87	9.80	1.40	11.87	12.06	78	90	10	0.22
开心岭	短轴嵩草	0.65	25.14	6.97	114.65	32.76	53	81	9	0.65
	矮生嵩草	0.77	27.59	2.45	51.68	30.80	62	81	9	0.29
塘岗	弱小火绒草	0.90	12.20	12.13	133.18	25.23	81	90	10	0.68
	紫花针茅	0.87	7.32	5.70	36.20	13.89	78	90	10	0.18
布玛德	弱小火绒草	0.76	11.74	1.00	8.87	13.50	68	90	10	0.36
	宽叶栓果芹	0.80	4.20	1.71	5.74	6.71	72	90	10	0.23
	洽草	0.60	1.49	2.89	2.58	4.98	54	90	10	0.11
唐古拉山北	矮生嵩草	0.37	9.07	3.59	12.05	13.03	30	89	9	0.29
	喜马拉雅嵩草	0.35	5.47	5.82	11.00	11.63	28	81	9	0.27
	波伐早熟禾	0.60	1.23	6.28	4.69	8.11	49	81	9	0.11
扎加藏布	叠裂银莲花	0.77	4.32	2.26	7.49	7.35	62	81	9	0.30
	紫花针茅	0.47	0.81	7.25	2.77	8.53	38	81	9	0.11
	矮羊茅	0.36	0.98	7.48	2.63	8.82	29	81	9	0.11
安多	高山嵩草	0.93	59.21	1.75	96.71	61.89	84	90	10	0.79
措那湖	高山嵩草	0.79	20.98	2.27	37.59	24.04	71	90	10	0.44
	矮火绒草	0.82	13.28	1.77	19.29	15.87	74	90	10	0.23
	紫花针茅	0.69	3.06	4.92	10.35	8.66	62	90	10	0.12
嘎加	高山嵩草	0.81	50.37	2.03	83.33	53.22	66	81	9	0.83
那曲市	高山嵩草	0.86	44.53	2.38	90.80	47.77	77	90	10	0.82

附录1　青藏铁路沿线各样地主要优势物种重要值（续2）

地区	植物名称	F	C	H	MDR	SRD	出现样方数	样方数	样地数	重要值
母布曲大桥	小早熟禾	0.72	3.22	8.73	20.31	12.67	65	90	10	0.25
	紫花针茅	0.64	5.10	5.79	19.02	11.53	58	90	10	0.23
	高山嵩草	0.61	14.22	1.74	15.11	16.57	55	90	10	0.18
	矮羊茅	0.32	4.02	8.31	10.78	12.66	29	90	10	0.13
乌玛塘	高山嵩草	0.86	56.08	1.55	74.60	58.49	54	63	7	0.82
当雄车站	小早熟禾	0.76	3.62	9.48	25.95	13.86	34	45	5	0.20
	劲直黄芪	0.96	4.58	5.79	25.32	11.32	43	45	5	0.19
	矮生嵩草	0.69	11.53	3.02	24.02	15.24	31	45	5	0.18
当雄大桥	固沙草	0.51	2.19	9.45	10.58	12.15	46	90	10	0.19
	矮生嵩草	0.41	5.59	4.08	9.38	10.08	37	90	10	0.17
	丝颖针茅	0.39	2.67	7.94	8.24	11.00	35	90	10	0.15
	丛生钉柱委陵菜	0.56	4.47	2.33	5.77	7.35	50	90	10	0.10
宁中	藏北嵩草	0.40	7.77	18.16	55.70	26.32	32	81	9	0.27
	矮生嵩草	0.72	11.65	5.03	42.01	17.40	58	81	9	0.21
	海乳草	0.67	27.44	1.33	24.39	29.44	54	81	9	0.12
	蕨麻委陵菜	0.80	10.74	2.38	20.49	13.92	65	81	9	0.10
羊八林	细叶苔草	0.63	6.86	6.23	27.10	13.72	40	63	7	0.64
	二裂委陵菜	0.54	7.44	1.97	7.90	9.95	34	63	7	0.19
羊八井	川藏蒲公英	0.25	3.50	41.67	36.46	45.42	3	12	1	0.26
	银莲花毛茛	0.33	9.67	5.00	16.11	15.00	4	12	1	0.12
	劲直黄芪	0.83	1.17	15.00	14.58	17.00	10	12	1	0.10
	纤杆蒿	0.25	6.33	9.00	14.25	15.58	3	12	1	0.10
马乡嘎	三裂碱毛茛	0.47	13.75	5.38	34.90	19.60	17	36	4	0.22
	华扁穗草	0.44	10.86	6.94	33.49	18.24	16	36	4	0.21
	西藏嵩草	0.19	5.11	25.29	25.13	30.59	7	36	4	0.16
	蕨麻委陵菜	0.56	9.72	3.24	17.47	13.51	20	36	4	0.11
古荣	黑穗画眉草	0.56	3.03	14.60	24.56	18.18	20	36	4	0.40
	固沙草	0.42	3.44	7.20	10.33	11.06	15	36	4	0.17
	藏布三芒草	0.28	2.33	11.40	7.39	14.01	10	36	4	0.12
	白草	0.14	1.92	24.40	6.50	26.46	5	36	4	0.11
东嘎	蕨麻委陵菜	0.63	15.07	2.64	24.83	18.33	45	72	8	0.28
	针叶苔草	0.24	8.96	5.12	10.82	14.31	17	72	8	0.12
	高山嵩草	0.25	11.54	3.61	10.42	15.40	18	72	8	0.12

附录2　青藏铁路(格拉段)沿线样地物种重要值

地区	植物名称	F	C	H	MDR	SRD	出现样方数	样方数	样地数	重要值
南山口	合头草	0.15	0.52	18.95	1.46	19.61	16	108	12	14.44
	沙拐枣	0.03	0.05	31.67	0.04	31.74	3	108	12	0.40
	中亚柴菀木	0.01	0.03	0.35	0.00	0.39	1	108	12	0.00
	白刺	0.01	0.03	0.20	0.00	0.24	1	108	12	0.00
	五柱红砂	0.01	0.01	0.05	0.00	0.07	1	108	12	0.00
	驼绒藜	0.01	0.01	0.05	0.00	0.07	1	108	12	0.00
纳赤台	蒿叶猪毛菜	0.91	0.28	0.15	0.04	1.35	90	99	11	0.73
	驼绒藜	0.49	0.10	0.26	0.01	0.85	49	99	11	0.23
	盐爪爪	0.29	0.03	0.14	0.00	0.47	29	99	11	0.03
	合头草	0.11	0.03	0.16	0.00	0.30	11	99	11	0.01
	钝叶猪毛菜	0.16	0.03	0.08	0.00	0.27	16	99	11	0.01
	黄毛头	0.08	0.00	0.15	0.00	0.23	8	99	11	0.00
	领头草	0.01	0.00	0.11	0.00	0.12	1	99	11	0.00
	五柱红砂	0.01	0.00	0.05	0.00	0.06	1	99	11	0.00
	平车前	0.03	0.00	0.02	0.00	0.05	3	99	11	0.00
西大滩	牛耳风毛菊	0.85	12.99	1.97	21.81	15.81	92	108	12	0.55
	弱小火绒草	0.70	7.63	1.45	7.78	9.78	76	108	12	0.20
	白花枝子花	0.74	2.58	2.71	5.19	6.03	80	108	12	0.13
	茵垫黄芪	0.56	3.58	1.53	3.04	5.67	60	108	12	0.08
	二裂委陵菜	0.32	2.01	1.82	1.18	4.15	35	108	12	0.03
	波伐早熟禾	0.13	0.26	3.35	0.11	3.74	14	108	12	0.00
	黑苞风毛菊	0.06	0.58	1.90	0.07	2.55	7	108	12	0.00
	垂穗披碱草	0.04	0.19	8.75	0.06	8.97	4	108	12	0.00
	阿尔泰葶苈	0.15	0.07	2.33	0.03	2.55	16	108	12	0.00
	糙毛鹅冠草	0.06	0.06	3.00	0.01	3.13	7	108	12	0.00
	西藏微孔草	0.04	0.20	1.70	0.01	1.94	4	108	12	0.00
	羽叶点地梅	0.07	0.08	1.26	0.01	1.42	8	108	12	0.00
	臭蒿	0.05	0.03	2.00	0.00	2.07	5	108	12	0.00
	甘肃雪灵芝	0.05	0.05	1.93	0.00	2.03	5	108	12	0.00
	长爪黄芪	0.01	0.01	1.00	0.00	1.02	1	108	12	0.00
	短穗兔耳草	0.03	0.02	2.00	0.00	2.05	3	108	12	0.00
	鹤虱	0.01	0.02	0.40	0.00	0.43	1	108	12	0.00
	急弯棘豆	0.04	0.02	2.00	0.00	2.06	4	108	12	0.00
	尖突黄堇	0.01	0.02	0.03	0.00	0.06	1	108	12	0.00
	老鹳草	0.01	0.02	0.30	0.00	0.33	1	108	12	0.00
	龙胆	0.01	0.01	2.00	0.00	2.02	1	108	12	0.00
	美花草	0.02	0.02	1.00	0.00	1.04	2	108	12	0.00

附录2 青藏铁路(格拉段)沿线样地物种重要值（续1）

地区	植物名称	F	C	H	MDR	SRD	出现样方数	样方数	样地数	重要值
西大滩	青海雪灵芝	0.01	0.01	2.00	0.00	2.02	1	108	12	0.00
	头花独行菜	0.03	0.03	2.00	0.00	2.06	3	108	12	0.00
	头花风毛菊	0.01	0.01	2.00	0.00	2.02	1	108	12	0.00
	锡金蒲公英	0.01	0.01	2.00	0.00	2.02	1	108	12	0.00
	喜玛拉雅山葶苈	0.01	0.02	5.00	0.00	5.03	1	108	12	0.00
	细果角茴香	0.04	0.01	1.00	0.00	1.05	4	108	12	0.00
	狭果鹤虱	0.02	0.02	1.00	0.00	1.04	2	108	12	0.00
	腺异蕊芥	0.02	0.03	1.50	0.00	1.55	2	108	12	0.00
	蚓果芥	0.01	0.09	2.00	0.00	2.10	1	108	12	0.00
	紫红假龙胆	0.01	0.01	1.00	0.00	1.02	1	108	12	0.00
不冻泉	紫花针茅	0.40	1.06	8.62	3.64	10.08	36	90	10	0.40
	粗壮嵩草	0.26	0.90	5.06	1.16	6.21	23	90	10	0.13
	青藏苔草	0.24	0.57	7.22	1.00	8.03	22	90	10	0.11
	梭罗草	0.22	0.50	6.61	0.73	7.33	20	90	10	0.08
	波伐早熟禾	0.16	0.48	6.67	0.50	7.30	14	90	10	0.05
	白花枝子花	0.23	0.38	2.82	0.25	3.43	21	90	10	0.03
	胀萼黄芪	0.21	0.53	1.84	0.21	2.58	19	90	10	0.02
	扇穗茅	0.03	0.60	9.00	0.18	9.63	3	90	10	0.02
	急弯棘豆	0.27	0.23	2.69	0.17	3.19	24	90	10	0.02
	卵叶风毛菊	0.20	0.70	1.09	0.15	1.99	18	90	10	0.02
	獐牙菜	0.07	0.36	6.40	0.15	6.82	6	90	10	0.02
	茵垫黄芪	0.28	0.29	1.88	0.15	2.45	25	90	10	0.02
	牛耳风毛菊	0.18	0.41	1.79	0.13	2.38	16	90	10	0.01
	青海雪灵芝	0.27	0.62	0.77	0.13	1.66	24	90	10	0.01
	镰形棘豆	0.10	0.21	3.70	0.08	4.01	9	90	10	0.01
	匍匐水柏枝	0.03	0.60	2.17	0.04	2.80	3	90	10	0.00
	粗壮嵩草	0.06	0.09	8.53	0.04	8.68	5	90	10	0.00
	宽叶栓果芹	0.19	0.24	0.85	0.04	1.28	17	90	10	0.00
	唐古拉点地梅	0.18	0.16	1.32	0.04	1.65	16	90	10	0.00
	细裂亚菊	0.04	0.28	1.25	0.02	1.57	4	90	10	0.00
	头花独行菜	0.09	0.04	2.70	0.01	2.83	8	90	10	0.00
	苞毛茛	0.10	0.08	0.93	0.01	1.11	9	90	10	0.00
	臭蒿	0.04	0.07	2.17	0.01	2.28	4	90	10	0.00
	青藏狗哇花	0.07	0.04	1.25	0.00	1.36	6	90	10	0.00
	垫状棱子芹	0.09	0.02	1.10	0.00	1.21	8	90	10	0.00
	矮生嵩草	0.01	0.02	5.00	0.00	5.03	1	90	10	0.00
	长爪黄芪	0.03	0.03	1.00	0.00	1.07	3	90	10	0.00

附录2　　青藏铁路(格拉段)沿线样地物种重要值(续2)

地区	植物名称	F	C	H	MDR	SRD	出现样方数	样方数	样地数	重要值
不冻泉	黑苞风毛菊	0.02	0.03	1.75	0.00	1.81	2	90	10	0.00
	多茎天山黄芪	0.01	0.01	0.50	0.00	0.52	1	90	10	0.00
	二裂委陵菜	0.01	0.01	2.00	0.00	2.02	1	90	10	0.00
	宽瓣棘豆	0.01	0.01	1.00	0.00	1.02	1	90	10	0.00
楚玛尔河	青藏苔草	0.87	2.00	5.59	9.70	8.46	78	90	10	0.35
	紫花针茅	0.54	2.73	5.38	8.01	8.66	49	90	10	0.29
	牛耳风毛菊	0.60	3.64	2.14	4.69	6.39	54	90	10	0.17
	弱小火绒草	0.60	3.55	1.62	3.45	5.77	54	90	10	0.12
	黑苞风毛菊	0.24	1.03	2.05	0.52	3.33	22	90	10	0.02
	短穗兔耳草	0.48	0.90	1.17	0.50	2.55	43	90	10	0.02
	镰形棘豆	0.11	0.26	3.44	0.10	3.82	10	90	10	0.00
	波伐早熟禾	0.07	0.26	3.83	0.07	4.16	6	90	10	0.00
	唐古拉点地梅	0.14	0.41	1.05	0.06	1.60	13	90	10	0.00
	甘肃雪灵芝	0.11	0.37	1.50	0.06	1.98	10	90	10	0.00
	二裂委陵菜	0.10	0.34	1.67	0.06	2.11	9	90	10	0.00
	急弯棘豆	0.13	0.26	1.60	0.05	1.99	12	90	10	0.00
	扇穗茅	0.03	0.12	13.0	0.05	13.16	3	90	10	0.00
	茵垫黄芪	0.18	0.28	0.69	0.03	1.14	16	90	10	0.00
	钻叶风毛菊	0.10	0.29	1.13	0.03	1.51	9	90	10	0.00
	小早熟禾	0.07	0.10	2.17	0.01	2.33	6	90	10	0.00
	垫状驼绒藜	0.04	0.08	3.25	0.01	3.37	4	90	10	0.00
	卵叶风毛菊	0.07	0.08	1.60	0.01	1.74	6	90	10	0.00
	西藏微孔草	0.02	0.08	3.00	0.01	3.10	2	90	10	0.00
	胡萝卜叶马先蒿	0.03	0.01	11.0	0.00	11.04	3	90	10	0.00
	长爪黄芪	0.04	0.06	1.50	0.00	1.60	4	90	10	0.00
	高山嵩草	0.16	0.01	2.00	0.00	2.17	14	90	10	0.00
	卷鞘鸢尾	0.01	0.03	8.00	0.00	8.04	1	90	10	0.00
	白花枝子花	0.04	0.02	2.00	0.00	2.07	4	90	10	0.00
	钻叶点地梅	0.01	0.02	4.00	0.00	4.03	1	90	10	0.00
	侧金盏花	0.02	0.02	1.00	0.00	1.04	2	90	10	0.00
	总序阿尔泰葶苈	0.02	0.02	1.00	0.00	1.04	2	90	10	0.00
	腺异蕊芥	0.01	0.01	1.00	0.00	1.02	1	90	10	0.00
	雅江点地梅	0.01	0.01	1.00	0.00	1.02	1	90	10	0.00
五道梁	矮生嵩草	0.69	6.92	2.75	13.11	10.36	62	90	10	0.31
	高山嵩草	0.53	12.89	1.59	10.94	15.01	48	90	10	0.26
	垂穗披碱草	0.49	6.14	2.36	7.09	8.99	44	90	10	0.17
	波伐早熟禾	0.36	3.16	4.00	4.49	7.51	32	90	10	0.11

附录2　青藏铁路(格拉段)沿线样地物种重要值(续3)

地区	植物名称	F	C	H	MDR	SRD	出现样方数	样方数	样地数	重要值
	矮羊茅	0.29	2.92	2.28	1.92	5.49	26	90	10	0.05
	唐古拉点地梅	0.34	4.23	0.82	1.20	5.40	31	90	10	0.03
	矮火绒草	0.50	1.52	1.12	0.85	3.14	45	90	10	0.02
	小早熟禾	0.12	1.36	3.64	0.60	5.11	11	90	10	0.01
	蓝白龙胆	0.42	1.04	1.17	0.51	2.63	38	90	10	0.01
	垫状雪灵芝	0.17	1.90	1.00	0.32	3.07	15	90	10	0.01
	苔草	0.07	1.13	3.28	0.25	4.48	6	90	10	0.01
	钻叶风毛菊	0.20	1.11	0.75	0.17	2.06	18	90	10	0.00
	垫状棱子芹	0.27	0.58	1.04	0.16	1.89	24	90	10	0.00
	短嵩草	0.06	0.59	3.80	0.12	4.44	5	90	10	0.00
	无味苔草	0.04	0.41	3.38	0.06	3.83	4	90	10	0.00
	雪灵芝	0.10	0.27	1.21	0.03	1.58	9	90	10	0.00
	球果葶苈	0.18	0.12	1.35	0.03	1.65	16	90	10	0.00
	祁连山棘豆	0.09	0.13	1.33	0.02	1.56	8	90	10	0.00
	扇穗茅	0.03	0.08	5.17	0.01	5.28	3	90	10	0.00
	莎草	0.02	0.09	7.00	0.01	7.11	2	90	10	0.00
	黑褐苔草	0.02	0.04	7.50	0.01	7.57	2	90	10	0.00
五道梁	矮齿缘草	0.07	0.04	1.50	0.00	1.61	6	90	10	0.00
	甘肃黄芪	0.07	0.08	1.17	0.01	1.31	6	90	10	0.00
	蒙古葶苈	0.04	0.06	1.58	0.00	1.68	4	90	10	0.00
	西伯利亚蓼	0.06	0.06	1.73	0.01	1.84	5	90	10	0.00
	西藏微孔草	0.06	0.08	0.95	0.00	1.08	5	90	10	0.00
	西藏微孔草	0.04	0.08	1.00	0.00	1.12	4	90	10	0.00
	羊茅	0.02	0.07	3.50	0.01	3.59	2	90	10	0.00
	阿尔泰葶苈	0.03	0.01	2.00	0.00	2.04	3	90	10	0.00
	垂穗披肩草	0.01	0.02	6.00	0.00	6.03	1	90	10	0.00
	垫状蚤缀	0.01	0.11	1.00	0.00	1.12	1	90	10	0.00
	短穗兔耳草	0.01	0.01	1.00	0.00	1.02	1	90	10	0.00
	高原点地梅	0.01	0.33	0.30	0.00	0.64	1	90	10	0.00
	黑苞风毛菊	0.02	0.02	1.30	0.00	1.34	2	90	10	0.00
	急弯棘豆	0.02	0.03	2.00	0.00	2.06	2	90	10	0.00
	块茎紫菀	0.01	0.07	0.80	0.00	0.88	1	90	10	0.00
	鳞叶龙胆	0.09	0.01	1.00	0.00	1.10	8	90	10	0.00
	牛耳风毛菊	0.04	0.02	1.00	0.00	1.07	4	90	10	0.00
	二裂萎陵菜	0.02	0.01	1.20	0.00	1.23	2	90	10	0.00
	锡金蒲公英	0.02	0.02	4.00	0.00	4.04	2	90	10	0.00
	喜马拉雅蒿草	0.01	0.01	4.00	0.00	4.02	1	90	10	0.00
	紫红假龙胆	0.01	0.01	1.00	0.00	1.02	1	90	10	0.00

附录2　青藏铁路(格拉段)沿线样地物种重要值(续4)

地区	植物名称	F	C	H	MDR	SRD	出现样方数	样方数	样地数	重要值
	矮生嵩草	0.66	19.23	6.54	82.38	26.42	59	90	10	0.85
	高山嵩草	0.43	7.18	1.88	5.85	9.49	39	90	10	0.06
	波伐早熟禾	0.41	1.92	2.36	1.87	4.69	37	90	10	0.02
	喜马拉雅嵩草	0.13	1.87	5.95	1.49	7.96	12	90	10	0.02
	矮火绒草	0.57	1.36	1.64	1.26	3.57	51	90	10	0.01
	高原点地梅	0.39	1.31	1.64	0.84	3.34	35	90	10	0.01
	钻叶风毛菊	0.26	0.88	1.23	0.28	2.36	23	90	10	0.00
	垂穗披碱草	0.11	0.36	6.22	0.25	6.69	10	90	10	0.00
	小早熟禾	0.10	0.71	3.44	0.24	4.26	9	90	10	0.00
	紫花针茅	0.06	0.83	5.00	0.23	5.89	5	90	10	0.00
	无味苔草	0.07	0.46	3.33	0.10	3.86	6	90	10	0.00
	雪灵芝	0.08	0.39	3.50	0.11	3.97	7	90	10	0.00
	胡萝卜叶马先蒿	0.26	0.13	2.10	0.07	2.49	23	90	10	0.00
	扇穗茅	0.07	0.20	5.22	0.07	5.48	6	90	10	0.00
	甘肃黄芪	0.04	0.81	1.63	0.06	2.48	4	90	10	0.00
风	唐古特红景天	0.19	0.22	1.11	0.05	1.52	17	90	10	0.00
火	八宿棘豆	0.07	0.18	3.20	0.04	3.44	6	90	10	0.00
山	黑褐苔草	0.03	0.29	4.33	0.04	4.66	3	90	10	0.00
口	云生毛茛	0.21	0.14	1.34	0.04	1.70	19	90	10	0.00
	大花嵩草	0.01	1.00	3.00	0.03	4.01	1	90	10	0.00
	甘肃雪灵芝	0.12	0.33	0.50	0.02	0.96	11	90	10	0.00
	蒙古葶苈	0.08	0.16	1.50	0.02	1.73	7	90	10	0.00
	青藏狗娃花	0.03	0.13	4.50	0.02	4.67	3	90	10	0.00
	西伯利亚蓼	0.03	0.06	12.00	0.02	12.09	3	90	10	0.00
	垫状棱子芹	0.07	0.11	0.67	80.00	0.84	6	90	10	0.85
	短穗兔耳草	0.10	0.09	0.95	0.01	1.14	9	90	10	0.00
	祁连山棘豆	0.06	0.10	1.50	0.01	1.66	5	90	10	0.00
	球果葶苈	0.09	0.11	0.83	0.01	1.03	8	90	10	0.00
	雅江点地梅	0.03	0.07	2.33	0.01	2.43	3	90	10	0.00
	阿尔泰葶苈	0.04	0.04	1.00	0.00	1.09	4	90	10	0.00
	长鞭红景天	0.01	0.02	1.00	0.00	1.03	1	90	10	0.00
	川青毛茛	0.08	0.04	0.58	0.00	0.70	7	90	10	0.00
	丛生钉柱萎陵菜	0.02	0.01	1.00	0.00	1.03	2	90	10	0.00
	灯芯草	0.01	0.01	5.00	0.00	5.02	1	90	10	0.00
	多裂毛茛	0.02	0.03	2.50	0.00	2.56	2	90	10	0.00
	黑苞风毛菊	0.02	0.08	1.50	0.00	1.60	2	90	10	0.00
	急弯棘豆	0.04	0.02	2.00	0.00	2.07	4	90	10	0.00

附录2　青藏铁路(格拉段)沿线样地物种重要值(续5)

地区	植物名称	F	C	H	MDR	SRD	出现样方数	样方数	样地数	重要值
风火山口	块根紫菀	0.02	0.01	5.00	0.00	5.03	2	90	10	0.00
	宽瓣红景天	0.03	0.03	3.00	0.00	3.07	3	90	10	0.00
	蓝白龙胆	0.02	0.06	1.00	0.00	1.08	2	90	10	0.00
	卵叶风毛菊	0.01	0.11	2.00	0.00	2.12	1	90	10	0.00
	牛耳风毛菊	0.02	0.12	1.25	0.00	1.39	2	90	10	0.00
	蒲公英	0.01	0.02	1.50	0.00	1.53	1	90	10	0.00
	唐古特翠雀	0.03	0.04	1.75	0.00	1.83	3	90	10	0.00
	唐松草	0.02	0.01	0.50	0.00	0.53	2	90	10	0.00
	头花独行菜	0.01	0.01	2.00	0.00	2.02	1	90	10	0.00
	西藏微孔草	0.01	0.02	1.50	0.00	1.53	1	90	10	0.00
	细果角茴香	0.02	0.01	2.00	0.00	2.03	2	90	10	0.00
乌丽	矮羊茅	0.39	11.88	6.07	28.06	18.34	35	90	10	0.52
	弱小火绒草	0.87	9.80	1.40	11.87	12.06	78	90	10	0.22
	二裂萎陵菜	0.92	2.95	1.80	4.90	5.67	83	90	10	0.09
	牛耳风毛菊	0.82	2.56	2.15	4.53	5.53	74	90	10	0.08
	紫花针茅	0.93	0.33	8.28	2.58	9.55	84	90	10	0.05
	波伐早熟禾	0.23	0.58	5.71	0.78	6.52	21	90	10	0.01
	斜茎黄芪	0.27	0.87	1.90	0.44	3.03	24	90	10	0.01
	镰形棘豆	0.13	0.52	3.74	0.26	4.40	12	90	10	0.00
	喜马拉雅嵩草	0.49	0.06	7.78	0.21	8.33	44	90	10	0.00
	扇穗茅	0.22	0.26	3.42	0.19	3.90	20	90	10	0.00
	梭罗草	0.08	0.09	6.67	0.05	6.83	7	90	10	0.00
	伏毛山莓草	0.07	0.46	1.17	0.04	1.69	6	90	10	0.00
	青藏苔草	0.07	0.07	6.00	0.03	6.13	6	90	10	0.00
	茵垫黄芪	0.06	0.43	1.00	0.02	1.49	5	90	10	0.00
	白花桂竹香	0.21	0.09	0.98	0.02	1.28	19	90	10	0.00
	青海固沙草	0.16	0.01	8.29	0.01	8.45	14	90	10	0.00
	西藏微孔草	0.11	0.06	1.40	0.01	1.57	10	90	10	0.00
	长爪黄芪	0.04	0.07	1.00	0.01	1.11	4	90	10	0.00
	细裂亚菊	0.01	0.61	1.00	0.01	1.62	1	90	10	0.00
	阿尔泰葶苈	0.02	0.01	2.00	0.00	2.03	2	90	10	0.00
	阿魏	0.01	0.01	1.00	0.00	1.02	1	90	10	0.00
	白花枝子花	0.07	0.02	0.35	0.00	0.44	6	90	10	0.00
	侧金盏花	0.01	0.02	2.00	0.00	2.03	1	90	10	0.00
	丛生钉柱萎陵菜	0.02	0.09	1.20	0.00	1.31	2	90	10	0.00
	黄芪	0.01	0.03	2.00	0.00	2.04	1	90	10	0.00
	卷鞘鸢尾	0.01	0.01	2.00	0.00	2.02	1	90	10	0.00

附录2　青藏铁路(格拉段)沿线样地物种重要值(续6)

地区	植物名称	F	C	H	MDR	SRD	出现样方数	样方数	样地数	重要值
乌丽	马衔山黄芪	0.01	0.07	1.50	0.00	1.58	1	90	10	0.00
	青藏狗娃花	0.01	0.02	1.00	0.00	1.03	1	90	10	0.00
	椭圆果葶苈	0.03	0.03	2.33	0.00	2.40	3	90	10	0.00
开心岭	短轴嵩草	0.65	25.14	6.97	114.65	32.76	53	81	9	0.65
	矮生嵩草	0.77	27.59	2.45	51.68	30.80	62	81	9	0.29
	高山嵩草	0.33	8.59	1.36	3.90	10.29	27	81	9	0.02
	青海固沙草	0.33	1.30	5.23	2.26	6.86	27	81	9	0.01
	紫花针茅	0.17	0.63	5.81	0.63	6.62	14	81	9	0.00
	矮羊茅	0.14	0.43	5.75	0.34	6.32	11	81	9	0.00
	茵垫黄芪	0.25	1.53	0.82	0.31	2.59	20	81	9	0.00
	弱小火绒草	0.25	1.06	1.03	0.27	2.34	20	81	9	0.00
	小早熟禾	0.11	0.31	5.47	0.19	5.89	9	81	9	0.00
	块根紫菀	0.37	0.14	2.51	0.13	3.02	30	81	9	0.00
	扇穗茅	0.05	0.26	7.33	0.09	7.64	4	81	9	0.00
	云生毛茛	0.38	0.15	1.38	0.08	1.91	31	81	9	0.00
	垫状金露梅	0.09	0.23	2.25	0.05	2.57	7	81	9	0.00
	牛耳风毛菊	0.11	0.25	1.47	0.04	1.83	9	81	9	0.00
	西伯利亚蓼	0.12	0.14	2.17	0.04	2.43	10	81	9	0.00
	多裂萎陵菜	0.10	0.23	0.77	0.02	1.10	8	81	9	0.00
	甘肃雪灵芝	0.10	0.20	0.88	0.02	1.18	8	81	9	0.00
	金露梅	0.05	0.27	1.35	0.02	1.67	4	81	9	0.00
	蒲公英	0.10	0.16	0.95	0.02	1.21	8	81	9	0.00
	白花枝子花	0.01	0.01	0.50	0.00	0.52	1	81	9	0.00
	丛生钉柱萎陵菜	0.04	0.05	1.17	0.00	1.25	3	81	9	0.00
	垫状棱子芹	0.11	0.04	1.33	0.01	1.48	9	81	9	0.00
	短穗兔耳草	0.07	0.01	0.50	0.00	0.59	6	81	9	0.00
	多刺绿绒蒿	0.07	0.02	2.75	0.01	2.85	6	81	9	0.00
	高山唐松草	0.06	0.10	0.66	0.00	0.82	5	81	9	0.00
	高原点地梅	0.11	0.06	0.44	0.00	0.61	9	81	9	0.00
	黑苞风毛菊	0.01	0.04	1.00	0.00	1.05	1	81	9	0.00
	胡萝卜叶马先蒿	0.09	0.07	0.96	0.01	1.12	7	81	9	0.00
	镰形棘豆	0.01	0.02	1.00	0.00	1.04	1	81	9	0.00
	裂叶独活	0.14	0.02	0.55	0.00	0.71	11	81	9	0.00
	鳞叶龙胆	0.04	0.01	0.50	0.00	0.55	3	81	9	0.00
	毛果葶	0.01	0.01	2.00	0.00	2.02	1	81	9	0.00
	美花草	0.06	0.01	1.00	0.00	1.07	5	81	9	0.00
	青藏苔草	0.01	0.01	3.00	0.00	3.02	1	81	9	0.00

附录2 青藏铁路(格拉段)沿线样地物种重要值(续7)

地区	植物名称	F	C	H	MDR	SRD	出现样方数	样方数	样地数	重要值
开心岭	展苞灯心草	0.02	0.01	3.20	0.00	3.24	2	81	9	0.00
	紫堇	0.01	0.02	0.50	0.00	0.54	1	81	9	0.00
	伏毛山莓草	0.01	0.02	1.00	0.00	1.04	1	81	9	0.00
	芸香叶唐松草	0.01	0.02	1.00	0.00	1.04	1	81	9	0.00
	钻叶风毛菊	0.01	0.02	1.00	0.00	1.04	1	81	9	0.00
塘岗	弱小火绒草	0.90	12.20	12.13	133.18	25.23	81	90	10	0.68
	紫花针茅	0.87	7.32	5.70	36.20	13.89	78	90	10	0.18
	矮羊茅	0.81	2.24	6.29	11.45	9.35	73	90	10	0.06
	垫状金露梅	0.43	3.44	3.12	4.65	6.99	39	90	10	0.02
	二裂萎陵菜	0.81	2.62	1.95	4.16	5.39	73	90	10	0.02
	牛耳风毛菊	0.70	1.90	2.32	3.09	4.92	63	90	10	0.02
	粗壮嵩草	0.41	0.77	4.95	1.56	6.12	37	90	10	0.01
	椭圆果葶苈	0.62	0.43	2.08	0.56	3.14	56	90	10	0.00
	针叶苔草	0.11	0.62	4.89	0.34	5.62	10	90	10	0.00
	伏毛山莓草	0.32	1.17	0.83	0.31	2.32	29	90	10	0.00
	帕 m 尔碱茅	0.10	0.40	7.33	0.29	7.83	9	90	10	0.00
	细裂亚菊	0.22	0.34	1.81	0.14	2.38	20	90	10	0.00
	斜茎黄芪	0.19	0.51	1.52	0.15	2.22	17	90	10	0.00
	肾叶龙胆	0.49	0.24	0.76	0.09	1.49	44	90	10	0.00
	藏玄参	0.30	0.32	0.84	0.08	1.46	27	90	10	0.00
	矮生嵩草	0.07	0.13	5.74	0.05	5.94	6	90	10	0.00
	青藏苔草	0.11	0.13	3.40	0.05	3.64	10	90	10	0.00
	半卧狗哇花	0.07	0.40	1.33	0.04	1.80	6	90	10	0.00
	垫状棱子芹	0.06	0.18	1.33	0.01	1.56	5	90	10	0.00
	雪灵芝	0.22	0.30	0.27	0.02	0.79	20	90	10	0.00
	阿尔泰葶苈	0.02	0.01	2.50	0.00	2.53	2	90	10	0.00
	矮麻黄	0.09	0.06	1.00	0.00	1.14	8	90	10	0.00
	藏芥	0.03	0.03	1.00	0.00	1.07	3	90	10	0.00
	长爪黄芪	0.07	0.11	0.87	0.01	1.04	6	90	10	0.00
	垫状点地梅	0.06	0.07	1.38	0.01	1.50	5	90	10	0.00
	垫状黄芪	0.07	0.09	1.40	0.01	1.56	6	90	10	0.00
	垫状雪灵芝	0.01	0.01	0.20	0.00	0.22	1	90	10	0.00
	二裂婆婆纳	0.01	0.01	1.00	0.00	1.02	1	90	10	0.00
	高山嵩草	0.04	0.07	2.05	0.01	2.16	4	90	10	0.00
	高山唐松草	0.03	0.04	2.33	0.00	2.41	3	90	10	0.00
	华马先蒿	0.02	0.01	1.60	0.00	1.63	2	90	10	0.00
	金露梅	0.01	0.03	2.00	0.00	2.04	1	90	10	0.00

附录2 青藏铁路(格拉段)沿线样地物种重要值(续8)

地区	植物名称	F	C	H	MDR	SRD	出现样方数	样方数	样地数	重要值
塘岗	卵盘鹤虱	0.01	0.01	1.00	0.00	1.02	1	90	10	0.00
	美花草	0.01	0.01	1.00	0.00	1.02	1	90	10	0.00
	恰草	0.03	0.01	3.00	0.00	3.04	3	90	10	0.00
	扇穗茅	0.02	0.09	1.20	0.00	1.31	2	90	10	0.00
	西藏微孔草	0.09	0.06	1.25	0.01	1.39	8	90	10	0.00
	小早熟禾	0.02	0.03	4.55	0.00	4.61	2	90	10	0.00
	芸香叶唐松草	0.07	0.04	3.00	0.01	3.11	6	90	10	0.00
	卷鞘鸢尾	0.01	0.01	6.00	0.00	6.02	1	90	10	0.00
	早熟禾	0.01	0.01	8.00	0.00	8.02	1	90	10	0.00
布玛德	弱小火绒草	0.76	11.74	1.00	8.87	13.50	68	90	10	0.36
	宽叶栓果芹	0.80	4.20	1.71	5.74	6.71	72	90	10	0.23
	洽草	0.60	1.49	2.89	2.58	4.98	54	90	10	0.11
	垂穗披碱草	0.44	1.04	4.72	2.19	6.21	40	90	10	0.09
	牛耳风毛菊	0.50	1.27	1.62	1.03	3.39	45	90	10	0.04
	二裂委陵菜	0.49	1.68	1.22	1.00	3.39	44	90	10	0.04
	垫状金露梅	0.18	1.48	2.56	0.67	4.22	16	90	10	0.03
	蓝白龙胆	0.68	1.11	0.75	0.56	2.54	61	90	10	0.02
	西藏微孔草	0.33	0.93	1.80	0.56	3.07	30	90	10	0.02
	高山嵩草	0.17	2.43	0.77	0.31	3.37	15	90	10	0.01
	萎软紫菀	0.20	0.89	1.50	0.27	2.59	18	90	10	0.01
	青海早熟禾	0.12	0.40	4.00	0.20	4.52	11	90	10	0.01
	雪灵芝	0.21	0.47	1.29	0.13	1.97	19	90	10	0.01
	椭圆果葶苈	0.39	0.10	2.00	0.08	2.49	35	90	10	0.00
	茵垫黄芪	0.27	0.51	0.50	0.07	1.28	24	90	10	0.00
	短穗兔耳草	0.14	0.29	1.22	0.05	1.66	13	90	10	0.00
	阿尔泰葶苈	0.18	0.19	1.25	0.04	1.62	16	90	10	0.00
	多茎委陵菜	0.12	0.16	1.29	0.02	1.56	11	90	10	0.00
	帕m尔碱茅	0.08	0.08	4.00	0.02	4.16	7	90	10	0.00
	细裂亚菊	0.10	0.22	1.14	0.03	1.47	9	90	10	0.00
	腺异蕊芥	0.16	0.10	1.22	0.02	1.48	14	90	10	0.00
	藏云参	0.09	0.19	0.83	0.01	1.11	8	90	10	0.00
	羽叶点地梅	0.16	0.10	1.00	0.02	1.26	14	90	10	0.00
	肾叶龙胆	0.49	0.24	0.76	0.09	1.49	44	90	10	0.00
	矮生嵩草	0.03	0.09	3.00	0.01	3.12	3	90	10	0.00
	高原点地梅	0.26	0.31	0.10	0.01	0.67	23	90	10	0.00
	甘肃羊茅	0.04	0.06	3.00	0.01	3.10	4	90	10	0.00
	金露梅	0.02	0.12	1.50	0.00	1.64	2	90	10	0.00

附录2　　青藏铁路(格拉段)沿线样地物种重要值(续9)

地区	植物名称	F	C	H	MDR	SRD	出现样方数	样方数	样地数	重要值
布玛德	藏芥	0.04	0.03	2.00	0.00	2.08	4	90	10	0.00
	卷鞘鸢尾	0.02	0.02	4.00	0.00	4.04	2	90	10	0.00
	块根紫菀	0.03	0.07	1.50	0.00	1.60	3	90	10	0.00
	头花独行草	0.04	0.03	1.50	0.00	1.58	4	90	10	0.00
	萎软紫菀	0.03	0.07	1.33	0.00	1.43	3	90	10	0.00
	矮羊茅	0.01	0.01	3.00	0.00	3.02	1	90	10	0.00
	白花枝子花	0.03	0.01	1.00	0.00	1.04	3	90	10	0.00
	苞毛茛	0.01	0.01	1.00	0.00	1.02	1	90	10	0.00
	长爪黄芪	0.01	0.01	1.00	0.00	1.02	1	90	10	0.00
	臭蒿	0.02	0.03	1.00	0.00	1.06	2	90	10	0.00
	垫状委陵菜	0.01	0.06	0.00	0.00	0.07	1	90	10	0.00
	垫状雪灵芝	0.07	0.23	0.00	0.00	0.30	6	90	10	0.00
	伏毛山梅草	0.02	0.04	1.00	0.00	1.07	2	90	10	0.00
	宽翅假鹤虱	0.01	0.02	2.00	0.00	2.03	1	90	10	0.00
	球果葶苈	0.02	0.02	1.50	0.00	1.54	2	90	10	0.00
	山莓草	0.06	0.03	0.33	0.00	0.42	5	90	10	0.00
	细果角茴香	0.02	0.01	1.00	0.00	1.03	2	90	10	0.00
	茵垫棘豆	0.06	0.18	0.00	0.00	0.23	5	90	10	0.00
	羽叶山梅草	0.01	0.02	2.00	0.00	2.03	1	90	10	0.00
	紫花针茅	0.01	0.01	2.00	0.00	2.02	1	90	10	0.00
唐古拉山	矮生嵩草	0.37	9.07	3.59	12.05	13.03	30	81	9	0.29
	喜马拉雅嵩	0.35	5.47	5.82	11.00	11.63	28	81	9	0.27
	波伐早熟禾	0.60	1.23	6.28	4.69	8.11	49	81	9	0.11
	高山嵩草	0.43	9.58	0.79	3.29	10.81	35	81	9	0.08
	急弯棘豆	0.40	3.64	1.84	2.65	5.88	32	81	9	0.06
	垫状金露梅	0.52	1.35	2.00	1.40	3.86	42	81	9	0.03
	紫花针茅	0.26	0.73	4.65	0.88	5.64	21	81	9	0.02
	弱小火绒草	0.51	1.44	1.17	0.85	3.12	41	81	9	0.02
	洽草	0.32	0.59	3.48	0.66	4.39	26	81	9	0.02
	异穗苔草	0.12	0.51	8.22	0.51	8.85	10	81	9	0.01
	椭圆果葶苈	0.25	0.43	4.50	0.48	5.18	20	81	9	0.01
	矮羊茅	0.06	0.41	8.20	0.21	8.67	5	81	9	0.01
	帕m尔碱茅	0.06	0.84	3.80	0.20	4.70	5	81	9	0.00
	针叶苔草	0.14	0.33	4.09	0.19	4.56	11	81	9	0.00
	茵垫黄芪	0.20	0.85	1.07	0.18	2.12	16	81	9	0.00
	聚花马先蒿	0.15	0.42	2.56	0.16	3.12	12	81	9	0.00
	多刺绿绒蒿	0.27	0.21	2.31	0.13	2.79	22	81	9	0.00

附录2　青藏铁路(格拉段)沿线样地物种重要值(续10)

地区	植物名称	F	C	H	MDR	SRD	出现样方数	样方数	样地数	重要值
	矮丛风毛菊	0.14	0.46	1.91	0.12	2.50	11	81	9	0.00
	青藏苔草	0.11	0.25	4.14	0.11	4.50	9	81	9	0.00
	垂头菊	0.16	0.21	3.33	0.11	3.70	13	81	9	0.00
	雪灵芝	0.17	0.52	1.00	0.09	1.69	14	81	9	0.00
	块根紫菀	0.11	0.28	2.57	0.08	2.97	9	81	9	0.00
	细叶苔草	0.10	0.16	4.50	0.07	4.76	8	81	9	0.00
	高山唐松草	0.05	0.26	4.67	0.06	4.98	4	81	9	0.00
	肾叶龙胆	0.25	0.22	1.15	0.06	1.62	20	81	9	0.00
	梭罗草	0.12	0.12	2.88	0.04	3.12	10	81	9	0.00
	唐古拉点地梅	0.32	0.35	0.40	0.04	1.07	26	81	9	0.00
	牛耳风毛菊	0.12	0.20	1.67	0.04	1.99	10	81	9	0.00
	叠裂银莲花	0.12	0.16	1.50	0.03	1.78	10	81	9	0.00
	多茎委陵菜	0.14	0.19	1.14	0.03	1.46	11	81	9	0.00
	甘肃羊茅	0.05	0.09	7.00	0.03	7.14	4	81	9	0.00
	蓝白龙胆	0.20	0.20	0.78	0.03	1.17	16	81	9	0.00
	展苞灯芯草	0.02	0.12	10.00	0.03	10.15	2	81	9	0.00
	卷鞘鸢尾	0.06	0.09	5.00	0.03	5.15	5	81	9	0.00
唐	丛生钉柱委陵菜	0.07	0.11	1.83	0.02	2.02	6	81	9	0.00
古	天蓝韭	0.10	0.05	3.67	0.02	3.81	8	81	9	0.00
拉	西伯利亚蓼	0.12	0.06	2.00	0.02	2.19	10	81	9	0.00
山	云生毛茛	0.15	0.04	3.00	0.02	3.19	12	81	9	0.00
	宽叶栓果芹	0.05	0.12	1.75	0.01	1.92	4	81	9	0.00
	矮轴蒿草	0.01	0.04	15.00	0.01	15.05	1	81	9	0.00
	伏毛山梅草	0.06	0.09	1.25	0.01	1.40	5	81	9	0.00
	矩叶垂头菊	0.04	0.05	3.50	0.01	3.59	3	81	9	0.00
	美花草	0.09	0.07	1.00	0.01	1.16	7	81	9	0.00
	唐古拉翠雀	0.06	0.06	1.67	0.01	1.79	5	81	9	0.00
	阿尔泰葶苈	0.06	0.02	2.00	0.00	2.09	5	81	9	0.00
	裂叶独活	0.05	0.07	1.25	0.00	1.37	4	81	9	0.00
	穗发草	0.01	0.01	15.00	0.00	15.02	1	81	9	0.00
	萎软紫菀	0.05	0.04	1.50	0.00	1.59	4	81	9	0.00
	垂穗披碱草	0.02	0.02	1.00	0.00	1.05	2	81	9	0.00
	垫状风毛菊	0.01	0.01	0.00	0.00	0.02	1	81	9	0.00
	垫状雪灵芝	0.04	0.06	0.67	0.00	0.77	3	81	9	0.00
	斜茎黄芪	0.01	0.12	1.00	0.00	1.14	1	81	9	0.00
	高原点地梅	0.01	0.01	2.00	0.00	2.02	1	81	9	0.00
	金露梅	0.01	0.04	2.00	0.00	2.05	1	81	9	0.00

附录2　青藏铁路(格拉段)沿线样地物种重要值(续11)

地区	植物名称	F	C	H	MDR	SRD	出现样方数	样方数	样地数	重要值
唐古拉山	昆仑蒿	0.01	0.01	5.00	0.00	5.02	1	81	9	0.00
	卵盘鹤虱	0.01	0.01	1.00	0.00	1.02	1	81	9	0.00
	石竹	0.01	0.12	1.00	0.00	1.14	1	81	9	0.00
	细裂亚菊	0.02	0.05	1.00	0.00	1.07	2	81	9	0.00
	细叶风毛菊	0.01	0.07	1.00	0.00	1.09	1	81	9	0.00
	缘毛紫菀	0.01	0.01	5.00	0.00	5.02	1	81	9	0.00
	茵垫棘豆	0.01	0.02	1.00	0.00	1.04	1	81	9	0.00
	羽叶点地梅	0.02	0.01	2.00	0.00	2.04	2	81	9	0.00
扎加藏布	叠裂银莲花	0.77	4.32	2.26	7.49	7.35	62	81	9	0.30
	紫花针茅	0.47	0.81	7.25	2.77	8.53	38	81	9	0.11
	矮羊茅	0.36	0.98	7.48	2.63	8.82	29	81	9	0.11
	粗壮蒿草	0.56	0.60	7.19	2.39	8.35	45	81	9	0.10
	垫状金露梅	0.49	1.86	2.56	2.35	4.91	40	81	9	0.10
	针叶苔草	0.44	1.04	4.79	2.21	6.27	36	81	9	0.09
	宽瓣棘豆	0.60	0.89	2.30	1.24	3.79	49	81	9	0.05
	皱褶马先蒿	0.38	0.53	5.24	1.06	6.15	31	81	9	0.04
	裂叶独活	0.31	0.33	2.73	0.28	3.38	25	81	9	0.01
	牛耳风毛菊	0.16	0.40	2.82	0.18	3.37	13	81	9	0.01
	垫状点地梅	0.26	0.51	1.16	0.15	1.93	21	81	9	0.01
	丛生黄芪	0.17	0.52	1.57	0.14	2.27	14	81	9	0.01
	天蓝韭	0.11	0.21	5.86	0.14	6.18	9	81	9	0.01
	矮金莲花	0.10	0.36	2.50	0.09	2.96	8	81	9	0.00
	高山蒿草	0.07	0.26	4.60	0.09	4.93	6	81	9	0.00
	矮生蒿草	0.12	0.14	5.17	0.09	5.43	10	81	9	0.00
	青藏苔草	0.07	0.19	5.80	0.08	6.07	6	81	9	0.00
	甘肃棘豆	0.16	0.27	1.50	0.07	1.93	13	81	9	0.00
	阿拉善马先蒿	0.16	0.15	2.56	0.06	2.86	13	81	9	0.00
	镰形棘豆	0.10	0.20	3.14	0.06	3.44	8	81	9	0.00
	宽叶栓果芹	0.26	0.12	1.89	0.06	2.27	21	81	9	0.00
	矮丛风毛菊	0.11	0.16	2.83	0.05	3.10	9	81	9	0.00
	垫状雪灵芝	0.17	0.28	1.00	0.05	1.46	14	81	9	0.00
	甘肃羊茅	0.06	0.12	6.60	0.05	6.79	5	81	9	0.00
	弱小火绒草	0.14	0.12	1.67	0.03	1.93	11	81	9	0.00
	臭蒿	0.05	0.14	3.00	0.02	3.19	4	81	9	0.00
	黑苞风毛菊	0.09	0.09	2.75	0.02	2.92	7	81	9	0.00
	宽瓣马先蒿	0.04	0.07	6.67	0.02	6.78	3	81	9	0.00
	青藏大戟	0.15	0.06	1.80	0.02	2.01	12	81	9	0.00

附录2   青藏铁路(格拉段)沿线样地物种重要值(续12)

地区	植物名称	F	C	H	MDR	SRD	出现样方数	样方数	样地数	重要值
扎加藏布	糙毛鹅冠草	0.06	0.02	9.00	0.01	9.09	5	81	9	0.00
	镰叶韭	0.05	0.04	7.67	0.01	7.75	4	81	9	0.00
	白花枝子花	0.04	0.10	3.00	0.01	3.14	3	81	9	0.00
	长爪黄芪	0.12	0.09	1.00	0.01	1.21	10	81	9	0.00
	梭罗草	0.05	0.01	11.00	0.01	11.06	4	81	9	0.00
	小垫黄芪	0.04	0.09	2.00	0.01	2.12	3	81	9	0.00
	雪灵芝	0.11	0.10	0.67	0.01	0.88	9	81	9	0.00
	茵垫黄芪	0.04	0.11	2.00	0.01	2.15	3	81	9	0.00
	柱形草莓	0.07	0.09	1.17	0.01	1.33	6	81	9	0.00
	金露梅	0.02	0.10	2.00	0.00	2.12	2	81	9	0.00
	唐古特翠雀	0.02	0.10	2.00	0.00	2.12	2	81	9	0.00
	阿尔泰草莓	0.04	0.02	1.50	0.00	1.56	3	81	9	0.00
	青藏大戟	0.02	0.04	3.00	0.00	3.06	2	81	9	0.00
	卷鞘鸢尾	0.02	0.01	5.00	0.00	5.04	2	81	9	0.00
	兰石草	0.01	0.06	4.00	0.00	4.07	1	81	9	0.00
	洽草	0.02	0.016.00	0.00	6.04	2	81	9	0.00	
	青藏狗哇花	0.05	0.05	1.25	0.00	1.35	4	81	9	0.00
	细裂亚菊	0.02	0.07	2.00	0.00	2.09	2	81	9	0.00
	矩叶风毛菊	0.02	0.03	0.50	0.00	0.56	2	81	9	0.00
	宽叶棘豆	0.01	0.01	3.00	0.00	3.02	1	81	9	0.00
	祁连山棘豆	0.01	0.02	3.00	0.00	3.04	1	81	9	0.00
	球果草莓	0.02	0.02	1.50	0.00	1.55	2	81	9	0.00
	沙生繁缕	0.01	0.01	1.00	0.00	1.02	1	81	9	0.00
	石竹	0.01	0.01	1.00	0.00	1.02	1	81	9	0.00
	细叶苔草	0.01	0.01	4.00	0.00	4.02	1	81	9	0.00
	钻叶风毛菊	0.01	0.01	0.30	0.00	0.32	1	81	9	0.00
安多	高山嵩草	0.93	59.21	1.75	96.71	61.89	84	90	10	0.79
	矮火绒草	0.83	6.27	1.67	8.70	8.77	75	90	10	0.07
	紫花针茅	0.59	1.76	4.32	4.46	6.66	53	90	10	0.04
	小早熟禾	0.69	0.64	5.54	2.46	6.87	62	90	10	0.02
	短穗兔耳草	0.57	1.52	1.84	1.58	3.92	51	90	10	0.01
	高原点地梅	0.76	2.73	0.63	1.31	4.12	68	90	10	0.01
	多茎委陵菜	0.74	1.09	1.46	1.18	3.29	67	90	10	0.01
	茵垫黄芪	0.50	1.52	1.36	1.04	3.39	45	90	10	0.01
	洽草	0.46	0.57	3.67	0.95	4.69	41	90	10	0.01
	针叶苔草	0.33	0.43	6.52	0.94	7.29	30	90	10	0.01
	祁连山棘豆	0.38	0.45	2.76	0.47	3.59	34	90	10	0.00

附录2　青藏铁路(格拉段)沿线样地物种重要值(续13)

地区	植物名称	F	C	H	MDR	SRD	出现样方数	样方数	样地数	重要值
	川藏蒲公英	0.40	0.50	2.00	0.40	2.90	36	90	10	0.00
	无茎黄鹌菜	0.27	0.80	1.29	0.28	2.36	24	90	10	0.00
	丛生钉柱委陵	0.26	0.40	1.68	0.17	2.34	23	90	10	0.00
	肾叶龙胆	0.49	0.28	1.12	0.15	1.89	44	90	10	0.00
	牛耳风毛菊	0.22	0.27	1.63	0.10	2.12	20	90	10	0.00
	丛生黄芪	0.13	0.50	1.25	0.08	1.88	12	90	10	0.00
	二裂委陵菜	0.29	0.19	1.43	0.08	1.91	26	90	10	0.00
	伏毛山莓草	0.16	0.33	1.29	0.07	1.77	14	90	10	0.00
	宽叶栓果芹	0.19	0.13	1.70	0.04	2.02	17	90	10	0.00
	茵垫棘豆	0.09	0.38	1.50	0.05	1.97	8	90	10	0.00
	矮生嵩草	0.02	1.44	1.00	0.03	2.47	2	90	10	0.00
	蓝白龙胆	0.23	0.16	1.09	0.04	1.49	21	90	10	0.00
	裂叶独活	0.20	0.11	1.56	0.03	1.87	18	90	10	0.00
	柔软紫菀	0.10	0.35	1.11	0.04	1.56	9	90	10	0.00
	垫状雪灵芝	0.12	0.28	0.60	0.02	1.00	11	90	10	0.00
	肉果草	0.12	0.24	1.00	0.03	1.37	11	90	10	0.00
	紫羊茅	0.03	0.07	9.50	0.02	9.60	3	90	10	0.00
安	白花枝子花	0.09	0.08	1.67	0.01	1.83	8	90	10	0.00
多	镰形棘豆	0.06	0.09	1.50	0.01	1.64	5	90	10	0.00
	雪灵芝	0.12	0.12	0.60	0.01	0.84	11	90	10	0.00
	阿拉善马先蒿	0.08	0.02	1.50	0.00	1.60	7	90	10	0.00
	矮穗兔耳草	0.02	0.04	2.00	0.00	2.072	90	10	0.00	
	半卧狗哇花	0.01	0.01	1.00	0.00	1.02	1	90	10	0.00
	长爪黄芪	0.03	0.07	1.50	0.00	1.60	3	90	10	0.00
	甘肃棘豆	0.03	0.04	3.00	0.00	3.08	3	90	10	0.00
	胡萝卜叶马先蒿	0.02	0.02	3.00	0.00	3.04	2	90	10	0.00
	棘豆	0.02	0.18	1.00	0.00	1.20	2	90	10	0.00
	卷鞘鸢尾	0.02	0.01	3.00	0.00	3.03	2	90	10	0.00
	昆仑蒿	0.02	0.01	5.00	0.00	5.03	2	90	10	0.00
	肋柱草	0.01	0.02	1.00	0.00	1.03	1	90	10	0.00
	美花草	0.02	0.01	1.00	0.00	1.03	2	90	10	0.00
	蒲公英	0.04	0.03	2.67	0.00	2.74	4	90	10	0.00
	青藏蒲公英	0.01	0.02	2.00	0.00	2.03	1	90	10	0.00
	沙生繁缕	0.03	0.01	1.00	0.00	1.04	3	90	10	0.00
	石砾唐松草	0.01	0.02	2.00	0.00	2.03	1	90	10	0.00
	梭罗草	0.01	0.01	3.00	0.00	3.02	1	90	10	0.00

附录2　青藏铁路(格拉段)沿线样地物种重要值(续14)

地区	植物名称	F	C	H	MDR	SRD	出现样方数	样方数	样地数	重要值
安多	锡金蒲公英	0.01	0.01	3.00	0.00	3.02	1	90	10	0.00
	细裂亚菊	0.01	0.02	3.00	0.00	3.03	1	90	10	0.00
	高山嵩草	0.79	20.98	2.27	37.59	24.04	71	90	10	0.44
	矮火绒草	0.82	13.28	1.77	19.29	15.87	74	90	10	0.23
	紫花针茅	0.69	3.06	4.92	10.35	8.66	62	90	10	0.12
	短穗兔耳草	0.81	3.83	1.86	5.78	6.50	73	90	10	0.07
	多茎委陵菜	0.67	2.93	1.88	3.68	5.48	60	90	10	0.04
	无茎黄鹌菜	0.52	3.53	1.15	2.12	5.20	47	90	10	0.02
	小早熟禾	0.36	0.86	6.64	2.02	7.85	32	90	10	0.02
	垫状点地梅	0.62	1.81	0.88	0.99	3.32	56	90	10	0.01
	二裂委陵菜	0.50	0.90	1.94	0.87	3.34	45	90	10	0.01
	茵垫黄芪	0.40	1.52	1.14	0.70	3.07	36	90	10	0.01
	针叶苔草	0.23	0.47	5.29	0.58	5.99	21	90	10	0.01
	白花枝子花	0.29	0.54	1.13	0.18	1.96	26	90	10	0.00
	祁连山棘豆	0.16	0.18	4.00	0.11	4.33	14	90	10	0.00
	蓝白龙胆	0.29	0.30	1.20	0.10	1.79	26	90	10	0.00
	皱褶马先蒿	0.18	0.19	2.64	0.09	3.00	16	90	10	0.00
	牛耳风毛菊	0.09	0.34	2.33	0.07	2.77	8	90	10	0.00
措那湖	川藏蒲公英	0.18	0.16	2.08	0.06	2.42	16	90	10	0.00
	丛生钉柱委陵菜	0.16	0.17	1.80	0.05	2.12	14	90	10	0.00
	细裂亚菊	0.10	0.21	2.00	0.04	2.31	9	90	10	0.00
	矮假龙胆	0.18	0.20	1.00	0.04	1.38	16	90	10	0.00
	垫状雪灵芝	0.07	0.20	1.75	0.02	2.02	6	90	10	0.00
	密穗香薷	0.13	0.17	1.33	0.03	1.63	12	90	10	0.00
	阿拉善马先蒿	0.11	0.08	2.40	0.02	2.59	10	90	10	0.00
	伏毛山莓草	0.11	0.12	1.00	0.01	1.23	10	90	10	0.00
	柔软紫菀	0.02	0.78	1.00	0.02	1.80	2	90	10	0.00
	矮生嵩草	0.06	0.08	2.80	0.01	2.93	5	90	10	0.00
	多茎黄芪	0.03	0.10	2.33	0.01	2.47	3	90	10	0.00
	宽叶栓果芹	0.07	0.03	2.00	0.00	2.10	6	90	10	0.00
	裂叶独活	0.04	0.06	2.75	0.01	2.85	4	90	10	0.00
	矮丛风毛菊	0.01	0.02	2.00	0.00	2.03	1	90	10	0.00
	半卧狗哇花	0.02	0.03	1.00	0.00	1.06	2	90	10	0.00
	藏波罗花	0.03	0.04	1.00	0.00	1.08	3	90	10	0.00
	臭蒿	0.07	0.01	2.00	0.00	2.08	6	90	10	0.00
	垫形蒿	0.01	0.01	2.00	0.00	2.02	1	90	10	0.00
	甘肃棘豆	0.01	0.01	3.00	0.00	3.02	1	90	10	0.00

附录2　青藏铁路(格拉段)沿线样地物种重要值(续15)

地区	植物名称	F	C	H	MDR	SRD	出现样方数	样方数	样地数	重要值
措那湖	虎耳草	0.01	0.02	0.00	0.00	0.03	1	90	10	0.00
	麦瓶草	0.06	0.01	3.00	0.00	3.07	5	90	10	0.00
	洽草	0.01	0.02	3.00	0.00	3.03	1	90	10	0.00
	细果角茴香	0.01	0.01	1.00	0.00	1.02	1	90	10	0.00
	柱形草苈	0.02	0.01	2.00	0.00	2.03	2	90	10	0.00
嘎加	高山嵩草	0.81	50.37	2.03	83.33	53.22	66	81	9	0.83
	针叶苔草	0.43	1.30	5.30	2.97	7.03	35	81	9	0.03
	无茎黄鹌菜	0.63	4.62	0.91	2.64	6.16	51	81	9	0.03
	小早熟禾	0.42	1.16	5.41	2.64	6.99	34	81	9	0.03
	短穗兔耳草	0.35	4.23	1.47	2.15	6.05	28	81	9	0.02
	矮火绒草	0.31	3.35	1.65	1.71	5.31	25	81	9	0.02
	垫状点地梅	0.70	2.47	0.87	1.51	4.04	57	81	9	0.02
	丛生钉柱委陵菜	0.42	1.64	1.39	0.96	3.46	34	81	9	0.01
	川藏蒲公英	0.51	0.81	1.56	0.64	2.88	41	81	9	0.01
	多茎委陵菜	0.48	0.77	1.17	0.43	2.41	39	81	9	0.00
	矮羊茅	0.14	0.43	7.11	0.42	7.68	11	81	9	0.00
	紫花针茅	0.23	0.52	3.15	0.38	3.91	19	81	9	0.00
	丛生黄芪	0.44	0.65	1.17	0.34	2.27	36	81	9	0.00
	二裂委陵菜	0.22	0.51	1.15	0.13	1.88	18	81	9	0.00
	恰草	0.12	0.19	3.87	0.09	4.18	10	81	9	0.00
	鹅绒委陵菜	0.09	0.54	1.66	0.08	2.29	7	81	9	0.00
	黑褐苔草	0.05	0.12	8.00	0.05	8.17	4	81	9	0.00
	祁连山棘豆	0.07	0.15	4.86	0.05	5.08	6	81	9	0.00
	伏毛山莓草	0.10	0.17	1.19	0.02	1.46	8	81	9	0.00
	茵垫黄芪	0.09	0.23	0.77	0.02	1.09	7	81	9	0.00
	矮生嵩草	0.02	0.05	4.50	0.01	4.57	2	81	9	0.00
	大炮山景天	0.09	0.04	1.67	0.01	1.79	7	81	9	0.00
	垫状雪灵芝	0.07	0.14	0.92	0.01	1.13	6	81	9	0.00
	聚花马先蒿	0.09	0.06	2.76	0.01	2.91	7	81	9	0.00
	锡金蒲公英	0.06	0.06	1.60	0.01	1.72	5	81	9	0.00
	矮丛风毛菊	0.01	0.01	2.00	0.00	2.02	1	81	9	0.00
	白花枝子华	0.02	0.01	0.50	0.00	0.54	2	81	9	0.00
	藏波罗花	0.01	0.01	1.10	0.00	1.12	1	81	9	0.00
	平卧藜	0.01	0.01	2.40	0.00	2.42	1	81	9	0.00
	垫形蒿	0.01	0.01	2.00	0.00	2.02	1	81	9	0.00
	垫状黄芪	0.01	0.01	2.00	0.00	2.02	1	81	9	0.00
	宽叶栓果芹	0.01	0.01	2.10	0.00	2.12	1	81	9	0.00

附录2　青藏铁路(格拉段)沿线样地物种重要值(续16)

地区	植物名称	F	C	H	MDR	SRD	出现样方数	样方数	样地数	重要值
嘎加	蓝白龙胆	0.06	0.10	0.54	0.00	0.70	5	81	9	0.00
	裂叶独活	0.01	0.01	3.50	0.00	3.52	1	81	9	0.00
	麦瓶草	0.01	0.01	2.30	0.00	2.32	1	81	9	0.00
	牛耳风毛菊	0.01	0.02	2.20	0.00	2.24	1	81	9	0.00
	沙生繁缕	0.01	0.01	0.90	0.00	0.92	1	81	9	0.00
	肾叶龙胆	0.05	0.05	0.90	0.00	1.00	4	81	9	0.00
	雪灵芝	0.06	0.02	0.90	0.00	0.99	5	81	9	0.00
	皱褶马先蒿	0.01	0.01	4.00	0.00	4.02	1	81	9	0.00
那曲市	高山嵩草	0.86	44.53	2.38	90.80	47.77	77	90	10	0.82
	矮生嵩草	0.56	2.72	4.28	6.47	7.55	50	90	10	0.06
	矮火绒草	0.54	4.70	1.52	3.90	6.77	49	90	10	0.04
	丛生钉柱委陵菜	0.60	3.59	1.36	2.94	5.55	54	90	10	0.03
	小早熟禾	0.41	0.56	5.35	1.22	6.31	37	90	10	0.01
	无茎黄鹌菜	0.50	1.89	0.97	0.92	3.36	45	90	10	0.01
	紫花针茅	0.30	0.51	5.73	0.88	6.54	27	90	10	0.01
	二裂委陵菜	0.46	1.08	1.61	0.79	3.14	41	90	10	0.01
	藏西风毛菊	0.48	1.20	1.36	0.78	3.04	43	90	10	0.01
	牛耳风毛菊	0.40	1.13	1.51	0.69	3.05	36	90	10	0.01
	青藏苔草	0.14	0.73	3.95	0.42	4.83	13	90	10	0.00
	鹅绒委陵菜	0.21	0.81	1.75	0.30	2.77	19	90	10	0.00
	丛生黄芪	0.33	0.57	1.12	0.21	2.02	30	90	10	0.00
	多茎委陵菜	0.22	0.50	1.32	0.15	2.04	20	90	10	0.00
	恰草	0.14	0.20	4.80	0.14	5.14	13	90	10	0.00
	针叶苔草	0.12	0.16	4.55	0.09	4.83	11	90	10	0.00
	柔软紫菀	0.03	1.17	1.50	0.06	2.70	3	90	10	0.00
	双叉细柄茅	0.07	0.13	6.83	0.06	7.03	6	90	10	0.00
	川藏蒲公英	0.14	0.28	1.16	0.05	1.58	13	90	10	0.00
	垫状金露梅	0.07	0.14	1.75	0.02	1.96	6	90	10	0.00
	矮羊茅	0.02	0.02	13.50	0.01	13.54	2	90	10	0.00
	长爪黄芪	0.04	0.29	1.00	0.01	1.33	4	90	10	0.00
	垂穗披碱草	0.02	0.21	2.05	0.01	2.28	2	90	10	0.00
	垫状雪灵芝	0.07	0.10	1.10	0.01	1.27	6	90	10	0.00
	短茎岩黄芪	0.06	0.11	1.25	0.01	1.42	5	90	10	0.00
	鳞叶龙胆	0.14	0.10	0.88	0.01	1.12	13	90	10	0.00
	铺散蝇	0.04	0.14	1.65	0.01	1.84	4	90	10	0.00
	藏波罗花	0.06	0.02	2.00	0.00	2.08	5	90	10	0.00
	大炮山景天	0.03	0.01	1.00	0.00	1.04	3	90	10	0.00

附录2　青藏铁路(格拉段)沿线样地物种重要值(续17)

地区	植物名称	F	C	H	MDR	SRD	出现样方数	样方数	样地数	重要值
那曲市	点地梅	0.01	0.01	0.30	0.00	0.32	1	90	10	0.00
	短穗兔耳草	0.01	0.01	1.00	0.00	1.02	1	90	10	0.00
	二裂婆婆纳	0.06	0.03	1.00	0.00	1.09	5	90	10	0.00
	伏毛山莓草	0.04	0.06	1.13	0.00	1.23	4	90	10	0.00
	辐花	0.02	0.02	2.75	0.00	2.79	2	90	10	0.00
	蓝白龙胆	0.02	0.01	1.00	0.00	1.03	2	90	10	0.00
	麦瓶草	0.04	0.01	3.00	0.00	3.06	4	90	10	0.00
	膜果麻黄	0.02	0.06	0.40	0.00	0.48	2	90	10	0.00
	平卧藜	0.02	0.06	1.25	0.00	1.33	2	90	10	0.00
	祁连山棘豆	0.03	0.04	2.50	0.00	2.58	3	90	10	0.00
	肉果草	0.01	0.04	1.00	0.00	1.06	1	90	10	0.00
	少花拉拉藤	0.01	0.01	1.00	0.00	1.02	1	90	10	0.00
	西伯利亚蓼	0.01	0.01	2.00	0.00	2.02	1	90	10	0.00
	锡金蒲公英	0.02	0.01	0.50	0.00	0.53	2	90	10	0.00
	细果角茴香	0.01	0.01	1.00	0.00	1.02	1	90	10	0.00
	雪灵芝	0.02	0.01	1.50	0.00	1.53	2	90	10	0.00
	茵垫黄芪	0.04	0.04	1.00	0.00	1.09	4	90	10	0.00
	蚓果芥	0.02	0.03	2.15	0.00	2.21	2	90	10	0.00
	缘齿龙胆	0.09	0.04	1.00	0.00	1.13	8	90	10	0.00
母布曲大桥	小早熟禾	0.72	3.22	8.73	20.31	12.67	65	90	10	0.25
	紫花针茅	0.64	5.10	5.79	19.02	11.53	58	90	10	0.23
	高山嵩草	0.61	14.22	1.74	15.11	16.57	55	90	10	0.18
	矮羊茅	0.32	4.02	8.31	10.78	12.66	29	90	10	0.13
	矮火绒草	0.71	3.40	1.76	4.27	5.88	64	90	10	0.05
	牛耳风毛菊	0.51	3.20	1.99	3.26	5.70	46	90	10	0.04
	二裂委陵菜	0.71	1.66	1.77	2.08	4.14	64	90	10	0.03
	恰草	0.42	1.33	3.66	2.06	5.41	38	90	10	0.02
	梭罗草	0.33	0.38	7.10	0.89	7.81	30	90	10	0.01
	针叶苔草	0.27	0.50	6.29	0.84	7.05	24	90	10	0.01
	青海早熟禾	0.19	0.77	5.44	0.79	6.40	17	90	10	0.01
	鳞叶龙胆	0.60	1.00	1.04	0.63	2.64	54	90	10	0.01
	青藏苔草	0.24	0.46	4.03	0.45	4.73	22	90	10	0.01
	椭圆果葶苈	0.36	0.32	2.61	0.30	3.28	32	90	10	0.00
	无茎黄鹌菜	0.11	1.04	1.58	0.18	2.74	10	90	10	0.00
	辐花	0.20	0.40	1.13	0.09	1.73	18	90	10	0.00
	蓝白龙胆	0.18	0.39	0.94	0.06	1.50	16	90	10	0.00
	二裂婆婆纳	0.16	0.24	1.36	0.05	1.76	14	90	10	0.00

附录2　青藏铁路(格拉段)沿线样地物种重要值(续18)

地区	植物名称	F	C	H	MDR	SRD	出现样方数	样方数	样地数	重要值
母布曲大桥	细裂亚菊	0.09	0.19	3.08	0.05	3.36	8	90	10	0.00
	丛生黄芪	0.18	0.21	0.97	0.04	1.36	16	90	10	0.00
	矮生嵩草	0.02	0.27	3.75	0.02	4.04	2	90	10	0.00
	鹤虱	0.09	0.23	1.00	0.02	1.32	8	90	10	0.00
	半卧狗娃花	0.08	0.19	1.25	0.02	1.52	7	90	10	0.00
	糙毛龙胆	0.18	0.18	0.64	0.02	0.99	16	90	10	0.00
	垫型蒿	0.09	0.13	1.63	0.02	1.85	8	90	10	0.00
	葵花大戟	0.09	0.13	1.73	0.02	1.95	8	90	10	0.00
	阿尔泰葶苈	0.11	0.09	1.00	0.01	1.20	10	90	10	0.00
	短叶羊茅	0.01	0.11	5.00	0.01	5.12	1	90	10	0.00
	细叶苔草	0.03	0.03	6.00	0.01	6.07	3	90	10	0.00
	川藏狗娃花	0.01	0.04	1.50	0.00	1.56	1	90	10	0.00
	大炮山景天	0.08	0.03	1.00	0.00	1.11	7	90	10	0.00
	短穗兔耳草	0.01	0.01	1.00	0.00	1.02	1	90	10	0.00
	多茎委陵菜	0.04	0.06	1.25	0.00	1.35	4	90	10	0.00
	伏毛山莓草	0.04	0.10	0.88	0.00	1.02	4	90	10	0.00
	龙胆	0.01	0.02	1.00	0.00	1.03	1	90	10	0.00
	毛果齿缘草	0.04	0.01	1.00	0.00	1.06	4	90	10	0.00
	美花草	0.02	0.01	0.50	0.00	0.53	2	90	10	0.00
	垂穗披碱草	0.01	0.01	10.00	0.00	10.02	1	90	10	0.00
	铺散肋柱花	0.01	0.01	1.00	0.00	1.02	1	90	10	0.00
	平卧藜	0.06	0.06	1.00	0.00	1.11	5	90	10	0.00
	青藏狗娃花	0.02	0.03	1.00	0.00	1.06	2	90	10	0.00
	腺异离蕊芥	0.03	0.02	1.50	0.00	1.56	3	90	10	0.00
	茵垫黄芪	0.03	0.04	0.67	0.00	0.74	3	90	10	0.00
	蚓果芥	0.02	0.02	0.90	0.00	0.94	2	90	10	0.00
	圆齿龙胆	0.02	0.03	1.00	0.00	1.06	2	90	10	0.00
乌玛塘	高山嵩草	0.86	56.08	1.55	74.60	58.49	54	63	7	0.82
	丛生钉柱委陵菜	0.78	4.40	1.46	5.01	6.64	49	63	7	0.05
	双叉细柄茅	0.48	1.33	5.72	3.63	7.53	30	63	7	0.04
	矮生嵩草	0.22	1.95	3.50	1.52	5.67	14	63	7	0.02
	青藏苔草	0.44	1.00	3.07	1.37	4.52	28	63	7	0.02
	垫状点地梅	0.59	1.48	0.90	0.78	2.96	37	63	7	0.01
	无茎黄鹌菜	0.38	1.70	1.07	0.69	3.14	24	63	7	0.01
	高山唐松草	0.37	0.75	2.14	0.58	3.25	23	63	7	0.01
	美丽风毛菊	0.43	0.87	1.34	0.50	2.64	27	63	7	0.01
	藏西风毛菊	0.33	1.03	1.34	0.46	2.70	21	63	7	0.01

附录2　青藏铁路(格拉段)沿线样地物种重要值(续19)

地区	植物名称	F	C	H	MDR	SRD	出现样方数	样方数	样地数	重要值
	小早熟禾	0.14	0.27	9.54	0.37	9.96	9	63	7	0.00
	肉果草	0.24	1.19	1.13	0.32	2.56	15	63	7	0.00
	丛生黄芪	0.25	0.75	1.37	0.26	2.37	16	63	7	0.00
	二裂委陵菜	0.24	0.54	1.26	0.16	2.04	15	63	7	0.00
	垂穗披碱草	0.06	0.11	22.00	0.16	22.17	4	63	7	0.00
	川藏蒲公英	0.21	0.35	1.71	0.12	2.26	13	63	7	0.00
	肾叶龙胆	0.33	0.33	1.00	0.11	1.67	21	63	7	0.00
	白花蒲公英	0.16	0.14	3.20	0.07	3.50	10	63	7	0.00
	茎直黄芪	0.05	0.16	9.07	0.07	9.27	3	63	7	0.00
	多茎委陵菜	0.13	0.24	2.16	0.07	2.52	8	63	7	0.00
	矮火绒草	0.17	0.32	1.01	0.06	1.51	11	63	7	0.00
	独一味	0.16	0.19	1.10	0.03	1.45	10	63	7	0.00
	禾叶点地梅	0.17	0.17	1.31	0.04	1.66	11	63	7	0.00
	蓝白龙胆	0.16	0.16	1.63	0.04	1.94	10	63	7	0.00
	糙喙苔草	0.05	0.10	5.30	0.02	5.44	3	63	7	0.00
	粗喙苔草	0.06	0.08	5.20	0.03	5.34	4	63	7	0.00
	高山豆	0.08	0.11	1.78	0.02	1.97	5	63	7	0.00
	锦毛紫菀	0.05	0.25	1.53	0.02	1.83	3	63	7	0.00
乌玛塘	祁连山棘豆	0.05	0.16	2.73	0.02	2.94	3	63	7	0.00
	恰草	0.08	0.08	3.43	0.02	3.59	5	63	7	0.00
	茵垫黄芪	0.11	0.21	0.99	0.02	1.30	7	63	7	0.00
	藏玄参	0.05	0.10	1.03	0.00	1.18	3	63	7	0.00
	大炮山景天	0.05	0.19	1.23	0.01	1.47	3	63	7	0.00
	平车前	0.05	0.13	2.00	0.01	2.17	3	63	7	0.00
	半卧狗娃花	0.02	0.05	2.50	0.00	2.56	1	63	7	0.00
	达乌里龙胆	0.02	0.02	1.40	0.00	1.43	1	63	7	0.00
	垫型蒿	0.02	0.02	1.00	0.00	1.03	1	63	7	0.00
	垫状雪灵芝	0.06	0.05	1.00	0.00	1.11	4	63	7	0.00
	甘肃羊茅	0.02	0.05	5.90	0.00	5.96	1	63	7	0.00
	高原毛茛	0.05	0.05	1.33	0.00	1.43	3	63	7	0.00
	美花草	0.02	0.03	0.00	0.00	0.05	1	63	7	0.00
	密穗马先蒿	0.03	0.02	2.50	0.00	2.55	2	63	7	0.00
	青藏雪灵芝	0.02	0.02	1.50	0.00	1.53	1	63	7	0.00
	青海茄参	0.03	0.03	1.50	0.00	1.56	2	63	7	0.00
	全叶马先蒿	0.03	0.03	2.00	0.00	2.06	2	63	7	0.00
	天山千里光	0.02	0.02	5.50	0.00	5.53	1	63	7	0.00
	紫花针茅	0.02	0.02	5.00	0.00	5.03	1	63	7	0.00

附录2   青藏铁路(格拉段)沿线样地物种重要值(续20)

地区	植物名称	F	C	H	MDR	SRD	出现样方数	样方数	样地数	重要值
	小早熟禾	0.76	3.62	9.48	25.95	13.86	34	45	5	0.20
	茎直黄芪	0.96	4.58	5.79	25.32	11.32	43	45	5	0.19
	矮生嵩草	0.69	11.53	3.02	24.02	15.24	31	45	5	0.18
	高山嵩草	0.62	7.51	2.58	12.06	10.71	28	45	5	0.09
	从生钉柱委陵菜	0.69	8.56	1.98	11.65	11.22	31	45	5	0.09
	紫花针茅	0.29	2.64	6.08	4.64	9.01	13	45	5	0.04
	多茎委陵菜	0.62	3.42	1.78	3.79	5.83	28	45	5	0.03
	二裂委陵菜	0.56	3.29	1.59	2.91	5.44	25	45	5	0.02
	狼毒	0.38	0.51	13.23	2.56	14.12	17	45	5	0.02
	藏嵩草	0.11	2.38	8.00	2.11	10.49	5	45	5	0.02
	垂穗披碱草	0.18	1.29	6.71	1.54	8.18	8	45	5	0.01
	平车前	0.58	1.93	1.36	1.52	3.87	26	45	5	0.01
	丝颖针茅	0.22	1.11	5.81	1.43	7.14	10	45	5	0.01
	川藏蒲公英	0.69	1.40	1.18	1.14	3.27	31	45	5	0.01
	紫黑披碱草	0.13	0.51	16.03	1.09	16.68	6	45	5	0.01
	中亚早熟禾	0.22	0.93	5.05	1.05	6.21	10	45	5	0.01
当	粗喙苔草	0.18	1.09	4.58	0.89	5.84	8	45	5	0.01
雄	线叶嵩草	0.11	1.73	4.60	0.89	6.44	5	45	5	0.01
车	糙喙苔草	0.16	1.36	3.90	0.82	5.41	7	45	5	0.01
站	早熟禾	0.07	1.29	9.00	0.77	10.36	3	45	5	0.01
	矮羊茅	0.16	0.58	7.14	0.64	7.88	7	45	5	0.00
	矮火绒草	0.38	0.98	1.65	0.61	3.01	17	45	5	0.00
	禾叶点地梅	0.71	0.44	1.45	0.46	2.61	32	45	5	0.00
	老牛筋	0.22	0.49	3.89	0.42	4.60	10	45	5	0.00
	垫型蒿	0.09	0.44	7.28	0.29	7.81	4	45	5	0.00
	瑞香狼毒	0.09	0.22	14.75	0.29	15.06	4	45	5	0.00
	黑褐苔草	0.09	0.49	5.50	0.24	6.08	4	45	5	0.00
	窄果苔草	0.11	0.42	4.30	0.20	4.83	5	45	5	0.00
	恰草	0.11	0.29	5.88	0.19	6.28	5	45	5	0.00
	窄果苔草	0.09	0.67	3.00	0.18	3.76	4	45	5	0.00
	甘肃羊茅	0.09	0.40	4.88	0.17	5.36	4	45	5	0.00
	茎直黄芪	0.09	0.47	2.65	0.11	3.21	4	45	5	0.00
	头花独行菜	0.02	0.89	5.00	0.10	5.91	1	45	5	0.00
	辐花	0.13	0.42	1.23	0.07	1.79	6	45	5	0.00
	小早熟禾	0.04	0.11	14.00	0.07	14.16	2	45	5	0.00
	鳞叶龙胆	0.24	0.18	1.00	0.04	1.42	11	45	5	0.00
	淡黄香青	0.04	0.07	4.00	0.01	4.11	2	45	5	0.00

附录2 青藏铁路(格拉段)沿线样地物种重要值(续21)

地区	植物名称	F	C	H	MDR	SRD	出现样方数	样方数	样地数	重要值
当雄车站	卷鞘鸢尾	0.04	0.04	7.55	0.01	7.64	2	45	5	0.00
	拟疾藜黄芪	0.07	0.07	1.50	0.01	1.63	3	45	5	0.00
	腺毛叶老牛筋	0.11	0.04	3.50	0.02	3.66	5	45	5	0.00
	矮生红景天	0.02	0.02	2.00	0.00	2.04	1	45	5	0.00
	半卧狗娃花	0.04	0.04	2.00	0.00	2.09	2	45	5	0.00
	藏波罗花	0.09	0.07	0.73	0.00	0.89	4	45	5	0.00
	臭蒿	0.07	0.02	2.50	0.00	2.59	3	45	5	0.00
	垂穗披碱草	0.02	0.07	4.00	0.01	4.09	1	45	5	0.00
	缘毛紫菀	0.02	0.02	1.10	0.00	1.14	1	45	5	0.00
	昆仑蒿	0.02	0.02	3.00	0.00	3.04	1	45	5	0.00
	兰石草	0.04	0.04	1.10	0.00	1.19	2	45	5	0.00
	铺散肋柱花	0.04	0.04	2.50	0.00	2.59	2	45	5	0.00
	圆齿狗娃花	0.07	0.02	2.00	0.00	2.09	3	45	5	0.00
	针叶苔草	0.02	0.02	10.00	0.00	10.04	1	45	5	0.00
当雄大桥	固沙草	0.51	2.19	9.45	10.58	12.15	46	90	10	0.19
	矮生嵩草	0.41	5.59	4.08	9.38	10.08	37	90	10	0.17
	丝颖针茅	0.39	2.67	7.94	8.24	11.00	35	90	10	0.15
	丛生钉柱委陵菜	0.56	4.47	2.33	5.77	7.35	50	90	10	0.10
	高山嵩草	0.30	6.52	2.16	4.23	8.98	27	90	10	0.08
	藏北嵩草	0.09	2.07	20.75	3.81	22.91	8	90	10	0.07
	颈直黄芪	0.38	1.18	5.47	2.43	7.02	34	90	10	0.04
	狼毒	0.26	0.61	11.47	1.79	12.34	23	90	10	0.03
	二裂委陵菜	0.49	1.96	1.81	1.73	4.26	44	90	10	0.03
	线叶嵩草	0.21	2.38	2.68	1.35	5.27	19	90	10	0.02
	黑褐苔草	0.13	1.11	4.75	0.70	5.99	12	90	10	0.01
	紫花针茅	0.10	0.67	10.56	0.70	11.32	9	90	10	0.01
	针叶苔草	0.08	2.17	3.86	0.65	6.10	7	90	10	0.01
	窄果苔草	0.19	0.66	4.60	0.57	5.44	17	90	10	0.01
	腺毛叶老牛筋	0.24	0.41	4.90	0.49	5.56	22	90	10	0.01
	鳞叶龙胆	0.46	0.50	1.35	0.31	2.31	41	90	10	0.01
	老牛筋	0.16	0.42	4.67	0.31	5.24	14	90	10	0.01
	高原毛茛	0.08	0.86	4.29	0.29	5.22	7	90	10	0.01
	短芒大麦草	0.04	0.32	14.50	0.21	14.87	4	90	10	0.00
	平车前	0.22	0.80	1.18	0.21	2.20	20	90	10	0.00
	鹅绒委陵菜	0.08	1.21	2.14	0.20	3.43	7	90	10	0.00
	糙毛龙胆	0.11	0.42	1.80	0.08	2.33	10	90	10	0.00

附录2 青藏铁路(格拉段)沿线样地物种重要值(续22)

地区	植物名称	F	C	H	MDR	SRD	出现样方数	样方数	样地数	重要值
	拟疾藜黄芪	0.14	0.20	2.89	0.08	3.23	13	90	10	0.00
	三穗苔草	0.03	0.24	8.33	0.07	8.61	3	90	10	0.00
	无茎黄鹌菜	0.08	0.88	1.00	0.07	1.96	7	90	10	0.00
	多茎委陵菜	0.09	0.18	3.00	0.05	3.27	8	90	10	0.00
	矮生红景天	0.16	0.16	1.88	0.05	2.19	14	90	10	0.00
	藏嵩草	0.02	0.20	6.50	0.03	6.72	2	90	10	0.00
	麦瓶草	0.06	0.09	5.75	0.03	5.89	5	90	10	0.00
	糙喙苔草	0.04	0.11	3.75	0.02	3.91	4	90	10	0.00
	辐花	0.10	0.08	2.00	0.02	2.18	9	90	10	0.00
	密花毛果草	0.12	0.09	1.57	0.02	1.78	11	90	10	0.00
	瑞香狼毒	0.02	0.07	10.00	0.01	10.09	2	90	10	0.00
	散穗苔草	0.02	0.10	8.00	0.02	8.12	2	90	10	0.00
	圆齿狗哇花	0.08	0.10	2.40	0.02	2.58	7	90	10	0.00
	中亚早熟禾	0.02	0.17	4.00	0.01	4.19	2	90	10	0.00
	丛生黄芪	0.02	0.28	2.00	0.01	2.30	2	90	10	0.00
	茵垫黄芪	0.04	0.07	3.00	0.01	3.11	4	90	10	0.00
当	垫形蒿	0.02	0.04	3.00	0.00	3.07	2	90	10	0.00
雄	高山豆	0.04	0.04	1.50	0.00	1.59	4	90	10	0.00
大	华西委陵菜	0.04	0.08	1.33	0.00	1.46	4	90	10	0.00
桥	芒尖苔草	0.02	0.03	7.00	0.01	7.06	2	90	10	0.00
	肉果草	0.04	0.17	1.00	0.01	1.21	4	90	10	0.00
	西伯利亚藜	0.03	0.04	2.50	0.00	2.58	3	90	10	0.00
	矮火绒草	0.01	0.01	1.00	0.00	1.02	1	90	10	0.00
	藏波罗花	0.04	0.02	1.50	0.00	1.57	4	90	10	0.00
	垂穗披碱草	0.01	0.01	21.00	0.00	21.02	1	90	10	0.00
	高山紫菀	0.02	0.01	2.00	0.00	2.03	2	90	10	0.00
	禾叶点地梅	0.09	0.02	1.00	0.00	1.11	8	90	10	0.00
	黑紫披碱草	0.01	0.01	7.00	0.00	7.02	1	90	10	0.00
	华西蒲公英	0.02	0.02	2.00	0.00	2.04	2	90	10	0.00
	铺散肋柱花	0.04	0.01	2.00	0.00	2.06	4	90	10	0.00
	蒲公英	0.01	0.01	2.00	0.00	2.02	1	90	10	0.00
	祁连山棘豆	0.01	0.01	1.00	0.00	1.02	1	90	10	0.00
	青藏狗哇花	0.01	0.01	1.00	0.00	1.02	1	90	10	0.00
	乳白香菁	0.01	0.02	5.00	0.00	5.03	1	90	10	0.00
	委陵菜	0.01	0.01	3.00	0.00	3.02	1	90	10	0.00
宁	藏北嵩草	0.40	7.77	18.16	55.70	26.32	32	81	9	0.27
中	矮生嵩草	0.72	11.65	5.03	42.01	17.40	58	81	9	0.21

附录2　青藏铁路(格拉段)沿线样地物种重要值(续23)

地区	植物名称	F	C	H	MDR	SRD	出现样方数	样方数	样地数	重要值
	海乳草	0.67	27.44	1.33	24.39	29.44	54	81	9	0.12
	蕨麻委陵菜	0.80	10.74	2.38	20.49	13.92	65	81	9	0.10
	高山嵩草	0.38	14.88	3.19	18.18	18.45	31	81	9	0.09
	扁穗草	0.35	6.60	6.75	15.41	13.70	28	81	9	0.08
	星星草	0.15	4.21	7.00	4.37	11.36	12	81	9	0.02
	线叶嵩草	0.21	4.40	4.12	3.80	8.72	17	81	9	0.02
	小早熟禾	0.22	1.69	8.88	3.33	10.79	18	81	9	0.02
	禾叶嵩草	0.23	0.81	16.39	3.13	17.44	19	81	9	0.02
	川藏蒲公英	0.53	1.43	2.31	1.75	4.26	43	81	9	0.01
	藏北苔草	0.10	0.95	17.14	1.61	18.19	8	81	9	0.01
	辐花	0.25	0.75	2.00	0.37	3.00	20	81	9	0.00
	多变鹅观草	0.10	0.15	21.43	0.31	21.68	8	81	9	0.00
	异穗苔草	0.09	0.56	5.50	0.26	6.14	7	81	9	0.00
	碱毛茛	0.15	0.62	1.91	0.17	2.67	12	81	9	0.00
	肉果草	0.15	0.90	1.42	0.19	2.47	12	81	9	0.00
	萎软紫菀	0.19	0.52	1.85	0.18	2.56	15	81	9	0.00
	白花蒲公英	0.16	0.31	2.33	0.12	2.80	13	81	9	0.00
	茎直黄芪	0.10	0.30	4.50	0.13	4.90	8	81	9	0.00
宁中	长叶火绒草	0.14	0.18	3.86	0.09	4.17	11	81	9	0.00
	黑穗披碱草	0.02	0.09	27.50	0.06	27.61	2	81	9	0.00
	刺芒龙胆	0.12	0.15	1.78	0.03	2.05	10	81	9	0.00
	西伯利亚藜	0.12	0.17	2.11	0.05	2.41	10	81	9	0.00
	黄花棘豆	0.06	0.02	15.00	0.02	15.09	5	81	9	0.00
	兰石草	0.07	0.12	1.50	0.01	1.70	6	81	9	0.00
	鳞叶龙胆	0.15	0.04	2.33	0.01	2.52	12	81	9	0.00
	平车前	0.10	0.12	2.33	0.03	2.55	8	81	9	0.00
	三脉梅花草	0.01	0.19	5.00	0.01	5.20	1	81	9	0.00
	丝颖针茅	0.04	0.06	13.00	0.03	13.10	3	81	9	0.00
	喜马拉雅碱茅	0.02	0.02	35.00	0.02	35.05		81	9	0.00
	纤杆蒿	0.05	0.15	3.75	0.03	3.95	4	81	9	0.00
	窄果苔草	0.02	0.17	5.00	0.02	5.20	2	81	9	0.00
	矮火绒草	0.05	0.01	2.00	0.00	2.06	4	81	9	0.00
	长叶嵩草	0.04	0.02	3.00	0.00	3.06	3	81	9	0.00
	垂穗披碱草	0.02	0.01	10.00	0.00	10.04	2	81	9	0.00
	丛生黄芪	0.01	0.01	1.00	0.00	1.02	1	81	9	0.00
	独一味	0.04	0.10	2.00	0.01	2.14	3	81	9	0.00
	鹅观草	0.01	0.01	35.00	0.01	35.02	1	81	9	0.00

附录2　青藏铁路(格拉段)沿线样地物种重要值(续24)

地区	植物名称	F	C	H	MDR	SRD	出现样方数	样方数	样地数	重要值
宁中	高山豆	0.01	0.01	1.00	0.00	1.02	1	81	9	0.00
	黑褐苔草	0.01	0.09	2.00	0.00	2.10	1	81	9	0.00
	碱茅	0.01	0.25	2.00	0.01	2.26	1	81	9	0.00
	蓝白龙胆	0.02	0.04	2.50	0.00	2.56	2	81	9	0.00
	披碱草	0.01	0.01	9.00	0.00	9.02	1	81	9	0.00
	青藏狗哇花	0.02	0.05	8.00	0.01	8.07	2	81	9	0.00
	青藏黄芪	0.01	0.04	6.00	0.00	6.05	1	81	9	0.00
	三裂碱毛茛	0.01	0.04	2.00	0.00	2.05	1	81	9	0.00
	苔草	0.02	0.09	4.50	0.01	4.61	2	81	9	0.00
	天蓝韭	0.02	0.01	17.00	0.01	17.04	2	81	9	0.00
	天山报春	0.04	0.01	3.00	0.00	3.05	3	81	9	0.00
	无茎黄鹌菜	0.01	0.06	3.00	0.00	3.07	1	81	9	0.00
	茵陈蒿	0.01	0.01	1.00	0.00	1.02	1	81	9	0.00
	圆裂毛茛	0.04	0.01	3.00	0.00	3.05	3	81	9	0.00
	猪毛蒿	0.02	0.01	2.00	0.00	2.04	2	81	9	0.00
羊八林	细叶苔草	0.63	6.86	6.23	27.10	13.72	40	63	7	0.64
	二裂委陵菜	0.54	7.44	1.97	7.90	9.95	34	63	7	0.19
	窄果苔草	0.17	0.79	11.00	1.52	11.97	11	63	7	0.04
	洽草	0.70	0.38	4.30	1.14	5.38	44	63	7	0.03
	大炮山景天	0.14	4.73	1.25	0.84	6.12	9	63	7	0.02
	大花嵩草	0.10	1.79	4.50	0.77	6.39	6	63	7	0.02
	固沙草	0.30	0.49	3.07	0.46	3.86	19	63	7	0.01
	矮生嵩草	0.14	0.54	5.56	0.43	6.24	9	63	7	0.01
	西藏微孔草	0.03	4.38	3.00	0.42	7.41	2	63	7	0.01
	矮火绒草	0.48	0.17	2.50	0.21	3.15	30	63	7	0.00
	紫花针茅	0.29	0.16	4.56	0.21	5.01	18	63	7	0.00
	毛镰蒿	0.08	1.22	2.00	0.19	3.30	5	63	7	0.00
	禾叶点地梅	0.13	0.49	2.75	0.17	3.37	8	63	7	0.00
	小早熟禾	0.13	0.08	13.71	0.14	13.92	8	63	7	0.00
	淡黄香青	0.65	0.05	4.33	0.13	5.02	41	63	7	0.00
	密花毛果草	0.25	0.41	1.20	0.13	1.87	16	63	7	0.00
	半卧狗哇花	0.14	0.14	5.67	0.12	5.95	9	63	7	0.00
	平卧藜	0.03	2.00	1.00	0.06	3.03	2	63	7	0.00
	高山嵩草	0.22	0.08	2.93	0.05	3.23	14	63	7	0.00
	颈直黄芪	0.03	0.83	2.00	0.05	2.86	2	63	7	0.00
	甘肃羊茅	0.06	0.11	6.50	0.05	6.67	4	63	7	0.00
	卷鞘鸢尾	0.03	0.03	2.00	0.00	2.06	2	63	7	0.00

附录2　　青藏铁路(格拉段)沿线样地物种重要值(续25)

地区	植物名称	F	C	H	MDR	SRD	出现样方数	样方数	样地数	重要值
羊八林	藏布三芒草	0.10	0.06	6.83	0.04	6.99	6	63	7	0.00
	镰萼喉毛花	0.25	0.06	1.14	0.02	1.46	16	63	7	0.00
	线叶嵩草	0.19	0.02	5.67	0.02	5.87	12	63	7	0.00
	矮丛风毛菊	0.02	0.67	1.00	0.01	1.68	1	63	7	0.00
	圆齿风毛菊	0.14	0.03	2.50	0.01	2.67	9	63	7	0.00
	阿拉善马先蒿	0.08	0.03	3.67	0.01	3.78	5	63	7	0.00
	矮羊茅	0.06	0.02	6.50	0.01	6.58	4	63	7	0.00
	海乳草	0.02	0.59	1.00	0.01	1.60	1	63	7	0.00
	丛生钉柱委陵菜	0.08	0.02	1.80	0.00	1.90	5	63	7	0.00
	垫状雪灵芝	0.06	0.10	1.00	0.01	1.16	4	63	7	0.00
	宽叶栓果芹	0.02	0.16	2.00	0.01	2.17	1	63	7	0.00
	鳞叶龙胆	0.24	0.02	1.33	0.01	1.59	15	63	7	0.00
	牛耳风毛菊	0.05	0.03	2.50	0.00	2.58	3	63	7	0.00
	青海棘豆	0.03	0.05	4.00	0.01	4.08	2	63	7	0.00
	丝颖针茅	0.05	0.05	2.33	0.01	2.43	3	63	7	0.00
	鹅绒委陵菜	0.03	0.02	2.00	0.00	2.05	2	63	7	0.00
	茵垫黄芪	0.02	0.22	0.00	0.00	0.24	1	63	7	0.00
羊八井	川藏蒲公英	0.25	3.50	41.67	36.46	45.42	3	12	1	0.26
	银莲花毛茛	0.33	9.67	5.00	16.11	15.00	4	12	1	0.12
	茎直黄芪	0.83	1.17	15.00	14.58	17.00	10	12	1	0.10
	纤杆蒿	0.25	6.33	9.00	14.25	15.58	3	12	1	0.10
	毛镰蒿	0.25	9.58	5.50	13.18	15.33	3	12	1	0.09
	毛叶锈线菊	0.67	0.75	10.00	5.00	11.42	8	12	1	0.04
	酸模叶囊吾	0.58	5.50	1.50	4.81	7.58	7	12	1	0.03
	藏波罗花	0.25	0.50	29.43	3.68	30.18	3	12	1	0.03
	戟叶火绒草	0.17	1.17	16.00	3.11	17.33	2	12	1	0.02
	川藏香茶菜	0.33	0.83	10.33	2.87	11.50	4	12	1	0.02
	禾叶点地梅	0.17	1.25	11.00	2.29	12.42	2	12	1	0.02
	环根芹	0.08	2.42	10.67	2.15	13.17	1	12	1	0.02
	大丁草	0.33	0.17	36.00	2.00	36.50	4	12	1	0.01
	苔草	0.42	0.75	6.00	1.88	7.17	5	12	1	0.01
	辐花	0.42	0.25	18.00	1.88	18.67	5	12	1	0.01
	早熟禾	0.50	5.17	0.67	1.72	6.33	6	12	1	0.01
	多刺绿绒蒿	0.25	2.08	3.00	1.56	5.33	3	12	1	0.01
	单花翠雀	0.25	0.50	12.00	1.50	12.75	3	12	1	0.01
	甘肃羊茅	0.08	1.75	9.00	1.31	10.83	1	12	1	0.01
	东方草莓	0.50	0.33	5.00	0.83	5.83	6	12	1	0.01

附录2　青藏铁路(格拉段)沿线样地物种重要值(续26)

地区	植物名称	F	C	H	MDR	SRD	出现样方数	样方数	样地数	重要值
羊八井	杜鹃	0.42	0.17	11.00	0.76	11.58	5	12	1	0.01
	毛香火绒草	0.08	2.67	3.00	0.67	5.75	1	12	1	0.00
	矮生嵩草	0.17	0.17	21.30	0.59	21.63	2	12	1	0.00
	小早熟禾	0.25	0.58	4.00	0.58	4.83	3	12	1	0.00
	多变鹅观草	0.17	0.17	21.00	0.58	21.33	2	12	1	0.00
	柴胡红景天	0.25	0.17	12.50	0.52	12.92	3	12	1	0.00
	青藏蒿	0.17	0.42	7.00	0.49	7.58	2	12	1	0.00
	毛叶老牛筋	0.42	0.25	4.00	0.42	4.67	5	12	1	0.00
	高山嵩草	0.25	0.50	3.00	0.38	3.75	3	12	1	0.00
	藏西风毛菊	0.08	0.17	23.00	0.32	23.25	1	12	1	0.00
	丛生钉柱委陵菜	0.25	0.25	4.60	0.29	5.10	3	12	1	0.00
	垫状点地梅	0.42	0.33	2.00	0.28	2.75	5	12	1	0.00
	无茎黄鹌菜	0.25	0.08	10.00	0.21	10.33	3	12	1	0.00
	缘齿风毛菊	0.17	0.42	3.00	0.21	3.58	2	12	1	0.00
	垂花报春	0.08	0.17	14.25	0.20	14.50	1	12	1	0.00
	紫羊茅	0.17	1.17	1.00	0.19	2.33	2	12	1	0.00
	长叶火绒草	0.08	0.08	24.67	0.17	24.83	1	12	1	0.00
	垂穗披碱草	0.08	0.67	3.00	0.17	3.75	1	12	1	0.00
	金露梅	0.83	0.08	2.00	0.14	2.92	10	12	1	0.00
	昆仑蒿	0.08	0.17	10.00	0.14	10.25	1	12	1	0.00
	藏西老鹳草	0.08	0.17	8.38	0.12	8.63	1	12	1	0.00
	轮叶黄精	0.17	0.08	8.00	0.11	8.25	2	12	1	0.00
	肉果草	0.08	0.25	4.50	0.09	4.83	1	12	1	0.00
	卵叶大黄	0.08	0.33	3.00	0.08	3.42	1	12	1	0.00
	洽草	0.17	0.17	2.67	0.07	3.00	2	12	1	0.00
	瓦韦	0.08	0.25	3.50	0.07	3.83	1	12	1	0.00
	蝇子草	0.08	0.25	3.00	0.06	3.33	1	12	1	0.00
	密花毛果草	0.08	0.17	4.00	0.06	4.25	1	12	1	0.00
	银露梅	0.08	0.17	2.00	0.03	2.25	1	12	1	0.00
	旋覆花	0.08	0.08	3.00	0.02	3.17	1	12	1	0.00
	中国蕨	0.08	0.25	1.00	0.02	1.33	1	12	1	0.00
	高山豆	0.08	0.08	2.50	0.02	2.67	1	12	1	0.00
	珠芽蓼	0.08	0.08	2.00	0.01	2.17	1	12	1	0.00
马乡嘎	三裂碱毛茛	0.47	13.75	5.38	34.90	19.60	17	36	4	0.22
	扁穗草	0.44	10.86	6.94	33.49	18.24	16	36	4	0.21
	西藏嵩草	0.19	5.11	25.29	25.13	30.59	7	36	4	0.16
	蕨麻委陵菜	0.56	9.72	3.24	17.47	13.51	20	36	4	0.11

附录2　青藏铁路(格拉段)沿线样地物种重要值(续27)

地区	植物名称	F	C	H	MDR	SRD	出现样方数	样方数	样地数	重要值
	高山嵩草	0.31	14.42	2.82	12.41	17.54	11	36	4	0.08
	具槽杆荸荠	0.11	3.25	19.50	7.04	22.86	4	36	4	0.05
	发草	0.19	2.75	7.86	4.20	10.80	7	36	4	0.03
	斑唇马先蒿	0.28	1.67	8.70	4.03	10.64	10	36	4	0.03
	矮生嵩草	0.19	5.08	2.86	2.82	8.13	7	36	4	0.02
	二裂委陵菜	0.22	3.56	3.25	2.57	7.03	8	36	4	0.02
	纤杆蒿	0.19	2.92	4.33	2.46	7.44	7	36	4	0.02
	茎直黄芪	0.19	0.97	8.67	1.64	9.83	7	36	4	0.01
	霜状嵩草	0.03	1.11	42.00	1.30	43.14	1	36	4	0.01
	海韭菜	0.17	0.47	13.83	1.09	14.47	6	36	4	0.01
	线叶嵩草	0.08	3.33	2.67	0.74	6.08	3	36	4	0.00
	肉果草	0.28	1.78	1.30	0.64	3.36	10	36	4	0.00
	平车前	0.28	0.67	3.13	0.58	4.07	10	36	4	0.00
	黄花棘豆	0.03	0.56	31.00	0.48	31.58	1	36	4	0.00
	短芒大麦草	0.08	0.97	5.33	0.43	6.39	3	36	4	0.00
	块根紫菀	0.17	0.58	3.83	0.37	4.58	6	36	4	0.00
	海乳草	0.19	0.94	1.83	0.34	2.97	7	36	4	0.00
马	大花嵩草	0.03	0.97	10.00	0.27	11.00	1	36	4	0.00
乡	早熟禾	0.08	0.33	9.33	0.26	9.75	3	36	4	0.00
嘎	西伯利亚蓼	0.06	0.67	6.00	0.22	6.72	2	36	4	0.00
	黑穗画眉草	0.06	0.56	4.50	0.14	5.11	2	36	4	0.00
	小早熟禾	0.08	0.25	6.00	0.13	6.33	3	36	4	0.00
	大炮山景天	0.11	0.83	1.25	0.12	2.19	4	36	4	0.00
	全叶马先蒿	0.11	0.14	4.75	0.07	5.00	4	36	4	0.00
	粗壮嵩草	0.03	0.06	28.00	0.04	28.08	1	36	4	0.00
	密花毛果草	0.08	0.28	2.00	0.05	2.36	3	36	4	0.00
	杉叶藻	0.06	0.17	5.00	0.05	5.22	2	36	4	0.00
	紫花针茅	0.03	0.14	12.00	0.05	12.17	1	36	4	0.00
	川藏蒲公英	0.08	0.14	2.50	0.03	2.72	3	36	4	0.00
	辣蒿	0.03	0.14	8.00	0.03	8.17	1	36	4	0.00
	三脉梅花草	0.08	0.11	3.00	0.03	3.19	3	36	4	0.00
	白茅	0.03	0.11	5.00	0.02	5.14	1	36	4	0.00
	半卧狗哇花	0.03	0.03	25.00	0.02	25.06	1	36	4	0.00
	藏北嵩草	0.03	0.11	4.00	0.01	4.14	1	36	4	0.00
	三刺草	0.03	0.06	6.00	0.01	6.08	1	36	4	0.00
	天山报春	0.08	0.06	2.00	0.01	2.14	3	36	4	0.00
	喜玛拉雅碱茅	0.03	0.14	3.00	0.01	3.17	1	36	4	0.00

附录2　青藏铁路(格拉段)沿线样地物种重要值(续28)

地区	植物名称	F	C	H	MDR	SRD	出现样方数	样方数	样地数	重要值
马乡嘎	圆裂毛茛	0.03	0.83	1.00	0.02	1.86	1	36	4	0.00
	冰岛蓼	0.03	0.08	3.00	0.01	3.11	1	36	4	0.00
	长叶火绒草	0.03	0.06	1.00	0.00	1.08	1	36	4	0.00
	丛生钉柱委陵菜	0.03	0.03	1.00	0.00	1.06	1	36	4	0.00
	丛生黄芪	0.03	0.03	1.00	0.00	1.06	1	36	4	0.00
	大丁草	0.03	0.03	4.00	0.00	4.06	1	36	4	0.00
	架棚	0.03	0.03	3.00	0.00	3.06	1	36	4	0.00
	老牛筋	0.03	0.03	4.00	0.00	4.06	1	36	4	0.00
	镰萼喉毛花	0.08	0.03	2.00	0.00	2.11	3	36	4	0.00
	水麦冬	0.03	0.03	10.00	0.01	10.06	1	36	4	0.00
	小微孔草	0.03	0.08	1.00	0.00	1.11	1	36	4	0.00
	猪毛蒿	0.03	0.03	1.00	0.00	1.06	1	36	4	0.00
	紫野麦	0.03	0.06	1.00	0.00	1.08	1	36	4	0.00
古荣	黑穗画梅草	0.56	3.03	14.60	24.56	18.18	20	36	4	0.40
	固沙草	0.42	3.44	7.20	10.33	11.06	15	36	4	0.17
	藏布三芒草	0.28	2.33	11.40	7.39	14.01	10	36	4	0.12
	紫野麦	0.14	1.92	24.40	6.50	26.46	5	36	4	0.11
	苔草	0.22	1.92	7.71	3.29	9.85	8	36	4	0.05
	短芒大麦草	0.25	0.75	12.13	2.27	13.13	9	36	4	0.04
	长爪黄芪	0.31	0.61	10.10	1.89	11.02	11	36	4	0.03
	密花毛果草	0.53	0.89	3.73	1.75	5.15	19	36	4	0.03
	颈直黄芪	0.22	0.72	7.57	1.22	8.52	8	36	4	0.02
	毛镰蒿	0.14	0.44	7.20	0.44	7.78	5	36	4	0.01
	蓝血草	0.14	0.39	6.20	0.33	6.73	5	36	4	0.01
	猪毛蒿	0.11	0.25	5.75	0.16	6.11	4	36	4	0.00
	短爪岩黄芪	0.17	0.19	4.00	0.13	4.36	6	36	4	0.00
	老牛筋	0.17	0.14	5.40	0.13	5.71	6	36	4	0.00
	二裂委陵菜	0.14	0.31	2.50	0.11	2.94	5	36	4	0.00
	平卧藜	0.14	0.19	3.40	0.09	3.73	5	36	4	0.00
	窄果苔草	0.06	0.22	7.00	0.09	7.28	2	36	4	0.00
	黄花蒿	0.06	0.19	6.00	0.06	6.25	2	36	4	0.00
	绢毛委陵菜	0.14	0.19	2.20	0.06	2.53	5	36	4	0.00
	隐子草	0.06	0.11	9.50	0.06	9.67	2	36	4	0.00
	阿尔泰狗哇花	0.11	0.19	2.50	0.05	2.81	4	36	4	0.00
	喜玛拉雅嵩草	0.03	0.17	12.00	0.06	12.19	1	36	4	0.00
	矮丛风毛菊	0.08	0.17	2.67	0.04	2.92	3	36	4	0.00

附录2 青藏铁路(格拉段)沿线样地物种重要值(续29)

地区	植物名称	F	C	H	MDR	SRD	出现样方数	样方数	样地数	重要值
古荣	架棚	0.08	0.06	6.00	0.03	6.14	3	36	4	0.00
	半卧紫菀	0.11	0.06	4.00	0.02	4.17	4	36	4	0.00
	半卧狗哇花	0.08	0.08	3.00	0.02	3.17	3	36	4	0.00
	荞麦	0.08	0.08	2.50	0.02	2.67	3	36	4	0.00
	早熟禾	0.03	0.08	8.00	0.02	8.11	1	36	4	0.00
	丛生钉柱委陵菜	0.08	0.08	1.50	0.01	1.67	3	36	4	0.00
	大丁草	0.08	0.08	2.00	0.01	2.17	3	36	4	0.00
	菊叶香藜	0.08	0.11	1.50	0.01	1.69	3	36	4	0.00
	肉果草	0.03	0.06	7.00	0.01	7.08	1	36	4	0.00
	三刺草	0.03	0.03	15.00	0.01	15.06	1	36	4	0.00
	纤杆蒿	0.03	0.08	4.00	0.01	4.11	1	36	4	0.00
	矮生嵩草	0.03	0.06	2.00	0.00	2.08	1	36	4	0.00
	白花蒲公英	0.06	0.03	3.00	0.00	3.08	2	36	4	0.00
	草沙蚕	0.03	0.03	5.00	0.00	5.06	1	36	4	0.00
	大炮山景天	0.11	0.03	1.00	0.00	1.14	4	36	4	0.00
	高山韭	0.03	0.06	2.00	0.00	2.08	1	36	4	0.00
	苦卖草	0.03	0.03	5.00	0.00	5.06	1	36	4	0.00
	葵花大蓟	0.03	0.06	3.00	0.00	3.08	1	36	4	0.00
	梅花草	0.06	0.03	4.00	0.01	4.08	2	36	4	0.00
	平车前	0.03	0.06	3.00	0.00	3.08	1	36	4	0.00
	三脉梅花草	0.03	0.03	7.00	0.01	7.06	1	36	4	0.00
	唐芥	0.03	0.06	2.00	0.00	2.08	1	36	4	0.00
	藏波罗花	0.03	0.06	1.00	0.00	1.08	1	36	4	0.00
	藏西风毛菊	0.03	0.03	2.00	0.00	2.06	1	36	4	0.00
东嘎	蕨麻委陵菜	0.63	15.07	2.64	24.83	18.33	45	72	8	0.28
	针叶苔草	0.24	8.96	5.12	10.82	14.31	17	72	8	0.12
	高山嵩草	0.25	11.54	3.61	10.42	15.40	18	72	8	0.12
	矮生嵩草	0.19	8.93	5.07	8.81	14.20	14	72	8	0.10
	藏东蒿	0.11	2.00	36.25	8.06	38.36	8	72	8	0.09
	碱毛茛	0.38	6.61	2.81	6.96	9.79	27	72	8	0.08
	纤杆蒿	0.18	1.85	18.45	6.16	20.48	13	72	8	0.07
	平车前	0.25	2.13	3.65	1.94	6.02	18	72	8	0.02
	海乳草	0.24	4.08	1.94	1.87	6.26	17	72	8	0.02
	无芒稗	0.19	2.42	3.33	1.57	5.94	14	72	8	0.02
	茎直黄芪	0.10	0.79	16.83	1.30	17.72	7	72	8	0.01
	藏北嵩草	0.13	0.97	6.22	0.76	7.32	9	72	8	0.01
	线叶嵩草	0.08	1.76	4.50	0.66	6.35	6	72	8	0.01

附录2　青藏铁路(格拉段)沿线样地物种重要值(续30)

地区	植物名称	F	C	H	MDR	SRD	出现样方数	样方数	样地数	重要值
	鼠麴菊	0.10	0.99	6.71	0.64	7.80	7	72	8	0.01
	毛镰蒿	0.10	0.42	14.00	0.57	14.51	7	72	8	0.01
	洽草	0.10	1.31	3.71	0.47	5.12	7	72	8	0.01
	肉果草	0.14	1.65	1.90	0.44	3.69	10	72	8	0.00
	大花嵩草	0.03	0.69	12.50	0.24	13.22	2	72	8	0.00
	短芒大麦草	0.04	0.19	26.67	0.22	26.90	3	72	8	0.00
	早熟禾	0.07	0.25	8.00	0.14	8.32	5	72	8	0.00
	川藏蒲公英	0.13	0.26	4.00	0.13	4.39	9	72	8	0.00
	马唐	0.07	0.43	4.20	0.13	4.70	5	72	8	0.00
	兰石草	0.08	0.51	2.83	0.12	3.43	6	72	8	0.00
	紫野麦	0.01	0.28	28.00	0.11	28.29	1	72	8	0.00
	小球花蒿	0.03	0.10	30.00	0.08	30.13	2	72	8	0.00
	白茅	0.01	0.69	8.00	0.08	8.71	1	72	8	0.00
	西伯利亚藜	0.10	0.28	2.83	0.08	3.21	7	72	8	0.00
	三裂碱毛茛	0.06	0.31	4.50	0.08	4.86	4	72	8	0.00
	赖草	0.06	0.04	30.33	0.07	30.43	4	72	8	0.00
	水麦冬	0.03	0.13	20.00	0.07	20.15	2	72	8	0.00
东	沼泽蔊菜	0.06	0.13	8.75	0.06	8.93	4	72	8	0.00
嘎	亚洲蒲公英	0.08	0.18	3.17	0.05	3.43	6	72	8	0.00
	块根紫菀	0.06	0.22	3.67	0.05	3.94	4	72	8	0.00
	长爪黄芪	0.01	0.13	21.00	0.04	21.14	1	72	8	0.00
	碱羊茅	0.01	0.08	28.00	0.03	28.10	1	72	8	0.00
	蒿	0.03	0.07	15.50	0.03	15.60	2	72	8	0.00
	黑穗画眉草	0.06	0.11	4.75	0.03	4.92	4	72	8	0.00
	中亚早熟禾	0.03	0.17	6.00	0.03	6.19	2	72	8	0.00
	蔊菜	0.04	0.07	6.00	0.02	6.11	3	72	8	0.00
	灰绿藜	0.07	0.13	2.00	0.02	2.19	5	72	8	0.00
	鼠麴草	0.01	0.06	15.00	0.01	15.07	1	72	8	0.00
	喜玛拉雅碱茅	0.01	0.11	6.00	0.01	6.13	1	72	8	0.00
	针叶苔草	0.01	0.07	5.00	0.00	5.08	1	72	8	0.00
	圆裂毛茛	0.01	0.17	2.00	0.00	2.18	1	72	8	0.00
	朝天委陵菜	0.03	0.06	2.00	0.00	2.08	2	72	8	0.00
	茵陈蒿	0.01	0.03	8.00	0.00	8.04	1	72	8	0.00
	白花草木樨	0.01	0.01	15.00	0.00	15.03	1	72	8	0.00
	扁蓄	0.01	0.01	2.00	0.00	2.03	1	72	8	0.00
	鳞叶龙胆	0.03	0.01	1.00	0.00	1.04	2	72	8	0.00

附录2　青藏铁路(格拉段)沿线样地物种重要值(续31)

地区	植物名称	F	C	H	MDR	SRD	出现样方数	样方数	样地数	重要值
玛塘实验示范地内部	高山嵩草	1.00	74.22	0.83	61.60	76.05	18	18	1	0.83
	苔草	1.00	1.68	3.75	6.29	6.43	18	18	1	0.08
	丛生钉柱委陵菜	1.00	1.17	1.78	2.07	3.94	18	18	1	0.03
	美丽风毛菊	1.00	0.44	1.61	0.72	3.05	18	18	1	0.01
	二裂委陵菜	0.89	0.39	1.69	0.58	2.97	16	18	1	0.01
	独一味	0.78	0.39	1.93	0.58	3.10	14	18	1	0.01
	达乌里龙胆	0.56	0.28	3.00	0.46	3.83	10	18	1	0.01
	高山唐松草	0.78	0.22	2.00	0.35	3.00	14	18	1	0.00
	垂穗披碱草	0.17	0.06	35.00	0.32	35.22	3	18	1	0.00
	青海固沙草	0.17	0.17	10.67	0.30	11.00	3	18	1	0.00
	高山豆	1.00	0.22	1.20	0.27	2.42	18	18	1	0.00
	画眉草	0.11	0.22	9.50	0.23	9.83	2	18	1	0.00
	平车前	0.22	0.39	1.25	0.11	1.86	4	18	1	0.00
	肉果草	0.56	0.17	1.00	0.09	1.72	10	18	1	0.00
	沙生风毛菊	0.50	0.11	1.33	0.07	1.94	9	18	1	0.00
	矮生嵩草	0.11	0.11	5.00	0.06	5.22	2	18	1	0.00
	双叉细柄茅	0.67	0.01	15.42	0.06	16.09	12	18	1	0.00
	唐松草	0.11	0.06	1.00	0.01	1.17	2	18	1	0.00
	恰草	0.17	0.01	6.00	0.01	6.17	3	18	1	0.00
	小早熟禾	0.06	0.01	15.00	0.00	15.06	1	18	1	0.00
	川藏蒲公英	0.61	0.01	1.18	0.00	1.80	11	18	1	0.00
	禾草	0.06	0.01	12.00	0.00	12.06	1	18	1	0.00
	圆裂毛茛	0.11	0.01	2.50	0.00	2.62	2	18	1	0.00
	平卧藜	0.11	0.01	2.00	0.00	2.12	2	18	1	0.00
	无茎黄鹤菜	0.28	0.01	0.80	0.00	1.08	5	18	1	0.00
	蒲公英	0.17	0.01	1.33	0.00	1.50	3	18	1	0.00
	矮香青	0.28	0.01	0.60	0.00	0.88	5	18	1	0.00
	毛茛	0.06	0.01	2.00	0.00	2.06	1	18	1	0.00
	异腺芥	0.06	0.01	2.00	0.00	2.06	1	18	1	0.00
	高原点地梅	0.06	0.01	1.00	0.00	1.06	1	18	1	0.00
	老鹳草	0.06	0.01	1.00	0.00	1.06	1	18	1	0.00
	龙胆	0.11	0.01	0.50	0.00	0.62	2	18	1	0.00
	车前	0.06	0.01	0.50	0.00	0.56	1	18	1	0.00
	灰绿藜	0.06	0.01	0.50	0.00	0.56	1	18	1	0.00

附录3 试验示范地植被物种重要值

地区	植物名称	F	C	H	MDR	SRD	出现样方数	样方数	实验地号	重要值
当雄大桥实验示范地内部	苔草	1.00	16.33	6.32	103.16	23.65	18	18	2	0.48
	青海固沙草	1.00	3.00	16.39	49.17	20.39	18	18	z2	0.23
	丝颖针茅	0.56	2.06	19.10	21.81	21.71	10	18	2	0.10
	高山嵩草	0.83	11.44	1.80	17.17	14.08	15	18	2	0.08
	茎直黄芪	0.83	1.22	5.27	5.37	7.33	15	18	2	0.02
	丛生钉柱委陵菜	0.89	2.39	2.25	4.78	5.53	16	18	2	0.02
	二裂委陵菜	0.83	1.50	2.53	3.16	4.86	15	18	2	0.01
	矮锦鸡儿	0.11	1.44	19.00	3.05	20.56	2	18	2	0.01
	蒲公英	0.89	0.89	3.25	2.57	5.03	16	18	2	0.01
	淡黄香青	0.44	1.89	2.00	1.68	4.33	8	18	2	0.01
	矮生嵩草	0.17	1.00	8.67	1.45	9.84	3	18	2	0.01
	老牛筋	0.39	0.44	5.57	0.96	6.40	7	18	2	0.00
	平车前	0.56	0.78	1.50	0.65	2.83	10	18	2	0.00
	十字花科	0.06	1.11	6.00	0.37	7.17	1	18	2	0.00
	狼毒	0.28	0.11	10.60	0.33	10.99	5	18	2	0.00
	平卧藜	0.17	0.44	4.00	0.30	4.61	3	18	2	0.00
	蕨麻委陵菜	0.17	0.67	2.33	0.26	3.16	3	18	2	0.00
	香青	0.11	0.22	8.00	0.20	8.33	2	18	2	0.00
	藏北嵩草	0.17	0.06	17.33	0.16	17.55	3	18	2	0.00
	肉果草	0.28	0.22	1.20	0.07	1.70	5	18	2	0.00
	禾叶点地梅	0.28	0.11	2.00	0.06	2.39	5	18	2	0.00
	白花枝子花	0.17	0.06	4.00	0.04	4.22	3	18	2	0.00
	美丽风毛菊	0.11	0.06	5.50	0.03	5.67	2	18	2	0.00
	黑紫披碱草	0.11	0.01	34.50	0.02	34.62	2	18	2	0.00
	菊叶香藜	0.06	0.06	2.00	0.01	2.11	1	18	2	0.00
	垂穗披碱草	0.06	0.01	17.00	0.01	17.06	1	18	2	0.00
	扁穗草	0.06	0.01	7.00	0.00	7.06	1	18	2	0.00
	狗哇花	0.11	0.01	1.50	0.00	1.62	2	18	2	0.00
	藏麻黄	0.06	0.01	2.00	0.00	2.06	1	18	2	0.00
	达乌里龙胆	0.06	0.01	2.00	0.00	2.06	1	18	2	0.00
	高山豆	0.06	0.01	2.00	0.00	2.06	1	18	2	0.00
	蓝白龙胆	0.06	0.01	2.00	0.00	2.06	1	18	2	0.00
	老鹳草	0.06	0.01	2.00	0.00	2.06	1	18	2	0.00
	三裂毛茛	0.06	0.01	2.00	0.00	2.06	1	18	2	0.00
	无茎黄鹌菜	0.06	0.01	1.00	0.00	1.06	1	18	2	0.00

附录3　试验示范地植被物种重要值(续1)

地区	植物名称	F	C	H	MDR	SRD	出现样方数	样方数	实验地号	重要值
	毛叶绣线菊	0.89	2.70	29.38	70.54	32.97	8	9	3	0.21
	青海固沙草	0.89	3.03	22.13	59.65	26.05	8	9	3	0.18
	杜鹃	0.67	2.48	32.50	53.76	35.65	6	9	3	0.16
	茎直黄芪	0.67	3.76	17.50	43.87	21.93	6	9	3	0.13
	藏北嵩草	0.78	2.43	19.86	37.52	23.07	7	9	3	0.11
	金露梅	1.00	1.73	19.25	33.39	21.98	9	9	3	0.10
	赖草	0.78	0.80	21.57	13.35	23.14	7	9	3	0.04
	苔草	0.89	1.51	4.38	5.85	6.77	8	9	3	0.02
	美丽风毛菊	0.78	2.01	2.71	4.23	5.49	7	9	3	0.01
	淡黄香青	0.67	1.06	4.92	3.48	6.65	6	9	3	0.01
	叉分蓼	0.11	1.24	20.00	2.77	21.36	1	9	3	0.01
	珠芽蓼	0.89	0.92	2.94	2.41	4.75	8	9	3	0.01
	藏西风毛菊	0.89	0.70	3.31	2.05	4.90	8	9	3	0.01
羊八井实验示范地内部	狼毒	0.56	0.33	8.80	1.61	9.69	5	9	3	0.00
	披碱草	0.44	0.11	26.25	1.28	26.80	4	9	3	0.00
	丛生钉柱委陵菜	0.89	0.51	2.31	1.04	3.71	8	9	3	0.00
	矮生嵩草	0.33	0.24	5.50	0.44	6.07	3	9	3	0.00
	川藏香茶菜	0.22	0.32	5.00	0.36	5.54	2	9	3	0.00
	沙生风毛菊	0.67	0.28	1.92	0.35	2.86	6	9	3	0.00
	达乌里龙胆	0.33	0.29	3.67	0.35	4.29	3	9	3	0.00
	银莲花	0.56	0.16	1.90	0.16	2.61	5	9	3	0.00
	香青	0.33	0.13	3.67	0.16	4.13	3	9	3	0.00
	老牛筋	0.33	0.05	8.00	0.13	8.38	3	9	3	0.00
	镰萼喉毛花	0.44	0.11	2.00	0.10	2.56	4	9	3	0.00
	高山豆	0.22	0.20	2.00	0.09	2.42	2	9	3	0.00
	高山嵩草	0.22	0.14	2.50	0.08	2.86	2	9	3	0.00
	固沙草	0.11	0.01	30.00	0.04	30.12	1	9	3	0.00
	高原点地梅	0.44	0.15	0.50	0.03	1.10	4	9	3	0.00
	柴胡红景天	0.11	0.05	5.00	0.03	5.16	1	9	3	0.00
	老鹳草	0.22	0.02	2.00	0.01	2.24	2	9	3	0.00
	假龙胆	0.33	0.01	2.00	0.01	2.35	3	9	3	0.00
	中国蕨	0.11	0.02	3.50	0.01	3.63	1	9	3	0.00
	轮叶黄精	0.11	0.01	5.00	0.01	5.12	1	9	3	0.00
	高山唐松草	0.22	0.02	1.00	0.00	1.24	2	9	3	0.00
	川藏蒲公英	0.11	0.01	3.00	0.00	3.12	1	9	3	0.00

附录3　试验示范地植被物种重要值(续2)

地区	植物名称	F	C	H	MDR	SRD	出现样方数	样方数	实验地号	重要值
羊八井实验示范地内部	禾叶点地梅	0.11	0.02	1.00	0.00	1.13	1	9	3	0.00
	大戟狼毒	0.11	0.01	3.00	0.00	3.12	1	9	3	0.00
	刺参	0.11	0.00	2.00	0.00	2.12	1	9	3	0.00
	火绒草	0.11	0.00	16.00	0.00	16.11	1	9	3	0.00
	环根芹	0.22	0.00	6.00	0.00	6.22	2	9	3	0.00
	平卧藜	0.11	0.00	2.00	0.00	2.11	1	9	3	0.00
	大炮山景天	0.11	0.00	1.00	0.00	1.11	1	9	3	0.00
	点地梅	0.11	0.40	0.00	0.00	0.51	1	9	3	0.00
	独一味	0.11	0.60	0.00	0.00	0.71	1	9	3	0.00
	麦瓶草	0.11	0.00	0.00	0.00	0.11	1	9	3	0.00
乌玛塘实验示范地外部	黑穗画眉草	0.89	9.56	11.88	100.86	22.32	16	18	4	0.32
	藏布三芒草	0.61	7.89	18.18	87.65	26.68	11	18	4	0.27
	多花草沙蚕	0.89	7.11	9.63	60.87	17.63	16	18	4	0.19
	固沙草	0.44	3.44	20.38	31.20	24.27	8	18	4	0.10
	禾草	0.78	3.06	6.14	14.59	9.97	14	18	4	0.05
	窄果苔草	0.83	3.06	2.87	7.31	6.76	15	18	4	0.02
	茎直黄芪	0.89	0.94	8.00	6.72	9.83	16	18	4	0.02
	苔草	0.39	0.22	31.14	2.69	31.75	7	18	4	0.01
	波斯菊(栽培)	0.11	0.78	27.00	2.33	27.89	2	18	4	0.01
	密花毛果草	0.89	0.78	2.88	1.99	4.55	16	18	4	0.01
	淡黄香青	0.28	0.94	5.80	1.52	7.02	5	18	4	0.00
	架棚	0.17	0.39	9.67	0.63	10.23	3	18	4	0.00
	半卧狗哇花	0.44	0.28	3.50	0.43	4.22	8	18	4	0.00
	老牛筋	0.44	0.11	5.38	0.27	5.94	8	18	4	0.00
	长爪黄芪	0.44	0.11	3.50	0.17	4.06	8	18	4	0.00
	二裂委陵菜	0.06	0.17	5.00	0.05	5.22	1	18	4	0.00
	藏西风毛菊	0.11	0.11	3.50	0.04	3.72	2	18	4	0.00
	菊叶香藜	0.06	0.06	6.00	0.02	6.11	1	18	4	0.00
	高山韭	0.50	0.01	5.33	0.01	5.84	9	18	4	0.00
	藏波萝花	0.17	0.01	3.00	0.00	3.17	3	18	4	0.00
	丛生钉柱委陵菜	0.17	0.01	2.67	0.00	2.84	3	18	4	0.00
	平车前	0.06	0.01	7.00	0.00	7.06	1	18	4	0.00
	大炮山景天	0.22	0.01	1.50	0.00	1.73	4	18	4	0.00
	獐芽菜	0.06	0.01	5.00	0.00	5.06	1	18	4	0.00
	阿尔泰狗哇花	0.17	0.01	1.00	0.00	1.17	3	18	4	0.00
	鳞叶龙胆	0.06	0.01	2.00	0.00	2.06	1	18	4	0.00

附录3　试验示范地植被物种重要值(续3)

地区	植物名称	F	C	H	MDR	SRD	出现样方数	样方数	实验地号		重要值
乌玛塘实验示范地外部	高山嵩草	1.00	88.40	1.20	106.08	90.60	5	5	1	3	0.85
	双叉细柄茅	1.00	1.18	8.00	9.44	10.18	5	5	1	3	0.08
	丛生钉柱委陵菜	1.00	1.92	1.70	3.27	4.62	5	5	1	3	0.03
	淡黄香青	0.40	2.42	1.50	1.45	4.32	2	5	1	3	0.01
	长爪黄芪	0.60	0.86	2.17	1.12	3.63	3	5	1	3	0.01
	二裂委陵菜	1.00	0.69	1.60	1.10	3.29	5	5	1	3	0.01
	肉果草	1.00	0.89	1.00	0.89	2.89	5	5	1	3	0.01
	苔草	1.00	0.15	3.00	0.46	4.15	5	5	1	3	0.00
	独一味	0.60	0.37	1.67	0.37	2.64	3	5	1	3	0.00
	矮生嵩草	0.20	0.06	7.00	0.09	7.26	1	5	1	3	0.00
	蒲公英	0.60	0.11	1.33	0.09	2.04	3	5	1	3	0.00
	达乌里龙胆	0.40	0.04	3.00	0.04	3.44	2	5	1	3	0.00
	沙生风毛菊	0.60	0.05	1.33	0.04	1.98	3	5	1	3	0.00
	青海固沙草	0.20	0.02	7.00	0.03	7.22	1	5	1	3	0.00
	平车前	0.20	0.06	1.00	0.01	1.26	1	5	1	3	0.00
	高山唐松草	0.40	0.03	1.00	0.01	1.43	2	5	1	3	0.00
	高原点地梅	0.20	0.03	1.50	0.01	1.73	1	5	1	3	0.00
	美丽风毛菊	0.20	0.02	1.00	0.00	1.22	1	5	1	3	0.00
当雄大桥实验示范地外部	丛生钉柱委陵菜	0.80	6.61	16.89	89.29	24.30	4	5	2	3	0.33
	矮生嵩草	0.40	28.20	5.13	57.87	33.73	2	5	2	3	0.22
	半卧狗哇花	0.40	5.80	23.40	54.31	29.60	2	5	2	3	0.20
	二裂委陵菜	1.00	4.00	6.00	24.00	11.00	5	5	2	3	0.09
	大炮山景天	0.20	22.00	2.71	11.92	24.91	1	5	2	3	0.04
	茎直黄芪	0.80	4.00	2.38	7.62	7.18	4	5	2	3	0.03
	高山嵩草	0.40	2.80	5.57	6.24	8.77	2	5	2	3	0.02
	淡黄香青	0.20	6.20	3.50	4.34	9.90	1	5	2	3	0.02
	狼毒	0.40	1.60	4.00	2.56	6.00	2	5	2	3	0.01
	平车前	1.00	0.40	6.25	2.51	7.65	5	5	2	3	0.01
	禾叶点地梅	0.20	5.00	2.13	2.13	7.33	1	5	2	3	0.01
	蒲公英	1.00	1.41	1.50	2.11	3.91	5	5	2	3	0.01
	青海固沙草	1.00	0.20	8.00	1.60	9.20	5	5	2	3	0.01
	平卧藜	0.60	0.20	10.67	1.31	11.47	3	5	2	3	0.00
	老牛筋	0.20	1.01	3.25	0.65	4.46	1	5	2	3	0.00
	丝颖针茅	0.40	0.20	2.00	0.16	2.60	2	5	2	3	0.00
	苔草	0.60	0.00	17.00	0.02	17.60	3	5	2	3	0.00

附录3　试验示范地植被物种重要值(续4)

地区	植物名称	F	C	H	MDR	SRD	出现样方数	样方数	实验地号	重要值
	青海固沙草	1.00	3.65	27.40	99.90	32.05	5	5	3—2	0.28
	金露梅	1.00	2.79	25.00	69.80	28.79	5	5	3—2	0.20
	毛叶绣线菊	1.00	2.74	17.14	46.90	20.88	5	5	3—2	0.13
	高山嵩草	0.80	21.20	2.75	46.64	24.75	4	5	3—2	0.13
	酸膜叶蟗吾	0.40	2.64	30.50	32.21	33.54	2	5	3—2	0.09
	柴胡红景天	0.60	14.80	2.67	23.71	18.07	3	5	3—2	0.07
	苔草	0.80	1.25	11.00	11.04	13.05	4	5	3—2	0.03
	甘肃羊茅	0.40	0.45	41.50	7.47	42.35	2	5	3—2	0.02
	美丽风毛菊	0.80	1.30	7.13	7.39	9.23	4	5	3—2	0.02
	丛生钉柱委陵菜	1.00	0.98	2.80	2.73	4.78	5	5	3—2	0.01
	川藏香茶菜	0.40	0.20	20.00	1.60	20.60	2	5	3—2	0.00
	藏北嵩草	0.20	0.55	13.00	1.43	13.75	1	5	3—2	0.00
	矮生嵩草	0.40	0.17	8.50	0.57	9.07	2	5	3—2	0.00
羊八井实验示范地外部	狼毒	0.20	0.13	22.00	0.56	22.33	1	5	3—2	0.00
	戟叶火绒草	0.20	0.13	17.00	0.44	17.33	1	5	3—2	0.00
	披碱草	0.20	0.13	16.00	0.41	16.33	1	5	3—2	0.00
	达乌里龙胆	0.60	0.19	3.50	0.40	4.29	3	5	3—2	0.00
	藏西风毛菊	0.80	0.28	1.75	0.39	2.83	4	5	3—2	0.00
	高原点地梅	0.80	1.90	0.25	0.38	2.95	4	5	3—2	0.00
	银莲花	0.80	0.05	6.50	0.25	7.35	4	5	3—2	0.00
	丝颖针茅	0.40	0.04	14.00	0.21	14.44	2	5	3—2	0.00
	赖草	0.60	0.02	18.00	0.17	18.62	3	5	3—2	0.00
	牛耳风毛菊	0.60	0.20	1.17	0.14	1.97	3	5	3—2	0.00
	点地梅	0.40	1.07	0.25	0.11	1.72	2	5	3—2	0.00
	老牛筋	0.20	0.04	11.00	0.09	11.24	1	5	3—2	0.00
	川藏蒲公英	0.40	0.23	0.75	0.07	1.38	2	5	3—2	0.00
	双叉细柄茅	0.20	0.01	30.00	0.06	30.21	1	5	3—2	0.00
	高山m口袋	0.40	0.09	1.50	0.05	1.99	2	5	3—2	0.00
	茎直黄芪	0.40	0.03	3.25	0.04	3.68	2	5	3—2	0.00
	高山唐松草	0.40	0.02	2.00	0.02	2.42	2	5	3—2	0.00
	肉果草	0.40	0.04	1.00	0.02	1.44	2	5	3—2	0.00
	糙苏	0.20	0.03	2.00	0.01	2.23	1	5	3—2	0.00
	香青	0.20	0.02	2.00	0.01	2.22	1	5	3—2	0.00
	短穗兔耳草	0.20	0.03	1.00	0.01	1.23	1	5	3—2	0.00
	老鹳草	0.20	0.02	2.00	0.01	2.22	1	5	3—2	0.00
	龙胆	0.20	0.01	3.00	0.00	3.21	1	5	3—2	0.00
	假龙胆	0.20	0.01	1.50	0.00	1.71	1	5	3—2	0.00
	刺参	0.20	0.00	0.50	0.00	0.70	1	5	3—2	0.00
	镰萼喉毛花	0.20	0.00	1.00	0.00	1.20	1	5	3—2	0.00

附录3　试验示范地植被物种重要值(续5)

地区	植物名称	F	C	H	MDR	SRD	出现样方数	样方数	实验地号	重要值
古容实验示范地外部	藏布三芒草	0.80	11.00	12.50	110.00	24.30	4	5	4—3	0.47
	多花草沙蚕	0.80	5.40	8.75	37.80	14.95	4	5	4—3	0.16
	茎直黄芪	1.00	2.20	11.60	25.52	14.80	5	5	4—3	0.11
	黑穗画眉草	0.80	3.00	9.75	23.40	13.55	4	5	4—3	0.10
	禾草	0.60	4.20	8.67	21.84	13.47	3	5	4—3	0.09
	苔草	1.00	3.00	4.40	13.20	8.40	5	5	4—3	0.06
	二裂委陵菜	0.20	2.80	3.00	1.68	6.00	1	5	4—3	0.01
	淡黄香青	0.60	0.40	5.00	1.20	6.00	3	5	4—3	0.01
	半卧狗哇花	0.60	0.00	2.67	0.00	3.27	3	5	4—3	0.00
	长爪黄芪	0.20	0.00	2.00	0.00	2.20	1	5	4—3	0.00
	大炮山景天	0.60	0.00	1.67	0.00	2.27	3	5	4—3	0.00
	高山韭	0.60	0.00	6.33	0.00	6.93	3	5	4—3	0.00
	密花毛果草	1.00	0.00	2.60	0.00	3.60	5	5	4—3	0.00

主要参考文献

[1] 彭镇华，中国森林生态网络体系建设研究，北京：中国林业出版社，2003.

[2] 江泽慧．中国现代林业（第二版），北京：中国林业出版社，2008.

[3] 彭镇华，江泽慧．迎接21世纪生态环境新时代：论中国森林生态网络系统工程．安徽农业大学学报，1998，25（2）：101～108.

[4] 中国科学院青藏高原综合科学考察队．西藏土壤．北京：科学出版社，1985.

[5] 中国科学院青藏高原综合科学考察队．西藏植被．北京：科学出版社，1988.

[6] 吴征镒．中国植被，北京：科学出版社，1980.

[7] 侯学煜．中国植被及其地理分布．北京：科学出版社，1994.

[8] 李文华，周兴民．青藏高原生态系统及优化利用模式．广州：广东科技出版社，1998.

[9] 阳含熙，卢泽愚．植物生态学的数量分类方法．北京：科学出版社，1981:111～114，121～128.

[10] 孙鸿烈．青藏高原形成演化与发展．广州：广东科技出版社，1998.

[11] 郑度等．自然环境及其地域分异，青藏高原的形成演化．上海：上海科学技术出版社，1996.

[12] 孙士云．青藏铁路沿线的生态环境特点及保护对策．冰川冻土，2003，8(25)：181～185.

[13] 周金星，Jun Yang，董林水，等，青藏铁路唐古拉山南段沿线植被多样性及盖度特征分析，北京林业大学学报．2008，30(3)．24～30.

[14] 莫申国，张百平，等．青藏高原的主要环境效应．地理科学进展，2004，23(2)：88～96.

[15] 钱迎倩．生物多样性研究的原理与方法，北京：中国科学出版社，1994．

[16] 程昊，陈泽昊．青藏铁路荒漠地段沿线植被自然恢复的可行性探讨．中国铁路，2002（11）：52～54.

[17] 鲁春霞，谢高地，成升魁，李双成．青藏高原的水塔功能．山地学报，2004，22(4)：428～432.

[18] 铁道第一勘察设计院．新建铁路青藏线格拉段南山口—纳赤台（站前部分）．初步设计——地质，2001.

[19] 铁道第一勘察设计院，新建铁路青藏线格拉段望昆—唐古拉（站前部分）．初步设计——地质，2002.

[20] 铁道第一勘察设计院，新建铁路青藏线格拉段唐古拉—拉萨（站前部分）．初步设计——地质，2002.

[21] 洛桑·灵智多杰，青藏高原环境与发展概论，中国藏学出版社，1996.

[22] 鲁春霞，谢高地，肖玉，等．青藏高原生态系统服务功能的价值评估．生态学报，2004，24（12）：2749～2755.

[23] 马生林．青藏高原生物多样性保护研究．青海民族学院学报（社会科学版），2004，30（4）：76～78.

[24] 牛亚菲．青藏高原生态环境问题研究．地理科学进展，1999，18（2）：163～171.

[25] 兰玉蓉．青藏高原高寒草甸草地退化线状及治理对策．青海草业，2004，13（1）：27～30.

[26] 吴青柏，沈永平，施斌．青藏高原冻土及水热过程与寒区生态环境的关系．冰川冻土，25（3）：250～255.

[27] 席新林，许兆义．青藏铁路建设中生态环境保护措施．环境科学与技术，2005，28（增刊）：119～121.

[28] 卓玛措．青藏高原生态环境及其保护与建设．中学地理教学参考，2001，(6)：54～55.

[29] 文军，李海明，李添萍．青海省水土流失与荒漠化

的发展趋势及防治对策.水土保持研究,2002,9(4):147~149.

[30] 李国强,马克明,傅伯杰.区域植被恢复对生态安全的影响预测——以岷江上游干旱河谷为例.生态学报,2006,26(12):4127~4134.

[31] 邓辅唐,晏雨鸿,孙佩石,等.高速公路边坡三种植被恢复模式的生态效果评估.中国水土保持,2007,(4):40~42.

[32] 胥晓刚,杨冬生,胡庭兴,等.不同植物种类在公路边坡植被恢复中的适应性研究.公路,2004,(6):157~160.

[33] 钱亦兵,张立运,吴兆宁.新疆高等级公路路域植被恢复和重建.干旱区研究,2002,19(3):21~26.

[34] 陈志国,周国英,陈桂琛,等.青藏铁路格唐段高海拔地区植被恢复研究——I高寒草原植被现状与恢复基本途径探讨.安徽农业科学,2006,34(23):6283~6285.

[35] 沈渭寿,张慧,邹长新,等.青藏铁路建设对沿线高寒生态系统的影响及恢复预测方法研究.科学通报,2004,49(9):909~914.

[36] 马世震,陈桂琛,彭敏,等.青藏公路取土场高寒草原植被的恢复进程.中国环境科学,2004,24(2):188~191.

[37] 魏建方.青藏铁路建设中高寒草原植被恢复与再造技术的研究.冰川冻土,2003,25(1):195~198.

[38] 梁四海.近21年青藏高原植被覆盖变化规律.地球科学进展,2007,22(1):33~38.

[39] 周华坤,周立,赵新全,等.青藏高原高寒草甸生态系统稳定性研究.科学通报,2006,51(1):63~69.

[40] 杜国祯,覃光莲,李白珍,等.高寒草甸植物群落中物种丰富度与生产力的关系研究.植物生态学报,2003,27(1):125~132.

[41] 刘孔杰,刘龙,周存秀.生物多样性在路域植被恢复中的应用.交通环保,2002,23(4):10~12.

[42] 马克平,刘玉明.生物群落多样性的测度方法I——α多样性的测定方法(下).生物多样性,1994,2(4):231~239.

[43] 周金星,易作明,李冬雪,等.青藏铁路沿线原生植被多样性分布格局研究.水土保持学报,2007,21(3):173~177.

[44] 唐志尧,方精云.植物物种多样性的垂直分布格局.生物多样性,2004,12(1):20~28.

[45] 中国生物多样性国情研究报告编写组.中国生物多样性国情研究报告.北京:中国环境科学出版社,1998:37~43.

[46] 李文丽,王红,李德铢.云南马先蒿属植物的生物地理及物种多样性.云南植物研究,2002,24(5):583~590.

[47] 周立华.论无心菜属的地理分布.植物分类学报,1996,34(3):229~241.

[48] 王杰,贺星,徐素伟.红景天属植物的研究进展.中草药,2007,38(7):2~4.

[49] 周忠泽,张小平,许仁鑫.中国冰岛蓼属植物花粉形态的研究.植物分类学报,2004,42(6):513~523.

[50] 黄利权,伍义行.火绒草及火绒草属植物研究进展.中兽医医药杂志,2003,(3):24~26.

[51] 智丽,滕中华.中国赖草属植物的分类、分布的初步研究.植物研究,2005,25(1):22~25.

[52] 蔡联炳.鹅观草属的地理分布.西北植物学报,2002,22(4):913~923.

[53] 张力君,王林和.驼绒藜属植物蒸腾作用的某些特征.干旱区资源与环境,2003,17(5):129~134.

[54] 沈渭寿,张慧,邹长新,等.青藏铁路建设对沿线高寒生态系统的影响及恢复预测方法研究,2004,49(9):909~914.

[55] 白涛.西藏林业经济.北京:中国藏学出版社,1996.

[56] 陈浩,梁广林,周金星,等.黄河中游植被恢复对流域侵蚀产沙的影响与治理前景分析.中国科学,2005,Vol.35,No.5:452~46.

[57] 陈志明.从青藏高原隆起探讨西藏湖泊生态环境的变迁.海洋与湖沼,1981,5.

[58] 陈佐.青藏铁路的生态环境影响与效益.铁道劳动安全卫生与环保,2001,28(3):141~145.

[59] 侯永平,段昌群,何锋.滇中高原不同植被恢复条件下土壤肥力和水分特征研究.中国水土保持研究,2005,12(1):49~53.

[60] 江洪,黄建辉,陈灵芝,等.东灵山植物群落的排序、

数量分类与环境解释. 植物学报, 1994, 36(7): 539~
551.

[61] 康兴成, 张其花. 青藏高原高海拔地区柏树生长季
节的探讨. 冰川冻土, 2001, 23 (2): 149 ~ 155.

[62] 拉旦. 青海省高寒草甸植被退化因素分析及对策. 四
川草原, 2005, 6: 47 ~ 50.

[63] 李森, 董玉祥, 董光荣, 等. 青藏高原沙漠化问题
与可持续发展. 北京: 中国藏学出版社, 2001: 135~
138.

[64] 李述训, 程国栋, 郭东信. 气候持续转暖条件下青
藏高原多年冻土变化趋势数值模拟. 中国科学 (D
辑), 1996, (4): 342 ~ 347.

[65] 林鹏. 植物群落学. 上海: 上海科学技术出版社,
1986.

[66] 刘尚武. 青海植物志一. 西宁: 青海人民出版社,
1997.

[67] 刘尚武. 青海植物志四. 西宁: 青海人民出版社,
1999.

[68] 鲁春霞, 谢高地, 成升魁, 李双成. 青藏高原的水
塔功能. 山地学报, 2004, 22(4): 428 ~ 432.

[69] 马世震, 陈桂琛, 彭敏, 周国英. 青藏铁路沿线
高寒草原生态质量评价指标体系初探. 干旱区研究,
2005, 22(2): 231 ~ 235.

[70] 莫申国, 张百平, 程维明等, 青藏高原的主要环境
效应. 地里科学进展, 2004, 23(2): 88 ~ 96.

[71] 钱迎倩. 生物多样性研究的原理与方法. 北京: 中国
科学出版社, 1994: 141 ~ 165.

[72] 青海省农业资源区划办公室. 青海植物名录. 西宁:
青海人民出版社, 1998.

[73] 仁青吉, 罗燕江, 王海洋, 刘金梅. 青藏高原典型
高寒草甸退化草地的恢复——施肥刈割对草地质量
的影响. 草业学报, 2004, 13(2): 43 ~ 49.

[74] 尚永成, 张小华. 青藏高原多年冻土地区公路建设
对植被类型的影响. 草业科学, 2005, 22(12): 17~
19.

[75] 沈渭寿, 张慧, 等. 青藏铁路建设对沿线高寒生态
系统的影响及恢复预测方法研究. 科学通报, 2004,
49 (9) 909 ~ 914.

[76] 孙海群. 小嵩草和矮嵩草高寒草甸退化演替研究. 黑
龙江畜牧兽医, 2002, (1): 1~3.

[77] 孙士云. 青藏铁路沿线的生态环境特点及保护对策.
冰川冻土, 2003, 8(25): 181 ~ 185.

[78] 滕怀渊, 程俊珊. 高海拔旱地玉米施用复合生物菌
肥的效果. 甘肃农业科技, 2001 (5): 36 ~ 37.

[79] 田文涛, 姜晓华, 刘继新. 大兴安岭冻土地上兴安
落叶松林生长分析. 资源科学, 1993, 71 ~ 78.

[80] 王大名. 容器苗造林是石质山地造林成功的重要途
径. 辽宁林业科技, 1995(2): 18, 19, 37.

[81] 王根绪, 程国栋. 江河源区的草地资源特征与草地
生态变化. 中国沙漠, 2001, 21(2): 101~107.

[82] 王根绪, 沈永平, 程国栋. 黄河源区生态环境变化
与成因分析. 冰川冻土, 2000, 22(3): 200 ~ 205.

[83] 王根绪, 吴青柏, 王一博等. 青藏铁路工程对高寒
草地生态系统的影响. 科技导报, 2005, 1: 8 ~
13.

[84] 王贵霞, 李传荣, 齐清等. 泰山油松群落 β 多样性
研究. 山东农业大学学报. 2004, 35 (3): 347 ~ 351

[85] 王海军, 顾振瑜, 胡景江. 固体水释放规律及其
对植物水分生理的影响. 西北林学院学报, 2001,
16(3): 11 ~ 13.

[86] 王会儒, 丁骞. 白龙江林区高海拔造林技术研究.
甘肃林业科技, 2004, 29(1): 62 ~ 64.

[87] 王九龄, 孙健. 华北石质低山阳坡应用高吸水剂抗
旱造林试验初报. 林业科技通讯, 1984(11): 16 ~ 20.

[88] 王明玖, 李青丰, 青秀玲. 贝加尔针茅草原围栏封
育和自由放牧条件下植物结实数量的研究. 中国草
地, 2001, 23(6): 21 ~ 26.

[89] 王谋, 李勇, 黄润秋, 李亚林. 气候变暖对青藏高
原腹地高寒植被的影响. 生态学报, 2005, 25 (6):
1275 ~ 1281.

[90] 王启基, 等. 不同调控策略下退化草地植物群落结
构及其多样性分析, 高寒草甸生态系统—4[C]. 北京:
科学出版社, 1995: 269 ~ 280.

[91] 王启基, 竟增春, 王文颖等. 青藏高原高寒草甸草
地资源环境及可持续发展研究. 1997, 6 (3): 1 ~
11.

[92] 王三英, 周映梅, 刘鸿源, 等. 吸水保水剂在抗旱
造林中的应用研究. 甘肃林业科技, 2001, 26 (4):
64 ~ 67.

[93] 王绍令, 赵秀峰, 郭东信, 等. 青藏高原冻土对气

候变化的响应. 冰川冻土, 1996, 18(增刊): 157 ~
165.

[94] 王炜, 刘钟龄, 郝敦元, 等. 内蒙古退化草原植被
对禁牧的动态响应. 气候与环境研究, 1997, 2(3):
236 ~ 240.

[95] 王秀红. 青藏高原高寒草甸层带. 山地研究, 1997,
15(2): 67 ~ 72.

[96] 王燕钧, 缪祥辉, 陈松, 等. 西宁市北山林场节水
滴灌造林技术试验初报. 青海农林科技, 1998(3):
14 ~ 16.

[97] 魏建方. 青藏铁路建设中高寒草原植被恢复与再造
技术的研究. 冰川冻土. 2003 (25):195 ~ 198.

[98] 魏兴琥, 谢忠奎, 段争虎. 黄土高原西部弃耕地
植被恢复与土壤水分调控研究. 中国沙漠, 2006,
26(4):590 ~ 595.

[99] 温秀卿等. 江河源区植被分区. 西北农林科技大学
学报(自然科学版), 2004, 32 (02): 5 ~ 8, 13

[100] 吴青柏, 沈永平, 施 斌. 青藏高原冻土及水热
过程与寒区生态环境的关系. 冰川冻土, 2003,
25(3):250 ~ 255.

[101] 吴征镒. 西藏植物志二. 北京:科学出版社, 1985.

[102] 吴征镒. 西藏植物志三. 北京:科学出版社, 1986.

[103] 吴征镒. 西藏植物志四. 北京:科学出版社, 1985.

[104] 吴征镒. 西藏植物志五. 北京:科学出版社, 1987.

[105] 向理平, 施玉辉. 青海自然资源与区划要览. 西宁:
青海人民出版社, 1998.

[106] 徐生旺, 铁汝才. "根宝"在云杉等苗木移栽中应
用试验初报. 青海农林科技, 1995(4): 62, 63, 8.

[107] 薛建辉, 吴永波, 方升佐. 退耕还林工程区困难立
地植被恢复与生态重建. 南京林业大学学报(自然
科学版), 2003, 27 (6): 84 ~ 88.

[108] 杨福囤, 等. 高寒草甸地区常见植物热值的初步
研究. 植物生态学与地植物学丛刊, 1983.7 (4):
280 ~ 288.

[109] 杨敏. 当雄雪山草原之地. 中国西藏, 2003, 2:
40 ~ 43.

[110] 杨少平, 孔牧, 赵传冬. 高寒草甸区东部地表疏松
层中金、砷、锑的存在形式. 物探与化探, 2004,
28 (3):233 ~ 236.

[111] 杨晓晖, 张克斌, 侯瑞萍. 封育措施对半干旱沙地

草场植被群落特征及地上生物量的影响. 生态环
境, 2005, 14 (5):730 ~ 734.

[112] 杨忠, 张信宝, 王道杰, 等. 金沙江干热河谷植被
恢复技术. 山地学报, 1999, 17(2): 152 ~ 156.

[113] 易作明, 周金星, 张旭东等. 青藏铁路沿线水文条
件分析. 水土保持应用技术, 2006(4): 14 ~ 16.

[114] 尹国平, 农韧钢, 刘革宁. 高吸水剂在我国林业上
的应用研究进展. 世界林业研究, 2001, 14 (2):
50 ~ 54.

[115] 游水生, 郭振庭. 用模糊聚类探讨福建三明格氏
栲自然保护区植被类型的划分. 武汉植物学研究,
1994, 12 (4): 333 ~ 340.

[116] 张喜. 贵州省长江流域天然林分区和主要树种结
构. 山地学报, 2001, 19(4): 312 ~ 319.

[117] 张峰, 上官铁梁. 山西绵山森林植被的多样性分
析. 植物生态学报, 1998 (5).

[118] 张汉文. 大兴安岭植被与冻土的初步研究. 自然资
源研究, 1983 (4): 2 ~ 6.

[119] 张金屯. 植被数量分析方法的发展. 北京:中国科
学技术出版社, 1992:249 ~ 265.

[120] 张经炜, 王金亭. 西藏中部地区高级植被分类单
位的划分. 中国植被学会三十周年年会论文摘
要汇编303. 中国植物学会, 1963.

[121] 张经炜、王金亭. 西藏中部的植被. 北京:科学出
版社, 1966.

[122] 张林源. 青藏高原上升对我国第四纪环境演变的影
响. 兰州大学学报(自然科学版), 1981, 03.

[123] 张齐兵. 大兴安岭北部植被对高胁迫冻土环境及干
扰的响应. 冰川冻土, 1994, 16 (2): 97 ~ 103.

[124] 张树杰. 石质山地飞播造林药剂拌种效果分析. 辽
宁林业科技, 2002(增刊):12 ~ 13.

[125] 张新时. 西藏阿里植物群落的间接梯度分析、数
量分类与环境解释. 植物生态学与地植物学学报,
1991, 15(2):101 ~ 103.

[126] 张信宝. 造林困难地区植被恢复的科学检讨及建议.
人民长江, 2004, 35 (10) 6 ~ 7, 10.

[127] 张自和. 无声的危机——荒漠化与草原退化. 草业
科学, 2000, 17(2):10 ~ 12.

[128] 赵忠, 王安禄, 马海生, 宋慧琴. 青藏高原东缘
草地生态系统动态定位监测与可持续发展要素研

究Ⅱ高寒草甸草地生态系统植物群落结构特征及物种多样性分析.草业科学,2002,19(6):9～13.

[129] 郑远昌,等.青藏高原东北部草场荒漠化问题初探.青藏高原与全球变化研讨会论文集[C].北京:气象出版社,1995:135.

[130] 秦疏影.基于π方数据库的青藏高原植被研究文献计量分析.农业用书情报学刊,2012,24(6):67～69.

[131] 中国科学院植物研究所.中国高等植物图鉴第一至五册.北京:科学出版社.1972～1976.

[132] 中华人民共和国农业部畜牧兽医司 全国畜牧兽医,总站,中国草地资源.北京:中国科学技术出版社,1996.

[133] 周立,等.高寒草甸生态系统非线性振荡行为周期性的研究(1～3).高寒草甸生态系统-4[C].北京:科学出版社,1995:219～262.

[134] 周幼吾,邱国庆,郭东信,等.中国冻土.北京:科学出版社,2000.

[135] 朱林楠,吴紫汪,刘永智,郭兴民,李冬庆.青藏高原东部多年冻土退化对环境的影响.海洋地质与第四纪地质,1995,15(3):129～136.

[136] 朱林楠,吴紫汪,刘永智.青藏高原东部的冻土退化.冰川冻土,1995,17(2):120～124.

[137] Fang Jing-Yun, Song Yong-Chang, Liu Hong-Yan, Piao Shi-Long. Vegetation-Climate Relationship and Its Application in the Division of Vegetation Zone in China.Acta Botanica Sinica, 2002, 44(9):1105-1122.

[138] IPCCThirdAssessmentReport. ClimateChange2001: Impacts, AdaptationandVulnerability(11.2.1.3).[EB/OL]. http://www.ipcc.ch, 2003.8.27/2004.1.16.

[139] Leopold A. Game management. New York: Charles Scribner's Sons, 1933.

[140] Magurran A E.Ecological Diversity and Its Measurement.New Jersey:Princeton University Press, 1988.

[141] OBA G, STENSETH N C, LUSIGI W. New perspectives on sustainable grazing management in arid zones of sub-Saharan Africa.Bioscience, 2000, 50(1):35～51.

[142] Pielou E C, Ecological Diversity.John Wiley &.Sons Inc, 1975.

[143] Whittaker R. H., Evolution and measurement of species diversity. Taxon, 1972, 21:213～251.

[144] Zhou Jinxing, Peng Zhenhua, Fei Shiming, et al. A discussion on compensation of forest ecological engineering benefit, Journal of Forestry Research, 2007, 18(2):157～164.

[145] Hobbs R J. Norton D A. Towards a conceptual framework for restoration ecology. Restoration ecology, 1996, 4(2):93～110.

[146] Maria A gfistsdÓttir, Anna. Revegetation of eroded land and possibilities of carbon sequestration in Iceland. Nutrient Cycling in Agro ecosystems, 2004, 70(2):241～247.

[147] Haskell D G. Effects of forest roads on macminvertebrate soll fauna of the southern Appalachian Mountains. Conservation Biology, 2000, 14(1):57～64.

[148] Zhou Jinxing, Yang Jun, Gong Peng. Constructing a green railway on the Tibet Plateau:evaluation the effectiveness of mitigation measure, Transportation Research Part D, 2008.13(6):369～376.